高等职业教育"十四五"规划教材

河北旅游职业学院校企双元合作教材

动物中医药技术

闫 港 主编

U0218902

中国农业大学出版社

内 容 简 介

本书为校企合作开发教材,是动物医学专业的必修课教材。本书主要涵盖7个方面的内容:一是动物中医药技术基础理论,二是动物中医药诊断技术——四诊,三是动物中医药诊断技术——辨证论治,四是动物针灸技术,五是中草药及方剂,六是课程考核与教学要点,七是临床应用性动物药品。通过对本教材的学习,学生在实际工作中能够独立地运用动物中医理论对动物疾病进行辨证论治,同时根据具体情况选用适当的方剂和针灸技术对动物疾病实施有效的预防和治疗,为将来从事动物疾病防治工作打下坚实的基础。

本书可作为高等职业院校动物医学专业、畜牧兽医专业及相关专业教材,也可作为兽药生产企业、动物诊疗机构和养殖企业兽医工作人员的参考工具书。

图书在版编目(CIP)数据

动物中医药技术/闫港主编. —北京:中国农业大学出版社,2021.9
ISBN 978-7-5655-2281-9

Ⅰ.①动… Ⅱ.①闫… Ⅲ.①中兽医学 Ⅳ.①S853

中国版本图书馆 CIP 数据核字(2019)第 210821 号

书　　名	动物中医药技术		
作　　者	闫　港　主编		
策划编辑	康昊婷	责任编辑	刘耀华
封面设计	李尘工作室　郑　川		
出版发行	中国农业大学出版社		
社　　址	北京市海淀区圆明园西路2号	邮政编码	100193
电　　话	发行部 010-62733489,1190	读者服务部	010-62732336
	编辑部 010-62732617,2618	出　版　部	010-62733440
网　　址	http://www.caupress.cn	E-mail	cbsszs@cau.edu.cn
经　　销	新华书店		
印　　刷	涿州市星河印刷有限公司		
版　　次	2021年9月第1版　2021年9月第1次印刷		
规　　格	889×1 194　16开本　22.25印张　670千字		
定　　价	69.00元		

主　编　闫　港(河北旅游职业学院)

副主编　张世新(北京中农劲腾生物技术股份有限公司)
　　　　　冯　涛(河北旅游职业学院)
　　　　　张金合(河北旅游职业学院)

参　编　竺明勇(河北省承德市双桥区农业农村局)
　　　　　侯俊丽(河北省承德市双桥区农业农村局)
　　　　　刘春生(河北省承德县农业农村局)
　　　　　李和平(河北旅游职业学院)
　　　　　任俊玲(河北旅游职业学院)
　　　　　程淑琴(河北旅游职业学院)
　　　　　王帮磊(山东省昌邑市卜庄镇畜牧兽医服务站)

P 前 言
REFACE

动物医学专业作为高等职业教育的重要组成部分,主要目的是培养拥护党的基本路线,适应动物诊疗机构和养殖企业、兽药生产企业兽医岗位进行动物疾病的诊断、治疗、预防第一线需要的,德、智、体、美、劳全面发展的高素质技术技能型人才。"动物中医药技术"课程是动物医学专业的一门必修课,它继承了我国传统的中兽医学,以中医四大名著《黄帝内经》《难经》《伤寒杂病论》《神农本草经》以及中兽医巨著《元亨疗马集》为理论参考依据,在动物疾病防治方面具有一整套独立的理论体系和病证防治技术,是一门集理论和实践于一身,利用四诊检查、中医基础理论分析和辨证论治,对疾病进行有效诊断,突出中药方剂和针灸防治技术的传统性临床应用课程。河北旅游职业学院动物医学专业作为河北省高等职业教育教学改革省级示范专业、河北省示范校重点建设专业、中央财政支持建设专业群、国家兽医专业骨干教师培训基地、河北省创新发展行动骨干专业,多年来不断进行专业改革和课程建设。自 2010 年开始,本院与北京中农劲腾生物技术股份有限公司共同探索动物医学专业高素质技术技能型人才的培养。通过与兽药企业资深专家、中国畜牧兽医学会常务理事、中国动物保健品协会理事、北京市兽药行业协会副理事长、北京中农劲腾生物技术股份有限公司董事长

张世新合作,在河北旅游职业学院及兄弟院校多位教师和地方行业专家的参与下,我们从教学和生产的角度出发,紧密联系实践,完成了本教材的编写。

本书主要涵盖 7 个方面的内容:一是动物中医药技术基础理论,包括阴阳学说、五行学说、脏腑学说、经络学说、精气学说、病因病机学说;二是动物中医药诊断技术——四诊,包括望诊、闻诊和问诊、切诊;三是动物中医药诊断技术——辨证论治,包括八纲辨证、脏腑辨证、六经辨证、卫气营血辨证、三焦辨证、气血津液辨证、经络辨证、防治法则;四是动物针灸技术,包括针灸术的基本知识、比较针灸穴位、部分动物其他穴位及针灸应用;五是中草药及方剂,包括中草药及方剂基本知识、解表方药、清热方药、泻下方药、消导涌吐和解方药、温里方药、止咳化痰平喘方药、祛湿方药、理血方药、理气方药、固涩方药、补益方药、平肝方药、安神与开窍方药、驱虫方药、外用方药;六是课程考核与教学要点;七是临床应用性动物药品。通过对本教材的学习,学生在实际工作中能够独立地运用动物中医理论对动物疾病进行辨证论治,同时根据具体情况选用适当的方剂和针灸技术对动物疾病实施有效的预防和治疗,为将来从事动物疾病防治工作打下坚实的基础。

全书共计 67 万字,其中闫港负责绪论、项目一、

项目四、项目五中任务三至任务九、项目六的编写工作，共31万余字；张世新负责项目三中任务一、项目五中任务一、任务二和任务十及项目七的编写工作；竺明勇、侯俊丽与刘春生负责项目三中任务二至任务八的编写工作；冯涛负责项目五中任务十二至任务十六的编写工作，共8万余字；王帮磊负责项目五中任务十一的编写工作，共2万余字；张金合、任俊玲、程

淑琴、李和平负责项目二的编写工作。

本书可作为高等职业院校动物医学专业、畜牧兽医专业及相关专业教材，也可作为兽药生产企业、动物诊疗机构和养殖企业兽医工作人员的参考工具书。由于编者水平有限，经验不足，加之资料缺乏，时间仓促，本教材一定存在诸多不足之处，敬请各位读者多多批评指正，以便不断完善，更好地为教学、生产服务。

编写组

2021年3月

C目录 ONTENTS

绪论　动物中医药技术认知 ……………………… 1

项目一　动物中医药技术基础理论 ……………… 6
任务一　阴阳学说 …………………………… 7
任务二　五行学说 …………………………… 13
任务三　脏腑学说 …………………………… 20
任务四　经络学说 …………………………… 29
任务五　精气学说 …………………………… 35
任务六　病因病机学说 ……………………… 43

项目二　动物中医药诊断技术——四诊 ……… 52
任务一　望诊 ………………………………… 55
任务二　闻诊和问诊 ………………………… 70
任务三　切诊 ………………………………… 74

项目三　动物中医药诊断技术——辨证论治 … 81
任务一　八纲辨证 …………………………… 82
任务二　脏腑辨证 …………………………… 91
任务三　六经辨证 …………………………… 111
任务四　卫气营血辨证 ……………………… 118
任务五　三焦辨证 …………………………… 123
任务六　气血津液辨证 ……………………… 126
任务七　经络辨证 …………………………… 133
任务八　防治法则 …………………………… 139

项目四　动物针灸技术 …………………………… 145
任务一　针灸术的基本知识 ………………… 146
任务二　比较针灸穴位 ……………………… 158
任务三　部分动物其他穴位及针灸应用 …… 187

项目五　中草药及方剂 …………………………… 196
任务一　中草药及方剂基本知识 …………… 197
任务二　解表方药 …………………………… 207

子任务一　辛温解表方药 …………………… 208
子任务二　辛凉解表方药 …………………… 212
任务三　清热方药 …………………………… 214
子任务一　清热泻火方药 …………………… 216
子任务二　清热凉血方药 …………………… 218
子任务三　清热燥湿方药 …………………… 223
子任务四　清退虚热方药 …………………… 225
子任务五　清热解毒方药 …………………… 229
子任务六　清热解暑方药 …………………… 232
任务四　泻下方药 …………………………… 234
子任务一　攻下方药 ………………………… 236
子任务二　润下方药 ………………………… 238
子任务三　峻下逐水方药 …………………… 339
任务五　消导涌吐和解方药 ………………… 241
子任务一　消导方药与消法 ………………… 243
子任务二　涌吐方药与吐法 ………………… 244
子任务三　和解方药与和法 ………………… 245
任务六　温里方药 …………………………… 249
任务七　止咳化痰平喘方药 ………………… 253
子任务一　清化热痰方药 …………………… 255
子任务二　温化寒痰方药 …………………… 257
子任务三　止咳平喘方药 …………………… 258
任务八　祛湿方药 …………………………… 262
子任务一　祛风湿方药 ……………………… 264
子任务二　利水渗湿方药 …………………… 267
子任务三　化湿方药 ………………………… 271
任务九　理血方药 …………………………… 274
子任务一　活血祛瘀方药 …………………… 276
子任务二　止血方药 ………………………… 279
任务十　理气方药 …………………………… 284
任务十一　固涩方药 ………………………… 288
子任务一　固表止汗方药 …………………… 290
子任务二　敛肺涩肠方药 …………………… 291

子任务三　固精缩尿止带方药……………… 292

任务十二　补益方药……………………… 295
　　子任务一　补气方药………………………… 297
　　子任务二　补血方药………………………… 300
　　子任务三　滋阴方药………………………… 304
　　子任务四　助阳方药………………………… 305

任务十三　平肝方药……………………… 308

任务十四　安神与开窍方药……………… 314
　　子任务一　安神方药………………………… 316
　　子任务二　开窍方药………………………… 317

任务十五　驱虫方药……………………… 321

任务十六　外用方药……………………… 325

项目六　课程考核与教学要点………………… 329
　　中兽医基础理论部分测验…………………… 330
　　四诊与辨证论治部分测验…………………… 330
　　中草药及方剂部分测验……………………… 330
　　综合测试(一)……………………………… 332
　　综合测试(二)……………………………… 335
　　技能考核……………………………………… 338
　　教学要点……………………………………… 338
　　附:中药《药性歌括四百味》……………… 340

项目七　临床应用性动物药品……………… 341

参考文献……………………………………… 346

绪论　动物中医药技术认知

学习导读

教学目标

1. 使学生掌握动物中医药技术的概念、内容。
2. 使学生了解动物中医药技术的发展历程。
3. 使学生掌握动物中医药技术的基本特点。
4. 使学生了解学习动物中医药技术的目的、任务、方法。

教学重点

1. 动物中医药技术的概念与主要内容。
2. 动物中医药技术的基本特点。

教学难点

对整体观念及辨证论治基本理论的理解。

课前思考

1. 你知道哪些中药或中成药？分别能治疗哪些病？
2. 你知道哪些中医方面的理论和治疗方法？
3. 你知道哪些中医方面的书籍和名家？

学习导图

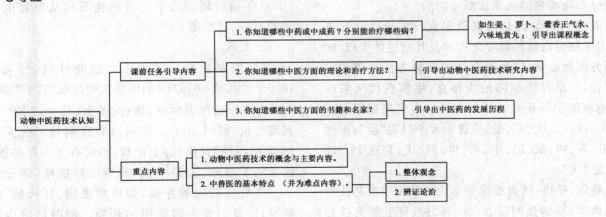

▶一、概述

1.动物中医药技术

动物中医药技术即指我国传统的中兽医相关理论和技术，是我国历代劳动人民与动物疾病进行斗争的经验总结，具有独特的理论体系及丰富多彩的病证防治技术。它是以唯物论和辩证法为指导，从宏观角度来研究动物体内动态联系和辨证论治规律的一门科学。

中医药理论体系是在春秋战国至东汉末年随着《黄帝内经》《难经》《神农本草经》《伤寒杂病论》等典籍的相继问世，全面总结了古代医学、药物学知识的基础上确立的。其后，经历代医家的反复实践与检验，得以充实提高，并应用到动物疾病诊治过程中，从而不断积累和丰富。

2.动物中医药技术主要内容

动物中医药技术包括以整体观念及辨证论治为特点的理论体系与病证防治技术。

（1）动物中医药理论体系　包括阴阳五行、五运六气、藏象、经络、气血精津、病因病机、四诊八纲、四气五味等一系列理论与学说。

阴阳五行学说是动物中医药技术的指导思想。主要用以阐释机体的生理、病理现象，从其矛盾运动过程中分析诸方面因素的动态变化及其相互作用，以指导动物疾病的临床诊断和防治。

五运六气学说是根据阴阳五行理论建立起来的，用来探讨自然环境变化规律及其对机体生理、病理等方面的影响，以通过具体的演算方法来预测疾病流行，并指导疾病防治为特点，堪称现代气象医学、地理医学等新兴学科的先导。古代根据甲、乙、丙、丁、戊、己、庚、辛、壬、癸这十天干以定"运"；根据子、丑、寅、卯、辰、巳、午、未、申、酉、戌、亥这十二地支以定"气"。

藏象、经络、气血精津等学说是动物中医药技术的生理学，特别强调以心、肝、脾、肺、肾五脏为核心的五大功能系统的整体谐调，是动物中医药技术生理学的基本思想。

病因病机学说是动物中医药技术的病理学，它是动物中医药技术认识疾病本质及其发病机理的思辨过程。

四诊八纲是动物中医药技术的诊断方法，提出望、闻、问、切四诊方法，以及表里、寒热、虚实、阴阳等八纲辨证理论。

四气五味、君臣佐使等理论是中药药理学、方剂学的基本内容。这些理论指出中药药性分寒、凉、温、热四气和酸、苦、甘、辛、咸五味；方剂组成分君药、臣药、佐药和使药。

（2）病证防治技术　包含丰富的治疗方法和实践经验。动物中医药技术治疗方法大致上可以分为药物疗法和非药物疗法两大类。

药物疗法，包括内服和外治，内服药物主要有传统的丸、散、膏、丹等；外治主要有熏洗、蒸浴、敷贴、注射、输液等。非药物疗法，包括器械疗法和功法，器械疗法主要有针灸、割治、刮痧、火罐；功法主要有推拿按摩、气功、导引、捏脊、情志相胜等方法。

▶二、动物中医药技术的发展概况

我国的传统中医药理论与技术具有 5 000 年的悠久历史，有丰富的内涵，积累了丰富的医药知识，在动物疾病防治方面有着独特的、突出的发明创造。

1.起源

早在原始社会（公元前 22 世纪），便有了畜牧业的生产实践和可以从事兽医活动的工具。如在桂林甑皮岩出土的距今 11 300 年前的家猪化石；在浙江河姆渡遗址出土的距今 6 300 年前的猪、犬、水牛的骨骼化石；在河南仰韶遗址出土的距今 5 000 年前的猪、马、牛的骨骼化石和从事兽医活动的石刀、骨针等。

2.发展

（1）奴隶社会　已出土的殷商时期（公元前 1600—公元前 1046 年）的甲骨文中出现的"牢""圉""宰""窎"分别代表牛舍、猪舍、羊舍、马舍，"𧊅"代表寄生虫，同时出土了青铜刀和青铜针。公元前 11 世纪西周的《周礼》上记载，当时有了专职兽医，已采用了灌药、去势术、护养等医疗措施，还记载了一些危害较大的疾病，如猪囊虫病、狂犬病、疥癣等，以及一些人兽通用的药物。同时已将内科病（兽病）和外科病（兽疡）区别开来，分别采用不同的方法进行治疗。

（2）封建社会　公元前 475—公元 1840 年，动物中医药技术形成了完整的体系。

公元前 3 世纪出现了《黄帝内经》，全书分《素问》和《灵枢》两部，每部 9 卷 81 篇，共计 162 篇，内容包括藏象、经络、病因、诊法、辨证、治则、病证、针灸、养生等,提出了治未病理论,是中医历史的第一个里程碑。

秦代(公元前 221—公元前 206 年)制定了世界上最早的兽医法规《厩苑律》,汉代修订为《厩律》。秦汉时期,出现了我国最早的药学专著《神农本草经》,又名《神农本草》,简称《本草经》或《本经》,撰人不详,以"神农"为托名,全书分 3 卷,载药 365 种(植物药 252 种,动物药 67 种,矿物药 46 种),分上、中、下三品,提到了桐叶治猪疮,雄黄治疥癣。汉代名医张仲景(约公元 150～154 年—约公元 215～219 年)撰写的《伤寒杂病论》,创建了辨证论治的理论体系,创立了六经辨证方法,把病证分为太阳、少阳、阳明、太阴、少阴、厥阴,是中医历史上第二个里程碑。三国时期,华佗(约公元 145—208 年)研制了全身麻醉剂"麻沸散",可以进行剖腹涤肠手术。

魏晋南北朝时期(公元 220—589 年),晋人葛洪所著的《肘后备急方》,记载了治六畜病的药方和直检的诊疗技术("谷道入手"),提出疥癣中有虫,并提出了"杀所咬犬,取脑敷之"的防治狂犬病的方法。北魏贾思勰所著《齐民要术》,记载了治疗家畜疾病的方剂 40 余种,以及掏结术、削蹄术、去势术。

唐代(公元 618—907 年),有了兽医教育事业,当时太仆寺设兽医 600 人,兽医博士 4 人,学生 100 人。当时李石著了我国最早的一部兽医教科书《司牧安骥集》。公元 659 年,出现了世界上最早的一部人畜通用的药典《新修本草》,载药 884 种,比西方早 883 年。

宋代(公元 960—1279 年),设有牧养上下监,是我国已知最早的兽医院;并设有尸体剖检机构皮剥所和兽医药房药蜜库。宋代著有《明堂灸马经》《伯乐针经》《医驼方》《疗驼经》《马经》《医马经》等著作。

元代(公元 1206—1368 年),著名兽医卞宝著有《痊骥通玄论》,阐述了马的起卧症、掏结术,并提出了"胃气不和,则生百病"的学说。

明代(公元 1368—1644 年),喻本元和喻本亨编著了《元亨疗马集》,是国内外流传最广的一部动物中医药技术古典著作。明代李时珍集 27 年心血撰写的《本草纲目》,全书分 16 部、52 卷、62 大类,载药 1 892 种,方剂 11 096 条。

鸦片战争以前的中国(1644—1840 年),我国兽医学陷入了停滞不前的状态,只是后来从民间收集了一些当时写成的书籍,如《抱犊集》《养耕集》《牛经备要医方》《牛医金鉴》等。

(3)半殖民地半封建社会 鸦片战争以后,我国沦为半殖民地半封建社会,中医药技术被视为医方小道,当时著有《活兽慈舟》《牛经切要》《猪经大全》。《活兽慈舟》收载了马、牛、羊、猪、犬、猫等动物的病证 240 余种,是我国较早记载犬、猫疾病的书籍。《猪经大全》是我国现存中兽医古籍中唯一的一部猪病学专著。1904 年,在保定建立的北洋马医学堂,派学生到国外学习西方兽医,从此西方现代兽医学开始系统地在中国传播,动物中医药技术的发展遭受到扼制。

(4)当代社会 新中国成立后,1958 年毛泽东主席指示:"中国医药学是一个伟大的宝库,应当努力发掘,加以提高。"从此中医药技术才如枯木逢春般得到了前所未有的发展。"文革"时期中医药技术又受到了干扰,十一届三中全会后得到恢复。随着食品公共卫生安全被公众日益重视,抗生素与人工合成抗感染药物在动物疾病诊疗过程中的使用受到一定限制,包括中药和针灸技术在内的动物中医药技术被越来越多的国家和地区所认识、研究和传播,并被广泛运用于动物疾病诊疗的过程中。

▶ 三、动物中医药理论的基本特点

动物中医药理论的基本特点主要体现在整体观念和辨证论治两个方面。

1. 整体观念

整体观念是指动物本身的整体性以及动物与自然环境的相关性。

(1)动物本身的整体性 强调动物机体以五脏六腑为中心,互相制约,不可孤立。

整体观念在阐述机体内部的生理机能和病理变化时,表现为建立了一个以五脏为中心,以精神气血为基础,通过经络的联络与调整作用而构成的五脏整体功能系统模型。如耳鸣说明肾虚,补肾可消除耳鸣。

(2)动物与自然环境的相关性 强调动物机体受自然环境与四季气候变化的直接或间接影响。

中医认为自然界的一切事物都是在其不断的运动过程中产生的,机体是自然界的一个组成部分,并成为赖以生存的必要条件,因此自然环境的变化(包括天时、气候、地理位置等)必然相应地在机体上引起生理或病理性的反应。

中医整体观念受惠于古代"天人相应"的思想。

机体是一个有机的整体,既应注重机体解剖组织结构、内在器官的客观存在,更应重视机体各脏腑、组织器官生理活动中的相互联系与功能上的协调。机体与自然(含社会环境)存在着天然的、密不可分的联系,保持协调统一的关系即意味着健康。机体自身及其与自然、社会环境的和谐统一,决定了其相互作用与影响所致的各种现象与性质的改变也是整体性的。因此,整体中的部分发生病变,其原因也与整体有关而绝非孤立存在的。整体观念体现了脏腑与形体组织器官、脏腑与脏腑、脏腑与自然及社会环境等方面在生理和病理上密不可分的关系。

养生学中的"四气调神""春夏养阳,秋冬养阴"等方法;临床上的"辨证论治""因时、因地制宜"等诊疗原则,以及针灸治疗上的"子午流注"等方法,均是整体恒动观的体现。子午流注强调每日的 12 个时辰对应机体的 12 条经脉。由于时辰在变,因而不同的经脉在不同的时辰也有兴有衰。"子""午"是十二地支中的第一数和第七数。它们分别表示两种相反相成、对立统一的范畴或概念,是我国古代用来记述事物生长化收藏等运动变化过程或状态的符号。"流""注"是表示运动变化的概念。顾名思义,子午流注就是时空和运动的统一,是中国古代天人合一理论在传统生命科学的体现。更简单地说,子代表阳,流代表阳生的过程;午代表阴,注代表阴藏的过程。子午流注遵循太阳变化的规律。阴阳的变化展开为四象,就是太阴、少阳、太阳、少阴,用四季作为代表符号,其功能分别为春生夏长秋收冬藏。亥子丑为冬,从亥时开始(21 点)到丑时结束(3 点),依此类推。机体的活动符合此规律时,身体处于自然的状态,有消耗也有补充。如果破坏此规律,则只有消耗。生命处于能量加速损失状态。

12 个时辰与机体 12 条经脉的对应关系如下。

子时(23 点至 1 点)胆经旺,胆汁推陈出新。

丑时(1 点至 3 点)肝经旺,肝血推陈出新。

寅时(3 点至 5 点)肺经旺,将肝贮藏的新鲜血液输送到百脉,迎接新的一天到来。

卯时(5 点至 7 点)大肠经旺,有利于排泄。

辰时(7 点至 9 点)胃经旺,有利于消化。

巳时(9 点至 11 点)脾经旺,有利于吸收营养、生血。

午时(11 点至 13 点)心经旺,有利于周身血液循环,心火生胃土,有利于消化。

未时(13 点至 15 点)小肠经旺,有利于吸收

营养。

申时(15 点至 17 点)膀胱经旺,有利于泻掉小肠下注的水液及周身的火气。

酉时(17 点至 19 点)肾经旺,有利于贮藏一日的脏腑之精华。

戌时(19 点至 21 点)心包经旺,再一次增强心的力量,心火生胃土,有利于消化。

亥时(21 点至 23 点)三焦通百脉,进入睡眠,百脉休养生息。

2. 辨证论治

①"辨证"是通过对四诊所获取的病情资料进行综合分析,以判断为某种性质的证的过程,用以识别疾病的证候,是决定治疗的前提和依据。

②"论治"是根据证的性质制定治则和治法的过程,是解决疾病的手段和方法。

③"证"的概念与症状和症候群有所不同。证是对疾病的病因、病理、病位、症状、正邪对比关系、诊断的综合概括,同时也提出了治疗方向。如脾虚泄泻证,指出病位在脾,症状为腹泻,正邪对比为虚,推断病因为脾阳虚,治疗方向为健脾燥湿。

④针对疾病的复杂性提出的特殊治疗方法,包括同病异治和异病同治。同病异治,如同为表证,风寒外感用辛温解表法,而风热外感用辛凉解表法;异病同治,如直肠脱出、子宫脱出等中气下陷证都用补中益气法治疗。

⑤辨证论治是动物中医药技术的精髓,是动物中医药技术对疾病进行诊断治疗的最高形式。动物中医药技术的治疗原则是扶正祛邪,恢复机体的动态平衡,做到祛邪不伤正,补阳不伤阴。

▶ 四、学习动物中医药技术的目的、任务及方法

1. 目的

学习动物中医药技术的目的是掌握以"整体观念"和"辨证论治"为中心的基本理论及实际操作技能。

2. 任务

学习动物中医药技术的任务是继承和发扬祖国中医药理论和技术遗产,走中西动物医学相结合的道路,加快开创并完善适应我国养殖新形势的动物医学理论和技术。

3. 学习方法

①采用辩证唯物主义及历史唯物主义的观点,

批判地吸取精华,去其糟粕,理解中西动物医学相结合的意义。

②以整体观念和辨证论治为核心,对理、法、方、药及针灸逐步融会贯通,反复学习、反复体会,力求掌握规律。

③理论联系实际,注意结合临床实践,才能准确掌握动物病证防治技能。

作业

1. 概念:动物中医药技术、整体观念、辨证论治。
2. 《黄帝内经》《神农本草经》《伤寒杂病论》《司牧安骥集》《新修本草》《本草纲目》《元亨疗马集》都有什么标志性的历史意义?
3. 动物中医药理论的基本特点包括哪些具体内容?
4. 简述证与症状的区别。

拓展

1. 某个器官如发生病变,中西医在认识上有什么不同?
2. 你都知道哪些中医或中兽医治疗疾病的有效方法?

自我评价

评价内容	记忆情况	理解情况	百分制评分结果	不足与改进
动物中医药技术的概念				
动物中医药技术的研究内容				
中医药的发展历程				
整体观念				
辨证论治				

项目一
动物中医药技术基础理论

任务一　阴阳学说
任务二　五行学说
任务三　脏腑学说
任务四　经络学说
任务五　精气学说
任务六　病因病机学说

任务一　阴阳学说

学习导读

教学目标

1. 使学生掌握阴阳的基本概念及基本特性。
2. 使学生掌握阴阳学说的基本内容。
3. 使学生掌握阴阳学说在动物中医药领域上的应用。

教学重点

1. 阴阳及阴阳学说的概念。
2. 阴阳的相互关系。
3. 阴阳学说在机体组织结构、生理、病理、药物、病证诊断、预防、治疗等方面的应用。

教学难点

1. 阴阳的相互关系。
2. 阴阳学说在病理和治疗方面的应用。

课前思考

1. 你知道哪些物质属阴,哪些物质属阳吗?
2. 你知道阴阳之间存在哪些联系吗?
3. 你知道阴虚和阳虚有哪些表现且如何治疗吗?

学习导图

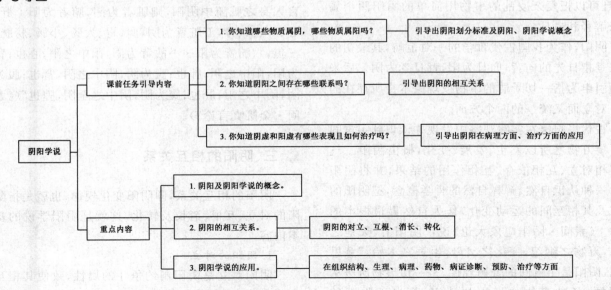

▶ 一、阴阳学说的产生

阴阳学说是古人在社会实践中逐步积累总结提炼出来的。古人在长期的生活实践中看到宇宙间的一切现象和自然界的各种变化时会产生一些想法：如为什么日月星辰会运动？为什么会有春夏秋冬、温热寒凉、风雨雷电？人为什么会生老病死？于是产生了唯心论和唯物论两种思想，唯心论认为世界是天神所造，世界万物从一开始就这样，后来只是数量的变化；唯物论认为世界上一切事物的运动、发展、变化和消亡都是阴阳对立统一的作用，由于受当时社会历史条件的限制，其理论体系还不健全，故称朴素唯物辩证法。阴阳学说运用到医学上是在周代春秋战国时期，此应用使医学上本无法解释的问题得以解释，促进了医学的发展。

▶ 二、阴阳的基本概念

（一）阴阳的含义

阴阳是代表事物对立而又统一的两个方面，是一切事物和现象矛盾双方的概括。识别阴阳的属性是以上下、明暗、大小、前后、动静等为准则。"阴阳者，数之可十，推之可百，数之可千，推之可万，万之大不可胜数，然其要一也。"可见，阴阳涵盖的范围广泛，且可以把复杂凌乱的事物用简单的阴阳两个属性来解释和概括。

阴阳，作为我国古代哲学的一对范畴，其最初的含义是指日光的向背，向日为阳，背日者为阴。后来逐渐引申为指一切矛盾的事物或现象本身所存在的相互对立而又统一的两个方面。

古代思想家在实践观察中发现并认识到宇宙间的万事万物之所以发生、发展、变化，概由阴阳二气的互相对立、互相依存、互相作用的结果，并将阴阳作为一种认识自然、解释自然的哲学概念，把阴阳的存在及其相互间的运动变化，作为自然界最根本的规律。《素问·阴阳应象大论》说："阴阳者，天地之道也，万物之纲纪，变化之父母，生杀之本始。"意思是说，阴阳是宇宙间的普遍规律，是一切事物所服从的纲领，各种事物的产生与消亡，都根于阴阳的变化。

阴阳学说，就是以阴、阳的相对属性及其消长变化来认识自然、解释自然、探求自然规律的一种宇宙观和方法论。在二千多年以前的春秋战国时期，这一学说被引用到医药学中来，作为推理工具，借以说明动物体的组织结构、生理功能和病理变化，并指导临床的辨证及病证防治，成为动物中医药基本理论的重要组成部分。

（二）阴阳的基本特性

1. 阴阳的普遍性

阴阳代表两个相互对立的事物，用以分析一切事物内部所存在的相互对立的两个方面：凡是向上的、向前的、温热的、结实的、明亮的、表露的、无形的、活动的、急速的、兴奋的等，皆属"阳"的特征；凡是向下的、向后的、寒凉的、虚软的、黑暗的、隐晦的、有形的、安静的、迟缓的、抑制的等，皆属"阴"的特征。

2. 相对性（包括阴阳的无限可分性及转化性）

阴中可再分阴阳，阳中可再分阴阳。如水属阴，水之阴阳，据其温度则可分为热水属阳、凉水属阴；据其状态，则沸水属阳而冰凝属阴等。如以昼夜分阴阳，则昼为阳，夜为阴。但"阴中有阳，阳中有阴，平旦至正中，天之阳，阳中之阳也；日中至黄昏，天之阳，阳中之阴也；合夜至鸡鸣，天之阴，阴中之阴也；鸡鸣至平旦，天之阴，阴中之阳也"（《素问·金匮真言论》）。

机体之阴阳亦有可分性。"夫言人之阴阳，则外为阳，内为阴。言人身之阴阳，则背为阳，腹为阴。言人身之脏腑中阴阳，则脏者为阴，腑者为阳。肝、心、脾、肺、肾，五脏皆为阴，胆、胃、大肠、小肠、膀胱、三焦，六腑皆为阳……故背为阳，阳中之阳，心也；背为阳，阳中之阴，肺也；腹为阴，阴中之阴，肾也；腹为阴，阴中之阳，肝也；腹为阴，阴中之至阴，脾也"（《素问·金匮真言论》）。

▶ 三、阴阳的相互关系

阴阳的相互关系，即阴阳变化规律，也就是指阴阳的对立、互根、消长及转化，这就是阴阳学说的基本内容。

1. 阴阳的对立

阴阳对立是阴阳制约争斗的属性，致使其相互牵制和争斗，达到事物内部的动态平衡。如四季的变化，温热驱散寒冷，冰冷可以降温；水可以灭火，火可以使水沸腾而汽化等。

在机体内部，机能之亢奋为阳，抑制属阴，两者的相互制约,则维持机体机能的动态平衡;反之则为病理状态。《类经附翼·医易》中所说:"动极者镇之以静,阴亢者胜之以阳。"

　　2.阴阳的互根

阴阳互根即阴阳之间相互依存与包孕的属性。阴阳互根是指一切事物或现象中均有相互对立的阴阳两方面的属性。任何一方均以对方的存在而作为自己存在的前提和条件,不能脱离对方而单独存在,是谓互根。在互根的关系里,还有阴阳双方不断相互资生、促进和助长对方的含义,称之为"互用"。

　　①孤阴不生,独阳不长。《医贯·阴阳论》中提道:"阴阳又互为其根,阳根于阴,阴根于阳;无阳则阴无以生,无阴则阳无以化。"

　　②《素问·阴阳应象大论》中所谓:"阴在内,阳之守也;阳在外,阴之使也",指出阴精在内,是阳气的根源;阳气在外,是阴精的使然。

　　③阴为体,阳为用。阴生于阳,阳生于阴。如气血精津由阳气运动产生,阳气又是水谷之精所化生。

　　3.阴阳的消长

阴阳消长是运动特性之一,是指在一事物中,其阴阳比例不断地出现此起彼伏的消长变化的运动态势。大体上有此长彼消、此消彼长、此长彼亦长、此消彼亦消四种变化的态势。如胃肠运动为阳,阳的消耗获取了营养物质,营养物质为阴。阴阳消长运动稳定在一定范围内的态势,称之为"阴阳平衡",中医称之为"阴平阳秘"。

　　4.阴阳的转化

阴阳转化是指一事物的总体属性,在一定条件下向其相反方向转化的态势或结果。例如属阳的事物可转化为属阴的事物,反之亦然。

通常是在阴阳消长发展到特定阶段,事物内部的阴阳比例出现倒置,则其属性发生了转化。就此意义而言,阴阳转化是其消长运动发展到极致而形成的结果。重阴必阳,重阳必阴,寒极生热,热极生寒。如白天与黑夜的交替;再如动物风雪之夜冻上一夜,耳鼻发凉,肌肉颤抖,为表寒证、阴证,第二天发烧,转为阳证,为表寒入里化热,第三天高热伤及体液气血,出现四肢无力、发凉,又转为阴证。

四、阴阳在动物中医药领域上的应用

　　1.在动物机体组织结构方面

机体部位表(泛指皮肤、肌肉、四肢)为阳,里(指五脏六腑)为阴;上(胸膈以上)为阳,下为阴;脏为阴,腑为阳;经属阴,络属阳;血为阴,气(畜体脏器组织的活动能力)为阳;营气(运行于脉中之精气)在内为阴,卫气(运行于脉外,散于胸腹,使脏腑得以温养,外循于皮肤肌肉之间,使肌肤得以温养)在外为阳。前文介绍"阴阳的相对性"时引用的《素问·金匮真言论》中的第二段话说明人体外为阳、内为阴,背为阳、腹为阴,脏为阴、腑为阳(心、肝、脾、肺、肾为阴,胆、胃、大肠、小肠、膀胱、三焦为阳)。机体经络系统也根据其循行于肢体外侧或内侧、身内与身外而命名为阳经或阴经。

　　2.在生理方面

　　①阴为体,阳为用。阴者,藏精而起气也;阳者,卫外而守阴也。意思是指机体的脏腑为阴,其表现的功能为阳。脏腑组织器官为阴,能藏贮精微物质并表现出各自的功能;脏腑的功能为阳,能够抵御外界病邪并守护脏腑免受侵害,防止藏贮的精微物质丢失。

　　②阴平阳秘,精神乃治;阴阳离决,精气乃绝。意思是指机体内阴阳平衡时,就会精力充沛,就能有效保护脏腑免受侵害,守护体内精微物质;如阴阳离散,体内精气就会枯竭,机体生命就会终止。

　　③对机体代谢等生理功能,中医运用阴阳学说将其概括为阳主升、主出,阴主降、主入。如清阳上升,浊阴下降;清阳发腠理,浊阴走五脏;清阳实四肢,浊阴归六腑等。

　　3.在病理方面

机体内的阴阳消长与平衡,是维持生命活动的基本条件。阴阳失调,则是一切疾病发生的基本原理。疾病发生、发展的基本因素,涉及机体体内的正气与邪气的对比与抗争。正气是指机体的机能活动及其对病邪的抵抗能力,对外界的适应能力和组织损伤的修复能力等。邪气泛指各种致病因素。正气分阴阳,邪气也有阳邪与阴邪之分。疾病的发生与发展可以用邪正相争来加以概括,其结果则可导致阴阳的偏胜(盛)或偏衰。

　　①阴阳偏胜——阳胜则外热,表现体表热、大小便正常;胜极则内外俱热,表现体表热、粪干、尿短赤。阴胜则内寒,表现体表正常、尿清长、粪溏;胜极则内外俱寒,表现尿清长、粪溏、体表凉。阳胜则阴病,阴胜则阳病。

　　②阴阳偏衰——阳虚则外寒,表现耳鼻四肢发凉、易出汗;阴虚则内热,表现口干、口色红、尿微黄、肢体发热。阴损及阳,阳损及阴,最后导致阴阳俱损。

正所谓阴阳相交则生,阴阳衰败则老,阴阳失调则病,阴阳离散则死。也就是说阴阳相互资生、相互平衡就会正常生长生存,阴阳不断衰退就会不断衰老,阴阳平衡失调就会生病,阴阳离散就会死亡。阳强不能密,阴气乃绝,就是说阳气过强就不能卫外、固精,导致外邪入内,阴精泄失,阳气也随之消亡。如肾脾多虚证,尿频数清长为肾阳虚,尿短赤为肾阴虚;少食、口色淡、腹泻为脾阳虚,少食、口干、舌红、粪干为脾阴虚。

4.在药物方面

中药药性包括四气五味、升降沉浮。四气有寒凉温热之分,五味有酸苦甘辛咸之分。寒凉为阴,温热为阳;辛甘淡为阳,酸苦咸为阴;升浮发散属阳,沉降涌泄为阴。

5.在诊断方面

《素问·阴阳应象大论》中提道:"善诊者,察色按脉,先别阴阳。"四诊是指望、闻、问、切。望诊中,阴则表现为口色青白黑,粪稀薄,尿清长;阳则表现为口色黄红,粪干,尿短赤。闻诊中,阴则表现为咳低弱,呼吸浅短弱;阳则表现为咳大有力,呼吸深长粗。问诊中,阴则表现为怕冷,不渴;阳则表现为怕热,口渴。切脉中脉象有阴阳之分,浮、数、洪、大、滑、体热为阳;沉、迟、细、小、涩、体凉为阴。

6.在病证预防方面

发病的原因是自身调节能力下降或外界变化超过自身的调节能力所致,在病证预防方面提倡治未病,有效预防的方法是春夏养阳,秋冬养阴。

7.在治疗方面

疾病发生是因为体内阴阳失调,且阳胜必耗阴,阴胜必耗阳。治疗主要是恢复机体体内阴阳平衡。确定治疗原则是寒者热之,热者寒之,盛者泻之,虚者补之。阴胜则寒,寒者热之;阴虚则热,壮水为主以制阳光,补阴潜阳;阳胜则热,热者寒之;阳虚则寒,益火之源以消阴翳,补阳消阴。

(1)阴阳一方偏盛的治疗　阴阳偏盛,即阴偏盛或阳偏盛,是阴或阳任何一方高于正常水平的病变。《素问·阴阳应象大论》中所说的"阳胜则热,阴胜则寒"即是此意。其原理是机体中的阴或阳绝对地亢盛,超出了正常范围,它多是由实邪侵犯机体所致,实邪侵犯机体后,使原本处于动态平衡的阴阳二者中的阴或阳在力量上增加了,比相对的另一方高出了许多。正因为高出的这一大块阴或阳的存在,使得临床上出现寒象或热象,是有余之象。若阴或阳相对的另一方还没有出现虚损,即一方高于正常范围,另一方仍在正常范围之中,此时的治疗原则当为

"损其有余"。由于是有余之证,所以疾病的性质属实证,故也有把此时的治疗原则定为"实者泻之",但无论是"损其有余"还是"实者泻之",二者的本质是相同的,目的均在于通过"损""泻"把绝对亢盛的一方泻下使之返回到正常的生理范围中来,重新和其相对的一方构成动态平衡。具体的治法则是"热者寒之""寒者热之"。

阳盛则热,属实热证,宜用寒凉药以制其阳,如《外台秘要》所载的"黄连解毒汤(方中有黄连、黄芩、黄柏、栀子)"就是一个集大苦、大寒之品于一方的泻火解毒之剂,利用4种药物的苦寒直折之性,来泻火邪、解热毒,其针对的就是热毒壅盛于三焦而津液尚未损伤所出现的一切实热火毒之证。

阴盛则寒,属实寒证,宜用温热药以制其阴,如《元亨疗马集》中的"温脾散(方中有益智仁、细辛、青皮、陈皮、厚朴、苍术、牵牛子、当归、葱、醋、甘草)",是专为马伤水而致腹痛起卧所设的专方,寒邪直中脏腑,致使阴寒内盛,阳气难升,气血壅滞不通而证见腹痛起卧,故方用益智仁、细辛等辛热温通之品来散寒制阴,只要寒散阴消,使气血得畅,腹痛自止。这就是"治寒以热"的典型案例。

(2)阴阳一方偏衰的治疗　阴阳偏衰,即阴偏衰或阳偏衰,是阴或阳任何一方低于正常水平的病变。《素问·调经论》中所说的"阳虚则外寒,阴虚则内热"就是此意。根据阴阳动态平衡的原理,阴或阳任何一方的不足,必然会导致另一方的相对亢盛。显然这是不足之证,因此,这时的治疗原则就不能像阴阳偏盛时那样采取直损其有余的那一方了,因为病机的产生是由于阴或阳中一方低于正常水平,而显得另一方相对而高。而高的这一方也并没有超出正常范围,不是绝对的高,其仍在正常的生理范围之内,如果此时采取"损其有余"的治疗原则,势必使原本处于正常生理范围内的那一方也发生虚损,而导致阴阳两方的俱虚,其结果不仅没有达到治愈疾病的目的,反而这种误治又成为导致一种新病的致病因素。所以,此时正确的治疗原则应是"补其不足""虚者补之",通过补阴阳中低于正常水平的那一方,使其恢复到原有的生理指标上,而重新达成阴阳之间的平衡。

阴虚不能制阳而阳亢者,属虚热证,此时就不能用寒凉药直折其热,须用"壮水之主,以制阳光"的方法,即滋阴壮水以补其不足之法,以抑制阳亢火盛。如《小儿药证直诀》中的名方"六味地黄丸",即是主治真阴亏损,而致虚火上炎出现潮热、骨蒸、盗汗、腰

膝瘘弱无力、舌红苔少、脉细数等阴虚阳亢的代表方。本方的关键就在于重用熟地滋补肾阴、填精益髓，促使肾阴充足，而达到抑制肾阳亢烈之效。此时上述诸证皆可自除，可以说"六味地黄丸"是"壮水之主，以制阳光"最典型的方例。

阳虚不能制阴造成阴盛者，疾病的性质是虚寒证，此时同样不能用辛温发散药来散阴寒，须用"益火之源，以消阴翳"的方法，即用扶阳益火之法，以消退阴盛。如《元亨疗马集》中所载的"荜澄茄散"便是用了巴戟天、肉苁蓉、补骨脂、胡芦巴、桂心、益智仁多味温肾壮阳之药，以补命门真火，专治下元虚寒。证见腰胯无力、后肢虚肿、尿清长、粪溏、形寒肢冷、口色青黄、脉象沉迟等阳虚而阴盛之证。

（3）阴阳俱病的治疗　阴阳偏盛的后期应采取"损其有余"配合"补其不足"的原则。根据阴阳消长的原理，阴或阳偏盛时，如果疾病向纵深方向发展，必然要导致相对的另一方出现损伤。其原理如下：实邪侵犯机体以后，在增加机体中阴或阳的力量的同时，也在损耗着机体中的阳或阴，但由于实邪侵犯机体的初期，机体中与之性质相反的一方还有力量同它进行主动的抗争，所以实邪侵犯机体的初期其病机是机体中阳或阴的绝对亢盛和相对的阴或阳的不损伤，但随着疾病的发展，机体中的阳或阴越来越强，而机体中相对的阴或阳，由于适应能力有限，储备力量有限，最后适应能力达到了顶点，储备力量耗竭，但机体中的阳或阴随着疾病的深入，仍在不断地增加，它在损耗完相对的那一方的储备力量之后，则开始了对其现有力量的损耗，此时临床上则表现出它们相对的另一方亏损的症状，出现了相应的疾病。由于此时相对的另一方也开始了不足，使原本就亢盛的一方显得更加亢盛。例如，夏季机体受到了燥热之邪的侵犯，前几天只出现高热、口色红、脉洪数的表现，这是实热证，因为这些症状均是由初期机体中阳的绝对亢盛单一方面引起，几天以后机体除了上述症状以外，有出现了口渴、喜冷饮、尿短赤、粪干结等，这时便是阳绝对亢盛和阴损耗以后的两方面的表现了，此时既有实热作用的因素又有虚热作用的因素。所以此时临床上表现出的既有实的一面，又有虚的一面，其性质是虚实错杂证。可见此时的治疗原则就应当是在"损其有余"的同时，配合以"补其不足"。"温清并用""攻补兼施"就是在这一治则下的具体治法。如《伤寒论》中治疗阳明气分热盛津伤之证的"白虎汤"，就是重用辛甘大寒的石膏，来制阳明气分内盛之热这一主要矛盾；同时，配用甘寒质润的知母，来滋阴润燥，生津止渴，以补救因里热灼伤的阴津。抑强扶弱同时使用，实为医治阳明病经证的精髓所在。再如《中兽医诊疗经验·第二集》所载治疗老弱、久病、体虚患畜之结症的"当归苁蓉汤"，便是在用当归、肉苁蓉补机体正虚津枯的同时，配合以番泻叶、麻油等攻泻有形之实邪干燥肠内容物，这也是在损泻同时配合补益的例证。

阴损及阳，阳损及阴，阴阳俱损，应阴阳双补。根据阴阳互根的原理，机体的阴或阳任何一方虚损到一定程度，必然导致另一方的不足。阳虚至一定程度时，因阳虚不能化生阴液，而同时出现阴虚的现象，称"阳损及阴"；同样，阴虚至一定程度时，因阴虚不能化生阳气，而同时出现阳虚的现象，称"阴损及阳"。"阳损及阴""阴损及阳"最终导致"阴阳两虚"。阴阳两虚并不是阴阳的对立处于低水平的平衡状态，同样存在着偏于阳虚或偏于阴虚的不同。此时的治疗原则即为"双补阴阳"。方法为"气血双补"。如《正体类要》中主治气血两虚之证的"八珍汤"，便是代表实例，即用参、术、苓、草补脾益气的同时，配归、芎、芍、地滋养心肝，四君子汤合四物汤就收到了气血双补之功。当然，临床上根据具体的脉证情况，又有偏于补气或偏于补血的不同。

总之，阴阳学说指导着疾病的诊断和治疗，首先用阴阳学说来分析患病机体阴阳偏盛与偏衰的情况，然后确定相应的治疗原则，在此基础上利用药物性能的阴阳属性，选择相应的药物方剂，来纠正机体阴阳失调的关系，使之恢复到彼此相互协调的动态平衡范围之中来，从而达到治愈疾病的目的。《景岳全书·传忠录》中提道："凡诊病施治，必须先审阴阳，乃为医道之纲领，阴阳无谬，治焉有差？医道虽繁，而可以一言蔽之者，曰阴阳而已；故证有阴阳、脉有阴阳、药有阴阳，设能明彻阴阳，则医理虽玄，思过半矣。"

作业

1. 概念：阴阳、阴阳学说。

2. 试述阴阳学说的基本内容。

3. 试述阴阳学说在生理、病理和治疗方面的应用。

拓展

你能利用阴阳学说分析兽医临床上见到的具体病例吗？

自我评价

评价内容	记忆情况	理解情况	百分制评分结果	不足与改进
阴阳学说的概念				
阴阳的相互关系				
阴阳学说的具体应用				

任务二　五行学说

学习导读

教学目标

1.使学生掌握五行及五行学说的基本概念。

2.使学生掌握五行的特性。

3.使学生掌握事物按五行属性的推演与类归方法,以及与五行的对应关系。

4.使学生掌握五行变化的基本规律。

5.使学生掌握五行学说在动物中医药领域上的应用。

教学重点

1.五行的特性。

2.五脏、五腑、五窍、五体、五液、五味、五志等与五行的对应关系。

3.五行的生克制化和乘侮规律。

4.五行学说在动物中医药领域的具体应用。

教学难点

1.事物按五行属性的推演与类归方法。

2.五脏按五行在生理与病理之间的关系。

课前思考

1.你知道五行是指哪五种物质吗?

2.从性格上来说你属于五行中的哪一行?

3.动物表现双目红肿、口舌生疮,这是哪些脏器出现了问题,该怎么办? 如果出现无神无力、泄泻、咳喘呢? 如果出现两肋胀痛、泄泻呢?

学习导图

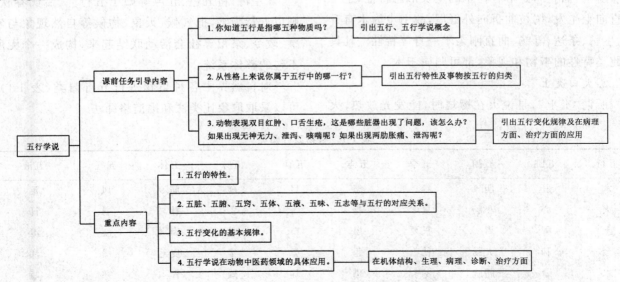

一、五行学说的概念

1.五行

五行是指木、火、土、金、水五种物质的运行状态及它们之间的相互关系。

2.五行学说

五行学说是研究五行的内涵、特性及生克规律，以五行特性为依据来归类自然界各种事物和现象，以生克规律来阐释各事物之间相互关系的古代哲学理论。大约周代末期五行学说被应用到医学方面，用以说明机体内部脏腑的各自属性、相互关系及机体与外环境之间的相互联系、病程变化和治疗规律。

3.主要内容

五行学说的主要内容：五行特性；事物按五行属性的推演和类归；五行生克制化、乘侮等运动变化规律。

二、五行特性

五行的本义，是构成宇宙万物的五种物质及其运动变化。分为天之五行及地之五行，天之五行是对自然界中的风、寒、暑、湿、燥五气的运动及其所引起的物候变化的抽象概括；地之五行是指构成自然界万物的木、火、土、金、水五种基本元素。它们相互杂合而生万物。此即《素问·天元纪大论》所谓的五行"在天为气，在地成形"。

1.木曰曲直

所谓"曲直"，是形容树木的生长形态特征，主干挺直向上生发，树枝曲折向外舒展，故引申为木有升发、生长、条达、舒畅、曲直刚柔于一身等特性。凡具有此类特性的事物和现象，都可归属于木。

2.火曰炎上

所谓"炎上"，是说火在燃烧时，能发光放热，火焰蒸腾上升，光热四散于外，故火有发热、温暖、光明、向上的特性，进而引申为凡具有温热、升腾、温通、昌盛、繁茂等作用的事物和现象，均可归属于火。

3.土爰稼穑

所谓"稼穑"，是指庄稼的播种与收获，即所谓"春种曰稼，秋收曰穑"。土有播种庄稼、收获五谷、化生万物的作用，进而引申为土具有生长、承载、化生的特性，凡具有此类生长、受纳、承载、化生等作用的事物和现象，皆可归属于土。在中国的传统文化中有"土为万物之母"的说法。

4.金曰从革

所谓"从革"，是指顺从和变革。金所谓"从革"的特性，来自对金属可以顺从人意、改变外形、制成器皿的认识。另外，还有人认为，"金曰从革"是说金属是由对矿物进行冶炼而成，即所谓"革土成金"。将金的特性，引申为变革、肃杀、下降、洁净、收敛等。

5.水曰润下

所谓"润下"，是指水有滋润寒凉、柔顺、流动趋下的特性，进而引申为凡具有寒凉、滋润、向下、闭藏等特性的事物和现象，均可归属于水。

三、事物按五行属性的推演与归类

用五行属性对宇宙间事物进行推演和归类，首见《尚书》。《周书·洪范》中提道"润下作咸，炎上作苦，曲直作酸，从革作辛，稼穑作甘"，将五行的抽象属性推演而及"五味"。

《左传》将五色、五声等归于五行。《吕氏春秋》则以五行为纲，把气候、天象、物候等自然现象与农事、政令、祭祀等社会活动联结起来，构成一个无所不包的整体系统。

对自然界中各种事物进行五行归类（表 1-1），可以采取取象比类法和推演络绎法。

表 1-1　事物五行归类

五行	五脏	五腑	五季	五志	五官	五味	五体	五气	五液
木	肝	胆	春	怒	目	酸	筋	风	泪
火	心	小肠	夏	喜	舌	苦	脉	暑	汗
土	脾	胃	长夏	思	口	甘	肉	湿	涎
金	肺	大肠	秋	悲	鼻	辛	皮毛	燥	涕
水	肾	膀胱	冬	恐	耳	咸	骨	寒	唾

同一行的事物相互感应,但过度则为害,比如怒则伤肝,再比如适当的甘味是补脾的,但味过于甘,又能呆滞脾胃。

1. 取象比类法

"取象",即从事物的象(性质、作用、形态等)中撷取能反映其本质的某些特有征象。"比类",即将事物的特有征象与五行各自的特性相比较,以确定其五行归属。

(1)方位配五行　以东南中西北方位配属五行,则由于日出东方,与木的升发特性相类,故归属于木;南方炎热,与火的炎上特性相类,故归属于火;日落于西,与金的肃降特性相类,故归属于金;北方寒冷,与水的特性相类,故归属于水。

(2)五脏配五行　肝之性,喜舒展条达而主升,故归属于木;心之用,推动血液运行,温暖全身,故归属于火;脾主运化,为机体提供营养物质,故归属于土;肺主降而其性清肃,向下降气,排出浊气和呼吸道的异物,且能发生,故归属于金;肾藏精,为主水之脏,故归属于水。

(3)四季配五行　春天属木,代表气体向四周扩散的运动方式,春天,树木花草生长茂盛,树木的枝条向四周伸展,养料往枝头运输,所以春属木。夏天属火,代表气体向上的运动方式,火的特点就是向上,夏天各种植物向上生长,长势迅猛,所以夏属火。秋天属金,代表气体向内收缩的运动方式,金的特点是变革、下降,秋天到了,植物变黄变枯萎,树叶凋落(肃降),所以秋属金。冬天属水,代表气体向下的运动方式,水往低处流,冬天寒冷,冬天万物休眠,为春天蓄积养料,所以冬属水。因有四季而有四行,但夏天和秋天之间要有过渡段,因此便有了土,土代表气的平稳运动,植物边生长边化生果实。

2. 推演络绎法

所谓推演络绎,即根据已知的某事物的五行属性,推演与此事物相关的其他事物的五行属性的方法。如自然界的五化、五色、五味以及机体的六腑、五体、五窍、五志等的五行属性,皆是依此方法推演的。

(1)自然界的五气配五行　长夏属土,湿为长夏主气,故湿也属土;秋季属金,燥为秋季主气,故燥也属金。其他依此类推。

(2)机体的五腑、五体、五窍、五志配五行　肝属木,肝与胆相表里,主筋,开窍于目,在志为怒,在液为泪,故胆、筋、目、怒、泪也归属于木;心属火,心与

小肠相表里,主脉,开窍于舌,在志为喜,在液为汗,故小肠、脉、舌、喜、汗也归属于火;其他依此类推。

五行学说对事物属性的归类,将同一属性的不同事物,联络成一个整体,并且根据"同气相求"的理论,认为同一行的事物与现象之间有着相互感应的联系。

此外,天干十字,按木火土金水顺序,每两字一行。地支十二字,从寅开始为木,每两字隔一字下推,隔下的字为土,十二地支的五行属性:寅卯(木)、辰、巳午(火)、未、申酉(金)、戌、亥子(水)、丑,其后未在括号中说明的均为土。

四、五行变化的基本规律

1. 生克制化

生克制化即五行之间存在着动态有序的相互资生(相生)和相互制约(相克)的关系,在相生相克中不断变化,从而保持五行系统生化不息的动态平衡,这即是"生克制化"(图1-1)。一般被用于阐释自然界的正常变化和机体的生理活动。

实线表示相生,虚线表示相克
图1-1　五行相互关系

(1)五行相生　是指木、火、土、金、水五行之间存在着有序的依次相递资生、助长和促进的关系。五行相生的次序:木生火,火生土,土生金,金生水,水生木,木又复生火。依次相递资生,往复不休。任何一行都有生我及我生的关系,生我者为"母",我生者为"子",也就是古人所说的母子关系。

五脏之间的相生:肝生心就是木生火,如肝藏血以济心;心生脾就是火生土,如心之阳气可以温脾;脾生肺就是土生金,如脾运化水谷之精气可以益肺;肺生肾就是金生水,如肺气清肃则津气下行以资肾;肾生肝就是水生木,如肾藏精以滋养肝的阴血等。

(2)五行相克　是指木、土、水、火、金五行之间

存在着有序的相递克制和制约关系。五行相克的次序：木克土，土克水，水克火，火克金，金克木，木又复克土。依次相递制约和克制，循环不止。任何一行都有克我及我克的关系。克我者为"所不胜"，我克者为"所胜"。

五脏之间的相克：肺（金）的清肃下降，可抑制肝（木）阳的上亢，即金克木；肝（木）的条达，可以疏泄脾（土）的壅滞，即木克土；脾（土）的运化，可以防止肾（水）水的泛滥，即土克水；肾（水）阴的上济，可以制约心（火）阳亢烈，即水克火；心（火）的阳热，可以制约肺（金）的清肃太过，即火克金。

（3）制化规律　是把相生相克结合在一起，既有相生又有相克，以保持相互间的平衡作用。没有生，则没有事物的发生与成长；没有克，则不能维持事物之间正常的协调关系。只有生中有克，克中有生，协调平衡，事物才能生化不息，生命过程才能正常维持。诚如张介宾《类经图翼》所说："造化之机，不可无生，亦不可无制，无生则发育无由，无制则亢而为害。""亢则害，承乃制，制则生化"（《素问·六微旨大论》），五行之中某一行过亢之时，必然承之以"相制"，才能防止"亢而为害"，维持事物的生化不息。如木生火，木为火之母，而木被金所克，火能克金，即所谓子复母仇，以维持五行之正常。

2. 五行乘侮规律

五行乘侮是破坏五行之间正常的生克制化而出现的不正常的相克现象。主要体现在相乘和相侮，用来说明自然界的异常气候和机体的病理变化。

（1）相乘　"乘"有乘虚侵袭之意。五行相乘，是指五行中的一行对其"所胜"的过度克制和制约。相乘即指相克得太过，超过正常制约限度，使事物间的关系失去相对平衡的一种表现。五行相乘，表现为木乘土，土乘水，水乘火，火乘金，金乘木的序列。五行相乘的关系与五行相克的关系是一致的。

导致五行相乘的主要原因如下。

①我旺乘他：指某一行过亢，因而对其所胜制约太过，使其虚弱。如"木胜乘土"。

②我虚他乘：指某一行过于虚弱，其所不胜行则相对偏亢，故其受到所不胜行的过度制约而出现相乘。如"土虚木乘"，临床上所见的虚损性脾胃病因情绪变化的发作，多属此种情况。

（2）相侮　"侮"有恃强凌弱之意。五行相侮，是指五行中的一行对其"所不胜"的逆向制约，又称为"反克"，是事物间的关系失去相对平衡的另一种表

现。五行相侮，实为五行之间的反向克制，故相侮序列与相克正相反：木侮金，金侮火，火侮水，水侮土，土侮木。

五行相侮的原因如下。

①我强侮他　指某一行过于亢盛，非但不受其所不胜行之制约，还可乘势相侮，逆向制约其所不胜者。如木行过亢，不仅不受金行的制约，反而逆上侮金，一般称为"木胜侮金"，或"木火刑金"。

②我虚他侮　指某一行虚弱不足，受到所胜行的反向克制而出现相侮。如金行虚弱不足，而木行相对偏亢，金行非但不能制约木行，反而被木行反向克制，一般称为"金虚木侮"。临床所见的慢性虚损性肺病（如肺痨）常因情绪剧烈变化刺激，肝气正亢，因而加重或发作，即属此种情况。

▶ 五、五行学说在动物中医药领域的运用

在动物中医药领域中，根据五行特性归纳五脏的生理特点，构建起五脏与六腑、形体、官窍的生理与病理联系，揭示以五脏为中心的各大系统之间的相互关系及其与自然环境之间的内在联系；同时，借助于五行学说，奠定了机体自身整体性及机体与自然、社会环境相协调的认识，构筑了中医药理论的整体观念。

1. 在组织结构方面

根据五行特性，确立与心、肝、脾、肺、肾五脏相对应的五行属性，并推演类归机体脏腑经络、组织器官的五行属性，构建起以五脏为中心的，与五腑、形体、官窍等相联系的组织系统。要掌握五脏、五腑、五窍、五体、五色、五液、五脉与木火土金水五行的一一对应关系。五脏对应肝、心、脾、肺、肾；五腑对应胆、小肠、胃、大肠、膀胱；五窍对应目、舌、口、鼻、耳；五体对应筋、脉、肉、皮、骨；五色对应青、赤、黄、白、黑；五液对应泪、汗、涎、涕、唾；五脉对应弦、洪、代、浮、沉。

2. 在生理方面

以五行相生规律说明五脏之间的相互资生关系，以相克规律说明其相互制约关系，并用生克制化的理论来阐释五脏之间动态的生理平衡。

（1）相生　如《素问·阴阳应象大论》中提道"肝生筋，筋生心"，可理解为木生火，肝藏血以养心；"心生血，血生脾"，可理解为火生土，如心阳可以温暖脾阳，以助运化；"脾生肉，肉生肺"，可理解为土生

金,如脾运化之水谷精微化气以充肺;"肺生皮毛,皮毛生肾",可理解为金生水,如肺之精津下行以滋养肾精,肺之肃降以助肾纳气;"肾生骨髓,髓生肝",可理解为水生木,如肾所藏之精可滋养肝血,肾阴资助肝阴以制约肝阳,防其上亢。

(2)相克　以五脏相克规律说明五脏之间的相互制约关系,也首先见于《黄帝内经》。《素问·五藏生成》中提道"心之合,脉也;其荣,色也;其主,肾也",这里所谓的"主",即制约、相畏之义。水克火,肾阴上济心阴,共制心阳,以防心火过亢,故肾为心之主。"肺之合,皮也;其荣,毛也;其主,心也",是指火克金,心火温煦肺脏,推动呼吸,以防肺之过寒,故心为肺之主。"肝之合,筋也;其荣,爪也;其主,肺也",是指金克木,肺气清肃下降,可抑制肝气的升发上腾,故肺为肝之主。"脾之合,肉也;其荣,唇也;其主,肝也",是指木克土,肝气之升发,疏泄条达,可促进脾胃的运化,防其壅滞,故肝为脾之主。"肾之合,骨也;其荣,发也;其主,脾也",是指土克水,脾气之运化水液,可防肾水泛滥,故脾为肾之主。

3.在病理方面

用五行生克规律说明脏腑疾病的传变。根据五行的生克关系,任何一行都有生我、我生、克我及我克的关系,用此五行进行联系。五行配五脏以后,也从这样的四个方面来固定一个脏与其他四个脏的联系。

(1)传变　即本脏有病可传至他脏,他脏有病可传至本脏。

(2)按相生关系传变　有以下两种方式。

①母病及子:相生不及,多为虚病。如脾虚及肺,导致脾肺两虚。虚则补其母。

②子病犯母:相生太过,多为实邪。如暑热积于心,心火犯肝,出现心肝火两旺,表现口舌生疮,双目红肿,生眵难睁。实则泻其子。

(3)按相克关系传变　有以下两种方式。

①相乘为病:相克太过,是一种贼邪。如心火乘肺。应泻心清肺。

②相侮为病:表现相克不及,是一种微邪。如肾水虚而心火反侮,出现口舌生疮,尿短赤不畅,排尿带痛。应补水救火。

如以肝为例,肝病传脾,称为"木乘土";脾病传肝称为"土侮木",一般认为肝、脾也可同病,治肝先治脾;肝病传心,即母病及子;肝病传肺,即木侮金;

肝病传肾,即子病及母等。另如以肾为例,肾水本可涵养肝木和上济心阳,当肾精不足时就会出现所谓"水不涵木、肝阳上亢",或心阴不得肾水滋养而引起"心肾不交""心阳偏亢"等病变。

4.在诊断方面

五行学说可指导诊断,推测病情轻重,判断疾病预后。

(1)从本脏所主的色、味、脉来诊断本脏病　如色青,喜食酸味,脉见弦象,可以诊断为肝病;色赤,口味苦,脉象洪,可以诊断为心火亢盛。

(2)从他脏所主的色、味、脉来诊断五脏疾病的传变情况　如脾虚,色青,脉现弦象,为肝病传脾(木乘土);肺病,见色红,脉现洪象,为心病传肺(火乘金);心脏有病,见色黑,为水来乘火。

根据五行主色理论,色泽变化可判断病情轻重。如《医宗金鉴·四诊心法要诀》说:"天有五气,食人入鼻,藏于五脏,上华面颐。肝青心赤,脾脏色黄,肺白肾黑,五脏之常。脏色为主,时色为客。春青夏赤,秋白冬黑,长夏四季,色黄常则。客胜主善,主胜客恶。"五脏之常色为"主色",应时之色为"客色"。客色胜(克)主色,为顺,病较轻浅;主色胜(克)客色,为逆,病较深重。如脾病若见其应时之色为黄色,为顺,因脾脏之主色为黄色,与客色一致;若其应时之色为青色,亦为顺,因此为木克土的"客胜主";若其应时之色为黑色,则为逆,因此为土克水的"主胜客"。其他依此类推。

(3)古代医家还用"色脉合参"来推测疾病的预后　所谓色脉合参,即将通过色诊和脉诊所收集的资料进行综合分析,以评价病情的轻重,推测疾病的预后。更能客观地把握疾病的变化和预后。如肝病色青,见弦脉,为色脉相符。如果不见弦脉,反见浮脉,则属克色之脉(金克木),为逆,主预后不良;若见沉脉,则属相生之脉,即生色之脉(水生木),为顺,主预后良好。

5.在治疗方面

根据五行学说,疾病的传变规律是母子相及和乘侮,故其治疗原则有"补母泻子"和"抑强扶弱"。

(1)按照相生规律确定治疗原则和方法　疾病的转变规律是母病及子和子病及母,因而其治疗原则是"虚则补其母,实则泻其子",又称补母和泻子。

①补母:用于治疗母子两脏的虚证。不管是母病及子还是子病及母的母子两脏皆虚,以及单纯的

子脏亏虚,皆可用补母之法治之。如"土不生金"的脾肺母子两虚,或肺气虚久而影响脾之健运的肺脾子母两脏皆虚,可用健脾益气的"补母"法治之。因脾为肺之母,故补脾则能生肺,不但治母脏脾虚,还能治子脏的肺虚。但应指出,"虚则补其母",并非说子脏虚弱者只补其母脏即可,而是说子脏虚弱者应在补养本脏的基础上兼补养其母脏。

②泻子:适用于治疗子母两脏的实证。不管是子病及母还是母病及子的子母两脏皆实,以及单纯的母脏亢盛,皆可以泻子之法治之。如心火亢盛,子病及母导致的心肝两脏火旺,或单纯的肝火上炎,或母病及子引动心火的肝心两脏皆火盛,皆可以清泻心火的"泻子"之法治疗。需要说明的是,"实则泻其子",并非是见到母脏亢盛时只泻其子脏而置母脏于不顾,而是在清泻母脏盛实的基础上兼以清泻其子脏,以使病邪速除。

根据五行相生理论确定的具体的治疗方法,常用的有滋水涵木、濡木生火、益火补土、培土生金、金水相生、泻火清木、泻土清火等法。

(2)按照相克规律确定治疗原则和方法　根据五行相克规律确立的治疗原则是"抑强扶弱"。或侧重于制其亢盛,使其不得乘侮弱者;或侧重于扶其不足,增强抵御乘侮的能力,避免弱者被欺凌;或抑强与扶弱兼用,损其有余,补其不足,以阻断病证的传变。

①抑强:用于五脏中的某一脏过于亢盛有余而可能引起的对其所胜的"乘"或对其所不胜的"侮"的病理传变。如肝气郁滞或亢逆,则可乘脾犯胃,或化火刑肺。治应抑强为主,可用疏肝或平肝之法。临床应用这一原则时应注意,无论亢盛的脏气有没有乘侮其所胜和所不胜,抑制或削弱这一亢盛的脏气都是必须采用的治疗方法。

②扶弱:用于五脏中某一脏虚弱不足而可能引起的其所不胜之"乘"或所胜之"侮"的病理传变。如脾气虚弱,其所不胜肝及所胜肾会相对偏亢,因而可出现"土虚木乘"或"土虚水侮"的病理传变。治疗时应以健脾为主,脾气得健则精气充满,抵御肝肾乘侮的能力增强,故能阻断传变而使病得愈。

(3)抑强与扶弱兼用　用于五脏之中一脏亢盛有余而其所胜或所不胜虚弱不足,或一脏虚弱不足而其所不胜或所胜偏盛有余而导致两脏以上的病理传变。如肝气亢盛,同时又有脾气虚弱或肺气不足,而产生的肝乘脾或侮肺,治应抑强与扶弱兼用,即疏肝或平肝与健脾或补肺同时并用。

根据五行相克规律确立的具体治法,概括起来主要有抑木扶土、培土制水、佐金平木、泻南补北(即泻心火滋肾水)、补南泻北(即通阳利水)、补火泻金、泻火润金等治法。

(4)按照五行相克理论指导情志疗法　根据情志之间的相胜之理,临床上可激发机体产生有利的情志活动,以矫治其有害的情志变化。这即是情志相胜的心理疗法。金代医学家张子和将情志的五行相胜理论应用到临床实际中,开"以情胜情"以矫治不良情志之先河。他在《儒门事亲》中说:"悲可以治怒,以怆恻苦楚之言感之;喜可以治悲,以谑浪亵狎之言娱之;恐可以治喜,以恐惧死亡之言怖之;怒可以治思,以污辱欺罔之言触之;思可以治恐,以虑彼志此之言夺之。"

六、阴阳五行学说的相互关系

阴阳学说主要说明事物本身的对立属性,五行学说则是说明事物与事物之间的关系。两者学说不同,又相互为用。阴阳五行都是以脏腑经络等作为物质基础,用阴阳学说说明机体及各脏腑之间的对立统一,而用五行学说说明脏腑内外的相互联系。只有两者结合起来,才能更深入、更具体地阐明动物机体极为复杂的变化。

任何脏器都有阴阳两个方面,因而任何脏器发病都有阴阳偏盛或偏衰现象。疾病的传变规律可用五行学说来解释。如肾虚有肾阴虚与肾阳虚的不同,若是肾阴虚,就可根据五行传变规律,了解到可导致水不涵木之证,即肝阳上亢,补肾阴时用柔肝潜阳药。

七、以脾虚泄泻为例,辨证求因以治病求本

①饲养管理不当,伤及脾气出现泄泻,表现体瘦毛焦、口色淡、四肢无力、腹泻。宜补中益气,应用参苓白术散。

②饮冷过多,寒湿困脾出现泄泻,表现口色青黄、口鼻发凉、粪稀如水、无臭味。宜温脾渗湿,应用胃苓散。

③肝木乘脾土，表现腹痛、泄泻、泻后腹痛不减。宜扶土平木，应用痛泻要方。

④肾阳虚致脾阳虚，表现长期腹泻，黎明时泄泻较重。宜补命门之火生土，用四神丸。

⑤暑天，草料热水污，湿热积于胃肠，伤及脾，湿热下注引起腹泻。表现口色红、舌苔黄腻、粪稀臭、小便短赤、脉数滑。宜清热利湿，应用郁金散。

⑥伤食泄泻，食物积于胃肠至脾之运化失常，表现口色红、苔厚、腹胀、粪中有消化不全的谷物、脉滑数。宜消食导滞，应用保和丸。

作业

1.概念：五行、五行学说。
2.试述五行的特性。
3.简述五脏、五腑、五窍、五体、五液、五味、五志等与五行的对应关系。
4.简述五行变化的基本规律。
5.简述五行学说在病理和治疗方面的应用。

拓展

请你利用五行变化规律分析脾虚后五脏会出现哪些情况？

自我评价

评价内容	记忆情况	理解情况	百分制评分结果	不足与改进
五行学说的概念				
五行的特性				
事物按五行的归类				
五行变化的基本规律				
五行学说的应用				

任务三　脏腑学说

学习导读

教学目标

1. 使学生掌握脏腑学说、五脏、六腑、奇恒之腑及三焦的基本概念。

2. 使学生掌握五脏的各自功能及常见病理表现。

3. 使学生掌握六腑、奇恒之腑的功能及常见病理表现。

4. 使学生掌握脏腑的关系。

教学重点

1. 掌握脏腑学说、三焦的基本概念。

2. 掌握肝、心、脾、肺、肾的具体功能及常见病理表现。

教学难点

运用脏腑学说结合五脏功能分析动物机体的病理表现。

课前思考

1. 你知道"观其外而知其内"的真正含义吗?

2. 你知道五脏盛衰可以分别观察体表的哪些部位吗?

3. 你知道出汗、痉挛、脱肛、胸闷、二便失禁分别与哪些脏器有关吗?

学习导图

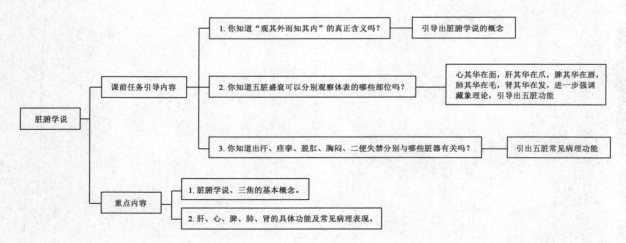

一、概述

1.脏腑的概念

脏腑是机体内脏的总称,包括五脏、六腑、奇恒之腑。五脏的功能是贮藏气、血、精、津液,而六腑主管水谷的受纳、消化、吸收、传导及排泄。脏以藏为主,腑以通为用。奇恒之腑,既有异于正常的五脏,又不同于一般的六腑,形似腑,而功能似脏,与脏腑关系极为密切。

(1)五脏　包括心、肝、脾、肺、肾;从功能上讲是化生和贮藏精气的内脏;具有藏精气而不泻的特点。

前人把心包列入,又称六脏,但心包位于心的外廓,有保护心脏的作用,其病变基本同于心脏,故历来把它归属于心,仍称五脏。

(2)六腑　包括胆、小肠、胃、大肠、膀胱、三焦(无三焦称五腑);从功能上看是受纳和传化水谷的内脏;具有泻而不藏的特点。

(3)奇恒之腑　奇恒之腑,"奇"是异,"恒"为常之意,奇恒之腑就是异常之腑,就是奇特的腑、不寻常的腑,说它奇特、不寻常是因为这一类腑在形态上似腑,而功能上似脏,即不同于一般的六腑,故称"奇恒之腑"。

奇恒之腑包括脑、髓、骨、脉、胆、胞宫;功能上,它不与水谷直接接触,而是一个相对密闭的组织器官,形似腑,功似脏,具有类似于脏的贮藏精气的作用;奇恒之腑的特点:除胆外不与脏腑相表里,藏而不泻。

2.脏腑学说的概念

脏腑学说是通过观察机体外部的征象,来研究内在脏腑、组织器官的生理、病理及其相互关系的学说。

古有藏象之说,藏象理论即动物中医药内容中的"生理学",主要包括经络与脏腑等理论。藏指藏之于体内的内脏;象即征象和形象,这里的征象包括三个方面的内容,即动物机体各个脏腑的生理功能、病理变化及其相互关系的外在表现。由此可见,这一学说主要通过研究机体外部的征象,来了解内脏活动的规律及其相互关系。

二、五脏

(一)心

心居于前焦胸中,坐于横膈之上,两肺之间而偏左。心是脏腑中最重要的器官,为机体生命活动的中心,它在脏腑的功能活动中起主导作用,使之相互协调。具有主宰一身上下,统管五脏六腑,故称"君主之官"。其经脉为前肢少阴心经,与前肢太阳小肠经相表里;五行属火,其在体为脉,在窍为舌,在志为喜,在味为苦,主时于夏,在液为汗,其华在面。病理特征为火热。其主要生理功能如下。

1.心藏神,即心主神志

"神"指精神活动,即机体对外界事物的客观反映。它可以通过眼神、叫声、反应、肢体活动来反映出来。机体的精神意识思维活动主要由心所主持。

精血是精神活动的物质基础,心血充足,精神充足;反之,心血不足,神不能安藏,则出现活动异常或惊恐不安,宜养血安神;心阴不足时出现健忘、失眠;心阳亢盛时出现狂躁,宜清心泻火;邪入心包或痰迷心窍时出现昏迷、口舌不清,宜清心开窍。

2.心主血脉

心主血脉是指心能推动血液在脉管内运行,以营养全身的功能。脉为血之府,机体的血液依靠心气的推动而在血脉中流行,输送至全身,心脏、血和脉管构成全身相对独立的循环系统,其中任何一个环节的异常,就会导致心主血脉生理功能的障碍。

心有病可通过口色和脉象反映出来。心气足,则脉通血畅,口似桃花,脉搏平和且有节律性;心气不足,则口淡白,脉细无力;心气衰,则气滞血凝,口色青紫,脉节律不齐,脉涩不畅,出现结代脉。

3.心主汗

血汗同源,汗为心之液,汗为津液所化生,津液又是血液的重要组成部分。夺汗者无血,夺血者无汗。心阳不足,则腠理不固而自汗。心阴虚,阳不摄阴,则阴虚盗汗。心阳不足及心阴虚,用汗法时宜慎重。汗多不仅伤津耗血,也耗散精气。"汗为心之液",由阳气蒸腾津液,经玄府而排出体外。

4.心开窍于舌,其华在面

舌为心之苗,心经别络上行于舌,而心的气血能上行于舌,因而心的生理功能及病理变化最易在舌上反映出来。即为心者外应于舌。舌红、舌紫、舌淡、舌卷、舌强等反映了心主血脉、主神明的功能状态。

心血充足,则舌体柔软红润,运动灵活;心血不足,则舌色淡而无光;心血瘀阻,则舌色青紫;心经有热,则舌质红绛,口舌生疮;热入心包或痰迷心窍,则舌蠕动伸卷障碍。

5.心志为喜

心情舒畅,有助于气血的和畅;喜乐过度则心气涣散,耗伤心神,故有"喜伤心"之说。

附:心包络

心包络或称心包,为心的外围组织,有保护心脏的作用。当外围诸邪侵犯心脏时,一般由表入里,由外入内,先侵犯心包络。实际上,心包受邪所出现的病证与心是一致的,用药基本相同。心与三焦相表里。

(二)肺

肺位居胸中,左右各一,肺为华盖。肺为水之上源,肺朝百脉主一身之气,故称为"相傅之官"。心为君主之官,肺位高非君,故官为相傅,犹宰相辅佐君主,调治全身,肺主气,气调则营卫脏腑无所不治。肺为娇脏,不耐寒热,易受邪气侵犯。其经脉为前肢太阴肺经,与前肢阳明大肠经相表里。五行属金,上通喉咙,开窍于鼻,在体合皮毛,在志为忧、为悲,在液为涕,在味为辛,主时于秋。病理特征为燥。其主要生理功能如下。

1.肺主气、司呼吸

肺不仅主呼吸之气,而且主整个机体上下表里一身之气。肺吸入自然界之清气,并与脾运化的水谷之精相结合于膻中,在元气作用下形成宗气,一方面贯于心脉(肺朝百脉)以行气血,输布、供养全身脏腑器官组织,促进和维持机体活动;另一方面行呼吸,吸清吐出代谢后的浊气,生生不息。故称肺主一身之气,为诸气之本。肺气不足则咳喘无力自汗。

2.肺主宣降、通调水道

①宣指宣发,即肺气向上向外分布发散。向上呼出浊气,向外宣布卫气于腠理(腠理 còulǐ,为皮肤、肌肉的纹理,分皮腠、肌腠,又指皮肤和肌肉的交接处,腠理是渗泄液体、流通和合聚元气的场所,有防御外邪侵袭的功能),并且肺气可推动气血津液向上向外散布。肺气不宣,胸闷气喘,鼻塞喷咳,无汗。

②降即清肃下降,肺居前焦,以清肃下降为顺。肺气可推动气血津液向下散布。肺为清虚之脏,其气宜清不宜浊。肃降可清除肺气管内的异物,若肺气不能清肃下降,则气郁闭于肺,可引起咳痰、咳血、咳喘、吸少呼多。

③通调水道指通过肺的宣降,对体内水分进行输布、运行、排泄。肺将脾上输的水液精微,通过宣发温润皮肤;通过肃降将水液下归于肾,肾分清浊,清者经肾气化,浊者下输膀胱,成为尿液排出。肺气

不降出现水液停留、水肿、痰饮。

3.肺主一身之表,外合皮毛

一身之表,包括皮肤、汗孔、被毛等组织,简称皮毛。肺是抵御外邪侵袭的外部屏障,卫气行于皮毛而充养腠理、御卫外侮,有赖于肺气宣发才能实现。肺经有病可反映于皮毛,皮毛受邪可传于肺。肺气虚,皮毛不固,易感冒、易出汗。汗孔为气门,有换气之用;天冷收缩,减少出汗散热,天热反之。

4.肺开窍于鼻

鼻的通气和嗅觉功能,都是肺气所主。肺气调和,则呼吸畅利,嗅觉灵敏。鼻为肺窍,为呼吸的门户,又可成为邪气犯肺的通道。鼻为肺的外应,为病理症状反映所在。

5.肺主声

喉为肺之门,发声之器,声音由肺气鼓动声带而发生。肺气足则声音洪亮;肺气虚则声音低弱。风寒外感,肺气壅塞,声音嘶哑,称为"金实不鸣";内伤肺痨,肺气严重亏损,声音嘶哑,称为"金破不鸣"。

6.肺朝百脉而主治节

全身的经脉相会于膻中,通过肺的治理、调节气血津液的功能,使全身组织器官有序运作。

7.肺藏魄

魄属机体精神活动中有关本能的感觉和支配动作的功能,为五脏精气所化生,古人认为属肺所藏。

(三)脾

脾为后天之本,脏中之母,气血生化之源。脾位居中焦,其经脉为后肢太阴脾经,与后肢阳明胃经相表里,五行属土,其在体合肉,在志为思,在窍为口,在味为甘,在液为涎,在季为长夏;具有宣发与肃降、升清降浊的生理特性。病理特征为湿。其主要功能如下。

1.脾主运化

运指运输,化指消化和吸收。脾具有运化水谷精微和水湿的功能,为营血化生之源,后天之本,机体营养皆赖此得以补给。

①运化水谷精微,胃初步消化,脾进一步消化吸收,将营养物质输送到肺、心,通过经脉再传送到周身,以供生命活动。脾的这种功能旺盛,称为健运。脾不健运会出现腹胀、腹泻、消瘦。

②运化水湿是指脾有促进水液代谢的作用。在运输水谷精微的同时,把水液运送到周身各组织,以滋养全身。脾运化水湿功能失调,出现水湿停留。诸湿肿满,皆属于脾。停留于肠则腹泻,停于腹腔则

腹水,停于肌肤则浮肿,聚于气管则痰饮,所以说脾为生痰之源。

③脾主升清降浊是指水谷之精微经脾吸收向上输送至肺,水谷之浊由胃、小肠传到大肠。脾气不升而下陷,除了导致泄泻之外,还可引起内脏垂脱;浊者不降而上升出现呕吐、呃逆。

2.脾主统血

脾主统血,是指脾的功能为统摄血液,脾主中焦之气,能化生为营气,脾气旺盛,脉管壁致密,营气能控制血液在脉道内正常运行,不致外溢。脾气虚,脉管疏松,营气不足,失去对血的统摄之功,引起各种出血症,因脾气主升,所以脾气虚升发不足且不能统摄血液,多见于便血、尿血、子宫出血。古人称治血先治脾,治脾是治疗慢性出血的基本原则。

3.脾主肌肉及四肢

因脾胃的正常运化而使四肢、肌肉得以滋养,并能正常活动。脾气虚弱,则见四肢消瘦无力,内脏肌肉也出现松弛,表现下垂,应补中健脾益气;脾受湿困,则见四肢沉重浮肿,应健脾燥湿。

4.脾开窍于口,其华在唇

脾主运化,口主摄食,故口为脾之上窍;脾为气血化生之源,脾运化的盛衰、气血充足与否可通过唇色反映出来,故唇是脾的外应。脾健则食欲旺,口色鲜明,桃红色;脾虚不健运则食欲不振,味觉反常,唇色淡白无光。脾有湿热,口唇红肿。脾经热毒上攻,口唇生疮。

5.脾藏意与智、主思

意指意念、思维等精神活动。意以水谷精微为物质基础,过度思虑筹谋会伤脾,影响脾的健运功能,出现不思饮食、胸腹痞满。

(四)肝

肝位于腹部,右胁之内,横膈之下,为后焦,胆附于肝。肝旧称"将军之官",即为刚脏,主动主升,喜通畅而恶抑郁。其经脉为后肢厥阴肝经,与后肢少阳胆经相表里,经脉布于两胁。五行属木,在窍为目,在体合筋,在志为怒,在液为泪,在味为酸,在时为春。病理特征为风。其主要生理功能如下。

1.肝藏血

肝藏血,指肝有贮藏血液和调节血量的功能,故有"肝主血海",肝为罢极之本,"罢极"引申为"疏泄""调节"之意,肝对机体之气血有疏泄、调节的作用。冷、静时,血液贮藏于肝;热、动时则肝脏排出所藏血液,以供机体活动需要。血液静则入肝,动则入心。

肝藏血还可制肝阳气太过,防止出血。

肝藏血功能失调表现如下。

①肝血不足,血不养目,发生目眩、目盲。

②肝血不足,血不养筋,出现肢体麻木、屈伸不利、筋肉拘挛。

③肝不藏血,肝的阴血不足,可引起肝阳上亢,而出现眩晕、肝火、肝风、各种出血性疾病,并扰乱心神引起烦躁不安。

2.肝主疏泄

肝主疏泄指肝脏具有疏通、开泄全身气血的功能。肝喜通达而恶抑郁,主管全身气机的舒畅条达,但也不宜过分高兴。肝能助脾胃消食运化。其气升发,能舒畅气机。肝气郁结,则气郁易怒,不思饮食。肝经绕行生殖系统,生殖功能也与肝气疏泄有关系。

肝主疏泄功能具体表现在以下几方面。

(1)协调脾胃　保持脾胃正常消化功能。

①肝输注胆汁,以帮助脾胃正常消化,肝疏泄失常,则胆汁分泌受阻,出现胸胁胀痛、黄疸、食欲不振、消化功能紊乱。

②肝主疏泄,可协助脾胃的升清降浊,肝气太旺,导致肝脾不和,呈现肝木乘脾土。表现脾清阳不升而降,出现腹痛、肠鸣、腹泻、粪灰白或青绿;胃浊气不降而升,出现呃逆、嗳气、呕吐。

(2)调畅气机血津　肝主升主动,肝疏泄功能正常,经络、三焦、水液升降的道路通利,才能气血和调,血液运行、津液正常分布,脏腑活动正常。

①肝疏泄功能减退:则肝气郁结,出现胸胁胀痛。肝失调达,气滞血瘀,血液运行障碍,出现瘀血、肿块;影响三焦的通利或水液升降的道路,津液输布障碍,出现痰饮、腹水、浮肿。

②肝疏泄功能太过:则肝火上逆,出现胸胁胀痛、高血压,严重时血随气逆,出现血从上逆,口、鼻、脑出血,猝然昏倒。

(3)协调情志　保持精神活动正常。心主神,但必须有气血营养,肝疏泄正常,气血平和,心神有所依有所养,精神正常。肝气郁结,则精神沉郁、胸胁疼痛;肝气亢盛,则狂躁不安。

(4)调节生殖功能　肝血不足,任冲失养,影响母畜的发情排卵,公畜的排精。

3.肝主筋,其华在爪

筋即筋膜(包括肌腱),联系着骨和关节,约束肌肉,控制着全身筋腱及关节的运动功能。肝主筋主要与肝藏血有关,还有赖于肝疏泄的气血所滋养。

肝血不足,血不养筋,四肢拘紧无力,伸屈不利,麻木;肝热伤津动血,出现四肢抽搐震颤、角弓反张、牙关紧闭,甚至肝风内动出现中风。爪为筋之余,反映肝血盛衰,肝血不足,则指趾薄弱无力、变形、脆裂、干枯无光。

4.开窍于目

目主视觉,与肝有经脉相连,其功能的发挥有赖于肝血的滋养。眼睛功用正常与否,与肝的精气盛衰密切相关。肝开窍于目,其经脉连目,上至额,与督脉会于巅。肝火上炎,可见两目肿赤、生翳;肝虚则两目干涩,视物不明;肝风内动,则两眼上翻;肝冷则流泪。

5.肝主谋虑

肝病多急躁善怒,急躁善怒则谋虑不周。肝为将军之官,其气刚强,不平则鸣,郁勃而怒,怒而失制,气血上逆,则可发为吐血、厥逆中风等病。

(五)肾

肾位于腰部,腰为肾之府。有左为肾、右为命门之说。肾居后焦,其经脉为后肢少阴肾经,与后肢太阳膀胱经相表里。五行属水,在窍为耳,在体合骨,在志为恐,在液为唾,在味为咸,主时于冬。具有肾性潜藏、集阴阳水火于一脏、喜润恶燥等生理特性。病理特征为寒。其主要功能如下。

1.肾藏精

精为肾阴、元阴或真阴,有滋养作用。广义之精泛指一切精微物质,包括气血精津液及饮食水谷精微等。狭义之精指生殖之精。生殖之精的一部分直接禀受于父母,与生俱来,属于"先天之精";生殖之精还包括机体发育成熟后形成的精子和卵子。肾为先天之本,所藏之精主生长、发育与生殖。

肾所藏之精为机体生命活动的基础。肾所藏先天之精(本脏之精),构成机体生命活动(生长、发育、衰老、繁殖)的基本物质;肾所藏后天之精(水谷之精),由五脏六腑所化生,是维持机体生命活动的基础。二者相互资生,相互联系。

2.肾主命门之火

命门即生命的根本,"火"指功能。命门之火又称肾气、元阳或肾阳(真阳),也藏于肾,是肾脏生理功能的动力,又是机体热能的根源。肾所藏之精需要命门之火的温养,才能发挥其滋养各组织器官及繁殖后代的作用。脾胃之火需要先天命门之火温蒸,命门之火不足,全身阳气衰弱。

肾阳和肾阴概括了肾脏生理功能的两方面:肾阴对脏腑起濡润滋养作用,肾阳对脏腑起温煦生化作用,两者相互制约、相互依存,维持相对的平衡。肾阴虚与肾阳虚本质都是肾的精气不足。肾阴虚则内热,并多伴有肺阴虚;肾阳虚则形寒肢冷,并多伴有脾阳虚。

3.肾主水

肾在机体水液代谢过程中起着升清降浊的作用。水液代谢由肺、脾、肾三脏共同完成。水液进入胃肠,由脾上输于肺,肺将浊中之清传布全身,而清中之浊由肺的肃降下行于肾,肾再加以分清泌浊,将浊中之清,经肾阳气化上输于肺,浊中之浊下注于膀胱,排出体外。气化就是通过肾阳将浊中之清蒸化上输于肺的作用。

肾是主持和调节机体水液代谢的重要器官,主要体现在以下两方面。

其一,肾对水液有直接的蒸腾汽化作用,并调节尿液排泄。肾位于后焦,接纳肺通调水道输送来的津液,将清者蒸腾于上,发挥其滋养濡润作用;浊者下输膀胱,形成尿液排出体外。

其二,肾对津液代谢过程中的各个器官都有调节、推动、促进作用。肾藏精,为元气化生之源,如肺对津液的宣肃、脾对津液的运输等动力皆源于肾。

4.肾主纳气

肺司呼吸,为气之本,肾主纳气,为气之根。呼吸之气由肺所生,但吸入之气必须下纳于肾,才能使呼吸均匀。肾气充足,才能纳气正常,若肾虚,根本不固,纳气失常,影响肺气肃降,出现呼多吸少、喘息等症。

5.肾主骨、生髓、通于脑

骨,即骨骼。骨中有腔、隙,内藏骨髓,故曰"骨者髓之府";肾藏精,精能生髓,髓以养骨,故骨髓的生长、发育、修复等,均有赖于肾中精气的滋养。"齿为骨之余""发为血之余",肾主骨藏精,精血同源,所以牙齿、头发的生长、脱落,均与肾气盛衰有关。肾气盛,则齿健发长;肾气衰,则发脱齿松。

髓由肾精所化生,分为骨髓、脑脊髓,脊髓通上聚而成脑。脑主持精神活动,又称"元神之府",需要肾精化生滋养,肾精亏虚,则头眩晕耳鸣、记忆力减退。

6.肾开窍于耳,司二阴

耳为肾的外窍,司听觉,有赖于肾精的充养,肾精充足,则听觉灵敏,肾虚则耳鸣耳聋。肾下窍为二阴,前阴有排尿及生殖作用,后阴有排粪便的功能,都由肾所主。肾阳不足，出现尿频、阳痿、便溏；肾阴虚则尿液混浊、便秘。一般阴损及阳，阳损及阴，肾无实证，不宜泻，泻则泻肝。

此外，肾有三个特性。

①肾主蛰藏：肾有摄纳封固之性，能固水津、摄二便、纳气、固胞胎、封藏膏脂。肾虚则肾失潜藏，精气耗泄。可表现为肾不纳气的呼吸异常，或精关不固的滑精早泄，或冲任不固的崩漏滑胎，或二便失摄的遗尿溏泻等。治疗多以补肾为大法，辅以固摄收敛之品。

②肾恶燥：肾为水脏，主藏精，主津液。燥易伤阴津、耗损肾液，故肾具恶燥的特性。因此临床肾病治疗不宜过用燥烈之品，即使是肾阳不足，也应在补阳方中加入滋阴之品以阴中求阳，肾气丸的组方即体现了这一原则。《金匮要略》中肾气丸以六味地黄配合桂枝、附子温补命门真火。

③肾为水火之脏：肾精在肾气的作用下化生为肾阴、肾阳，为一身阴阳之根本。"五脏之阴气非此不能滋，五脏之阳气，非此不能发。"因此，肾阴、肾阳又称为真阴、真阳或元阴、元阳，也称为命门之水或命门之火。肾寓真阴真阳，故为水火之脏。

肾为水火之脏的临床意义有两个：其一，一身之水火由肾所主，因此全身性水火失调的病变多属肾的水火失调，对肾的治疗是根本性的治疗方法。其二，水火的失调以寒热为表现，所以对寒热的治疗应追究其本——水火之源的肾。

▶ 三、六腑

(一)胆

胆汁是由肝之余气泄于胆(马有胆管，无胆囊)，聚而成精。胆汁清而不浊，所以胆为清净之腑。

胆的主要功能：①贮藏和排泄胆汁，以助消化，与其他腑转输功用相同，但所盛者为清净之汁，与五脏藏精气作用相似，即形如腑，功用如脏，又为奇恒之腑。②胆主决断，如胆虚则胆怯、易惊、易怒、睡眠不宁。胆汁的排泄由肝之疏泄功能所控制，肝失疏泄、胆汁排泄不利、脾运化失调，出现腹胀、胆汁上逆口吐黄水、胆汁外溢出现黄疸。

(二)胃

胃的主要功能为受纳和腐熟水谷(消化食物)。机体后天营养充足与否，主要取决于脾胃的共同作用，所谓"脾胃为后天之本"。胃接受水谷并进行初

步消化的功能，称为"胃气"。根据胃气功能状况可判断疾病预后，"有胃气则生，无胃气则死"，故要保胃气。胃的好坏影响脏腑营养的供给，胃为水谷气血之海，水谷经胃消化，一部分转化为气血，另一部分下降到小肠吸收水谷之精微，经脾运化至肺，再至全身。

胃的特性表现：胃气宜和、宜降、喜润恶燥。这样才能消化水谷，推动水谷下行入小肠。胃病则出现食欲减退、恶心呕吐、嗳气肚胀、胃脘胀痛。如脾胃不和、胃气不降则食物停滞而出现腹胀，胃气上逆出现呕吐。

(三)小肠

小肠的主要功能为接受胃传来的水谷，继续进行消化吸收而分别清浊。清者为水谷精微，吸收后经脾传送到全身，浊者为糟粕及多余水液，下传至大肠或肾排出体外。

小肠有病，除了影响到消化吸收功能以外，还出现排粪、排尿困难，表现尿少粪稀或尿多粪干。如小肠实热，则尿短赤、排尿时有灼痛，因与心相表里，则口舌溃烂。治疗泄泻，则使用利尿药，使水走膀胱，泄泻自止。小肠有病的原因是小肠的升清降浊功能失调，清气不升而下降出现腹泻，浊气不降而上升出现呕吐、腹胀、腹痛、便秘。

(四)大肠

大肠的主要功能是形成粪便，进行排泄，即受纳小肠下注的水谷残渣，吸其多余的水分，最后燥化为粪便，排出。大肠功能与肾的司二阴和肺的肃降功能有关。

大肠是传送糟粕的通道。大肠有病可见传导失常的各种病变，若大肠虚寒不能吸收水液，燥化不及，则肠鸣、便溏，应以收敛为主；若大肠温热，灼水液过多，即燥化太过可导致粪便秘结，应以导泻为主。

(五)膀胱

膀胱的主要功能是潴留及排泄尿液，所谓"膀胱为津液之腑"。尿生成于肾，经肾阳蒸化而成尿液，下渗膀胱，积蓄一定量后排出。肾阳不足，膀胱功能减弱，不能约束，会引起尿频、尿淋漓；若膀胱湿热蕴结，出现排尿带痛、尿闭或血尿。

(六)三焦

三焦分前、中、后三焦，包括前、中、后有关脏器及部分功能，不是一个独立的器官，是输送水液、养料及排泄废物的通道，总管全身的气化，引导命门元

气分布于全身,促进各器官生理功能,是机体气化的场所及气升降出入的通道,与心包相表里。膈以前为前焦,包括心、肺等脏器;脘腹部相当于中焦,包括脾、胃等脏腑;脐以下为后焦,包括肝、肾、大肠、小肠、膀胱等脏腑。

前焦如雾,说明前焦输布之气像雾一样弥漫;中焦如沤,说明中焦主要腐熟水谷;后焦如渎,说明后焦主水液排出。前焦的功能是主血脉、司呼吸,受纳由脾传来的水谷之精,将水谷之精气输于全身,温养肌肤、筋骨;中焦的功能是消化水谷,将营养物质输送于肺,灌于心化生为营血;后焦的功能是分别清浊,将清者吸收,将糟粕及代谢后的水分等浊物排出体外。

有人认为"水道"其实就是三焦。原因有四:一是《素问·灵兰秘典论》中提道:"三焦者,决渎之官,水道出焉",而对其他任何脏腑器官都未曾使用过"水道"的称法;二是三焦是一个管道系统,既可通行元气,又可通行水液;三是三焦的实质是机体组织间或大或小的间隙结构,这在客观上有水液运行的形态基础;肺主宣发,能将水液外输于皮毛,又主肃降,能将水液向下传送到肾,唯有通过上述间隙结构才能进行;四是三焦上连于肺,下通于肾,故元气由肾经三焦上达于肺以转化为大气,水液则由肺经三焦下行于肾以分清泌浊。

▶ 四、奇恒之腑

奇恒之腑包括脑、骨、髓、胆、脉、胞宫。奇就是异,恒就是常,由于其形不同于五脏六腑,其功能有藏精的作用,但又不同五脏六腑,所以叫奇恒之腑,胆除外。

(一)脑

脑藏于头颅骨内,脑为髓之海,与脊髓相通,与全身骨髓密切相关,脑与脊髓合称脑髓。脑髓盈虚影响肢体运动、耳目灵敏度、精神活动。脑髓空虚则肢体无力、反应活动迟钝、视力障碍、听觉下降;脑髓充盈则四肢轻健有力、反应灵敏、视力敏锐、听觉灵敏。

(二)髓

髓生于肾,藏于骨,营养骨骼关节,髓通过孔隙与骨外精液相通,所以水谷之精可补益髓,伤津导致髓海空虚、骨骼伸屈不利。

(三)骨

骨是机体的支架,其性刚坚,靠髓滋养,骨失髓养则生长不利,出现骨痿症。

(四)脉

脉为气血运行的通道,与心肺相关,气行则血行,气滞则血凝,所以脉为血腑,以气为本。血病多由气,气病必及血,脉搏可反映脉中气血的多少、运行的快慢、气血关系正常与否、内脏的活动情况。脉可以运输、约束、促进气血按一定的路径和方向运行来营养全身。

(五)胞宫

胞宫即为子宫,实际上是子宫、输卵管和卵巢的总称。主母畜发情和孕育胎儿,这与肾和任冲二脉有关。肾藏精,主生殖,任脉起于胞宫,主孕育胚胎,冲脉起于胞宫,为血海,为生殖器官和胎儿供血。肾与任、冲二脉气血旺则母畜发情、孕育正常,否则不发情、不孕、流产。由于发情、孕育与血液有关,所以与血液有关的心、肝、脾也与之密切相关,对治疗母畜不孕症,多以调理肝肾冲、任二脉着手。

脑、髓、骨、胞宫属肾,脉属心。可观其外而知其内,脏腑学说运用阴阳五行学说说明整体。心与小肠应脉,肺与大肠应皮,肝与胆应指趾,脾与胃应肉,肾与三焦、膀胱应腠理毫毛。

▶ 五、脏腑之间的关系

(一)五脏之间的关系

1. 心与肺

心与肺之间的关系为血与气的关系。心主血,肺主气。气为血帅,血为气母,气行则血行,气滞则血滞。

2. 心与脾

心与脾的关系在于心血有赖于脾所传输的水谷精微的化生,脾的运化功能也有赖于心血的滋养,并在心神的统管下正常进行。脾气虚弱,运化失职,可导致心血不足或脾不统血,而引起出血;若心血不足或心神失常,引起脾运化失健,出现食欲减弱、肢体倦怠。

3. 心与肝

心与肝的关系主要表现在血液方面。心主血,肝藏血,二者配合对血液循环及血量调节起保护作用。心血不足,肝血也因之而虚,肝血不足,心血也弱。心血不足,引起肝血亏虚,导致血不养筋,筋骨酸痛、四肢抽搐、拘挛。肝血不足，导致心血不足，出现心悸怔忡。另外，肝主疏泄，心藏神，如肝疏泄失常，出现肝郁化火，会扰及心神。

4. 心与肾

心与肾的关系：一方面表现为相互滋生，心主血，肾藏精，精血相互滋生；另一方面表现为相互制约，心火下降，以资肾阳，温煦肾阴，使肾水不寒；肾水上济于心，以资心阴，濡养心阳，使心阳不亢，这种阴阳相交、水火相济的关系称为"水火既济"或"心肾相交"。常见病理表现有心火不足、水气凌心和心肾不交。治疗心肾不交可用交泰丸，交济水火，药方取黄连苦寒，入少阴心经，降心火，不使其炎上出现口舌生疮；取肉桂辛热，入少阴肾经，暖水脏，不使其润下出现粪溏；寒热并用，如此可得水火既济。

5. 脾与肺

脾与肺是益气与主气的关系，脾为后天气血化生之源，脾主运化，肺主气。所以"脾为生气之源，肺为主气之枢"。另外，在运化水湿方面，"脾为生痰之源，肺为贮痰之器"。脾不健运，水液停滞不运，肺气虚，水液宣降失职，都会引发水液代谢不利，出现水肿、倦怠、腹胀、便溏。

6. 肝与肺

肝与肺的关系表现在气机升降方面。肝以升发为顺，肺以肃降为常，二者协调，气机升降运行通达无阻。肝气上逆，影响到肺肃降，胸满喘促。肝阳过亢，引起肺燥咳嗽。肺失肃降，影响到肝气升发失常，出现胸胁胀满。气虚血涩，出现肝血瘀滞，肢体疼痛。

7. 肾与肺

肾与肺的关系在于水液代谢与呼吸。肺主通调水道，肾主开阖；"肾主一身之水，肺为水之上源"。肺依靠肃降将水下降到肾，肾分清浊，清者通过气化上传于肺，浊者下降到膀胱化生为尿液排出体外。肺主吸气，肾主纳气，"肺为气之主，肾为气之根"，肾气不足，肾不纳气，出现呼吸困难，呼多吸少。肾阴不足，肾虚火旺，出现虚热盗汗、干咳。肺气不足，亦可影响到肾，引起肾虚。

8. 肝与脾

肝与脾的关系为疏泄和运化的关系。肝藏血，脾统血。肝气郁结，疏泄失常，脾不健运，腹满泄泻、腹痛。脾失健运，水湿内停，也可引起肝疏泄不利，胆汁不能溢入肠道，引起黄疸。

9. 肝与肾

肝与肾的关系表现在精和血。肾藏精，肝藏血，二者相互依存，相互补充。肝肾二脏盛则同盛，衰则同衰，故有"肝肾同源""精血同源"之说。肾精不足，导致肝血亏虚；肝血不足，影响肾精滋生，二者相互制约。

10. 脾与肾

脾与肾的关系为先天之本与后天之本的关系。脾主运化，肾藏精，二者相互滋生促进。肾阳不足，不能温煦脾阳，以至脾阳不足；脾阳不足，不能运化水谷之精气，可引起肾阳不足，常见脾肾阳虚之证。

（二）六腑之间的关系

六腑之间的关系主要是传化水谷关系。六腑泻而不藏，以通为用。六腑以通畅为顺，所谓"腑病以通为补"。通里攻下是六腑疾病的常用治则。

（三）脏与腑之间的关系

脏以藏为主，腑以通为用。

1. 心与小肠

心与小肠为一脏一腑的表里关系。心气正常，小肠才能分别清浊。小肠有热，循经脉上循于心，发生口舌糜烂；心经有热，移至小肠，出现尿短赤、排尿涩痛等小肠实热病证。

2. 肺与大肠

大肠的传导功能有赖于肺气的肃降，而大肠传导通畅，肺气才能和利。肺气壅滞，失其肃降之功，大便秘结。大肠传导阻滞，肺气肃降失常，出现气短咳喘。临床肺有实热则宜泻大肠，大肠阻塞时可宣通肺气。

3. 脾与胃

脾主运化，胃主受纳。脾气主升，胃气主降。脾性本湿而喜燥，胃性本燥而喜润。二者一纳一化，一升一降，一湿一燥。胃气不降，出现嗳气、呕吐。脾气不升，食欲不振，倦怠疲乏。脾气下陷，出现久泻脱肛。临床上常脾胃并论，脾胃同治。

4. 肝与胆

肝与胆关系到胆汁正常排泄与贮藏。肝疏泄失常影响到胆汁的分泌；胆汁分泌失常，又会影响到肝的功能，出现黄疸、消化不良等症。肝胆在病理上关系密切，在治疗上相互为用，肝胆同治。

5. 肾与膀胱

肾与膀胱的关系为二者共同维持水液代谢的平衡。肾气充足，固摄有权，膀胱开阖有度，维持水液正常代谢。

6.心包络与三焦

心包络与三焦在经脉上存在表里关系。心包为心之使,三焦为元气之使。一内一外,互相配合。在热病过程当中,湿热合邪,稽留三焦而病在气分,未能制止其发展,则病邪由气分入营分,由三焦内陷心包,可引起神乱、昏迷等症。

(四)脏腑与五体的关系

五体即脉、筋、肌肉、皮肤、骨。心主脉、肝主筋、脾主肌肉、肺主皮毛、肾主骨,机体脏气的盛衰往往反映到相应的体表,心其华在面,肝其华在爪,脾其华在唇,肺其华在毛,肾其华在发。肝有病则出现抽筋,指、趾爪变薄变软;心有病则脉弱无力,面色无华;脾有病则肌肉消瘦,口唇淡白;肺有病则皮毛干枯无光;肾有病则骨生长不良,毛发稀少。

(五)脏腑与五官

五官即眼、舌、口、鼻、耳,眼、口、鼻、耳又称七窍,加上前阴、后阴称为九窍。鼻为肺之官,眼为肝之官,舌为心之官,口唇为脾之官,耳为肾之官。

1.耳

①耳与肾:肾主精,主骨生髓,耳与脑髓密切相关,肾虚精少不能生髓,两耳听觉不灵。

②耳与心:心主血脉,可为耳供应气血,心脉中气血不足,则两耳失养,听觉失常。

2.目

①目与肝:肝藏血,开窍于目,肝血不足,目不视物;肝火上炎,目红肿痛。

②目与心:心主血,气血养目,使目能视,所以目能视物为心之使也。

③另外,脏腑之精气皆通过血脉上注于目,肾、髓之精气上注于瞳孔,肝、筋膜之精气上注于黑眼球,肺之精气上注于白睛,脾、肌肉之精气上注于眼睑。

3.鼻

肺主气、司呼吸,鼻为肺之窍,肺气和顺则嗅觉正常,肺有病则呼吸急促,鼻翼翕动。

4.口唇

脾主运化,脾健运则食欲旺。脾与胃相表里,胃脉挟环唇,脾胃受寒或水谷不化,引起腹痛,家畜则蹇唇似笑。

5.舌

舌与心、肝、脾、肺、肾有关,唯与心密切,所以心开窍于舌,舌如朱砂心之痰。心与小肠相表里,心与小肠有病则会出现舌赤、舌疮、舌卷、舌硬或伸出不愿收回。

6.前阴

①前阴与肾:前阴为尿液通路,肾为胃之关,司二便,肾气不化则尿液不通,肾阳虚则尿频。肾与生殖有关,肾藏精,为生殖之本,肾虚则阳萎、早泄、滑精、宫寒不孕。

②前阴与肝:肝经脉循阴器,前阴又为宗筋所聚之处,所以阴器功能异常、睾丸上缩均与肝有关。

7.后阴

后阴即肛门,与肾有关,肾主元气,脱肛除补中气外,还要补元气。后阴还与肺相关,肺与大肠相表里,肛门为大肠下端,肺热则大便不通、肛门痛痒。

作业

1.概念:脏腑学说、五脏、六腑、奇恒之腑及三焦。

2.试述五脏的功能。

拓展

1.出血与哪些脏器有关,为什么?

2.水肿与哪些脏器有关,为什么?

自我评价

评价内容	记忆情况	理解情况	百分制评分结果	不足与改进
脏腑学说、五脏、六腑、奇恒之腑及三焦的概念				
五脏的功能及病理表现				
六腑的功能				
脏腑之间的关系				

任务四　经络学说

学习导读

教学目标

1. 使学生掌握经络、经络学说的基本概念。
2. 使学生掌握经络系统的组成。
3. 使学生掌握十二经脉的定义、命名、运行次序、运行规律。
4. 使学生掌握奇经八脉的定义和各自功能。
5. 使学生掌握经络的主要作用。

教学重点

1. 经络系统的组成。
2. 经络学说在生理、病理、诊断和治疗方面的主要作用。

教学难点

十二经脉的定义、命名、运行次序、运行规律。

课前思考

1. 你知道什么是经络,以及经络的组成吗?
2. 你听说过合谷穴、涌泉穴、后三里穴吗? 知道它们分别在哪条经络上吗?
3. 你听说过任督二脉吗? 听说过督脉上的命门穴和任脉上的关元穴吗?
4. 你知道为什么脏腑有病后,体表会出现压痛点吗? 怎么治疗呢?

学习导图

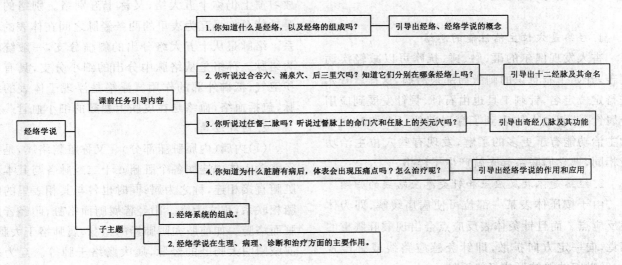

经络学说是古人在长期的医疗实践中,从针灸、推拿、气功、按摩等各个方面积累经验,并结合当时的解剖学知识,逐步上升为理论的基础上产生的,它对于辨证、用药以及针灸治疗等临床实践都具有重要的指导意义。《灵枢·经脉篇》说:"经脉者,所以能决死生,处百病,调虚实,不可不通。"清代喻嘉言也说:"凡治病不明脏腑经络,开口动手便错。"可见掌握经络学说的重要意义。

一、经络学说的基本概念

1.经络的概念

经络是机体内经脉和络脉的总称,是机体运行全身气血,联络脏腑肢节,沟通上下表里,调节各部功能的通路。

经即路径,是经络的主干,又称经脉,大多循行于较深的部位。络即网络,经络的分支,又称络脉,大多循行于较浅的部位,纵横交错,网络全身。经络无处不至,将机体内所有的组织器官、孔窍以及皮肉筋骨等联合在一起,形成一个有机整体。

2.经络学说的概念

经络学说是研究机体经络系统的组织结构、生理功能、病理变化及其与脏腑之间相互关系的学说,是动物中医药理论体系的重要组成部分。

二、经络学说的起源

1.经络是穴位主治性能的总结

古人发现偶尔的砸、触、碰、抚摩可以减轻疾病痛苦,开始了有意识的刺激局部来治病,这样就开始进行定位定名,针刺工具也由石针、骨针发展到应用金属针,针刺也由体表到了深层部位。人们对穴位的主治功能有了更多的了解,发现有些穴位主治功能相同,把它们联系起来就产生了经络。

2.经络是体表反应点和针灸感应路线的归纳

由于按压体表某一部位可使病痛缓解,即为体表反应点。而且针灸体表反应点会出现酸麻胀重的感觉,向一定方向扩散,即针灸感应路线或感传现象,经过归纳总结形成经络系统。

3.经络是解剖、生理和病理知识的综合

经络是古人通过对动物机体解剖、生理及病理现象进行观察发现的。

三、经络的内容

(一)经络系统的组成

经络系统主要由四部分组成,即经脉、络脉、内属脏腑部分和外连体表部分。其中前两部分为经络的联系径路,后两部分为经络的内外连属。

1.联系径路

(1)经脉　是经络系统的主干,除分布在体表一定部位外,还深入体内连属脏腑。包括十二经脉、十二经别和奇经八脉。

十二经脉是经络系统的主体,内属脏腑,外连肢节。十二经脉是机体气血运行的主要通道。十二经别是从十二经脉分出的纵行支脉,故又称为"别行的正经"。奇经八脉是别道奇行的经脉分支。

(2)络脉　是经脉的细小分支,一般多分布于体表,联系"经筋"和"皮部"。有十五大络、络脉、浮络、孙络、血络之分。

十五大络是动物体内较大的和主要的络脉。由十二经脉与督脉、任脉各有一支别络,再加上脾之大络合为"十五别络"。脾大络是由脾脏直接分出的一条大络脉,其循行径路是由脾发出,在侧胸壁的大包穴处穿出,散布在胸胁部。它表现的病变实证为全身皆痛,虚证为周身骨节松弛无力,这一络脉像罗网样绕络全身,如出现血瘀可取大包治疗。另有胃的大络,加起来实际上是十六条大络,因脾胃相表里,故习惯上仍称十五大络,又称十五别络。别络的主要功能是加强互为表里的两条经脉之间在体表的联系。络脉是从十五大络分出的斜横分支,一般统称为络脉。孙络是从络脉中分出的细小分支,具有蓄积卫气、抵御外邪的作用。浮络是浮现于体表的络脉,包括血络,血络是在皮肤上暴露的细小血管。

2.内外连属

(1)内属(内属脏腑部分)　又称脏腑络属,是指经络深入体内连属各个脏腑。十二经脉各与其本身脏腑直接相连,称之为属;同时也各与其相表里的脏腑相联系,称之为络。阳经皆属腑而络脏,阴经皆属脏而络腑。如前肢太阴肺经的经脉,属肺络于大肠;前肢阳明大肠经的经脉,属大肠络于肺等。互为表里的脏腑之间的这种联系,称为脏腑络属关系。此外,通过经络的循环、交叉和交会,各经脉还与其他有关内脏贯通连接,构成脏腑之间错综复杂的联系。

(2)外连(外连体表部分)　经络与体表组织相

联系,主要有十二经筋和十二皮部。经筋、皮部与经脉、络脉有紧密联系,故称经络外络于肢节。

十二经筋是十二经脉所连属的筋肉系统,即十二经脉及其络脉中气血所濡养的肌肉、肌腱、筋膜、韧带等,其功能主要是连缀四肢百骸,主司关节运动。

十二皮部是十二经脉及其所属络脉在体表的分布部位,是经络之气的散布所在。

(二)经脉

经脉是经络系统的主要部分。经脉有十二经脉、十二经别和奇经八脉;又可分为正经和奇经两大类。正经包括十二经脉、十二经别,及其附属部分十二经筋和十二皮部。奇经八脉从十二经脉分出,循行不同,别道奇行,因而称为奇经,包括督脉、任脉、冲脉、带脉、阴跷、阳跷、阴维、阳维,合称奇经八脉,具有统率、联络和调节十二经脉的作用。

1.十二经脉

(1)十二经脉的定义　十二经脉包括前肢三阳经和三阴经,后肢三阳经和三阴经,是全部经络系统的主体,气血运行的主要通道,又叫十二正经。十二经脉均有一定的起止,一定的循行部位和交接顺序,与脏腑之间有着直接的络属关系。

(2)十二经脉的构成及命名　五脏六腑加上心包络,共12脏腑,各系1经,即构成12条经络通路,运行于全身,并与所属的脏、腑相连。十二经脉分别布于胸背、头面、四肢,左右对称地分布于机体的两侧,共24条,十二经脉中每一经脉分别属于一个脏或一个腑。十二经脉中每一经脉的名称,包括前肢或后肢、阴或阳、脏或腑三个部分。根据阴阳学说,四肢内侧为阴,外侧为阳,脏为阴,腑为阳。所以,行于前肢的为前肢经,行于后肢的是后肢经;行于四肢内侧的为阴经,属脏;行于四肢外侧的为阳经,属腑。如前肢太阴肺经,后肢太阳膀胱经。

由于十二经脉分布于前、后肢的内、外两侧共四个侧面,每一侧面有三条经分布,这样一阴一阳就衍化为三阴三阳,即太阴、少阴、厥阴、阳明、太阳、少阳。各条经脉按其所属脏腑,并结合循行于四肢的部位来确定其名称,即为前肢太阴肺经,前肢阳明大肠经;前肢厥阴心包经,前肢少阳三焦经;前肢少阴心经,前肢太阳小肠经;后肢太阴脾经,后肢阳明胃经;后肢厥阴肝经,后肢少阳胆经;后肢少阴肾经,后肢太阳膀胱经。

(3)十二经脉运行流注次序　十二经脉是气血运行的主要通道。前肢三阴经从胸部开始,运行于前肢内侧,终止于前肢末端;前肢三阳经从前肢末端开始,运行于前肢外侧,抵于头部;后肢三阳经从头部开始,经背部,运行于后肢外侧,终止于后肢末端;后肢三阴经从后肢末端开始,运行于后肢内侧,经腹达胸,交前肢三阴经。经脉中气血的运行是依次循环贯注的,自前肢太阴肺经开始,逐经依次相传至后肢厥阴肝经,再复注于肺,即:前肢太阴肺经→前肢阳明大肠经→后肢阳明胃经→后肢太阴脾经→前肢少阴心经→前肢太阳小肠经→后肢太阳膀胱经→后肢少阴肾经→前肢厥阴心包经→前肢少阳三焦经→后肢少阳胆经→后肢厥阴肝经→前肢太阴肺经→,以此首尾相贯,构成十二经脉循环。

(4)十二经脉运行规律　具体从以下几方面叙述。

胸部:后肢厥阴肝经止于肺,前肢太阴肺经起于肺;后肢太阴脾经止于心,前肢少阴心经起于心;后肢少阴肾经止于心包,前肢厥阴心包经起于心包。因后肢三阴经止于胸部,而前肢三阴经又起于胸部,所以三阴经皆起止于胸部,故称胸为"诸阴之会"。

头面部:前肢三阳经止于头,后肢三阳经起于头,前肢三阳经与后肢三阳经在头面部交接,所以说头为"诸阳之会"。

四肢部:前肢经行于前肢,后肢经行于后肢;阴经分布在四肢的内侧,阳经分布在四肢的外侧。内侧面,太阴经在前,厥阴经在中,少阴经在后;外侧面,阳明经在前,少阳经在中,太阳经在后。

表里关系:十二经脉通过经别和别络互相沟通,组合成六对表里相合的关系。后肢太阳与后肢少阴,前肢太阳与前肢少阴,后肢少阳与后肢厥阴,前肢少阳与前肢厥阴,后肢阳明与后肢太阴,前肢阳明与前肢太阴。互为表里关系的两经循行特点是都在四肢末端交接,前肢太阴经与阳明经交于食指,后肢交于足大趾;前肢少阴经与太阳经交于小指,后肢交于足小趾;前肢厥阴经与少阳经交于无名指,后肢交于足大趾。都分别循行于四肢内外两个侧面的相对位置;都分别络属于互为表里的脏腑。阴经属脏络腑,阳经属腑络脏。

十四经脉:督脉和任脉由前肢太阴肺经的一分支相连,构成十四经脉循行道路。前肢太阴肺经有一分支,注入任脉,上行通连督脉,经背至阴部,又回至任脉,经腹至胸,再与前肢太阴肺经相接,从而构成了十二经脉及任督二脉在内的气血运行的十四经脉循行道路。

2.十二经别

十二经别是从十二经脉别出的纵行分支,故又称别行正经。其主要作用是加强十二经脉中互为表里两经之间的联系,并能达到正经所不能达到的部位,以补足正经的不足。它们分别起自四肢,行走于脏腑深部,出于颈浅部。阳经的经别从本经分出,循于体内后归于本经;阴经的经别出于本经,循于体内后交于阳经。

3.奇经八脉

奇经八脉是指督脉、任脉、冲脉、带脉、阴跷脉、阳跷脉、阴维脉、阳维脉8条经脉的总称。由于奇经八脉是从十二经脉分出的较大的支脉,它们的分布不像十二经脉那样规则,同脏腑没有直接的相互络属,相互之间也没有表里关系,有纵行的,也有横行的,有左右对称的,也有分布于体正中线的,它们循行不同,别道奇行,故称奇经。

奇经八脉纵横交叉于十二经脉之间,具有统率、联络和调节十二经脉的作用。一是奇经八脉能进一步密切十二经脉之间的联系,如带脉有约束诸经的作用,督脉有总督诸阳的作用。二是奇经八脉能调节十二经脉的气血,十二经脉气血有余时,则流注于奇经八脉,蓄以备用;十二经脉气血不足时,可由奇经溢出,给予补充。李时珍在《奇经八脉考》中将十二经脉比作江河,将奇经八脉比作湖泽,相互间起着调节、补充的作用。三是奇经八脉与肝、肾,奇恒之腑的关系较为密切,相互之间在生理、病理上均有一定的联系。

奇经八脉具体情况如下。

(1)督脉　督脉行于背中线,总任一身之阳脉,又称阳脉之海。

循行部位:督脉起于胞宫,下出会阴,沿脊柱里面上行,至头部风府穴,一部分进入颅腔,一部分上行头部正中线,到头顶、额部、鼻、上唇系带处。

基本功能:督,有总管、统领之意。能总督一身之阳脉,故有"阳脉之海"的称号。

(2)任脉　任脉行于腹中线,总任一身之阴脉,又称阴脉之海。

循行部位:任脉起于胞中,下出会阴,沿胸腹部的正中线上行,至下颌部,环绕口唇,分行于目下。

基本功能:任,有担任、任受之意。能总任一身之阴经,故有"阴脉之海"的称号。任,又与"妊"意义相同,其脉起于胞中,与妊娠有关,滋养胞胎,故又有

"任主胞胎"之说。

十二经脉加上任、督二脉,合称十四经脉,是经脉的主干。

(3)冲脉　能通行一身之上下,渗灌三阴三阳,总领一身气血,能调十二经气血,故有"十二经之海"和"血海"之称。

循行部位:起于胞中,下出会阴,夹脐上行,散布于胸中,后至下颌部,同任脉。

基本功能:冲,有要冲、要塞之意,是一身之气血的要冲、要道,能调节十二经气血。一是因其能调节十二经气血,另一是其与母畜的月经有密切关系。

因督、任、冲,皆起于胞宫,同出于会阴,然后才别道而行,分布于背腰胸腹等处,故此三脉有"一源三歧"之说。

(4)带脉　是沟通腰腹部的经脉。

循行部位:带脉起于季胁,斜向下行,环行于腰腹部一周。

基本功能:带脉状如束带,能约束纵行诸脉,有调节脉气的作用。

(5)阴维脉和阳维脉　分别具有维系、联络全身阴经或阳经的作用。

(6)阴跷脉和阳跷脉　具有交通一身阴阳之气和调节肌肉运动,司眼睑开合的作用。

四、经络的主要作用

1.在生理方面

(1)运行气血,温养全身　动物体的各个组织器官,不仅以气血为基本物质,而且还均需气血的温煦、濡养,才能维持正常的生理活动。而气血必须通过经络的沟通和传注,才能通达全身,内达脏腑,外至官窍、皮肉、筋骨,发挥其温养脏腑组织、平衡阴阳的作用。

(2)协调脏腑,联系全身　经络既有运行气血的作用,又有联系动物体各组织器官的作用,使机体内外上下保持协调统一。经络内连脏腑,外络肢节,上下贯通,左右交叉,将动物体各个组织器官,相互紧密地联系起来,从而起到协调脏腑功能枢纽的作用。

(3)护卫肌表,抗御外邪　疾病的发生关系到正气和邪气两个方面的因素,经络之所以能够抗御外邪是因为经络中的十二皮部是一个抗御外邪的屏障,卫气伴于脉外,昼行于阳,散布于体表皮毛,夜行于阴,归经入脏腑。当外邪侵犯机体时,首先起到抵

抗作用的就是皮部的孙络和卫气。

2.在病理方面

经络可以调整体内营卫、气血,抵御病邪。如正气不足,病邪就会侵入体机,此时,经络就成为传递病邪、反映病变的途径。

(1)传递病邪 正气不足时,病邪沿经络由表及里,经皮毛传到脏腑,如风寒外邪侵入肌表,可通过前肢太阴肺经,传入肺引起咳嗽。脏腑之间经络也可成为传递病变的途径,如后肢少阴肾经的分支经肺络心,所以肾阳虚时,水湿泛滥,可出现水寒射肺(如出现咳喘、痰鸣症状)、水气凌心(如出现心悸)。互为表里脏腑可通过经络互相影响,如心火可移至小肠。

(2)反映病变 脏腑通过经络与体表某部相联系,如肝上联目、肾上联耳,所以脏腑有病可通过体表某部的变化反映出来。

3.在指导疾病诊断方面

由于经络将脏腑与体表官窍联络在一起,所以可通过官窍表现的症状来推断脏腑的病证。如双目干涩表现为肝血不足,双目红肿表现为肝火上炎。另外,可通过皮肤某部出现肿胀物,或形态改变(如斑疹)或穴位的疼痛来诊断疾病,如后三里穴有压痛感表明胃出现问题。

4.在治疗方面

(1)传递药物的治疗作用 药物治病是通过经络到达病所发挥治疗作用的,而且药物对经络也有特殊的选择性,这就形成了药物归经和按经选药理论。

①药物归经、按经选药:即病在哪经就选取归哪经的药物去治疗。如泻心火选黄连,泻肺火选黄芩,泻膀胱火选黄柏,泻脾火选白芍,泻肾火选知母,泻小肠火选木通,泻胃火选石膏、芦根,泻肝胆火选柴胡、黄连,泻三焦火选柴胡、黄芩。

②引经报使:是指某些药物能改变其他药物的归经性能,并引导与其配伍的药物随它一起直达病所。如柴胡能引其他药物入胆经、三焦经和肝经,桔梗能载药入肺经,牛膝能引药入肝、肾两经。药物引经报使情况如下。

前肢太阴肺经:桔梗、升麻、白芷、葱白。

前肢阳明大肠经:升麻、白芷、石膏。

后肢阳明胃经:葛根、升麻、白芷、石膏。

后肢太阴脾经:葛根、升麻、白芍、苍术。

前肢少阴心经:黄连、细辛。

前肢太阳小肠经:藁本、黄柏。

后肢太阳膀胱经:羌活。

后肢少阴肾经:独活、知母、桂枝、细辛、牛膝。

前肢厥阴心包经:柴胡、丹皮。

前肢少阳三焦经:连翘、柴胡,前焦地骨皮、中焦青皮、后焦附子。

后肢少阳胆经:柴胡、青皮。

后肢厥阴肝经:青皮、吴茱萸、川芎、柴胡、牛膝。

(2)感受和传导针灸的刺激作用 即循经取穴。针灸是通过刺激体表的穴位,借助经络的感受和传导作用,治疗内脏疾病。针灸治疗一般先确定病属哪一经,然后再根据经络的分布选定穴位,给予轻重不同的刺激,调理气血、兴奋脏腑功能,使各器官组织趋于平衡而达到治疗目的。如胃有病则选后肢阳明胃经上的后三里穴。

▶ 五、经络研究的现状

1.经络就是神经

抢风穴就在桡神经上,关元俞就在肾神经丛上,夜眼穴就在正中神经上,邪气穴就在坐骨神经上。

2.经络就是血管

三江穴就在眼角静脉上,带脉穴就在胸外静脉上,玉堂穴就在硬腭静脉丛上,胸膛穴就在臂皮下静脉上。

3.经络与神经调节有关

针刺后三里穴、胃俞、大肠俞、关元俞可改变胃肠蠕动,缓解胃肠痉挛,促进胃肠腺体分泌。针刺足三里、曲池两穴可降血压。针刺足三里可治疗胃肠病,舒张血管,增加白细胞,增强吞噬作用。针刺合谷穴可治牙痛。针刺内关穴可治心脏病。

4.经络与体液调节有关

针刺阑尾穴可增加血中糖皮质激素,起到抗炎作用。

5.经络与机体生物电有关

通过测定皮肤的电阻、电位,有许多点的电阻小,称为良导点。把良导点连线形成良导络,良导点和良导络有很多与穴位、经络是一致的。

作业

1.概念:经络、经络学说、十二经脉、奇经八脉、引经报使。

2.简述十二经脉的组成及运行次序。

3. 简述奇经八脉的各自功能。

4. 简述经络在生理、病理和治疗方面的主要作用。

以犬为例,任选10个临床常用穴位,并说明其所属经脉及主治。

自我评价

评价内容	记忆情况	理解情况	百分制评分结果	不足与改进
经络、经络学说、十二经脉、奇经八脉、引经报使的概念				
经络的组成				
十二经脉的命名及运行次序				
奇经八脉的组成与各自功能				
经络的主要作用				

任务五　精气学说

学习导读

教学目标

1. 使学生掌握肾精、血液、津液的来源和功能。
2. 使学生掌握常见血病和津病。
3. 使学生掌握气的含义、生成、运行形式、基本功能。
4. 使学生掌握气的分类、来源组成、各自功能及常见气病。
5. 使学生掌握气与血的关系。
6. 使学生掌握气与津液的关系。

教学重点

1. 精、气、血、津的基本功能。
2. 常见气病、血病和津病。
3. 气与血的关系：气能生血(送子丹)、气能行血(补阳还五汤、红花散)、气能摄血(黄土汤)、血为气母(补中益气汤)、气重于血(固本止崩汤、炙甘草汤)。

教学难点

气能生血、气能行血、气能摄血、血为气母、气重于血结合方剂的理解。

课前思考

1. 血液常见病证有哪些？
2. 你知道体内的气在中医里面分哪些种？气有哪些功能？
3. 你知道常见的气病有哪些？
4. 你知道气为血帅、血为气母、气重于血是什么意思吗？

学习导图

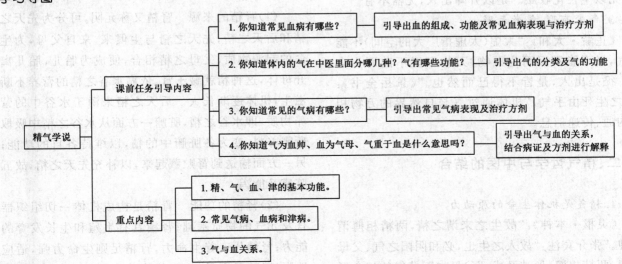

气、血、津、液来源于水谷精微，是脏腑、经络功能活动不可缺少的物质基础，又是构成机体脏腑、经络的基本物质。具体来说就是精和气的问题。肾精、血液、津与液统称为精；元气、宗气、营气、卫气统称为气。二者合称为精气。精气通过经络输布全身，同时又给经络提供营养，使其维持正常的生理功能。精气的产生有赖于脏腑、经络的正常活动，而脏腑、经络的正常活动又必须有精气的滋养和温煦推动。精气在维持脏腑、经络正常活动过程中不断消耗，又在脏腑活动过程中不断产生，所以精气处于不断消耗与补充的动态平衡中。"精"是生命的原始物质，也是生命活动不可缺少的物质基础。"神"即精神活动，是脏腑功能活动的外在表现。气、血、精、津、液是机体生命活动的根本。气血津液学说就是研究气、血、津液的生成、输布、生理功能、病理变化及其相互关系的学说。

一、气的哲学含义

1. 气是构成生命的本源

《庄子·知北游》："人之生也，气之聚也，聚则为生，散则为死。"《论衡》："万物之生，皆禀元气。"《素问·宝命全形论》："天地合气，命之曰机体。"

2. 气运动不息，变化不止

气的运动，称为气机；气机的运动形式，为升降出入；因为气的运动而产生的各种变化，称为气化。《素问·六微旨大论》："出入废则神机化灭，升降息则气立孤危。故非出入，则无以生长壮老已；非升降，无以生长化收藏。是以升降出入，无器不有。"

3. 气聚有形、气散无形

《正蒙·太和》："太虚（太虚指广大的空间）不能无气，气不能不聚而为万物，万物不能不散而为太虚。循是出入，是皆不得已而然也。"《景岳全书》："人之生死由乎气。"机体通过气与自然界的万物相互沟通、传递信息。

二、精气哲学与中医的结合

1. 精气是机体生命的原动力

《灵枢·本神》："故生之来谓之精，两精相搏谓之神。"张介宾注："故人之生也，必和阴阳之气、父母之精，两精相搏，形神乃成。"父母先天精气的相合形成胚胎，并转化为胚胎自身之精气，成为机体生长发育和繁衍后代的物质基础与原动力。

2. 精气是构成机体的最基本物质

《灵枢·经脉》："人始生，先成精，精成而脑髓生，骨为干，脉为营，筋为刚，肉为墙，皮肤坚而毛发长，谷入于胃，脉道以通，血气乃行。"《灵枢·天年》："血气已和，营卫已通，五藏已成，神气舍心，魂魄毕具，乃成为人。"

3. 精气是维持机体生命活动的最基本物质

《素问·六节藏象论》："天食人以五气，地食人以五味。五气入鼻，藏于心肺，上使五色修明，音声能彰。五味入口，藏于肠胃，味有所藏，以养五气，气和而生，津液相成，神乃自生。"

4. 气是感应传递信息的载体

机体内在脏腑的各种信息反映于体表，以及内在脏腑的各种信息的相互传递，皆以体内的无形之气为载体。如"心气通于舌""肝气通于目"等，可以借此了解脏腑的虚实与病变。外部体表感受到的各种信息和刺激，也可通过气的感应而向内在的脏腑传导。如针刺、艾灸和按摩等刺激就是通过经络之气的感应与传递到达内脏来发挥其整体的调节作用。

三、精和气

（一）精

精是构成机体各个组织的基本物质，包括肾精、血、津液。

1. 肾精

（1）肾精的来源 肾精又称元阴，可分为先天之精和后天之精，先天之精与生俱来，来自父母，为生命的起源物质，父母之精相合，便成为胎儿，胎儿离开母体，这种精就藏于肾，依靠水谷之精的营养不断滋生，机体逐渐长大。后天之精来源于水谷中的营养物质，即水谷之精，脏腑一方面从水谷之精中吸取所需养料，变为各脏腑中的精，以维持各自的功能；另一方面输送到肾贮藏起来，以补充先天之精，故五脏盛乃能泻。

（2）肾精的功能 肾精是构成机体一切组织器官及元气的物质基础；肾精具有生殖和生长发育的能力；肾精代表着生命力，肾精足则生命力强，适应性强，肾精足则元气旺，抗病能力强，固外使病邪不能入侵，可抵抗不良刺激。

2. 血

血是一种含有营气的红色液体，通过气的推动，循着经脉运行周身，是维持机体生命活动的重要物质。

（1）血的生化来源　由营气和津液组成。来源有二：一是脾胃为血化生之源，食入的水谷经脾胃化生为精微物质，转输于心肺，经肺心气化，贯于脉管中即成血液；二是精血之间可以互相转化，精血同源，肾精充足则肝有所养，血有所藏，肝血充盈则肾有所滋，精有所藏，多余的水谷之精归于肾，化生为先天之精，精不泄归于肝化为血。

（2）血的功能　血与心、肝、脾密切相关。脾统血，使血运行于脉管中不外溢；心主血，使血液在脉管中运行于全身，循环不息，滋养全身；肝藏血，贮存调节机体血液。血液的具体功能体现如下：一是滋养全身，足能行，目能视，皮肤温而有感觉，五脏六腑维持其正常功能，都有赖于血液的滋养。血液充足，则口色红润，皮肤润泽，肌肉丰满，脏腑强健，感觉灵敏，运动自如；反之则口色淡无华，皮肤枯黄，肌肉消瘦，脏腑虚弱，肢体麻木，运动无力。二是血为精神意识活动的主要物质基础，血充足，心有所养，心主神之能才能表现，使精力充沛，神志清晰，感觉运动灵敏；血虚则精神衰弱；血热则狂躁不安。三是血还能运载气，所谓"气为血帅，血为气母"。

（3）血的运行　血液属阴主静，能在脉管中运行，循环不息，主要是靠气的推动和固摄，心主血，肺朝百脉，肝主疏泄，推动血液流动。脾统血，肝藏血，固摄血液不外溢，使血液有所归。推动增强则血行加速，推动减弱则血行减慢，固摄减弱则出血，固摄增强则血瘀，另外脉管是否通畅、血液的寒热均影响血液运行的迟数。

（4）常见血病　主要有血虚、血瘀、血热和出血。

①血虚：即阴血不足，由失血过多、脾胃虚弱或血瘀新血不生所致。常见心悸易惊、精神不振、四肢麻木、舌淡苔少、脉细弱。宜补血，用四物汤。

②血瘀：是血行不畅而滞留于机体某一部位或脏腑，多见气虚、气滞、寒凝、热邪与血互结、跌打损伤引起。表现局部疼痛、肿胀、拒按、固定不移、口唇发绀、舌有瘀斑、脉细涩、体表瘀血青紫色、内脏瘀血有肿块。宜活血祛瘀，用桃红四物汤。

③血热：外感热邪或气郁化火，见心神不宁、狂躁不安、口干不思饮、口色绛红或出血。宜清热、凉血止血，用犀角地黄汤。

④出血：热邪入血，引起血热妄行，表现血液鲜红、口渴、发热、不安、舌绛脉数，宜凉血止血，用十黑散；脾虚不统血，表现便血、子宫出血，血色淡而难止、口色淡、脉细弱，宜补气摄血，用归脾汤；瘀血内阻不通而溢，宜祛瘀止血，用桃红四物汤；外伤出血，宜收敛止血，用桃花散。

3. 津液

（1）津液的概念　津液是机体内一切正常水液的总称，包括体液、关节腔滑液、唾液、胃液、胸液等。清而稀的称为"津"，浊而稠的称为"液"。津为阳，在表，能温润皮肤肌肉；液属阴，在里，能营养关节、筋骨、补充脑髓、滋养空窍。临证不能截然分开，而常常津液并提。

（2）津液的来源　津液来源一致，可以互相转化，津液由水谷化生，三焦气化变成津液。水谷经胃与小肠分其清浊，水谷之精经脾上输于肺，经肺气化，通过宣发作用，输布于全身，代谢后转化为汗；通过肺的肃降作用，一部分下输于肾，肾汽化后分其清浊，升清于肺，降浊于膀胱为尿，排出体外。

（3）津液的功能　一是滋养全身各组织器官，其中一部分随卫气运行输布周身，称为"津"，具有润泽温养皮肤肌肉和补充血液的作用；另一部分则注入经脉，随经脉运行灌注于脏腑、骨髓、关节和五官等处，称为"液"，起到滑利关节及滋润皮肤的作用。二是调节机体阴阳平衡，津液可随外界与自身变化而变化，天热则汗多尿少，天冷则汗少尿多。

（4）常见津液病　主要有津液不足和水湿内停等。

①津液不足：多由大汗、大泻、失血、失饮、高热、肺脾肾功能失调所致。见于口唇干燥、皮毛干枯，严重时表现烦躁不安、口红少苔、口渴不思饮、身热夜甚、脉细数，治宜增补津液或清热养阴，用增液汤。

②水湿内停：肺脾肾功能失调所致，常见咳嗽、心悸气短、腹胀纳少、粪稀尿短、后肢无力、水肿、腹水，治宜通阳化饮、健脾化湿、温肾利水，用五苓散。

（二）气

1. 气的含义

气是指维持生命的精微物质或脏腑组织机能活动的动力。包括两层含义：其一，体内弥散、流动的精微物质，如水谷之气、呼吸之气、营气、卫气；其二，脏腑经络等组织器官活动的能力，如五脏之气、六腑之气、经脉之气。前者为后者的物质基础，后者为前者的功能表现。气体具有活力强，不断运动的特点。

2.气的生成

"生之来谓之精",有了"精",才能形成并不断发生"升降出入"气化作用的机体,则精在气先,气由精化。气由肺、脾、肾等脏器将先天之气和后天之气综合化生而成。先天之气来于父母,又称元气,先天之精可化为先天之气;后天之精(来自水谷之精)所化之气与肺吸入的自然界的清气相合而为后天之气。先天之气与后天之气相合而为机体一身之气。机体的气,源于禀受于父母的先天精气和后天摄入的水谷精气以及自然界的清气,通过肺、脾胃和肾脏等脏腑的生理活动作用而生成。

3.气的运动形式

气运动的基本形式有升、降、出、入四种。脏腑与经络为升降出入的场所,气在脏腑经络的生理活动中得以体现。气的运动称为气机。气升降出入运动平衡协调叫气机调畅;平衡失调叫气机失调。气机失调表现有:升降出入受阻叫气机不畅;局部阻滞不通叫气滞;上升不及或下降太过叫气陷;上升太过或下降不及叫气逆;不能内守而外逸叫气脱;不能外达而内结叫气郁或气结,严重了叫气闭。

4.气的基本功能

气具有生化、推动和固摄血液,温养全身组织,推动脏腑、经络活动等功能。

(1)推动作用　气对机体的生长发育,脏腑经络等组织器官的生理活动,血液的生成运行,津液的生成、输布、排泄都起到推动作用。若气的推动作用减弱,可影响动物体的生长、发育,或使脏腑组织器官的生理活动减退,出现血液和津液的生成不足,运行迟缓,输布、排泄障碍等病症。

(2)温煦作用　气是畜体热量的来源,体温的维持、脏腑的活动、血液和津液的输布所需的能量都是气的温煦作用提供的。

(3)防御作用　指气有保护肌表,抗御邪气的作用。气的防御作用,一方面可以抵御外邪的入侵,另一方面还可驱邪外出。

(4)固摄作用　气可防止体内液体物质(如血液、汗液、涎、精液等)的流失。

(5)气化作用　气可促使体内物质和能量的转化。如水谷在脾气作用下转化为水谷之精,在肺气和心气的作用下转化为血液。

(6)营养作用　主要指脾胃所运化的水谷精微之气有营养机体各脏腑组织器官的作用。水谷精微之气,可以化为血液、津液、营气、卫气,机体的各脏

腑组织器官无一不需这些物质的营养,才能正常发挥其生理功能。

推动、温煦、气化三种作用是生命活动的原动力,气是最基本的能量来源,推动和固摄相互协调,调节和控制着体内液体的正常运行、分泌、排泄。

5.气的分类

机体的气由于其主要组成部分、分布部位和功能特点的不同,而有下列不同的称谓。

(1)元气　元气发源于肾,包括元阴、元阳之气或肾阴、肾阳之气,又称元气、真气、真元之气。

①来源:元气根于肾,由肾中先天之精和后天之精相结合而化生。元气为先天之精所化生,藏之于肾,依靠后天水谷之精气的不断补充培育,才能发挥其正常的生理作用。

②分布:附于血液和津液,以三焦为通道,输布于全身,内至脏腑组织,外达肌肤腠理,协助产生脏腑之气。

③作用:推动机体的生长发育,推动和温煦组织器官的生理活动,以及推动着机体的生长、发育和生殖。元气是最基本最重要的气,是生命活动的原动力和基本物质。元气充沛,器官功能活跃,体质健壮;元气不足,则机体生长发育迟缓,体质虚弱多病。

(2)宗气　宗气是由水谷所化生的精微之气和从自然界吸入之气相结合的产物,形成于肺,聚集于胸中,有助于肺脏以行呼吸和贯穿心脉以行营血的作用。

①定义:宗气,又名大气,是积于胸中之气。胸中又称膻中。因为膻中是全身气最集中的地方,故亦称为气海。

②组成:宗气由肺吸入的清气与脾胃运化而生成的水谷精气相互结合而化生。因此,肺的呼吸功能与脾的运化功能是否正常,对宗气的生成与盛衰有直接的影响。实际上,宗气是合营卫二气而成的。所以《读医随笔·气血精神论》中说:"宗气者,营卫之所合也,出于肺,积于气海,行于气脉之中,动而以息往来者也。"

③功能:一是走息道以行呼吸。凡叫声、呼吸皆与宗气有关。若声音洪亮,呼吸和缓而节律均匀,则是宗气较充盛的表现;反之,若声音微弱,呼吸短促者,乃是宗气不足之征兆。二是贯心脉而行气血。凡气血的运行,血脉的搏动,皆与宗气有关。若脉搏和缓,节律均匀而有神者,表示宗气较充盛;如脉来躁动,至数不规则,或微弱无力,或躁动散大者则是

宗气不足之征。宗气不足,则呼吸少气、心气虚弱、血脉凝滞。

(3)营气 营气是水谷精微所化生精气之一,是运行于血脉中具有营养作用之气,由于它昼夜营周不休,故名曰营气;以其富于营养,故又称"荣气";因与血同行,与血密不可分,并称营血;相对卫气而言则卫属阳、营属阴,所以又称为"营阴"。

①组成:是水谷之精中的精所化生,是宗气贯于心脉的部分。

②分布:分布于血脉之中,成为血液的组成部分,循脉运行全身,内入脏腑,外达肢节,终而复始,营周不休。

③作用:能化生血液并营养全身。营气充足则机体健壮,营气不足则机体消瘦、血液虚少。

(4)卫气 卫气运行于脉外,具有护卫机体,不使外邪侵犯的作用,故名卫气,与营气相对而言属阳,故又称为"卫阳"。

①组成:为水谷之精中雄厚、强悍部分所化生。

②分布:活力很强,不受脉管约束,运行于脉外,外达皮肤、肌肉,遍及全身。

③作用:一方面,卫气可温养全身。在外温养肌肉,润泽皮肤,滋养腠理;内达胸腹滋养脏腑。另一方面,卫气可控制腠理开合,启闭汗孔,控制汗液排出。卫气不足,肢体不温,汗液失控。在调节体温方面,卫气的温煦作用必须与卫气司腠理之开合相互协调。卫气的温煦作用能增高体温,随着温煦作用增高体温的同时,由于卫气的发泄,腠理开而汗出,出汗则能降低体温。再者,卫气有保卫肌表、抵抗外邪的作用。卫气不足,肌表不固,抵抗力下降,外邪就可乘虚而入。若腠理疏松,则外邪易入;腠理致密,则邪难入侵。

(5)中气 即中焦之气。因脾胃位居于中焦,故主要把脾胃之气称作"中气"。中气由脾胃之气结合其运化产生的水谷精气组成。主要功能:一是司气机升降;二是促进脾胃运化;三是化生营气、卫气;四是维持内脏器官的正常位置。

中焦为体内气机升降之枢纽,中气充沛且升降和谐有度,则水谷纳运正常,可使水谷精微化生为气血而充养全身。若中气不足,首先表现出脾胃纳运障碍,出现纳少、肠鸣、泄泻。若中气下陷,还可导致久泄脱肛、内脏下垂等病症。

(6)脏腑之气和经络之气 是由元气派生的,指脏腑的一些功能表现,如心气主血脉,肺气主呼吸,肾气主生长发育繁殖,肝气主疏泄,脾气主运化,胃气主受纳等。

(7)其他 邪气为致病的六淫;正气是机体的整体功能和抗病能力;水气是体内不正常的水液;四气是指中药的寒凉温热。

6.常见气病

(1)气虚 是指全身或某一器官的功能衰退。多因元气不足或邪盛伤正引起,表现为精神沉郁、四肢无力、气短、自汗、食欲下降、泄泻不止、胃肠子宫下垂脱出、舌淡肿、脉虚弱,宜补中益气,用四君子汤。

(2)气滞 是机体某一组织器官气机阻滞,运行不畅。多因外邪或饲养管理不当或跌打损伤引起,见于胸腹肋痛,时轻时重,走窜不定。宜行气,用金铃子散,方中金铃子又名川楝子,有疏肝泄热、理气、活血止痛作用,再加延胡索,俗语有"心痛欲死,速觅延胡"之说。

(3)气逆 气机上逆,多见肺胃,因外邪或痰滞于肺,引起肺气上逆,出现咳喘,宜降气,用苏子降气汤,方歌为苏子降气橘半归,前胡桂(桂枝)朴草姜迢,下虚上盛痰咳喘,喘加沉香虚加参;或寒、热、痰、食积等犯胃使胃气上逆,出现嗳气、呕吐,宜降气,用旋覆代赭汤,方歌为旋覆代赭用人参,半夏甘姜大枣跟,消痰消痞镇逆气,食入即吐也为珍。

▶ 四、气、血和津液的关系

气血和津液的关系密切,不仅同出一源,而且相互化生,相互为用。津液生成、输布和排泄离不开气的作用,津液消耗,会使气血亏虚,而气血亏虚,也必然引起津液损耗。

1.气血之关系

气是不断运动着的具有很强活力的精微物质。血是在脉管中运行的红色而黏稠的液态样物质。二者均是构成机体和维持机体生命活动的最基本的物质。因此,无论在生理或病理情况下,气与血之间均存在着极为密切的相互关系,具体来说即气为血帅、血为气母、气重于血。

(1)气为血帅 气为血帅是指气对血的生成、推动和统摄方面具有极为重要的作用。具体表现在气能生血、气能行血和气能摄血三个方面。这一理论在临床血分病证的治疗上得到了充分的体现,疗血虑气已成为辨证论治实践中的一个基本原则,很多方剂均可佐证这一理论。

①气能生血：气能生血有两方面的意思。一是从血液的组成来看，血就是由营气和津液所组成，营气是血液的主要成分，而营气的主要生理功能就是化生血液，如《灵枢·邪客》在论述营气化生血液的功能时说："营气者，泌其津液，注之于脉，化以为血。"由此可见，只要津液存在，有营气即会有血液。营气盛则血液旺，营气能生血。二是从血液的生成过程来看，营气和津液的生成依赖于某些脏腑的气化作用。食物转化为水谷精微，水谷精微再转化成营气和津液，营气和津液然后转化为赤色的血液，上述这些转化过程，均离不开气的运动变化，因此说，气能生血，气旺，则脏腑的功能活动亦强，化生血液的功能也旺盛，故而血充。气虚，则脏腑功能活动低下，化生血液的功能也弱，从而导致血虚。因此，临床上在治疗血虚的病证时，常配合应用补气的药物以提高疗效，即气旺则血旺、气虚则血虚、补血需补气。补血、补气药常配伍应用，如当归、白芍、甘草、人参、熟地、黄芪、生地、党参等常用药物，组成四君子汤、四物汤、芍药甘草汤等结构简洁而卓有疗效的调补五脏气血等方面的经典名方。傅山（著有《傅青主女科》）对血虚等证主张补气以补血，防止先补其血而遗其气。血虚诸证养血的同时兼补脾肾，补脾肾以生血。如傅氏在治疗血虚难产时所选用的"送子丹"中主要中药黄芪、当归、川芎、熟地、麦冬等，就是一个很典型的例证。血虚难产加黄芪，用傅氏自己的话说是"补气正所以补血也"。血虚难产"譬如舟遇水浅之处，虽大用人力，终难推行，忽逢春水泛滥，舟自跃跃欲行，再得顺风以送之，有不扬帆而迅行者乎？"再如治疗产后血虚、少腹疼痛所用的"腹宁汤"，方中有当归、熟地、麦冬、阿胶、党参、山药、甘草、续断、肉桂等中药，也是在补血的基础上，配以补气之品党参、山药、甘草来生血止痛，以上这些方剂均是"气能生血"理论指导下临床实践的产物。

②气能行血：血液的运行有赖于气的推行，气行则血行，气滞则血瘀。以气血的相对属性来分阴阳，则血属阴而主静，血不能自行，血液之所以循环经脉，贯注脏腑，充达肌肤，周流不息，全赖于气的推行，如心气的推动、肺气的宣发、肝气的疏泄。因此，气虚则推动血行无力；气滞则血行不畅而形成血瘀；气机逆乱，血行也随气的升降出入异常而逆乱，出现吐血、出血、昏厥；血随气陷出现便血、尿血、子宫出血。所以，临床上在治疗血行失常的病证时，常酌情配合应用补气、行气、降气或提升的药物，以期获得良好的效果。

如《医林改错》中治疗血脉不利所致的半身不遂、口眼歪斜、口角流涎等证的"补阳还五汤"，方中含黄芪、当归尾、赤芍、地龙、川芎、桃仁、红花7味中药，就是一个补气以行血的著名方剂。因正气亏虚而致脉络瘀阻，筋脉、肌肉失养，对于这种因虚致瘀之证，治法当以补气为主，兼以活血通络。可以说黄芪是一味治疗气虚血瘀证的理想药物。方中重用黄芪（相当于20倍于当归尾之量），大补脾胃之气，令气旺血行，瘀去络通，为君药。当归尾长于活血，且有化瘀而不伤血之妙，是为臣药。川芎、赤芍、桃仁、红花助当归尾活血祛瘀，地龙通经络，均为佐药。本方的配伍特点是大剂量补气药与小剂量活血药相配，使气旺则血行，活血而不伤正，共奏补气活血通络之功。再如《医林改错》治疗胸中血瘀、血行不畅的"血府逐瘀汤"，方中含桃仁、红花、当归、生地、川芎、赤芍、牛膝、桔梗、柴胡、枳壳、甘草等中药，本方系由桃红四物汤合四逆散加桔梗、牛膝而成，方中当归、川芎、赤芍、桃仁、红花活血化瘀；牛膝祛瘀血，通血脉，引瘀血下行；柴胡疏肝解郁，升达清阳；桔梗开宣肺气，载药上行，又可合枳壳一升一降，开胸行气，使气行则血行；生地凉血清热，合当归又能养阴润燥，使祛瘀而不伤阴血；甘草调和诸药。全方既行血分瘀滞，又解气分郁结，活血而不耗血，祛瘀又能生新，使瘀去气行，则诸症可愈，这是一个以活血祛瘀止痛为主而气血兼顾的方剂，寓行气于活血之中，使气分之郁结得散，血分之瘀滞得除。

兽医经典著作《元亨疗马集》在治疗败血凝蹄、料伤五攒痛时所用的"红花散"，是由红花、没药、当归、枳壳、厚朴、陈皮、桔梗、六曲、麦芽、山楂、黄药子、白药子、甘草共13味药物组成。方中红花、没药、当归活血祛瘀，为君药；枳壳、厚朴、陈皮、六曲、山楂、麦芽行气宽中，消积化食，为臣药；桔梗开胸膈滞气，黄、白药子凉血解毒，为佐药；甘草和中缓急，为使药。诸药相合，以活血行气，消食除积。其中红花、没药、当归3味药物活血化瘀，枳壳、厚朴、陈皮、桔梗4味药物具有行气宽中、促进血行、消除瘀滞的理气作用，可以说这是气能行血理论的典型应用。至于那些血随气乱的吐血、衄血、逆经等病证，其治疗法则也是"通其道而去其邪"，调畅气机，顺应机体气机升降规律，是治疗病证的根本大法，如治疗血行不畅而出现的心、腹、胁、肋诸痛时所用的"金铃子散"，即金铃子、元胡（即上文之延胡索）等份，以达到理气止痛之效，原因是只要气顺，则血行即可通畅，气顺血畅，则疼痛自止。这些都是在"气能行血"理论指导下临床实践中广泛应用的方剂。

③气能摄血：是说气具有统摄血液在脉管中运行，以防止其逸出脉外的生理功能。如果气虚，此固摄作用减弱，即可导致各种出血的病证。因此，临床上在治疗出血证时，从不单纯使用止血药物，而是针对病因，结合出血的部位来辨证，施以补气的药物，只有从补气摄血的方法入手，才能达到真正止血的目的。

如《金匮要略》中治疗便血、吐血、衄血及崩漏下血所用的"黄土汤"，方中有灶心黄土、甘草、干地黄、白术、附子（炮）、阿胶、黄芩，就是一个补气以摄血的典型实例。方中灶心土即伏龙肝，辛温而涩，功能温中、收敛、止血为君药。白术、附子健脾温阳，以复脾胃统摄之权，为臣药。生地、阿胶滋阴养血止血，既可补益阴血之不足，又可制约术、附之温燥伤血，为佐药。生地、阿胶得术、附，则可避免滋腻呆滞碍脾之弊。方用苦寒之黄芩佐制温热以免动血，亦为佐药。甘草为使药，调和诸药并益气调中。诸药合用，标本兼顾，刚柔相济，刚药温阳健脾，柔药补血止血。纵观此方，可以说无一味是直接的止血药，却达到了止血的目的。清·唐容川在分析此方时指出：血者，脾之统也，先便后血，乃脾气不摄，故便行而气下泄，血因随之以下，方用灶心黄土、甘草、白术、附子健补脾土以行摄血之本。著名中兽医徐自恭在治疗便血时，所用的"治牛粪血方"，方中包括甘草、白术、阿胶、黄芩、灶心黄土、香附、干姜炭7味中药，即是黄土汤去干地黄、附子，加香附、干姜炭而成。可见中医、中兽医皆认识到健脾止血。《成方便读》中指出："若脾土一虚，即失其统御之权，于是得热则妄行，得寒则凝塞，皆可离经而下，血为之不守也。"再如《伤寒论》中的"理中汤"，方中人参、白术、炙甘草、干姜4味中药，对脾阳气虚弱，血失所统而离经妄行的吐血、衄血或便血均有良效。故此，对于出血之证，我们切不可只用止血之品而见血止血，否则疗效不佳。当以补气健脾、引血归经为主，用温补摄血之法组方，其机理就在于"损者多由于气，气伤则血无所藏"（《景岳全书》）。

（2）血为气母　血为气母是指血是气的载体，并给气以充分的营养。气易散，必须依附于血液和津液，并得到血液的滋养才能发挥作用。血液具有运载水谷之精气、自然之清气的功能，故血能载气。脏腑经络之气的生成与补充，除与先天之气有关外，主要依赖于后天之气的不断充养，而后天之气流布于脏腑经络，主要靠血液的运输作用，当血液大量丧失时，常常会引起气脱，即血虚气必虚，血逸气必逸。故临床治疗大出血的气随血脱证时，需用益气固脱来急救，同时还需配合止血补血的方法。

如产后2 h内血崩，因短时间内大量失血，可见四肢厥冷、神志昏迷、可视黏膜苍白、冷汗淋漓、心悸、气短、脉细微或浮大而虚等休克表现。治当峻补元气，方宜选益气救脱汤，选用人参、三七止血固脱而不补血，体现气能摄血。血止后改用救运至圣丹，方中有人参、白术、当归、川芎、熟地、干姜等中药（《石室秘录》），可见，在重用补气药脱离险象后，不忘为气找家，使气能够有所依附。对于止血先于补血，则是"急则治其标，缓则治其本"的具体体现。再如治疗中气下陷的"补中益气汤"，方中有党参、黄芪、白术、炙甘草、当归、陈皮、升麻、柴胡，其中多为补气药，只有当归为补血药，为补气药所补之气创造栖身之所。

（3）气重于血　众所周知，气为阳，血为阴，彼此之间存在着相互依存、相互资生、相互为用、相互制约的关系，但在二者对立统一的关系中，气起着主导作用，所以在气血同病辨证论治实践中，突出以治气为主的基本治疗原则。以"善补阴者，必于阳中求阴"（《景岳全书》）和"血虚以人参补之，阳旺则能生阴血也"（《脾胃论》）等为指导。如《内外伤辨惑论》在治疗劳倦内伤、气弱血虚、阳浮外越、产后血虚的"当归补血汤"，就是重用黄芪（5倍量于当归）大补脾肺之气，补气以生血，配以当归益血和营，使阳生阴长，气旺血生。以体现"有形之血不能速生，无形之气可以速固"。《牛经备要医方》中治疗马、牛过力劳伤、气血俱虚的"归芪益母汤"，即是"当归补血汤"加益母草而成，可见二者均认为气血双虚，应重在补气。

再如《傅青主女科》中治疗血崩所用的"固本止崩汤"，方中用熟地、人参、黄芪、白术、黑姜、当归6味中药，3味是补气药，2味是补血药，1味是止血药，且补气药重于补血、止血药，疗效则是"一剂而崩止，十剂不再发"。再看《济生方》中治疗心脾两虚、气血不足的"归脾汤"，方中用人参、白术、黄芪、当归、炙甘草、茯神、远志、酸枣仁、木香、龙眼肉、生姜、大枣等中药，虽是气血双补之方，但补气药无论在药味上还是在药量上都远远超出了补血药。还有《伤寒论》中治疗气血虚少，证见心悸动、脉结代的"炙甘草汤"，方中用炙甘草、人参、大枣、生地、桂枝、阿胶、麦冬、麻仁、生姜等中药，重用炙甘草来化气生血，复脉之本，辅人参、大枣益气补脾养心。再如治疗奶牛生产瘫痪应用"十全大补汤加减"，可收到较好效果。这是因为母牛产后本已气血虚弱，加之挤乳太过，营养又未能及时跟上，致使气血生化无源，而血更虚气更弱，气衰则神疲，重则昏迷，神疲则无力，重则卧地不起，精血不足则四肢伸直僵硬，头向后仰。由此可见，此时的病机是以气的衰竭为主，治疗应以益气助阳为先为重，而佐补血止血，滋肝补肾，方可治愈疾病。

2.气与津液

(1)气能生津　水谷经脾胃之气的受纳与运化作用，产生津液，脾胃之气衰则生津液不足，出现气津两伤。

(2)气能行津　津液通过气的升降出入，输布于全身及排出。气虚则气化推动无力，气滞则引起水湿、痰饮，即气不行水。水湿、痰饮又会引起气机失常，即水停气滞。两者往往恶性循环，治疗时常利水行气并用。

(3)气能摄津　气能固摄津液，防止无故流失，气虚则不能固摄，出现多汗、多尿。

(4)津能载气　气无形而动，必须依附有形的津液才能存在体内，津脱则气丧，形成气随津脱之症。

作业

1.概念：精、气、气机。

2.简述气的分类和气的基本功能。

3.常见气病、血病和津病有哪些？治疗方剂分别是什么？

4.请阐述气与血的关系。

拓展

你能理解送子丹、红花散、黄土汤、补中益气汤、固本止崩汤分别是说明气与血之间的什么关系，且这些方剂主要治疗什么病证吗？

自我评价

评价内容	记忆情况	理解情况	百分制评分结果	不足与改进
精、气、气机的概念				
气的分类、基本功能及运行形式				
常见气病、血病和津病				
气与血的关系				

任务六　病因病机学说

学习导读

教学目标

1.使学生掌握病因、病机的概念,以及常见的病因。

2.使学生掌握六淫的概念,以及六淫的致病特征、常见病证。

3.使学生掌握内伤包含的主要内容。

4.使学生掌握其他致病因素所包含的痰饮、瘀血、外伤、中毒的特点及表现。

5.使学生掌握病机的主要表现。

教学重点

1.病因、病机的概念,以及常见病因。

2.六淫的概念,以及六淫的致病特征、常见病证。

3.病机的主要表现。

教学难点

六淫的致病特征、常见病证。

课前思考

1.引起动物发生疾病的病因有哪些?

2.六淫指什么?

3.皮肤疹痒、抽搐、举步沉重、里急后重、干咳、肿疡、多汗无神、毛窍收敛、肢体疼痛分别是由哪种病因引起的?

4.简述饥饱劳逸和七情对动物机体的影响。

5.病机是指什么?

学习导图

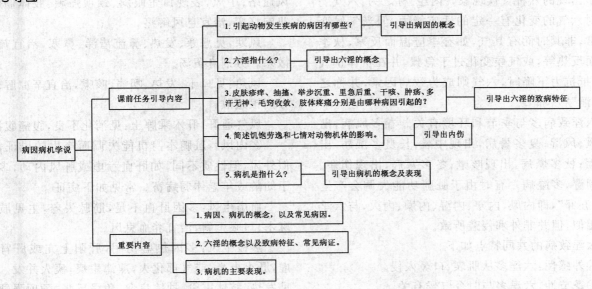

病因即致病因素,也就是引起动物发生疾病的原因,也称病源或邪。病机即病理,就是各种致病因素作用于机体,导致疾病发生、发展与转归的机理。疾病的发生与变化是机体内因与外因共同作用的结果,即是机体正邪相争的结果。正气是指机体各脏腑组织器官的机能活动,及其对外界环境的适应能力和对致病因素的抵抗力。邪气是指一切致病因素。一般情况下疾病的发生内因决定外因,疾病的发生是由体内正气不足和外邪入侵两方面因素决定的,正气起主导地位。正所谓"正气存内,邪不可干;邪之所凑,其气必虚;血气不和,百病乃生。"百病之生,皆为有因。正气在发病中的地位固然重要,但对一些疾病(如外伤、中毒、疫疬、理化损伤等)而言,外邪起着主要作用。

临床在诊治疾病过程中要求达到辨证求因,审因论治,即通过分析各种病证的临床症状,找出病因,从而为用药提供依据。而病因根据致病特点可分为外感、内伤及其他,如外伤、虫兽伤、寄生虫、中毒、痰饮及瘀血。

◆ 一、外感致病因素

外感致病因素包括六淫和疫疬。由于它们都是由皮毛和口鼻而入的,所以统称外感。

(一)六淫

六淫即风、寒、暑、湿、燥、火等自然界中的六气发生异常变化而形成的致病因素,由于六淫为不正之气,故称"六邪"。风、寒、暑、湿、燥、火,是自然界四季中出现的六种气候现象,《内经》称之为"六气"。机体对六气的变化有一定的适应能力,但当气候变化异常,非其时而有其气,如春季应温而反寒,秋季应凉而反热等,或气候变化过于急骤,并在机体正气不足,抵抗力下降时,六气则成为致病因素,并称之为"六淫""六邪"。

六淫致病多与季节和环境有关。春多风病,出现伤风、风湿;夏多暑病,出现中暑;长夏多湿病,出现腹泻;秋多燥病,出现咳嗽;冬多寒病,出现伤寒。环境潮湿,多湿病。有时由于脏腑功能失调会产生"内生五邪",即内风、内寒、内湿、内燥、内火,与六淫病证相似,但并非外邪侵袭所致。

六淫致病的共同特点如下。

①外感性:六淫多从肌表、口鼻入侵。

②季节性:六淫多与时令气候有关。

③地域性:六淫多与居处环境有关。

④相兼性:六淫既可单独致病亦可相兼致病。

⑤转化性:六淫发病中病证性质可以转化。

1. 风

风为春天之主气。

(1)分类　分外风和内风。外风是指受自然界风邪侵袭而引起的病证,称贼风或邪风;内风是由于肝功能失调而引起的,称肝风。

(2)风邪特性及致病特征　具体如下。

①风为百病之长(百病之始),六淫之首。常与其他外邪同时侵犯机体。

②风为阳邪,其性轻扬开泄。风具有升发、开泄、向上、向外的特点,风邪易犯机体的头面部和肌表,使汗孔开张、易出汗、恶风。

③风性善行数变。善行是指风病的病位游走不定,如风湿病;数变是指风病变化无常、发病迅速,如中风。

④风性主动。这是指病后动摇不定。临床出现肌肉颤动,四肢抽搐,颈项强直,角弓反张,双目直视。所以诸暴强直,皆属于风。

(3)常见风证　有外风和内风之分。

①外风。为外感风邪所致。常见以下病证。

伤风:为外感风邪,风伤皮毛、伤肺,见恶风、发热、鼻流清涕、咳嗽、脉浮缓,治宜祛风解表。

风疹:为风邪侵袭肌肤腠理,见皮肤疹痒,疹块漫无定处,此伏彼起,脱毛,治宜祛风清热。

风入经络:包括风痹和中风,风痹即为风湿症,为风邪侵犯经络,见关节疼痛、游走不定、跛行,宜祛风通络;中风,表现口歪眼斜、颈项强硬、肢体僵硬、肌肉痉挛,治宜息风解痉。

风寒:见恶寒、发热、鼻流清涕、鼻塞,治宜疏风散寒。方剂麻黄汤。

风热:见口干、发热、咽痛、咳嗽,治宜辛凉解表。方剂银翘散。

风气通肝,肝木乘脾土:见消化不良,腹痛腹泻。

②内风。脏腑本身机能失调而产生的风证,状似外风,但性质不同,如肝血亏虚或肝风内动,多见于幼龄或年老体弱病畜。常见如下病证。

血虚生风:多因肝血不足,筋脉失养,主见肢体麻木、口眼歪斜,治宜养血息风。

热极生风:多因热盛伤阴,肝阳上亢或肝肾阴虚,肝火上炎,或气郁化火,煎津生痰,痰火并发。症见发热、肢体震颤、抽搐痉挛、角弓反张、颈项强硬或猝倒癫狂。

2.寒

寒为冬天之主气,有外寒和内寒之分。

(1)寒邪特性及致病特征　具体如下。

①寒为阴邪,寒性阴冷,易伤阳气。主要有两种表现:一是寒邪束表,导致阳气不可宣发,出现恶寒怕冷,皮紧毛乍,无汗,发热;二是寒入中焦,伤及脾胃阳气,出现肢体寒冷,尿清长,完谷不化,泄泻,口流清涎。

②寒性凝滞,易致疼痛。有道是不通则痛,寒邪入体,气滞血凝,产生疼痛。主要表现:一是寒邪伤表,导致营卫凝滞,出现肢体疼痛;二是寒凝中焦,出现肚腹冷痛;三是寒凝筋脉,出现风湿痛。

③寒性收引。主要表现:一是寒入皮毛、腠理,导致毛窍收敛,卫阳闭阻,不可宣发,出现恶寒、发热、无汗;二是寒入筋骨、经络,出现筋脉拘急不伸,肢体伸屈不利;三是寒入血脉,导致血脉收缩,凝涩,脉紧,疼痛。

(2)常见寒证　有外寒和内寒之分。

①外寒。外寒多因久立阴冷之地,突受雨淋、夜露霜雪。外感寒邪与风邪合并侵害机体,称外感风寒。常见如下诸证。

伤寒:寒邪侵伤肌表经络,见恶寒发热、无汗、肢体疼痛、鼻流清涕,治宜散寒解表。

寒伤脾胃或称直中脏腑:寒邪直入脾胃,伤其正气,致使脾胃阳虚,使之不能升降,出现肠鸣泄泻,腹痛起卧,治宜温中散寒。

②内寒。即阳虚里寒,多由体内阳气衰弱或空腹饮冷。阳虚里寒常见中焦虚寒和肾阳不足。

中焦虚寒:脾阳虚寒时,表现腹胀泄泻、四肢不温;胃阳虚寒时,表现腹痛、肠鸣、泄泻、口流清涎、脉沉迟。治宜温阳散寒。

肾阳不足:表现肢冷无力,尿清长,水肿。

3.暑

暑为夏天之主气,为火热之气所在,独发生于夏天,为外邪。

(1)暑邪特性及致病特征　具体如下。

①暑性炎热,易致发热。病畜表现高热、口渴、多汗、脉洪。

②暑性升散,耗气伤津。暑性升散,使腠理开泄而出汗,汗多伤津,气随津损,出现四肢无力、精神沉郁、呼吸浅表、甚至猝倒昏迷。

③暑多挟湿,易困脾胃。夏季热、雨水多,所以

热湿并侵出现食欲不振、腹泻、舌苔厚腻、无力。

④暑热易扰心神,易动肝风。暑热易致烦躁、痉挛。

(2)常见暑证　主要有以下几种。

①伤暑:为暑病之轻证,可见精神沉郁、四肢无力、口渴贪饮、身热气喘、出汗、烦躁不安、粪干尿短赤、脉数,治宜清热解暑、生津,用香薷散。

②中暑:为暑病之重证。表现高热多汗、气喘、口干舌燥、肌肉震颤、步态不稳、似酒醉状,或猝倒、四肢抽搐、汗出如油、脉洪数。治宜针刺放血,再行药物清热解暑、安神开窍,用止渴人参散。

③暑热:入夏后多见,肌肤发热或朝凉暮热、全身无力、呼吸急促、舌质微红、舌苔薄白。治宜清暑益气生津。

④暑湿:为暑热季节、雨后太阳暴晒、地面湿气上蒸,此时家畜放牧、休息感受暑湿。动物表现腹泻、粪便腥臭带脓血、口色红、舌苔黄腻、发热不甚、全身无力、四肢倦怠、食欲不振、尿短赤、脉数。治宜清暑化湿。

⑤阳暑:一种是由于烈日下劳作,猝倒、震颤、汗出如洗、口色红燥;另一种是暑天劳后马上饲喂,以致热积脏腑,出现口色红燥、闭目无神、喜卧、恶热、脉数。

⑥阴湿:夏季剧役大汗突受雨淋,或大汗入水洗澡,以致毛孔闭塞、阳气阻于内,出现体表冷、体内热、口色红赤。

4.湿

湿为长夏之主气。

(1)湿邪特性及致病特征　具体如下。

①湿郁气机,易损脾阳,湿为阴邪,易伤阳气:脾喜燥恶湿,所以湿邪入体耗伤脾阳,使脾不运化。水湿溢于皮肤,出现水肿;溢于肠胃,出现腹泻;同时脾阳气受困,气行不畅,出现腹胀、腹痛、里急后重。

②湿性重浊,其性趋下,易袭阴位:重则沉重,发病后举步沉重,黏着步样,全身无力;浊则秽浊不清,其分泌物、排泄物混浊不清,如尿混浊、粪稀污浊、疮破流脓等。趋下则先发于下部,故有伤于湿者,下先受之,出现肢体下部水肿,尿淋浊,泻痢,带下等。

③湿性黏滞,缠绵难退,湿多挟寒温:黏滞表现粪便黏滞不爽,尿液淋漓不畅;缠绵表现疾病不易治愈。

(2)常见湿证　有外湿与内湿之分。

①外湿。多由长期阴雨而被雨淋或厩舍潮湿,

久立湿地,湿邪侵体所致。常见如下几种情况。

湿困卫表:又称伤湿或湿邪伤表,常见于胃肠道感染初期,表现发热不太高,但不易退、微恶寒、肢体沉重无力,不愿走动,微有腹胀,腹泻,口色淡黄,苔白滑,脉缓。治宜辛散解表、芳香化湿。

湿滞经络:即为湿痹、着痹,表现关节疼痛、肿胀,固定不移,屈伸不利,舌苔白滑,脉缓;治宜祛湿通络。

湿毒浸侵:表现皮肤湿疹、疱疹,瘙痒生水,治宜化湿解毒。

湿热蕴结:为湿邪与热邪蕴结于体内,表现因部位而异,积于胃肠,出现下痢脓血、里急后重,治宜清解湿热;积于膀胱,表现尿淋漓不畅,尿混浊,治宜清热利湿;积于肝胆,表现黄疸,治宜清热利湿。

寒湿停滞:寒湿滞于胃肠,表现腹痛、腹胀、腹泻、积水,粪便不通,治宜温中散寒。

湿困脾胃:表现食欲减退、腹泻、肢体沉重、浮肿、口色淡黄,治宜化湿健脾。

②内湿。多由脾失健运,水谷津液停滞蓄积所致。湿自内生,因脾阳不振,运化失常所致。出现食欲不振、完谷不化、腹胀、腹泻、浮肿、尿少、苔白。治宜温阳健脾、化湿利水。

5.燥

燥为秋天之主气。燥多由口鼻而入,病从肺卫开始。

(1)燥邪特性及致病特征　具体如下。

①燥性干燥,易伤津液,燥邪致病,缺乏津液为特征:燥为收敛之气,耗伤津液,导致阴津不足,出现口鼻舌燥,口渴、皮毛干枯、粪干尿少。

②燥胜则干,燥易伤肺及肝。肺为娇脏,既不耐湿,更不耐燥,湿则饮停,燥则津伤,肺司呼吸,主皮毛,与外界相通,燥邪伤肺,肺失宣降,出现干咳,无痰,鼻液黏稠,鼻衄。

(2)常见燥证　有外燥与内燥之分。

①外燥:多由久不下雨,周围环境缺水而致病,因多发于秋季,故又称秋燥。常见以下两种情况。

温燥:初秋尚热,还有夏天的余热。表现燥而偏热,见有发热、口鼻干燥、口渴、口色红燥、苔微黄、粪便干结、少汗、脉数大,治宜辛凉解表,清肺润燥。

凉燥:深秋已凉,已近冬天冰寒之气。表现燥而偏寒,主见发热、口鼻干燥、恶寒、无汗、皮肤干燥、干咳无痰、苔白干、脉浮弦涩,治宜宣肺解表。

②内燥:多由大汗、大泻、呕吐,或精血内夺,使体内阴津亏虚所致,或五脏积热伤津化燥,或慢性消耗性疾病阴液耗损。主见口干舌燥、干咳无痰、口色红绛、皮毛干枯、粪干尿少。治宜滋阴润燥。

6.火

火热同性,程度有异,火为热之极,热为火之渐,故常火热并称。但又有不同,火证多内生,其性炎上,热象更明显,阴虚火旺;热证多感外邪所致。

(1)火邪特性及致病特征　具体如下。

①火为热极,为阳邪,其性炎上。见高热、口渴、骚动不安、粪干尿少、脉数。另外,心火上炎见口舌生疮;胃火上炎见牙龈肿痛;肝火上炎见双目红肿。

②火邪易生风、动血。火灼脉络,迫血妄行,出现出血,如衄血、尿血、便血、皮下出血,还会引起机体抽搐。

③火邪易耗气、伤津。见口干喜饮冷水、尿少、粪干、眼窝塌陷。

④火热之邪挟毒,易致肿疡。

(2)常见火证　有实火和虚火之分。

①实火:外感温热或六淫入里化火而引起,证见高热、口渴、尿短赤、粪干、咽喉肿痛、干咳、气促喘粗、口舌生疮、狂躁不安、舌红苔黄、出血、脉数有力。治宜清热泻火。

②虚火:为五脏内生,属于内火,是脏腑功能失调,阴津耗损,虚火旺盛所致。多因饲养失调或久病,或配种过度,精血亏损,阴虚阳亢,脉数无力,治宜滋阴降火。主见体瘦毛焦、口渴不多饮、盗汗、潮热、滑精、口色微红、尿短赤、脉细数。治宜滋阴降火。

(二)疫疠

1.疫疠即疫气

疫疠即疫疠之气,也是一外感致病因素,但与六淫不同,是一种传染性极强的致病因素。疫乃瘟疫,有传染之义,疠是天地间一种不正之气,又称为"疫毒""疠气""戾气""异气""毒气""乖戾之气"等。因其发病长幼相似,一方发病,周围不可避之,又因其为病颇重颇险,如经鬼厉之气,故名之"厉气""疠气"。更因其为病变化多端,传变迅速,多有坏证、变证和逆证,故又称"戾气";再因其不同于一般六淫之气,故又名其"异气"。吴有性《温疫论·杂气论》则统称疫病为"杂气"。疫疠中有明显季节性的称为时疫,如流感可见于秋末,乙型脑炎可见于夏季蚊多时。

2.疫疠与六淫的不同之处

病邪性质不同；入侵途径不同；发病形式上的差异；预后有凶吉之分。

3.疫疠的致病特点

传染性强，易于流行；发病急骤，病情危重；不论老幼症状相似。

4.影响疫疠致病的因素

疫疠的致病取决于其来势的盛衰和畜体正气的强弱。

5.疫疠流行的条件

一是气候反常，如久旱、连雨天，非其时而有其气。如《诸病源候论·疫疠病候》："一岁之内，节气不和，寒暑乖候，或有暴风疾雨、雾露不散，则民多疾疫，病无长少，率皆相似，有如鬼厉之气，故云疫疠病。"《三因极一病证方论·叙疫论》说："夫疫病者，四时皆有不正之气，春夏有寒清时，秋冬亦有暄热时，一方之内，长幼患状率皆相类者，谓之天行是也。"二是环境卫生不良，死尸及污染物未及时处理；三是社会制度的影响，解放前无人顾及，解放后采取了综合的防治措施，消灭了许多传染病；四是预防隔离失策，发病后要对疫畜及其污染物、疫区进行隔离封锁消毒。

6.疫疠的预防措施

一是加强饲养管理，注意家畜和环境卫生，增强体质；二是发现病畜立即隔离，死畜要焚烧深埋；三是定期进行预防接种。

二、内伤

内伤主要由于饲养管理不当引起，概括为饥、饱、劳、役四种。饥饱属于饲养不当，劳役属于管理不当，另外还有精神因素。内伤可以直接致病，也可使机体正气不足，为外邪创造条件。

(一)饥饱之伤

饥饱之伤主要影响脾胃的运化功能，导致聚湿、生痰、化热、生虫或变生他病。饥饱之伤包括饥饱失常、饮食不洁、采食偏嗜等。

1.过饥或过饱

过饥或过饱都会伤及脾胃。过饥，由缺水、缺食造成饥不得食、渴不得饮，或时饥时饱，使气血化生无源，引起气血亏虚，体瘦无力，成畜生产能力下降，幼畜生长缓慢，饥伤不需用药，加强饲养即可，有道是饥伤脂，形体羸瘦。过饱，饮喂太过或饥渴而致暴食暴饮，超过了胃肠的受纳能力及传送功能，伤及胃肠，使食物停滞于胃肠，出现腹胀、嗳气酸臭、气促喘粗、卧立不安，如瘤胃积食、胃扩张，治宜消积导滞。有道是饮食自信，肠胃乃伤。

2.采食偏嗜

(1)寒热偏嗜　食物的寒热，主要指食物性质的寒性或热性，也包括饮食温度的寒热。饮食寒温应适中，少食辛热，慎食生冷。多食生冷寒凉，可损伤脾胃阳气，导致寒湿内生，出现腹中冷痛、泄泻等证；若偏食辛温燥热，则可使肠胃积热，出现口渴、腹满胀痛、便秘，或酿成痔疮等。

(2)五味偏嗜　五味，即酸、苦、甘、辛、咸五种食味。若较长期偏嗜其中某一食味，可使所喜入的脏腑功能偏盛，久而损伤内脏，发生病变。《素问·生气通天论》说："味过于酸，肝气以津，脾气乃绝。味过于咸，大骨气劳，短肌，心气抑。味过于甘，心气喘满，色黑，肾气不衡。味过于苦，脾气不濡，胃气乃厚。味过于辛，筋脉沮弛，精神乃央。"译文："过食酸味的东西，会导致肝气太盛，那么脾气就要衰歇。过食咸味的东西，就会导致大骨容易受伤，肌肉萎缩，心气抑郁。过食甜味的东西，则心气烦闷不安，面色变黑，肾气得不到平衡。过食苦味的东西，则脾气不得濡润，导致消化不良，胃部就会胀满。过食辛味的东西，则筋脉败坏而松弛，精神也会受到损害。"另外，多食咸味的，能使血脉流行凝涩不畅，色泽也会发生变化。多食苦味，能使皮肤枯槁，毫毛也会脱落。多食辛味，就会导致筋脉劲急，爪甲也会枯槁。多食酸味的，能使肌肉变厚皱缩，而嘴唇也会掀起。多食甜味的，能使骨骼发生疼痛，而头发也会脱落。五脏之病各有所禁忌：辛味走气分，所以气病不可多食辛辣之物。咸味走血分，血病勿多食咸味。苦味走骨分，骨病不可多食苦味。甜味走肉分，肉病者不可多食甜味。酸味走筋，筋病不可多食酸味。所以，饮食五味应当适宜，平时饮食不要偏嗜。《素问·生气通天论》说："是故谨和五味，骨正筋柔，气血以流，腠理以密，如是则骨气以精，谨道如法，长有天命。"发病时更应注意饮食宜忌，饮食与病相宜，能辅助治疗，促进疾病的好转；反之，疾病就会加重。五味能补泻五脏，肝若急，急食甘以缓之；心若缓，急食酸以收之；脾若湿，急食苦以燥之；肺气若上逆，急食苦以泄之；肾若燥，急食辛以润之。肝用辛补之，酸泻之；心用咸补之，甘泻之；脾用甘补之，苦泻之；肺用酸补之，辛泻之；肾用苦补之，咸泻之。

（3）肥甘厚味偏嗜　肥，指肥腻之味。甘，指甜腻之物。《素问·奇病论》说："肥者令体内热，甘者令体中满。"《素问·生气通天论》说："膏粱之变，足生大疔。"也就是说过食油腻厚味的食物，易生大的疔疮。膏指肥肉，粱指粳米。由此可见，肥甘厚味偏嗜，可以造成脘腹胀满，或引发疔疮、消渴、中风等病。

（二）劳役之伤

动物机体需要适当的劳作或运动，这样可以帮助气血流通，增强体质；同时亦需要适当的休息，以消除疲劳，恢复体力和脑力。因此劳逸要适度，过劳、过逸均可导致疾病的发生。

1. 劳伤

劳伤指过度劳累及使役不当而伤及机体。包括劳力过度、长时间使役或长时间休闲而突然重役，这些都会耗伤津气，脾胃失调、脏腑失养，出现无神、无力、体瘦；另外，若行走过急未遛，会出现走伤，败血凝蹄、眼病。治宜养心补脾。有道是劳则气耗，劳伤心，也就是劳则汗出，遂损心液，出现心悸；还有役伤肝，役，行役也，久则伤筋，肝主筋，出现肢体无力。

2. 逸伤

逸伤指过度安逸致病，使机体气血不畅，心、肺、脾等脏腑功能减弱，出现食欲减退、体力下降、腰肢软弱、抗病力降低。逸伤包括体逸太过和神逸太过。种公畜不运动，精子活力降低；母畜不运动，出现过肥、产前不食、难产及胎衣不下；役畜不运动，心肺和脾胃功能失调。

（三）七情内伤

"情"，指情感和情绪，是机体的生理本能；七情，是机体对外界事物所产生的喜、怒、忧、思、悲、恐、惊等七种基本的客观反应及其情感变化。按五行对应的五志是怒、喜、思、悲、恐。

七情是机体对外界刺激的情绪应答反应，具有两重性。适度的反应，为机体之常性，属生理范畴；但是，在突然的、剧烈的或过于持久的情志刺激下，其刺激量或刺激总量超逾机体的自我调节能力，则可导致机体气机紊乱，脏腑损伤，阴阳失调而致病。七情致病，病从内生，又是内伤疾病的主要致病因素之一，故称"七情内伤"。七情变化会引起机体阴阳失调，气血不和，经络阻塞，脏腑功能紊乱，正气不足，故易被邪侵。

七情致病特点，概括起来主要有以下三个方面。

（1）损伤内脏，心为主导　七情会伤及内脏，且不同的刺激所伤的脏器也有所不同。

喜伤心：是指过喜使心气涣散，神不守舍。《灵枢·本神》说："喜乐者，神惮散而不藏。"

怒伤肝：是指过度发怒，引起肝气上逆、肝阳上亢或肝火上炎，耗伤肝的阴血。《灵枢·邪气脏腑病形》说："若有所大怒，气上而不下，积于胁下，则伤肝。"出现口苦舌燥，目眩头晕，胸闷胁痛，甚至血不循经而吐血。

忧（悲）伤肺：是指过度忧伤悲哀，可以耗伤肺气。《素问·举痛论》说："悲则心系急，肺布叶举，而上（前）焦不通，营卫不散，热气在中，故气消矣。"

思伤脾：指思虑过度，脾失健运，气机郁结。《医学衷中参西录·资生汤》说："心为神明之府，有时心有隐曲，思想不得自遂，则心神拂郁，心血亦遂不能濡润脾土，以成过思伤脾之病。"

恐伤肾：是指恐惧过度，耗伤肾的精气。《素问·举痛论》说："恐则精却。"

惊伤心胆：是指大惊可以伤心神及胆。《素问·举痛论》说："惊则心无所倚，神无所归，虑无所定，故气乱矣。"

心为先导是指心为五脏六腑之大主，神之所舍，心在机体的精神情志活动中起着主宰作用，因而情志内伤，亦多以心为主导。张景岳在《类经》中说："情志之伤，虽五脏各有所属，然求其所由，则无不从心而发。"另外，情志紊乱，又会出现气郁化火，出现肝火、心火、肺火、脾火、肾火，灼伤其真阴，损其正气。

（2）为病众多，气病为先　情志所伤，多以气病为先。这里所说的气病，是指七情内伤最易导致脏腑气机逆乱的病理变化，使气机升降出入运动失常。《素问·举痛论》说："怒则气上，喜则气缓，悲则气消，恐则气下，惊则气乱，思则气结。"怒则气上是指盛怒则肝气上逆，血随气逆，并走于上。临床见气逆、目赤，或呕血，甚则昏厥猝倒。另外，怒伤肝还可表现为肝失疏泄的肝气郁结，出现胸胁胀痛。喜则气缓包括缓和紧张情绪和心气涣散两个方面。在正常情况下，适度之喜能缓和精神紧张，使营卫通利，心情舒畅；但暴喜过度，又可使心气涣散，神不守舍，出现精神不集中，甚则失神狂乱等症状。悲则气消是指过度忧悲，可使肺气抑郁，意志消沉，肺气耗伤。临床见心情沉重、精神不振、胸闷、气短等。恐则气下是指恐惧过度，气趋于下，同时血亦下行，临床见口色苍白、头昏，甚则昏厥。恐又可使肾气下陷不固,出现二便失禁,或遗精、流产等。恐伤肾精还可见骨酸痿厥等。惊则气乱是指突然受惊,使心气紊乱,以致心无所倚,神无所归,虑无所定,惊慌失措,心悸心慌等。思则气结是指过度思虑劳神,造成气机郁结,伤神损脾。症见纳呆、脘腹胀满、便溏、心悸、失眠和健忘等。

《三因极一病证方论》说:"喜伤心,其气散;怒伤肝,其气出;忧伤肺,其气聚;思伤脾,其气结;悲伤心,其气急;恐伤肾,其气怯;惊伤胆,其气乱。虽七诊自殊,无逾于气。"

(3)情志波动,加重病情 临床上有许多疾病,在患者有剧烈情志波动时,往往会使病情加重,或急剧恶化。如有高血压病史若遇恼怒,可使阳升无制,血气上逆,发生突然昏倒,或半身不遂,口眼歪斜等症;心脏病患畜,也可因突然剧烈情志波动,出现心绞痛、心肌梗死,病情迅速恶化,甚至猝然死亡。

三、其他致病因素

其他致病因素包括痰饮、瘀血、外伤、中毒等。

(一)水湿痰饮

水湿痰饮是机体水液代谢障碍所形成的病理产物,是继发性病因之一。痰饮均为津液凝聚变化而成的水湿,是脏腑功能失调的产物。痰和饮合称为痰饮,但又有区别。就其形质而言,一般将较稠浊的称为痰,清稀的称为饮。水外指水溢肌肤,内指水液潴留。湿多指脾虚失运,湿浊内阻。

痰饮之名,出自汉代张仲景《金匮要略》,"夫饮有四,何谓也?师曰:有痰饮,有悬饮,有溢饮,有支饮。"饮病的形成,是由脾胃运化失常,故水停为饮,留着一处。饮留胸胁为悬饮;饮留肠胃为痰饮;饮留心肺为支饮;饮溢肌肤为溢饮。

水湿痰饮的致病特点有其共同的一面,也有其不同的一面,分述如下。

(1)共同特点 随气流行,无处不到;变幻多端,错综复杂;病势缠绵,病程较长。

(2)各自的特点 寒湿致病,易伤阳气;湿热致病,易化燥伤阴;痰病众多,且多怪症;饮发于中,留着一处。

李时珍的《濒湖脉学》说:"痰生百病食生灾。"广义的痰病范围很广,有道是"百病多由痰作祟","怪病多痰",故王隐君创制"礞石滚痰丸",由煅青礞石

40 g、沉香 20 g、黄芩 320 g、酒蒸大黄 320 g 组成,制为水丸,黄芩、大黄苦寒清热涤痰,沉香取"善治痰者,不治痰而治气",以行气治痰,青礞石质坚而重,煅后可攻逐陈积伏匿之痰,此方可治疗由热痰、顽痰胶结之各种病症,获效甚显。临床治疗通过祛除生痰之因,使气血津液得以流畅,常使一些疑难病症得以缓解或治愈,其理亦在于此。

(3)病因 水湿痰饮主要是由于肺、脾、肾功能失调,不能运化和输布津液,脾运化水湿,脾失健运,水湿聚而为痰饮,故脾为生痰之源;肺主肃降,通水道,肺失宣降,津液不布,停聚为痰,故肺为贮痰之器;肾主水,蒸化水气,肾阳不足,不能气化行水,内停聚成痰饮。另外,邪热伤津或气滞经脉不通,水湿停聚也可生痰饮。

(4)常见表现 一是痰滞于肺,可致咳嗽气喘;二是痰留于胃,可致口吐黏涎,涎为脾之液;三是痰留皮肤经络,则生瘰疬;四是痰迷心窍,可致神志不清,猝倒;五是饮在肌肤,可致浮肿;六是饮聚胸中,可致胸水;七是饮聚腹中,可致腹水;八是饮留胃肠,可致肠鸣泄泻。

(二)瘀血

瘀血是指体内血液停滞所形成的病理产物,是继发病因之一。瘀血包括离经之血积存体内,以及血运不畅瘀积之血。脉道之内的瘀滞之血,多由血运不畅或血行无力所致;组织之中的瘀积之血,多由离经之血未能消散吸收所致。瘀血,在古代文献中又有凝血、著血、恶血、死血、蓄血、积血等不同名称。

(1)瘀血的形成 一是由于内外伤或其他原因引起出血,离经之血积存体内,形成瘀血;二是外感六淫、疠气,内伤七情,或饮食、劳倦、久病、老龄等,导致机体气虚(阳气不足,不能帅血)、气滞(气滞血瘀)、血寒(寒入经脉,血液凝塞)、血热(血热津耗,血稠),使血行不畅凝滞而导致瘀血。

(2)瘀血致病特点 具体如下。

疼痛:主要表现为刺痛,痛处固定不移,拒按,疼痛夜甚。气滞致瘀血者,则多兼有胀痛或闷痛。亦有表现为绞痛,如心绞痛、胆绞痛、肾绞痛等。

肿块:外伤肌肤者,可见青紫肿胀。瘀积体内者,久聚不散,可成症瘕痞块,扪之可及,固定不移,质地坚实。

出血:瘀血积存体内,影响气血正常运行,以至

血不循经而出血。血色多紫黯,或伴有血块。但新出之血,未在体内停留,亦可为鲜血。

瘀紫色:可见唇甲青紫,舌质紫黯,或有瘀点瘀斑,或舌下静脉曲张,久瘀肌肤甲错,或皮肤出现红丝缕(蜘蛛痣),或腹壁青筋暴露。

瘀于胞宫:可见腹痛,恶露不止。

滞涩脉:多见细涩、沉弦或结代脉。

此外,尚有瘀血发热、瘀血发黄、瘀血发狂等。

(三)外伤性致病因素

常见的外伤性致病因素有创伤、挫伤、烧烫伤、虫兽伤。

(1)创伤　锐器割刺、枪伤等。

(2)挫伤　钝器所致无外露伤口的损伤。

以上两者会出现不同程度的肌肤出血、瘀血、肿胀,甚至脱臼,伤筋断骨,当伤及内脏、头、大血管,还会大出血、昏迷、死亡。如同时有外邪入侵,还会有复杂的变化,如发热、化脓、溃烂。

(3)烧烫伤　使皮肤肌肉损伤或焦灼,肿痛,重则昏迷死亡。

(4)虫兽伤　除皮肤损伤外,还会引起中毒或传染,如蛇咬伤、狂犬咬伤。

(四)中毒

中毒即有毒物质侵入机体,引起脏腑功能失调及组织损伤。凡能引起家畜中毒的物质称为毒物,中毒的原因很多,如内科所述中毒后出现轻则流涎、呕吐、腹痛、腹泻带血、体温下降,重则抽搐、麻木、呼吸困难、散瞳或缩瞳、结代脉,及至死亡。

(五)寄生虫

分体外寄生虫和体内寄生虫。体外寄生虫多因体表不洁,出现皮肤瘙痒、骚动不安、日渐消瘦;体内寄生虫寄生于肠道、肝胆管、肌肉、肺等组织,引起机体消瘦、无力、皮毛粗乱、腹痛、腹泻、水肿等。

四、病机

疾病发生、发展、转归的过程就是正气与邪气斗争的过程。在斗争过程中主要表现如下。

(一)邪正消长

邪正消长与疾病的发展及转归有一定的关系。正邪双方力量对比的消长变化,直接影响疾病的发展及转归。

(1)发生　一般邪盛而正不衰,抗病积极有力,表现为实证、热证;邪盛而正气衰,抗病无力,多为虚证、寒证;正邪相持或邪去正伤,或病邪久留或正气虚弱而无力祛邪致痰、食、水、血郁结,形成虚实错杂证。

(2)发展、转归　正气虚弱或邪气强盛,则促进病情趋向恶化;反之,正气得到恢复、充实,邪气退却,疾病好转,以致痊愈。

(二)升降失常

升降是畜体气化功能的基本运动形式。畜体的脏腑、经络、卫气营血都有一定的运动形式。脾主升,胃主降,升则上输于心肺,降则下归于肝肾。如脾不升清,反而下陷,出现泄泻、脱肛;胃之浊阴不降,则上逆,出现呕吐。肺失肃降出现咳嗽气喘。心阳不降而心火上炎,出现口舌生疮。肾不纳气则喘息,肾水清者不升、浊者不降出现水肿。肝火上炎则目赤肿痛。

(三)阴阳失调

(1)阴阳偏胜　阳胜者必耗阴,故阳胜为阴病,见热证;阴胜者必伤阳,故阴胜为阳病,见寒证。

(2)阴阳偏衰　阳虚则阴偏胜,而阳虚为主要矛盾,为虚寒证;阴虚则阳偏胜,而阴虚为主要矛盾,为虚热证。

(3)阴阳失调　反映在具体病证上有气血不和、营卫失调、脏腑经络阴阳失调。凡功能亢进、代谢增强、体温升高、局部组织血多、病势向上的属阳;反之属阴。

(4)阴阳转化及预后　实践中阴阳可相互转化,交错变化,应明辨之,加以调节。疾病过程中,若是阴阳逐渐恢复平衡,则预后良好,反之亦然。

作业

1.概念:病因、病机、六淫。

2.简述六淫的致病特征。

3.简述六淫的常见病证。

4.简述病机的主要表现。

拓展

用中医理论解释荨麻疹发生的机理,并查阅资料写出治疗方药。

自我评价

评价内容	记忆情况	理解情况	百分制评分结果	不足与改进
病因、病机、六淫的概念				
六淫的致病特征及常见病证				
内伤的主要内容				
病机的主要表现				

项目二
动物中医药诊断技术——四诊

任务一　望诊
任务二　闻诊和问诊
任务三　切诊

针对人与动物的中医诊断技术，是历代医家临床诊病经验的积累，它的理论和方法起源很早。战国时期著名医学家扁鹊就以"切脉、望色、听声、写形"等为人诊病。在《黄帝内经》和《难经》中，不仅奠定了望、闻、问、切四诊的理论基础和方法，而且提出诊断疾病必须结合致病的内外因素全面考虑。西汉名医淳于意首创"诊籍"，即病案，记录病人的姓名、居址、病状、方药、日期等，作为复诊的参考。公元3世纪初，东汉伟大的医学家张仲景所著的《伤寒杂病论》，把病、脉、证、治结合起来，作出了诊病、辨证、论治的规范。与此同时，著名医家华佗的《中藏经》也记载了丰富的诊病经验，以论脉、论病、论脏腑寒热虚实、生化顺逆之法著名。西晋王叔和的《脉经》，是我国最早的脉学专著，既阐明脉理，又分述寸口、三部九候、24脉法（即浮沉、迟数、滑涩、大小、长短、缓紧、石芤、促结、弦牢、濡弱、散伏、动代等24脉），对后世影响很大。唐代孙思邈认为，诊病要不为外部现象所迷惑，要透过现象看本质。他在《备急千金要方·大医精诚》中指出："五脏六腑之盈虚，血脉营卫之通塞，固非耳目之所察，必先诊候以审之。"

一、诊断技术原理

对动物疾病的诊断过程是一个认识的过程，而望、闻、问、切四诊，是认证识病的主要方法。动物机体疾病的病理变化，大都蕴藏于内，仅望其外部的神色，听其声音，嗅其气味，切其脉候，问其所苦，而没有直接察病变的所在，为什么能判断出其病的本质呢？其原理就在于"从外知内"，即"视其外应，测知其内"，这是前人认识客观事物的重要方法。我国先秦的科学家很早就发现，许多事物的表里之间都存在着相应的确定性联系。联系是普遍存在的，每一事物都与周围事物发生一定联系，如果不能直接认识某一事物，可以通过研究与之有关的其他事物，间接地把握或推知这一事物。同样，机体外部的表征与体内的生理功能必然有着相应关系。通过体外的表征，一定可以把握机体内部的变化规律。脏腑受邪发生病理变化必然会表现在外。疾病的发生和发展，是一定的、相应的外在病形，即表现于外的症状、体征、舌象和脉象。因此，可以运用望、闻、问、切等手段，把这些表现于外的症状、体征、舌象、脉象等有关资料收集起来，然后分析其脏腑病机及病邪的性质，以判断疾病的本质和证候类型，从而作出诊断。

二、诊断技术原则

对疾病诊断的过程是一个认识的过程，对疾病有所认识，才能对疾病进行防治。要正确地认识疾病，必须遵循三大原则。

1. 审察内外，整体察病

整体观念是中医的一个基本特点。动物机体是一个有机的整体，内在脏腑与外在体表、四肢、五官是统一的；而整个机体与外界环境也是统一的，局部病变可以影响全身，全身病变也可以反映于某一局部；外部有病可以内传入里，内脏有病也可以反映于外；精神刺激可以影响脏腑功能活动，脏腑有病也可以造成精神活动的异常。同时，疾病的发展也与气候及外在环境密切相关。因此，在诊察疾病时，首先要把患畜的局部病变看成是整体的病变，既要审察其外，又要审察其内，还要把患畜与自然环境结合起来加以审察，才能作出正确的诊断。所以说，审察内外、整体察病是诊断技术的一个基本原则。

2. 辨证求因，审因论治

辨证求因，就是在审察内外、整体察病的基础上，根据病畜一系列的具体表现，加以分析综合，求得疾病的本质和症结所在，从而审因论治。所谓辨证求因的"因"，除了外感、内伤等通常的致病原因外，还包括疾病过程中产生的某些症结，即问题的关键，作为辨证论治的主要依据。这就要求根据病畜临床表现出的具体证候，从而确定病因是什么？病位在何处？其病程发展及病变机理如何？

如病畜发热，我们还不能得出辨证结果，只有进一步检查有无恶寒头痛，检查是否脉浮、舌苔薄白等，才可以初步确定是外感表证发热还是内伤里证发热。若是外感表证发热，还要进一步辨证到底是外感风热，还是外感风寒。假如有舌红、口渴、脉浮数、发热重、恶寒轻，就可知其发热为外感风热证，从而为治疗指出方向。由此可知，仔细地辨证，就可对疾病有确切认识，诊断就更为正确，在治疗上就能达到审因论治的较高境界。

3. 四诊合参，从病辨证

诊断疾病要审察内外，整体察病。那么就要对患畜做全面详细的检查和了解，必须四诊合参，即四诊并用或四诊并重。四诊并用，并不等于面面俱到。

由于接触患畜的时间有限，只有抓住主要矛盾，有目的、系统、重点地收集临床资料，才不致浪费时间。四诊并重，是因为四诊是从不同角度来检查病情和收集临床资料的，各有其独特的意义，不能相互取代。只强调某一诊法，而忽视其他诊法，都不能全面了解病情，故《医门法律》说："望闻问切，医之不可缺一"。此外，疾病是复杂多变的，证候的表现有真象，也有假象，脉症可能不一，故有"舍脉从症"和"舍症从脉"的诊法理论。如果四诊不全，就得不到全面详细的病情资料，辨证就欠准确，甚至发生错误。

从病辨证，是通过四诊合参，在确诊疾病的基础上进行辨证，包括病名诊断和证候辨别两个方面。例如，感冒是病名诊断，它又有风寒、风热、暑湿等证候的不同，只有辨清病名和证候，才能进行恰当的治疗。这里，要弄清病、证、症三者的概念与关系。病是对病症的表现特点与病情变化规律的概括。而证，即证候，则是对病变发展某一阶段病畜所表现出一系列症状进行分析、归纳、综合，所得出的有关病因、病性、病位等各方面情况的综合概括。一个病可以有几种不同的证候；而一个证候亦可见于多种病。症，即症状，是病畜在疾病过程中出现的背离正常生理范围的异常现象。证候由一系列有密切联系的症状组成。因而可以更好地反映病变的本质。中医强调辨证论治，但这不等于不要辨病，应该把辨病和辨证结合起来，才能作出更确切的判定。

▶ 三、动物中医药诊断技术的主要内容

动物中医药诊断技术的主要内容包括四诊、辨证、疾病诊断、症状鉴别和病案撰写等。

四诊：也叫诊法，包括望、闻、问、切，是中医诊察疾病的基本方法，其中看口色、切脉是特色。望诊，是对患畜全身或局部进行有目的观察以了解病情，测知脏腑病变。闻诊，是通过听声音、嗅气味以辨别患畜内在的病情。问诊，是通过对畜主的询问以了解病情及有关情况。切诊，是诊察患畜的脉候和身体其他部位，以测知体内、体外一切变化的情况。四诊通过"望其行，闻其声，问其病，切其脉"以掌握症状和病情，从而为判断和预防疾病提供依据。四诊是辨证论治的基础，在临床上通过视、听、嗅、触等方法了解疾病的各种相关信息，探求致病原因、发病部位、病势转归和病证特点，从而指导临床治疗。四种诊法各有其独特作用，如动物的神色、形态、舌苔变化等，只有通过望诊才能了解；动物的声音、气味的变化，只有通过闻诊才能了解；动物的发病经过、病后症状、治疗经过等，只有通过问诊才能了解；动物的脉象、体表变化等，只有通过切诊才能了解。同时，四诊之间有相互联系，必须综合运用，才能全面系统地掌握病情，对病证作出正确的判断，这就是四诊合参原则。不能以一诊代四诊，同时症状、体征与病史的收集，一定要审察准确，不能草率行事。

辨证：包括病因、气血津液、脏腑、经络、六经、卫气营血和三焦辨证。各种辨证既各有其特点和适应范围，又有相互联系，并且都是在八纲辨证的基础上加以深化。八纲辨证即阴阳、表里、寒热、虚实。四诊所得的一切资料，必须用八纲加以归纳分析：寒热是分辨疾病的属性；表里是分辨疾病病位与病势的浅深；虚实是分辨邪正的盛衰；而阴阳则是区分疾病类别的总纲，分清疾病属阴属阳，为治疗指明总的方向。

诊断与病案：诊断分疾病诊断和证候诊断两个方面。疾病诊断简称诊病，就是对患畜所患疾病进行高度概括，并给以恰当的病名。证候诊断即辨证，是对所患疾病某一阶段中证候的判断。病案，古称诊籍，又叫医案，是临床的写实。它要求把病畜的详细病情、病史、治疗经过与结果等，都如实地记录下来，是临床研究中的一个重要组成部分，是病案分析统计、经验总结、动物诊疗机构管理等的重要资料。

任务一　望诊

学习导读

教学目标

1. 使学生掌握望诊的概念,以及望诊的主要内容。
2. 使学生掌握望全身的主要内容、具体表现和临床意义。
3. 使学生掌握望局部的具体内容,以及临床意义。
4. 使学生掌握望排出物的具体内容,以及临床意义。
5. 使学生掌握察口色方法、部位、主要内容及临床意义。

教学重点

1. 望全身的主要内容与临床意义。
2. 望局部的具体内容与临床意义。
3. 望排出物的具体内容与临床意义。
4. 察口色方法、部位、主要内容及临床意义。

教学难点

1. 望全身观察的主要内容与临床意义。
2. 察口色的具体检查内容与相应临床意义。

课前思考

1. 你知道望全身具体观察哪些内容吗?
2. 你知道望局部具体观察哪些内容吗?
3. 你知道望排出物都观察哪些内容吗?
4. 你知道察口色都观察哪些内容吗?

学习导图

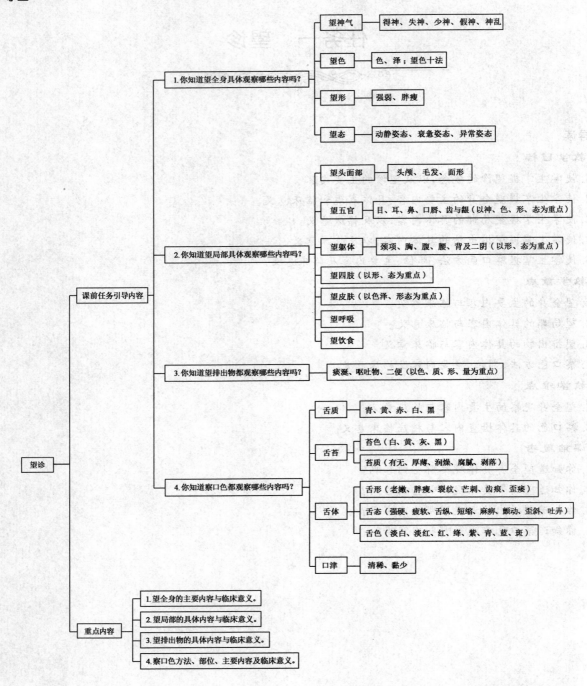

望诊是有目的地观察动物的整体与局部,包括神、色、形、态及分泌物、排泄物的改变,获得有关病情的一种方法。先站在适当距离(2 m 左右)观察动物的全身状态,包括精神、营养、呼吸、腹围、站立姿势、形态,然后靠近动物由前向后从头、胸腹、臀到四肢依次检查,最后牵行运步观察。

望诊的内容主要包括:观察神、色、形、态、舌象、络脉、皮肤、五官九窍等情况以及排泄物、分泌物的形、色、质量等,现望诊包括望全身、望局部、察口色三个方面。人医中还有望指纹和面色诊,其中舌象、面色反映内脏病变较为准确。

一、望全身

整体望诊是通过观察全身的神、色、形、态变化来了解疾病情况。

（一）望神气（即观察精神）

神藏于心，外候在目；得神者昌，失神者亡；邪入阳则兽生狂，邪入阴则兽生痹。神是生命活动的总称，其概念有广义和狭义之分：广义的神，是指动物生命活动的外在表现，可以说神就是生命；狭义的神，乃指动物的精神活动，可以说神就是精神。望神应包括这两方面的内容。

神是以精气为物质基础的一种机能，是五脏所生之外荣。神不能离开形体而独在，形健则神旺，形衰则神惫。神的变化可以反映出机体的内脏、气血、阴阳的变化、病邪的深浅、病情的轻重和预后的好坏。望神就是观察机体生命活动的外在表现，即观察精神状态和机能状态。

望神应重点观察病畜的精神、意识、表情、形体动作、反应能力等，尤其重视眼神的变化和耳的状态。望神的内容按神的旺、衰和病情的轻、重可划分为得神、失神、少神、假神、神乱五种。

1. 得神（有神）

【含义】得神是精充气足、神旺的表现。

【表现】神志清楚，面色荣润（反映心之精气充足）；两目精彩，反应灵敏，动作自如（反映肝肾精气充足）；呼吸平稳，肌肉不削（反映脾肺之精气充足）。

【临床意义】正气充足，精气充盛（健康）；正气未伤，精气未衰（病轻）。

2. 失神（无神）

【含义】失神是精亏神衰或邪盛神乱的重病表现。

（1）精亏神衰而失神　具体如下。

【表现】精神萎靡，甚或神志不清，面色无华，耳聋头低（反映心之精气亏虚）；两目晦暗，反应迟钝，动作艰难（反映肝肾之精气亏虚）；呼吸气微或喘，形体羸瘦（反映脾肺之精气亏虚）。

【临床意义】正气大伤，精气亏虚，机体功能严重衰减，常见于久病、重病。

（2）邪盛神乱而失神　具体如下。

【表现】神昏似醉，反应失灵，猝然昏倒，四肢团握，牙关紧闭。

【临床意义】邪气亢盛，热扰神明，邪陷心包；肝风挟痰蒙蔽清窍，闭阻经络；多见于急重病畜。《素问·移精变气论》："得神者昌，失神者亡。"

3. 少神（神气不足）

【含义】少神是正气不足的表现。

【表现】精神不振，面色少华（反映心之精气不足）；两目乏神，动作迟缓（反映肝肾精气不足）；少气懒动，肌肉松弛，倦怠乏力（反映脾肺精气不足）。

【临床意义】正气不足，精气轻度损伤，机体功能较弱，见于轻病或重病恢复期，或体质较弱。

4. 假神

【含义】危重病畜出现的精神暂时"好转"的虚假现象，是临终的预兆。

【表现】见于久病、重病之畜，本已失神，但精神转佳；两目晦暗，突然目光转亮；毫无食欲，忽然欲进饮食；面色晦暗无华，忽然两颧泛红。

【临床意义】精气衰竭已极，阴不敛阳，虚阳外越，为阴阳离绝之候。古人称之为"回光返照"。

5. 神乱

【含义】精神错乱或神志失常，即精神性疾病。

【表现及临床意义】

①焦虑恐惧：指病畜时时恐惧，焦虑不安，心悸气促，不敢独处一室的症状。为心胆气虚、心神失养所致，见于卑慄（bēidié，自卑、恐惧，为心血不足，神气失养，神气衰颓，居暗处，抑郁）、脏燥之畜。

②狂病：表现为狂躁妄动，胡冲乱撞。暴怒气郁化火，煎津为痰，痰火扰乱心神。以狂躁妄动为特点，有痰有火，属于阳证。

③癫病：病畜表情淡漠，神志痴呆，精神无常，悲观失望。痰蒙心神，以淡漠痴呆为特征，有痰无火，属于阴证。

④痫病：病畜突然昏倒，口吐涎沫，两目上视，四肢抽搐，醒后如常。脏气失调，肝风挟痰上逆，阻闭清窍。

（二）望色

望色，又称"色诊"，是通过观察病畜全身皮肤、被毛的色泽及被毛的状态和出汗情况来诊断病情的方法。"色"可以反映机体的营养状况、气血的盛衰、肺功能变化。

1. 望色、泽的意义

皮肤、被毛的颜色是通过皮肤络脉的血液充盈情况及肤色形成，主要反映血液盛衰和气血运行情况，属血、属阴。皮肤、被毛的光泽是明度的变化，荣润或枯槁，主要反映脏腑精气的盛衰，胃气是否充足，属气、属阳，对判断病情轻重和预后有重要意义。其中，皮色是脏腑气血之外华。"十二经脉，三百六十五络，其气血皆上于面而走空窍。"《四诊抉微》："夫气由脏发，色随气华。"《望诊遵经》："有气不患无色，有色不可无气也。"对判断疾病的预后，泽比色更为重要。常色是健康时皮肤的色泽,表现明润、含蓄。明润就是光明润泽,是有神气的表现,反映气血津液充足,脏腑功能正常。含蓄是红黄隐隐,含于皮肤之内,而不特别显露,反映胃气充足,精气内含而不外泄。

病色是畜体在疾病状态时皮肤显示的色泽,表现晦暗、暴露。晦暗就是皮肤枯槁发暗而缺少光泽,反映脏腑精气已衰,胃气不能上荣。暴露是皮色异常明显地显露,一种为善色,病畜皮色虽有异常,但尚有光泽,为"气至",说明胃气尚存,是新病、轻病、阳证,预后较好;另一种为恶色,病畜皮色异常,且枯槁晦暗,说明胃气不能上荣,为"气不至",是久病、重病、阴证,预后较差。被毛粗乱、无光脱落、皮肤粗糙、弹性降低为气血虚弱、营养不良;肺合皮毛,皮肤紧缩为风寒束肺;皮肤瘙痒或风疹为肺经风热;被毛脱落、溃烂脓包、日久不愈为肺毒(见于疥癣、湿疹);全身瘙痒、被毛脱落、皮破成疮为肺风毛燥;汗孔布于皮肤,轻微使役出汗,称为自汗,属阳虚;夜间出汗称为盗汗,属阴虚;危重症或脏腑破裂,"汗出如油"或"汗出无休"。牛主要观察鼻镜,猪观察鼻盘。另外,牛背部春末夏初出现肿块,按压有幼虫蹦出,为蹦虫病;颈胸背部皮肤突生疙瘩、瘙痒为荨麻疹(遍身黄);皮肤发热肿起,先硬后软,波动为黄症(炎性水肿),慢性水肿为心肾阳虚引起;猪红色疹块为猪瘟或丹毒。

2. 望色十法

《望诊遵经》提出望色十法,即浮、沉、清、浊、微、甚、散、抟、泽、夭,分别用以判断疾病的表、里、阴、阳、虚、实、新、久、轻、重。

(1)浮沉 色泽显露于皮肤的叫浮,隐约藏于皮肤之内的叫沉,浮沉可分表里。浮表示病在表、在腑,沉表示病在里、在脏。初浮后沉的,病由表入里;初沉后浮的,病自里出表。

(2)清浊 清是色泽清晰,浊是色泽暗浊。清浊可分阴阳。色清病在阳,色浊病在阴。从清而浊,病由阳入阴。从浊而清,病由阴转阳。

(3)微甚 微是色泽浅淡,甚是色泽深浓。微甚可分虚实。微表示正气虚,甚表示邪气实。自微而甚,则先虚后实;由甚而微,则先实而后虚。

(4)散抟(音 tuán) 散是散开,疏离,抟是积聚,壅滞。散抟可分新病久病。色散多为新病、轻病,或病将解。色抟多为久病、重病。先抟后散的,是病好转;先散后抟的,是病转重。

(5)泽夭 泽是气色滋润,夭是气色枯槁。泽夭可分成败。色泽主生,色夭主死。色从夭转泽,精神复盛,病有生机;从泽转夭为血气益衰,病趋危重。

(三)望形

望形即望形体,望形体是观察病畜形体的强弱胖瘦、体质形态和异常表现等来诊察病情的方法。望形体即望宏观外貌,包括体格大小、膘情、躯干四肢、皮肉筋骨等。形体组织内合五脏,故望形体可以测知内脏精气的盛衰。内盛则外强,内衰则外弱。肥畜多湿、痰,易湿邪为患。望形体的内容具体如下。

1. 形体强弱

(1)体强 凡形体强壮者,多表现骨骼粗大,胸廓宽厚、肌肉强健、皮肤润泽,反映脏腑精气充实,虽然有病,但正气尚充,预后多佳,多新病、实证、热证。

(2)体弱 凡形体羸弱者,多表现骨骼细小,胸廓狭窄、肌肉瘦削、皮肤枯槁,反映脏腑精气不足,抗病力弱,容易患病,有病难治,预后较差。

2. 形体胖瘦

(1)肥胖 体重超过正常标准的 20%。体胖能食,肌肉坚实,神旺有力,表明形气有余;体胖食少,肉松皮缓,神疲乏力,表明形盛气虚。还常因阳虚水湿不化而聚湿生痰,故有"肥胖多湿"之说。

(2)消瘦 体重明显下降,较标准体重减少10%以上。体瘦食多,表明中焦有火,故又有"瘦弱多火"之说;体瘦食少,舌淡便溏,表明中气虚弱;久病倒卧不起,骨瘦如柴,表明脏腑精气衰竭,气液干枯。

3. 体质形态

体质是个体在其生长发育过程中形成的形体结构与机能方面的特殊性。它在一定程度上反映了机体阴阳气血盛衰的禀赋特点和对疾病的易感受性。

(1)阴脏畜 矮胖,头圆颈粗,肩宽胸厚,身体姿势多后仰,喜热恶凉。短粗胖特点,阳衰阴盛,患病易从阴化寒,多寒湿痰浊内停。

(2)阳脏畜 瘦长,头长颈细,肩窄胸平,身体姿势多前屈,喜凉恶热。瘦高特点,阳盛阴衰,患病易从阳化热,导致伤阴伤津。

(3)平脏畜 体型介于阴脏畜和阳脏畜之间。特点是阴阳平衡,气血调匀,平时无寒热喜恶之偏。

(四)望态

望态即望姿态,望姿态是观察病畜的动静姿态、衰惫姿态和异常动作以诊察病情的方法。阳、热、实证则动物表现躁动不安,说明机体功能亢进;阴、寒、虚证则动物表现喜静懒动,说明机体功能衰退。不同的疾病常常可迫使病畜采取不同的体位和动态,以减轻疾病的痛苦。如正常情况下,猪性情活泼,目光明亮有神,鼻盘湿润,被毛光洁,不时拱地,行走时不断摇尾巴,喂食常常应声而来,饱后多睡卧;但患病后精神不振,呆立一隅,或卧伏不愿起立,喂食不吃或走到槽边闻一闻又没精神地走开。体表发热,呼吸急促,眼红流泪,咳嗽等多为感冒。正常情况下,牛常半侧卧,鼻镜上经常有汗,舐鼻,两耳扇动,人一接近即行起立,间歇性反刍;病时卧地不起,头贴腹侧或抵肩或贴地,两耳不扇,鼻镜干裂,前肢刨地,后肢蹴腹。正常情况下,马长时间站立,轮歇后蹄,腹痛时起卧打滚,前肢刨地,后肢踢腹,具体如下:直尾行大肠痛,卷尾行小肠痛,蹲腰踏地胞经痛,肠鸣泄泻冷气痛,腹胀回头顾腹结症痛,低头咬齿心经痛,喘息不调肺经痛,口吐清涎胆经痛,抱胸咬臁结肠痛。汗出无休为心经危;鼻回粪水为命危;急起急卧突停而卧者危;精神萎靡喘息低弱者危;行走蹒跚,张口呼吸者危。

望形态的主要内容如下。

1.动静姿态

表现动、强、仰、伸,为阳证、热证、实证;表现静、弱、俯、屈,为阴证、寒证、虚证。

(1)坐形　坐而喜仰,喘促痰多,为肺实证,见于痰饮停肺、哮证、气胸等;坐而喜俯,少气懒叫,为体弱气虚;坐不得卧,卧则气逆,为肺气壅滞、心阳不足、水气凌心、肺有伏饮。

(2)卧式　卧而躁动不安,身轻能自转侧,喜向外,仰卧舒足,为阳证、热证、实证;卧而喜静懒动,身重不能转侧,喜向里,倦卧成团,为阴证、寒证、虚证;但卧不得坐,坐则晕眩,为肝阳化风,或气血俱虚、脱血夺气。

(3)立姿　站立不稳,其态似醉,见于眩晕,多为肝风内动或脑有病变;不耐久站,为气血虚衰;站立时前肢内敛,闭目不叫,多为心虚怔忡;站立时后肢内敛,或蹴腹,俯身前倾者,多为腹痛。

(4)行态　转侧艰难为腰腿疼;行走之际,突然止步,多为脘腹痛或心痛;行走时身体震动不定,多为肝风内动或筋骨受损,或脑有病变。

2.衰惫姿态

衰惫姿态提示脏腑精气虚衰,病重。头部低垂,无力抬起,两目深陷,呆滞无光,表明精气神明将衰惫;后背弯曲,两肩下垂,表明心肺宗气衰惫;腰酸软,疼痛不能转动,表明肾将衰惫;两膝屈伸不利,行则俯身,表明筋将衰惫;不能久立,行则振摇不稳,表明髓不养骨,骨将衰惫。

3.异常姿态

唇、睑、指、趾颤动,多为外感热病,动风先兆或筋脉失养;颈项强直,两目上视,四肢抽搐,角弓反张,多为破伤风、痫病、马钱子中毒;猝然跌倒,丧失感觉、意识,口眼歪斜,半身不遂,为中风;猝倒神昏,口吐涎沫,四肢抽搐,醒后如常,为痫病;肢体软弱,行动不灵,为痿证,见于肝肾不足或脾胃气虚或阳明湿热;关节拘挛,屈伸不利,为痹证,为风寒湿痹阻筋脉。

二、望局部

望局部是在整体望诊的基础上,根据病情或诊断需要,对病畜身体某些局部进行重点、细致的观察。因为整体的病变可以反映在局部,所以望局部有助于了解整体的病变情况。

(一)望头面部

望头面部主要是观察头面部外形、动态及毛发的色质变化及脱落情况,以了解脑、肾的病变及气血的盛衰。

1.头颅

头颅过大过小均为病态,多由先天不足、肾经亏虚所致。

①头大:头颅均匀性增大,多见于先天不足、肾精亏损、水液停聚于脑。

②头小:头小、顶尖圆、颅缝早合,多见于肾精不足、颅骨发育不良。

③方颅:幼畜前额左右突出,头顶平坦,颅呈方形,多见于肾精不足或脾胃虚弱。

④头摇:头摇不能自主,多见于肝风内动之兆或老龄气血虚衰、脑神失养。

2.毛发

毛稀疏易落,或干枯不荣,多为精血不足,见于慢性虚损病畜或大病之后;毛发稀疏,生长迟缓,多见于先天不足、肾精亏损;幼畜毛结如穗,枯黄无泽,多为疳积;被毛片状脱落,多为血虚受风;青壮年脱毛伴腰酸、眩晕,多为肾虚。

3.面形异常

①面肿:多见于水肿病,为水湿上泛。水肿有阳

水、阴水之分。肿势发展迅速，眼睑头面先肿，然后弥漫全身，兼烦热、口渴、尿短赤涩、粪干便秘等表热实证，多见于外感风邪、肺失宣降之阳水；肿势发展较缓，下肢、腰腹先肿，然后波及头面，多见于脾肾阳虚、水湿泛溢之阴水。如腮部一侧或两侧突然肿起，逐渐胀大，并且疼痛拒按，多兼咽喉肿痛或伴耳聋，多属温毒，见于痄腮。

②口眼歪斜：单侧见口眼歪斜，肌肤不仁，患缓健急，口目不闭，流泪，不能鼓腮，为风邪中络之面瘫。

（二）望五官

望五官是对目、鼻、耳、唇、口、齿龈、咽喉等头部器官的望诊。诊察五官的异常变化，可以了解脏腑病变。

1. 望目

眼不仅为肝之窍，而且脏腑之精气皆上注于目，主要观察两眼活动情况、明亮与否、有无肿胀、眵泪、翳障、闪骨外露等。望目主要望目的神、色、形、态。眼胞虚浮肿胀，多为气虚；眼窝下陷，多为津液亏耗；目赤红肿，流泪生眵，为肝火风热；眼急惊狂，瞪眼看人，属肝风或脑黄；闪骨外露，多见于破伤风；闪骨（瞬膜）红瘀，多为肠黄热病及出血性疾病。

（1）目神　两目有无神气，是望神的重点。凡视物清楚，精彩内含，神光充沛者，是眼有神，为精气未虚，虽病易治；若白睛混浊，黑睛晦滞，失却精彩，浮光暴露，是眼无神。双眼无神为精气不足，属虚证。

（2）目色　依据五轮学说，眼睑为肉轮，属于脾、胃；两眦为血轮，属于心脏；白睛为气轮，属于肺脏；黑睛为风轮，属于肝脏；瞳神（狭义即指瞳孔）为水轮，属于肾脏（图 2-1 为眼的五轮分区）。如目眦赤，为心火；白睛赤，为肺火；白睛现红络，为阴虚火旺；眼皮红肿、湿、烂，为脾火；全目赤、肿、生眵，迎风流泪，为肝经风热；如目眵淡白，是血亏；白睛变黄，是黄疸之征；目眶周围见黑色，为肾虚水泛之水饮病，或寒湿下注之带下病；双目瞪人，为肝风或脑炎；白睛青蓝色，为气虚血亏兼有肝风；黑睛青绿色为青光眼；黑睛混浊昏黄，为目盲；瞳内银白混浊，为白内障；瞳孔散大，为脑黄、脱证、中毒、垂危病证，为精气衰竭；闪骨外露，为破伤风；闪骨有红斑，为肠黄、热病、出血性疾病。

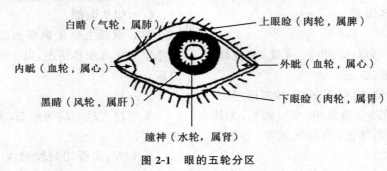

白睛（气轮，属肺）　　　　上眼睑（肉轮，属脾）

内眦（血轮，属心）　　　　外眦（血轮，属心）

黑睛（风轮，属肝）　　　　下眼睑（肉轮，属胃）

瞳神（水轮，属肾）

图 2-1　眼的五轮分区

（3）目形　目窠微肿，状如卧蚕，是水肿初起，老龄下睑浮肿，多为肾气虚衰。目窠凹陷，是吐泻阴液耗损之征，或因精气衰竭所致。眼球突起而喘，为肺胀；眼突而预肿则为瘿肿（颈部生瘤的疾患）。

（4）目态　正常时瞳孔圆形，双侧等大，对光反应灵敏，眼球运动随意而灵活。如目睛上视，不能转动，称戴眼反折，多见于痉厥或精脱神衰之重证；横目斜视是肝风内动的表现；眼睑下垂，称"睑废"；双睑下垂，多为先天性睑废，属先天不足、脾肾双亏；单睑下垂，多为后天性睑废，因脾气虚或外伤后气血不和，脉络失于宣通所致；瞳孔缩小，为中毒；瞳仁散大，多属肾精耗竭，为濒死危象；昏睡露睛，为脾虚或气血不足。

2. 望耳

耳为肾之外窍。除了反映精神状态之外，还与肾及其他脏腑的某些病证有关。健康家畜，双耳经常竖立而灵活，反之则为病态。另外，望耳应注意耳的色泽、形态及耳内情况。

（1）耳之色泽　正常耳部色泽微黄而红润。全耳色白多属寒证；色青而黑多主痛证；耳轮焦黑干枯，是肾精亏极，精不上荣所致。耳部色泽总以红润为佳，如见黄、白、青、黑色，都属病象。

（2）耳之形态、功能　正常耳部肉厚而润泽，是先天肾气充足之象。若耳廓厚大，是形盛；耳廓薄小，乃形亏。耳肿大是邪气实；耳瘦削为正气虚；耳薄而红或黑，属肾精亏损；耳轮焦干多见于下消证，下消表现多尿,主要是因为虚火在肾,肾虚精亏,封藏失职;耳轮甲错,表现皮肤干燥粗糙,状如鳞甲称甲错,多因瘀血阻滞、肌失所养而致;耳轮萎缩是肾气竭绝之危候;两耳下垂为心气不足或劳役过度;两耳竖立、热、惊恐见于热邪侵心;两耳背血管暴充至耳尖为表热证;两耳凉不见血管为表寒证;静立两耳出汗为心肾阴虚;起卧两耳出汗为痛极血滞;两耳歪斜,不是瞎就是癫,即两耳歪斜,不时前后转动,多为癫或失明警惕的表现;一侧耳下垂,嘴歪眼斜为歪嘴风;呼唤无应为耳聋;两耳重按无反应为重病。

(3)耳内病变 注意有无丘疹、水泡、疮肿、疥癣。耳内流脓,是为脓耳,由肝胆湿热,蕴结日久所致。耳内长出小肉,其形如羊奶头者,称为"耳痔";或如枣核,胬出耳外,触之疼痛者,是为"耳挺",皆因肝经郁火,或肾经相火,胃火郁结,湿热痰火上逆,气血瘀滞耳道。耳道局部红肿疼痛,为耳疖,因邪热搏结耳窍所致。

3. 望鼻

鼻为肺之外窍,变化与肺有关,望鼻主要是审察鼻之颜色、外形及其分泌物等变化。

(1)鼻之色泽 鼻色明润,是胃气未伤或病后胃气恢复的表现。鼻头色赤,是肺热之征;色白是气虚血少之征;色黄是里有湿热;色青多为腹中痛;色微黑是有水气内停;鼻头枯槁,是脾胃虚衰,胃气不能上荣之候;鼻孔干燥,为阴虚内热,或燥邪犯肺;若鼻燥衄血,多因阳热亢盛所致;牛鼻镜无汗干燥为热证;汗珠时有时无不成珠为感冒、热病初期;汗珠成片为寒湿伤肾,即腰胯风湿;鼻镜干燥无汗,牵行后有细小汗珠为里热实证(瓣胃阻塞);鼻镜干燥龟裂,鼻冷似铁为危证。

(2)鼻之形态、功能 鼻头色红,生有丘疹者,多因胃火熏肺,血壅肺络所致;鼻孔内赘生小肉,撑塞鼻孔,气息难通,称为鼻痔,多由肺经风热凝滞而成;鼻翼翕动频繁,呼吸喘促者,称为"鼻煽",如久病鼻煽是肺肾精气虚衰之危证,新病鼻煽多为肺热;鼻孔张大,鼻翼翕动,呼吸急促为肺热或肺胀;鼻面肿,口吐草团为反胃吐草(骨软症);鼻黏膜内有结节、溃疡、斑痕为鼻疽。

(3)鼻之分泌物 鼻流清涕,为外感风寒;鼻流浊涕,为外感风热;鼻流浊涕而腥臭,是鼻渊,多因外感风热或胆经蕴热所致;鼻液黄白黏稠为热证;鼻液脓性,白而成团为劳伤;鼻液灰白、污秽、腥臭,为肺败(肺坏疽)或肺痈(化脓性肺炎);两侧流脓性鼻液,

下颌淋巴结肿胀,为腺疫;一侧流脓,团块状或豆腐渣样,为脑颡(副鼻窦炎);饮水时由鼻孔反流为咽炎。

4. 望口唇

口唇是脾的外应,唇的变化与脾经有关。

(1)口唇之色泽 口唇部色诊的临床意义与望皮色相同,但因口唇黏膜薄而透明,故其色泽更为明显。唇以红而鲜润为正常。若唇色深红,属实、属热;唇色淡红,多虚、多寒;唇色深红而干焦者,为热极伤津;唇色嫩红,为阴虚火旺;唇色淡白,多属气血两虚;唇色青紫者,常为阳气虚衰,血行郁滞的表现;嘴唇干枯皲裂,是津液已伤,唇失滋润;唇口糜烂,多由脾胃积热,热邪灼伤;唇内溃烂,其色淡红,为虚火上炎;唇边生疮,红肿疼痛,为心脾积热;口内生疮,口舌糜烂,多为心经有热;上颚发红肿胀,多属胃热;唇内黏膜红黄而燥,津液黏稠牵丝者,属脾经有热;舌体肿胀板硬,则为木舌;口涎如泡沫,多属肺寒吐沫;口垂清涎,不思水草,多为胃寒,唇内青白,口流清涎,属脾胃虚寒。

(2)口唇之形态 口闭而难张,兼四肢抽搐,多为痉病或惊风;如兼半身不遂,为中风入脏之重证;上下口唇紧聚之形,常见于破伤风;口角或左或右歪斜,为中风证;口开而不闭,张口吸气而气不返者,是肺气将绝之候。

5. 望齿与龈

望齿龈应注意其色泽、形态和润燥的变化。

(1)望齿 牙齿润泽,是津液未伤。牙齿干燥,是胃津受伤;齿燥如石,是胃肠热极,津液大伤;齿燥如枯骨,为肾精枯竭,不能上荣于齿的表现,牙齿松动稀疏,齿根外露,多属肾虚或虚火上炎;病中咬牙磨齿是肝风内动之征;睡中磨齿,多为胃热或虫积;牙齿有洞,腐臭,多为龋齿,俗称"虫牙"。

(2)察龈 龈红而润泽是为正常。如龈色淡白,是血虚不荣;红肿或兼出血多属胃火上炎;龈微红,微肿而不痛,或兼齿缝出血者,多属肾阴不足,虚火上炎;龈色淡白而不肿痛,齿缝出血者,为脾虚不能摄血;牙龈腐烂,流腐臭血水者,是牙疳病。

6. 望咽喉

咽喉疾患的症状较多,这里仅介绍一般望而可及的内容。如咽喉红肿而痛,多属肺胃积热;红肿而溃烂,有黄白腐点是热毒深极;若鲜红娇嫩,肿痛不甚者,是阴虚火旺;如咽部两侧红肿突起如乳突,称乳蛾,是肺胃热盛,外感风邪凝结而成;如咽间有灰

白色假膜,擦之不去,重擦出血,随即复生者,有传染性,称"疫喉"。

(三)望躯体

肋骨折伤时,胸部陷塌;腹水时,腹部下沉;肷吊(腹部卷缩),慢性消化不良;肷部高起,腹围胀大,多为肚胀或结症;跳肷(膈肌痉挛)为肝气不疏、肝胃不和;马骡胃肠病或中毒病,肷部有节奏跳动。

躯体部的望诊包括颈项、胸、腹、腰、背及前后二阴的诊察。

1.望颈项部

颈项是连接头部和躯干的部分,其前部称为颈,后部称为项。颈项部的望诊,应注意外形和动态变化。

(1)外形变化　颈前颌下结喉之处,有肿物和瘤,可随吞咽移动,皮色不变也不疼痛,缠绵难消,且不溃破,为颈瘿,俗称"大脖子",为肝郁气结痰凝、痰气搏结所致。颈侧颌下,肿块如豆,累累如串珠,皮色不变,初觉疼痛,谓之瘰疬,多因肺肾阴虚、虚火灼津、结成痰核,或因感受风火时毒,夹痰结于颈部所致,相当于淋巴结炎或结核。颈痈红肿,灼热疼痛,甚至溃烂流脓,多由于风热邪毒蕴蒸、气血壅滞、痰毒互结。颈部痈肿、瘰疬溃破后,久不收口,形成瘘道,多为痰火久结、气血凝滞、疮孔不收。

(2)动态变化　如颈项软弱无力,谓之项软,见于肾精亏损或久病脏腑精气衰竭。后项强直,前俯及左右转动困难者,称为项强。如项强兼表证,为太阳伤寒;项强兼壮热、神昏,为温病。颈项强直、角弓反张,多为肝风内动。颈脉搏动,为肝阳上亢或血虚重症。颈脉怒张,为心血瘀阻、肺气壅滞、心肾阳衰、水气凌心。

2.望胸部

胸腔由胸骨、肋骨和脊柱构成。内藏心肺,为宗气所聚,是诸经脉循行之处。乳房属胃经,乳头属肝经。胁肋为肝胆经循行之处。望胸部要注意外形变化。

(1)外形变化　正常胸部外形两侧对称,呼吸时活动自如。如幼畜胸廓向前向外突起,变成畸形,称为鸡胸,多因先天不足,后天失调,骨骼失于充养;若胸似桶状,咳喘、羸瘦者,是风邪痰热,壅滞肺气所致,或肺肾两伤,肾不纳气所致;扁平胸,多为肺之气阴两伤,或肺肾阴虚所致;患畜肋间饱胀,咳则引痛,常见于饮停胸胁之悬饮证;如肋部硬块突起,连如串珠,是佝偻病,因肾精不足,骨质不坚,骨软变形;胸

部塌陷为肋骨骨折;乳房局部红肿,甚至溃破流脓的,是乳痈,多因肝失疏泄,乳汁不畅,乳络壅滞而成。

(2)动态变化　呼吸形式改变,常见胸式呼吸、腹式呼吸,吸气时间长,多因气道阻塞,如白喉、急喉风;呼气时间长,多因哮病、肺胀、尘肺等;呼吸急促,胸廓起伏显著,多属实热证;呼吸微弱,胸廓起伏不显,多属虚寒证;呼吸节律不整,为肺气虚衰。

3.望腹部

膈膜以下,骨盆以上的躯干是腹部。腹部望诊主要诊察腹部的形态变化。如腹皮绷紧,胀大如鼓者,称为臌胀。其中,按之不坚者为气臌;腹部膨胀,有振水音,可摊向身侧的,属腹水;腹胀板硬者为结症。病畜腹部凹陷,称吊肷,腹部卷缩,多见于久病、慢性消化不良、脾胃元气大亏,或新病阴津耗损;腹壁表筋暴露,多属肝郁血瘀,见于臌胀重症;幼畜脐中有包块突出,皮色光亮者谓之脐突,又称脐疝。

4.望背部

由项至腰的躯干后部称为背。望背部主要观察其形态变化。

如脊骨后突,背部凸起的称为龟背、驼背,常因幼龄时先天不足、肾气亏虚或发育异常,或脊柱疾患;若患畜头项强直,腰背反折如弓,称为角弓反张,常见于破伤风或热极生风之痉病;痈、疽、疮、毒,生于脊背部位的统称发背,多因火毒凝滞肌腠而成。

5.望腰部

腰为肾之府,腰部病变可反映肾功能变化。

如腰部疼痛,弓起转侧不利者,称为腰部拘急,可因寒湿外侵,经气不畅,或外伤闪挫,血脉凝滞所致;腰背板硬,全身肌肉强直,牙关紧闭,瞬膜外露的为破伤风;腰背板硬,卧地不起,日渐消瘦,见骨软症(翻胃吐草);腰腿瘫痪,卧地不起,见于风湿或后部神经麻痹;腰部皮肤生有水疮,如带状簇生,累累如珠的,叫缠腰火丹,为外感火毒与血热搏结或湿热侵淫肌肤。

6.望前阴

二阴为肾所司,其异常反映肾的病变。前阴又称"下阴",是外生殖器及尿道的总称。前阴有生殖和排尿的作用。

(1)阴囊　阴囊肿大,不痒不痛,皮泽透明的,是水疝。阴囊肿大,疼痛不硬的是颓疝。阴囊内有肿物,卧则入腹,起则下坠,名为狐疝。

(2)阴茎　阴茎萎软,缩入小腹的是阴缩,内因

阳气亏虚即阳萎;勃起未交而泄为早泄;未交而自泄为遗精。如阴茎硬结,破溃流脓者,常见于梅毒内陷。

(3)雌阴 雌阴中突物如梨状,称阴挺,因中气不足,产后劳累,升提乏力,致胞宫下坠阴户之外;阴部红肿有少量黏液为吊线,是发情的表现;平时排多色分泌物,黄白红色,为带下;母畜产后排红紫或污黑液体的为恶露不止;阴户肿而外翻,流黄白色分泌物为流产征兆;阴户一侧内陷,腹痛为子宫扭转。

7. 望后阴

后阴即肛门,又称"魄门",有排粪作用。后阴望诊要注意脱肛、痔瘘和肛裂。肛门看松紧状况及周围情况,肛门为督脉所过,内连大肠,可反映脏腑的虚实。肛门松弛无力见于久泻气虚;脱肛见于中气下陷;肛门随呼吸而动,俗称要肛,见于劳伤气喘;肛门周围有黄白、灰白色污垢为肠道寄生虫;肛门周围有粪便见于腹泻。

肛门上段直肠脱出肛外,名为脱肛。肛门内外之周围有物突出,肛周疼痛,甚至便时出血者,是为痔疮。其生于肛门之外者,称外痔;生于肛门之内者,称内痔;内外皆有,称混合痔。若痔疮溃烂,日久不愈,在肛周发生瘘管,管道或长或短,或有分支或通入直肠,称肛瘘。肛门有裂口,疼痛,便时流血,称肛裂。

(四)望四肢

观察四肢站立、运动时的姿势和步态,及四肢各部的形状变化。有带痛性疾病的患肢站立时不敢负重,伸向前后内外或悬蹄。俗语:敢踏不敢抬,有病在胸怀;敢抬不敢踏,有病在蹄下;蹄尖着地掌中痛;蹩步难行病在尖。《元亨疗马集·点痛论》中对跛行诊断概括得十分简练,如"昂头点,膊尖痛;平头点,下栏痛;偏头点,乘重痛;低头点,天臼痛;难移前脚,抢风痛;蹄尖着地,掌骨痛;蓦地点脚,攒筋痛;虚行下地,漏蹄痛;垂蹄点,蹄尖痛;悬蹄点,蹄心痛;直腿行,膝上痛;曲腿行,节上痛;昂头点脚,抢头痛;昂头不动,蹄头痛;下坡斜走,胸膈痛;平途窈道,蹄薄痛;向里搓,外跟痛;向外搓,里跟痛;点头行,脚上痛;摆头行,膊上痛;拖脚行,雁翅掠草痛;拽脚行,燕子瓦骨痛;蹩脚行,鹅鼻曲尺痛;束脚行,肺把五攒痛;并脚行,胯瓦骨痛;直脚行,湿气痛;蹲腰行,雁翅痛;吊腰行,脊筋痛;收腰不起,内肾痛;难移后脚,肾经痛;咬齿低头,心经痛;喘息不调,肺经痛;急起急卧,脾经痛;口吐清涎,胆经痛;跑胸咬膁,肠结痛;蹲腰踏

地,胞转痛;把前把后,传经痛;肠鸣泄泻,冷气痛;直尾行,大肠痛;卷尾行,小肠痛;小便淋沥,胞经痛;一卧不起,筋骨痛。"至今仍有很高的临诊参考价值。

(1)外形 四肢萎缩,即四肢或某一肢体肌肉消瘦、萎缩,松软无力,见于气血亏虚、经络闭阻、肢体失养所致;肢体肿胀,见于四肢红肿、水肿或象皮肿(见于丝虫病)、气肿;膝部肿大,表现膝部红肿热痛,见于热痹;若膝部肿大而股胫消瘦,形如鹤膝,多因湿久留、气血亏虚;小腿青筋,为寒湿内侵,络脉血瘀;下肢畸形,如膝内翻、膝外翻,皆属先天不足或后天失养。

(2)动态 肢体痿废,见于痿证、半身不遂、截瘫;四肢抽搐,见于惊风;拘急,为筋脉失养所致;振摇不定,是气血俱虚,肝筋失养,虚风内动的表现;指趾关节肿大变形,屈伸不便,多系风湿久凝,肝肾亏虚所致;足趾皮肤紫黑,溃流败水,肉色不鲜,味臭痛剧,为脱疽。

(五)望皮肤

望皮肤要注意皮肤的色泽及形态改变。

1. 色泽

皮肤病色是指机体在疾病状态时的皮肤颜色与光泽,出现一切反常的颜色都属病色。病色有青、黄、赤、白、黑五种。现将五色主病分述如下。

(1)青色 主寒证、痛证、瘀血证、惊风证、肝病。

青色为经脉阻滞,气血不通之象。寒主收引主凝滞,寒盛而留于血脉,则气滞血瘀,故皮色发青;经脉气血不通,不通则痛,故痛也可见青色;肝病气机失于疏泄,气滞血瘀,也常见青色;肝病血不养筋,则肝风内动,故惊风,其色亦青;如皮色青黑或苍白淡青,多属阴寒内盛;皮色青灰,口唇青紫,多属心血瘀阻,血行不畅;幼龄高热,皮色青紫,以鼻柱及口唇四周明显,是惊风先兆。

(2)黄色 主湿证、脾虚证。

黄色是脾虚湿蕴的表现。因脾主运化,若脾失健运,水湿不化;或脾虚失运,水谷精微不得化生气血,致使肌肤失于充养,则见黄色;如皮色淡黄憔悴称为萎黄,多属脾胃气虚,营血不能上荣所致,常见慢性胃肠病、肠寄生虫病、营养不良;皮色发黄且虚浮,称为黄胖,多属脾虚失运,湿邪内停所致;黄而鲜明如橘皮色者,属阳黄,为湿热熏蒸所致,常见于急性黄疸型肝炎或胆道阻塞早期;黄而晦暗如烟熏者,属阴黄,为寒湿郁阻所致,常见于慢性肝病(如肝炎、肝硬化、肝癌)。

（3）红色　主热证。

气血得热则行，热盛而血脉充盈，血色上荣，故皮色赤红。热证有虚实之别。实热证，皮色红，见于实热证或便秘；虚热证，仅两颧嫩红，见于慢性消耗性疾病，如肺结核。此外，若在病情危重之时，色红如妆者，多为戴阳证，是精气衰竭，阴不敛阳，虚阳上越所致。

（4）白色　主虚寒证、虚证。

白色为气血虚弱不能荣养机体的表现。阳气不足，气血运行无力，或耗气失血，致使气血不充，血脉空虚，均可呈现白色；如色晄白而虚浮，多为阳气不足；色淡白而消瘦，多属营血亏损；色苍白，多属阳气虚脱，或失血过多。

（5）黑色　主肾虚证、水饮证、寒证、痛证及瘀血证。

黑为阴寒水盛之色，多由于肾阳虚衰，水饮不化，阴寒内盛，血失温养，经脉拘急，气血不畅。色黑而焦干，多为肾精久耗，虚火灼阴；目眶周围色黑，多见于肾虚水泛的水饮证；皮色青黑，且剧痛者，多为寒凝瘀阻。

2.形态

①皮肤虚浮肿胀，按有压痕，多属水湿泛滥。皮肤干瘪枯燥，多为津液耗伤或精血亏损，皮肤干燥粗糙，状如鳞甲，称肌肤甲错。多因瘀血阻滞，肌失所养而致。

②痘疱：皮肤起疱，形似豆粒，常伴有外感证候，包括天花水痘等病。

③斑疹：斑和疹都是皮肤上的病变，是疾病过程中的一个症状。斑色红，点大成片，平摊于皮肤下，摸不应手。由于病机不同，而有阳斑与阴斑之别。疹形如粟粒，色红而高起，摸之碍手，多由热郁肺胃，营血热甚透达于肌表。红斑见于热性病；红紫见于热毒内盛；暗而不鲜明见于血瘀凝滞。由于病因不同可分为麻疹、风疹、隐疹等。

④湿疹：多风、湿、热留于肌肤，或病久耗血，血虚化燥生风，致使皮肤受损所致。表现初起多为红斑，迅速形成肿胀、丘疹或疱疹，继之水疱破溃，出现红色湿润糜烂，以后干燥结痂，痂脱留痕。

⑤白痦（丘疹）与水疱：白痦与水疱都是高出皮肤的病疹，疱内为水液，白痦是细小的丘疹，白色晶莹小米粒状，有光泽白蜡状为湿温病，为外感湿热之邪，湿郁肌表，汗出不彻而发；无光泽而暗为津液耗伤。而水疱则泛指大小不一的一类疱疹。

⑥痈、疽、疔、疖：都为发于皮肤体表部位有形可诊的外科疮疡疾患。凡发病局部范围较大，红肿热痛，根盘紧束的为痈，多为感受热毒之邪，热毒蕴结，局部热盛，肉腐而发；若漫肿无头，根脚平塌，肤色不变，不热少痛者为疽，多为气血亏虚，阴寒凝滞，内陷筋骨而发；若范围较小，初起如粟，根脚坚硬较深，麻木或发痒，继则顶白而痛者为疔，多为外感毒邪或火毒蕴结而发；起于浅表，形小而圆，红肿热痛不甚，容易化脓，脓溃即愈者为疖，多为外感风邪或邪热内蕴。

（六）望呼吸

出气为呼，入气为吸，一吸一呼称为一息，即1次呼吸。主要观察呼吸频率、强度、节律及姿态。各种家畜每分钟呼吸次数如下：猪10～24；牛10～30；羊10～20；马8～16。呼吸慢弱为虚寒；呼吸快强为实热；腹式呼吸为胸内有病；胸式呼吸为腹腔病变；张口咽气为气机将绝；呼多吸少为肾不纳气。

（七）望饮食

饮食主要观察食欲、饮食量、采食动作和吞咽咀嚼情况，牛、羊、骆驼等反刍动物，注意观察反刍情况。食欲的好坏，反映出胃气的强弱，一般认为得谷者昌，绝谷者亡。食欲减退见于热性病、瘟疫、口腔疾病的初期；喜草不吃料为料伤；喜干不思饮为伤水停饮；见水急饮或喜食带水饲料为胃热；饮欲下降或消失为寒证；食欲不振，时吃时停，为消化不良，见于脾胃虚弱、积食；幼畜异食见于矿物质或微量元素缺乏；磨牙见于疼痛性疾病；食欲废绝为重病；咀嚼缓慢无力、小心为口疮或牙齿疾病；草料含在口内忘却咀嚼为心热风邪；反刍动物食后0.5～1 h出现反刍，每次持续30～90 min，出现反刍次数减少或反刍无力为脾胃虚弱。

三、望排出物

望排出物是观察分泌物和排泄物，如痰涎、呕吐物、二便、涕唾、汗、泪、带下等。这里重点介绍痰涎、呕吐物和二便的望诊，审察其色、质、形、量等变化，以了解有关脏腑的病变及邪气性质。一般排出物色泽清白，质地稀，多为寒证、虚证；色泽黄赤，质地黏稠，形态秽浊不洁，多属热证、实证；如色泽发黑，挟有块物者，多为瘀证。

（一）望痰涎

痰涎是机体水液代谢障碍的病理产物，其形成主要与脾肺两脏功能失常关系密切，故古人说："脾为生痰之源,肺为贮痰之器。"但是与他脏也有关系。临床上分为有形之痰与无形之痰两类,这里所指的是咳唾而出的有形之痰涎。痰黄黏稠成块者,属热痰,因热邪煎熬津液所致;痰白而清稀,或有灰黑点者,属寒痰,因寒伤阳气,气不化津、湿聚,而为痰;痰白滑而量多,易咳出者,属湿痰,因脾虚不运,水湿不化,聚而成痰,而滑利易出;痰少而黏,难以咳出者,属燥痰,因燥邪伤肺;痰中带血,或咳吐鲜血者,为热伤肺络;口常流稀涎者,多为脾胃阳虚证;口常流黏涎者,多属脾蕴湿热。

(二)望呕吐物

胃中之物上逆自口而出为呕吐物。胃气以降为顺,或胃气上逆,使胃内容物随之反上出口,则成呕吐。由于致呕的原因不同,故呕吐物的性状及伴随症状亦因之而异。若呕吐物清稀无臭,多是寒呕,多由脾胃虚寒或寒邪犯胃所致;呕吐物酸臭秽浊,多为热呕,因邪热犯胃,胃有实热所致;呕吐痰涎清水,量多,多是痰饮内阻于胃;呕吐未消化的食物,腐酸味臭,多属食积;若呕吐频发频止,呕吐不化而食物少有酸腐,为肝气犯胃所致;若呕吐黄绿苦水,因肝胆郁热或肝胆湿热所致;呕吐鲜血或紫暗有块,夹杂食物残渣,多因胃有积热或肝火犯胃,或素有瘀血所致。

(三)望粪便

望粪便,主要是观察粪便的颜色及粪质、粪量。粪便清稀,完谷不化,或粪溏,多属寒泻;如粪色黄,稀清如糜有恶臭者,属热泻;粪便色白,多属脾虚或黄疸;粪便燥结者,多属实热证;粪便干结,排出困难,或多日不便而不甚痛苦者为阴血亏虚;粪干如羊屎,多日一便,排出困难,为肠道津亏;粪便如黏冻而夹有脓血且兼腹痛,里急后重者,是痢疾;粪便黑如柏油,是胃络出血;幼畜粪绿,多为消化不良;便血,有两种情况,如先血后便,血色鲜红的,是近血,多见于直肠或痔疮出血;若先便后血,血色褐黯的,是远血,多见于胃肠病。

(四)望尿液

观察尿液要注意颜色、尿质和尿量的变化。如尿液清长量多,伴有形寒肢冷,多属寒证;多尿为肾阳虚;尿液短赤量少,排尿灼热疼痛,多属热证;尿淋漓为淋症,见膀胱炎、尿结石;尿浑如膏脂或有滑腻之物,排尿困难而痛,多是膏淋,为湿热蕴结于下焦,气化不利;尿有砂石,排尿困难而痛,为石淋;尿中带血,为尿血,多属后焦热盛,热伤血络;尿血,伴有排

尿困难而灼热刺痛者,是血淋;尿液红褐色见于焦虫病、肌红蛋白尿、幼驹溶血病;尿闭或尿结为气滞或尿闭塞,见于膀胱麻痹、膀胱括约肌痉挛;尿混浊如米泔水,形体日瘦多为脾肾虚损。

四、察口色

口色是气血的外荣,是气血功能活动的外在表现,口色变化反映体内气血盛衰和脏腑虚实。主要观察口腔各有关部位的色泽,以及舌苔、口津、舌形的变化等。

(一)察口色的方法和部位

家畜种类不同,察口色部位也有所侧重。

1. 方法

马属动物:左手拉笼头,右手食指和中指拨开嘴角,即可看到排齿(上下齿龈)、唇、口角;然后将这两指从口角伸入口腔,感觉干湿、温凉;再将二指一撑或二指刺激上腭,口即张开,可看到舌及上腭;最后再将舌拉出口外,仔细观察舌苔、舌体、舌面、卧蚕(舌下肉阜,左名金关,右名玉户)等部位的细微变化,主要看唇、舌、卧蚕和排齿。

牛:先看鼻镜,之后一手提住鼻中隔,一手拨开嘴唇即看到颊部、舌底及卧蚕的色泽变化。主要看卧蚕、仰池(又称仰陷,舌下卧蚕周围陷窝)、舌底及颊部,而以舌底最重要。

猪、羊:可用开口器或棍棒撬开观察,猪还可以提举保定,待其张口叫唤时观察,主要看舌。

犬、猫:犬可在张口呼吸时观察,猫可轻压其口角(两颊部)而张口时观察。

2. 部位

察口色的部位包括唇、舌、卧蚕、排齿(齿龈)、口角(颊部黏膜),其中以舌为主。

各种动物各有侧重点,马属动物以舌为主,牛、羊以颊部、舌底为主,猪看舌,骆驼主要看仰池(即卧蚕周围的凹陷部)、上唇内侧正中两旁的黏膜颜色。一般舌色应心,唇色应脾,金关应肝,玉户应肺,排齿应肾,口角应三焦。

舌不仅是心之苗窍,脾之外候,而且是五脏六腑之外候。在生理上,脏腑的精气可通过经脉联系上达于舌,发挥其营养舌体并维持舌的正常功能活动。在病理上,脏腑的病变,也必然影响精气的变化而反映于舌。故前人有舌体应内脏部位之说。其基本规律:上以候上,中以候中,下以候下。具体划分法有

下列三种。

①以脏腑分属诊舌部位：心肺居上，故以舌尖主心肺；脾胃居中，故以舌中部主脾胃；肾位于下，故以舌根部来主肾；肝胆居躯体之侧，故以舌边主肝胆，左边属肝，右边属胆。这种说法，一般用于内伤杂病。也有人认为舌尖应心，舌中应脾胃，舌根应肾与膀胱，舌左侧应肝胆，舌右侧应肺与大肠。

②以三焦分属诊舌部位：以三焦位置上下次序来分属诊舌部位，舌尖主前焦，舌中部主中焦，舌根部主后焦。这种分法多用于外感病变。

③以胃脘分属诊舌部位：以舌尖部主上脘，舌中部主中脘，舌根部主下脘。这种分法，常用于胃肠病变。

以上必四诊合参，综合判断，不可过于机械拘泥。

（二）口色

口色包括口腔各部的色泽、舌苔、舌形、津液变化，中医主要观察舌质（包括舌及口腔黏膜的颜色）、舌苔、舌津、舌体形态方面的变化，所以称为舌诊。

口色分类：正色、病色、绝色。正常口色，为"淡红舌、薄白苔"。具体地说，其舌体柔软，运动灵活自如，颜色淡红而鲜明；其胖瘦老嫩大小适中，无异常形态；舌苔薄白润泽，颗粒均匀，薄薄地铺于舌面，揩之不去，其下有根与舌质如同一体，干湿适中，不黏不腻等。口色随季节变化，春似桃花夏似血（偏红），秋似莲花冬似雪（偏白）。口色还随畜别年龄不同而异，幼畜偏红，老畜偏淡，猪较马红，牛、羊较马淡。另外，应考虑采食和其他原因的染色。病色主要包括以下几种情况。

1.舌质

（1）白色　主虚证，为气血不足之征兆。淡白为血虚，见于脾胃虚弱、贫血、虫积和内伤；苍白，淡白灰暗缺少光泽，为气血极度虚弱，见于严重的虫积、内脏出血；淡白而带青色为虚寒，见于脾胃虚寒和慢草。

（2）赤色　主热，为气血趋向于外的反映。微红为热邪在表；赤红或鲜红多属热性病的气分阶段；深红即绛色，热邪在营分，极热伤阴或阴虚火旺，见于外感、内伤；紫红色为气滞血瘀，为热性病后期、肠黄后期；舌尖红为心火上炎；舌边红为肝胆有热；红而干为热盛伤津；舌红无苔为阴虚火旺；红兼有红斑是热毒炽盛，是发斑的先兆。

（3）青色　主寒、主痛、主风，为感受寒邪、阳气

郁而不宣及气滞血凝疼痛的象征；青白为脏腑虚寒，多见于胃寒、脾寒、外感风寒、冷痛；青黄为寒湿内挟，多见寒湿困脾、冷肠泄泻；青紫滑润为寒极、肝风内动或气血瘀滞；青紫而干燥晦暗，为气滞血瘀或心衰竭。

（4）黄色　主湿，多为肝、胆、脾的湿热引起。为肝失疏泄，脾失运化，胆汁外溢所致。黄色鲜明为阳黄，多见于肝炎、胆管阻塞或血液寄生虫病；黄色晦暗称为阴黄，多见于慢性肝炎及其他寒湿证（如慢性胃肠炎、肠道寄生虫、营养不良）。

（5）黑色　主青紫而灰暗。黑而有津为寒极；黑而无津为热极；皆属危证。

2.舌苔

正常的舌苔是由胃气上蒸所生。舌苔可反映胃气的强弱、病邪的深浅、病性的寒热、病情的进退。正常时苔薄、白色或稍黄，干湿适中。病理舌苔的形成，一是胃气夹饮食积滞之浊气上升而生；一是邪气上升而形成。望舌苔，应注意苔质和苔色两方面的变化。

（1）苔色　苔色，即舌苔之颜色。一般分为白苔、黄苔和灰、黑四类及兼色变化。由于苔色与病邪性质有关，所以观察苔色可以了解疾病的性质。热病过程中，苔色由白转黄，由黄转老或灰黑，是疾病向深发展的象征，由灰黑转黄，或黄苔退去又复生薄白苔，是疾病好转的表现。

①白苔：一般常见于表证、寒证。由于外感邪气尚未传里，舌苔往往无明显变化，仍为正常之薄白苔。若舌淡苔白而湿润，常是里寒证或寒湿证。但在特殊情况下，白苔也主热证。如舌上满布白苔，如白粉堆积，扪（为摸之意）之不燥，为"积粉苔"，是由外感秽浊不正之气，毒热内盛所致，常见于温疫或内痈。再如苔白燥裂如砂石，扪之粗糙，称"糙裂苔"，皆因湿病化热迅速，内热暴起，津液暴伤，苔尚未转黄而里热已炽，常见于温病或误服温补之药。白薄滑为外感风寒，寒湿证；白薄干为化热伤津；白滑黏腻为内有湿痰；白厚滑为外寒引动内湿；白厚干为热伤津液，湿浊不化。

②黄苔：一般主里证、热证。由于热邪熏灼，所以苔现黄色。淡黄热轻，深黄热重，焦黄热结。外感病，苔由白转黄，为表邪入里化热的征象。若苔薄淡黄，为外感风热表证或风寒化热。或舌淡胖嫩，苔黄滑润者，多是阳虚水湿不化。黄薄滑为外邪入里化热尚未伤津；黄薄干为热邪伤津；黄厚滑为湿热积

滞;黄厚干为积热伤津;黄腻为胃有湿热或痰湿食滞;黄淡润为脾虚有湿;黄白相兼为内有湿热;白薄微黄呈剥蚀样为胃肠湿热。

③灰苔:灰苔即浅黑色。常由白苔晦暗转化而来,也可与黄苔同时并见。主里证,常见于里热证,也见于寒温证。苔灰而干,多属热炽伤津,可见外感热病,或阴虚火旺,常见于内伤。苔灰而润,见于痰饮内停,或为寒湿内阻。

④黑苔:黑苔多由焦黄苔或灰苔发展而来,一般来讲,所主病证无论寒热,多属湿浊重、病情危重。苔色越黑,病情越重。如苔黑而燥裂,甚则生芒刺,为热极津枯;苔黑而燥,见于舌中者,是肠燥粪结,或胃将败坏之兆;见于舌根部,是后焦热甚;见于舌尖者,是心火自焚;苔黑而滑润,舌质淡白,为阴寒内盛,水湿不化;苔黑而黏腻,为痰湿内阻。

（2）苔质　苔质指舌苔的形质,包括舌苔的有无、厚薄、润燥、腐腻、剥落等变化。

①厚薄:厚薄以"见底"和"不见底"为标准。凡透过舌苔隐约可见舌质的为见底,即为薄苔。由胃气所生,属正常舌苔,有病见之,多为疾病初起或病邪在表,病情较轻。不能透过舌苔见到舌质的为不见底,即是厚苔,多为病邪入里,或胃肠积滞,病情较重。舌苔由薄而增厚,多为正不胜邪,病邪由表传里,病情由轻转重,为病势发展的表现;舌苔由厚变薄,多为正气来复,内郁之邪得以消散外达,病情由重转轻,病势退却的表现。苔骤退或突然变为无苔,表示邪气内陷、正不胜邪。

②润燥:舌面润泽,干湿适中,是润苔,表示津液未伤。若水液过多,湿而滑利,甚至伸舌涎流欲滴,为滑苔,是有湿有寒的反映,多见于阳虚而痰饮水湿内停之证。若望之干枯,扪之无津,为燥苔,由津液不能上承所致,多见于热盛伤津、阴液不足、阳虚水不化津、燥气伤肺等证。舌苔由润变燥,多为燥邪伤津,或热甚耗津,表示病情加重;舌苔由燥变润,多为燥热渐退,津液渐复,说明病情好转。

③腐腻:苔厚而颗粒粗大疏松,形如豆腐渣堆积舌面,揩之可去,称为"腐苔",因体内阳热有余,蒸腾胃中腐浊之气上泛而成,表示内有湿浊而胃气尚好,常见于痰浊、食积,且有胃肠郁热之证。苔质颗粒细腻致密,揩之不去,刮之不脱,上面罩一层不同腻状黏液,称为"腻苔",多因脾失健运,湿浊内盛,阳气被阴邪所抑制而造成,多见于痰饮、湿浊内停等证。

④剥落:患者舌本有苔,忽然全部或部分剥脱,剥处见底,称剥落苔。若全部剥脱,不生新苔,光洁如镜,称镜面舌、光滑舌。此种情况因胃阴枯竭、胃气大伤、毫无生发之气所致。无论何色,皆属胃气将绝之危候。若舌苔剥脱不全,剥处光滑,余处斑斑驳驳地残存舌苔,称花剥苔,是胃之气阴两伤所致。舌苔从有到无,是胃的气阴不足,正气渐衰的表现;但舌苔剥落之后,复生薄白之苔,乃邪去正胜,胃气渐复之佳兆。值得注意的是,无论舌苔的增长或消退,都以逐渐转变为佳,倘使舌苔骤长骤退,多为病情暴变征象。

⑤有根苔与无根苔:无论苔之厚薄,若紧贴舌面,似从舌里生出者,称为有根苔,又称真苔;若苔不着实,似浮涂舌上,刮之即去,非如舌上生出者,称为无根苔,又称假苔。有根苔表示病邪虽盛,但胃气未衰;无根苔表示胃气已衰。

总之,观察舌苔的厚薄可知病的深浅;舌苔的润燥,可知津液的盈亏;舌苔的颜色变化可知病性寒热;舌苔的腐腻,可知脾胃的湿浊等情况;舌苔的剥落和有根、无根,可知气阴的盛衰及病情的发展趋势等。

3.舌体

舌体反映脏腑的虚实,包括舌形、舌态和舌色。

（1）舌形　正常舌体胖瘦适度,富于弹性,伸缩、转动灵活。舌形是指舌体的形状,包括老嫩、胖瘦、裂纹、芒刺、齿痕、歪痿等异常变化。

①苍老舌:舌质纹理粗糙,形色坚敛,谓苍老舌。不论舌色苔色如何,舌质苍老者都属实证。

②娇嫩舌:舌质纹理细腻,其色娇嫩,其形多浮胖,称为娇嫩舌,多主虚证,多属脾肾阳虚。

③胀大舌:分胖大和肿胀。舌体较正常舌大,甚至伸舌满口,或有齿痕,称胖大舌,多因水饮痰湿阻滞所致。舌体肿大,胀塞满口,不能缩回闭口,称肿胀舌,多因热毒致气血上壅,致舌体肿胀,多主热证或中毒病证。

④瘦薄:舌体瘦小枯薄者,称为瘦薄舌。总由气血阴液不足,不能充盈舌体所致。主气血两虚或阴虚火旺。

⑤芒刺:舌面上有软刺（即舌乳头）,是正常状态,若舌面软刺增大,高起如刺,摸之刺手,称为芒刺舌。多因邪热亢盛所致。芒刺越多,邪热愈甚。根据芒刺出现的部位,可分辨热在内脏的部位,如舌尖有芒刺,多为心火亢盛;舌边有芒刺,多属肝胆火盛;舌中有芒刺,主胃肠热盛。

⑥裂纹:舌面上有裂沟,而裂沟中无舌苔覆盖者,称裂纹舌,多因精血亏损、津液耗伤、舌体失养所致。

⑦齿痕:舌体边缘有牙齿压印的痕迹,故称齿痕舌。其成因多由脾虚不能运化水湿,以致湿阻于舌而致舌体胖大,受齿列挤压而形成齿痕。所以齿痕常与胖嫩舌同见,主脾虚或湿盛。

⑧久病舌淡、痿软伸于口外无力缩回或舌体蠕动:见于气血俱虚、病证沉重。

⑨歪舌:舌体偏向一侧,见于风证。

(2)舌态　指舌体运动时的状态。正常舌态是舌体活动灵敏,伸缩自如,病理舌态有强硬、痿软、舌纵、短缩、麻痹、颤动、歪斜、吐弄等。

①强硬:舌体板硬强直,运动不灵,以致叫声不清,称为强硬舌。多因热扰心神、舌无所主或高热伤阴、筋脉失养,或痰阻舌络所致。多见于热入心包、高热伤津、痰浊内阻、中风或中风先兆等证。

②痿软:舌体软弱、无力屈伸,痿废不灵,称为痿软舌。多因气血虚极、阴液失养筋脉所致。可见于气血俱虚、热灼津伤、阴亏已极等证。

③舌纵:舌伸出口外,内收困难,或不能回缩,称为舌纵。可见于实热内盛、痰火扰心及气虚证。

④短缩:舌体紧缩而不能伸长,称为短缩舌。可因寒凝筋脉,舌收引挛缩;内阻痰湿,引动肝风,风邪挟痰,梗阻舌根;热盛伤津,筋脉拘挛;气血俱虚,舌体失于濡养温煦所致。无论因虚因实,皆属危重证候。

⑤麻痹:舌有麻木感而运动不灵的,叫舌麻痹。多因营血不能上营于舌而致。若无故舌麻,时作时止,是心血虚;若舌麻而时发颤动,或有中风症状,是肝风内动之候。

⑥颤动:舌体震颤抖动,不能自主,称为颤动舌。多因气血两虚,筋脉失养或热极伤津而生风所致。可见于血虚生风及热极生风等证。

⑦歪斜:伸舌偏斜一侧,舌体不正,称为歪斜舌。多因风邪中络,或风痰阻络所致,也有风中脏腑者,但总因一侧经络、经筋受阻,病侧舌肌弛缓,故向健侧偏斜。多见于中风证或中风先兆。

⑧吐弄:舌常伸出口外者为"吐舌";舌不停舔上、下、左、右口唇,或舌微出口外,立即收回,皆称为"弄舌"。二者合称为"吐弄舌",皆因心、脾二经有热,灼伤津液,以致筋脉紧缩频频动摇。

(3)舌色　即舌质的颜色。一般可分为淡白、淡红、红、绛、紫、青、蓝、斑几种。除淡红色为正常舌色外,其余都是主病之色。绝色,见于危重症或濒死期的口色,多为青黑或紫黑色。

①淡红舌:舌色白里透红,不深不浅,淡红适中,此乃气血上荣之表现,说明心气充足,阳气布化,故为正常舌色。

②淡白舌:舌色较淡红舌浅淡,甚至全无血色,称为淡白舌。由于阳虚生化阴血的功能减退,推动血液运行之力亦减弱,以致血液不能营运于舌中,故舌色浅淡而白。所以此舌主虚寒或气血双亏。

③红舌:舌色鲜红,较淡红舌为深,称为红舌。因热盛致气血沸涌、舌体脉络充盈,则舌色鲜红,故主热证。可见于实证,或舌红无苔主虚热证。

④绛舌:绛为深红色,较红舌颜色更深浓之舌。有外感与内伤之分。外感病为热入营血。内伤杂病,为阴虚火旺。

⑤紫舌:紫舌由血液运行不畅,瘀滞所致。紫舌有寒热之分。热盛伤津,气血壅滞,多表现为绛紫而干枯少津。寒凝血瘀或阳虚生寒,舌淡紫或青紫,湿润。

⑥青舌:舌色如皮肤暴露之"青筋",全无红色,称为青舌,古书形容如水牛之舌。由于阴寒邪盛,阳气郁而不宣,血液凝而瘀滞,故舌色发青。主寒凝阳郁,或阳虚寒凝,或内有瘀血。

⑦蓝舌:为气血两虚,如蓝而有苔见于气血虽虚,但胃气尚存;如蓝而无苔是气血亏极,胃气也伤或急性中毒。

⑧舌边有紫斑为血瘀。

总之,内脏的虚实、气血的盛衰,重点看舌质;病邪的深浅、胃气的有无,重点看舌苔;病性寒热,主要看苔色与苔质。气病看舌苔,血病看舌质。口色中色主血,光主气。实证舌必敛硬苍老;虚证舌必胖嫩绵软;热证舌质必红,苔必黄干;寒证舌质必淡,苔必白,津必滑;表证苔薄白不干燥;热由表证转里证见苔由白变黄,薄转厚,由润变干;正胜邪退则苔由厚转薄,由干变润。临床舌红苔黄腻为胃肠湿热;舌红苔黄厚、津少口温高见胃肠燥热粪结;舌色青紫、苔灰黑、黏滑、口温不高见寒凝血滞;舌红苔白腻为湿停热伏;舌青淡苔薄白润为风寒在表;舌微红、苔微黄、津少、口温高为表热证。

4.口津

口津多少、有无反映体内津液的盈亏存亡。

检查方法:手插舌下,蘸津后并指抽出,张指观看。健畜口津清亮、干湿稀稠适中。如口津清稀湿，牵线起珠者为寒证；口津清稀湿，流出口外者为湿盛；口津清稀，带白泡者为有风；口津黏少，成膜易破者为热盛伤津；口津黏少，舌面起皱者为阴液耗竭；口津黏少，口臭或口舌生疮者为胃有实热。

（三）舌质与舌苔的综合诊察

疾病的发展过程，是一个复杂的整体性变化过程，因此在分别掌握舌质、舌苔的基本变化及其主病时，还应同时分析舌质和舌苔的相互关系。一般认为察舌质重在辨正气的虚实，当然也包括邪气的性质；察舌苔重在辨邪气的浅深与性质，当然也包括胃气之存亡。从二者的联系而言，必须合参才认识全面，无论二者单独变化还是同时变化，都应综合诊察。在一般情况下，舌质与舌苔变化是一致的，其主病往往是各自主病的综合。如里实热证，多见舌红苔黄而干；里虚寒证多见舌淡苔白而润。这是学习舌诊的执简驭繁的要领，但是也有二者变化不一致的时候，故更需四诊合参，综合评判。如苔白虽主寒主湿，但若红绛舌兼白干苔，则属燥热伤津，由于燥气化火迅速，苔色尚未转黄，便已入营；再如白厚积粉苔，亦主邪热炽盛，并不主寒；灰黑苔可属热证，亦可属寒证，必须结合舌质润燥来辨。有时二者主病是矛盾的，需综合来看。如红绛色舌质白滑腻苔，在外感属营分有热，气分有湿，在内伤为阴虚火旺又有痰浊食积。可见，学习时可分别掌握，运用时必综合诊察。

（四）望舌方法与注意事项

望舌要获得准确的结果，必须讲究方式方法，注意一些问题，兹分述如下。

1. 拉舌姿势

望舌时要求将舌拉出口外，充分暴露舌体，舌面应平展舒张，舌尖自然垂向下唇。

2. 顺序

望舌应循一定顺序进行，一般先看舌苔，后看舌质，按舌尖、舌边、舌中、舌根的顺序进行。

3. 光线

望舌应以充足而柔和的自然光线为好，面向光亮处，使光线直射口内，要避开有色门窗和周围反光较强的有色物体，以免观察舌苔颜色时产生假象。

4. 饮食

饮食对舌象影响也很大，由于咀嚼食物反复摩擦，可使厚苔转薄；刚刚饮水，则使舌面湿润；过冷、过热的饮食以及辛辣等刺激性食物，常使舌色改变。此外，某些食物或药物会使舌苔染色，出现假象，称为"染苔"。这些都是因外界干扰导致的一时性虚假舌质或舌苔，不能反映病变的本质。因此，临床遇到舌的苔质与病情不符，或舌苔突然发生变化时，应注意向畜主询问患病动物就诊前一段时间内的采食、用药等情况。

作业

1. 简述望全身的主要内容与临床意义。
2. 简述望局部的具体内容与临床意义。
3. 简述望排出物的具体内容与临床意义。
4. 简述望诊的注意事项。
5. 简述察口色的操作方法。
6. 简述察口色的主要内容及临床意义。

拓展

你能独立运用望全身检查方法对动物病情进行初步判断吗？

自我评价

评价内容	记忆情况	理解情况	百分制评分结果	不足与改进
望全身的主要内容与临床意义				
望局部的具体内容与临床意义				
望排出物的内容与临床意义				
察口色的主要内容及临床意义				

任务二　闻诊和问诊

学习导读

教学目标

1. 使学生掌握闻诊的内容及临诊意义。

2. 使学生掌握问诊的内容及临诊意义。

教学重点

1. 闻诊的内容及临诊意义。

2. 问诊的内容及临诊意义。

教学难点

闻诊、问诊的临诊意义。

课前思考

1. 闻诊中可听哪些声音和嗅什么气味?

2. 问诊都要问哪些内容?

学习导图

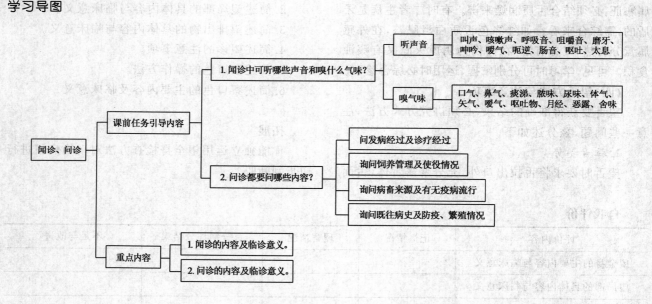

▶ 一、闻诊

闻诊是通过耳听、鼻嗅，了解病畜的声音和气味变化的一种诊断方法。

(一)听声音

1.叫声

动物正常时在饥饿、呼群、求偶、寻母、唤子时发生洪亮有节奏的叫声，在发生疾病时，病理性的叫声主要表现如下。

①叫声高亢、清脆，病情属阳或病较轻。

②叫声嘶哑低微，病情属阴或病较重。

③叫声平起而延长，则病重但还有救。

④叫声尖裂、怪异则为受惊或剧痛。

⑤狂叫、烦躁不安等，主要见于狂证，属阳证、热证，多因痰火扰心、肝胆郁火所致。独处一隅，精神沉郁，不动不叫，主要见于癫证，属阴证，多因痰浊郁闭或心脾两虚所致。

2.咳嗽声

咳嗽表明肺经有病。咳嗽是肺病中最常见的症状，是肺失肃降，肺气上逆的表现。"咳"是指有声无痰；"嗽"是指有痰无声，"咳嗽"为有声有痰。咳嗽一症，首当鉴别外感内伤。一般说来，外感咳嗽，起病较急，病程较短，必兼表证，多属实证；内伤咳嗽，起病缓慢，病程较长或反复发作，以虚证居多。

①咳嗽洪大有力，为实证和新病；咳嗽低弱无力、气喘则多为肺气虚、肺阴虚，见于劳伤久病。

②咳声紧闷多属寒湿；咳声清脆多属燥热。

③咳嗽昼甚夜轻者，常为热为燥，属肺经实热，好治；夜甚昼轻者，多为肺肾阴亏、肺肾虚寒，难治。

④爆发而声音滞塞不畅，半声咳，为金实不鸣，是热邪或寒邪所致的外感证。

⑤日久而嘶哑的咳嗽为金破不鸣，是肺气虚或阴虚。

⑥有痰咳为湿咳，无痰咳为干咳。

⑦鼻流浓涕、污秽、腥臭、连咳为肺经败绝。

⑧头颈伸直，表现咳嗽困难。

⑨流鼻液咳嗽为肺病；前肢刨地咳为心病；头左顾咳为左肋痛；头右顾咳为右肋痛；悬后蹄咳为腰痛或肾病。

⑩咳嗽阵作，咳声连续，是痉挛性发作，咳剧气逆则涕泪俱出，甚至呕吐，多发于冬春季节，其病程较长，不易速愈，多因风邪与伏痰搏结化热，阻遏气道所致。一般地说，初病多属实，久病多属虚，痰多

为实，痰少为虚，咳剧有力为实，咳缓声弱为虚。实证顿咳多因风寒犯肺或痰热阻肺所致。虚证顿咳多见肺脾气虚。

⑪咳声如犬吠，干咳阵作，为疫毒内传，里热炽盛而成。

3.呼吸音

正常时不易听到，当运动和使役后变粗。发病后呼吸音发生改变。

①呼吸快、声音粗大为实证、热证。

②呼吸弱为虚证、寒证。

③呼吸有节律则病轻；呼吸节律不齐则病重；气如抽锯者则病危。

④呼吸时湿啰音为痰饮。

⑤呼吸时有鼻塞音为鼻肿胀、鼻疮或鼻液过多。

⑥喘声高亢、张口掀鼻为实喘。

⑦久病喘声低微、呼多吸少，身体用力则喘息加剧或气不连续为虚喘，肾不纳气。

⑧寒哮，又称"冷哮"，多在冬春季节，遇冷而作，因阳虚痰饮内停，或寒饮阻肺所致。热哮，则常在夏秋季节，气候燥热时发作，因阴虚火旺或热痰阻肺所致。

4.其他

①咀嚼音：牛、马在咀嚼时可听到清脆而有节奏的咀嚼声，咀嚼慢、声音低则牙齿松动或疼痛。

②磨牙：见于疼痛、心肝肾等脏病、中毒、异食、寄生虫病及病情危重时。牛、羊多见于瓣胃阻塞、创伤性网胃-心包炎、肠阻塞；马骡多见于急性肠炎、急性胃扩张、肠变位、肺炎、心经痛、破伤风、脑炎、农药中毒。

③呻吟：为剧痛、重病之征。马主见于冷痛、结症、肠变位、肺痈；牛、羊多于见百叶干、肺痈、创伤性网胃-心包炎；孕畜多见于胎动腹痛。

④嗳气：俗称"打饱嗝"，是气从胃中上逆出咽喉时发出的声音。饱食之后，偶有嗳气不属病态。牛一般20~40次/h，如次数减少，多因脾胃虚弱所致；次数增多，多为食滞胃脘、肝气犯胃、寒邪客胃而致；嗳气停止见于草噎或重病。马多见于盲肠臌气、小肠阻塞。

⑤呃逆：俗称"打咯忒(kǎtè)"，是胃气上逆，从咽部冲出，发出的一种不由自主的冲击声，为胃气上逆，横膈拘挛所致。呃逆临床需分虚、实、寒、热。一般呃声高亢，音响有力的多属实、属热；呃声低沉，气弱无力的多属虚、属寒。实证往往发病较急，多因寒邪直中脾胃或肝火犯胃所致；虚证多因脾肾阳衰或

胃阴不足所致。正常食后,或遇风寒,或采食过快均可见呃逆,往往是暂时的,大多能自愈。

⑥肠音:可用听诊器或耳贴腹部听,一般小肠似流水,大肠似远雷。肠音增强,远离可听到,见于肠中虚寒,如冷痛、脾虚泄泻;肠音减弱或停止,见于胃肠阻塞不通,如结症。牛左腹为瘤胃,正常时如捻发音,如减弱则见于瘤胃积食(宿草不转)、百叶干、真胃炎、真胃阻塞、创伤性网胃炎、结症。

⑦叹息:又称太息,是指自觉胸中憋闷而长嘘气,嘘后胸中略舒的一种表现。叹息是因气机不畅所致,以肝郁和气虚多见。

⑧呕吐:又可分呕吐、干呕。有声有物称为呕;有物无声称为吐,如吐酸水、吐苦水等;干呕是指欲吐而无物有声,或仅呕出少量涎沫。临床统称为呕吐。胃气上逆可分寒、热、虚、实。如吐势徐缓,声音微弱者,多属虚寒呕吐;而吐势较急,声音响亮者,多为实热呕吐。虚证呕吐多因脾阳虚和胃阴不足所致;实证呕吐多由邪气犯胃、浊气上逆所致,多见于食滞胃脘、外邪犯胃、痰饮内阻、肝气犯胃等证。

(二)嗅气味

1. 口气

正常时口气无臭味。出现口气异常多见于口腔本身的病变或胃肠有热。口腔疾病致口臭的,可见于牙疳、龋齿或口腔不洁、溃疡等。胃肠有热致口臭的,多见胃火上炎、宿食内停或脾胃湿热之证,如马胃炎、牛百叶干、牛瘤胃积食。

2. 鼻气

正常时鼻气无特殊气味。鼻气臭则为肺经疾病;鼻流黄灰脓液、腥臭,则为肺痈(即化脓性肺炎);鼻液黄白色、尸臭味,为肺败(即肺坏疽);鼻液灰白或黄白,一侧流出,为脑颡(副鼻窦炎);羊春夏之交时鼻液黏稠腥臭为羊鼻蝇蚴。

3. 痰涕气味

如咳嗽、流涕无特殊气味,多属肺壅(肺炎);如气味腥臭为肺痈、肺败、肺痨。

4. 脓味

如脓汁黏稠,略带腥臭为顺证;黄脓黄稠、混浊、恶臭为实证、阳证,为毒火内盛;若脓灰白,清稀、腥臭为虚证、阴证,为毒邪未尽,气血衰败,常见深部腐败创。

5. 粪便气味

如粪稀带水,臭味不大,为脾虚泄泻;气味酸臭伴有不消化食物,为伤食;粪便恶臭带黏液或血液为湿热证,见肠炎、痢疾。

6. 尿液气味

尿液清长无臭为虚寒;短赤黄臭为实热;尿短混恶臭为膀胱积热(膀胱炎);尿深褐色腥臭为肾受损;尿清长频数,微有腥臊或无特殊气味为肾虚、寒证;尿淋漓为淋证。

7. 体气

带尸腐味为脏腑败绝;带腥臭味为瘟疫;带酮味为酮病;有尿臭味为尿毒症。

8. 矢气(屁)

败卵味,多因暴饮暴食,食滞中焦或肠中有宿屎内停所致。矢气连连,声响不臭,多属肝郁气滞,腑气不畅。

9. 嗳气

嗳气酸腐,多因胃脘热盛或宿食停滞于胃而化热。嗳气无臭多因肝气犯胃或寒邪客胃所致。

10. 呕吐物气味

气味臭秽,多因胃热炽盛;若呕吐物气味酸腐,呈完谷不化之状,则为宿食内停;呕吐物腥臭,挟有脓血,可见于胃痈;若呕吐物为清稀痰涎,无臭气或腥气为脾胃有寒。

11. 月经或产后恶露臭秽

多因热邪侵袭胞宫;带下臭秽,色黄,为湿热下注;带下气腥,色白,为寒湿下注。

12. 病畜舍气味

病畜舍的气味由病畜本身及其排出物等发出。瘟疫病开始即有臭气,轻则近体可闻,重的充满整舍;舍内有血腥味,多是失血证;舍内有腐臭气味,多有浊腐疮疡;舍内有尸臭气味,是脏腑败坏;舍内有尿臊气,多见于水肿病晚期;舍内有烂苹果气味,多见于消渴病。

二、问诊

问诊是通过与畜主或饲养员交谈,了解病畜疾病的病因、发病经过、症状、诊治情况、既往史及饲养管理使役情况的一种诊察方法。

(一)问发病经过及诊疗经过

①询问发病时间、地点,疾病发展快慢程度、发病数、死亡数等。询问发病的时间和患病的时间,可以了解疾病处于初期、中期还是后期。初期病情严重,多为感受外邪,病在表,属实证;久病、缓慢者,多属内伤杂证,病在里,属虚证;突发、死亡多,症状

相同,应考虑传染病和中毒。

②询问诊前症状,主要包括发病后的采食、饮水、排粪尿情况,以及有无腹痛、咳嗽及其他异常表现。以便了解病因和发病机理。

③询问诊疗经过。包括曾诊断为何病,用过什么药,用药后的变化和反应,以便合理用药。

(二)询问饲养管理及使役情况

1.在饲养方面

应了解饲料的种类、来源、调制、饲喂方法和饮食情况有无改变,以及饮水的多少、方法和水质情况,圈舍的防寒保暖、通风光照等情况。如长期喂干草、饥饱不均、空腹饮冷水、突然更换饲料、饲料发霉、不洁,都易引起腹痛、腹胀、腹泻;过食冰冻草料,空腹过饮冷水,常致冷痛。

2.在管理方面

应了解厩槽、畜体卫生情况,有无厩舍及厩舍的干湿光照条件、有无贼风、气候变化等。通常受寒湿、气候突变、贼风侵袭,易引起感冒、风湿、肺经疾病;暑热炎天,厩舍密度高,通风不良,易患中暑。

3.在使役方面

在使役方面,主要了解使役轻重,挽具使用方法等,有无使役过重,使役过程中发生意外等。过役、疲劳,易患心、肺经病证;过力易伤肺;奔走过急易患四肢病;挽具不良易患鞍伤、肩伤、背疮等;使役后带汗卸鞍,或拴于当风之处,易引起感冒、寒伤腰胯等。

(三)询问病畜来源及有无疫病流行

1.询问病畜来源

主要了解病畜是自繁自养还是由外地引入。

①由外地引进的,应考虑原产地是否是疫区,引进后水土气候、饲养管理等因素。如由温暖地区到寒冷地区,易咳喘流涕;由北方到南方易发生热喘中暑。

②如是自繁自养,应考虑是否外出到外地区,当地有无疫病流行。

2.询问疫病流行情况

对突发、病势急、病情重的病畜,在询问病史时应询问同圈同群及附近患类似疾病动物的数目和比例,其他种动物有无类似疾病发生。

①同群、附近同类动物发病症状相似,发病急促,数目较多,伴有高热,应考虑是瘟疫。

②如无热、且为误食某种物质后发病,应考虑是中毒。

③如发病动物数目很多,但发病不急促,又不是误食引起的,应考虑是缺乏症。

(四)询问既往病史及防疫、繁殖情况

1.询问既往病史

了解动物既往发生疾病的情况,有助于疾病的诊断,如羊痘发生过一次后终生不再发;发生过创伤,可能发生破伤风;发生过胃肠炎可能会发生蹄叶炎。

2.询问防疫接种情况

了解平时的防疫接种情况及免疫期,可以排除某些疾病。

3.询问繁殖情况

①公畜配种频繁会引起性欲下降、滑精、阳痿等肾虚证。

②母畜产前易发生产前不食、妊娠浮肿、难产,产后易发胎衣不下、生产瘫痪,在妊娠和哺乳期间禁用对胎儿和幼畜有影响的药物。

③幼畜的一些疾病与公母畜有关,如幼驹溶血病。

附:张景岳"十问歌"

"一问寒热二问汗,三问头身四问便,五问饮食六问胸,七聋八渴俱当辨,九问旧病十问因,再兼服药参机变。"

作业

1.简述闻诊的内容及临诊意义。

2.简述问诊的内容及临诊意义。

拓展思考

张景岳"十问歌"有什么临诊意义?

自我评价

评价内容	记忆情况	理解情况	百分制评分结果	不足与改进
闻诊的内容及临诊意义				
问诊的内容及临诊意义				

任务三　切诊

学习导读

教学目标

1.使学生掌握切脉的具体部位、方法及切脉时的注意事项。

2.使学生掌握常见反脉的各自具体脉象及诊断意义。

3.使学生掌握触诊的内容及临诊意义。

教学重点

1.切脉的具体部位、方法及切脉时的注意事项。

2.反脉的各自具体脉象及诊断意义。

教学难点

1.常见反脉的各自具体脉象及诊断意义。

2.易脉和相兼脉的确定。

课前思考

1."三部"和"三关"是指什么？分别对应哪些器官？

2.你知道切脉时都应注意什么吗？

3.什么是平脉？

4.什么是反脉？反脉的具体脉象及临诊意义是什么？

5.触诊都可以触摸按压哪些部位？

学习导图

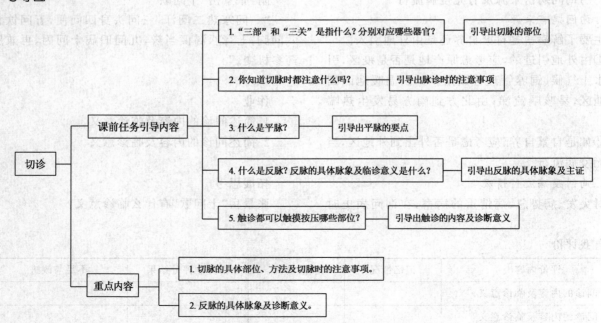

切诊是通过用手指的切、按、触、叩,来了解脉象的盛衰、体表的寒热、局部肿胀性质、肠道阻塞情况及卵巢发育阶段。切诊包括切脉和触诊。

一、切脉

切脉又叫脉诊。脉色者,气血也,脉象和口色一样,反映机体气血的盛衰,气血是脏腑的物质基础和功能表现。通过切一定部位的动脉可以了解动物病情。脉象即动脉应指的形象。心主血脉,包括血和脉两个方面,脉为血之府,心与脉相连,心脏有规律地搏动,推动血液在脉管内运行,脉管随之产生有节律的搏动和血液在管内运行均由宗气所推动。血液循行脉管之中,流布全身,循环不息,除心脏的主导作用外,还必须有各脏器的协调配合。肺朝百脉,即是循行全身的血脉,均汇聚于肺,且肺主气,通过肺气的输布,血液才能布散全身;脾胃为气血生化之源,脾主统血;肝藏血,主疏泄,调节循环血量;肾藏精,精化气,是机体阳气的根本,是各脏腑组织功能活动的原动力,且精可以化生血,是生成血液的物质基础之一。因此脉象的形成,与脏腑气血密切相关。

(一)切脉的部位及方法

1.部位

马切双凫脉(颈基部颈总动脉)、颌外动脉;牛切双凫脉、尾中动脉;猪、羊、犬切股内动脉。双凫脉左分上、中、下三部,对应心、肝、肾;右分风、气、命三关,对应肺、脾、命门。所有脉从远心端到近心端都可以分为寸、关、尺三部。

2.方法

(1)尾中动脉　检查者站于牛正后方,左手略上举尾,右手食指、中指、无名指按于距尾根 10 cm 的腹面,拇指放于背部,用不同指力推压即得。

(2)股内动脉　蹲于后侧面,一手握诊肢,另一手沿腹壁由前向后慢慢伸入股内侧,摸到行诊。

(3)双凫脉　一手扶鬐甲,另一手食指、中指、无名指放置三部或三关位置上。

(4)颌下动脉　站于头侧,一手握笼头或鼻中隔,另一手在下颌切迹处,按无名指、中指、食指顺序,向内布指。

(5)臂内动脉　站于胸侧,一手按鬐甲,另一手由肘后伸入臂内,在正中动脉上布指。

3.诊脉时的注意事项

要求环境安静;要求诊者呼吸稳定,全神贯注;要求家畜安静,呼吸平和,使气血调匀(运动使役后需要休息);每次诊脉不少于 3 min;切脉部位尽量与心脏处于同一水平,布指均匀,双凫宜疏,颌下宜密,股内、臂中居中,可三指同按,也可一指单按;切脉时要用三种指力,即浮取(按在皮肤上,用力要轻)、中取(用力适中,按于肌肉上)、沉取(重力,按于筋骨上),即三部九候,浮取即举,中取即寻,沉取即按,浮取以诊脉之浮沉,中取以诊脉之洪、大、细、微,持久以诊脉之滑、涩、紧、弦,定息以诊脉之迟数;诊脉的时间最好是清晨,因为清晨不受饮食、活动等各种因素的影响,体内外环境都比较安静,气血经脉处少受干扰,故容易鉴别病脉。

(二)脉象

脉象即动脉脉体和搏动的征象,包括频率快慢、节律、强度有力无力、流利度滑涩、充盈度虚实、紧张度、部位深浅、波幅等。

脉象可分为三大类:平脉(健康无病)、反脉(反常有病)、易脉(变异脉象,也称怪脉或绝脉,表明病势危重)。

1.平脉

以和缓均匀为要领。即不浮不沉、不快不慢,至数一定,和缓从容,节律均匀。即有根、有胃气、有神。有根是指三部脉沉取有力,或尺脉沉取有力,就是有根的脉象形态。一般一呼一吸为一息,正常时一息脉搏跳动次数为马 3 次、牛 4 次、猪羊 5 次、人 4～5 次。不同动物脉象也有一定差异。

(1)季节　春季偏弦,夏季偏洪,秋季偏浮,冬季偏沉,但应和缓均匀有力,即有胃气,也就是有神、有根。

(2)年龄　幼龄偏软,老龄偏虚。

(3)体况　肥偏沉,瘦偏浮。

(4)性别　孕畜偏滑数。

(5)其他　具体分述如下。

情志:喜则伤心而脉缓,怒则伤肝而脉急,惊则气乱而脉动等。此说明情志变化能引起脉象的变化,但当情志恢复平静之后,脉象也就恢复正常。

劳逸:剧烈运动或远行,脉多急疾;入睡之后,脉多迟缓。

饮食:采食后脉多数而有力;饥饿时稍缓而无力。

此外,脉不见于寸口,而从尺部斜向手背,称斜飞脉;若脉出现于寸口的背侧,则称反关脉,还有出现于腕部其他位置者,都是生理特异脉位,是桡动脉解剖位置的变异,不属病脉。

2.反脉

三春迟细,九夏沉微,秋脉洪弦,冬乭紧数,此谓逆反不正之脉也。春夏气温上升,家畜生理功能旺盛,脉应弦洪,这时反而缓慢、沉细,则为不正常;秋冬气温降低,家畜生理活动逐渐收藏,脉应浮沉,这时快强则病。反脉中以浮沉迟数最为重要,也叫四大纲脉。表证见浮脉、里证见沉脉、热证见数脉、寒证见迟脉。动物临诊易惊,惊则气乱,脉气亦乱,故难以掌握,幼畜肾气未充,脉气止于中候,不论脉体素浮素沉,重按多不见,若重按乃见,便与成畜的牢实脉同论。

(1)浮脉与沉脉　指脉搏的深浅。

①浮脉:部位浅,轻取明显,重按反而减弱,为表证。浮而有力为表实;浮而无力为表虚;浮数为表热;浮紧为表寒;病在经络肌表。浮脉类的脉象,有浮、洪、濡、散、乭、革六脉。因其脉位浅,浮取即得,故归于一类。

a.浮脉

【脉象】轻取即得,重按稍减而不空,举之泛泛而有余,如水上漂木。

【主病】表证、虚证。

【脉理】浮脉主表,反映病邪在经络肌表部位,邪袭肌腠,卫阳奋起抵抗,脉气鼓动于外,脉应指而浮,故浮而有力。内伤久病体虚,阳气不能潜藏而浮越于外,也有见浮脉者,必浮大而无力。

b.洪脉

【脉象】脉幅大而有力,即脉阔,满于指下,波动大,状若波涛汹涌,来盛去衰。

【主病】里热证。

【脉理】主热盛,一方面内热充斥;另一方面热病伤阴,阴虚阳盛,脉洪无力。洪脉的形成,由阳气有余、气壅火亢,内热充斥,致使脉道扩张,气盛血涌,故脉见洪象。若久病气虚或虚劳、失血、久泄等病证而出现洪脉,是正虚邪盛的危险证候或为阴液枯竭、孤阳独亢或虚阳亡脱。此时,浮取洪盛,沉取无力无神。

c.濡脉

【脉象】浮而细软,如绵在水,轻按即得,重按即没。

【主病】虚证、湿证,如气血虚弱、水肿。

【脉理】濡脉主诸虚,若为精血两伤,阴虚不能维阳,故脉浮软,精血不充,则脉细;若为气虚阳衰,虚阳不敛,脉也浮软,浮而细软,则为濡脉。若湿邪阻压脉道,亦见濡脉。

d.散脉

【脉象】浮散无根,至数不齐。如杨花散漫之象。

【主病】元气离散。

【脉理】散脉主元气离散,脏腑之气将绝的危重证候。因心力衰竭,阴阳不敛,阳气离散,故脉来浮散而不紧,稍用重力则按不着,漫无根蒂;阴衰阳消,心气不能维系血液运行,故脉来时快时慢,至数不齐。

e.乭脉

【脉象】浮大中空,如按葱管。

【主病】失血、伤阴

【脉理】乭脉多见于失血伤阴之证,故乭脉的出现与阴血亡失,脉管失充有关,因突然失血过多,血量骤然减少,营血不足,无以充脉,或津液大伤,血不得充,血失阴伤则阳气无所附而浮越于外,因而形成浮大中空之乭脉。

f.革脉

【脉象】浮而搏指,中空外坚,如按鼓皮。

【主病】亡血、失精、半产、漏下。

【脉理】革脉为弦乭相合之脉,由于精血内虚,气无所附而浮越于外,如之阴寒之气收束,因而成外强中空之象。

②沉脉:部位深,轻按找不到,重按才摸清,为里证。沉而有力为里实证;沉而无力为里虚证;病在脏腑。沉脉类的脉象,有沉、伏、弱、牢四脉。脉位较深,重按乃得,故同归于一类。

a.沉脉

【脉象】轻取不应,重按乃得,如石沉水底。

【主病】里证。

【脉理】病邪在里,正气相搏于内,气血内困,故脉沉而有力,为里实证;若脏腑虚弱,阳气衰微,气血不足,无力统运营气于表,则脉沉而无力,为里虚证。

b.伏脉

【脉象】重手推筋按骨始得,甚则伏而不见。

【主病】邪闭、厥证、痛极。

【脉理】因邪气内伏,脉气不能宣通,脉道潜伏不显而出现伏脉;若阳气衰微欲绝,不能鼓动血脉亦见伏脉。前者多见实邪暴病,后者多见于久病正衰。

c.弱脉

【脉象】极软而沉细。

【主病】气血阴阳俱虚证。

【脉理】阴血不足,不能充盈脉道,阳衰气少,无力鼓动推动血行,故脉来沉而细软,形成弱脉。

d. 牢脉

【脉象】沉按实大弦长,坚牢不移。

【主病】阴寒凝结,内实坚积。

【脉理】牢脉之形成,是由于病气牢固,阴寒内积,阳气沉潜于下,故脉来沉而实大弦长,坚牢不移。牢脉主实,有气血之分,症瘕有形肿块,是实在血分;无形痞结,是实在气分。若牢脉见于失血、阴虚等病证,是阴血暴亡之危候。

(2)迟脉与数脉　指脉搏的快慢。

①迟脉:脉率慢,主寒证。迟而有力为寒实证;迟而无力为虚寒证;浮迟为表寒;沉迟为里寒。迟脉类的脉象,有迟、缓、涩、结四脉。脉动较慢,一息不足正常至数,故同归于一类。

a. 迟脉

【脉象】脉来迟慢,一息不足正常至数。

【主病】寒证。迟而有力为寒痛冷积;迟而无力为虚寒。

【脉理】迟脉主寒证,由于阳气不足,鼓动血行无力,故脉来一息不足正常至数。若阴寒冷积阻滞,阳失健运,血行不畅,脉迟而有力。因阳虚而寒者,脉多迟而无力。邪热结聚,阻滞气血运行,也见迟脉,但必迟而有力,按之必实,迟脉不可概认为寒证,当脉症合参。

b. 缓脉

【脉象】一息基本与正常至数相同,但感觉来去怠缓。

【主病】湿证、脾胃虚弱。

【脉理】湿邪黏滞,气机为湿邪所困;脾胃虚弱,气血乏源,气血不足以充盈鼓动,故缓脉见怠缓;平缓之脉,是为气血充足,百脉通畅。若病中脉转缓和,是正气恢复之征。

c. 涩脉

【脉象】迟细而短,往来艰涩,极不流利,如轻刀刮竹。

【主病】精血亏少、气滞血瘀、挟痰、挟食。

【脉理】为阴脉,精伤血少津亏,不能濡养经脉,经络受阻,血行不畅,脉气往来艰涩,故脉涩而无力;气滞血瘀、痰、食胶固,气机不畅,血行受阻,则脉涩而有力。

d. 结脉

【脉象】脉来迟缓而有不规则的间歇。

【主病】主气滞血瘀、阴盛寒痰、症瘕积聚。

【脉理】阴盛气机郁结,阳气受阻,血行瘀滞,故脉来缓急,脉气不相顺接,止后复来,止无定数,常见于寒痰血瘀所致的心脉瘀阻证。结脉见于虚证,多为久病虚劳、气血衰,脉气不继而止,气血续则脉复来,止无定数。

②数脉:脉率快,主热证。数而有力为实热证;数而无力为虚热证;数大无力为气虚证。数脉类的脉象,有数、疾、促、动四脉。脉动较快,一息超过正常至数,故同归一类。

a. 数脉

【脉象】一息脉来正常至数以上。

【主病】热证。有力为实热,无力为虚热。

【脉理】邪热内盛,气血运行加速,故见数脉。因邪热盛,正气不虚,正邪交争剧烈,故脉数而有力,主实热证。若久病伤阴,阴虚内热,则脉虽数而无力。若脉显浮数,重按无根,是虚阳外越之危候。

b. 疾脉

【脉象】脉来急疾,一息七、八至。

【主病】阳极阴竭,元阳将脱。

【脉理】实热证阳亢无制,真阴垂危,故脉来急疾而按之坚实。若阴液枯竭,阳气外越欲脱,则脉疾而无力。

c. 促脉

【脉象】脉来急数而有不规则的间歇。

【主病】阳热亢盛、气滞血瘀、痰食郁滞。

【脉理】阳热盛极,或气血痰饮、宿食郁滞化热,正邪相搏,血行急速,故脉来急数。邪气阻滞,阴不和阳,脉气不续,故时止,止后复来,指下有力,止无定数。促脉亦可见于虚证,若元阴亏损,则时止,止无定数,必促而无力,为虚脱之象。

d. 动脉

【脉象】脉形如豆,厥厥动摇,滑数有力。

【主病】痛证、惊证。妊娠反应期可出现动脉。

【脉理】动脉是阴阳相搏,升降失和,使其气血冲动,故脉道随气血冲动而呈动脉。痛则阴阳不和,气血不通,惊则气血紊乱,心突跳,故脉亦应之而突跳,故痛与惊可见动脉。

(3)虚脉与实脉　指脉管内血液充盈程度。

①虚脉:寸关尺举手无力,按之空虚。为气血两虚之证,气不足不能帅血,血不足不能充盈血管,则

脉虚软无力。虚脉类脉象,有虚、细、微、代、短五脉,脉动应指无力,故归于一类。

a. 虚脉

【脉象】三部脉动无力,按之空虚。

【主病】虚证。

【脉理】气虚不足以运其血,故脉来无力,血虚不足充盈脉道,故按之空虚。由于气虚不敛而外张,血虚气无所附而外浮,脉道松弛,故脉形大而势软。

b. 细脉

【脉象】脉细如线,但应指明显,脉窄,波动小,来势不盛,重按才明显。

【主病】气血两虚,以阴血虚为主,或诸虚劳损、湿证。

【脉理】细为气血两虚所致,营血亏虚不能充盈脉道,气不足则无力鼓动血液运行,故脉体细小而无力。湿邪阻压脉道,伤及阳气也见细脉。

c. 微脉

【脉象】极细极软,按之欲绝,似有若无。

【主病】阴阳气血诸虚,阳气衰微。

【脉理】阳气衰微,无力鼓动,血微则无以充脉道,故见微脉。浮以候阳,轻取之似无为阳气衰。沉以候阴,重取之似无是阴气竭。久病正气损失,气血被耗,正气殆尽,故久病脉微,为气将绝之兆;新病脉微,是阳气暴脱,亦可见于阳虚邪微者。

d. 代脉

【脉象】脉来时见时止,止有定数,良久方来。呈现缓弱而有规律的间歇。

【主病】脏气衰微、风证、痛证、跌打损伤。

【脉理】脏气衰微,气血亏损,以致脉气不能衔接而歇止,不能自还,良久复动。风证、痛证见代脉,因邪气所犯,阻于经脉,致脉气阻滞,不相衔接,为实证。代脉亦可见于妊娠初期,因五脏精气聚于胞宫,以养胎元,脉气一时不相接续,故见代脉。然非妊娠必见之脉,仅见于母体素弱,脏气不充,更加恶阻,气血尽以养胎,脉气暂不接续所致。

e. 短脉

【脉象】首尾俱短,不能满部。

【主病】气病。有力为气滞,无力为气虚。

【脉理】气虚不足以帅血,则脉动不及尺寸本部,脉来短而无力。亦有因气郁血瘀或痰滞食积,阻碍脉道,以致脉气不伸而见短脉,但必短而有力,故短脉不可概作不足之脉,应注意其有力无力。

②实脉:寸关尺举手有力,为实证。邪气盛而正气不虚,正邪相搏,则脉坚实有力。见于热证、结证、瘀血。实脉类脉象,有实、滑、弦、紧、长等五脉,脉动应指有力,故归于一类。

a. 实脉

【脉象】三部脉举按均有力。

【主病】实证。

【脉理】邪气亢盛而正气不虚,邪正相搏,气血壅盛,脉道紧满,故脉来应指坚实有力。正常状态下亦可见实脉,这是正气充足,脏腑功能良好的表现。正常实脉应是静而和缓,与主病之实脉躁而坚硬不同。

b. 滑脉

【脉象】往来流利,如珠走盘,应指圆滑。为阳脉,邪气盛,气实血涌,脉波滑利。

【主病】痰饮、食积、实热(结症)、孕畜。

【脉理】邪气壅盛于内,正气不衰,气实血涌,故脉往来甚为流利,应指圆滑。若滑脉见于正常状态下,必滑而和缓,总由气血充盛,气充则脉流畅,血盛则脉道充盈,故脉来滑而和缓。妊娠见滑脉,是气血充盛而调和的表现。

c. 弦脉

【脉象】端直以长,如按琴弦。

【主病】肝胆病、痰饮、痛证、风证、疟疾。如肝胃不和、风邪、肝气郁滞、疏泄不畅,则出现弦脉。

【脉理】弦是脉气紧张的表现。肝主疏泄,调畅气机,以柔和为贵,若邪气滞肝,疏泄失常,气郁不利则见弦脉。诸痛、痰饮,气机阻滞,阴阳不和,脉气因而紧张,故脉弦。疟邪为病,伏于半表半里,少阳枢机不利而见弦脉。虚劳内伤,中气不足,肝病乘脾,亦见弦脉。若弦而细劲,如循刀刃,便是胃气全无,病多难治。

d. 紧脉

【脉象】脉来绷急,状若牵绳转索。

【主病】寒证、痛证。

【脉理】寒邪侵袭,与正气相搏,以致脉道紧张而拘急,故见紧脉。诸痛而见紧脉,也是寒邪积滞与正气激搏之缘故。

e. 长脉

【脉象】首尾端长,超过本位。

【主病】肝阳有余、火热邪毒等有余之证。

【脉理】健康状态下正气充足,百脉畅通无损,气机升降调畅,脉来长而和缓;若肝阳有余,阳盛内热,邪气方盛,充斥脉道,加上邪正相搏,脉来长而硬直,或有兼脉,为病脉。

（4）相兼脉与主病

相兼脉是指数种脉象并见的脉象。相兼脉象的主病，往往等于各个脉所主病的总和，如浮为表，数为热，浮数主表热，依此类推。现将常见的相兼脉及主病列于下。

浮紧，主病：表寒、风痹；浮缓，主病：伤寒表虚证；浮数，主病：表热；浮滑，主病：风痰、表证挟痰；沉迟，主病：里寒；弦数，主病：肝热、肝火；滑数，主病：痰热、内热食积；洪数，主病：气分热盛；沉弦，主病：肝郁气滞、水饮内停；沉涩，主病：血瘀；弦细，主病：肝肾阴虚、肝郁脾虚；沉缓，主病：脾虚、水湿停留；沉细，主病：阴虚、血虚；弦滑数，主病：肝火挟痰、痰火内蕴；沉细数，主病：阴虚、血虚有热；弦紧，主病：寒痛、寒滞肝脉。

3. 易脉

易脉也叫怪脉，是四时变异之脉。

（1）屋漏脉　如屋漏水状，似停非停，很久跳一次，跳时无力。

（2）雀啄脉　如雀啄食状，散乱数急，三四次又停一次，少息又来。

（3）虾游脉　如虾游水面，脉在沉搏，突然间又来一次浮脉。

（4）鱼翔脉　脉浮，如鱼头不动而尾动。

（5）釜沸脉　如汤沸，息数均无，有出无入。

（6）弹石脉　脉在筋肉，促而坚硬。

（7）解索脉　如解乱绳，散乱无序。

易脉皆脉形大小不等、快慢不一、节律全无、散乱无序，表示生机已绝，垂危将死。

4. 脉症顺逆与从舍

（1）脉症顺逆　脉症顺逆是指从脉与症的相应不相应来判断疾病的顺逆。脉症相应者主病顺，不相应者逆，逆则主病凶。一般新病脉来浮、洪、数、实者为顺，反映正气充盛能抗邪；久病脉来沉、微、细、弱为顺，说明有邪衰正复之机，若新病脉见沉、细、微、弱，说明正气已衰；久病脉见浮、洪、数、实，则表示正衰而邪不退，均属逆证。

（2）脉症从舍　既然有脉症不相应的情况，其中必有一真一假，或为症真脉假，或为症假脉真，所以需舍脉从症，或舍症从脉。

①舍脉从症：在症真脉假的情况下，必须舍脉从症。例如，症见腹胀满，疼痛拒按，大便燥结，舌红苔黄厚焦燥，而脉迟细者，则症所反映的是实热内结肠胃，是真；脉所反映的是因热结于里，阻滞血液运行，

故出迟细脉，是假象，此时当舍脉从症。

②舍症从脉：在症假脉真的情况下，必须舍症从脉。例如，伤寒，热闭于内，症见四肢厥冷，而脉滑数，脉所反映的是真热；症所反映的是由于热邪内伏，格阴于外，出现四肢厥冷是假寒；此时当舍症从脉。

二、触诊

用手对病畜各部进行触摸按压，探察冷热温凉、软硬虚实、局部形态及疼痛感觉，为辨证论治提供依据。

（一）凉热

应将手摸凉热与直肠温度相结合，还要发现局部温度与体表温度不均的情况，触摸部位如下。

（1）口温　口温燥热，为口腔疾病、重证；口温低，为虚寒证（偏冷）、重危阳气衰竭（冰凉）。

（2）鼻温　用掌置鼻下，感觉鼻端呼出气的温度，正常时温和湿润。温度高见于热证；温度低见于虚寒阳气衰。

（3）耳温　健康时耳根温、耳尖凉，若耳根耳尖均热，见于热证；若耳根耳尖均凉，见于寒证；时冷时热见于寒热往来的半里半表证，如伤风感冒；耳根耳尖冰凉见于危证、阳气败绝。牛角正常时四指范围内是温的，四指以上是凉的，四指并拢，小指放于有毛与无毛交界处，正常时小指和无名指感热，如中指感热，则体温偏高，食指感热属必热。

（4）体表与四肢温凉　正常时体表与四肢不热不凉、温湿无汗，四肢末端偏凉，不冰凉，久触有温润感。四肢末端冰凉为厥冷，见于危证、阳气将竭；四肢末端偏热为热证，偏凉为寒证。凡身热初按甚热，久按热反转轻的，是热在表；若久按其热反甚，热自内向外蒸发者，为热在里。四肢末端背部较热的，为外感发热，四肢末端腹侧较热的，为内伤发热。额上热甚于四肢末端腹侧的，为表热；四肢末端腹侧热甚于额上热的，为里热。

（二）肿胀

感觉肿胀的性质、形状、大小、敏感度。坚硬如石见于骨肿；坚韧见于肌肿、筋肿；手压留痕见于水肿；按压软有波动感见于脓肿、血肿；肿胀硬、不热，根平散漫者为阴证；肿热，根紧者为阳证；患处坚硬，多属无脓，边硬顶软，内必成脓；肿而硬，不热者，属寒证；肿处烙手、有压痛者，为热证；根盘平塌漫肿的

属虚,根盘收束而高起的属实。

(三)咽喉

检查咽部温热、疼痛、肿胀及人工诱咳情况。猪颈部肿胀多见于猪肺疫。

(四)摸槽口(即下颌间隙)

正常槽口清利,皮肤软而有弹性。如宽则食欲旺,窄则食欲差,肿胀热为槽结(槽结,槽指食槽,现名下颌凹,结指肿胀的淋巴结。槽结现名腺疫,多发生于驹马和青年马,是感染腺疫链球菌的一种急性传染病)或肺败。

(五)胸腹

(1)按压和叩打胸两侧　疼痛为胸膜肺炎;咳嗽为肺胸病。

(2)触压剑状软骨　不安,胸前水肿,站立时前肢开张,下坡时斜走,为创伤性心包炎。

(3)按压腹部　胀胀,按压紧张有弹性、空虚,为膁气;腹部下垂、有拍水音、波动感,为腹水;腹部下垂、有拍水音、紧张、疼痛,为腹膜炎。牛、羊左侧膁窝胀,叩击有鼓音,为瘤胃膁气;左侧触压坚硬,叩击有浊音,为瘤胃积食;右侧膁下腹壁紧张下沉,撞击坚满硬,为真胃阻塞;马右膁鼓音,为盲肠膁气;腹壁冷,喜暖手按扶者,属虚寒证;腹壁灼热、喜冷物按放者,属实热证;凡腹痛,喜按者属虚,拒按者属实;按之局部灼热,痛不可忍者,为内痈;积聚是指腹内的结块,或胀或痛的一种病症,但积和聚不同,痛有定处,按之有形而不移的为积,病属血分;痛无定处,按之无形、聚散不定的为聚,病属气分。腹中虫块,按诊有三大特征:一是形如筋结,久按会转移;二是细心诊察,觉指下如蚯蚓蠕动;三是腹壁凹凸不平,按

之起伏聚散,往来不定。

(六)疼痛部位

肌肤濡软而喜按者,为虚证;患处硬痛拒按者,为实证。轻按即痛者,病在浅表;重按方痛者,病在深部。

(七)谷道入手

谷道入手即直肠检查,用于检查膀胱、子宫和卵巢,通过按压破结,有掏结术、捶结术。

(八)按腧穴

按腧穴是按压身体上某些特定穴位,通过这些穴位的变化与反应,来推断内脏的某些疾病。腧穴的变化主要是出现结节或条索状物,或者出现压痛及敏感反应。肺病有些可在肺俞穴摸到结节,在中府穴出现压痛。肝病可出现肝俞或期门穴压痛。胃病在胃俞和足三里有压痛。如胆道蛔虫腹痛,指压双侧胆俞则疼痛缓解,其他原因腹痛则无效。

作业

1.简述切脉的具体部位、方法及切脉时的注意事项。

2."三部"和"三关"是指什么?分别对应哪些器官?

3.简述常见的反脉的各自具体脉象及诊断意义。

4.简述触诊的内容及临诊意义。

拓展

通过脉诊如何诊断是否妊娠?

自我评价

评价内容	记忆情况	理解情况	百分制评分结果	不足与改进
切脉的具体部位、方法				
切脉时的注意事项				
反脉的具体脉象及诊断意义				
触诊的内容及临诊意义				

项目三
动物中医药诊断技术——辨证论治

任务一　　八纲辨证

任务二　　脏腑辨证

任务三　　六经辨证

任务四　　卫气营血辨证

任务五　　三焦辨证

任务六　　气血津液辨证

任务七　　经络辨证

任务八　　防治法则

任务一　八纲辨证

学习导读

教学目标

1. 使学生掌握八纲辨证的含义。

2. 使学生掌握表证与里证的诊断依据、病证分类、证候分析、治法与方剂及表里证辨证要点。

3. 使学生掌握寒证与热证的诊断依据、病证分类、证候分析、治法与方剂及寒热证辨证要点。

4. 使学生掌握虚证与实证的诊断依据、病证分类、证候分析、治法与方剂及虚实证辨证要点。

5. 使学生掌握阴证与阳证的诊断依据、病证分类、证候分析、治法与方剂及阴阳证辨证要点。

教学重点

1. 八纲辨证的含义。

2. 表里证辨证要点及常见病证、证候表现及治法。

3. 寒热证辨证要点及常见病证、证候表现及治法。

4. 虚实证辨证要点及常见病证、证候表现及治法。

5. 阴阳证辨证要点及亡阴与亡阳、阴闭与阳闭证候表现及治法。

教学难点

1. 表里证各病证证候分析。

2. 寒热证各病证证候分析。

3. 虚实证各病证证候分析。

4. 阴阳证各病证证候分析。

课前思考

1. 表证与里证分别包括哪些病证？如何治疗？

2. 寒证与热证分别包括哪些病证？如何治疗？

3. 虚证与实证分别包括哪些病证？如何治疗？

4. 阴证与阳证分别包括哪些病证？如何治疗？

学习导图

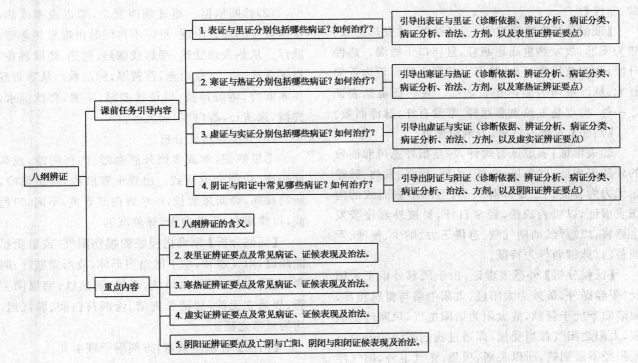

辨证论治是动物中医药技术领域的基本特点之一，也是其理、法、方、药整个体系的核心。辨证是将四诊中所获得的症状和病情进行综合分析，从而认识疾病的原因、部位、性质和证候。论治是根据证候确立相应的治疗原则和方法。八纲辨证是将疾病归纳为表里、寒热、虚实、阴阳等八类证候的诊断方法。八纲辨证是辨证的总纲，阴阳两纲又可以概括其他六纲，即表、热、实为阳；里、寒、虚为阴，所以阴阳又是八纲的总纲。

▶ 一、表里

表里是辨别病变部位和病势深浅的一对纲领。病位浅属表，病在脏腑而病位深属里。

（一）表证

表证指六淫、疫疠邪气侵犯体表（肌肤和经络）时产生的证候。多见于外感病的初期。

（1）特点　起病急、病位浅、病程短。

（2）诊断依据　发热、恶寒、苔薄白、脉浮、肢体疼痛、鼻塞、鼻流清涕、咳嗽。

（3）辨证分析　具体分析如下。

发热：六邪侵肌表，使卫气不能正常宣发，卫气郁而发热。

恶寒：六邪进入肌肤、经络，使卫气不能到达体表，体表失去卫气的温煦作用而出现恶寒。

苔薄白：邪气停留于体表，未伤脏腑，所以舌苔没变化，仍以薄白为主。

脉浮：邪存于外，正气达外与之抗争，所以脉浮。

肢体疼痛：邪气郁滞于经络，使气血不通，不通则痛。

鼻塞、咳嗽、流涕：肺为娇脏，主皮毛，邪气从口鼻、皮毛入肺，肺气宣降失常，出现鼻塞、流鼻涕（肺气向上向外而宣，宣之受阻而出现鼻塞、咳嗽；肺通调水道，降水，降之受阻而流涕）。

（4）分类　表寒证、表热证、表虚证、表实证。

①表寒证：见于风寒束表、外感初期，表现发热轻、恶寒重、耳鼻发凉、无汗、口色青白、不渴、苔薄白、脉浮紧。

【证候分析】寒邪袭表，卫阳受损，不能温煦肌表而恶寒，正与邪争，卫阳被遏则发热，寒为阴邪，故恶寒重而发热轻。寒邪凝滞经脉，经气不利则头身疼痛。寒邪收敛，腠理闭塞故无汗，脉浮紧是寒邪束表之象，表寒证是表证之一种，特点恶寒重，发热轻，无汗，脉浮而紧。

【治法】宜辛温解表，方剂麻黄汤。

②表热证：见于风热感冒、温病初期，表现发热

重、恶寒微、耳鼻俱温、微汗、口渴、舌稍红、苔薄白偏黄、脉浮数。

【证候分析】热邪犯表,卫气被郁,故发热恶寒。热为阳邪,故发热重而恶寒轻,且伴口干微渴。热性升散,腠理疏松则汗出,热邪上扰则头痛。舌边舌尖红赤、脉浮数均为温热在表之征。表热证也是表证之一种,特点是发热重恶寒轻,常常有汗,脉浮而数。

【治法】宜辛凉解表,方剂银翘散。

③表虚证:表虚证有两种,一是指外感风邪而致的外感表虚证,以恶风、自汗、头痛、项强、发热、脉浮缓无力为特征。二是肺脾气虚,卫阳不振而致的内伤表虚证,以肌表疏松,经常自汗,易被外邪侵袭发生感冒,以短气、动则气喘、怠倦乏力、纳少、便溏、舌淡苔白、脉细弱等为特征。

【证候分析】外感表虚证,由于风邪外束于太阳经(阳经循外,最外为太阳经,太阳中络与督脉相贯,而诸阳皆统于督脉,故太阳为诸阳主气,风寒侵犯肌表,太阳之阳气首当受损,即通过我们所说的着凉),太阳经不通则痛,所以头痛、项强;正气卫外,阳气浮盛而发热;肌肤疏松,玄府(汗孔)不固,故汗出恶风;风邪在表,故脉浮缓。内伤表虚证,因肺脾气虚,肺主皮毛,脾主肌肉,其气虚则肌表疏松,卫气不固,而自汗出;卫外力差,故常常感冒;肺脾气虚,必见气虚的一般表现,如短气、动则气喘、怠倦乏力、纳少、便溏、舌淡苔白、脉细弱等。

【治法】外感表虚证宜解肌发表、调和营卫,方剂桂枝汤;内伤表虚证宜益气固表,方剂玉屏风散。

④表实证:表实证是寒邪侵袭肌表所致的一种证候。表现发热恶寒、头身疼痛、无汗、舌苔薄白、脉浮紧。

【证候分析】由于感受寒邪,阳气向上向外抗邪,便出现发热;邪客于肌表,阻遏卫气的正常宣发,肌表得不到正常的温煦而恶寒;邪阻经络,气血流行不畅而致头身疼痛;寒主收引,卫气不能通于表,玄府不通,则无汗;脉象浮紧,是寒邪束表之征。

【治法】宜发汗解表,方剂麻黄汤。

(二)里证

里证是病邪达到脏腑、气血、骨髓的一类证候。里证的成因,大致有三种情况:一是表邪内传入里,侵犯脏腑所致;二是外邪直接侵犯脏腑而成;三是七情刺激、饮食不节、劳役过度等因素,损伤脏腑,引起功能失调,气血逆乱而致病。里证有寒热虚实之分。

(1)特点 可归纳为二点,一是病位深;二是病情较重。

(2)诊断依据 里证病因复杂,常以或寒或热,或虚或实的形式出现,里证不再同时出现发热恶寒、脉浮。从热表现壮热、恶热或微热、潮热,烦躁神昏,口渴贪饮,粪干,尿短赤,苔黄厚,脉沉数。从寒表现畏寒肢冷,倦卧神疲,口色淡多涎,不渴,喜饮温水,粪溏,尿清长,苔白厚,脉沉迟。

(3)分类及辨证分析

①里寒证:本证多因外感寒湿、内伤阴冷,或久病阳虚,机能衰退所致。出现形寒肢冷,耳鼻俱冷,肠鸣腹痛,粪溏尿清长,口色青白或青黄,不渴,口色淡,口津滑利,舌苔白滑,脉象沉迟。

【证候分析】寒邪内侵脏腑损伤阳气,或脏腑机能减退,阳气虚衰,均不能温煦形体,故形寒肢冷;阴寒内盛,津液不伤,故口淡,不渴,喜热饮;寒属阴主静,故呆立无神;尿清长粪溏、舌淡苔白润、脉沉迟,均为里寒之征。

【治法】宜温里散寒,方剂附子理中丸。

②里热证:是外邪入里化热或直中脏腑或畜体机能活动亢盛所致。出现发热、耳鼻四肢俱温、口渴、喜冷饮、粪干或泻下腥臭、尿短赤、口色红、苔黄干、脉洪数。

【证候分析】里热亢盛,蒸腾于外,故见身热;热伤津液,故口渴,喜冷饮;热属阳,阳主动,故躁动不安;热伤津液,故尿短赤;肠热液亏,传导失司,故粪干;舌红苔黄,脉数,均为里热之征。

【治法】宜清热泻火或滋阴降火,方剂白虎汤或知柏地黄汤。

③里虚证:本证多因劳役过度,或饮喂不足,或大病、久病、病后失治,或先天不足等,导致机体出现气虚、血虚、阴虚、阳虚,表现体瘦毛焦、闭目无神无力、头低耳聋、多卧少立、纳少、粪溏、心悸气短、口色淡、无苔、舌绵软、脉沉细无力。

【治法】气虚宜补脾肺气,方剂四君子汤、补中益气汤;血虚宜补血养血,方剂四物汤、归脾汤;阴虚宜滋阴降火,方剂六味地黄汤;阳虚宜益气助阳,方剂理中汤、吴茱萸汤、金匮肾气丸(即桂附八味丸)。

④里实证:本证多因表邪入里,正邪相争或脏腑功能失调,气血痰食积聚而成。病畜表现躁动不安,肚腹胀痛,粪便燥结,喘粗不安,或肌肤黄肿热痛,神志不清或惊狂,口色红燥,舌苔黄厚,脉沉而有力。

【治法】宜攻坚泻实,方剂大承气汤。

(三)表里转化

表里转化即由表入里或由里出表。转化条件取决于正邪双方斗争。

(1)表邪入里 即表邪不解,内传入里,由表证转化为里证。多因机体抵抗力下降,或邪气过盛,或护理不当,或误治、失治等因素所致。如温病初期,多为表热证,若失治、误治,则表热症状消失,出现高热、粪干、尿短赤、舌红苔黄、脉洪数等里热症状,说明病邪已经由表入里,转化成了里热证。

(2)里邪出表 即病邪从里透达于外,由肌表而出,里证便转化为表证。多为机体抵抗力增强,邪气衰退,病情好转的征象。如某些痘疹类疾病,先有内热、喘促、烦躁等症,继而痘疹渐出,热退喘平,便是里邪出表的表现。

(四)表里同病

表里同病指表证和里证同在一个病畜身上出现。多由外感和内伤同时致病;或外感表证未解,病邪入里;或先有内伤又感外邪。如患畜表邪未解,既有发热、恶寒的表证表现,又出现咳嗽、气喘、粪干、尿赤等里热的症状;又如脾胃素虚,常见草料迟细、粪便稀薄等里虚证表现,又感风寒,见发热、恶寒、无汗等表实证症状,这些都是表里同病。辨证时要和寒、热、虚、实联系起来,常见有表热(寒)里寒(热)、表虚(实)里实(虚)、表里俱(热、寒、虚、实)。表里同病的治疗原则是先解表而后攻里、或表里双解,但是当里证紧急时应当救里。

(五)半表半里

半表半里即病邪不在表也不在里,表现寒热往来,皮温不均,耳尖时热时冷,口淡红、干,苔黄白,脉弦。治疗宜和解,方剂用小柴胡汤,方歌为"小柴胡汤和解功,半夏人参甘草从,更加黄芩生姜枣,少阳为病此方宗"。

(六)表里辨证要点

①表证多为新病、病程短,苔薄白、脉浮、发热恶寒并见;里证多为久病、病程长,苔黄厚、脉沉、仅发热或仅见恶寒。

②在辨别表里的同时,还应注意有无表里同病或其他不同之证。

③初为表证,又现里证,应查明表证是否入里,并查明表证已解或未解。

④凡里证,又现表证,应辨别是否里证出表,或者又感表邪。

🔹 二、寒热

寒热是辨别疾病性质的两个纲领,用来概括机体阴阳盛衰的两种证候。

(一)寒证

寒证是感受寒邪或机体的机能活动衰退所表现的证候,所谓"阴盛则内寒"或"阳虚则外寒"。

(1)病因 一是外感风寒,或内伤阴冷;二是内伤久病,阳气耗伤,或在内伤阳气的同时,又感受了阴寒邪气。

(2)诊断依据 形寒怕冷、口色青白、不渴、涕尿澄清、粪稀、苔白滑、脉迟紧。

(3)证候分析 阳气不足或为外寒所伤,阳气不能发挥其温煦形体的作用,故见形寒肢冷、蜷卧;阴寒内盛,津液不伤,所以口淡不渴;阳虚不能温化水液,以致痰、涎、涕、尿等排出物皆为澄澈清冷;寒邪伤脾,或脾阳久虚,则运化失司而见粪溏;阳虚不化,寒湿内生,则舌淡苔白而润滑;阳气虚弱,鼓动血脉运行之力不足,故脉迟;寒主收引,受寒则脉道收缩而拘急,故见紧脉。

(4)分类 表寒证、里寒证、实寒证、虚寒证。

①寒实证:为寒邪盛而正气未衰的阶段。分外感风寒和内伤阴冷。如风寒露宿、阴雨淋身、湿地久卧湿气入肌,引起表寒证,或久渴不饮,而冷水入胃,引起里寒证。表现畏寒颤抖、被毛猥立、耳鼻四肢厥冷、肠鸣腹痛、粪稀尿清、口色青白、口津滑利、脉沉迟紧有力等阴盛证候。

【证候分析】寒邪客于体内,阻遏阳气,故畏寒喜暖,耳鼻四肢不温;阴寒凝聚,经脉不通,不通则痛,故见腹痛拒按;寒邪困扰中阳,运化失职,故肠鸣腹泻;阳气不能上荣,则口色青白;寒邪客肺,则痰鸣喘嗽;口淡多涎,尿清长,舌苔白润,皆为阴寒之征;脉迟或紧,是寒凝血行迟滞的现象。

【治法】宜温里散寒,方剂理中汤。

②虚寒证:多由脏腑阳虚,机能减退所致,为慢性或消耗性疾病消耗了畜体阳气,所谓"阳虚则外寒"。出现形寒怕冷、耳鼻四肢俱冷、肠鸣泄泻、完谷不化、慢草少吃、尿清长、多卧少立、口色清白、苔薄白或无苔、脉迟涩。

【证候分析】本证的病机是阳气衰虚。阳气温煦不足,则畏寒肢冷,喜温;脏腑阳虚生寒,寒性凝滞易致疼痛,故见腹痛;脾阳不足,运化失常,故见粪溏、完谷不化、纳少;阳虚膀胱气化失职,故尿清长;阳气推动和气化功能不足,则精神不振、少气乏力、多卧少立、口色淡白、脉微或沉迟涩无力。

【治法】宜益气助阳,方剂理中汤、吴茱萸汤、金匮肾气丸(即桂附八味丸)。

(二)热证

由阳盛所致的实热证或阴虚形成的虚热证,即所谓"阳盛则外热"或"阴虚则内热"。

(1)病因 一是外感风热,或内伤火毒;二是久病阴虚,或在阴虚的同时,又感受热邪。

(2)诊断依据 身热、恶热、口干、尿短赤、口渴喜冷饮、痰涕黄稠、粪干、烦躁、吐血衄血、舌红、苔黄、脉数。

(3)证候分析 阳热偏盛,则身热、恶热、喜冷;火热伤阴,津液被耗,故口干、尿短赤,津伤则需引水自救,所以口渴喜冷饮;津液被阳热煎熬,则痰涕等分泌物黄稠;肠热津亏,传导失司,则粪干秘结;热扰心神,则烦躁不宁;火热之邪灼伤血络,迫血妄行,则吐血衄血;火性上炎,则见目赤;舌红苔黄为热证,舌干少津为伤阴;阳热亢盛,血行加速,故见数脉。

(4)分类 表热证、里热证、实热证、虚热证。

①实热证:表热证多见外感风热、暑热;里热证多见风寒风湿入里化热;或内伤火毒,热天活动,饥渴而喂热料。表现身热、耳鼻温热、呼吸急迫、咽喉肿痛、鼻流脓涕、烦躁甚至神昏、腹胀腹痛、粪干或泻痢腥臭、尿短赤、贪饮、吐血衄血、口干色红苔黄、脉洪数。疫疠所致除热证外出现高烧、闭目无神、呆立不动、或狂躁不安、舌苔黄厚。

【证候分析】热邪内盛,故身见壮热喜凉;火热上炎,而目赤、咽喉肿痛;热扰心神,轻者烦躁,重者神昏;热结胃肠,则腹胀满痛拒按,粪干秘结;热伤阴液,则尿短赤、口喜冷饮、引水自救;火热之邪灼伤血络,迫血妄行,则吐血衄血;舌红苔黄为热邪之征,舌干说明津液受伤;热为阳邪,鼓动血脉,所以脉象洪滑数实。

【治法】宜清热泻火,方剂白虎汤。

②虚热证:先天瘦弱,劳伤或长期患病、疫疠和寄生虫病后期,消耗阴液,阴虚所致,所谓"阴虚则内热"。表现消瘦、无神倦怠、头低耳聋、低热不退、或午后发热、烦躁、盗汗、粪干、尿少而黄、口色淡红少津、少苔、脉细数无力。

【证候分析】机体阴液耗损,故日渐消瘦;心阴血不足,神失所养,神无所依,出现少神无力;阴虚,

则不能制阳,虚火内生,扰乱心烦,潮热盗汗;虚火上升,进而灼伤津液,则见粪干、尿短赤、咽干口燥、舌红少苔;阴血不足故脉细,内有虚热,故脉细兼数。

【治法】宜养阴清热,滋阴降火,方剂六味地黄汤。

(三)寒热转化

寒热转化指在一定条件下,寒证可以转化为热证,热证也可以转化为寒证。

(1)寒证转化为热证 感受寒邪出现被毛逆立、寒战、苔薄白、脉浮紧,属表寒证。如不及时治疗,寒邪不解,致使寒邪入里而化热,寒退反而出现热象,身热恶热、口渴贪饮、舌红苔黄、脉数,表明正气尚盛。

(2)热证转化为寒证 热证因失治或误治,损伤了阳气,致使机体机能衰退。如肠黄泄泻,泄泻过甚,阳随津耗;或大汗不止,阳从汗泄,引起正气虚弱,机能衰退,出现体温骤降、四肢冰冷、口色青白、脉象沉迟,表明正不胜邪。

(四)寒热错杂

寒热错杂是指同一患畜既患有寒证,又患有热证,即寒热证同时存在。

(1)单纯里证的寒热错杂 有上热下寒和上寒下热。

①上热下寒:指患畜的上部有热证表现,下部有寒证表现。如热在心经,口舌生疮,寒在脾胃,肠鸣泄泻。

②上寒下热:指患畜的上部有寒证表现,下部有热证表现。如寒在胃,口流清涎,食欲下降,热在膀胱,尿短赤淋漓不畅,排尿带痛。

(2)表里同病的寒热错杂 有表寒里热和表热里寒。

①表寒里热:常见先有内热,又外感风寒;或外感风寒,外邪入里化热而表寒未解。如寒在肌表而热在肺。原有咳喘、流黄涕、口干舌红苔黄等肺热症状,后又感受风寒,出现发热恶寒表寒证。

②表热里寒:多见素有里寒而又感风热,或表热未解,误用下法而致脾阳受损。如脾胃虚寒,草慢、粪稀、尿清长,又外感风热,出现发热、口津减少、咳嗽流涕、咽喉肿痛。

(五)寒热真假

寒证到末期出现假热,热证在一定阶段也可能出现假寒,即真寒假热或真热假寒,这种外部症状表现与疾病本质不一致的假象,称寒热真假。

（1）真热假寒　即内有真热外见假寒。见于急剧热性病,出现四肢厥冷但体温极高,苔黑但干燥,脉沉但洪数有力。而且还可见口渴饮冷、口臭、尿短赤、粪干或下痢恶臭、舌红等内热之象。其中四肢厥冷、苔黑、脉沉为假寒,是阳气闭于内不能达四肢或寒热格拒,阳盛于内而拒阴于外。这种阳郁热盛致四肢厥冷的现象称为热厥或阳厥。

（2）真寒假热　即内有真寒外见假热。表现体表热但久按则不热,苔黑却湿润,脉大但无力。还可见尿清长、粪稀、舌淡等内寒之象。其中体表热、苔黑、脉大为假热,是由于寒热格拒,阴盛于内而格阳于外所形成的假热。

真为疾病的本质,假为疾病的一个现象,我们应透过现象看本质,不要被假象所迷惑。

（六）寒热辨证要点

①应综合口渴与二便情况,及四肢、耳鼻冷热、舌质、舌苔、脉象进行分析。口渴饮冷为热,不饮或饮温水为寒;尿短赤、粪干或带脓血为热,尿清长、粪稀为寒;四肢耳鼻冰冷为寒,温热为热;舌质红,苔黄干为热;舌质青白,苔白滑为寒;脉数滑为热,脉沉迟为寒。

②辨别寒热需分清表里、上下、脏腑等。

③辨别寒热应注意寒热错杂及虚实。

④辨寒热需分真假,抓住本质。

▶ 三、虚实

虚实是辨别病畜正气强弱和病邪盛衰的两个纲领。实证是邪气亢盛有余的证候,虚证是正气虚弱不足的证候。虚证虽正气不足,但邪气也不盛;实证虽邪气盛,但正气也不衰。否则就形成虚实错杂证。故《素问·通评虚实论》说:“邪气盛则实,精气夺则虚。”

（一）虚证

虚证是对机体正气虚弱所出现的各种证候的概括。

（1）病因　虚证有先天和后天原因。大多因后天失调,如饥饿、过劳、患病失治、久病、慢性消耗性疾病、失血等,使阴精、阳气受损致虚。

（2）诊断依据　体瘦毛焦、形寒怕冷、头低耳聋、无神、无力、多卧少立、口色淡、舌软如绵或胖嫩、无苔、烦躁、心悸、潮热、盗汗、脉虚无力沉迟或细数,有时自汗、粪稀、尿频、虚喘。

（3）证候分析　虚证病机主要表现在伤阴或伤阳两个方面。若伤阳者,以阳气虚的表现为主,由于阳失温运与固摄无权,所以见口色淡白、形寒肢冷、神疲乏力、心悸气短、粪稀、尿频、尿失禁等现象。若伤阴者,以阴精亏损的表现为主,由于阴不制阳,阳失去濡养、滋润的功能,所以见烦躁、心悸、潮热、盗汗等现象。阳虚则阴寒盛,故舌胖嫩,脉虚沉迟;阴虚则阳偏亢,故舌红干少苔,脉细数。

（4）分类　分气虚证、血虚证、阴虚证、阳虚证。

①气虚证:是指全身或某一脏腑机能衰退的证候。多因久病、重病,或劳役过度而使元气大伤,或先天不足,后天长期营养不良所致脏腑功能衰退。气的生化靠脾、输布靠肺、蒸化靠肾,所以气虚与三脏有关。

【主证】毛焦体瘦、耳聋头低、精神倦怠、四肢无力、行走无力、卧多少立、自汗、气短,动则喘甚、食少泄泻、四肢浮肿、尿淋漓、滑精早泄、舌淡苔白或无苔、脉虚无力,甚至子宫、肛门、阴道脱出。

【治则】宜补气,重在补脾肺。方剂四君子汤。

②血虚证:因失血或脏腑功能减弱,使血化生无源所致,因心主血、肝藏血、脾统血、肾主骨生髓生血,故血虚与肝、脾、肾有关。

【主证】主见体瘦毛焦、无神、目光痴呆、四肢无力、多卧少立、心悸、易惊不安、口色苍白、脉细无力。

【治则】宜补血养血,配合健脾补气。方剂归脾汤。

（二）实证

凡邪气亢盛而正气未衰,正邪斗争比较激烈而反映出来的亢奋证候,均属于实证。

（1）病因　一是感受外邪;二是内脏机能活动失调,代谢障碍,以致痰饮、水湿、瘀血等病理产物停留体内。

（2）诊断依据　一方面表现功能亢进,呈现高热、喘粗、烦躁不安甚至神昏、胸闷、腹胀腹痛、粪干秘结或下痢、里急后重、排尿不利、尿黄、尿淋漓涩痛、舌红、苔黄厚滑腻、脉沉洪有力;另一方面则有实邪存在,如痰饮、水湿、瘀血、食积、虫积等。《元亨疗马集》说:“止而不行为结,结在皮肤则生黄肿,结在肌肉则生疮疖,结在筋骨则骨胀大,结在经络则疼痛,结在咽喉则咽喉闭塞,结在胃肠则肚腹胀痛起卧。”

（3）证候分析　邪气过盛,正气与之抗争,阳热亢盛,故发热;实邪扰心,或蒙蔽心神,故烦躁甚则神昏;邪阻于肺,则宣降失常而胸闷、喘息气粗;实邪积肠胃则腑气不通、粪便秘结、腹胀满痛拒按;湿热下攻,可见下痢里急后重;水湿内停,气化不利,所以排尿不利;湿热下注膀胱,致尿淋漓涩痛;湿热蒸腾则舌苔多见黄厚滑腻;邪正相争,搏击于血脉,故脉沉洪有力。

(4)分类 功能亢进实热证分表实证、里实证、实热证、寒实证;实邪存在实热证分气滞证、血瘀证、痰饮证、食积证。

①气滞证:为气机通畅受阻,出现胀满疼痛。如痰湿阻肺,痰多阻肺出现肺气滞,引起咳嗽;过食发酵饲料,出现胃肠气滞,引起腹胀、腹痛、呼吸急促。治法宜祛邪理气,方剂越鞠丸、橘皮散。

②血瘀证:因气滞、气虚、外伤或病邪所阻,出现血液运行受阻,如长行未遛,出现蹄头痛、胸膊痛;如风寒湿入皮肤,经肌肉经络致腰胯四肢气滞血瘀,出现疼痛;如跌打损伤引起肌肤红肿热痛;如产后瘀血内阻,恶露不行等。血瘀的临床特点:部位固定、局部有肿块、疼痛拒按、痛点不移、夜间痛甚,或皮现紫斑、皮下血肿,舌质紫暗或有紫斑、瘀点,脉细涩。治宜活血祛瘀兼理气,方剂桃红四物汤。

③痰饮证:有形之痰见于痰阻于肺,可见咳嗽气喘,喉中痰鸣;饮停胃肠,泻下清稀;饮停肌肤,可见水肿;痰在皮下,可生痰核、瘰疬。无形之痰见于痰阻心窍,出现神志不清;痰阻经络,可见半身不遂,口眼歪斜。治宜化痰行水。

④食积证:是食物积滞于胃肠中,引起胃肠阻塞不通的一种腹痛起卧证。常见胃食滞,宜用曲麦散;食积大肠,治宜用大承气汤。

(三)虚实转化

(1)实证转化为虚证 多由实证失治或误治、大汗、大泻之后,耗损津液,正气受损而成。如便秘后泻之太过,损正气出现体瘦毛焦、无神、喜卧、口淡、舌软、脉细无力。

(2)虚证转化为实证 先有虚证,后出现实证,随实证的出现虚证消失。如太阳中风表虚,转为发热、喘粗的肺实热证。

(3)虚证转化为虚实错杂证 多见,也称虚实错发。

(四)虚实错发

虚实错发表现虚证、实证在一个患畜身上同时存在。

(1)表虚里实 如便秘为里实,又外感风邪,汗出恶风。

(2)表实里虚 外感风寒,发热恶寒;同时脾胃虚弱,食少粪稀。

(3)上盛下虚 肾阳虚水泛为痰,浸于肺。出现喘咳、痰鸣、流黏涕、吸气困难、咳而遗尿、后肢俱冷。

(4)上虚下盛 肺气虚失肃降,咳喘无力;同时出现粪干便秘。

(5)虚中挟实 身体瘦弱、津亏,出现便秘。

(6)实中挟虚 疔疮走黄、发热、口渴、不安、尿浓、便秘为实证,又有消瘦、无力多卧、盗汗、脉细数等虚象。

治疗时需分清虚实,治则可分为先攻后补,或先补后攻,或攻补兼施。

(五)虚实真假

过虚过实均会出现一些假象。

(1)真实假虚 如结症初期出现腹泻,像脾虚。古称之为"大实有羸状"。大积大聚之实证,却见神情沉静、身寒肢冷、脉沉伏或迟涩等虚证脉。若仔细辨别则可以发现,神情虽沉静,但出声高气粗;脉虽沉伏或迟涩,但按之有力;虽然形寒肢冷,但胸腹久按灼手。此时治疗仍然应专力攻邪。

(2)真虚假实 如脾胃虚弱,不能升清降浊,出现胀肚,像实证。古人所谓"至虚有盛候"。如素来脾虚、运化无力,因而出现腹部胀满而痛、脉弦等症脉。若仔细辨别可以发现,腹部胀满,即有时减轻,不似实证的常满不减;虽有腹痛,但喜按;脉虽弦,但重按则无力。治疗应用补法。

辨别虚实真假要从脉象有力无力、体弱与壮、叫声低与高、舌胖嫩与苍老、新病久病等方面进行分析。

(六)虚实辨证要点

①外感初多属实,内伤久多属虚;症状亢盛有余为实,衰弱不足为虚;病程短、声高气粗、痛处拒按、舌质苍老、脉实有力为实;病程长、声低气短、痛处喜按、舌质胖嫩、脉虚无力为虚。

②要认清虚实转化,分清虚实真假。

③分清部位、虚实错杂情况:要分清虚实之所在(上下表里脏腑气血)。

四、阴阳

阴阳是八纲辨证的总纲,也就是说疾病不管多么复杂,都离不开阴证和阳证。里证、虚症、寒证,多属阴证;表证、实证、热证,多属阳证。

(一)阴证

凡是症状表现为抑制的、沉静的、衰退的、抗病力不足的、具有寒象的,即称为阴证。

(1)病因 因老弱、内伤、久病、外邪传至内脏,以致阴盛阳虚,脏腑功能降低。多见于里证的虚寒证。

(2)诊断依据 体瘦毛焦、倦怠肯卧、形寒肢冷、寒战、喜暖怕冷、口流清涎、粪稀、尿清长、舌淡苔白、脉象沉迟无力。在外科疮黄方面,凡不红、不热、不痛、脓稀少臭者为阴证。

(3)证候分析 精神萎靡、乏力、声低是虚证的表现;形寒肢冷、口淡不渴、粪溏、尿清长是里寒的表现;舌淡胖嫩苔白、脉沉迟弱细涩均为虚寒舌脉。

(二)阳证

凡是症状表现为兴奋的、机能亢进的、正气未衰的、具有热象的,即称为阳证。

(1)病因 多由于邪气盛而正气未衰,正邪斗争处于亢奋阶段,常见于里证的实热证。

(2)诊断依据 兴奋不安、发热、口渴贪饮、喘粗、口舌生疮、粪干、尿短赤、口红苔黄干、脉洪数有力。在外科疮痈方面,凡红肿热痛、脓稠发臭者,均为阳证。

(3)证候分析 阳证是表证、热证、实证的归纳。恶寒发热并见表证的特征。烦躁不安、肌肤灼热、口干喜饮为热证的表现;呼吸气粗、喘促痰鸣,粪干秘结等,又是实证的表现;舌质红绛、苔黄黑起刺、脉洪大数滑实均为实热之征。

(三)阴证和阳证的鉴别要点

阳证在临床上必见热象,以身热、恶热、贪饮、脉数为准;阴证在临床上必见寒象,以耳鼻四肢俱冷、无热恶寒、精神不振、脉沉微无力为凭。

(1)阴证 具体鉴别如下。

①望诊:身重蜷卧、倦怠无力、萎靡不振、口色淡、舌胖嫩、舌苔润滑。

②闻诊:声低微、静而少叫、呼吸怯弱、气短。

③问诊:粪便腥臭、纳少无味、不烦不渴、或喜热饮、尿清长。

④切诊:腹痛喜按、身寒耳鼻四肢末端发冷、脉象沉迟微细涩弱无力。

(2)阳证 具体鉴别如下。

①望诊:口色潮红、喜凉处、狂躁不安、口唇燥裂、舌质红绛、苔色黄、或黑而生芒刺。

②闻诊:声高亢、烦躁乱叫、呼吸气粗、喘促痰鸣。

③问诊:粪干秘结、或奇臭、恶食、口干、烦渴喜饮、尿短赤。

④切诊:腹痛拒按、身热肢暖、脉象浮洪数大滑实而有力。

阴阳消长是相对的,阳盛则阴衰,阴盛则阳衰。如诊得脉象洪大、舌红苔燥,兼见口渴、壮热等,便可知阳盛阴衰。如诊得脉象沉迟、舌淡苔润,兼见腹痛、下利等证,便可知其阴盛阳衰。

(四)亡阴与亡阳

(1)亡阴 是阴液衰竭出现的一系列证候。临床表现为兴奋、躁动不安、汗出如油、耳鼻温热、口渴贪饮、喘粗、口干舌红、脉大而虚,见于大出血、脱水或热性病。治宜益气救阴,方剂生脉饮。

(2)亡阳 为阳气将脱所出现的一系列证候。临床见于沉郁、痴呆、肌肉颤抖、汗水如水、耳鼻发凉、口不渴、气息微弱、舌淡而润、舌质青紫、脉微欲绝,见于大汗、大泻、大失血、过劳。治宜回阳救逆,方剂四逆汤。

大热、大汗、大吐、大泻、大失血,均可引起亡阴、亡阳,阴液耗损,阳无所依而离散,阳气衰亡,阴无以化生而耗竭,但抢救时应分清亡阴亡阳。

(五)阴闭与阳闭

闭为闭塞,是疾病急骤变化过程中,正气不支,邪气内陷,出现脏腑功能闭塞不通。多因热邪、痰浊等病邪阻于清窍所致,见于温热病入营血或中风、中毒等引起的中枢神经系统症状。

(1)阳闭 为热入心包、热痰阻于心窍,表现高热、昏迷、痉挛、口色深红、苔黄腻、脉弦滑而数。治宜清热祛痰,辛凉开窍。方剂牛黄安宫丸。

(2)阴闭 为寒痰、湿浊阻于心窍,表现痴呆、嗜睡、喉中有痰、流清涎、口色淡或暗红带紫、苔白腻、脉沉滑。治宜温阳祛痰,辛温开窍。方剂涤痰汤。

作业

1.简述八纲辨证的概念。

2.简述表里证辨证要点及分类、各病证的主要表现和治法。

3.简述寒热证辨证要点及分类、各病证的主要表现和治法。

4.简述虚实证辨证要点及分类、各病证的主要表现和治法。

5.简述阴阳证辨证要点及亡阴与亡阳、阴闭与阳闭的主要表现及治法。

拓展

请问犬瘟热初期和后期分别属于八纲辨证中的哪种病证？

自我评价

评价内容	记忆情况	理解情况	百分制评分结果	不足与改进
八纲辨证的概念				
表证与里证的诊断依据、病证分类、证候分析、治法与方剂及表里证辨证要点				
寒证与热证的诊断依据、病证分类、证候分析、治法与方剂及寒热证辨证要点				
虚证与实证的诊断依据、病证分类、证候分析、治法与方剂及虚实证辨证要点				
阴证与阳证的诊断依据、病证分类、证候分析、治法与方剂及阴阳证辨证要点				

任务二　脏腑辨证

学习导读

教学目标

1.使学生掌握心与小肠病具体病证的主证表现、证候分析及治则治法。

2.使学生掌握肝与胆病具体病证的主证表现、证候分析及治则治法。

3.使学生掌握脾与胃病具体病证的主证表现、证候分析及治则治法。

4.使学生掌握肺与大肠病具体病证的主证表现、证候分析及治则治法。

5.使学生掌握肾与膀胱病具体病证的主证表现、证候分析及治则治法。

6.脏腑兼病主要病证、证候分析及治则治法。

教学重点

1.心与小肠病具体病证的主证表现及治疗方药。

2.肝与胆病具体病证的主证表现及治疗方药。

3.脾与胃病具体病证的主证表现及治疗方药。

4.肺与大肠病具体病证的主证表现及治疗方药。

5.肾与膀胱病具体病证的主证表现及治疗方药。

教学难点

1.心与小肠病具体病证的主证表现及病因病机。

2.肝与胆病具体病证的主证表现及病因病机。

3.脾与胃病具体病证的主证表现及病因病机。

4.肺与大肠病具体病证的主证表现及病因病机。

5.肾与膀胱病具体病证的主证表现及病因病机。

课前思考

1.你知道心与小肠病的常见病证及对应治疗方剂吗？

2.你知道肝与胆病的常见病证及对应治疗方剂吗？

3.你知道脾与胃病的常见病证及对应治疗方剂吗？

4.你知道肺与大肠病的常见病证及对应治疗方剂吗？

5.你知道肾与膀胱病的常见病证及对应治疗方剂吗？

学习导图

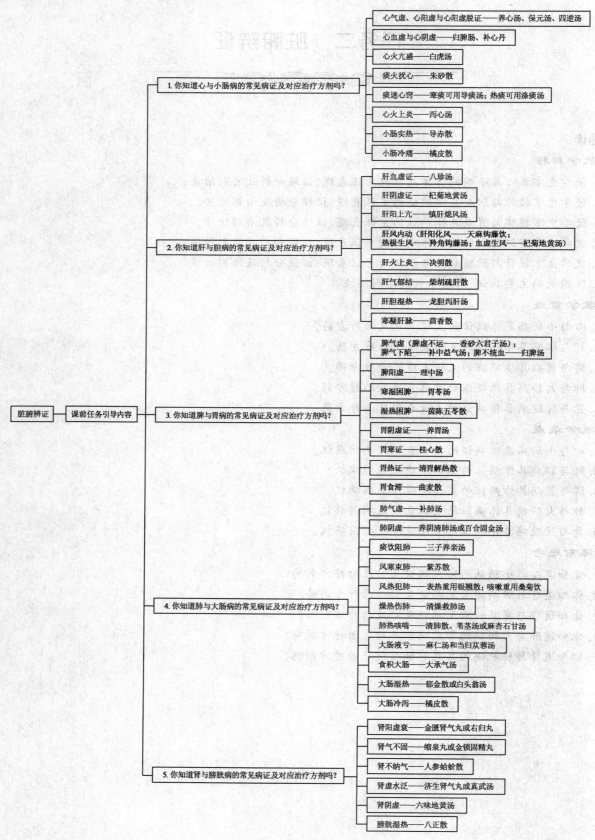

脏腑辨证是根据脏腑的生理功能、病理表现，对疾病进行分析归纳，判断疾病病机、部位、性质和正邪盛衰状况而进行的一种辨证方法。脏腑辨证的理论根据是按照脏腑的不同生理、病理特点来推断病证，而用八纲来进一步分析脏腑的寒热虚实，是掌握辨证的基本方法。脏腑辨证，包括脏病辨证、腑病辨证及脏腑兼病辨证。其中脏病辨证是脏腑辨证的主要内容。由于临床上单纯的腑病较为少见，多与一定的脏病有关，故将腑病编入相关病中进行讨论。脏腑的病变复杂，证候多种多样，本节仅介绍临床常见的一些证候。

一、心与小肠病辨证

心居胸中，心包络围护于外，为心的"城墙"。其经脉下络小肠，两者相为表里，心主血脉，又藏神，开窍于舌。小肠分清泌浊，具有化物传物的功能。心的病证有虚实，虚证多由久病伤正，导致心气心阳受损，心阴、心血亏耗；实证多由气郁、血瘀、痰阻、火扰、寒凝、食郁等引起。心的病变主要表现为血脉运行失常及神志异常，如心悸、心痛、失眠、沉郁、神昏、狂乱、脉结代或促等症。小肠的病变主要反映在清浊不分、转输障碍等方面，如排尿失常、粪溏等。

(一)心气虚、心阳虚与心阳虚脱证

1.定义

(1)心气虚证　是指心脏功能减退所表现的证候。凡先天不足、老龄、久病或劳伤过度均可引起此证。

(2)心阳虚证　是指心脏阳气虚衰所表现的证候。凡心气虚甚、寒邪伤阳、汗下太过等均可引起此证。

(3)心阳虚脱证　是指阴阳相离，心阳骤越于外所表现的证候。凡病情危重病例均可出现此证。

2.临床表现

(1)心气虚　表现心悸怔忡，胸闷气短，劳役或活动后加重，口色淡白，或有自汗，舌淡苔白，脉虚。

(2)心阳虚　心悸怔忡，胸闷气短，劳役或活动后加重，或有自汗，兼见畏寒肢冷，耳鼻四肢不温，心痛，舌淡胖，苔白滑，脉微细。

(3)心阳虚脱证　心悸怔忡，胸闷气短，劳役或活动后加重，或有自汗，突然冷汗淋漓，四肢厥冷，呼吸微弱，口唇青紫，神志模糊或昏迷，脉微欲绝。

3.证候分析

(1)心气虚证　心气虚证以心脏及全身机能活动衰弱为辨证要点。

①心悸、怔忡：由于心气虚，心搏血无力出现心动不安。

②失眠健忘：由于心气虚出现血运无力，心不藏神。

③胸闷气短，劳役或活动后加重：由于心气不足，宗气运转无力则胸闷气短，劳则耗气，故劳役或活动后病证加重。

④舌淡苔白，神疲体倦，自汗少气：为气虚的一般症状。气虚血运无力不能上荣则舌淡苔白；心气虚，不能推动血液正常运行，肌失所养，出现无力喜卧，神疲体倦；气虚不能卫外，不能固摄心液则自汗。

⑤脉虚无力或结代：为气虚之象。气为血帅，气虚鼓动血行无力则脉虚无力或结代。

(2)心阳虚证　心阳虚证以在心气虚证的基础上出现虚寒症状为辨证要点，气虚及阳，导致心阳虚。

①心痛：心阳不振，胸中阳气痹阻，故见心痛。

②畏寒肢冷：为阳虚一般症状。阳虚不能温煦肢体，故兼见畏寒肢冷。

③舌淡胖苔白滑，脉微细：舌淡胖苔白滑，是阳虚寒盛之舌脉象。阳虚无力推动血行，脉道失充，则脉象微细。

(3)心阳暴脱　心阳暴脱证以在心阳虚的基础上出现虚脱亡阳症状为辨证要点。

①冷汗淋漓、四肢厥冷：为亡阳症状，心阳衰败而暴脱，阳气衰亡不能卫外则冷汗淋漓；不能温煦肢体故四肢厥冷。

②口色苍白，口唇青紫：为亡阳症状，阳气外亡，无力推动血行致络脉瘀滞，血液不能外荣肌肤，所以口色苍白，口唇青紫。

③呼吸微弱：为亡阳症状，心阳衰，宗气骤泄，故呼吸微弱。

④神志模糊或昏迷：为亡阳症状，心神失养涣散，则致神志模糊，甚则昏迷。

4.心气虚、心阳虚、心阳暴脱三证的鉴别

(1)相同点　心悸怔忡，胸闷气短，劳役或活动后加重，自汗。

(2)不同点　具体如下。

①心气虚：舌淡苔白，脉虚。

②心阳虚：畏寒肢冷，心痛，舌淡胖苔白滑，脉

微细。

③心阳虚脱：突然冷汗淋漓，四肢厥冷，呼吸微弱，口唇青紫，神志模糊，或昏迷。

5. 治则治法

心气虚宜益心气，用养心汤（黄芪、茯神、茯苓、当归、川芎、半夏曲、炙甘草、柏子仁、枣仁、远志、五味子、人参、肉桂）；心阳虚温心阳，用保元汤；心阳虚脱宜回阳救逆，参附汤或四逆汤。

（二）心血虚与心阴虚

1. 定义

（1）心血虚证　是指心血不足，不能濡养心脏所表现的证候。

（2）心阴虚证　是指心阴不足，不能濡养心脏所表现的证候。

二者常因久病耗损阴血，或失血过多，或阴血生成不足，或慢性疾病、劳伤过度等使营血亏损所致。

2. 临床表现

此类证表现心悸、怔忡，失眠多梦，为心血虚与心阴虚的共有症。若兼见眩晕，健忘，舌色淡白，脉象细弱等症，为心血虚。若见潮热，盗汗，舌红少津，口干，口舌生疮，脉细数，为心阴虚。

3. 证候分析

（1）心血虚证　心血虚证以心的常见症状与血虚证共见为辨证要点。

①心悸、怔忡：心阴血不足，心失所养，致心动不安，出现心悸怔忡。

②失眠多梦：心血不足，神失所养，心神不宁，出现失眠多梦。

③头晕目眩，口唇色淡为血虚证一般症状。血虚则不能濡养脑髓，而见眩晕健忘；不能上荣则唇舌色淡。

④脉细弱：血虚不能充盈脉道则脉象细弱。

（2）心阴虚证　心阴虚证以心的常见症状与阴虚证共见为辨证要点。

①心悸、怔忡：心阴血不足，心失所养。

②失眠多梦：心血失养，心神不宁。

③潮热：阴虚则阳亢，虚热内生，故午后潮热。

④盗汗：卫阳昼行于外，夜行于里，夜晚睡时阳气入阴，阴液不足呈现阳气无所附，营液受蒸则外流而为盗汗。

⑤舌红少津：虚热上炎则舌红少津。

⑥口舌生疮：心阴不足，不能制阳，心火上炎，口舌生疮。

⑦脉细数：脉细主阴虚，脉数主有热，为阴虚内热的脉象。

以上③～⑦为阴虚证一般症状。

4. 治则治法

心血虚宜补心血，用归脾肠或四物汤；心阴虚宜养心阴，用补心丹（酸枣仁、柏子仁、人参、元参、丹参、天冬、当归、生地、远志、茯苓、桔梗、麦冬）。

（三）心火亢盛

1. 定义

心火亢盛证是指心火炽盛所表现的证候。凡五志、六淫化火，或因劳伤，或采食温补药及辛辣厚味食物，均能引起此证。

2. 临床表现

此类证表现高热，夜寐不安，烦躁，口色红，口渴，大汗，气促喘粗，粪干，排尿困难或尿血，舌尖红绛，或生舌疮，脉数有力。或见吐血衄血，或见肌肤疮疡，红肿热痛，脉洪数。

3. 证候分析

本证以心烦发热、舌赤生疮、尿赤及实热证为辨证要点。心火内炽，心神被扰，则心中烦热，夜寐不安，甚则狂躁。耗伤津液，故粪干尿少，口渴贪饮。口色红，脉数有力，均为里热征象。心开窍于舌，心火亢盛，循经上炎，故舌尖红绛或生疮。心热波及于肺，故气促喘粗。心火炽盛，血热妄行，见吐血衄血。火毒壅滞脉络，局部气血不畅，则见肌肤疮疡，红肿热痛。心热内盛，迫心液外泄，出现大汗，热随汗至体表出现高热。

4. 治则治法

治宜清心泻火，养阴安神。方剂可用白虎汤；津液丧失严重者，加玄参、生地、麦冬、天花粉；尿赤疼痛者加生地、木通、淡竹叶、甘草梢。

（四）痰火扰心

1. 定义

痰火扰心证是指痰火扰乱心神所出现的证候。多因五志化火、灼液成痰、痰火内盛，或外感邪热、挟痰内陷心包所致。多见于心热风邪、脑黄、惊风等病。

2. 临床表现

此证表现失眠烦躁，头晕目眩，狂躁奔走、咬物伤人，攻击人畜，发热气粗，口色赤红，目赤，苔黄腻，胸闷，痰黄稠，喉间痰鸣，脉滑数。

3. 证候分析

本证外感内伤皆可见，其中外感热病以高热、痰盛、神志不清为辨证要点;内伤杂病中,轻者以失眠心烦,重者以神志狂乱为辨证要点。外感热病中,邪热蒸腾充斥肌肤故见高热;火势上炎,则口色红目赤,呼吸气粗;邪热灼津为痰,故痰黄稠,喉间痰鸣;痰火扰心,故心神昏乱、狂躁;舌红苔黄腻、脉滑数均为痰火内盛之象。内伤病中,因痰火扰心而见失眠心烦;痰阻气道则见胸闷痰多;清阳被遏故见头晕目眩。若神志狂乱,气机逆乱,则为狂证,出现狂躁妄动、攻击人畜等症状。

4.治则治法

治宜清心祛痰,镇惊开窍。方剂用朱砂散(朱砂、茯神、党参、黄连)。

(五)痰迷心窍

1.定义

痰迷心窍证是指痰浊蒙闭心窍表现的证候。多由于气结湿生,湿聚为痰浊,阻遏心窍而致。多见于脑黄、中风和某些中毒性急病。

2.临床表现

此证表现痴呆,意识模糊,行如酒醉,甚至昏迷,流涎,脘闷作呕,喉有痰声,苔白腻,脉滑。或突然倒地,昏迷,流涎,喉中痰鸣,两目上视,四肢抽搐,乱叫。热痰则舌红苔黄腻、脉滑数;寒痰则舌淡、苔白腻、脉缓滑。

3.证候分析

本证以神志不清、喉有痰声、舌苔白腻为辨证要点。外感湿浊之邪,湿浊郁遏中焦,清阳不升,浊气上泛,故胃失和降,胃气上逆则脘闷作呕;湿邪留阻成痰,痰随气升则流涎、喉中痰鸣;上迷心窍,神志受蒙则意识模糊,甚至昏迷。舌苔白腻,脉滑是痰浊内盛之象。精神抑郁,痴呆,行动反常多由肝气郁结,气郁生痰,痰浊上蒙心窍所致,属于癫证。突然倒地,昏迷,流涎,喉中痰鸣,两目上视,四肢抽搐,乱叫,为脏腑功能失调,痰浊内伏心经,或痰涎上涌而致,属于痫证。

4.治则治法

治宜祛痰开窍。方剂,寒痰可用导痰汤(胆南星、枳实、陈皮、半夏、茯苓、甘草)加减;热痰可用涤痰汤(菖蒲、半夏、竹叶、陈皮、茯苓、枳实、甘草、党参、胆南星、干姜、大枣)加减。

(六)心火上炎

1.定义

心火上炎证是指心火炽盛并上炎于口舌所表现的证候。心火上炎与心火亢盛病因相似,能引起心火亢盛的因素,均能引起此证。

2.临床表现

该证表现烦躁,夜寐不安,口色赤口渴,舌尖红绛,口舌生疮,苔黄,粪干,尿短赤,脉数有力。甚至狂躁,吐血衄血,肌肤疮疡,红肿热痛。此证与心火亢盛相比,以口舌病变为主,多见口舌生疮。

3.证候分析

本证以心及舌、脉等有关组织出现实火内炽的症状为辨证要点。心火内炽,心神被扰,则心中烦热,夜不能眠,甚至狂躁;口色赤口渴,尿黄粪干,脉数有力,均为里热征象;心开窍于舌,心火亢盛,循经上炎,故舌尖红绛或生疮;心火炽盛,血热妄行,见吐血衄血;火毒壅滞脉络,局部气血不畅则见肌肤疮疡,红肿热痛。

4.治则治法

治则宜清心泻火,用泻心汤(黄连、黄芩、大黄)。

(七)小肠实热

1.定义

小肠实热证是指小肠里热炽盛所表现的证候。多由心热下移所致。

2.临床表现

心烦口渴,口舌生疮,尿短赤涩,尿道灼痛,尿血,舌红苔黄,脉数。多见尿道炎症。

3.证候分析

本证以心火热炽及尿赤排尿涩灼痛为辨证要点。心与小肠相表里,小肠有分清泌浊的功能,使水液入于膀胱。心热下移小肠,故排尿赤涩,尿道灼痛;热甚灼伤血络则可见尿血;心火内炽,热扰心神,则心烦;津为热灼则口渴;心火上炎则口舌生疮;舌红苔黄、脉数为里热之征。

4.治则治法

治宜清心泻火,利水通淋。方剂用导赤散。

(八)小肠冷痛

1.临床表现

多因气候变化,寒邪侵入,停留于小肠所致,常见于肠痉挛、腹痛、泄泻等病。还表现耳鼻肚腹发凉,寒战,口色青白,脉沉迟。

2.证候分析

寒为阴邪,耗伤阳气,故耳鼻发凉、寒战;寒气收引凝滞,所以小肠收缩、气血不通而现疼痛;小肠受寒,不能分清浊,水分内停,出现肠鸣泄泻;里寒则口色青白,脉沉迟。

3.治则治法

治则宜温中散寒,和血顺气。方剂用橘皮散。

(九)心与小肠病辨证要点

①心血虚和心气虚都有心悸动,但心血虚躁动易惊;心气虚伴有自汗、倦怠。

②心阴虚和心阳虚都属于虚证,但阴虚则内热,阳虚则外寒。

③心阴与心阳相互依存和制约,其中一方变化会影响到另一方,即所谓"阴损及阳,阳损及阴"。严重时出现阴阳两虚、气血两虚。应使用炙甘草汤调其阴阳,十全大补汤调其气血(黄芪、肉桂)。

④心热内盛则以高热大汗、躁动不安为主要症状,而心火上炎则以舌体病变为主。

⑤痰火扰心临床以狂躁不安为主,而痰迷心窍则出现昏迷。

⑥心与小肠相表里,小肠热证多与心火共存,症见躁动不安或血尿,而寒邪入小肠可见肠鸣泄泻,尿少。

▶ 二、肝与胆病辨证

肝位于右胁,胆附于肝,肝胆经脉相互络属,肝与胆相表里,肝主疏泄,主藏血,在体为筋,其华在爪,开窍于目,其气升发,性喜条达而恶抑郁。胆贮藏并排泄胆汁,以助消化。肝的病证有虚实之分,虚证多见肝血、肝阴不足;实证多见于风阳妄动、肝火炽盛等。肝的病变主要表现在疏泄失常、血不归藏、筋脉不利等方面,以及胸胁少腹胀痛、头晕胀痛、四肢抽搐,以及目疾、经带、睾丸胀痛等。胆病常见口苦、发黄、失眠和胆怯易惊等异常。

(一)肝血虚证

1.定义

肝血虚证是指肝脏血液亏虚所表现的证候。多因脾肾亏虚,生化之源不足,或慢性病耗伤肝血,或失血过多所致。

2.临床表现

眩晕耳鸣,夜眠多梦,视力减退或夜盲。爪甲不荣、干枯,或见肢体麻木,关节拘急不利,四肢抽搐,舌淡苔白,脉弦细。

3.证候分析

本证一般以筋脉、爪甲、两目、肌肤等失血濡养以及全身血虚的病理现象为辨证要点。肝血不足,不能上荣头部,故眩晕耳鸣;爪甲失养,则干枯不荣;

血不足以安魂定志,故夜寐多梦;目失所养,所以视力减退,甚至成为雀盲(夜盲);肝主筋,血虚筋脉失养,则见肢体麻木,关节拘急不利,四肢抽搐,肌肉跳动等虚风内动之象;肝经绕循阴器,且肝血不足不能充盈冲任之脉,所以月经量少色淡,甚至闭经;舌淡苔白、脉弦细,为血虚常见之征。

4.治则治法

治宜滋肾益肝,明目退翳。方剂用八珍汤加减。

(二)肝阴虚证

1.定义

肝阴虚证是指肝脏阴液亏虚所表现的证候。多由气郁化火,或慢性疾病、温热病等耗伤肝阴引起。

2.临床表现

头晕耳鸣,两目干涩,胁肋灼痛,潮热盗汗,口咽干燥,或见蹄蠕动,舌红少津,脉弦细数。

3.证候分析

本证一般以肝病症状和阴虚证共见为辨证要点。肝阴不足,不能上滋头目,则头晕耳鸣,两目干涩;虚火内灼,则见胁肋灼痛,五心烦热,潮热盗汗;阴液亏虚不能上润,则见口咽干燥;筋脉失养则肢蹄蠕动;舌红少津、脉弦细数均为阴虚内热之象。

4.治则治法

治宜滋肾益肝,明目退翳。方剂用杞菊地黄汤或一贯煎(枸杞子、川楝子、当归、生地、麦冬、沙参)加减。

(三)肝阳上亢

1.定义

肝阳上亢证是指肝肾阴虚,不能制阳,致使肝阳偏亢所表现的证候。多因情志或久病因素,致使阴不制阳,水不涵木,出现肝阳上亢、化火生风、风火相煽而致发病。

2.临床表现

眩晕耳鸣,头目胀痛,口色红,目赤,急躁易怒,心悸健忘,失眠多梦,腰膝酸软,头重肢蹄轻,舌红少苔,脉弦有力。

3.证候分析

本证一般以肝阳亢于上,肾阴亏于下的证候为辨证要点。肝肾之阴不足,肝阳亢逆无制,气血上冲,则眩晕、耳鸣、头目胀痛、目赤;肝失柔顺,故急躁易怒;阴虚,心失所养,神不得安,则见心悸健忘,失眠多梦;肝肾阴虚,经脉失养,故腰膝酸软;阳亢于上,阴亏于下,上盛下虚,故头重肢蹄轻;舌红少苔、脉弦有力,为肝肾阴虚、肝阳亢盛之象。

4.治则治法

治宜滋阴潜阳,平肝熄风。方剂用镇肝熄风汤。

(四)肝风内动

1.肝阳化风

(1)定义 肝阳化风是指肝阳亢逆无制而表现动风的证候。多因肝肾阴虚日久、肝阳失潜而暴发。

(2)临床表现 眩晕欲倒,头摇而痛,项强肢颤,肢体麻木,步态不稳,或猝然昏倒,口眼歪斜,半身不遂,舌强喉中痰鸣,舌红苔白或腻,脉弦有力。

(3)证候分析 本证一般根据肝阳上亢结合突然出现肝风内动的症状为辨证要点。肝阳化风,上扰头目,则眩晕欲倒,或头摇不能自制;气血随风阳上逆,壅滞络脉,故头痛不止;风动筋挛,则项强肢颤;肝脉络舌本,风阳扰络,痰阻舌根,则舌体僵硬;肝肾阴虚,筋脉失养,故肢体麻木;风动于上,阴亏于下,上盛下虚,所以步态不稳;阳亢则灼液为痰,风阳挟痰上扰,清窍被蒙,则见突然昏倒;肝阴虚,久病虚火化风,鼓动气血上行,心窍蒙蔽出现痴呆;风火多挟痰,阻于脉络,出现气血不通,筋失所养,出现半身不遂、嘴眼歪斜、肢体麻木、抽搐或瘫痪;痰随风升,故喉中痰鸣;舌红为阴虚之象,白苔示邪尚未化火,腻苔为挟痰之征,脉弦有力,是风阳扰动的病机反应。

(4)治则治法 平肝潜阳,滋养肝肾。方剂用天麻钩藤饮(天麻、钩藤、生石决、牛膝、杜仲、黄芩、栀子、益母草、寄生、首乌藤、茯神)加减。

2.热极生风

(1)临床表现 高热,颈项强直,痉挛抽搐,角弓反张,两眼上翻,或突然昏倒,或燥扰如狂,目不视物,撞壁冲墙,转圈运动,舌质绛红,脉象弦数。

(2)证候分析 多因外感风热之邪,引起肝火过旺,热极生风。热邪蒸腾,则呈高热,邪热伤津,筋脉失养,又因热极生风,风性易动,故痉挛抽搐,角弓反张,热入心包,邪蒙心窍,则狂躁,转圈运动,撞壁冲墙,或神志昏迷;热灼肝经,筋脉失养,则见项强,抽搐;肝火上冲,目受其害,故目不视物;口色红绛,脉弦数,均为肝经热极的反应。

(3)治则治法 清热息风,解痉安神。方剂用羚角钩藤汤(羚角粉、桑叶、川贝、生地、钩藤、菊花、白芍、生甘草、竹茹、茯神木)加减。

3.血虚生风

(1)临床表现 精神沉郁,视力减退,眼干,甚至出现夜盲;蹄甲干枯,喜卧,肢体麻木,四肢拘挛抽搐,站立不稳;口色淡白,脉弦细。肝阴虚者,兼见眼红流泪,眼泡稍肿,睛生翳膜,口干,舌红,脉弦细数等。

(2)证候分析 多因重病久病或饲养管理不当,或失血过多,或体质虚弱,使肾水不足,肝血亏少,失于濡养。肝血不足,不能滋养筋爪,充盈血脉,故蹄甲干枯,喜卧痉挛抽搐,口淡,脉弦细;血虚则生内风,故站立不稳,摇晃欲倒;肝开窍于目,肝阴血不足,不能上濡眼目,故视力减退、眼干、夜盲;肝阴不足,阴虚阳亢,虚火上炎,出现眼目红肿、睛生翳膜以及阴虚内热之象。

(3)治则治法 滋养肝肾、祛翳明目、养血息风。方剂用杞菊地黄汤加减或天麻散(天麻、蝉蜕、当归、川芎、何首乌、党参、茯苓、荆芥、薄荷、防风、甘草)加减。

(五)肝火上炎

1.定义

肝火上炎证是指肝脏之火上逆所表现的证候。多因肝郁化火,或热邪内犯等引起。

2.临床表现

头晕胀痛,口色红,目赤,口苦口干,急躁易怒,不眠或恶梦,胁肋灼痛,便秘尿黄,耳鸣,吐血衄血,舌红苔黄,脉弦数。多见急性结膜炎或角膜炎等视力障碍,表现双目红肿、畏光流泪、眵盛难睁、睛生翳障、视力减退。

3.证候分析

本证一般以肝脉循行部位的头、目、耳、胁表现的实火炽盛症状作为辨证要点。肝火循经上攻头目,气血涌盛络脉,故头晕胀痛目赤;如挟胆气上逆,则口苦口干;肝失条达柔顺之性,所以急躁易怒;火热内扰,神志不安,以致失眠,恶梦;肝火内炽,气血壅滞肝部,灼热疼痛;热盛耗津,故便秘尿黄;少阳胆经入耳中,肝热移胆,循经上冲,则耳鸣如潮;火伤络脉,血热妄行,可见吐血衄血;舌红苔黄,脉弦数,为肝经实火炽盛之征。

4.治则治法

治宜清肝泻火,祛风散热,明目退翳。方剂用决明散或龙胆泻肝汤加减。

(六)肝气郁结

1.定义

肝气郁结证是指肝失疏泄,气机郁滞而表现的证候。多因抑郁以及其他病邪的侵扰而发病。

2. 临床表现

胸胁或少腹胀闷窜痛,胸闷喜太息,抑郁易怒,或咽部梅核气(本症系因情志郁结,肝气夹痰所致。其症状为咽喉不红不肿,但自觉咽中有如梅核大小的异物阻塞,吐不出,吞不下),或颈部瘿瘤,或症块。母畜可见乳房胀痛、月经不调,甚则闭经。

3. 证候分析

本证一般以抑郁,肝经所过部位发生胀闷疼痛,以及母畜月经不调等为辨证要点。肝气郁结,经气不利,故胸胁、乳房、少腹胀闷疼痛或窜动作痛;肝主疏泄,具有调节情志的功能,气机郁结,不得条达疏泄,则抑郁;久郁不解,失其柔顺舒畅之性,故急躁易怒;气郁生痰,痰随气逆,循经上行,搏结于咽则见梅核气,积聚于颈项则为瘿瘤;气病及血,气滞血瘀,冲任不调,故月经不调或经行腹痛,气聚血结可酿成症瘕。

4. 治则治法

治宜舒肝解郁,理气。方剂用柴胡疏肝散(柴胡、白芍、枳壳、甘草、川芎、香附)加减。

(七)肝胆湿热

1. 定义

肝胆湿热证是指湿热蕴结肝胆所表现的证候。多由感受湿热之邪,或偏嗜肥甘厚腻而酿湿生热,或脾胃失健而湿邪内生,郁而化热所致。

2. 临床表现

两肋胀痛,或有痞块,口苦,腹胀,纳少呕恶,粪便偏溏泻下不爽,尿短赤,舌红苔黄腻,脉弦数。或寒热往来,或身目发黄,或阴囊湿疹,或睾丸肿胀热痛,或带浊阴痒等。

3. 证候分析

本证以右胁肋部胀痛、纳呆、尿黄、舌红苔黄腻为辨证要点。温热蕴结肝胆,肝气失于疏泄,气滞血瘀,故胁肋痛,或见痞块。肝木乘土,脾运失健,胃失和降,故纳少、呕恶、腹胀。胆气上溢,可见口苦(去口苦用黄芩、栀子,甚则用龙胆草);湿热蕴内,湿重于热则粪偏溏,热重于湿则排下不爽;膀胱气化失司则尿短赤;邪居少阴,则寒热往来;胆汁不循常道而外溢肌肤,则身目发黄;肝脉绕阴器,湿热随经下注,则见阴部湿疹或睾丸肿胀热痛,母畜则见带浊阴痒;舌红苔黄腻,脉弦数,均为湿热内蕴肝胆之证。

4. 治则治法

治宜清肝胆湿热。方剂用茵陈蒿汤或龙胆泻肝汤加减。

(八)寒凝肝脉

1. 定义

寒凝肝脉证是指寒邪凝滞肝脉所表现的证候。多因感受寒邪而发病。

2. 临床表现

形寒怕冷,耳鼻和外肾(即睾丸)冰冷,少腹牵引睾丸坠胀冷痛,或阴囊收缩引痛,运步困难,受寒则甚,得热则缓,口色青,舌苔白滑,脉沉弦或迟。

3. 证候分析

本证以少腹牵引阴部坠胀冷痛为辨证要点。肝脉绕阴器,抵少腹,寒湿入后肢厥阴肝经,气血凝滞,故见少腹牵引睾丸冷痛;寒为阴邪,性主收引,筋脉拘急,可致阴囊收缩引痛;寒则气血凝涩,热则气血通利,故疼痛遇寒加剧,得热则减;阴寒内盛,则苔见白滑,脉沉主里,弦主肝病,迟为阴寒,为寒滞肝脉之证。

4. 治则治法

治宜温肝暖经,行气破瘀。方剂用茴香散或橘核丸。

(九)肝胆病辨证要点

①肝体阴但阳用,肝病初期,多见于实证和热证。寒证多见于睾丸、腹部。

②肝火上炎与热动肝风,原因相似,应清肝泻火、清热熄风。

③热入心包使心神受扰与热极生风、肝风内动出现的四肢拘挛抽搐证候密切相关,常合并出现。

④肝火上炎与肝血不足的目疾病机病证不同,治则也不同。

⑤肝胆相表里,治疗上多从肝论治。

▶ 三、脾与胃病辨证

脾胃共处中焦,经脉互为络属,具有表里的关系。脾主运化水谷,胃主受纳腐熟,脾升胃降,共同完成饮食物的消化吸收与输布,为气血生化之源,后天之本,脾又具有统血,主四肢肌肉的功能。脾的病变主要反映在运化功能的失常和统摄血液功能的障碍,以及水湿潴留、清阳不升等方面;脾病常见腹胀腹痛、泄泻粪溏、浮肿、出血等症。胃的病变主要反映在食不消化、胃失和降、胃气上逆等方面;胃病常见脘痛、呕吐、嗳气、呃逆等症。

(一)脾气虚

临床上脾气虚可分为脾虚不运、脾气下陷、脾不统血三种证候。

1.脾虚不运

(1)定义 脾虚不运是指脾气不足,运化失健所表现的证候。多因畜体素虚、劳累过度、饮食失调、内伤脾气,以致脾气虚弱,以及其他急慢性疾患耗伤脾气所致。

(2)临床表现 肢体倦怠,少气无力,体瘦毛焦,草料迟细(纳少),腹胀以食后明显,粪溏,或浮肿,舌淡苔白,脉缓弱。

(3)证候分析 本证以运化功能减退和气虚证共见为辨证要点。脾气虚弱,运化无能,清气不升,浊阴下降,故纳少;水谷内停则腹胀,食入则脾气受困,故腹胀尤甚;水湿不化,流往肠中,则粪溏;水湿外溢出现浮肿;脾为气血化生之源,脾气不足,久延不愈,可致营血亏虚,而成气血两虚之证,则形体逐渐消瘦;舌淡苔白,脉缓弱,是脾气虚弱之征。

(4)治则治法 益气健脾。方剂用香砂六君子汤加减或参苓白术散。

2.脾气下陷(中气下陷)

(1)定义 中气下陷证是指脾气亏虚,升举无力而下陷所表现的证候。多由脾气虚进一步发展,或久泄久痢,或劳累过度所致。

(2)临床表现 少食,体虚,脘腹坠胀,食后尤甚,或排粪动作频数,肛门坠重;或久痢不止,或脱肛;或子宫下垂;或尿浊如米泔。伴见气少乏力,肢体倦怠,声低,头晕目眩。舌淡苔白,脉弱。

(3)证候分析 本证以脾气虚证和内脏下垂为辨证要点。脾气上升,能升发清阳和升举内脏,气虚升举无力,内脏无托,故脘腹重坠作胀,食入脘腹气陷更甚;由于中气下陷,故时有排粪动作,肛门坠重,或下痢不止,肛门外脱;脾气升举无力,可见子宫下垂;脾主运化,脾虚气陷致精微不能正常输布而反下流膀胱,故尿浊如米泔;中气不足,全身机能活动减退,所以少气乏力,肢体倦怠,声低;清阳不升则头晕目眩;舌淡苔白,脉弱皆为脾气虚弱的表现。

(4)治则治法 补气升提。方剂用补中益气汤加减。

3.脾不统血

(1)定义 脾不统血证是指脾气亏虚不能统摄血液所表现的证候。多由久病脾虚,或劳倦伤脾等引起统摄无力而致。

(2)临床表现 各种慢性出血。如便血、尿血、皮下出血、齿衄等各种慢性出血及母畜崩漏。常伴见食少粪溏、神疲乏力、舌淡苔白、脉细弱等症。

(3)证候分析 本证以脾气虚证和出血共见为辨证要点。脾有统摄血液的功能,脾气亏虚,不能统血,则血溢脉外,溢于肠胃,则为便血;渗于膀胱,则见尿血;血渗毛孔而出,则为肌衄;由齿龈而出,则为齿衄;脾虚不统血,冲任不固,则母畜月经过多或崩漏;食少粪溏、神疲乏力、舌淡苔白、脉细弱等症皆为脾气虚弱之症。

(4)治则治法 益气摄血,引血归经。方剂是归脾汤加减。

(二)脾阳虚

1.定义

脾阳虚证是指脾阳虚衰、阴寒内盛所表现的证候。多由脾气虚发展而来,或过食生冷,或肾阳虚、火不生土所致。

2.临床表现

脾不健运,形寒怕冷,耳鼻四肢不温,肠鸣腹痛泄泻。腹胀纳少,腹痛喜温喜按,或肢体沉重,或周身浮肿,排尿不畅,或白带量多质稀,口色青白,舌淡胖,苔白滑,脉沉迟无力。

3.证候分析

本证以脾运失健和寒象表现为辨证要点。脾阳虚衰,运化失健,则腹胀纳少;中阳不足,阳虚则生寒,寒凝气滞,故腹痛喜温喜热;阳虚无以温煦,所以畏寒而四肢不温;水湿不化流注肠中,故粪溏较脾气虚更为清稀,甚则完谷不化;中阳不振,水湿内停,膀胱气化失司,则排尿不利;流溢肌肤,则肢体沉重,甚则全身浮肿;母畜带脉不固,水湿下渗,可见白带清稀量多;舌淡胖苔白滑,脉沉迟无力,皆为阳虚湿盛之征。

4.治则治法

治宜温中健脾。方剂用理中汤加减。

(三)寒湿困脾

1.定义

寒湿困脾证是指寒湿内盛,中阳受困而表现的证候。多由饲养管理不当,过食冰冻草料和冷水、淋雨涉水、居处潮湿,以及内湿素盛等因素引起。见于消化不良、水肿、妊娠浮肿、慢性阴道炎、子宫炎。

2.临床表现

耳耷头低,草料迟细,浮肿,脘腹痞闷胀痛,食少粪溏,恶心欲吐,口色淡不渴,头身四肢沉重,喜卧,尿短少,舌淡胖苔白腻,脉濡缓。

3.证候分析

本证以脾的运化功能发生障碍和寒湿中遏的表现为辨证要点。寒湿内侵,中阳受困,脾气被遏,运化失司,故脘腹痞闷胀痛,食欲减退;湿注肠中,则粪溏;胃失和降,故恶心欲吐;寒湿属阴邪,阴不耗液,故口不渴;寒湿滞于经脉,故见头身沉重;湿泛肌肤可见肢体浮肿;痰湿蒙阻心神,出现头低耳聋;脾不运化,膀胱气化失司,则尿短少;舌淡胖苔白腻,脉濡缓,皆为寒湿内盛的表现;脾为寒湿所困,阳气不宣,胆汁随之外泄,故肌肤发黄。

4.治则治法

治宜温中化湿。方剂用胃苓汤加减。

(四)湿热困脾

1.定义

湿热困脾是指湿热内蕴中焦所表现的证候。常因受湿热外邪,或过食肥甘酒酪湿郁生热所致。

2.临床表现

食欲废绝,肚腹胀大,脘腹痞闷,恶心呕吐;粪少溏臭,尿少黄;肢体沉重,或肌肤发黄,色泽鲜明如橘子,皮肤发痒;或身热起伏,汗出热不解;皮肤有疮,湿疹流黄水;舌红苔黄腻,脉濡数。

3.证候分析

本证以脾的运化功能障碍和湿热内阻的症状为辨证要点。湿热蕴结脾胃,受纳运化失职,升降失常,故脘腹痞闷、恶心呕吐;脾为湿困,则肢体困重;湿热蕴脾,湿注肠中,因有热,故粪便溏泄,尿短赤;湿热内蕴,熏蒸肝胆,致胆汁不循常道,外溢肌肤,故皮肤发痒、发黄,其色鲜明如橘子;热处湿中,湿热郁蒸,故身热起伏,汗出而热不解,湿热蕴结成毒,侵其皮肤而成疮、湿疹,痛痒流黄水;舌红苔黄腻,脉濡数,均为湿热内盛蒸腾之象。

4.治则治法

治宜清热利湿。方剂用茵陈五苓散加减或补中清利汤。

(五)胃阴虚证

1.定义

胃阴虚证是指胃阴不足所表现的证候。多由胃病久延不愈,或高热后期伤阴、津液亏耗,或平素嗜食辛辣,或气郁化火使胃阴耗伤而致。

2.临床表现

食欲减退,口干唇燥,粪干尿少。胃脘隐痛,或脘痞不舒,或干呕,舌红少津,苔少或无苔,脉细数。

3.证候分析

本证以胃病的常见症状和阴虚证共见为辨证要点。胃阴不足,则胃阳偏亢,虚热内生,热郁胃中,胃气不和,致脘部隐痛;胃阴亏虚,上不能滋润咽喉,则口燥咽干;下不能濡润大肠,粪干尿少;胃失阴液滋润,胃气不和,可见脘痞不舒,阴虚热扰,胃气上逆,可见干呕呃逆;舌红少津,脉象细数,是阴虚内热的征象。

4.治则治法

治宜滋阴养胃。方剂用养胃汤加减。

(六)胃寒证

1.定义

胃寒证是指阴寒凝滞胃腑所表现的证候。多由腹部受凉,过食生冷,过劳伤中再感寒邪所致。

2.临床表现

形寒怕冷,食欲减退,口淡不渴,口流清涎,或恶心呕吐,胃脘冷痛,轻则绵绵不已,重则拘急剧痛,遇寒加剧,得温则减,或伴见胃中水声漉漉,粪软尿清,舌苔白滑,脉弦或迟。

3.证候分析

本证以胃脘疼痛和寒象共为辨证要点。寒邪在胃,胃阳被困,故胃脘冷痛;胃阳受困,受纳腐熟功能失调,出现食欲减退;寒则邪更盛,温则寒气散,故遇寒痛增而得温则减;胃气虚寒,不能温化精微,致水液内停而为水饮,饮停于胃,振之可闻胃部漉漉水声,水饮不化随胃气上逆,可见口淡不渴,口流清涎,或恶心呕吐;外感风寒或内伤阴冷,出现形寒怕冷,耳鼻四肢发凉;舌苔白滑,脉弦或迟是内有寒饮的表现。

4.治则治法

治宜温胃散寒。方剂用桂心散(桂心、栝楼、牛膝、瞿麦、当归)加减;或良附丸(高良姜、香附)加减。

(七)胃热证

1.定义

胃热证是指胃火内炽所表现的证候。多因平时过食辛辣肥腻化热生火,或气郁化火,或热邪内犯等所致。

2.临床表现

耳鼻温热,草料迟细,粪球干小。口干舌燥,贪饮,口色红,口臭,齿龈肿痛,齿衄,胃脘灼痛,呕吐,或食入即吐,或渴喜冷饮,小便短赤,舌红苔黄,脉滑数。

3. 证候分析

本证以胃病常见症状和热象共见为辨证要点。热炽胃中,胃气不畅,故胃脘灼痛;肝经郁火横逆犯胃,则呕吐,或食入即吐;胃热炽盛,耗津灼液,则渴喜冷饮,排粪秘结,尿短赤;胃络于龈,胃火循经而上熏,气血壅滞,故见牙龈肿痛、口臭;血络受伤,血热妄行,可见齿衄;耳鼻温热、舌红苔黄、脉滑数,为胃热内盛之象。

4. 治则治法

治宜清胃泻火,生津止渴。方剂用清胃解热散(知母、生石膏、玄参、黄芩、大黄、枳实、陈皮、神曲、连翘、地骨皮、甘草)加减或白虎汤。

(八)胃食滞

1. 定义

胃食滞是指食物停滞胃脘不能腐熟所表现的证候。多由饮食不节、暴饮暴食,伤及脾胃,或脾胃素弱运化失常等因素引起。

2. 临床表现

不食肚胀,起卧翻滚,嗳气酸臭,胃脘胀闷疼痛,嗳气吞酸,吐后胀痛得减,或矢气粪溏,泻下酸腐臭秽,舌苔厚腻,脉滑。

3. 证候分析

本证以胃脘胀闷疼痛,嗳气吐酸为辨证要点。胃气以降为顺,食停胃脘胃气郁滞,气不通畅,不通则痛,则脘部胀闷疼痛;胃和降失常而上逆,故见不食、嗳气吐酸,吐后实邪得消,胃气通畅,故胀痛得减;积食化热出现口色深红而干;食浊下移,积于肠道,可致矢气频频,臭如败卵,粪便酸臭;舌苔厚腻、脉滑为胃气上逆、食浊内积之征。

4. 治则治法

治宜消食导滞。方剂用曲麦散或保和丸(陈皮、山楂、莱菔子、茯苓、连翘、神曲、炒麦芽、半夏)加减。

(九)胃病寒热虚实的鉴别

1. 胃寒

冷痛,呕吐清水,口淡不渴,粪溏,舌淡苔白滑,脉象沉迟。

2. 胃热

灼痛,呕吐清水,口渴喜冷饮,粪便秘结,舌红苔黄,脉象滑数。

3. 胃阴虚

隐痛,干呕,口咽干燥,粪干,舌红少苔,脉细数。

4. 食滞胃脘

胀痛,呕吐物酸腐,粪酸臭,舌苔厚腻,脉象滑数。

(十)脾与胃病辨证要点

①脾胃气虚多因劳伤过度、中气不足,宜补中益气,脾阳虚弱宜温中健脾。

②脾病多挟湿,寒湿困脾宜散寒燥湿,湿热困脾宜清热利湿。

③胃喜润恶燥,胃气宜降。胃病以食滞和热证为多见,胃热分实热(胃热炽盛)和虚胃(胃阴不足),胃实热宜清泻,虚热宜滋补。另虚寒宜温胃散寒。

④脾胃互相制约,病证互相转化,"实则阳明,虚则太阴"。

⑤脾胃为血液化生之源,久病不愈势必影响他脏,同样他脏有病也必传到脾胃,所以内伤疾病过程中,必须照顾脾胃,以扶持正气。

▶ 四、肺与大肠病辨证

肺居胸中,经脉下络大肠,与大肠互为表里。肺主气,司呼吸,主宣发肃降,通调水道,外合皮毛,开窍于鼻。大肠主传导,排泄糟粕。肺的病证有虚实之分,虚证多见气虚和阴虚,实证多见风寒燥热等邪气侵袭或痰湿阻肺所致。大肠病证有湿热内侵,津液不足以及阳气亏虚等。肺的病变,主要为气失宣降,肺气上逆,或腠理不固及水液代谢方面的障碍,临床上往往出现咳嗽、气喘、胸痛、咯血等症状。大肠的病变主要是传导功能失常,主要表现为便秘与泄泻。

(一)肺气虚

1. 定义

肺气虚证是指肺气不足和卫表不固所表现的证候。多由久病咳喘,肺气日渐虚弱;或气的生化不足所致。

2. 临床表现

久咳久喘,咳喘无力,日渐消瘦。气少不足以息,动则咳喘更甚,体倦,涕痰多清稀,色白,或自汗畏风,易于感冒,舌淡苔白,脉虚弱。

3. 证候分析

本证一般以咳喘无力,气少不足以息和全身机能活动减弱为辨证要点。肺主气,司呼吸,肺气不足则咳喘气短,气少不足以息,且动则耗气,所以咳喘更甚;肺气虚则体倦声低;肺气虚不能输布津液,聚而成痰,肺气虚不能固摄,故痰涕多清稀;色白为气虚常见症状;肺气虚不能宣发卫气于肌表,腠理不固,故自汗畏风,易于感冒;肺气虚,耗损阴津,导致气血不足,出现瘦弱肯卧、舌淡苔白、脉细弱之征。

4.治则治法

治宜补肺益气,止咳定喘。方剂用补肺汤(桑皮、熟地、人参、紫菀、黄芪、五味子)或定喘汤、九仙丸。

(二)肺阴虚

1.定义

肺阴虚证是指肺阴不足,虚热内生所表现的证候。多由久病体弱,久咳伤阴,或痨虫袭肺,或发汗太过伤阴,或热病后期阴津损伤所致。

2.临床表现

日轻夜重,干咳气喘。口燥咽干,形体消瘦,午后潮热,五心烦热,盗汗,甚则痰中带血,槽口有疙瘩,声音嘶哑,舌红少津,脉细数。

3.证候分析

本证以肺病常见症状和阴虚内热证共见为辨证要点。肺阴不足,虚火内生,灼液成痰,胶固难出,故干咳无痰,或痰少而黏,严重时痰结成硬核在槽口形成疙瘩;阴液不足,上不能滋润咽喉则口燥咽干,外不能濡养肌肉则形体消瘦;肺阴虚,肺失肃降,出现咳喘;虚热内炽则午后潮热,五心烦热;卫气昼行于内,夜行于外,睡觉时热扰营阴迫液外出为盗汗;虚热上炎,肺络受灼,络伤血溢则痰中带血;喉失津润,则声音嘶哑;舌红少津,脉象细数,皆为阴虚内热之象。

4.治则治法

治宜滋阴润肺。方剂用养阴清肺汤(生地、麦冬、生甘草、元参、川贝、丹皮、炒白芍、薄荷)或百合固金汤(生地、熟地、麦冬、贝母、百合、当归、芍药、甘草、玄参、桔梗)加减。

(三)痰饮阻肺

1.定义

痰饮阻肺证也称痰湿阻肺证,是指痰湿阻滞肺系所表现的证候。多由脾气亏虚、脾失健运而湿聚为痰所致,或久咳伤肺,或感受寒湿等病邪引起。

2.临床表现

咳嗽气喘,腹部扇动,肘头外张,鼻液量多,白而黏,胸胁疼痛,不敢卧地,胸闷,甚则气喘痰鸣,舌淡苔白腻,脉滑。

3.证候分析

本证以咳嗽、痰多黏白为辨证要点。脾气亏虚,输布失常,水湿凝聚为痰,上聚于肺;或寒湿外袭肺脏使宣降失常,肺不布津,水液停聚而为痰湿,阻于肺间,肺气上逆,故咳嗽多痰,痰液黏腻色白易于咯出;痰湿阻滞气道,肺失宣降,肺气不利,则出现咳喘、胸痛,甚则气喘痰鸣;痰饮顺经而下,阻于肋下,出现胸肋疼痛,不敢卧地;舌淡苔白腻,脉滑,是为痰湿内阻之征。

4.治则治法

治宜燥湿化痰、泻肺行水。方剂用二陈汤或三子养亲汤加减。如痰饮于肋下可涤饮泻水,用十枣汤或椒目瓜蒌汤。

(四)风寒束肺

1.定义

风寒束肺证也称风寒犯肺证,是指风寒外袭,肺卫失宣所表现的证候。多因风寒侵袭肺脏,肺气郁闭所致。

2.临床表现

咳嗽、气喘、遇寒加重。痰稀薄色白,鼻流清涕,微微恶寒,轻度发热,无汗,苔白,脉浮紧。

3.证候分析

本证以咳嗽兼见风寒表证为辨证要点。感受风寒,肺气被束不得宣发,上逆而为咳;寒属阴邪,故痰液稀薄色白;肺气失宣,肺开窍于鼻,鼻窍通气不畅,致鼻塞流清涕;寒邪束表,卫气郁滞,肌表失去卫气温煦则恶寒,正气抗邪则发热,毛窍郁闭则无汗;舌苔白,脉浮紧为感受风寒之征。

4.治则治法

治宜宣肺散寒,祛痰止咳。方剂用紫苏散加减。

(五)风热犯肺

1.定义

风热犯肺证是指风热侵犯肺脏,肺卫受病所表现的证候。多因外感风热,肺气宣降失常所致。

2.临床表现

鼻涕痰液黄稠,咽喉肿痛,发热,咳嗽,微恶风寒,口干,舌尖红,苔薄黄,脉浮数。

3.证候分析

本证以咳嗽与风热表证共见为辨证要点。风热袭肺,肺失清肃则咳嗽;热邪煎灼津液,故痰稠色黄;肺气失宣,鼻窍津液为风热所熏,故鼻塞不通,流黄浊涕;肺卫受邪,卫气抗邪则发热,卫气受郁故恶风寒;风热上扰,津液被耗则口干;喉为肺之门户,则咽喉肿痛;舌尖候前焦心肺的病变,风热侵肺,所以舌尖发红;苔薄黄,脉浮数皆为风热之表征。

4.治则治法

治宜疏风清热，宣通肺气。基本方剂用桑菊饮，表热重用银翘散；咳嗽重用桑菊饮加减。

（六）燥热伤肺

1.定义

燥热伤肺证是指秋季燥邪犯肺耗伤津液，侵犯肺卫所表现的证候。多因燥邪伤肺、肺津受损所致。

2.临床表现

干咳无痰，或痰少而黏，不易咳出，唇鼻舌咽干燥，被毛干枯。身热恶寒，或胸痛咯血。舌红苔白或黄，脉数。

3.证候分析

本证以肺系症状表现干燥少津为辨证要点。燥邪犯肺，津液被伤，肺不得滋润而失清肃，故干咳无痰，或痰少而黏，不易咳出；伤津化燥，气道失其濡润，所以唇、舌、咽、鼻都见干燥而欠润；肺为燥邪所袭，肺卫失宣，则见身热重恶寒轻；若燥邪化火，灼伤肺络，可见胸痛咯血；燥邪伤津则舌红，邪伤肺卫，苔多白，燥邪伤肺，苔多黄，脉数为燥热之象。

4.治则治法

治宜清燥润肺。方剂用清燥救肺汤（桑叶、石膏、党参、胡麻仁、阿胶、麦冬、杏仁、枇杷叶、甘草）加减。

（七）肺热咳喘

1.定义

肺热咳喘为外感风热或风寒郁里化热侵伤肺所表现的证候。

2.临床表现

喘粗，鼻流浓涕，咳声洪亮，咽喉肿痛，粪干，尿短赤，口渴贪饮，口色红，苔黄，脉洪数。

3.证候分析

热邪阻肺，肺失宣降，出现咳喘；热灼肺津成痰，故鼻流浓涕；热邪伤津，故口干、尿短赤，肺与大肠相表里，故粪干；口色红、苔黄、脉洪数为肺热之征。

4.治则治法

治宜清肺化痰，止咳平喘。方剂用清肺散、苇茎汤或麻杏石甘汤加减。

（八）大肠液亏

1.定义

大肠液亏证是指津液不足，不能濡润大肠所表现的证候。多由素体阴亏，或久病伤阴，或热病后津伤未复，或母畜产后出血过多等因素所致。

2.临床表现

粪便秘结，里急后重，口臭，口干咽燥，舌红少津，苔黄，脉细涩。

3.证候分析

本证以粪干燥难于排出为辨证要点。大肠液亏，肠道失其濡润而传导不利，故肠内容秘结干燥，难以排出；阴伤于内，口咽失润，故口干咽燥；粪久不下，浊气不得下泄而上逆，致口臭头晕；阴伤则阳亢，故舌红少津；津亏血脉失充，故脉细涩。

4.治则治法

治宜润肠通便。方剂用麻仁汤和当归苁蓉汤加减。

（九）食积大肠

1.定义

食积大肠是由于过饥暴食、草料更换或失饮所致食物积留于大肠所表现的证候。

2.临床表现

肚腹胀满，腹痛不安，粪便不通，回头顾腹，不时起卧，口腔酸臭，口红苔黄厚，脉沉有力。

3.证候分析

饲（草）料阻肠，气血不通，故见肚腹胀满，腹痛起卧；肠内容物不下而上逆，出现口臭；肠中积食化热，出现口色红、苔黄厚、脉沉有力。

4.治则治法

治宜通便攻下，行气止痛。方剂用大承气汤加减。

（十）大肠湿热

1.定义

大肠湿热证是指湿热侵袭大肠所表现的证候。多因感受湿热外邪、草料霉变，或饮食不节等因素引起。

2.临床表现

发热、腹痛、泻痢腥臭或带脓血，里急后重，或突然下泻，色黄而臭，伴见肛门灼热，尿短赤，口渴贪饮，舌红苔黄腻，脉滑数或濡数。

3.证候分析

本证以腹痛，排粪次数增多，或下痢脓血，或排黄色稀水为辨证要点。湿热在肠，阻滞气机，气血不通，故腹痛，里急后重；湿热蕴结大肠，伤及气血，腐化为脓血，故下痢脓血；湿热之气下迫，故见腹泻、肛门灼热；热邪内积，湿痢伤津，故身热口渴、尿短赤；舌红苔黄腻为湿热之象；湿热为病，有湿重、热重之分，湿重于热，脉象多见濡数，热重于湿，脉象多见滑数。

4.治则治法

治宜清热利湿,调气和血。方剂用郁金散或白头翁汤加减。

(十一)大肠冷泻

1.定义

大肠冷泻是由于外感风寒、内伤阴冷所致大肠冷痛泄泻的一种证候。

2.临床表现

耳鼻俱冷,肠鸣泄泻,粪稀如水,尿清少,口色青黄,苔白滑,脉沉迟。

3.证候分析

大肠受寒,肠中冷气冲击,所以出现肠鸣;寒气凝滞,气血不通,所以腹痛;寒袭大肠,使大肠对水传送失常,出现粪稀如水;鼻耳发凉、口色青黄、苔白滑、脉沉迟为大肠寒湿证。

4.治则治法

治宜温中散寒、渗湿利水。方剂用橘皮散(青皮、陈皮、厚朴、桂心、细辛、茴香、当归、白芷、槟榔)加减或猪苓散(猪苓、茯苓、白术各等分)加减。

(十二)肺与大肠病辨证要点

①肺病应分虚实。虚证:肺气虚卫外不固;肺阴虚有内热;痰饮阻肺鼻流黏液。实证:风寒束肺出现咳喘、流清涕;风热犯肺出现咳喘、流黄浓涕;燥邪伤肺出现干咳无涕;肺热咳喘,出现鼻流腥臭脓涕。

②肺病治疗有宣肺、肃肺、温肺、清肺、润肺,肺处高位,药宜清轻,不宜重浊,"治前焦如羽,非轻不举"。肺不耐寒热,用药以辛甘平润为主,一般不用血分药。治肺无效,可间接治疗,如健脾、益肾。

③大肠病为便秘或泄泻,应分实秘与虚秘、寒泻与热泻之别。实秘宜攻下,虚秘宜润下,寒泻宜温中利湿,热泻宜清热利湿。

④肺与大肠相表里,肺热可泻大肠,肺气虚导致大肠津液不布而出现便秘,可益肺气以通润大肠。

▶ 五、肾与膀胱病辨证

肾位于腰部,其经脉与膀胱相互络属,互为表里。肾藏精,主生殖,为先天之本,主骨生髓充脑,在体为骨,开窍于耳,其华在发,又主水,并有纳气功能。膀胱具有贮尿排尿的作用。肾藏元阴元阳,为机体生长发育之根,脏腑机能活动之本,一有耗伤,则诸脏皆病,故肾多虚证。膀胱多见湿热证。肾的病变主要反映在生长发育、生殖机能、水液代谢的异常方面,临床常见症状有腰膝酸软而痛、耳鸣耳聋、发白早脱、齿牙动摇、阳萎遗精、精少不育、经少经闭、水肿、二便异常等。膀胱的病变主要反映为排尿异常及尿液的改变,临床常见尿频、尿急、尿痛、尿闭以及遗尿、失禁等症。

(一)肾阳虚衰

1.定义

肾阳虚证是指肾脏阳气虚衰表现的证候。多由素体阳虚,或老弱肾亏,或久病伤肾,以及交配过度等因素引起。

2.临床表现

腰膝酸软而痛,畏寒肢冷,精神萎靡,舌淡胖苔白,脉沉弱。阳萎,宫寒不孕;或粪便久泄不止,完谷不化,五更泄泻;或浮肿,甚则腹部胀满,全身肿胀,心悸咳喘。

3.证候分析

本证一般以全身机能低下伴见寒象为辨证要点。腰为肾之府,肾主骨,肾阳虚衰,不能温养腰府及骨骼,则腰膝酸软疼痛;不能温煦肌肤,故畏寒肢冷;阳气不足,阴寒盛于下,故下肢畏寒尤甚;阳虚不能温煦体形、振奋精神,故形寒怕冷、耳鼻四肢不温、精神萎靡;肾阳极虚,浊阴弥漫肌肤,则见皮色发黑;舌淡胖苔白,脉沉弱,均为肾阳虚衰之象。肾主生殖,肾阳不足,命门火衰,生殖机能减退,出现阳萎、宫寒不孕;命门火衰,火不生土,脾失健运,故久泄不止、完谷不化或五更泄泻;肾阳不足,膀胱气化功能障碍,水液内停,溢于肌肤而为水肿;水湿下趋,肾处后焦,故腰以下肿甚;水势泛滥,阻滞气机,则腹部胀满,水气上逆凌心射肺,故见心悸咳喘。

4.治则治法

治宜温补肾阳。方剂用金匮肾气丸(干地黄、山药、山萸肉、泽泻、茯苓、牡丹皮、桂枝、炮附子)或右归丸加减。

(二)肾气不固

1.定义

肾气不固证是指肾气亏虚,固摄无权所表现的证候。多因老龄肾气亏虚,或幼龄肾气未充,或过度交配,或久病伤肾、肾阳素亏、劳役过度所致。

2.临床表现

神疲耳鸣,腰膝酸软,尿频数而清,或尿后淋漓不尽,或遗尿失禁,滑精早泄,母畜白带清稀,胎动易滑,口色淡白,舌淡苔白,脉沉弱。

3.证候分析

肾气不固,膀胱失去制约,不能贮藏津液,故见尿频清长,尿有余沥、遗尿、尿失禁;肾气虚失其封藏能力,在公畜精关不固,而有滑精、早泄,在母畜则可有白带清稀、胎动易滑胎;腰酸膝软,舌淡苔白、脉沉弱均为肾气不足之象。

4.治则治法

治宜固摄肾气。方剂用缩泉丸(乌药、益智仁、山药)或金锁固精丸(沙苑蒺藜、芡实、莲子、莲须、煅龙骨、煅牡蛎)。

(三)肾不纳气

1.定义

肾不纳气证是指肾气虚衰,气不归元所表现的证候。多由久病咳喘,肺虚及肾,或劳伤肾气所致。

2.临床表现

久病咳喘,呼多吸少,气不得续,动则喘息益甚,咳而遗尿,自汗神疲,腰膝酸软,舌淡苔白,脉沉弱,或形寒怕冷,冷汗淋漓,肢冷色青。

3.证候分析

本证实际上是肺肾气虚的一种综合表现。肺主吸气,肾主纳气,肺为气之主,肾为气之根。肾气虚下元不固,气失摄纳,故呼气多而吸气少,气似不得延续而气短喘促;动则耗气,肾气益虚,故动则喘息益甚;肾之阳气虚弱,不能达于肌表,故四肢不温,卫表不固,则咳逆易自汗出;肾阳虚不能蒸化水液,膀胱失控,故咳则遗尿;若肾气虚极,导致肾阳衰微,则可见喘息加剧,冷汗淋漓,肢冷面青,脉虚浮等阳气欲脱之象。

4.治则治法

治宜补肾纳气。方剂用人参蛤蚧散加减或人参胡桃汤(人参、胡桃、生姜)。

(四)肾虚水泛

1.病因

久病失养,肾阳亏损、无法温化水液所致。

2.临床表现

胸腹下水肿、后肢浮肿、宿水停脐或阴囊水肿,尿少,心悸动、喘咳痰鸣(肾阳虚不能制水,水气凌心射肺,心阳不振,肺失宣发输布),耳鼻四肢不温,舌胖淡苔白,脉沉细。

3.证候分析

肾阳虚衰,膀胱不能气化津液,故排尿不利而尿少;肾阳虚不能化气行水,水溢于肌肤,停于胃肠,故全身水肿,肚腹胀满;水液不能蒸腾,势必趋下,故腰

以后肿甚;若水湿上凌心肺,致心阳受阻、肺失肃降,则见心悸气短、喘咳痰鸣;肾阳虚不能温煦肢体,则畏寒肢冷;舌胖嫩有齿痕,苔白滑,脉沉细,均为阳虚水停之象。

4.治则治法

治宜温阳利水。方剂用济生肾气丸或真武汤(茯苓、芍药、白术、生姜、附子)加减。

(五)肾阴虚

1.定义

肾阴虚证是指肾脏阴液不足表现的证候。多由久病伤肾伤精、失血或耗液,或急性热病耗伤肾阴,或配种过度,或过服温燥劫阴之品所致。

2.临床表现

腰胯无力,腰膝酸痛,眩晕耳鸣,失眠多梦,遗精早泄,不孕,经少经闭,或见崩漏,形体消瘦,潮热,盗汗,咽干,粪干尿黄,舌红少津,脉细数。

3.证候分析

本证以肾病主要症状和阴虚内热证共见为辨证要点。肾阴不足,肾主骨生髓,髓海亏虚,骨骼失养,故腰膝酸痛,眩晕耳鸣;肾水亏虚,水火失济则心火偏亢,致心神不宁,而见失眠多梦;阴虚相火妄动,扰动精室,故遗精早泄;母畜阴亏则经血来源不足,所以经量减少,甚至闭经;肾阴虚公畜精室空虚,母畜冲任失养,出现不育;阴虚则阳亢,虚热迫血可致崩漏;肾阴亏虚,虚热内生,故见形体消瘦,潮热、咽干;阴虚卫气归内无所附,汗随气溢出现盗汗;肾阴虚不能养目,出现视力减退;肾阴虚不能润大肠,津液不能滋上,出现尿黄粪干、口干;阴虚生内热表现舌红少津、脉细数。

4.治则治法

治宜滋阴补肾。方剂用六味地黄汤加减。

(六)膀胱湿热

1.定义

膀胱湿热证是湿热蕴结膀胱所表现的证候。多由感受湿热,或饮食不节湿热内生,下注膀胱所致。多见膀胱或尿路感染、结石所致。

2.临床表现

尿频或排尿不畅,排尿艰涩,尿道灼痛,尿黄赤混浊或尿中混有砂石脓血,小腹痛胀,或伴见发热,腰酸胀痛,舌红苔黄腻,脉滑数。

3.证候分析

本证以尿频、尿急、尿痛、尿黄为辨证要点。湿热蕴结膀胱,膀胱气化失司,热迫尿道,故尿频尿急,

排尿艰涩，尿道灼痛，尿液黄赤混浊，小腹痛胀迫急；湿热伤及阴络则尿血；湿热久郁不解，煎熬尿中杂质而成砂石，则尿中可见砂石；湿蕴郁蒸，热淫肌表，可见发热，波及肾脏，则见腰痛；舌红苔黄腻、脉滑数为湿热内蕴之象。

4.治则治法

治宜清利湿热。方剂用八正散（车前子、木通、瞿麦、扁蓄、滑石、甘草梢、栀子、大黄）或滑石散加减。石淋用排石汤，排尿带痛加甘草，尿血加白茅根，砂石加金钱草、海金砂。

（七）肾与膀胱病辨证要点

①肾无表证与实证，只有阴虚、阳虚。都会出现腰板硬痛、腰胯软弱，但肾阳虚兼有阳虚外寒，阳萎滑精；肾阴虚兼有内热，举阳遗精；肾之热属于阴虚之变，肾之寒属于阳虚之变。

②补虚的治疗原则是培其不足，不可伐其有余。

③肾与其他脏腑关系密切，通过治肾而兼理他脏，对治疗久病不愈有一定作用。肾阴虚易致肝阳上亢，宜滋阴潜阳；肾阴虚易致心火旺，宜滋阴降火；肾阴虚易致肺肾阴亏，宜滋肾以养肺。肾阳虚易致脾肾阳虚，宜益火健脾。

④肾与膀胱相表里，但虚证多属于肾，实证多属于膀胱。肾不化气直接影响膀胱气化，发生尿异常。

▶ 六、脏腑兼病之证

（一）心脾两虚

1.定义

心脾两虚证是指心血不足，脾气虚弱所表现的证候。多因劳役过度耗损心血，使脾失所养和心气推动无力；饮喂失调，伤及脾气，使血的生化不足，致心血虚；病久失调，或劳倦，或慢性出血而致血的生化之源不足，以致心脾气血两虚发展而致。

2.临床表现

既有心悸易惊，失眠多梦，眩晕健忘；又有草料迟细、粪稀；倦怠肯卧；舌质淡嫩，脉细弱。

3.证候分析

本证以心悸失眠，神疲食少，腹胀粪溏和慢性出血为辨证要点。脾为气血生化之源，又具统血功能。脾气虚弱，生血不足，或统摄无权，血溢脉外，均可导致心血亏虚。心主血，血充则气足，血虚则气弱。心血不足，无以化气，则脾气亦虚。故两者在病理上常可相互影响，成为心脾两虚证。

①心悸怔忡，头晕健忘，失眠多梦：由于心血不

足，心失所养，则心悸怔忡，神不守舍；头目失养，则失眠多梦，眩晕健忘。

②食欲不振，腹胀粪稀：由于脾气不足，运化失健。

③倦怠乏力：由于气虚，机能活动减退。

④皮下出血：由于脾气虚不能统血，则血溢脉外。

⑤月经量少色淡，淋漓不尽：由于脾不统血，冲任不固。

⑥舌淡嫩，脉细弱：由于气血亏虚，舌脉失养。

4.治则治法

治宜补益心脾。方剂用归脾汤加减。

（二）肺脾气虚

1.定义

脾肺气虚证是指脾肺两脏气虚所表现的虚弱证候。多因肺虚及脾，久咳伤肺，痰湿留积，损伤脾气；或脾虚及肺，由于长期饲养管理不当或慢性胃肠道疾病，伤脾，脾虚不能输精于肺而致肺虚。

2.临床表现

久咳不止，气短而喘，痰多稀白；又有草料迟细，腹胀粪稀；倦怠肯卧；面部、肢蹄浮肿；舌淡苔白，脉细弱。

3.证候分析

本证主要以咳喘、食欲不振、腹胀便溏与气虚证共见为辨证要点。脾为生气之源，肺为主气之枢。久咳肺虚，肺失宣降，气不布津，水聚湿生，脾气受困，故脾因之失健。或饲养管理不当损伤脾气，湿浊内生，脾不散精，肺亦因之虚损。

①久咳喘息，痰多稀白：由于久咳不止，肺气受损，肺失宣降；气虚水津不布，聚湿生痰，则痰多稀白。

②少食纳呆，腹胀粪溏：由于脾气虚衰，不能运化水谷，出现少食；湿浊下注，故粪稀。

③头面肢体浮肿：由于脾气虚衰，不能运化水湿，故水湿泛滥。

④乏力少气，声低：为气虚之候。

⑤舌淡苔白滑，脉细弱：为气虚之候。

4.治则治法

治宜补脾益肺。方剂用参苓白术散加减或六君子汤。

（三）肺肾阴虚

1.定义

肺肾阴虚证是指肺、肾两脏阴液不足所表现的证候。多由久咳肺阴受损，进而耗损肾阴；或肾阴亏

虚,不能滋肺,再加上虚火上炎灼伤肺阴。

2.临床表现

久咳气喘,咳嗽痰少,或痰中带血甚至咳血,口燥咽干,叫声嘶哑;形体消瘦,腰膝酸软;盗汗,骨蒸潮热,遗精,月经不调;舌红少苔,脉细数。

3.证候分析

本证一般以久咳痰血、腰膝酸软、遗精等症与阴虚证共见为辨证要点。肺肾阴液互相滋养,肺津敷布以滋肾,肾精上滋以养肺,称为"金水相生",在病理变化上,无论病起何脏,其发展均可形成肺肾阴虚证。

①咳嗽痰少,痰中带血,声音嘶哑:肺阴虚肺燥,清肃失职,故咳嗽痰少;热灼肺络,络损血溢,故痰中带血或咳血;肾脉循喉,肺肾阴亏喉失滋养兼虚火熏灼,则叫声嘶哑。

②腰膝酸软:腰为肾府,肾精亏虚,腰膝失于滋养,故腰膝无力酸软。

③形体消瘦,骨蒸潮热,盗汗,咽干口燥:阴精亏虚,必生内热,虚热内扰,故呈一派阴虚内热之象。肌肉失养,则形体日渐消瘦;阴虚生内热,故骨蒸潮热;阴虚内热,卫气夜行于内而无所附,外逸迫津外泄则盗汗;津不上承,则口干咽燥。

④公畜遗精,母畜月经不调或崩漏:虚热内扰,精室不固;阴虚冲任失充则致经少,虚火灼伤阴络则见崩下。

⑤舌红少津,脉细数:为阴虚内热的表现。

4.治则治法

治宜滋补肺肾。方剂用麦味地黄汤。

(四)肝脾不和

1.定义

肝脾不和是指肝失疏泄,脾失健运所表现的证候。多由捕捉、失群、离仔、惊恐、郁怒等情志不遂伤肝,使肝气郁结,疏泄失常,影响脾的功能;或饲养管理不当、劳倦伤脾,脾不运化使肝气机不畅,疏泄失常。

2.临床表现

既有肝气郁结,又有草料迟细、肠鸣腹痛现象。胸胁胀满窜痛,喜太息,精神抑郁或急躁易怒;纳呆腹胀,粪稀不畅,肠鸣矢气,或腹痛欲泻,泻后痛减;舌苔白或腻,脉弦。

3.证候分析

本证以胸胁胀满窜痛、易怒、纳呆腹胀粪稀为辨证要点。肝主疏泄,有助于脾的运化功能,脾主健运,气机通畅,有助肝气的疏泄,故在发生病变时,可相互影响,形成肝脾不调证。

①胸胁胀闷窜痛,纳呆腹胀:肝失疏泄,经气郁滞,故胸胁胀满窜痛;脾失健运,气机郁滞则纳呆腹胀。

②腹痛欲泻,泻后痛减:肝气横逆,腹中气滞则腹痛,扰乱脾的运化则出现腹泻。排粪后气滞得畅,故泻后疼痛得以缓解。

③胸闷喜太息:肝气郁结,太息则气郁得达,胀闷得舒,故喜太息。

④抑郁、急躁易怒:气机郁结不畅,故精神抑郁;气郁化火,肝失柔顺条达,则急躁易怒。

⑤粪稀不畅、肠鸣矢气:肝气横逆,脾运失常,气滞湿阻。

⑥舌苔白腻、脉弦:肝气横逆,脾湿不运,寒热现象不显,故仍见白苔;湿邪内盛,可见腻苔。肝气郁结,肝失柔和,出现脉弦之征。

4.治则治法

治宜疏肝健脾。方剂用逍遥散或痛泻要方加减。

(五)脾肾阳虚

1.定义

脾肾阳虚证是指脾肾两脏阳气亏虚所表现的证候。多由久病、久泻或水湿久停,导致脾肾两脏阳虚而成。肾阳虚不能温养脾阳;脾阳久虚,不能运化水谷之精,肾精失充。

2.临床表现

形寒怕冷,畏寒肢冷,腰膝或下腹冷痛;倦怠肯卧;久泻或五更泄泻,或下利清谷;排尿不利,头面部、四肢浮肿,甚则腹胀如鼓。口色淡,舌淡胖,苔白滑,脉沉细无力。

3.证候分析

本证一般以腰膝、下腹冷痛,久泻不止,浮肿等与寒证并见为辨证要点。肾为先天之本,脾为后天之本,在生理上脾肾阳气相互资生,相互促进,脾主运化,布精微,化水湿,有赖命门之火温煦;肾主水液,温养脏腑,需靠脾精的供养。若肾阳不足,不能温养脾阳,则脾阳亦不足或脾阳久虚,日渐损及肾阳,则肾阳亦不足。无论脾阳虚衰或肾阳不足,在一定条件下,均能发展为脾肾阳虚证。

①形寒肢冷,口色白,腰膝冷痛:脾肾阳气虚衰,不能温煦形体,故畏寒肢冷;脾阳虚不能运化水谷,气血化生不足,故口色淡;阳虚内寒,经脉凝滞,故少腹腰膝冷痛。

②久泻久痢,五更泄泻,下利清谷:脾肾阳虚,不能温化水谷,脾升清降浊失常。

③排尿不利、肢体浮肿、腹胀如鼓:脾阳虚无以运化水湿,水湿内聚,气化不行,则排尿不利;溢于肌肤,则头面、肢体浮肿;停于腹内则腹胀如鼓。

④舌淡胖,苔白滑:脾肾阳气虚衰,阴寒水湿内停。

⑤脉沉细无力:脾肾阳气虚衰的表现。

4.治则治法

治宜温补脾肾。选择方剂时,泄泻证用附子理中汤加四神丸;水肿证用真武汤或实脾饮加减。

(六)肝肾阴虚

1.定义

肝肾阴虚证是指肝肾两脏阴液亏虚所表现的证候。多由久病失调、交配过度、情志内伤等引起肝血不足或肾精亏损而致。

2.临床表现

眩晕夜盲,耳鸣健忘,失眠多梦;胁痛,腰胯无力;举阳滑精、遗精,母畜经少,不孕不育;咽干口燥,盗汗;舌红少苔,脉细数。

3.证候分析

本证一般以胁痛、腰膝酸软、耳鸣遗精与阴虚内热证共见为辨证要点。肝肾阴液相互资生,肝阴充足,则下藏于肾;肾阴旺盛,则上滋肝木,故有"肝肾同源"之说。在病理上,两者往往相互影响,表现为盛则同盛,衰则同衰,形成肝肾阴虚证。

①头晕目眩:肝肾阴亏,水不涵木,肝阳上亢。

②耳鸣健忘:肾水不充,耳窍失涵则耳鸣;肾精不足,脑髓失充则健忘。

③腰膝酸软:腰膝失去肾精滋涵而酸软。

④潮热盗汗,咽干口燥,失眠多梦:阴虚生内热,虚热内扰,热蒸于里,故见潮热;卫阳夜行于内,阴液不足无所依附,内迫营阴,出现夜间盗汗;津不上润,则口燥咽干;虚火上扰心窍,则心神不安、失眠多梦。

⑤夜盲内障、视物不清,胸胁疼痛:肝血肾精不足,目与肝脉失涵。

⑥公畜遗精,母畜发情周期不正常,且经量减少或经闭:虚热内扰,公畜精室不固;母畜阴虚冲任失充,出现经量减少或经闭。

⑦舌红少津,脉细数:阴虚内热之象。

4.治则治法

治宜滋补肝肾。选用方剂时,眩晕、夜盲用杞菊地黄汤;腰胯无力、卧地不起用虎潜丸。

(七)心肾不交

1.定义

心肾不交证是指心肾水火既济失调所表现的证候。多由久病伤阴、五志化火或交配过度等引起。

2.临床表现

心烦不寐,心悸健忘,头晕耳鸣,腰酸遗精,咽干口燥,舌红,脉细数。或伴见腰部肢下酸重发冷。

3.证候分析

本证以失眠,伴见心火亢、肾水虚的症状为辨证要点。心火下降于肾,以温肾水;肾水上济于心,以制心火,心肾相交,则水火相济。

①心烦少寐,心悸多梦:心肾阴虚,虚阳亢动,扰乱心神。

②头晕健忘,耳鸣如蝉,口燥咽干:肾阴亏虚,脑髓失充。

③腰膝酸软:肾阴不足,髓减骨弱,骨骼失养,腰为肾府,失阴液濡养,故腰膝酸软。

④腰膝酸重发冷:心火亢于上,火不归元,肾水失于温煦而下凝,则腰膝酸重发冷。

⑤形体消瘦,潮热盗汗:肾阴亏虚,虚热内生。

⑥粪便干结,尿液短赤:肾阴亏虚,阴液不足。

⑦舌红少苔,脉细数:为阴虚内热之证。

4.治则治法

治宜滋补肾精,清心安神。方剂用六味地黄丸合朱砂安神丸。

(八)心肾阳虚

1.定义

心肾阳虚证是指心肾两脏阳气虚衰,阴寒内盛所表现的证候。多由久病不愈,或过度劳役所致。

2.临床表现

畏寒肢冷,心悸怔忡,排尿不畅,肢体浮肿,或唇爪青紫,舌淡暗或青紫,胸闷气短,遇寒加重,而动则气喘;苔白滑,脉沉微细。

3.证候分析

本证以心肾阳气虚衰,全身机能活动低下为辨证要点。肾阳为一身阳气之根本,心阳为气血运行、津液流注的动力,故心肾阳虚则常表现为阴寒内盛、全身机能极度降低、血行瘀滞、水气内停等病变。

①心悸怔忡:阳气衰微,心失温养,水气上泛凌心。

②形寒肢冷:阳虚,形体失于温煦。

③精神萎靡:阳气不振,神失所养。

④肢体浮肿:阳虚,水液内停,泛溢肢体。

⑤排尿不利：阳气不足，膀胱气化失司。

⑥唇爪青紫：阳虚血运无力，血行瘀滞。

⑦胸闷气短、动则气喘：心肾阳虚，胸阳不运，气机不畅，血行瘀滞，故胸闷气短，遇寒加重；心肾阳虚，水饮凌心射肺，而动则气喘。

⑧舌淡青紫苔白滑，脉沉细微：为心肾阳气衰微、阴寒内盛之征。

4.治则治法

治宜温补心肾。方剂用真武汤加味。

(九)心肺气虚

1.定义

心肺气虚证是指心肺两脏气虚所表现的证候。多由久病咳喘耗伤心肺之气，或先天不足、老弱等因素引起。

2.临床表现

心悸，咳喘，气短无力，动则尤甚，胸闷；痰液清稀，头晕神疲；自汗声低；口色白，舌淡苔白，脉沉弱或结代。

3.证候分析

本证以心悸咳喘与气虚证共见为辨证要点。心主血脉，肺主气，气为血帅，血为气母，肺朝百脉，心肺在生理病理上有密切的关系。心气不足，血行不畅，影响肺气输布与宣降；肺气虚弱，宗气生成不足，则运血无力，血脉失于充养。故心肺气虚常表现为呼吸气息的异常及血运障碍。

①胸闷心悸：肺气虚，呼吸机能减弱，则胸闷不舒；心肺气虚，心失所养，鼓动无力，气机不畅。

②咳喘气短，动则尤甚：肺气虚弱，肃降失常，气机上逆。气虚则气短乏力，动则耗气，故喘息亦甚。

③痰液清稀：肺气虚不能输布津液，水湿停聚为痰。

④头晕神疲，声低，自汗乏力：气虚全身机能活动减退，肌肤、脑髓供养不足，卫外不固。

⑤舌淡苔白，或唇舌淡紫，脉沉弱或结代：为心肺阳气虚衰的表现。气虚则血弱，不能上荣舌体，见舌淡苔白。血脉气血运行无力或心脉之气不续，则脉见沉弱或结代。

4.治则治法

治宜补气养心益肺。方剂用香砂六君汤合生脉饮。

(十)心肝血虚

1.定义

心肝血虚证是指心肝两脏血液亏虚所表现的证候。多由久病体虚，或思虑过度暗耗阴血所致。

2.临床表现

其证候特点是心神、目、筋、爪甲失养并见血虚之象。心悸健忘，失眠多梦；眩晕耳鸣，两目干涩，视物模糊；爪甲不荣，肢体麻木，震颤拘挛；月经量少，色淡，甚则经闭；舌淡苔白，脉细弱。

3.证候分析

本证一般以心肝病变的常见症状和血主虚证共见为辨证要点。心主血脉，肝藏血，若心血不足，则肝无所藏，肝血不足，则心血不能充盈，因而形成心肝血虚证。

①心悸怔忡，失眠健忘，失眠多梦：心血不足，心神失所养，心神不安。

②头晕目眩，视物模糊或夜盲：心肝血虚，血不上荣，脑海失充，目失所养。

③爪甲不荣，肢体麻木，关节拘急不利，震颤：肝血不足，肢体爪甲筋脉失养。

④舌淡苔白：血液亏虚，舌脉失养。

⑤脉细弱或细弦：为心肝血液亏虚之证。

⑥月经量少色淡，甚则闭经：为肝血不足使冲任失养所致。

4.治则治法

治宜补养心肝。方剂用四物汤加减桑葚子、枸杞子、熟地、当归、阿胶、生地、川芎、白芍、首乌。

(十一)肝火犯肺

1.定义

肝火犯肺证是指肝经气火上逆犯肺所表现的证候。按五行理论属"木火刑金"证。多由郁怒伤肝，或肝经热邪上逆犯肺所致。

2.临床表现

胸胁灼痛，急躁易怒，头晕目赤，烦热口苦，咳嗽阵作，痰黏量少色黄，甚则咳血，舌红苔薄黄，脉弦数。

3.证候分析

本证以胸胁灼痛，急躁易怒，目赤口苦咳嗽为辨证要点。肝性升发，肺主肃降，升降相配，则气机调节平衡。若肝气升发太过，气火上逆，循经犯肺，即成肝火犯肺证。

①胸胁灼痛，急躁易怒：肝经实火为患，气火内郁，肝失柔顺。

②咳嗽阵作：肝之气火循经上逆犯肺，肺受火灼，清肃失常，气机上逆咳嗽阵作。

③甚则咳血：火灼肺络，络损血溢。

④痰稠色黄:津为火灼,炼液为痰。

⑤头胀头晕,目赤:肝经气火上逆头目。

⑥烦热口苦:气火内郁,胸中烦热;热蒸胆气上溢则口苦。

⑦舌红苔薄黄,脉弦数:为肝经实火内炽之征。

4.治则治法

宜清火疏肝宣肺。方剂用泻白散(地骨皮、炒桑白皮、炙甘草)合黛蛤散。

(十二)肝胃不和

1.定义

肝胃不和证是指肝失疏泄,胃失和降表现的证候。多由气郁化火,寒邪内犯肝胃,或气郁化火而发病。

2.临床表现

脘胁胀闷疼痛,嗳气呃逆吞酸,烦躁易怒,舌红苔薄黄,脉弦或数。或头顶疼痛,遇寒则甚,得温痛减,呕吐涎沫,形寒肢冷,舌淡苔白滑,脉沉弦紧。

3.证候分析

本证临床常见有两种表现,一为肝郁化火,横逆犯胃型,以脘胁胀痛,吞酸,舌红苔黄为辨证要点;一为寒邪内犯肝胃型,以头顶痛,吐涎沫,舌淡苔白滑为辨证要点。肝主升发,胃主下降,两者密切配合,以协调气机升降的平衡。当肝气或胃气失调,出现脾胃不和证。

①胸胁胃脘胀痛或窜痛:肝失疏泄,肝胃气滞。

②呃逆嗳气吞酸:肝胃气滞,气郁化火,胃失和降,气机上逆。

③烦躁易怒:气郁化火,肝失柔顺。

④舌红苔薄黄,脉弦或数:为气郁化火之征。

⑤头顶疼痛,遇寒则甚,得温痛减:寒邪内犯肝胃,阴寒之气循经上逆,经络输气异常。

⑥形寒肢冷:寒邪入侵肝胃,损伤阳气,不能外温肌肤。

⑦呕吐涎沫:寒邪内犯肝胃,损伤中阳,水津不化,气机上逆。

⑧舌淡苔白滑,脉沉弦紧:为寒邪内盛之象。

4.治则治法

治宜疏肝和胃。方剂用左金丸合金铃子散。

作业

1.心气虚、心血虚、心阴虚、心阳虚症状有何不同?分别用什么方剂治疗?

2.小肠实热证有何表现?如何治疗?

3.肝阴虚与肝血虚有何不同?如何治疗?

4.肝阳上亢与肝气郁结分别有何表现?如何治疗?

5.脾虚不运、脾气下陷、脾不统血有何不同?如何治疗?

6.脾阳虚与胃阴虚各有何表现?如何治疗?

7.风热犯肺与肺热咳喘有何不同?如何治疗?

8.大肠湿热与大肠冷泻各有何表现?如何治疗?

9.膀胱湿热有何表现?如何治疗?

拓展

心肾不交有何表现,如何治疗?

自我评价

评价内容	记忆情况	理解情况	百分制评分结果	不足与改进
心与小肠病具体病证的主证表现、证候分析及治则治法				
肝与胆病具体病证的主证表现、证候分析及治则治法				
脾与胃病具体病证的主证表现、证候分析及治则治法				
肺与大肠病具体病证的主证表现、证候分析及治则治法				
肾与膀胱病具体病证的主证表现、证候分析及治则治法				
脏腑兼病主要病证、证候分析及治则治法				

任务三　六经辨证

学习导读

教学目标

1.使学生掌握六经辨证、合病、并病、传变、直中的概念。

2.使学生掌握太阳病证的常见病证、临床表现、证候分析与治则治法。

3.使学生掌握阳明病证的常见病证、临床表现、证候分析与治则治法。

4.使学生掌握少阳病证的临床表现、证候分析与治则治法。

5.使学生掌握太阴病证的临床表现、证候分析与治则治法。

6.使学生掌握少阴病证的常见病证、临床表现、证候分析与治则治法。

7.使学生掌握厥阴病证的常见病证、临床表现、证候分析与治则治法。

8.使学生掌握常见合病、并病的临床表现、治则治法。

教学重点

1.太阳中风、太阳伤寒、太阳蓄水证、太阳蓄血证、阳明经证、阳明腑证、少阳病证的主证表现及治疗
方药。

2.太阴病证、少阴虚寒证、少阴虚热证、寒厥证、热厥证的主证表现及治疗方药。

教学难点

1.太阳中风、太阳伤寒、太阳蓄水证、太阳蓄血证、阳明经证、阳明腑证、少阳病证的病证分析理解。

2.太阴病证、少阴虚寒证、少阴虚热证、寒厥证、热厥证的病证分析理解。

课前思考

1.你知道六经辨证和六经病证的具体含义吗?

2.你知道太阳病证的常见病证与治则治法吗?

3.你知道阳明病证的常见病证与治则治法吗?

4.你知道少阳病证的治则治法吗?

5.你知道太阴病证的治则治法吗?

6.你知道少阴病证的常见病证与治则治法吗?

7.你知道厥阴病证的常见病证与治则治法吗?

8.你知道合病、并病的含义,以及常见病证的临床表现、治则治法吗?

学习导图

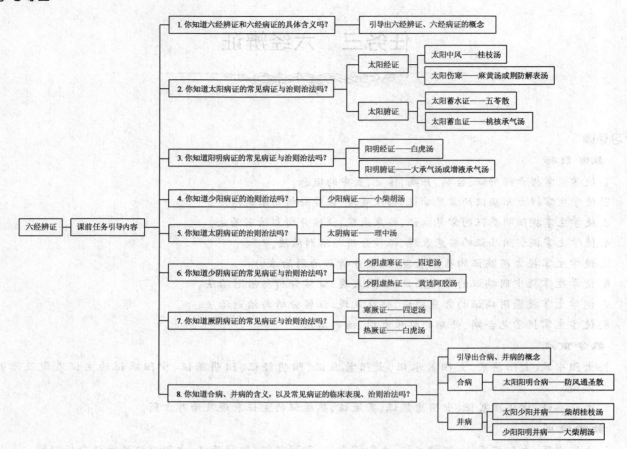

六经及卫气营血辨证,都是用于外感热病的辨证方法。外感热病是指感受外邪,以发热为主要症状的一类急性疾病的总称。六经辨证始见于《伤寒论》,是东汉医学家张仲景在《素问·热论》等篇的基础上,结合伤寒病证的传变特点所创立的一种论治外感病的辨证方法。

六经辨证是以六经为纲,将外感病演变过程中所表现的各种证候,总结归纳为六经病证,分别从邪正盛衰、病变部位、病势进退及其相互传变等方面阐述外感病各阶段的一种论治外感病的辨证方法。六经病证是太阳、少阳、阳明、太阴、少阴、厥阴等病证的总称,分三阳病和三阴病,三阳病包括太阳病、阳明病、少阳病,三阴病包括太阴病、少阴病、厥阴病。

六经病证的特点包括:三阳病证时机体抗病能力强、同时病势亢盛;三阴病证时机体抗病力衰减、同时病势虚弱。三阳病证以六腑的病变为基础,三阴病证以五脏的病变为基础。三阳病多热多实,治疗上重在祛邪;三阴病多寒多虚,治疗上重在扶正。六经病证基本上概括了脏腑和十二经的病变。

六经辨证的适用范围:六经辨证主要用于外感伤寒病的诊治。广义伤寒是一切外感热病的总称,包括民间所称的天行、温疫;狭义伤寒是指外感风寒。同时对内伤杂病的论治,也同样具有指导意义。

一、六经病证的分类

六经病证是外邪侵犯机体,作用于六经,致六经所系的脏腑经络及其气化功能失常,从而产生病理变化,出现一系列证候。经络脏腑是机体不可分割的有机整体,故某一经的病变,很可能影响到另一经,六经之间可以相互传变。六经病证传变的一般规律是由表入里,由经络到脏腑,由阳经入阴经。病邪的轻重、体质强弱,以及治疗恰当与否,都是决定传变的主要因素。如病畜体质衰弱,或医治不当,阳证亦可转入三阴;反之,如病护理较好,医治适宜,正气得复,虽阴证亦可转出三阳。因而针对临床上出现的各种证候,运用六经辨证的方法,来确定何经之病,进而明确该病证的病因病机,确立相应的治法,列出一定的方药,这正是六经病证分类的意义所在。

（一）太阳病证

太阳病证，是指邪自外入或病由内发，致使太阳经脉及其所属脏腑功能失常所出现的临床证候。太阳，是阳气旺盛之经，主一身之表，统摄营卫，为一身之藩篱，包括后肢太阳膀胱经和前肢太阳小肠经。外邪侵袭机体，大多从太阳而入，卫气奋起抗邪，正邪相争，太阳经气不利，营卫失调而发病。病由内发者，系在一定条件下，疾病由阴转阳，或由表入里。由于病畜体质和病邪传变的不同，同是太阳经证，却又有太阳中风与太阳伤寒的区别。

1. 太阳经证

太阳经证，是指太阳经受外邪侵袭、邪在肌表，经气不利而出现的临床证候。可分为太阳中风证和太阳伤寒证。主要发生于早春、晚秋、冬季气候多变时，受雨淋或夜间露宿受风雪侵袭。

（1）太阳中风证 具体如下。

①定义：太阳中风证，又称为表虚证。指风邪袭于肌表，卫气不固，营阴不能内守而外泄出现的一种临床证候。

②临床表现：发热，汗出，恶风，流泪，头痛，苔薄白，脉浮缓，有时可见鼻鸣干呕。多见于老弱幼畜。

③证候分析：太阳主表，统摄营卫。风寒外袭肌表，以风邪为主，腠理疏松，故有恶风之感；卫为阳，功主卫外，卫受病则卫阳浮盛于外而发热；由于卫阳浮盛于外，失其固外开合的作用，因而营阴不能内守而汗自出；汗出肌腠疏松，营阴不足，故脉浮缓；鼻鸣干呕，则是风邪壅滞而影响肺胃所致。此证具有汗出、脉浮缓的特征，故又称为表虚证，与太阳伤寒证的表实证不同。

④治则治法：解肌祛风，调和营卫。方剂用桂枝汤。

（2）太阳伤寒证 具体如下。

①定义：太阳伤寒证，又称为表实证。指寒邪袭表，太阳经气不利，卫阳被束，营阴郁滞所表现出的临床证候。

②临床表现：发热，恶寒，头项强痛，肢体关节疼痛，无汗，咳喘，苔薄白，脉浮紧。

③证候分析：寒邪袭表，卫阳奋起抗争，卫阳失去其正常温煦腠理的功能，则出现恶寒；卫阳浮盛于外，势必与邪相争，卫阳被遏，故出现发热，伤寒临床所见，多为恶寒发热并见；风寒外袭，腠理闭塞，所以无汗；寒邪外袭，太阳经气运行不利，故出现头项强痛；正气欲向外而寒邪束于表，故见脉浮紧；咳嗽、喘促是由于邪束于外，肌腠失宣，肺气不能宣发所致；因其无汗，故称之为表实证。

④治则治法：发汗解表，宣肺平喘。方剂用麻黄汤或荆防解表汤。

2. 太阳腑证

太阳腑证，是指太阳经邪不解，内传入腑所表现出的临床证候。

（1）太阳蓄水证 具体如下。

①定义：太阳蓄水证是指外邪不解，内传于太阳膀胱之腑，膀胱气化失司，水道不利而致蓄水所表现出的临床证候。

②临床表现：排尿不利，小腹胀满，发热烦渴、渴欲饮水，水入即吐，脉浮或浮数。

③证候分析：膀胱主藏津液，化气行水，因膀胱气化不利，既不能布津上承，又不能化气行水，所以出现烦渴，排尿不利。水气上逆，停聚于胃，拒而不纳，故水入即吐。本证的特点是"排尿不利，烦渴欲饮，饮入则吐"。

④治则治法：利水通淋。方剂用五苓散。

（2）太阳蓄血证 具体如下。

①定义：太阳蓄血证是指外邪入里化热，随经深入后焦，邪热与瘀血相互搏结于膀胱、少腹部位所表现出的临床证候。

②临床表现：少腹急结（即下腹部急迫拘挛，或痛或胀），硬满疼痛，发狂，排尿不利，或粪便色黑，舌紫或有瘀斑，脉沉涩或沉结。母畜可见月经不调、痛经或经闭等瘀热阻于胞宫之症。

③证候分析：外邪侵袭太阳，入里化热，营血被热邪煎灼，热与蓄血相搏于后焦少腹，故见少腹拘急，甚则硬满疼痛；心主血脉而藏神，邪热上扰心神则发狂；若瘀血结于膀胱，气化失司，则排尿不畅、尿淋漓带痛；瘀血停留胃肠，则粪便色黑；郁热阻滞，脉道不畅，故脉沉涩或沉结。

④治则治法：泄热为主，兼以化瘀，表邪未解应先解表。方剂用桃核承气汤加减（由桃仁、大黄、芒硝、桂枝、炙甘草组成，重则加水蛭、虻虫，集活血化瘀药之大成）。

（二）阳明病证

阳明病证，是指太阳病未愈，病邪逐渐亢盛内传阳明或阳明经自病而邪热炽盛,伤津成实所表现出的临床证候。以身热汗出、不恶寒反恶热为基本特征。病位主要在肠胃,病性属里、热、实。根据邪热入里是否与肠中积滞互结,而分为阳明经证和阳明腑证。阳明经包括前肢阳明大肠经,后肢阳明胃经。"实则阳明,虚则太阴",阳明病可以转变为太阴病,也就是抗病力由强到减弱的表现,预后不良;太阴病也可以转变为阳明病,则表示抗病力由弱转强,预后佳良。

1. 阳明经证

(1)定义　阳明经证是指阳明病邪热弥漫全身,充斥阳明经,肠中并无燥粪内结所表现出的临床证候。又称阳明热证。

(2)临床表现　身大热,大汗,大渴欲饮,脉洪大;或见四肢厥冷,喘粗,心烦,舌质红苔黄腻,脉洪大。

(3)证候分析　本证以大热、大汗、大渴、大脉为临床特征。邪入阳明,燥热亢盛,充斥阳明经脉,故见大热;邪热熏蒸,迫津外泄,故大汗;热盛煎熬津液,津液受损,故出现大渴、口干舌燥、尿短赤;热灼肺金出现喘粗;热甚阳亢,阳明为气血俱多之经,热迫其经,气血沸腾,故脉现洪大;热扰心神,神志不宁,故出现心烦;热邪炽盛,阴阳之气不能顺接,阳气一时不能外达于四肢末端,故出现肢蹄厥冷,所谓"热甚厥亦甚"正是此意;舌质红、苔黄腻皆阳明热邪偏盛所致。

(4)治则治法　清热生津,益气和胃。方剂用白虎汤,白虎汤用于热盛而正不虚。如热势已衰,余热未尽而气津两伤,可用竹叶石膏汤(竹叶、石膏、半夏、麦门冬、人参、粳米、甘草),热既衰且胃气不和,故去苦寒质润的知母,加人参、麦冬益气生津,竹叶除烦,半夏和胃。其中半夏虽温,但配入清热生津药中,则温燥之性去而降逆之用存,且有助于输转津液,使参、麦补而不滞,此善用半夏者也。

2. 阳明腑证

(1)定义　阳明腑证是指阳明经邪热不解,由经入腑,或热自内发,与肠中内容物互结,阻塞肠道所表现出的临床证候。此证又称阳明腑实证。临床此证以"痞、满、燥、实"为其特点。

(2)临床表现　恶热不恶寒、日晡潮热、出汗,脐腹胀满疼痛,粪便秘结甚至闭结不通,矢气,尿短赤,狂乱,不得眠,舌苔多厚黄干燥,舌边尖起芒刺,甚至焦黑燥裂。脉沉迟而实;或滑数。

(3)证候分析　本证较经证重,往往是阳明经证进一步发展而来。阳明腑实证热邪型多为日晡潮热,即午后3~5时热较盛,而四肢禀气于阳明,腑中实热,弥漫于经,故四蹄(爪)心汗出;阳明证大热汗出或误用发汗药使津液外泄,于是肠中干燥,热与糟粕充斥肠道,结而不通,则脐腹部胀满疼痛,粪便秘结;邪热炽盛上蒸而熏灼心脏,出现狂乱、不得眠等症;热内结而津液被劫,故苔黄干燥,起芒刺或焦黑燥裂;燥热内结于肠,脉道壅滞而邪热炽盛急迫,故脉沉实或滑数。

(4)治则治法　清热泻下。方剂用大承气汤或增液承气汤。

(三)少阳病证

(1)定义　少阳病证是指机体受外邪侵袭,邪正分争于半表半里之间,少阳经不利所表现出的临床证候。少阳病从其病位来看,是已离太阳之表,而又未入阳明之里,正是半表半里之间,因而在其病变的机转上属于半表半里的热证。可由太阳病不解内传,或病邪直犯少阳,或三阴病转入少阳而发病。包括前肢少阳三焦经,后肢少阳胆经。

(2)临床表现　往来寒热,微热不退,厌食,胸胁胀满,心烦呕吐,口苦,咽干,目眩,苔薄白、脉弦。

(3)证候分析　本证以往来寒热、胸胁胀痛、心烦、口苦、恶心呕吐为其主症。邪犯少阳,邪正交争于半表半里,故见往来寒热;少阳受病,胆火上炎,灼伤津液,故见口苦、咽干;胸胁是少阳经循行部位,邪热壅于少阳,往脉阻滞,气血不和,则胸胁胀痛;肝胆疏泄不利,胆木犯胃,影响及胃,胃失和降,则见呕吐、厌食;少阳木郁,水火上逆,则心中烦扰;肝胆受病,气机郁滞,故见脉弦。

(4)治则治法　和解少阳。方剂用小柴胡汤。

(四)太阴病证

(1)定义　太阴病证是指邪犯太阴,脾胃机能衰弱所表现出的临床证候。太阴病中之"太阴"主要是指脾而言。可由三阳病治疗失当,损伤脾阳,也可因脾气素虚,寒邪直中而起病。太阴经包括前肢太阴肺经,后肢太阴脾经。

(2)临床表现　为脾胃虚寒证。表现腹胀腹痛,呕吐,不食,粪稀,口不渴,舌苔白腻,脉沉缓而弱。

（3）证候分析 太阴病总的病机为脾胃虚寒、寒湿内聚。脾土虚寒，中阳不足，脾失健运，寒湿内生，湿滞气机则腹满；寒邪内阻，气血运行不畅，故腹痛阵发；中阳不振，寒湿下注，则腹泻，甚则下利清谷，后焦气化未伤，津液尚能上承，所以太阴病口不渴；寒湿之邪，弥漫太阴，故舌苔白腻，脉沉缓而弱。

（4）治则治法 温振脾阳，散寒燥湿。方剂用理中汤。

（五）少阴病证

少阴病证是指少阴心肾阳虚，虚寒内盛所表现出的全身性虚弱的一类临床证候。为全身虚弱证，多因营养不良、过劳、外邪直中，或三阳病、三阴病失治误治。少阴病证为六经病变发展过程中最危险的阶段。病至少阴，心肾机能衰减，抗病能力减弱，或从阴化寒或从阳化热，因而在临床上有寒化、热化两种不同证候。少阴经包括前肢少阴心经和后肢少阴肾经。主证为虚证，有少阴虚寒证与少阴虚热证之分。

1. 少阴虚寒证

（1）定义 少阴虚寒证是指心肾水火不济，病邪从水化寒，阴寒内盛而阳气衰弱所表现出的临床证候。

（2）临床表现 无热恶寒，脉沉微细，嗜睡，少立喜卧，耳鼻四肢厥冷，下利清谷，呕吐不食，或食入即吐；或脉微欲绝，戴阳，反不恶寒，脉沉细。

（3）证候分析 心肾阳虚失于温煦，故恶寒，四肢厥冷；阳气衰微，神气失养，故呈现神情衰倦；阳衰寒盛，无力鼓动血液运行，故见脉沉微细；肾阳虚无力温运脾阳以助运化，故下利清谷；若阴寒极盛，将残阳格拒于上，则表现为阳浮于外的"戴阳"假象。

（4）治则治法 回阳救逆。方剂用四逆汤。

2. 少阴虚热证

（1）定义 少阴虚热证是指少阴病邪从火化热而伤阴，致阴虚阳亢所表现出的临床证候。

（2）临床表现 烦躁不安，不眠，口燥咽干，尿短赤，舌红绛，脉细数。

（3）证候分析 邪入少阴，从阳化热，热灼真阴，肾阴亏，心火亢，心肾不交，故出现烦躁不安，不能眠；邪热伤津，津伤而不能上承，故口燥咽干；心火下移小肠，故尿短赤；阴伤热灼，内耗营阴，故舌红而脉细数。

（4）治则治法 滋阴降火。方剂用黄连阿胶汤。

（六）厥阴病证

厥阴病证是指病至厥阴，机体阴阳调节功能发生紊乱，所表现出的寒热错杂的临床证候。厥阴病的发生，一为直中，平素厥阳之气不足，风寒外感，直入厥阴；二为传经，少阴病进一步发展传入厥阴；三为转属，少阳病误治，失治，阳气大伤，病转厥阴。为六经病证的最后阶段，病情较复杂，有三种类型之分。

1. 寒厥证

四肢厥冷，无热恶寒，口色淡白，脉细微。

治则治法：回阳救逆。方剂用四逆汤。

2. 热厥证

四肢厥冷，热在内，阻阴于外，故四肢厥冷；恶热，口色干黄，尿短赤。

治则治法：清热和阴。方剂用白虎汤。

3. 蛔厥证

（1）临床表现 四肢厥冷，寒热错杂，口渴多饮、气上冲心，心中疼热，饥不欲食，食则吐蛔。

（2）证候分析 本证为上热下寒，胃热肠寒证。上热，多指邪热犯于前焦，病畜会自觉热气上冲于脘部甚至胸部，时感灼痛，此属肝气挟邪热上逆所致；热灼津液，则口渴多饮；下寒，多指胃肠虚寒，纳化失职，则不欲食；蛔虫喜温而恶寒，肠寒则蛔动，逆行于胃或胆道，则可见吐蛔。此证反映了厥阴病寒热错杂的特点。

（3）治则治法 和胃驱虫。方剂用乌梅丸。

二、合病与并病

（一）合病

合病：指两经或三经同时发病，出现相应的证候。而无先后次第之分。如太阳经病证和阳明经证同时出现，称"太阳阳明合病"；三阳病同病的为"三阳合病"。

1. 太阳阳明合病

（1）病因 太阳之表邪乘胃中之热传入阳明；或劳役过重、出汗，加之久渴失饮，导致胃肠积热后又感受寒邪而得。

（2）临床表现 太阳与阳明合病，有太阳之发热、恶寒、无汗、咳嗽，与阳明之烦热不得眠、肠音低弱、粪干、口干、苔厚等病症同见。

（3）治则治法　表里双解法。方用防风通圣散。若痢则宜加葛根而升之，痢自可止；呕则加半夏而降之，呕自可除。

2．三阳合病

三阳合病即太阳、少阳、阳明三阳经证候并见的情况，为三经同时受邪发病。

三阳合病，腹满身重，难以转侧，口不但而面垢，谵证遗尿，下之则额上生汗，手足道冷。若自汗出者，白虎汤主之。治宜三经同治，三经兼顾，但并非是三经治法或方药叠加，三阳经各经病势多有所侧重，治疗时应根据病势加以辨析。

（二）并病

并病：凡一经之病，治不彻底，或一经之证未罢，又见他经证候的，称为并病。无先后次第之分。如少阳病未愈，进一步发展而又涉及阳明，称"少阳阳明并病"。

1．太阳少阳并病

（1）病因　太阳表证未愈又传入少阳，兼出现少阳半表半里证。

（2）临床表现　有太阳表证的咳嗽、鼻塞、喷鼻、精神倦怠、头项强痛、四肢关节疼痛，又有少阳证的寒热往来、头晕、胸肋胀痛、呕吐等病症同见。

（3）治则治法　双解太阳少阳。方用柴胡桂枝汤，不可发汗或攻下，同时可针刺大椎及肺俞、肝俞。

2．少阳阳明并病

（1）病因　少阳病未愈，病邪传里化热，兼有阳明病状。

（2）临床表现　有少阳病的口苦、胸胁胀痛、寒热往来、鼻耳时热时冷、皮温不均，兼有阳明病身热、口渴、肠音低弱、粪便干小等病症同见。

（3）治则治法　双解少阳阳明。方用大柴胡汤。

🔹 三、六经病传变与直中

（一）传变

传变是指疾病的发展变化，即由一经的证候发展变化为另一经的证候。一般认为"传"是指疾病循着一定的趋向发展；"变"是指病情在某些特殊条件下发生性质的转变。

六经病传变的具体表现：六经病证是脏腑、经络病理变化的反映。机体是一个有机的整体，脏腑经络密切相关，故一经的病变常常会涉及另一经，从而表现出合病、并病及传经的证候。传经与否，取决于体质的强弱、感邪的轻重、治疗是否得当三个方面。如邪盛正衰，则发生传变；正盛邪退，则病转痊愈。身体强壮者，病变多传三阳；体质虚弱者，病变多传三阴。此外，误汗、误下，也能传入阳明，更可以不经少阳、阳明而经传三阴。传经的一般规律如下。

（1）循经而传　就是按六经次序相传。如太阳病不愈，传入阳明或少阳；三阳不愈，传入三阴，首传太阴，次传少阴，终传厥阴。

（2）越经而传　是不按循经次序，隔一经或隔两经相传。如太阳病不愈，不传少阳，而传阳明，或不传少阳、阳明而直传太阴。越经传的原因，多由病邪旺盛，正气不足所致。

（3）表里传　即是互为表里经之间的相传。例如太阳传入少阴，少阳传入厥阴，阳明传入太阴，是邪盛正虚由实转虚、病情加剧的证候。

（4）阴病转阳　就是本为三阴病而转变为三阳证，为正气渐复、疾病好转的征象。

（二）直中

凡病邪初起不从阳经传入，而直接进入阴经，表现出三阴证为直中。

作业

1．概念：六经辨证、卫气营血辨证、合病、并病、传变、直中。

2．简述太阳病证的常见病证、临床表现与治则治法。

3．简述阳明病证的常见病证、临床表现与治则治法。

4．简述少阳病证的临床表现与治则治法。

5．简述太阴病证的临床表现与治则治法。

6．简述少阴病证的常见病证、临床表现与治则治法。

7．简述厥阴病证的常见病证、临床表现与治则治法。

8．简述常见合病、并病的临床表现、治则治法。

拓展

请针对临床所遇的动物疾病运用六经辨证进行辨证论治。

自我评价

评价内容	记忆情况	理解情况	百分制评分结果	不足与改进
六经辨证、合病、并病、传变、直中的概念				
太阳病证的常见病证、临床表现、证候分析与治则治法				
阳明病证的常见病证、临床表现、证候分析与治则治法				
少阳病证的临床表现、证候分析与治则治法				
太阴病证的临床表现、证候分析与治则治法				
少阴病证的常见病证、临床表现、证候分析与治则治法				
厥阴病证的常见病证、临床表现、证候分析与治则治法				
常见合病、并病的临床表现、治则治法				

任务四　卫气营血辨证

学习导读

教学目标

1. 使学生掌握卫气营血辨证的概念。

2. 使学生掌握卫分证候的定义、主证、分析与治则治法。

3. 使学生掌握气分证候的定义、主证、分析，以及常见病证、主证、分析与相应治则治法。

4. 使学生掌握营分证候的定义、主证、分析，以及常见病证、主证、分析与相应治则治法。

5. 使学生掌握血分证候的定义、主证、分析，以及常见病证、主证、分析与相应治则治法。

6. 使学生掌握卫气营血证候的鉴别。

7. 使学生了解卫气营血病传变规律。

教学重点

1. 卫分病证、温热在肺、热入阳明、热结肠道的主证表现及治疗方药。

2. 营热、热入心包、血热妄行、气血两燔、肝热动风、血热伤阴的主证表现及治疗方药。

教学难点

卫气病证、气分病证、营分病证、血分病证的具体病证分析理解。

课前思考

1. 你知道卫气营血辨证的具体含义吗？

2. 你知道卫分病证的常见病证与相应治则治法吗？

3. 你知道气分病证的常见病证与相应治则治法吗？

4. 你知道营分病证的常见病证与相应治则治法吗？

5. 你知道血分病证的常见病证与相应治则治法吗？

6. 如何鉴别卫气营血证候？

学习导图

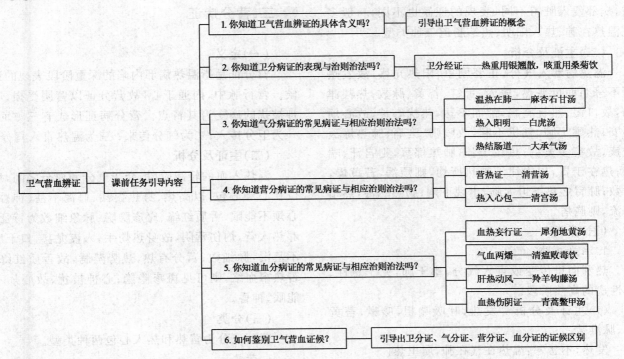

卫气营血辨证是阐述四时温热邪气侵袭机体，造成卫气营血生理功能失常，破坏机体的动态平衡，从而导致温热病，进而论治外感温热病的一种辨证方法。此种辨证方法是清代医学家叶天士首创的。此方法是在伤寒六经辨证的基础上发展起来的，又弥补了六经辨证的不足，从而丰富了外感病辨证学的内容。

卫气营血辨证代表着温热病发展过程中深浅不同的四个阶段——卫、气、营、血，即卫分证、气分证、营分证、血分证这四类不同证候。

第一阶段：温热在气之浅者，即卫分。卫分在表，主肺及皮毛。当温热病邪侵入机体，一般先起于卫分。

第二阶段：温热在气之重者，即气分。卫分病邪不解，以致正气虚弱，津液亏耗，病邪乘虚而入，由表入脏腑或直入脏腑，但尚未入血。

第三阶段：温热在血之浅者，即营分。邪热入心和心包。

第四阶段：温热在血之深者，即血分。邪热深入肝，耗血动血生风；深入肾，耗阴。

卫气营血辨证的适应证为温病。温病的特点是伤阴、伤津、伤血。温病的治则为在卫宜辛凉解表，在气宜清热生津，入营宜清营透热，入血宜凉血散血。

一、卫分病证

（一）定义

卫分证是指温热病邪侵犯机体肌表，致使肺卫功能失常所表现的证候。其病变主要累及肺卫。发生于温热病早期，属于表热证。

（二）主证及分析

①发热与恶寒并见，发热重，恶寒轻：风温之邪犯表，卫气被郁，奋而抗邪，故发热、微恶风寒。

②咳嗽，咽喉肿痛：风温伤肺，肺气不宣，故咳嗽；温热循经而上，故咽喉肿痛。

③口干：热邪伤阴，故见口津干燥。

④舌边尖红，舌苔薄黄，脉浮数：风热上扰，则舌边尖红；风邪在表，故脉浮，苔薄，兼热邪则苔微黄脉浮数。

（三）治则治法

治宜辛凉解表。热重用银翘散，咳重用桑菊饮。

二、气分病证

（一）定义

气分证是指温热病邪内入脏腑，正盛邪实，正邪剧争，阳热亢盛的里热证候。温热之邪从卫分传来，或温热之邪直入气分引起。温热之邪入里,病势较重,病邪侵入脏腑不同,表现的证候也不同,一般多见温热在肺、热入阳明、热结肠道三种类型。

(二)主证及分析

温热病邪入气分,正邪剧争,阳热亢盛,故发热而不恶寒而反恶热,尿赤、舌红、苔黄、脉数;热甚津伤,故口渴;热扰胸膈,郁而不达,热扰心神,故心烦不安;热壅于肺,气机不利,故咳喘、胸痛;肺热炼液成痰,故痰多黄稠;热在于肺,肺热郁蒸,则自汗、喘急;热在于胃,胃内津液被热所灼,则烦渴,苔黄燥,脉数;肺胃之热下迫大肠,出现下痢;肠热炽甚,热结旁流,则胸痞。

(三)分类

1.温热在肺

热邪向里传变或直入气分,壅于肺,见于急性、热性病的高热阶段。

(1)主证及分析　发热,呼吸喘粗,咳嗽,苔黄厚,脉洪数。

发热,不恶寒:温热在气在肺,属里热。

喘粗,咳嗽:温热在肺,肺失宣降。

口色鲜红,舌苔黄厚,脉洪数:为里热盛之证。

(2)治则治法　清热化痰,止咳平喘。方剂用麻杏石甘汤。

2.热入阳明

邪热亢盛,充斥阳明之经。

(1)主证及分析　身热,大汗,大渴,苔黄燥,脉洪大。

身热,大汗:热盛于内,向外蒸腾。

大渴喜饮,口干:热盛伤津。

口色鲜红,舌苔黄燥,脉洪大:为阳明燥热亢盛之证。

(2)治则治法　清热生津。方剂用白虎汤。

3.热结肠道

热邪与肠道积滞相互搏结,以致肠道腑气不通所表现的证候。

(1)主证及分析　高热,肠燥便干,粪结不通,尿短赤,口干色红,苔黄厚,脉沉实有力。

发热:因阳明燥盛。

粪干结:因肠内燥热灼阴。

腹痛不安:粪干,腑气不通。

粪稀:肠内燥热,迫津向下。

口干、尿短赤:热盛伤津。

(2)治则治法　滋阴增液,通便泄热。方剂用大承气汤。

三、营分病证

(一)定义

营分证是指温热病邪内陷的深重阶段表现的证候。营行脉中,内通于心,故营分证以营阴受损、心神被扰的病变为其特点。营分病证形成有三方面,一为卫分传入;二为气分传来;三为温热直入营分。

(二)主证及分析

温热入血的轻浅阶段,介于气分和血分之间,病位在心和心包,以高热、身热夜甚、口渴不甚、神昏、心烦不能眠、舌质红绛、斑疹隐隐、脉象细数为特征。邪热入营,灼伤营阴,故身热灼手,入夜尤甚,口干反不甚渴,脉细数;营分有热,热势蒸腾,故舌质红绛;若热窜血络,则可见斑疹隐隐;心神被扰,故心烦不能眠,神昏。

(三)分类

营分证分为营热和热入心包两种类型。

1.营热

热邪入犯尚浅,只有营热而神志变化缺如或轻微。

(1)主证及分析　具体如下。

高热神昏,躁动不安:邪热入阴,损耗阴血,虚热内生,内外热扰乱心神。

舌质红绛:舌为心之苗,心经有热,上映于舌。

斑疹隐隐:热邪动血,迫血外溢。

喘促、脉细数:热灼阴耗气,有热且气少则喘促,阴血不足则脉细数。

(2)治则治法　清营解毒,透热养阴。方剂用清营汤。

2.热入心包

热邪侵犯心包,神志变化明显。

(1)主证及分析　具体如下。

神志昏迷:热入心包,灼液为痰,痰阻神志。

身热肢冷,甚至抽搐:痰阻包络,热邪闭于内则肢冷,郁抑生风则抽搐。

舌绛脉数:为心包热邪亢盛之征。

(2)治则治法　清心开窍。方剂用清宫汤。

四、血分病证

(一)定义

血分证是指温热邪气深入阴分损伤精血津液的

危重阶段所表现出的证候,也是卫气营血病变最后阶段的证候,病情已经进入衰竭危险时期。

(二)主证

以高热、神昏、便血、尿血、黏膜和皮肤有出血斑点、项背抽搐、舌质红绛、脉细数为特征。典型的病理变化为热盛动血、心神错乱。病变主要累及心、肝、肾三脏。

(三)分类

血分病证分为血热妄行、气血两燔、肝热动风和血热伤阴4种类型。临床以血热妄行和血热伤阴多见。

1.血热妄行证

血热妄行证指热入血分,损伤血络而表现的出血证候。

(1)主证及分析　具体如下。

高热、狂躁、神昏:邪热入阴,热扰心神。

尿血、便血、吐衄、斑疹透露、皮肤黏膜出血:血分热极,迫血妄行,灼伤血脉,故见出血诸症。

舌绛、脉细数:血中热炽,上映于舌则舌绛;实热伤阴耗血,血热迫行,故脉细数。

热入营分和血热妄行二者在斑疹和舌象上的主要区别:前者热灼于营,斑疹隐隐,舌质红绛,为病尚浅;后者热灼于血,斑疹透紫色或紫黑,舌深绛或紫。

(2)治则治法　清热解毒,凉血散瘀。方剂用犀角地黄汤。

2.气血两燔

气血两燔多为气分邪热未解,而营分、血分邪热已盛,以致成为气、营、血错综复杂的证候。

(1)主证及分析　具体如下。

身大热:热毒亢盛。

口干苔焦、口渴喜饮:高热耗损津液。

发斑、便血、衄血:热极迫血妄行,灼伤血脉,故见出血诸症。

(2)治则治法　凉血解毒。方剂用清瘟败毒饮。

3.肝热动风

肝经热盛,筋脉拘急,而成动风之证。

(1)主证及分析　肝热旺盛、高热、项背强直、热极生风而抽搐、舌绛、脉弦数。

(2)治则治法　清热平肝熄风。方剂用羚羊钩藤汤。

4.血热伤阴证

血热伤阴证指血分热盛,阴液耗伤而见的阴虚内热的证候。

(1)主证及分析　具体如下。

口干舌燥、舌红、尿短赤、粪干:血分久热不退,耗血伤津,阴精耗竭,不能上荣清窍,故口干、舌燥;不能下润,故尿短赤、粪干。

精神倦怠、无力肯卧:阴精亏损,神失所养,故神倦;血虚不能养筋故无力肯卧。

少苔、脉细数无力:精血不足,故少苔、脉虚细;阴虚内热,则见脉数。

持续低热、暮热朝凉:邪热久恋血分,劫灼阴液,阴虚则阳热内扰。

(2)治则治法　清热养阴。方剂用青蒿鳖甲汤。

▶ 五、卫气营血证候鉴别

(一)卫分证

症状:发热,微恶风寒,口渴,头痛咳嗽,咽喉肿痛。

舌苔:舌边尖红。

脉象:浮数。

(二)气分证

症状:发热不恶寒反恶热,口渴甚,或咳喘痰黄,或烦躁,或壮热大汗。

舌苔:舌红苔黄。

脉象:数。

(三)营分证

症状:身热夜甚,口渴不甚,烦躁不安,不能眠,甚或神昏,斑疹隐现。

舌苔:舌苔绛。

脉象:细数。

(四)血分证——血热妄行证

症状:烦热狂躁,斑疹透露,吐衄,便血,尿血。

舌苔:舌质深绛或紫。

脉象:细数。

(五)血分证——血热伤阴证

症状:低热,暮热朝凉,口干,神倦,耳聋,烦躁不寐。

舌苔:舌体瘦小少津。

脉象:虚细数。

▶ 六、卫气营血病传变规律

外感热病多起于卫分,然后按规律传入气分、营分、血分。但这种规律不是固定不变的,由于种种原因,临床所见的温热病,有的病不经卫分,而是从气分或营分开始,传变除上述循经而传之外,往往有越经而传,如气分病不经营分而传入血分,造成气血两燔。在外感温热病过程中,卫气营血的证候传变,有顺传和逆传两种形式。

(一)顺传

外感温热病多起于卫分,渐次传入气分、营分、血分,即由浅入深,由表及里,按照卫、气、营、血的次序传变,标志着邪气步步深入,病情逐渐加重。

(二)逆传

逆传即不依上述次序传变,又可分为两种:一为不循经传,如在发病初期不一定出现卫分证候,而直接出现气分、营分或血分证候;一为传变迅速而病情重笃为逆传,如热势弥漫,不但气分、营分有热,而且血分受燔灼出现气营同病,或气血两燔。

作业

1.概念:卫气营血辨证、卫分证、气分证、营分证、血分证。

2.简述卫分证候的主证与治则治法。

3.简述气分证候的常见病证、主证、分析与相应治则治法。

4.简述营分证候的常见病证、主证、分析与相应治则治法。

5.简述血分证候的常见病证、主证、分析与相应治则治法。

6.简述卫气营血证候的鉴别。

拓展

以犬瘟热的初期、中期、后期不同阶段为例运用卫气营血辨证进行辨证论治。

自我评价

评价内容	记忆情况	理解情况	百分制评分结果	不足与改进
卫气营血辨证的概念				
卫分证候的定义、主证、分析与治则治法				
气分证候的常见病证、主证、分析与相应治则治法				
营分证候的常见病证、主证、分析与相应治则治法				
血分证候的常见病证、主证、分析与相应治则治法				
卫气营血证候的鉴别				

任务五 三焦辨证

学习导读

教学目标

1. 使学生掌握三焦辨证的概念。
2. 使学生掌握前焦病证的定义、临床表现、证候分析与治则治法。
3. 使学生掌握中焦病证的定义、临床表现、证候分析与治则治法。
4. 使学生掌握后焦病证的定义、临床表现、证候分析与治则治法。
5. 使学生了解三焦病证的传变规律。

教学重点

1. 前焦病证的定义、临床表现与治则治法。
2. 中焦病证的定义、临床表现与治则治法。
3. 后焦病证的定义、临床表现与治则治法。

教学难点

前焦病证、中焦病证、后焦病证的证候分析。

课前思考

1. 你知道三焦辨证、前焦病证、中焦病证、后焦病证的具体含义吗?
2. 你知道前焦病证的表现与治则治法吗?
3. 你知道中焦病证的表现与治则治法吗?
4. 你知道后焦病证的表现与治则治法吗?
5. 你知道三焦病证的传变规律吗?

学习导图

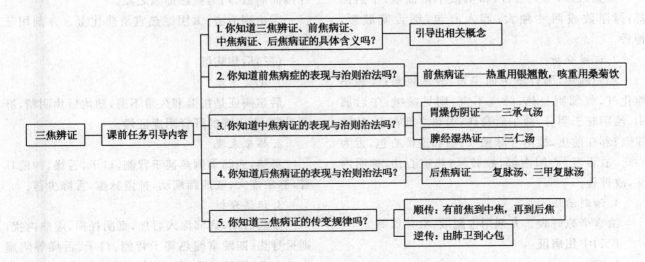

三焦辨证是外感温热病辨证纲领之一,为清代医学家吴鞠通所倡导。它根据《内经》关于三焦所属部位的概念,将动物机体躯干所隶属的脏器,划分为前、中、后3个部分。从咽喉至胸膈属前焦;脘腹属中焦;下腹及二阴属后焦,并在《伤寒论》六经辨证和叶天士卫气营血辨证的基础上,结合温病的传变规律特点总结而来。

一、三焦病证的分类

三焦所属脏腑的病理变化和临床表现,标志着温病发展过程的不同阶段。前焦病证主要包括前肢太阴肺和前肢厥阴心包经的病变,多为温热病的初期阶段。中焦病证主要包括前肢、后肢阳明和后肢太阴脾经的病理变化。脾胃同属中焦,阳明主燥,太阴主湿。邪入阳明而从燥化,则多呈里热燥实证;邪入太阴从湿化,多为湿温病证。后焦病证主要包括后肢少阴肾经和后肢厥阴肝经的病变,多为肝肾阴虚之候,属温病的末期阶段。

(一)前焦病证

1. 定义

前焦病证是指温热病邪侵袭机体,从口鼻而入,自前而后,一开始就出现的肺卫受邪的证候。温邪犯肺以后,它的传变有两种趋势,一种是"顺传",指病邪由前焦传入中焦而出现中焦后肢阳明胃经的证候;另一种为"逆传";即从肺经而传入前肢厥阴心包经,出现"逆传心包"的证候。

2. 临床表现

微恶风寒,身热自汗,口渴或不渴而咳,午后热甚;脉浮数或两寸独大;邪入心包,则舌蹇肢厥,神昏。

3. 证候分析

邪犯前焦,肺合皮毛而主表,故恶风寒;肺病不能化气,气郁则身热;肺气不宣,则见咳嗽;午后属阴,浊阴旺于阴分,故午后身热;温热之邪在表,故脉浮数;邪在前焦,故两寸脉独大;温邪逆传心包,舌为心窍,故舌蹇;心阳内郁,故肢厥;热迫心伤,神明内乱,故神昏。

4. 治则治法

治宜辛凉解表。方剂用银翘散、桑菊饮等。

(二)中焦病证

1. 定义

中焦病证是指温病自前焦开始,顺传至于中焦,表现出的脾胃证候。若邪从燥化,或为无形热盛,或为有形热结,表现出阳明失润、燥热伤阴的证候。若邪从湿化,郁阻脾胃,气机升降不利,则表现出湿温病证。

2. 分类

在证候上有胃燥伤阴与脾经湿热的区别。

(1)胃燥伤阴证　是指病入中焦,邪从燥化,出现阳明燥热的证候。

①临床表现:身热,腹满便秘,口干咽燥,唇裂舌焦,苔黄或焦燥,脉象沉涩。

②证候分析:阳热上炎,则身热;燥热内盛,热迫津伤,胃失所润,则见身热腹满便秘,口干咽燥,唇裂苔黄或焦燥;气机不畅,津液难于输布,故脉沉涩。

本证病机与临床表现和六经辨证中的阳明病证基本相同。但本证为感受温邪,传变快,机体阴液消耗较多。

③治则治法:阳明燥热宜通腑泄热。方剂用三承气汤。

(2)脾经湿热证　是指湿温之邪,郁阻太阴脾经而致的证候。

①临床表现:头身重,汗出热不解,身热不扬,排尿不利,粪便不爽或溏泄,苔黄滑腻,脉细而濡数,或见胸腹等处出现白㾦。

②证候分析:太阴湿热,热在湿中,郁蒸于上,则头重身痛;湿热缠绵不易分解,故汗出热不解,湿热困郁,阻滞中焦,脾运不健,气失通畅,故排尿不利、排粪不爽或溏泄;湿性黏滞,湿热之邪留恋气分不解,郁蒸肌表,则见身热不扬,白㾦透露,苔黄滑腻,脉细而濡数,均为湿热郁蒸之象。

③治则治法:太阴湿热宜清热化湿。方剂用三仁汤。

(三)后焦病证

1. 定义

后焦病证是指温邪久留不退,劫灼后焦阴精,肝肾受损,而出现的肝肾阴虚证候。

2. 临床表现

身热,四蹄掌侧热甚于背侧,口干,舌燥,神倦耳聋,脉象虚大;或四蹄蠕动,神倦脉虚,舌绛少苔。

3. 证候分析

湿病后期,病邪深入后焦,真阴耗损,虚热内扰,则见身热、四蹄掌侧热甚于背侧、口干、舌燥等阴虚内热之象;阴精亏损,神失所养则神倦;阴精不得上荣清窍则耳聋;肝为刚脏,属风木而主筋,赖肾水以涵养,真阴被灼,水亏木枯,筋失所养而拘挛则出现四蹄蠕动甚或痉挛;至于脉虚、舌绛苔少,均为阴精耗竭之虚象。

4.治则治法

治宜滋阴潜阳。方剂用复脉汤、三甲复脉汤等。

◆ 二、三焦病证传变规律

三焦病的各种证候,标志着温病病变发展过程中的三个不同阶段。其中前焦病证多表现于温病的初期阶段;中焦病证多表现于温病的极期阶段;后焦病证多表现于温病的末期阶段。其传变一般多由前焦太阴肺经开始,由此而传入中焦,进而传入后焦为顺传;如感受病邪偏重且病畜低抗力较差,病邪由肺卫传入前肢厥阴心包经为逆传。

三焦病的传变,取决于病邪的性质和病畜机体抵抗力的强弱等因素,如病畜体质偏于阴虚而抵抗力较强的,感受病邪又为温热、温毒、风温、温疫、冬瘟,若顺传中焦,则多从燥化而为阳明燥化证;传入后焦,则为肝肾阴虚之证。如病畜体质偏于阳虚而抵抗力较弱者,感受病邪又为寒湿,若顺传中焦,则多从湿化,而为太阴湿化证;传入后焦,则为湿久伤阳之证。唯暑兼湿热,传入中焦可从燥化,也可以湿化;传入后焦,既可伤阴,也可伤阳,随其所兼而异。

三焦病的传变过程,虽然有自前而后,但这仅指一般而言,也并不是固定不变的。有的病犯前焦,经治而愈,并无传变;有的又可自前焦传到后焦,或由中焦再传至肝肾,这又与六经病的循经传、越经传相似。也有初起即见中焦太阴病症的,也有发病即见厥阴症状的。这又与六经病证中的直中相类似。此外,还有两焦病症互见和病邪弥漫三焦的,这又与六经的合病、并病相似。

作业

1.概念:三焦辨证、前焦病证、中焦病证、后焦病证。

2.简述前焦病证的临床表现、证候分析与治则治法。

3.简述中焦病证的临床表现、证候分析与治则治法。

4.简述后焦病证的临床表现、证候分析与治则治法。

拓展

以临床实际病证为例运用三焦辨证进行辨证论治。

自我评价

评价内容	记忆情况	理解情况	百分制评分结果	不足与改进
三焦辨证的概念				
前焦病证的定义、临床表现、证候分析与治则治法				
中焦病证的定义、临床表现、证候分析与治则治法				
后焦病证的定义、临床表现、证候分析与治则治法				

任务六　气血津液辨证

学习导读

教学目标

1. 使学生掌握气血津液辨证的概念。
2. 使学生掌握气病辨证临床常见病证的定义、临床表现、证候分析与治则治法。
3. 使学生掌握血病辨证临床常见病证的定义、临床表现、证候分析与治则治法。
4. 使学生掌握气血同病辨证临床常见病证的定义、临床表现、证候分析与治则治法。
5. 使学生掌握津液病辨证临床常见病证的定义、临床表现、证候分析与治则治法。

教学重点

1. 气病辨证临床常见病证的定义、临床表现与治则治法。
2. 血病辨证临床常见病证的定义、临床表现与治则治法。
3. 气血同病辨证临床常见病证的定义、临床表现与治则治法。
4. 津液病辨证临床常见病证的定义、临床表现与治则治法。

教学难点

气病辨证、血病辨证、气血同病辨证、津液病辨证常见病证的证候分析。

课前思考

1. 你知道气血津液辨证的具体含义吗？
2. 你知道气病辨证常见病证的表现与相应治则治法吗？
3. 你知道血病辨证常见病证的表现与相应治则治法吗？
4. 你知道气血同病辨证常见病证的表现与相应治则治法吗？
5. 你知道津液病辨证常见病证的表现与相应治则治法吗？

学习导图

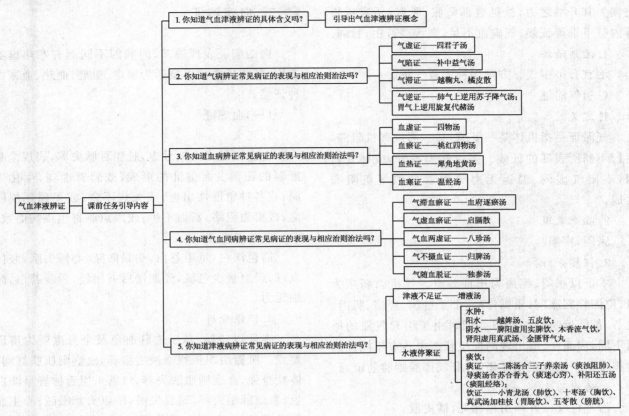

气血津液辨证,是运用脏腑学说中气血津液的理论,分析气血津液所反映的各科病证的一种辨证方法。由于气血津液都是脏腑功能活动的物质基础,而它们的生成及运行又有赖于脏腑的功能活动,因此,在病理上,脏腑发生病变,可以影响到气血津液的变化;而气血津液的病变,也必然要影响到脏腑的功能。所以,气血津液的病变,是与脏腑密切相关的。气血津液辨证应与脏腑辨证互相参照。

一、气病辨证

气的病证很多,《素问·举痛论篇》说:"百病生于气也",指出了气病的广泛性。但气病临床常见的证候,可概括为气虚、气陷、气滞、气逆四种。

(一)气虚证

1.定义

气虚证是指脏腑组织机能减退所表现的证候。常由久病体虚、劳累过度、年老体弱等因素引起。

2.临床表现

神疲乏力,头晕目眩,自汗,活动时诸证加剧,舌淡苔白,脉虚无力。

3.证候分析

本证以全身机能活动低下的表现为辨证要点。脏腑组织功能活动的强弱与气的盛衰有密切关系,气盛则机能旺盛,气衰则机能活动减退。由于元气亏虚,脏腑组织机能减退,所以神疲乏力;气虚清阳不升,不能温养头目,则头晕目眩;气虚毛窍疏松,外卫不固则自汗;劳则耗气,故活动时诸症加剧;气虚无力鼓动血脉,血不上营于舌,而见舌淡苔白;运血无力,故脉象按之无力。

4.治则治法

治宜补气。方剂用四君子汤。

(二)气陷证

1.定义

气陷证是指气虚无力升举而反下陷的证候。多见于气虚证的进一步发展,或劳累、用力过度所致。

2.临床表现

头晕目花,少气倦怠,久痢久泄,腹部有坠胀感,脱肛或子宫脱垂,舌淡苔白,脉弱。

3.证候分析

本证以内脏下垂为主要诊断依据。气虚机能衰退,故少气倦怠;清阳之气不能升举,所以头晕目眩;

脾气不健,清阳下陷,则久痢久泄;气陷于下,以致诸脏器失其升举之力,故见腹部坠胀、脱肛、子宫或胃等内脏下垂等证候;气虚血不足,则舌淡苔白,脉弱。

4.治则治法

治宜升举中气。方剂用补中益气汤。

(三)气滞证

1.定义

气滞证是指机体某一脏腑,某一部位气机阻滞,运行不畅所表现的证候。多由情志不舒,或邪气内阻,或阳气虚弱、温运无力等因素导致气机阻滞而成。

2.临床表现

胀闷,疼痛。

3.证候分析

本证以胀闷,疼痛为辨证要点。气机以畅顺为贵,郁滞轻则胀闷,重则疼痛,郁于脏腑、经络、肌肉、关节,都能反映这一特点。同时由于引起气滞的原因不同,因而胀、痛出现的部位状态也各有不同。如食积滞阻则脘腹胀闷疼痛;若肝气郁滞则胁肋窜痛。

4.治则治法

治宜行气。方剂用越鞠丸、橘皮散。

(四)气逆证

1.定义

气逆证是指气机升降失常,逆而向上所引起的证候。临床以肺胃之气上逆和肝气升发太过的病变为多见。

2.临床表现

肺气上逆,则见咳嗽喘息;胃气上逆,则见呃逆、嗳气、恶心、呕吐;肝气上逆,则见头痛、眩晕、昏厥、呕血等。

3.证候分析

本证以症状表现气机逆而向上为辨证要点。肺气上逆,多因感受外邪或痰浊壅滞,使肺气不得宣发肃降,上逆而发喘咳;胃气上逆,可由寒饮、痰浊、食积等停留于胃,阻滞气机,或外邪犯胃,使胃失和降,上逆而为呃逆、嗳气、恶心、呕吐;肝气上逆,多因郁怒伤肝,肝气升发太过,气火上逆而见头痛、眩晕、昏厥;血随气逆而上涌,可致呕血。

4.治则治法

治宜降气镇逆。肺气上逆用苏子降气汤;胃气上逆用旋复代赭汤(旋覆花、党参、生姜、代赭石、半夏、甘草、大枣)加减。

二、血病辨证

血的病证表现很多,因病因不同而有寒热虚实之别,其临床表现可概括为血虚、血瘀、血热、血寒四种证候。

(一)血虚证

1.定义

血虚证是指血液亏虚,脏腑百脉失养,表现全身虚弱的证候。血虚证的形成,或脾胃虚弱,生化乏源;或各种急慢性出血;或久病不愈;或思虑耗损阴血;或瘀血阻络,新血不生;或因患肠寄生虫病而致。

2.临床表现

唇色淡白,爪甲苍白,头晕眼眩,心悸失眠,肢体发麻,经血量少色淡,经期错后或闭经,舌淡苔白,脉细无力。

3.证候分析

本证以口唇、爪甲失其血色及全身虚弱为辨证要点。脏腑组织依赖血液之濡养,血盛则肌肤红润,体壮身强,血虚则肌肤失养,口唇爪甲舌体皆呈淡白色;血虚脑髓失养,睛目失滋,所以头晕眼眩;心主血脉而藏神,血虚心失所养则心悸,神失滋养而失眠;经络失滋养致肢体发麻,脉道失充则脉细无力;母畜血液充盈,月经按期而至,血液不足,经血乏源,故经量减少,经色变淡,经期迁延,甚则闭经。

4.治则治法

治宜补血。方剂用四物汤。

(二)血瘀证

1.定义

血瘀证是指因瘀血内阻所引起的一些证候。常由寒邪凝滞,以致血液瘀阻,或由气滞而引起血瘀;或因气虚推动无力;或因外伤及其他原因造成血液流溢脉外,不能及时排出和消散所形成。

2.临床表现

痛有定处,拒按,夜间加剧;肿块在体表色呈青紫,在腹内紧硬,按之不移,称为症积;出血呈暗紫色;粪便色黑如柏油;肌肤甲错,口唇爪甲紫暗,或皮下紫斑,或肤表丝状如缕,或腹部青筋外露,或四肢青筋胀痛;母畜常见经闭;舌质紫暗,或见瘀斑瘀点,脉象细涩。

3.证候分析

本证以痛有定处、拒按、肿块、唇舌爪甲紫暗、脉涩等为辨证要点。由于瘀血阻塞经脉,不通则痛,故疼痛是瘀血证候中最突出的一个症状；瘀血为有形之邪，阻碍气机运行，故疼痛剧烈如针刺，部位固定不移；由于夜间血行较缓，瘀阻加重，故夜间痛甚；积瘀不散而凝结，则可形成肿块，故外见肿块色青紫，内部肿块触之坚硬不消；出血是由于瘀血阻塞络脉，阻碍气血运行，致血涌络破，不循经而外溢，由于所出之血停聚，故色呈暗紫色，或已凝结而为血块；瘀血内阻，气血运行不利，肌肤失养，则见肌肤甲错，口唇、舌体、指甲青紫色暗等体征；瘀血内阻，冲任不通，则为经闭；丝状红缕、青筋显露、脉细涩等皆为瘀阻脉络、血行受阻之象；舌体紫暗、脉象细涩则为瘀血之症。

4. 治则治法

治宜活血祛瘀。方剂用桃红四物汤。

(三)血热证

1. 定义

血热证是指脏腑火热炽盛，热迫血分所表现的证候。本证多因烦劳、嗜酒、郁怒伤肝、配种繁殖过度等因素引起。

2. 临床表现

咳血、吐血、尿血、衄血、便血、月经提前、量多、血热、心烦、口渴、舌红绛、脉滑数。

3. 证候分析

本证以出血和全身热象为辨证要点。血热逼血妄行，血络受伤，故表现为各种出血及月经过多等；火热炽盛，灼伤津液，故身热、口渴；火热扰心神则心烦；热迫血行，壅于脉络则舌红绛、脉滑数；此处所指血热主要为内伤杂病，外感热病之血热，详见"卫气营血辨证"。

4. 治则治法

治宜清热凉血。方剂用犀角地黄汤。

(四)血寒证

1. 定义

血寒证是指局部脉络寒凝气滞，血行不畅所表现的证候。常由感受寒邪引起。

2. 临床表现

四肢或少腹冷痛，肤色紫暗发凉，喜暖恶寒，得温痛减，母畜经期推迟，痛经，经色紫暗，夹有血块，舌紫暗，苔白，脉沉迟涩。

3. 证候分析

本证以四肢局部疼痛，肤色紫暗为辨证要点。寒为阴邪，其性收敛，寒邪客于血脉，则使气机凝滞，血行不畅，故见四肢或少腹冷痛；血得温则行，得寒

则凝，所以喜暖怕冷，得温痛减；寒凝胞宫，经血受阻，故经期推迟，色暗有块；舌紫暗，脉沉迟涩，皆为寒邪阻滞血脉，气血运行不畅之征。

4. 治则治法

治宜扶阳祛寒调经。方剂用温经汤(《金匮要略》)。

三、气血同病辨证

气血同病辨证，是用于既有气的病证，同时又兼见血的病证的一种辨证方法。气和血具有相互依存、相互资生、相互为用的密切关系，因而在发生病变时，气血常可相互影响，既见气病，又见血病，即为气血同病。气血同病常见的证候，有气滞血瘀、气虚血瘀、气血两虚、气不摄血、气随血脱等。

(一)气滞血瘀证

1. 定义

气滞血瘀证是指由于气滞不行以致血运障碍，而出现既有气滞又有血瘀的证候。多由情志不遂，或外邪侵袭，导致肝气久郁不解所引起。

2. 临床表现

胸胁胀满，走窜疼痛，性情急躁，并兼见痞块，刺痛拒按，母畜经闭或痛经，经色紫暗夹有血块，乳房痛胀，舌质紫暗或有紫斑，脉弦涩。

3. 证候分析

本证以病程较长和肝脏经脉部位疼痛痞块为辨证要点。肝主疏泄而藏血，具有条达气机、调节情志的功能。情志不遂，则肝气郁滞，疏泄失职，故见性情急躁、胸胁胀满走窜疼痛；气为血帅，气滞则血凝，故见痞块疼痛拒按，以及母畜闭经、痛经，经色紫暗有块，乳房胀痛；脉弦涩，为气滞血瘀之征。

4. 治则治法

治宜活血祛瘀，疏肝理气。方剂用血府逐瘀汤加减(桃仁、红花、当归、生地、川芎、牛膝、赤芍、桔梗、枳壳，消化不良、饮食不化加焦三仙、鸡内金；便秘加生大黄、芒硝，粪溏加炒白术、肉豆蔻；失眠加合欢花、夜交藤；焦躁不安加淮小麦、大枣)。

(二)气虚血瘀证

1. 定义

气虚血瘀证是指既有气虚之象，同时又兼有血瘀的证候。多因久病气虚，运血无力而逐渐形成瘀血内停所致。

2.临床表现

身倦乏力,动则气喘,疼痛如刺,常见于胸胁,痛处不移,拒按,舌淡或有紫斑,脉沉涩。

3.证候分析

本证虚中夹实,以气虚和血瘀的证候表现为辨证要点。身倦乏力、动则气喘为气虚之征;气虚运血无力,血行缓慢,终致瘀阻络脉,故舌淡或有紫斑、脉沉涩;血行瘀阻,不通则痛,故疼痛如刺,拒按不移;临床以心肝病变为多见,故疼痛出现在胸胁部位。

4.治则治法

治宜补气活血祛瘀。方剂用启膈散加减。

(三)气血两虚证

1.定义

气血两虚证是指气虚与血虚同时存在的证候。多由久病不愈,气虚不能生血,或血虚无以化气所致。

2.临床表现

头晕目眩,少气乏力自汗,心悸失眠,舌淡而嫩,脉细弱等。

3.证候分析

本证以气虚与血虚的证候共见为辨证要点。少气乏力自汗,为脾肺气虚之象;心悸失眠,为血不养心所致;血虚不能充盈脉络,见爪甲淡白、脉细弱;气血两虚不得上荣,则见口色淡白、舌淡嫩。

4.治则治法

治宜补气养血。方剂用八珍汤。气血两虚产后腹痛用肠宁汤或当归生姜羊肉汤。

(四)气不摄血证

1.定义

气不摄血证,又称气虚失血证,是指因气虚而不能统血,气虚与失血并见的证候。多因久病气虚失其摄血之功所致。

2.临床表现

吐血,便血,皮下瘀斑,崩漏,气短,倦怠乏力,舌淡,脉细弱等。

3.证候分析

本证以出血和气虚证共见为辨证要点。气虚则统摄无权,以致血液离经外溢,溢于胃肠,出现吐血、便血;溢于肌肤,则见皮下瘀斑;脾虚统摄无权,冲任不固,出现月经过多或崩漏;气虚则气短,倦怠乏力,血虚则口色淡白无华;舌淡、脉细弱皆为气血不足之征。

4.治则治法

治宜补气摄血。方剂用归脾汤加减。

(五)气随血脱证

1.定义

气随血脱证是指大出血时引起阳气虚脱的证候。多由肝、胃、肺等脏器本有宿疾而脉道突然破裂,或外伤,或母畜崩漏、分娩等引起。

2.临床表现

大出血时突然口色苍白,四肢厥冷,大汗淋漓,甚至晕厥,舌淡,脉微细欲绝,或浮大而散。

3.证候分析

本证以大量出血时,随即出现气脱之症为辨证要点。气脱阳亡,不能上荣,则口色苍白;不能温煦四肢,则四肢厥冷;不能温固肌表,则大汗淋漓;神随气散,神无所主,则为晕厥;血失气脱,正气大伤,舌体失养,则色淡;脉道失充而微细欲绝;阳气浮越外亡,脉见浮大而散。

4.治则治法

治宜补养气血。方剂用独参汤。

四、津液病辨证

津液病辨证,是分析津液病证的辨证方法。津液病证,一般可概括为津液不足和水液停聚两个方面。

(一)津液不足证

1.定义

津液不足证是指由于津液亏少,失去其濡润滋养作用所出现的以燥化为特征的证候。多由燥热灼伤津液,或因汗、吐、下及失血等所致。

2.临床表现

口渴咽干,唇燥而裂,皮肤干枯无泽,尿短少,粪便干结,舌红少津,脉细数。

3.证候分析

本证以皮肤口唇舌咽干燥及尿少粪干为辨证要点。由于津亏则使皮肤口唇咽失去濡润滋养,故呈干燥不荣之象;津伤则尿短少;大肠失其濡润,故见粪便秘结;舌红少津、脉细数皆为津亏内热之象。

4.治则治法

治宜增津补液。方剂用增液汤。

(二)水液停聚证

水液停聚证是指水液输布、排泄失常所引起的痰饮水肿等病证。凡外感六淫、内伤脏腑皆可导致本证发生。

1. 水肿

水肿是指体内水液停聚，泛滥肌肤所引起的面目、四肢、胸腹甚至全身浮肿的病证。临床将水肿分为阳水、阴水两大类。

（1）阳水 具体介绍如下。

①定义：发病较急，水肿性质属实者，称为阳水。多为外感风邪或水湿浸淫等因素引起。

②临床表现：眼睑先肿，继而头面，甚至遍及全身，尿短少，来势迅猛。皮肤薄而光亮。并兼有恶寒发热，无汗，舌苔薄白，脉象浮紧。或兼见咽喉肿痛，舌红，脉象浮数。或全身水肿，来势较缓，按之没指，肢体沉重而困倦，尿短少，脘闷纳呆，恶心呕吐，舌苔白腻，脉沉。

③证候分析：本证以发病急、来势猛、先见眼睑头面上半身肿为辨证要点。风邪侵袭，肺卫受病，宣降失常，通调失职，以致风遏水阻，风水相搏，泛溢于肌肤而成水肿；风为阳邪，上先受之，风水相搏，故水肿起于眼睑头面，继而遍及肢体；若伴见恶寒、发热、无汗、苔薄白、脉浮紧，为风水偏寒之征；如兼有咽喉肿痛、舌红、脉浮数，是风水偏热之象；若由水湿浸渍，脾阳受困，运化失常，水泛肌肤，塞阻不行，则渐致全身水肿；水湿内停，膀胱气化失常，故见尿短少；水湿日甚而无出路，泛溢肌肤，所以肿势日增，按之没指，诸如身重困倦，脘闷纳呆，泛恶欲呕，舌苔白腻，脉象沉缓，皆为湿盛困脾之象。

④治则治法：宜疏风宣肺，清热利水。方剂用越婢汤、五皮饮等方。若见浮肿不退，烦热口渴，尿赤涩，粪便秘结，腹胀满，苔黄脉数等，为湿热壅盛，治宜清热逐水，用八正散、疏凿饮子等。

（2）阴水 具体介绍如下。

①定义：发病较缓，水肿性质属虚者，称为阴水。多因劳倦内伤、脾肾阳衰、正气虚弱等因素引起。

②临床表现：身肿，腰以后为甚，按之凹陷不易恢复，脘闷腹胀，纳呆食少，粪溏，神疲肢倦，尿短少，舌淡，苔白滑，脉沉缓。或水肿日益加剧，排尿不利，腰膝冷痛，四肢不温，畏寒神疲，口色白，舌淡胖，苔白滑，脉沉迟无力。

③证候分析：本证以发病较缓，后肢部位先肿，腰以后肿甚，按之凹陷不起为辨证要点。由于脾主运化水湿，肾主水，所以脾虚或肾虚，均能导致水液代谢障碍，后焦水湿泛滥而为阴水；阴盛于下，故水肿起于后肢，并以腰以下为甚，按之凹陷不起，脾虚

及胃，中焦运化无力，故见脘闷纳呆，腹胀粪溏；脾主四肢，脾虚水湿内渍，则神疲肢困；腰为肾之府，肾虚水气内盛，故腰膝冷痛；肾阳不足，命门火衰，不能温养肢体，故四肢厥冷、畏寒神疲；阳虚不能温煦于上，故见口色白；舌淡胖、苔白滑、脉沉迟无力为脾肾阳虚、寒水内盛之象。

④治则治法：脾阳虚宜健脾利水，方剂用实脾饮、木香流气饮等方。肾阳虚宜温肾化水，方剂用真武汤、金匮肾气丸等方。

2. 痰饮

痰和饮是由于脏腑功能失调以致水液停滞所产生的病证。

（1）痰证 具体介绍如下。

①定义：痰证是指水液凝结，质地稠厚，停聚于脏腑、经络、组织之间而引起的病证。常由外感六淫、内伤七情，导致脏腑功能失调而产生。

②临床表现：咳嗽咯痰，痰质黏稠，胸膈满闷，纳呆呕恶，头晕目眩，或神昏癫狂，喉中痰鸣，或肢体麻木，见瘰疬、瘿瘤、乳癖、痰核等，舌苔白腻，脉滑。

③证候分析：古人有"诸般怪证皆属于痰"之说。在辨证上一般可结合下列表现作为判断依据：吐痰或呕吐痰涎，或神昏时喉中痰鸣，或肢体麻木，或见痰核，苔腻，脉滑等。痰阻于肺，宣降失常，肺气上逆，则咳嗽咯痰；痰湿中阻，气机不畅，则见脘闷、纳呆呕恶等。痰浊蒙蔽清窍，清阳不升，则头晕目眩；痰迷心神，则见神昏，甚至癫狂；痰停经络，气血运行不利，可见肢体麻木；气滞痰凝证停聚于局部，则可见瘰疬（肿块坚实、无全身症状、苔黄腻、脉弦滑）、瘿瘤（颈部一侧或两侧肿块，呈圆形或卵圆形，不红不热，随吞咽上下移动，过大影响呼吸吞咽）、乳癖（乳房肿块形如梅李，不红不热、质地硬韧、不痛或微痛、推之可动）、痰核等；苔白腻、脉滑皆痰湿之征。

④治则治法：痰湿蕴肺证，咳声重浊，痰多，因痰而嗽，痰出咳平，痰黏腻或稠厚成块，宜燥湿化痰，理气止咳，方剂可用二陈汤、平胃散合三子养亲汤加减；痰浊阻肺证，咳嗽，痰多黏腻色白，咯吐不利，兼有呕恶，食少，宜祛痰降逆，宣肺平喘，方剂可用二陈汤合三子养亲汤加减；痰迷心窍，宜豁痰开窍，方剂可用涤痰汤合苏合香丸；痰阻经络，出现中风、半身不遂、肢体麻木，可用补阳还五汤；瘰疬，宜疏肝理气，化痰散结，方剂可用开郁散；乳癖，宜疏肝解郁，滋阴化痰，方剂宜用开郁散合消癖丸；瘿瘤，宜理气解郁，化痰软坚散结，方剂可用逍遥散合海藻玉壶汤

或用柴胡疏肝丸。

（2）饮证　具体介绍如下。

①定义：饮证是指水饮质地清稀，停滞于脏腑组织之间所表现的病证。多由脏腑机能衰退等原因引起。

②临床表现：咳嗽气喘，痰多而稀，胸闷心悸，甚或倚息不能半卧，或脘腹痞胀，水声漉漉，泛吐清水，或头晕目眩，排尿不利，肢体浮肿，沉重酸困，苔白滑，脉弦。

③证候分析：本证主要以饮停心肺、胃肠、胸胁、四肢的病变为主。饮停于肺，肺气上逆则见咳嗽气喘，胸闷或倚息，不能半卧；水饮凌心，心阳受阻则见心悸；饮停胃肠，气机不畅，则脘腹痞胀、水声漉漉；胃气上逆，则泛吐清水；水饮留滞于四肢肌肤，则肢体浮肿、沉重酸困、排尿不利；饮阻清阳，则头晕目眩，饮为阴邪，故苔见白滑；饮阻气机，则脉弦。

④治则治法：饮邪恋肺，咳嗽胸满，不能平卧，痰如白沫量多，宜温肺化饮，平喘止咳，可用小青龙汤；饮停胸胁，胸胁胀痛，气短，咳嗽时痛剧，宜攻逐水饮，可用十枣汤，或用葶苈大枣泻肺汤合三子养亲汤；饮留胃肠，饮食减少，胃中有振水声，饮入易吐，肠鸣辘辘，粪溏，畏寒尤以背部为明显或兼有头昏目眩，心悸气短，宜温阳利水，可用真武汤加桂枝；饮蓄膀胱，少腹胀满，排尿不利，头目昏眩，宜化气行水，可用五苓散。

作业

1.概念：气血津液辨证。

2.简述气病辨证常见病证的临床表现、证候分析与治则治法。

3.简述血病辨证常见病证的临床表现、证候分析与治则治法。

4.简述气血同病辨证常见病证的临床表现、证候分析与治则治法。

5.简述津液病辨证常见病证的临床表现、证候分析与治则治法。

拓展

以临床实际病证为例运用气血津液辨证进行辨证论治。

自我评价

评价内容	记忆情况	理解情况	百分制评分结果	不足与改进
气血津液辨证的概念				
气病辨证临床常见病证的定义、临床表现、证候分析与治则治法				
血病辨证临床常见病证的定义、临床表现、证候分析与治则治法				
气血同病辨证临床常见病证的定义、临床表现、证候分析与治则治法				
津液病辨证临床常见病证的定义、临床表现、证候分析与治则治法				

任务七　经络辨证

学习导读

教学目标

1. 使学生掌握经络辨证的概念。

2. 使学生掌握十二经病证中各经病证的定义、临床表现、证候分析。

3. 使学生掌握奇经八脉病证中各经病证的定义、临床表现、证候分析。

教学重点

1. 经络辨证的概念。

2. 十二经病证中各经病证的定义、临床表现。

3. 奇经八脉病证中各经病证的定义、临床表现。

教学难点

十二经病证与奇经八脉病证中各经病证的证候分析。

课前思考

1. 你知道经络辨证的具体含义吗?

2. 你知道十二经病证中各经病证都包括哪些吗?

3. 你知道奇经八脉病证中各经病证都包括哪些吗?

学习导图

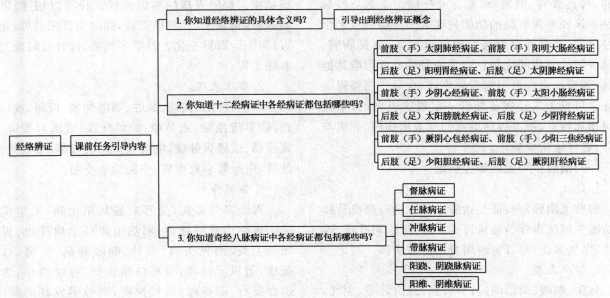

经络辨证是以经络学说为理论依据,对病人的若干症状体征进行分析综合,以判断病属何经、何脏、何腑,从而进一步确定发病原因,病变性质、病理机转的一种辨证方法,是动物中医药诊断技术的重要组成部分。

经络是动物机体经气运行的通道,又是疾病发生和传变的途径。其分布周身、运行全身气血,联络脏腑肢节,沟通上下内外,协调各部,共同完成各种生理活动。故当外邪侵入后,经气失常,病邪会通过经络逐渐传入脏腑;反之,如果内脏发生病变,同样也循着经络反映于体表,在体表经脉循行的部位,特别是经气聚集的腧穴之处,出现各种异常反应,如麻木、酸胀、疼痛,对冷热等刺激的敏感度异常,或皮肤色泽改变,或见脱屑、结节等。经络辨证与脏腑辨证互为补充,二者不可截然分开。脏腑病证侧重于阐述脏腑功能失调所出现的各种症状,而经络病证则主要是论述经脉循行部位出现的异常反应,对其所属脏腑病证论述较为简略,是脏腑辨证的补充,特别是针灸、按摩、气功等治疗具有重要意义。

▶ 一、十二经脉病证

十二经脉病理表现有三个特点:一是经脉受邪,经气不利出现的病证与其循行部位有关。如膀胱经受邪,可是腰背、腋窝、蹄跟等处疼痛。二是与经脉特性和该经所属脏腑的功能失调有关。如肺经为十二经之首,易受外邪侵袭而致气机壅塞,故见胸满、咳喘等肺失宣降的症状。三是一经受邪常影响其他经脉,如脾经患病可引起胃脘疼痛、食后作呕等胃经病证。可见十二经病证是有一定规律可循的,掌握其规律和特点,便可以帮助我们推求出病因、病机与病名,更好地指导临床。

(一)前肢(手)太阴肺经病证

1.定义

前肢太阴肺经病证是指肺经经脉循行部位及肺脏功能失调所表现的临床证候。肺主气,司呼吸、连喉系,多气多血,每日寅时周身气血注于肺。

2.临床表现

肺胀、咳喘、胸部满闷;肩背痛,或肩背寒,少气,自汗,臂内前缘痛,掌中热,尿频数或色变等。

3.证候分析

肺者生气之源,其脉循胃口,上膈属肺。肺合皮毛,肌表受邪,内传于肺,失其宣降,致胸闷胀满,咳喘气逆;缺盆为十二经通络,与肺接近,肺气不畅,故见疼痛;肺经行于臂间,其经气不利,则肩背及臂内侧前缘疼痛,掌中热;邪客于肌表,卫气郁闭,故恶寒发热;腠理不固,则汗出;外邪入里化热,或肺经有热,则可见烦渴、咽干;肺为肾母,邪伤其气,故尿频数或色变。

(二)前肢(手)阳明大肠经病证

1.定义

前肢阳明大肠经病是指大肠经经脉循行部位及大肠功能失调所表现的临床证候。大肠禀燥化之气,主津液所生的疾病,每日卯时周身气血注入大肠。

2.临床表现

齿痛、颈肿;咽喉肿痛,鼻衄,目黄口干;肩臂前侧疼痛;前肢第一、二指疼痛、活动障碍。

3.证候分析

大肠经的支脉从缺盆上贯颊入齿,故病则齿痛、颈肿、咽喉肿痛,大肠经之别络达目,邪热炽盛,则目黄口干;热盛迫血妄行,故鼻衄;病邪阻滞经脉,气血不畅,则肩臂前侧疼痛;第一、二指疼痛及活动障碍,均为本经经脉所及的病变。

(三)后肢(足)阳明胃经病证

1.定义

后肢阳明胃经病证是指胃经经脉循行部位及胃腑功能失调所表现的临床证候。脾与胃相连,以脏腑而言,均属土;以表里而言,脾阴而胃阳;以运化而言,脾主运而胃主化。胃经多气血,每日辰时周身气血注于胃。

2.临床表现

壮热、汗出、头痛、颈肿、咽喉肿痛、齿痛,或口角歪斜,鼻流浊涕;或鼻衄;惊惕狂躁;或消谷善饥,脘腹胀满;或膝腹肿痛,胸部、乳部、腹股部、下肢外侧、趾背、中趾等多处疼痛,中趾活动受限。

3.证候分析

胃经多气多血,受邪后易从阳化热,见里实热证。里热内盛则壮热;邪热迫津外出致汗出;胃火循经上炎,则见头痛、颈肿、咽喉肿痛、齿痛,口唇疮疹;若风邪侵袭,可见口角歪斜、鼻流浊涕;热盛迫血妄行,则鼻衄;热扰神明,则惊惕发狂而躁动;胃火炽盛,致消谷善饥;胃病及脾,中焦气阻,则脘腹胀满;胃经受邪,气机不利,则所循行部位如胸部、乳部、腹股部、后肢外侧、趾背、中趾等多处疼痛且活动受限。

(四)后肢(足)太阴脾经病证

1.定义

后肢太阴脾经病证是指脾经经脉循行部位及脾脏功能失调所表现的临床证候。脾为十二经脉的根本,主血少气旺,每日已时周身气血注于脾。

2.临床表现

舌根强硬,肢体关节不能动摇,食不下,食则呕,胃脘痛,腹胀,身体沉重,心烦,心下急痛,溏泻,症瘕,黄疸,不能卧,股膝内肿厥,大趾活动受限。

3.证候分析

脾经血少气旺,如果经气发生变动,因其脉连舌本,所以发生舌根强硬现象;脾病失运,所以食则呕、胃脘痛、腹胀;若阴盛而上走阳明,则气滞出现嗳气;脾气得以输转而气通,所以矢气或排粪后腹胀和嗳气得以衰减或暂时消除;脾主肌肉,湿邪内困,故身体沉重;脾不健运,筋脉失养,则舌痛、肢体关节不能动摇;脾经经上膈注心中,故为心烦、心下急痛;脾经有寒,则为溏泄;脾经有郁滞则为症瘕;脾病不能制水则为泄,为黄疸,不能卧;脾经起于大趾,向上经膝股内侧,故为肿为厥、为大趾不能活动。

(五)前肢(手)少阴心经病证

1.定义

前肢少阴心经病证是指心经经脉循行部位及心脏功能失调所表现的临床证候。心经少血多气,十二经之气皆感而应心,十二经之精皆贡而养心,故为生之本,神之居,血之主,脉之宗。每日午时,周身气血仅注于心。

2.临床表现

心胸烦闷疼痛、咽干、渴而欲饮、目黄、胁痛、臂内侧后缘痛厥,掌中热。

3.证候分析

心属火脏,故心经病变多见热证。心火内盛,则心胸烦闷疼痛;本经的支脉从心系上挟于咽部,故心火上炎,心阴耗损,则咽干、渴而欲饮;心经系于目系,又出于胁下,故目黄胁痛。心脉又循臂内侧入掌中,故而可见臂内侧后缘痛和掌中发热之征。

(六)前肢(手)太阳小肠经病证

1.定义

前肢太阳小肠经病证是指小肠经经脉循行部位及小肠功能失调表现出的临床证候。小肠为受盛之官,化物之所,与心相表里,居太阳经,少气多血。每日未时周身气血注于小肠。

2.临床表现

耳聋、目黄、咽痛;肩似拔、臑(即前肢)似折。肩、肘、臂外侧后缘等处疼痛。

3.证候分析

小肠经属阳,其病多热。小肠经支脉从缺盆循颈上颊,至目眦,即入耳中,故出现聋、目黄、咽痛;肩似拔,臑似折,乃由于小肠经循前肢经肘出肩绕肩胛;热邪侵袭小肠经脉,则肩、肘、臂外侧后缘等处疼痛。

(七)后肢(足)太阳膀胱经病证

1.定义

后肢太阳膀胱经病证是指膀胱经经脉循行部位及膀胱功能失调所表现的临床证候。膀胱为州都之官,藏津液,少气而多血。每日申时周身气血俱注于膀胱。

2.临床表现

发热,恶风寒,鼻塞流涕,头痛,项背强痛;目似脱、项如拔、腰似折、腘如结、踹如裂、癫痫、狂证、疟疾、痔疮;腰脊、腘窝、腓肠肌、跟骨部和小趾等处疼痛,活动障碍。

3.证候分析

膀胱经行于背部,易受外邪侵袭。邪客体表,卫阳郁滞,故发热,恶风寒,鼻塞流涕。本经脉经上额交巅入脑,故头痛,项背痛;又因膀胱经起目内眦,还别出下项,抵腰中、下合腘中、贯入踹内,故本经有病,疼痛得眼珠好像要脱出一样,颈项好像被人拉拔一样,腰好像要折断一样,膝弯部位好像结扎一样不能弯曲,踹部(即小腿肚)像撕裂一样疼痛,股关节屈伸不利,其所过部位均疼痛,小趾不能随意运动;热邪极盛则发生癫痫、狂证、疟疾;热聚肛门,气血壅滞,则酿生痔疮。

(八)后肢(足)少阴肾经病证

1.定义

后肢少阴肾经病是指肾经经脉循行部位及肾脏功能失调所表现的临床证候。肾脏藏精主水,肾经多气而少血。每日酉时周身气血俱注于肾。

2.临床表现

头晕目眩;气短喘促,咳嗽咯血;饥不欲食,心胸痛,腰脊下肢无力或痿厥,蹄热痛;心烦、易惊、惊恐、口热舌干、咽肿。

3.证候分析

肾虽属阴,内藏元阳,水中有火;肾又为五脏之本,则易影响其脏腑而出现寒热错杂、虚实相兼的证候。肾主水,水色黑、肾精亏损,不能上荣,故头晕目眩;金水相生,肾虚子病及母,故咳唾有血或气促而喘;肾阴不足,虚火上犯于胃,致饥不欲食;心肾不交,故心烦、易惊、善恐和胸痛;病邪阻滞肾经,则腰脊下无力或痿厥、蹄热痛。

(九)前肢(手)厥阴心包经病证

1.定义

前肢厥阴心包经病证是指心包经经脉循行部位及心包络功能失常所表现的临床证候。心包络为心之宫城,位居相火,代君行事,属于厥阴经,少气而多血。每日戌时周身气血俱注于心包络经。

2.临床表现

前蹄(爪)心热,臂肘挛急,腋肿,甚则胸胁支满,心烦,心悸,心痛,神志异常,目赤目黄等。

3.证候分析

心包为心之外围,内寄相火,其病多见热证,并往往影响到心。脉起于胸中,循胸出胁,入于前肢掌中,故其所循行的部位发生病变,引起前蹄(爪)心热,上肘部挛急、腋肿、胸胁支满;气血运行不畅,则心悸,心痛;神魂不宁,则心烦或神志异常;心火上炎,故目赤目黄。

(十)前肢(手)少阳三焦经病证

1.定义

前肢少阳三焦经病证是指前肢少阳三焦经经脉循行部位及三焦功能失调所表现的临床证候。三焦为水谷精微生化和水液代谢的通路,总司气化,少血多气。每日亥时周身气血俱注于三焦。

2.临床表现

耳聋,心胁痛,目眦痛,颊部耳后疼痛,咽喉肿痛,汗出,肩肘、前臂痛,第二、五指活动障碍。

3.证候分析

三焦之脉经上项到耳后,故本经受邪,热邪上扰,则见耳聋;三焦之气温肌肉、充皮肤,故三焦有病则汗出;三焦主气,气机抑郁,则心胁不舒而痛,肩肘、前臂疼痛,第二、五指活动障碍,都是由于经脉循行之所处,经气不利所引起。

(十一)后肢(足)少阳胆经病证

1.定义

后肢少阳胆经病证是指胆经经脉循行部位及胆腑功能失常所表现临床证候。胆为中精之府,十一经皆取决于胆,多气少血。每日子时周身气血俱注于胆。

2.临床表现

口苦、善太息,心胁痛不能转侧,甚则面瘦无光泽,后蹄外反热;头痛颔痛,缺盆中肿痛,腋下肿,马刀侠瘿,汗出振寒;胸、胁、肋、膝外至胫、外踝前及诸关节皆痛,第四、五趾活动障碍。

3.证候分析

胆经为气机出入之枢纽,邪客于此,气机失常,则见胆液外溢而口苦,胆郁不舒,故善太息;其别络贯心循胁里,故心胁痛不能转侧;其别络分布于面,胆木为病,故头消瘦无光泽;少阳属半表半里,阳胜则汗出,风胜则发抖;其他各证,皆为其经脉所及经气不利。

(十二)后肢(足)厥阴肝经病证

1.定义

后肢厥阴肝经病证是指肝经经脉循行部位及肝脏功能失调所表现的临床证候。肝主藏血,主疏泄,少气而多血。每日丑时周身气血俱注于肝。

2.临床表现

腰痛不可俯仰,面部无华,咽干,胸满,腹泻,呕吐,遗尿或癃闭,疝气或母畜少腹疼痛。

3.证候分析

肝经的支脉与别络,和太阳少阳之脉,同结于腰踝之间,故病则腰痛如拉紧的弓弦不可俯仰;肝血不足,不能上养头面,致面部无华;肝脉循喉咙之后,上入颃颡,上出额,其支从目到颊,故病则咽干;肝经上行夹胃贯膈,下行过阴器抵少腹,故病则胸满、呕吐、腹泻、遗尿或癃闭,公畜疝气或母畜少腹疼痛。

▶ 二、奇经八脉病证

奇经八脉为十二正经以外的八条经脉,除其本经循行与体内器官相连属外,还通过十二经脉与五脏六腑发生间接联系,尤其是冲、任、督、带四脉与动物生理、病理都存在着密切的关系。奇经八脉具有联系十二经脉,调节机体阴阳气血的作用。督脉总督一身之阳;任脉总任一身之阴;冲脉为诸脉要冲,源起气冲;带脉状如腰带,总束诸脉;阳跷为后肢太阳之别脉,司一身左右之阳;阴跷为后肢少阴之别脉,司一身左右之阴;阳维脉起于诸阳会,阴维脉起于诸阴交,为全身纲维。脏腑经络有病都可通过奇经八脉表现出来。

(一)督脉病证

1. 定义

督脉病证是指督脉循行部位及与其相关的脏腑功能失调所表现的临床证候。督脉起于会阴,循背而行,为阳脉的总督,故又称为"阳脉之海",其别脉和厥阴脉会于巅,主身后之阳。

2. 临床表现

出现腰骶脊背痛,项背强直,头重眩晕,癫痫。

3. 证候分析

脉起于会阴,并于脊里,上风府、入脑、上巅、循额,故病邪阻滞督脉,经气不利,故腰骶脊背痛,项痛强直;督脉失养,脑海不足,故见头晕头重;若阴阳气错乱,则可出现癫痫。

(二)任脉病证

1. 定义

任脉病证是指任脉循行部位及与其相关脏腑功能失调所表现的临床证候。任脉循腹而行,主身腹侧之阴,又称"阴脉之海",任脉又主胞胎。

2. 临床表现

脐下、少腹阴中疼痛,公畜疝气,母畜带下症瘕。

3. 证候分析

任脉主阴,易感寒邪,寒凝于脉,血行不畅,则脐后、少腹、阴中疼痛;任脉主阴器,阴凝寒滞,气血瘀阻,则公畜疝气,母畜带下症瘕积聚。

(三)冲脉病证

1. 定义

冲脉病证是指冲脉循行部位及其相关脏腑功能失调所表现的临床证候。冲脉起于气冲,与胃经挟脐上行,有总领诸经气血的功能,能调节十二经气血,故又称为"血海""经脉之海",与任脉同主阴器。

2. 临床表现

气逆,或气从少腹上冲胸咽,出现呕吐、咳嗽;公畜阳痿,母畜经闭不孕或胎漏。

3. 证候分析

冲为经脉之海,由于冲脉之气失调,与胃经之气相并而上逆,气不得降,故出现气从少腹上冲胸、咽,出现呕吐、咳嗽等症;冲为血海,与任脉共同参与生殖机能,冲任失调或气血不充,则公畜阳痿,母畜经闭不孕等。

(四)带脉病证

1. 定义

带脉病证是指带脉循行部位及其相关脏腑功能失调所表现的临床证候。带脉起于季胁,绕腰一周,状如束带,总约十二经脉及其他七条奇经。

2. 临床表现

腰酸腿痛,腹部胀满,赤白带下,或带下清稀,阴挺、漏胎。

3. 证候分析

带脉环腰,总束诸脉,一身之气所以能上下流行,亦赖带脉为关锁;带脉经气不利,故出现腰酸腿痛;中气不运,水湿困阻于带脉,则腹部胀满,带下清稀量多;带脉气虚,不能维系胞胎,则见阴挺、漏胎。

(五)阳跷、阴跷脉病证

1. 定义

阳跷、阴跷脉病证是指阳跷、阴跷脉循行部位及其相关脏腑功能失调所表现的临床证候。阴跷主一身左右之阴,阳跷主一身左右之阳,均起于眼中。跷脉左右成对,均达于目内眦,有濡养眼目,司开合的作用。

2. 临床表现

阳跷为病,阴缓而阳急;阴跷为病,阳缓而阴急。阳急则狂走,失眠;阴急则阴厥。

3. 证候分析

阳跷、阴跷二脉均起于后蹄跟,阳跷循行于后肢外侧,阴跷循行于后肢内侧,二者协调关节,有保持肢体动作矫捷的作用。如某侧发生病变,则经脉拘急,另一侧则相对弛缓。两脉均达于目内眦,故阳跷患病,阳气偏亢则目内眦赤痛,或失眠而狂走;阴跷患病,阴寒偏盛,寒盛则后肢厥冷。

(六)阳维、阴维病证

1. 定义

阳维、阴维病证是指阳维、阴维二脉循行部位及其相关脏腑功能失调所表现的临床证候。阳维起于诸阳之会,阴维起于诸阴之交,分别维系三阳经和三阴经。

2. 临床表现

阳维为病则发热、恶寒;阴维为病则见心痛。若阴阳不能自相维系,则见精神恍惚、不能自主、倦怠乏力。

3. 证候分析

阳脉统于督,阴脉统于任,二维脉有维系阴阳之功能。阳维脉起于诸阳会,以维系诸阳经,由外踝而上行,故阳维脉受邪,可见发热、恶寒;阴维脉起于诸阴交,以维系诸阴经,由内踝而上行于营分,故阴维脉受邪,则见心痛。若二脉不能相互维系,阴阳失调,阳气耗伤则倦息无力,阴精亏虚则精神恍惚、不由自主。

作业

1.概念:经络辨证。

2.简述十二经病证中各经病证的定义、临床表现。

3.简述奇经八脉病证中各经病证的定义、临床表现。

拓展

以临床实际病证为例运用经络辨证进行辨证论治。

自我评价

评价内容	记忆情况	理解情况	百分制评分结果	不足与改进
经络辨证的概念				
十二经病证中各经病证的定义、临床表现、证候分析				
奇经八脉病证中各经病证的定义、临床表现、证候分析,				

任务八　防治法则

学习导读

教学目标

1. 使学生掌握未病先防的概念及具体措施。

2. 使学生掌握早期诊治和先安未受邪之地的具体含义。

3. 使学生掌握治则的具体内容以及正治、反治、同治、异治的概念。

4. 使学生掌握八法的概念、适应证。

教学重点

1. 治未病的具体措施。

2. 治则的具体内容。

3. 八法的概念、适应证。

教学难点

1. 早期诊治和先安未受邪之地中对实例小柴胡汤和参苓白术散的理解。

2. 正治和反治的辨证应用。

课前思考

1. 你知道治未病的具体含义吗?

2. 你知道中兽医的治疗法则包括哪些内容吗?

3. 何为八法? 八法分别适用于什么病证?

学习导图

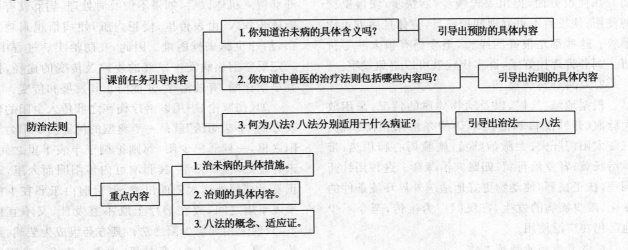

▶ 一、预防

预防就是采取一定的措施,防止动物疾病的发生和发展。早在《内经》中就提出了"治未病"的预防思想,所谓"治未病"包括两个方面的内容:一是未病先防,一是既病防变。

(一)未病先防

未病先防,就是在动物未发病之前,预先做好各种预防工作,以防止疾病的发生。疾病的发生,关系到正邪两个方面。邪气侵犯是导致疾病发生的重要条件,而正气不足是疾病发生的内在原因。外邪通过损伤正气而起作用,所以,未病先防,重在培养机体的正气。关于机体正气的培养可以从以下3方面着手。

1. 加强饲养管理,合理使役

加强饲养管理,合理使役是预防动物疾病发生的关键。正如《元亨疗马集》中所说:"是故冬暖、夏凉、春牧、秋厩,节刍水,知劳逸,使寒暑无侵,则马骡而无疴瘵也。"在兽医古籍中很多地方都记载了有关动物饲养、管理和使役的注意事项,如《元亨疗马集·三饮三喂刍水论》中论述得就很详细。在饲养方面提出过饥渴时不能暴食暴饮,劳役前后不能饮喂过饱,饮水和草料必须清洁,不能混有杂物;有汗和饲喂后不能立即饮水,膘胖、休闲和夏季时要减料。在管理方面,提出厩舍要冬暖夏凉,保持卫生清洁。在使役方面,提出要先慢步,后快步,快慢要交替使用;使役后不可立即卸掉鞍具,待休息后方可饮喂等。这些都是很好的经验,至今仍有很大参考价值。饲养管理搞好了,许多疾病就可以避免发生。

2. 应用针药调理

根据地域、气候,以及动物体质的情况,采用放大脉血、开针洗口和灌四季药的办法来预防疾病。三江太阳泻肝火;大脉治脑黄;胸膛泻心肺积热;带脉治肠黄;肾堂治肾黄;四蹄穴治蹄黄。这种用针药调理,扶正祛邪,使动物更好地适应外界环境条件的变化,减少疾病的发生,在民间广为流传,至今不少地区仍在广泛使用。

3. 做好疫病的预防工作

对于疫病的认识可见于历代的农书和兽医专著,如《陈敷农书》中说:"已死之肉,经过村里,其气尚能相染也。欲病之不相染,勿令与不病者相近";《三农记》中还说:"倘逢天时行灾,重加利剂,宜避疫

之药常熏栏中";《齐民要术》中还记载了羊传染性疫病的早期诊断与隔离的方法:"羊有病,辄相污。欲令别病,法当栏前作渎,深二尺,广四尺。往还皆跳过者,无病;不能过去,入渎中行,过,便别之。"从这些记载中可以看出,古代很早就对动物的传染性疾病有了一定的认识,并根据当时的社会条件和科学水平采取了一些力所能及的防制办法,如隔离、预防性给药,如贯仲、苍术等利剂泡水供动物饮用;苍术、石菖蒲、艾叶、雄黄等药物燃烟熏棚厩的定期消毒;粪便堆放发酵。还有一些清洁卫生性工作,如水洁、料洁、草洁、槽洁、圈洁、动物体洁净等。这些均是预防动物疾病发生的重要措施。

(二)既病防变

未病先防的理论人们认识得较深,在实践工作方面开展得也较好。但是,如果疾病已经发生,则应采取早期诊断,早期治疗,以防止疾病的进一步发展与传变。"既病防变"的预防思想在中医、中兽医经典方剂中有具体体现。

1. 早期诊治

众所周知,疾病之初,病位较浅,病情多轻,病邪伤正程度轻浅,正气抗邪,抗损害和康复能力均较强,因而早期诊治有利于疾病的早日痊愈,同时早期诊治还可以防止病邪深入而加重病情,其意义重大。《素问·阴阳应象大论》中说:"邪风之至,疾如风雨,故善治者治皮毛,其次治肌肤,其次治筋脉,其次治六腑,其次治五脏,治五脏者,半死半生也。"这说明外邪侵入机体以后,如果不做及时处理,病邪就有可能逐步深入,由表传里,侵犯内脏,使病情越来越复杂,治疗也越来越困难。因此,在防治疾病过程中,一定要掌握疾病发生发展的规律及传变的途径,做到早期诊断,有效治疗,才能防止其发展和传变。

如《伤寒论》中用以治疗伤寒之邪传入少阳的代表方剂"小柴胡汤"就是一个典型的例证。少阳为三阳之枢,一旦邪犯少阳,邪则徘徊于半表半里之间,未有定处,往来无常,其邪增可内传阳明而入里,若正复可祛邪外达太阳而出表,但目前由于邪在少阳半表半里之间,故在治疗上既不宜发汗,又不宜泻下,只能采用和解少阳之法。其方药组成为柴胡、黄芩、半夏、生姜、人参、炙甘草、大枣。柴胡为少阳专药,轻清升散,疏少阳之邪透达肌表,而解少阳气机之壅滞,为君药;黄芩苦寒,善清泄少阳之郁热,为臣药,配合柴胡,一散一清,共解少阳之邪;半夏和胃止呕,散结消痞,为佐药,为助君臣药攻邪之用;生姜借

其辛散之功,能助柴胡散表邪,同时又能助半夏和胃止呕,姜枣配合又能调和营卫输布津液,为使药。由于邪在少阳半表半里之间,所以治疗既要透解半表之邪,又要清泄半里之邪,还必须防止病邪深入于里,故方中用党参、甘草、大枣来益胃气,生津液,和营卫,这样既扶正以助祛邪,又可防止邪气内侵,从而把病邪控制在少阳,然后逐渐疏邪透表而减除。

2. 根据疾病的传变规律,先安未受邪之地

动物体是一个有机的整体,各脏腑之间,相互联系,相互为用,正因为这种关系的存在,所以一脏有病,可以影响他脏。清代名医叶天士提出的"务必先安未受邪之地",对于防止疾病的发展传变,也是一种重要的方法。因此在临床治疗疾病的过程中,固然要针对病位之所进行治疗,但也要从总体的角度出发,对于可能即将被传变的未病之脏腑,给予安扶、充实,以防止疾病的传变,达到中断其发展的目的。如《难经·七十七难》说:"上工治未病,中工治已病者,何谓也?然:所谓治未病者,见肝之病,则知肝当传之于脾,故先实其脾气,无令得受肝之邪,故曰治未病焉。中工者,见肝之病,不晓相传,但一心治肝,故曰治已病也"。肝属木,脾属土,肝木能乘脾土,所以肝脏患病最易传脾,故在治肝病的同时要注意调补脾脏,其目的是使脾脏正气充实,防止肝病蔓延。

《元亨疗马集》中有一剂治疗因肝经积热引起眼部疾患的方药"决明散",其组成为石决明 45 g、草决明 45 g、栀子 30 g、大黄 30 g、没药 20 g、白药子 30 g、黄药子 30 g、黄芪 30 g、黄芩 20 g、黄连 20 g、郁金 20 g,煎汤候温加蜂蜜 60 g、鸡蛋清 2 个,同调灌服。本方为明目退翳之剂。方中石决明、草决明清肝热、消肿痛、退云翳,为君药;黄连、黄芩、栀子、鸡蛋清清热泻火,黄药子、白药子凉血解毒,加强清肝解毒作用,为臣药;大黄、郁金、没药散瘀消肿止痛,为佐药;使药以蜂蜜为引。诸药相和,清肝明目,退翳消瘀。因肝开窍于目,所以眼部有疾,其病在肝。而木可乘土,肝病一旦失去控制就易致脾生病,为防病邪犯脾,方中加入黄芪一味来补脾气,"五脏虚则传,实则不传",脾气实,则自不受邪侵犯,这就是既病防变的具体应用。

再如《中兽医治疗学》中的"防己散"是治疗肾虚腿肿的方剂,方药组成有防己 30 g、黄芪 30 g、茯苓 30 g、桂心 20 g、芦巴子 30 g、补骨脂 30 g、厚朴 25 g、泽泻 30 g、猪苓 30 g、川楝子 30 g、巴戟天 30 g、牵牛子 20 g,方中桂心、芦巴子、补骨脂、巴戟天温补肾阳,蒸化水湿,为君药;泽泻、猪苓、防己、牵牛子等导水湿外出,为臣药;川楝子、厚朴行气促进排除水湿,为佐药;众所周知,肾主水,肾虚火衰,则水湿不能蒸化,而致水湿内停,内停的水湿若流注于肢体,可见水肿,若侵淫于脾,可见运化功能下降的各种表现。因脾属土,喜燥而恶湿,水泛最易困脾,故方用黄芪、茯苓利水健脾,一则黄芪、茯苓利水可助肾,减轻其负担;二则健脾培土以制水,防止水侮土,而致疾病发生传变和复杂化。

另外,《太平惠民和剂局方》中"参苓白术散",其组成为党参、白术、茯苓、炙甘草、山药、扁豆、莲肉、桔梗、薏苡仁、砂仁。此方是补气健脾,和胃渗湿良方,主治脾胃气虚而夹湿之证,证见草料迟细、体瘦毛焦、倦怠肯卧、粪溏、完谷不化、口色淡、脉缓弱等慢性消化不良的表现。方中党参、白术、山药、莲肉、炙甘草健脾补气,为君药;薏苡仁、茯苓、扁豆健脾渗湿,为臣;砂仁行气和胃,为佐。土生金,脾为肺母,为防母病及子则必须加强肺的抵抗力,于是方中加入桔梗来上浮保肺,足见其见识之深远。

再如《元亨疗马集》中治疗肺燥咳嗽、鼻流脓涕的"理肺散",其方药组成是蛤蚧 1 对、知母 20 g、贝母 20 g、秦艽 20 g、山药 20 g、天门冬 20 g、琵琶叶 20 g、汉防己 20 g、白药子 20 g、栀子 20 g、天花粉 20 g、升麻 20 g、马兜铃 25 g、麦门冬 25 g、百合 30 g、苏子 30 g,共为末,开水冲,候温加蜂蜜 120 g。本方是防治秋燥伤肺之调理方。方中以百合、贝母、花粉、麦冬、天冬滋阴清热、润肺化痰,为君药;蛤蚧、马兜铃、苏子、知母、琵琶叶止咳平喘,白药子、秦艽、防己、栀子清热利水,为臣药;升麻轻宣解表,以驱邪外出,为佐药;蜂蜜润肺,调和诸药,为使药。五行之中肺为金,脾为土,土生金,所以土为金之母,肺有病,可犯母脾,为防子病犯母必须用药保母脾,于是方中加入山药补气健脾,以防子盗母气。这里也很好地体现了"先安未受邪之地"的预防思想。

▶ 二、治则

治则即为治疗法则,包括治疗与护养、扶正与祛邪、治标与治本、正治与反治、同治与异治、治常与治变等内容。

(一)治疗与护养

针药治疗与护理调养是医治疾病不可分割的两

部分。治疗疾病过程中强调三分治七分养,可见护养对疾病康复具有重要意义。

(二)扶正与祛邪

扶正即使用补益正气的方药及加强护理的方法,以提高机体的抵御能力,祛除邪气,战胜病邪,恢复健康。扶正以祛邪适用于正虚为主要矛盾的病证。祛邪以扶正适用于邪盛为主要矛盾的病证。

(三)治标与治本

本指疾病的本质,标指疾病的现象。针对病因而言,内因是本,外因是标,一定要掌握治病必求其本的根本原则。在治疗疾病过程中,应根据病情掌握"急则治其标,缓则治其本"的原则。在病证标本兼见的情况下,采用"标本兼治"法。

(四)正治与反治

正治又称逆治,是逆疾病的征象而治。反治又称从治,是顺疾病的征象而治。临床上,多数疾病的征象与疾病的本质是一致的,这时可采用"热者寒之,寒者热之"的治疗法则,因为所用的药物的性质与疾病的征象相反,所以又叫逆治。如果疾病复杂,机体不能如常反映症状或表现出与疾病性质不符的症状,甚至假象,在治疗时就必须透过现象,治其本质,即采用和疾病症状性质相似的药物和治法来治疗,这种方法就叫反治,因为是顺从疾病征象而治,所以又叫从治,如寒因寒用、热因热用、塞因塞用、通因通用等。

热因热用:是指温热性药物治疗具有热象病证的一种方法。主要适用于阴寒内盛,阳气格拒于外而呈现体表温热、脉大、口色红的真寒假热证。

寒因寒用:是指用寒凉性药物治疗具有寒象病证的一种方法。主要适用于里热极盛,格阴于外,外见四肢厥冷之寒象的真热假寒证。

塞因塞用:是指用补塞性药物治疗具有闭塞不通病证的方法。主要适用于真虚假实证。如因中气不足,脾虚不运所致的脘腹胀满,就得用健脾益气药物,以补开塞的方法来进行治疗。

通因通用:是指用通利的药物治疗通泄病证的方法。主要适用于真实假虚证。如由于食积停滞,影响运化所致的腹泻,则不仅不能用止泻药,反而应当用消导泻下药以去其积滞,方能奏效。

(五)同治与异治

同治与异治就是同病异治与异病同治。所谓同病异治是指同一种疾病,由于病因、病理以及发展阶段的不同,采用不同的治法。如同为感冒,有风寒证和风热证的不同,治疗时分辛温解表和辛凉解表。所谓异病同治指不同的疾病,由于病理相同或处于同一性质的病变阶段(证候相同),而采用相同的治法。如久泄、久痢、脱肛、阴道脱和子宫脱等,虽病症不同,但都属气虚下陷证,均可用补中益气的相同方法治疗。

(六)治常与治变

治疗疾病有一般的法则,这就是"常";但疾病的发生发展受各个方面因素的影响,表现复杂,需要具体情况具体分析,灵活变通,随证论治,这就是"变"。所以,治常与治变,要因动物个体、动物病情、因时因地制宜,根据不同条件而采取相应的治疗措施。

三、治法

(一)八法

确定病证后,紧接着的便是选择适宜的治疗方法。治法分发汗、催吐、攻下、和解、清凉、温热、消导和滋补等,简称为汗、吐、下、和、清、温、补、消八法。这是动物中药治疗的基本方法。这八法针对病因、症状和发病的部位,指出了治疗的方向,在临证时应灵活运用。

1. 汗法

汗法以疏散风寒为目的,常用于外邪侵犯肌表,即《内经》所说:"在皮者汗而发之",故亦称解表、解肌、疏解。比如外感初起,恶寒发热、头痛、骨节痛,得汗后便热退身凉,诸症消失。发汗能祛散外邪,也能劫津耗液,血虚或心脏衰弱以及溃疡病证时用药应谨慎,以免发生痉厥等病变。一般发汗太过,汗出不止,也能引起虚脱的危险。

2. 吐法

吐法常用于咽喉、胸膈痰食堵塞。如喉证中的缠喉证、锁喉证皆为风痰郁火壅塞,胀闭难忍;又如积食停滞,胸膈饱满疼痛,只要上涌吐出,方可松快,故亦称涌吐,也即《内经》所说:"其高者因而越之。"吐法多用在胃上部有形的实邪,一般多是一吐为快,不需反复使用。某些动物先有呕吐的,不但不可再吐,还要防其伤胃,给予和中方法。另外,凡病体虚弱或新产畜,以及四肢厥冷的,均不宜用吐法。

3. 下法

下法一般多指用来排除肠内宿粪积滞,故也称攻下、泻下,也即《内经》所说的"其下者引而竭之"。

攻下剂分为两类,一种是峻下,用猛烈泻下药,大多用于实热证有津涸阴亡的趋势时,即所谓"急下以存阴"时用之;另一种是缓下,又分两类,一类是用较为缓和的泻药,一类是用油润之剂帮助下达。但不论峻下或缓下,都宜用于里实证,这是一致的。润下法适合治疗年老、体弱、久病、产后气血双亏所致的津枯肠燥的便秘,代表方剂当归苁蓉汤;攻下法,也叫峻下法,是使用泻下作用猛烈的药物以泻火、攻逐胃肠内积滞的一种方法,代表方剂大承气汤。另外,逐水法也属于下法,是使用具有攻逐水湿功能的药物,治疗水饮聚积的实证,如胸水、腹水、粪尿不通等症,代表方剂是大戟散。使用下法,必须考虑发病动物的体质,并要懂得禁忌。大致有表证而没有里证的不可用,病虽在里而不是实证的不可用,病后和产后津液不足而便秘的不可用。

4.和法

和是和解的意思,病邪在表可汗,在里可下,若在半表半里既不可汗又不可下,病情又正在发展,就需要一种较为和缓的方法来驱除病邪,故和解法在外感证方面,其主要目的仍在驱邪外出,代表方剂是小柴胡汤。另外,和法还可以调和肝脾,用于肝脾不和,代表方剂是逍遥散或痛泄要方。

5.清法

凡用寒凉药物来治疗温热病证,都称清法,即《内经》所说:"热者寒之"的意思,亦称清解法。温热证候有表热、里热、虚热、实热、气分热、血分热,用清凉剂时必须分辨热的性质及在哪一部分。比如里热中虚证采用甘寒药物,实证采用苦寒药物。在气分应清气分热,在血分应清血分热。清法里包括镇静和解毒,例如肝阳或肝火上扰,头晕头胀,用清肝方剂能熄风镇痛;还有温毒证应使用清热解毒药物。

6.温法

温法常用于寒性病,即《内经》所说:"寒者热之。"寒性病有表寒、里寒等区别,但从温法来说,一般都指里寒,故以温中为主要治法。例如,呕吐清水、粪溏泄泻、腹痛喜按、四肢厥冷、脉象沉伏迟微,均为温法的对象。温法具有兴奋作用,有些因阳虚而自汗形寒、消化不良、气短声微、肢软体息、尿失禁、性欲衰退等症,都需要温法调养。主要应用于脾胃阳虚所致的中焦虚寒证,代表方剂理中汤;用于寒气偏盛、气血凝滞、经络不通、关节活动不利的痹证,代表方剂是黄芪桂枝五物汤;用于肾阳虚衰、阴寒内盛、阳虚欲脱的病证,代表方剂是四逆汤。

7.补法

补法就是补充体力不足,从而消除一切衰弱证候,故《内经》说:"虚者补之。"所用药物大多含有滋养性质,故亦称滋补、补养。补法在临证上分补气、补血、益精、安神、生津液、填骨髓等,总之,以强壮为目的。补剂的性质可分3种:一为温补,用于阳虚证;二为清补,用于阴虚证;三为平补,用于一般虚弱证。由于病情的轻重不同,又分为峻补和缓补。用补法必须照顾脾胃,因补剂大多壅滞难化。脾胃虚弱者一方面不能很好运行药力,另一方面还会影响消化吸收。见虚不补,势必日久成损,更难医治,然而不需要补而补,也能造成病变,尤其余邪未尽,早用补法,有闭门留寇之弊。

8.消法

消法主要是消导,用来消除肠胃壅滞,例如食积内阻、脘腹胀满,治疗时应消化导下,常用方剂曲麦散;其次是消坚,多用于凝结成形的病证,如痞瘕积聚和瘰疬等;再次是消痰;利水亦在消法之内。水湿以走尿液为顺,如果水湿内停,排尿不利,或走粪便而成泄泻,应予利导,使之从尿液排出,一般称为利尿,亦叫淡渗。

上面介绍了八法的概要,可以看到八法各有其独特的作用,但在使用上不是孤立的,而是互相关联的。所以明白了八法的意义以后,必须进一步懂得法与法之间的联系,如何综合运用,才能灵活地适应病情变化,发挥更好的疗效。

(二)八法并用

1.汗下并用

病邪在表用汗法,病邪在里用下法,如果既有表又有里,应先解其表,而后攻其里。

2.温清并用

温法和清法原为对抗性疗法,但对寒热错杂的病证,若单纯用一法,势必偏盛一方,使病情加重,故采用温清并用,使病情协调。

3.攻补并用

正虚邪实的病证,单纯补法,会使邪气更甚,若单纯用攻法,恐正气不支,造成虚脱,故宜攻补灵活运用。

4.消补并用

对于正气虚弱、复患积滞之病,必须缓治而不能急攻的,要把消导药和补养药结合起来使用。

(三)外治法

与上述的八种内治法不同,外治法是运用药物直接作用于病变部位的疗法。外治法不通过内服药物途径,直接使药物作用于体表病变部位而达到治疗效果。外治法包括贴敷、掺药、点眼、吹鼻、温熨、熏洗、口噙、针灸等方法。

治、八法。

2.简述治则的具体内容。

3.简述八法的适应证。

作业

1.概念:治未病、未病先防、正治、反治、同治、异

拓展

见肝之病先实脾是防止疾病传变的一个实例,那么心、脾、肺、肾病时应分别先保哪个脏呢?

自我评价

评价内容	记忆情况	理解情况	百分制评分结果	不足与改进
治未病、未病先防、正治、反治、同治、异治的概念				
未病先防的具体措施				
既病防变的具体措施				
治疗法则的具体内容				
八法的概念及适用证				

项目四
动物针灸技术

任务一　针灸术的基本知识
任务二　比较针灸穴位
任务三　部分动物其他穴位及针灸应用

任务一　针灸术的基本知识

学习导读

教学目标

1. 使学生掌握针术、灸术的概念。
2. 使学生了解针灸的作用原理。
3. 使学生掌握穴位的概念、穴位的命名、穴位的分类。
4. 使学生掌握穴位的取穴规律、取穴方法和配穴规律。
5. 使学生了解临床常用针具特点和适用范围。
6. 使学生掌握临床常用针术的操作方法。
7. 使学生掌握针术的基本方法和针刺意外情况的处理。
8. 使学生了解灸术和其他疗法操作方法与适应证。

教学重点

1. 针术、灸术、穴位的概念。
2. 毫针的规格和型号,以及白针术的操作方法。
3. 针术的基本方法和针刺意外情况的处理。

教学难点

1. 穴位按经络学说进行的分类及相关穴位名称内容。
2. 针灸的补泻方法。

课前思考

1. 你知道什么是针灸吗?
2. 你知道穴位是如何命名和分类的吗?
3. 给你一根毫针,你如何正确施针治疗病证?
4. 针术依靠技巧也能实现补泻,你能做到吗?

学习导图

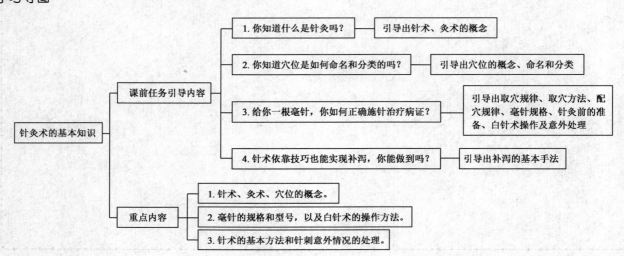

一、针灸、针灸学的概念

1. 针术

针术是利用金属制成的针具,刺入机体一定部位,或借助于某种刺激源,如激光、电磁波,辐照机体的一定穴位,给以适当的刺激,借以达到通经活络、调整脏腑气血、扶正祛邪、防治疾病的一种方法。

2. 灸术

灸术即灸法,以艾作为主要的材料点燃后以熏灼机体体表的一定部位来调整脏腑气血、防治疾病的一种方法。

针术、灸术二者合称"针灸"。

3. 针灸学

针灸学是以中医理论为指导,研究经络、腧穴及刺灸方法,探讨运用针灸防治疾病规律的一门学科。

二、针灸学发展简史

1. 针灸学术的发展时期

《灵枢》约成书于中国春秋战国时期,为《黄帝内经》组成部分《九卷》古传本中唯一流传下来的刊本。"灵枢"之名始称于唐代,南宋史崧献家藏《灵枢经》。原书 9 卷,81 篇。史崧重加校订时,扩编为 24 卷,此后历代又有 12 卷本。本书内容与《素问》相似,在经络、针灸方面,较《素问》丰富翔实,《灵枢》中有大量篇幅专门论述针灸学理论和临床治疗,故又称之为《针经》,标志着针灸学理论体系的基本形成。

2. 针灸学术的发展时期

魏晋时代的皇甫谧撰成《针灸甲乙经》,是继《内经》之后对针灸学的又一次总结,在针灸学发展史上起到了承前启后的作用。隋唐时代,针灸学有了长足的发展,唐初时针灸已成为专门的学科,设"针师""灸师"等专业称号。唐代以后,五代、辽、宋、金、元时期,相继建立了更为完善的针灸机构和教育体系,设立针科、灸科。明代杨继洲的《针灸大成》可谓是继《针灸甲乙经》后对针灸学的第三次总结。

3. 针灸学术的衰败时期

清代针灸学开始走向衰退,当时医者多重药轻针。国民党时期竟有人提出废除中医的议案。然而,在民间得到广泛的应用。

4. 针灸学术的繁荣时期

新中国成立后,由于党和国家制定了发展中医的政策,中医针灸事业出现了前所未有的繁荣景象。

5. 针灸学的对外交流

公元六世纪时针灸传入朝鲜、日本;随着中外文化的交流,针灸也传到了东南亚和印度,大约在 17 世纪末传到欧洲。当今世界已有 120 多个国家或地区有了自己的针灸医生,许多国家不仅拥有大量的针灸人才,而且他们的针灸医疗、教育、科研及学术交流等工作正在广泛开展。

三、针灸学的主要内容、特点

针灸学是以中医理论为指导,研究经络、腧穴及刺灸方法,探讨运用针灸防治疾病规律的一门学科。其内容主要包括经络、腧穴、刺法、灸法及针灸临床治疗。

针灸疗法具有适应证广、疗效显著、应用方便、经济安全等优点。

四、针灸的作用原理

古人认为疾病是气血壅滞不通所致,针可以使气血通调,灸可以温暖。

1. 针刺有止痛作用

针刺双侧合谷、内庭穴有一定止痛的作用,可能与引起脑内释放啡肽有关。

2. 针灸有防卫作用

针灸具有抗炎、退热、产生抗体等显著作用。如针刺大椎穴 30 min 体温下降。

3. 针灸有调整作用

针灸可维持体温、胃肠机能、血压、血细胞数量、血糖含量在正常水平。

五、穴位

(一)穴位的概念

穴位古称俞穴、气穴、孔穴、骨穴、穴道,是脏腑经络的气血在体表汇集、输注的部位,通过经络的联系,穴位可以反映脏腑经络的生理功能和病理变化,并能接受外界各种刺激传于体内,以调整内部功能。腧穴的"腧"通"输",或从简作"俞"。"穴"是空隙的意思。这说明腧穴并不是孤立于体表的点,而是与深部组织器官有着密切联系、互相输通的特殊部位。"输通"是双向的。从内通向外,反映病痛;从外通向内,接受刺激,防治疾病。从这个意义上说,腧穴又是疾病的反应点和治疗的刺激点。

（二）穴位的命名

1.形象比喻

如巴山、仰瓦、三江、气海、涌泉、莲花等穴位,以形态来命名。

2.解剖部位外貌

如姜牙、耳尖、鬐甲、弓子、蹄头、尾头等穴位,以解剖位置命名。

3.治疗作用

如锁口、开关、睛明、穿黄、夹气等穴位,以治疗发挥的作用来命名。

（三）穴位的分类

1.按针灸的方法分类

①血针穴:位于血管上,针刺出血,如太阳、胸堂。

②白针穴:血针穴以外的穴位,可用圆利针、毫针、水针、电针、灸烙等。

③巧治穴:用特制的针具,如套管针、竹针、手术刀、钩针,如开天、夹气、胈俞、莲花、姜牙、云门等穴的治疗。

④火针穴:多分布于肌肉丰满,神经和血管分布较少的部分,如九委、大胯、小胯。

⑤阿是穴:又称不定穴、天应穴、压痛点。它既无具体的名称,又无固定的位置,以发病部位疼痛最显著之处作为针灸点。

2.按经络学说进行分类

《灵枢·九针十二原》指出:"所出为井,所溜为荥,所注为输,所行为经,所入为合",是对五输穴经气流注特点的概括。其中,"经",意为水流宽大通畅,其经气盛大流行;"合",有汇合之意,喻江河之水汇合入海,其经气充盛且入合于脏腑。五输穴井、荥、输、经、合与五行相配,故又有"五行输"之称。《黄帝内经》中提道:"病在脏者,取之井;病变于色者,取之荥;病时间时甚者,取之输;病变于音者,取之经;经满而血者,病在胃;及以饮食不节得病者,取之于合,故命曰味主合。是谓五变也。"释意:"病在脏的邪气深,治疗时应刺井穴;疾病变化显现于面色的,治疗时应刺荥穴;病情时轻时重的,治疗时应刺输穴;疾病影响到声音发生变化的,应刺经穴;经脉盛满而有瘀血,病在阳明胃,以及因饮食不节引起的疾病,治疗时都应刺合穴,所以说味主合。这就是五变所表现的不同特征以及与五输相应的针治方法。"相关穴位列表见表4-1。

表 4-1　井荥输经合原络郄募背俞穴列表

阴经	井木	荥火	输土	经金	合水	原土	络穴	郄穴	募穴	背俞
肺 11	少商	鱼际	太渊	经渠	尺泽	太渊	列缺	孔最	中府	肺俞
心包 9	中冲	劳宫	大陵	间使	曲泽	大陵	内关	郄门	膻中(任)	厥阴俞
心 9	少冲	少府	神门	灵通	少海	神门	通里	阴郄	巨阙(任)	心俞
脾 21	隐白	大都	太白	商丘	阴陵泉	太白	公孙	地机	章门(肝)	脾俞
肝 14	大敦	行间	太冲	中封	曲泉	太冲	蠡沟	中都	期门	肝俞
肾 27	涌泉	然谷	太溪	复溜	阴谷	太溪	大钟	水泉	京门(胆)	肾俞
阳经	井金	荥水	输木	经火	合土	原木	络穴	郄穴	募穴	背俞
大肠 20	商阳	二间	三间	阳溪	曲池	合谷	偏历	温溜	天枢(胃)	大肠俞
小肠 19	少泽	前谷	后溪	阳谷	小海	腕骨	支正	养老	关元(任)	小肠俞
三焦 23	关冲	液门	中渚	支沟	天井	阳池	外关	会宗	石门(任)	三焦俞
胃 45	厉兑	内庭	陷谷	解溪	足三里	冲阳	丰隆	梁丘	中脘(任)	胃俞
膀胱 67	至阴	足通谷	束骨	昆仑	委中	京骨	飞扬	金门	中极(任)	膀胱俞
胆 44	足窍阴	侠溪	足临泣	阳辅	阳陵泉	丘墟	光明	外丘	日月	胆俞

井荥输经合,脏色时声味(病在脏取井穴,病变于色取荥穴,病在时间者取俞穴,病变于音者取经穴,病起于饮食取合穴,五脏不平衡时用原穴)。《难经》中提道:"井穴专主心下满,荥穴泻火主身热,输治体重与节痛,经主喘咳并寒热,合当逆气而下泄。"《难经》中提道:"春刺井,夏刺荥,季夏刺俞,秋刺经,冬刺合。补井当补合,泻井当泻荥。血之郄穴为委中,阳跷脉郄穴为跗阳,阴跷脉郄穴为交信,阳维脉郄穴为阳交,阴维脉郄穴为筑宾。"

（1）井穴　位于指或趾的末端处，是气血流出的穴位，是水之源头，在经脉流注方面好像水流开始的泉源一样。全身十二经各有一个井穴，故又称"十二井穴"。井穴治病最急，为治疗中风、突然昏倒的急救要穴。《黄帝内经·灵枢》说："病在藏者，取之井。"《难经·六十八难》言："井主心下满。"井穴能醒脑开窍、宁神泄热及泻实祛邪。而常用于发现神志突变之急救。指或趾尖可对应于头顶，是以井穴能治神志病变及头部病证。井穴又能开窍祛寒善治"窍病"，如肝井能治阳痿、脾井配肝井能治崩漏急症。

（2）荥穴　荥穴多分布在指（趾）、掌（跖）关节附近，为脉气至此渐大，犹如泉已成小流。《灵枢·九针十二原》："所溜为荥。"《灵枢·顺气一日分为四时》曰："病变于色者，取之荥，病时间时甚者，取之输。"《难经·六十八难》又曰："荥主身热。"说明荥穴主要应用于发热病证。将药物贴在荥穴之上，其性气由此流入脏腑，到达由火引起的各种疾病所在之处。像口腔溃疡、淋巴结肿大等首先要找荥穴。

（3）俞穴　分布于掌指或跖趾关节之后，其经气渐盛。有输注之意，喻水流由小到大，由浅渐深。俞穴也叫腧穴或输穴。《灵枢·九针十二原篇》曰："所注为俞"，也就是在经脉流注方面好像水流逐渐汇集输注到更大的水渠一样。俞穴治疗阵发性病变，就是有时停止，有时严重。疼痛除伤风及癌痛外，治缓急之间的病变。

（4）经穴　主管喘、咳、寒、热之证的穴位。经穴多分布在腕、踝关节附近及臂、胫部。能治各个脏腑的病。《灵枢·九针十二篇》："所行为经。"意为脉气至此，犹如通渠流水之迅速经过。《灵枢·顺气一日分为四时》："病变于音者，取之经。"《难经·六十八难》："经主喘咳寒热。"所以，像咳嗽、便秘、腹泻等病都可把药物敷在经穴上面，让药性通过经穴进入有毛病的脏腑，有寒祛寒，有热祛热。病根一解除，喘、咳、寒、热之证自然就好。

（5）合穴　合穴多分布在肘、膝关节附近。四肢肘膝以下气血流注的重要穴位。《灵枢·九针十二原》："所入为合。"意为脉气自四肢末端至此，最为盛大，犹如水流合入大海。"合穴"在经络上是"入海口"的意思。合穴主要用于六腑病证。《灵枢·邪气脏腑病形》说："合治内府。"内府（腑）就是六腑，指胆、小肠、胃、大肠、膀胱、三焦，当它们出了问题，通常都要通过合穴来治疗。比如说胃气不足了，一般就是在足三里穴上贴甘草来培补。甘草的艮土之性通过合穴进入同属艮土的胃，同气相求，就能让胃得到补益。《难经·六十八难》又曰："合主逆气而泄。"《灵枢·顺气一日分为四时》曰："经满而血者，病在胃及以饮食不节得病者，取之于合。"经脉壅满有瘀血，疾病发生在胃，以及由于饮食不节所引起的病变，治疗时应取合穴，所以称为味主合穴。

（6）原穴　十二经脉在腕、踝关节附近部位的重要腧穴。十二经脉各有一原穴，是脏腑原气经过和留止的部位，是正经元气出入的总开关。元气指先天之气，所有的脏腑及经络都必须要得到元气的滋养才能发挥各自的功能，维持动物机体正常的生命活动。因此，元气充沛，脏腑的功能才会旺盛，动物才会健康少病。所以，凡是脏腑有病，都可以取相应的原穴来治。比如，颈椎病是肺气亏虚造成的，那么治疗时必须先补足肺气，这时就可用白参片贴肺经两侧原穴太渊的方法来大补肺的元气。阴经五脏之原，即是五腧穴中的输穴，就是以输为原，阳经六腑则不同，输穴之外，另有原穴。原气源于肾间动气，是机体生命活动的原动力，通过三焦运行于五脏六腑，通达头身四肢，是十二经脉维持正常生理功能的根本。因此脏腑发生疾病时，就会反映到相应的原穴上来，通过原穴的各种异常变化，又可推知脏腑的盛衰。在临床上，针刺原穴能使三焦原气通达，调节脏腑经络功能，从而发挥其维护正气，抗御病邪的作用。另外，在治疗上常用原穴配络穴，称原络配穴，治疗表里经之间的病证。

（7）络穴　十五络脉从本经（脉）别出之处的穴位。其中十二经脉的络穴，有沟通表里经脉和治疗表病及里、里病及表，或表里两经同病的病证；任脉、督脉及脾之大络有通调躯干前、后、侧部营卫气血和治疗胸腹、背腰及胁肋部病证的作用。络穴十五络脉与十四经脉相会合的穴位，或称14经上的分络点，是十字路口。十二经脉的络穴位于四肢部肘膝关节以下；任脉络发于鸠尾，督脉络发于长强，脾之大络出于大包，合称十五络穴。络穴就好比是两条经络的交会点，它的作用是把动物机体相为表里的经络沟通在一起。所以，一些兼有两经问题的疾病，找络穴来治最好，因为它能同时引导药性进入两条经，一举两得、事半功倍。络穴的治疗作用主要有以下几方面：①络穴各主治其络脉虚实的病证。如心经别络，实则胸中支满，虚则不能发声，皆可取其络穴通里治疗。②络穴可沟通表里两经。因此，不仅能治本经病，也能治相表里的经脉的病证。如肺经的络穴列缺，既能治肺经的咳嗽、喘息，又能治相表里的大肠经的齿痛、头项疼痛等疾患。③凡有急性炎症时，刺络穴出血，亦有良好的效果。④络穴在临床应用时既可单独使用，也可与其相表里经的原穴配合，称为原络配穴法。

（8）郄穴　气血专注的空隙，是经脉气血汇聚之处。十二经脉各有一个郄穴，阴阳蹻脉及阴阳维脉亦各有一个郄穴，共有16个郄穴。除胃经的梁丘之外，都分布于四肢肘膝关节以下。从古代开始，急病都是通过郄穴来治疗的。将药物贴于穴位上面，通过"同气相求"达到治病效果。郄穴在临床上用于治疗本经循行部位及所属脏腑的急性病证。阴经郄穴多治血证，如肺经的郄穴孔最治咳血，肝经的郄穴中都治崩漏。阳经郄穴多治急性疼痛，如颈项痛取胆经郄穴外丘，胃脘疼痛取胃经郄穴梁丘等。此外，郄穴亦有诊断作用，当某脏腑有病变时，可按压郄穴进行检查。

（9）募穴　指脏腑之气汇聚于胸腹部的特定穴位，是胸腹部连通脏腑的穴位，或称腹募。六脏六腑各有一募穴，共十二个。募穴均位于胸腹部有关经脉上，其位置与其相关脏腑所处部位相近。肺为中府，心为巨阙，肝为期门，脾为章门，肾为京门，心包为膻中，胃为中脘，胆为日月，大肠为天枢，膀胱为中极，小肠为关元，三焦为石门穴等。募穴多用以诊断和治疗本脏腑病证。《素问·奇病论》："胆虚气上溢而口为之苦，治之以胆募俞。"又《太平圣惠方》："募中府隐隐而痛者，肺疽也；上肉微起者，肺痈也。"临床上募穴可与背俞穴配合应用，称"俞募配穴"。募穴治本经的慢性病。

（10）背俞穴　脏腑之气输注于背腰部的腧穴，称为"背俞穴"，又称"俞穴"。"俞"，有转输、输注之意。六脏六腑各有一背俞穴，共十二个。俞穴均位于背腰部膀胱经上，大体依据脏腑位置前后排列，并分别冠以脏腑之名。

（11）会穴　经气交会处的穴位。如章门为脏之会穴，因五脏皆禀于脾，为脾之募穴；中脘为腑之会穴，因六腑皆禀于胃，为胃之募穴；膻中为气之会穴，因其为宗气之所聚，为心包之募穴等。如脏病取章门，腑病取中脘，各种出血病证取血会膈俞。

（12）八会穴　指脏、腑、气、血、筋、脉、骨、髓等精气聚会的八个腧穴，称为八会穴。八会穴分散在躯干部和四肢部，其中脏、腑、气、血、骨之会穴位于躯干部；筋、脉、髓之会穴位于四肢部。

（13）八脉交会穴　十二经脉与奇经八脉相通的八个腧穴，称为"八脉交会穴"，又称"交经八穴"。八脉交会穴均位于腕踝部的上下。

（14）下合穴　六腑之气下合于胆经、膀胱经、胃经的腧穴，称为"下合穴"，又称"六腑下合穴"。下合穴共有六个，其中胃、胆、膀胱的下合穴位于本经，大肠、小肠的下合穴同位于胃经，三焦的下合穴位于膀胱经。

（15）奇穴　又称经外奇穴。凡有一定的穴名，又有明确的部位及治疗作用，但尚未归入十四经脉系统的腧穴，称为奇穴。

（四）取穴规律

1. 循经取穴

循经取穴也称远隔取穴，即在十四经上选取与患部相同经脉，但远离患病部位的穴位。如肝经热放太阳血，心经热放胸膛血，肠黄放带脉血，消化不良针后三里穴。

2. 邻近取穴

在患部周围经络上取穴，结症取关元俞。

3. 局部取穴

在患病的局部取穴，如肩痛取抢风、颈风湿取九委。

4. 对症取穴

如高热取颈脉；多汗取鬐甲；中暑取分水、耳尖、太阳；脑黄取大风门、风门、百会；破伤风取风门、百会。

5. 按神经分布取穴

选取支配患部的神经通路上穴位。前肢跛行在桡神经上取抢风穴；后肢跛行在坐骨神经上取环跳穴；胸腔疾病在第三至第九胸椎旁取背俞各穴；腹腔疾病在腰椎旁髂肋肌沟中取各俞穴。

（五）取穴方法

1. 按自然标志取穴

口角取锁口，腰荐十字部取百会。

2. 指量取穴

二横指,即食指与中指相并,第一指节的宽度,为 1.5 寸。四横指,即食、中、无名、小指并拢第二指节的宽度,为 3 寸。

3. 体躯连线取穴

如股骨中转子与百会穴连线中点为巴山;髋结节到背中线作垂线上 1/3 处为雁翅穴。

4. 尾骨同体寸法

以患病动物第一尾椎的长度作为 1 寸进行定穴,用于头颈、肩胛、胸腹部分部位穴位的定位。

(六)配穴的规律

选 1～2 个主穴,加辅穴,以协同巩固疗效。

1. 表里配穴

在阴经与阳经上各取一穴。腹泻可取脾经上的带脉穴和胃经上的后三里穴;咳嗽可取肺经上的俞穴和大肠经上的俞穴;前肢跛行可取三焦经上的抢风穴和心包经上的膝脉穴。

2. 前后配穴

前后以腰为界。消化不良配玉堂和后三里;破伤风配大风门和百会;脏腑积热配胸堂和肾堂。

3. 上下配穴

上指头颈背腰部,下指胸腹四肢部。中暑配太阳和胸堂穴;结症配大肠俞和蹄头穴。

4. 左右配穴

用于脏腑病证,取左右对称的穴位。消化不良配左后三里穴和右后三里穴;心经积热配左胸堂穴和右胸堂穴。

(七)穴位的生理功能

腧穴的主要生理功能是输注脏腑经络气血,沟通体表与体内脏腑的联系。临床上腧穴有诊断疾病和治疗疾病的作用。由于腧穴有沟通表里的作用,内在脏腑气血的病理变化可以反映于体表腧穴,相应的腧穴会出现压痛、酸楚、麻木、结节、肿胀、变色、丘疹、凹陷等反应。因此,利用腧穴的这些病理反应可以帮助诊断疾病。腧穴更重要的作用是治疗疾病,通过针灸、推拿等刺激相应腧穴,可以疏通经络,调节脏腑气血,达到治病的目的。腧穴不仅能治疗该穴所在部位及邻近组织、器官的局部病证,而且能治疗本经循行所及的远隔部位的组织、器官、脏腑的病证。此外,某些腧穴还有特殊的治疗作用,可专治某病。如至阴穴可矫正胎位,治疗胎位不正。

六、针术

(一)针具

1. 圆利针

取白针穴位,针粗 1.5～2 mm。按针体长分为大、小两种。

①大圆利针:有 6、8、10 cm 三种规格,适用于马、牛、猪。

②小圆利针:有 2、3、4 cm 三种规格,适用于大、中动物的眼部及小动物。

2. 毫针

毫针的结构可分为 5 个部分,即针尖、针身、针根、针柄、针尾。毫针的规格主要以针身的直径和长度区分。长度以寸为单位规格如下:0.5、1.0、1.5、2.0、2.5、3.0、3.5、4.0、4.5;换算为毫米为单位对应为 15、25、40、50、65、75、90、100、115 mm。直径常见型号:26、27、28、29、30、31、32、33 号;分别对应 0.45、0.42、0.38、0.34、0.32、0.30、0.28、0.26 mm。取白针穴位,短针多用于小动物及大动物的浅刺,长针多用于大动物肌肉丰厚部穴位的深刺和小动物某些穴位作横向透刺。

3. 三棱针

三棱针分大小 2 种,用于三江、通关、玉堂等较细的血穴和点分水穴。

4. 宽针

宽针状如矛尖,分 3 种。大宽针:长 12 cm,针尖宽 0.8 cm,放马牛的颈脉、肾堂、蹄头血。小宽针:长 10 cm,针尖宽 0.4 cm,放马牛的太阳、缠腕血。中宽针:长 11 cm,针尖宽 0.6 cm,放马牛带脉、胸堂血。

5. 穿黄针

穿黄针状如宽针,尾部有一小孔,专用穿黄。

6. 夹气针

夹气针状如矛尖,竹制或合金制,长 30 cm,宽 0.4 cm,专用于夹气穴。

7. 火针

火针比圆利针粗,针体长有 2、3、5、10 cm 四种规格。

8. 针槌

针槌长 35 cm,槌头钻一小孔,可以插入宽针,槌头至槌体 1/5 处有一条缝,放置小孔锯,槌柄上有一藤制的活动圈,向槌头方向推进可紧锯固定宽针。

9.其他针具

电针治疗机、激光治疗器、微波针灸治疗器、电磁波谱治疗器。

(二)针刺前的准备

1.检查针具

按穴选针,检查针具有无生锈、带钩、弯折、针柄松动等,防止折断于动物体内。

2.消毒

穴位剪毛消毒,针具、术者手指均要消毒。

3.保定

马牛六柱栏保定,将头和后肢固定好;猪可以网内保定;小动物可用手固定好后肢。

(三)常用针术

1.白针

应用圆利针、毫针、宽针,用于血针之外的穴位。

(1)持针　右手拇指与食指夹针柄,中指无名指抵住针体。

(2)按穴　左手拇指压在穴位旁皮肤上,右手持针沿左手指甲进针。

(3)进针　要点如下。

进针方法:一是缓进法,针尖先刺入皮下,再捻转达到进针深度,当针细或皮厚时,可用套管进针法,用金属或硬塑料套管对准穴位,一拍针柄即入皮肤。适用于圆利针。二是急刺法,用右手的拇指与食指固定在针刺深度,迅速刺入穴位的所需深度。适用于宽针。

进针角度:有平刺(15°)、斜刺(45°)、直刺(90°)。

(4)行针　到达进针深度后,利用提插捻转等手法,使病畜出现提肢、拱腰、摆尾、肌肉收缩和皮肤震颤,即得气,产生疗效。

(5)醒针　醒针即行针后留针一段时间后将针转动数次,再次刺激各个穴位,以加强效果。留针 30 min,每 10 min 醒针一次,达到最酸一步,大约 3 min。

(6)退针　得气后,左手拇指与食指夹针体,同时压穴,右手持针柄捻转抽出。

(7)深刺和透穴　用毫针深刺穴位可加强疗效,如后海穴;对于平行接近的穴位,可平刺透穴,减少刺激点,加大刺激量,增强疗效,如锁口透开关。

2.火针

能使针刺处的组织发生较深的灼伤灶,以便在一定时间内保持对穴位的刺激作用,具有针和灸两方面意义。北方多用于治疗风湿症、慢性腰肢病。

(1)操作方法

①烧针法:针尖、针身的一部分缠绕棉花使呈枣核形,浸透植物油,将尖部油挤干点燃,待棉花要燃尽时迅速进针。

②直接进针:将针尖部分直接烧红,立即进针。

(2)注意事项

①血针穴位和关节部位不得用火针。

②选穴要准,穴位彻底消毒。

③针孔要封闭,防止摩擦、雨淋,化脓后及时处理。

④火针刺激强,灼伤刺激可持续 1 周以上,所以每次选穴 3~4 个,每隔 7~10 d 扎一次,第二次选穴不能重复。

⑤保定要确定,火针要烧透。

3.血针

可春季放血,使夏季少生热病。针刺原则、方法及注意事项如下。

①进针快,一次穿透皮肤和血管壁,宽针的针刃要与血管平行。

②泻血量:体壮、急热可多泻血;体弱、慢性病可少放血;猪一般可放 20~100 mL,分水穴破皮见血即可。

③可自行止血或压迫止血。

④体弱、孕畜、久泻、失血的不宜放血。

⑤放血后防止涉水、雨淋,以防感染。

4.水针

水针疗法也叫穴位注射法,是将药物注射在穴位、痛点、肌肉起止点,通过针刺和药物对穴位的刺激,以达到治疗疾病的方法。用药量为肌肉注射量的 1/5~1/3,大家畜一般 10~50 mL,2~3 d 注射一次,3~5 次为一个疗程。可用于治疗眼病、风湿病、神经麻痹,药物可用维生素 B_1、抗生素、普鲁卡因、水杨酸钠、可的松等,发热病一般不宜应用本法。

5.气针

向穴位皮下注入空气,刺激末梢神经和血管,改善局部血液循环和营养供应,以治疗神经麻痹、肌肉萎缩,常取弓子穴,也可取肾俞、大胯穴,大动物 50 mL 左右,拔出针头,用酒精棉球按压按摩,不进行剧烈运动,防气体扩散,1~2 周可吸收。要借助输液管注入。

6. 电针

应用毫针或圆利针刺入一定深度，再通以适当电流刺激穴位，以达到麻醉和治疗疾病的目的，如腹痛、消化不良、神经麻痹、肌肉萎缩、风湿、直肠脱、阴道脱等。

(1)电针器具　毫针、电疗机、导线、金属夹。电针麻醉仪采用双向脉冲，输出振荡频率采用 3～40 Hz，脉冲宽度为 0.5～1 ms，输出电量为 0.1～50 mA，要求能控制输出电压和输出电流，最大输出电流为 1 mA，最大输出电压为 40 V。

(2)电针的操作方法　取 2～4 个穴位，剪毛消毒，毫针产生针感后，将电疗机的正负极分别夹在针柄上，当输出调节刻度在 0 时，再接通电源，把频率由低到高、输出电压电流由弱到强，调到动物能安静接受治疗为准，完成后先将输出和频率调至 0，再闭电源，除去金属夹，退针，消毒，每日或隔日一次，5～7 d 为一个疗程，每个疗程间隔 3～5 d。

7. 耳针

针刺耳壳，通过内在联系，使相应的特定区域产生一定反应，来治疗疾病。耳廓前面凹面为舟状窝，后面为凸面为耳背，舟状窝有前耳褶、中耳褶、后耳褶，汇总后为总耳褶，中后耳褶间的浅沟为褶间沟，前耳缘、后耳缘上汇合为耳尖，下端汇合为屏间切迹。后耳缘下端的小隆起叫双耳屏，前耳缘向下有两个分支，向内的为内耳缘脚，向下的为外耳缘脚，之间形成脚间窝。耳针可治早期结症、痉挛疝、胃扩张、消化不良性腹痛。

8. 磁针

(1)磁针法　圆利针或毫针入穴后，将磁铁放入针柄盘成的圈上，可治疗疼痛性疾病。

(2)电磁针法　上法连接脉冲治疗器，通电每日治一次，每次 30 min，治疗面神经麻痹、肌肉风湿。

(3)磁敷法　磁片贴于穴位或患处，治疗炎症、肿瘤。

(4)旋磁法　旋转的磁疗机放于穴位或患处，每日 1～2 次，每次 20～30 min，治疗风湿、眼炎、慢性胃肠炎、血肿。

9. 激光针灸

(1)器材　激光器种类很多，可分为固体激光器、气体激光器(如氦氖激光器、二氧化碳激光器)、半导体激光器以及其他激光器(如化学激光器、液体激光器)。

(2)用法　兽医最常用的是氦氖激光器和二氧化碳激光器。前者穿透力强，热效应弱，主要用于照射穴位和病灶；后者穿透力弱，热效应强，可代替手术刀，也用于穴位烧灼。前者可选用一穴或数穴，剪毛消毒，距离 5～10 cm，每穴照射 5～15 min，每日一次，连用 7～14 次为一个疗程。后者距离 20～30 cm，辐照 5～10 min，如聚焦烧灼则每穴 2～6 s。激光疗法可产生热效应、压力效应、光化效应、电磁效应，可促进组织再生，增强酶的活性、白细胞的吞噬能力、骨髓的造血机能、血管扩张消炎、促性腺激素分泌、促进发情排卵、受胎，可治疗消化不良、腹泻、结症、风湿、扭挫伤、外伤、神经麻痹、不孕症、骨软症等。

10. 微波针灸疗法

用毫针或圆利针刺入穴位后，再输以一定能量的微波，加强刺激。

(四)针术的基本方法

针灸前首先判断发病动物所患是寒证还是热证，实证还是虚证，寒证用灸法，热证用针刺法，实证用泄法，虚证用补法。针法以得气为目的，得气是指当针刺入肌体后所产生的特殊感觉和反应，指针刺穴位后产生酸、麻、胀、重等感觉，又称为针刺感应，即针感。

操作的方法，包括基本手法、辅助手法、补泻手法。

1. 基本手法

基本手法主要有提插法和捻转法。

①提插法。将针从浅层插向深层，再由深层提到浅层，如此反复上提下插。

②捻转法。将针入一定深度后左右来回旋转的方法。

2. 辅助手法

辅助手法即针刺时，对针柄、针体和腧穴所在经脉进行的辅助动作，主要有以下几种。

①循法。用手指顺着经脉的循行经路，在腧穴的上下部轻轻循按。主要是激发经气的运行、而使针刺容易得气。

②弹法。用手指轻弹针尾，使针体微微振动，以加强针感。

③刮法。用拇指抵住针尾,以食指或中指的指甲轻刮针柄;或拿食指或中指抵住针尾,以拇指指甲轻刮针柄,可以加强针感和促使针感扩散。

④摇法。轻轻摇动针体,可以行气,直立针身而摇,可以加强针感;卧倒针身而摇,往往可促使针感向一定方向传导。

⑤飞法。以捻转为主,一般将针先做较大幅度的捻转,然后松手,拇、食指张开,一捻一放,反复数次,如飞鸟展翅之状,可以加强针感。

⑥震颤法。持针作小幅度的快速颤动,以增强针感。

3. 补泻手法

补和泻是治疗上的两个重要原则。"补",主要用于治疗虚证。"泻",主要用于治疗实证。在针灸疗法中的补泻主要是通过应用不同手法以产生不同刺激强度与特点而取得的。"平补、平泻"为小补小泻,补就是要引阳气深入,泻则是要引阴外出,以达到内外之气调和。"大补、大泻"需分天,地两部,或是天、地、人三部,对每部进行"紧按慢提"的补法或是"紧提慢按"的泻法。补法:即在针刺得气的基础上,施以较弱的捻转提插手法,捻转以拇指向前为主,提插以紧插慢提为核心,捻转幅度在90°以内,针尖上下提插在0.5 cm左右,此法具有补虚调气的作用;泻法:即在针刺得气的基础上,施以中等的捻转提插方法,捻转与提插同时进行,捻转幅度为90°~180°,针尖上下提插在1 cm左右,此法能调和阴阳之气,主要用于经气逆乱,虚实夹杂之证。补泻一般包括单式补泻法、复式补泻法两类。

(1)单式补泻法 有以下几种。

①捻转补泻:捻转角度小,用力轻,频率慢,操作时间短者为补法。捻转角度大,用力重,频率快,操作时间长者为泻法。

②提插补泻:先浅后深,重插轻提、提插幅度小,频率慢,操作时间短为补法。先深后浅,重提轻插,提插幅度大,频率快,操作时间长为泻法。

③迎随补泻:进针时针尖随着经脉循行去的方向刺入为补法。针尖迎着经脉循行来的方向刺入为泻法。

④呼吸补泻:病畜呼气时进针,吸气时出针为补。吸气时进针,呼气时出针为泻。在针刺得气后进行捻转手法,如果在停针吸气为补法;如果在停针

时呼气为泻法。

⑤开阖补泻:出针后迅速按揉针孔为补。出针时摇大针孔而不立即揉按为泻。平补平泻,进针得气后均匀地提插旋转后,即可出针。

⑥徐疾补泻:即以进出针的快慢来分别补泻的方法。缓慢地进针至一定深度,少捻转,行针完毕后迅速退至皮下而出针者为补法。反之,迅速进针至一定深度,多捻转,行针完毕后,缓慢地退至皮下而出针者为泻法。进慢出快的方法,在于扶助正气由浅入深,由表达里,能起补虚的作用;而进快出慢的方法,在于祛除邪气由深出浅,由里达表,能起泻实的作用。后世刺法,补法用"三进一退"或"二进一退",泻法用"一进三退"或"一进二退"。

(2)复式补泻法 主要有烧山火、透天凉等。

①烧山火:将针刺入腧穴应刺深度的上1/3(天部),得气后行紧插慢提(或用捻转)法九数;然后再将针刺入中1/3(人部),同上法操作;再将针刺入下1/3(地部),仍同上法操作,然后将针慢慢提至上1/3,继续行针、反复3次,即将针按至地部留针,在操作过程中可使患者产生温热感。多用于治冷痹顽麻、虚寒性疾病等。

②透天凉:将针刺入腧穴深度的下1/3(地部),得气后行紧提慢按(或捻转)法六数,再将针紧提至中1/3(人部),同上法操作;然后再将针紧提至上1/3(天部),仍同上法操作;再将针缓慢地按至下1/3,如此反复操作3次,将针紧提至上1/3,即可留针。操作过程中可产生凉感。多用于热痹、急性痈肿等实热性疾病。

(五)针刺时意外情况的处理

1. 弯针

不应用力拔针,待患畜安静后,再轻轻捻动针体,顺针弯方向拔出,要慢。

2. 滞针

入针后不能捻转插拔,多因肌肉紧张或被肌纤维缠针,应停针片刻,揉按局部或向反方向捻转针身,退出。

3. 折针

进针不能全部没入针身,如折针应借助持针器夹出,必要时手术取出。

4. 血针出血不止

采取压迫、钳夹或结扎等措施,如局部瘀血可

温敷。

5. 火针针孔化脓

火针消毒不严、生锈、烧针不透、雨淋等,应排脓、清洁针孔、涂碘酊,感染严重时要按化脓创处理。

七、灸术

(一)灸术

灸术是应用艾绒制成艾卷,点燃后熏灼动物体穴位,或利用其他温热物体,对患部给以温热灼痛的刺激,借以疏通经络,驱散寒邪,达到治疗的目的。

(二)艾灸

艾绒的制作:艾叶晒干、捣碎、筛粗去杂。

艾叶性温味辛,易燃烧,火力均匀,具有温通经脉、祛寒除湿、回阳救逆的作用。

1. 艾卷灸

用艾绒卷成直径 1.5 cm 的艾卷,糨糊封口。

(1)温和灸　点燃后,距穴位 2～3 cm,每穴 5～10 min,作用温和。

(2)雀啄灸　点燃后接触一下穴位皮肤,马上离开,不要灼伤皮肤,反复 2～5 min。

2. 隔姜(蒜)灸

切片 0.5 cm 厚,扎小孔若干,放于穴位上,制艾柱(红枣大的圆锥体),放姜片上点燃,每灸一柱为一壮,每穴 3～5 壮为宜,不等燃烬就要更换,治疗风湿,腰部平坦较为适宜。

3. 细针艾

将圆利针或毫针套上艾柱和姜片,3～4 cm 高,刺入穴位后点燃。

艾灸补泻:亦称火补火泻,指艾灸时以火力大小区分补泻的方法。凡火力由小到大,慢慢燃尽者为补法,有温阳补虚的作用。如吹旺其火,使病畜感觉烫者为泻法,有祛寒散结的作用。

(三)温熨

温熨适用于腰胯风湿,以温经散寒。

1. 醋麸灸

10 kg 麸皮炒干,加醋 2.5 kg 炒至 40℃,分装两袋,交替温熨患部,微汗为止,灸后保温,每天一次,连用 3～5 d,治疗腰胯风温。

2. 醋酒灸

醋酒灸又称火鞍灸,俗称火烧战船。保定,温醋浸湿背腰部被毛,盖上醋浸粗布,浇 70% 的酒精,点燃,醋干加醋,酒干加酒,出汗为止,灭火后加盖麻袋保温,治疗腰背风湿、破伤风。

3. 软烧法

(1)工具　用长 40 cm、直径 1.5 cm 的圆木棍,一端裹棉花,外包纱布或绷带,呈长 8 cm、直径 3 cm 的长圆形,细铁丝结紧,再准备一把蘸醋的小扫把。

(2)药物　95% 乙醇 500 mL、食醋 1 kg、花椒 30 g,混合煮沸 20～30 min,待温后使用。

(3)方法　保定动物,提举前健肢,用小扫把蘸醋椒液涂刷患部周围,再用烧灼具蘸酒精点燃,燎烧患部 2～3 min 后,用武火呈直线均匀摆动烧灼,要不断涂刷醋椒液,以防烧伤,每次烧灼 45 min,切忌棉球拍打皮肤。

(4)适应证　1 个月以上的慢性关节炎、屈腱炎、腰风湿、挫伤。

(5)护理　烧灼后出汗过多,注意保温,停止使役,每日早晚牵遛 1 h,有烧伤可涂氧化锌软膏或紫药水。

(四)烧烙

烧烙可治疗马骡肢蹄病,春、秋两季施术较好。

1. 直接烧烙

(1)器材　刀状烙铁、倒马绳、陈醋、木柴。

(2)方法　停食 8 h,横卧保定,边烙边喷醋,先烙掉毛,由轻到重,将皮肤烙成焦黄色为止,烙后防啃咬和感染。

(3)适应证　慢性关节炎、屈腱炎、骨瘤。

2. 间接烧烙

(1)器材　方形烙铁,方形棉纱垫数个,陈醋,木炭,火炉。

(2)方法　站立保定,将纱垫浸醋放入穴位上,用烧半红的烙铁,反复在纱垫上烙熨,不断加醋,每穴 10 min。

(3)适应证　破伤风、脑炎、风湿症、面神经麻痹。

八、其他疗法

(一)穴位埋线疗法

1. 适应证

马角膜浑浊、风湿、腹泻、仔猪白痢。

2. 取穴

马眼病取睛俞、睛明、垂睛,腹泻取后海穴;猪常取脾俞、后三里、交巢、尾干。

3. 器材

半弯三棱缝针、封闭针头、12 cm 毫针、铬制 1 号羊肠线、铬制 3 号羊肠线、剪毛剪、持针器。

4. 操作

剪 2 cm 肠线,放于封闭针孔前,刺入穴位,用毫针插入针孔,将肠线植入穴内,退毫针,再退封闭针,每周一次,或用缝针从穴位旁 1 cm 入针,从穴位穿出,贴皮肤剪断两端肠线,轻提皮肤,使肠线完全埋入皮下,一个月一次,可治风湿。

5. 注意

消毒防感染,埋线不能外露。

(二)拔火罐疗法

拔火罐疗法又称吸筒疗法、火罐法,是用杯罐吸附局部瘀血的一种疗法。

1. 适应证

风寒痹痛、感冒、冷痛腹泻、咳喘、跌打血瘀、痈疽疮疡。

2. 禁忌

①皮肤病或皮肤缺乏弹力、消瘦或浮肿者。

②高烧或抽搐者。

③孕畜腰腹部。

④心区、大血管部、眼舌、口鼻、乳头部、骨凸部。

3. 器材

火罐(竹制、陶制、玻璃制),要求罐口平滑。

4. 方法

保定,穴位或患部剪毛、水洗、消毒。

拔罐法:有以下几种方法。

(1)投火法　罐内点酒精棉球或纸片,火旺即罩于应拔部位,适用于侧面横拔,以免烧伤。

(2)闪火法　镊子挟酒精棉球或纸片,点燃绕内壁燃烧几次,抽出迅速罩于患部。

(3)贴火法　棉花块厚 0.1 cm×1 cm 见方,浸酒精,贴于内壁中段,点燃,罩于患部,酒精不宜过多。

(4)针罐并用法　先用小宽针或三棱针刺后走针再拔,可治奶泻。

拔罐时间:10～20 min,病轻、肌肉薄则短。

疗程:治疗 2～3 次即可治愈,每次间隔 2～3 d。

急性病痛每日一次,3～4 次为一疗程;慢性病间隔 7～10 d,可重复治疗一次。

5. 护理及注意事项

①保温、严禁风吹雨淋,每日上下午各牵遛一次。

②拔后肿胀正常,二次施术不能在原位。

③患部面积大,可多罐施治。

④拔时不要骚动,以防火罐脱落。

(三)按摩法

按摩法也叫推拿法。

1. 作用

推穴道、走经络、补虚泻实、祛邪扶正、调和阴阳、通畅经络。

2. 适应证

消化不良、腹泻、肌肉萎缩、神经麻痹、四肢关节扭伤。

3. 基本手法

均可单手或双手操作。

(1)按法　用手指或手掌在患部或穴位处按压,一起一落,缓缓用力,反复按压,适用于全身各部,有通经活络的作用。

(2)摩法　将手指或手掌放于患部,借助腕力配合推法,力达皮肤和皮下,进行柔软抚摩。可以理气和中,调理脾胃。

(3)推法　用手掌或手指,必要时戴手套作前后左右用力推动。

(4)拿法　用拇指和其他手指把皮肤、肌肉或筋膜用力提拿起来。用于肌肉丰满处,有祛风散寒、疏通经络的作用。

(5)揉法　用手指或手掌贴于患部皮肤作环形揉动,要求缓和有力,有止痛、活气血、通经络的作用。

(6)打法　即叩击法,分拳打法(用拳背击打)和棒击法(用桑树棒包布打),用于腰背、四肢、胸部的打击,可祛风散寒、宣通气血。

4. 方法

按病补泻,由轻到重,要求柔和持久有力。顺络推为补,逆络推为泻;轻摩慢摩为补,重摩快摩为泻;时间短为补,时间长为泻。要求每日一次,每次 5～15 min,7～10 次为一个疗程。

5. 注意事项

高烧、传染病、皮肤病忌用;孕畜慎用;按摩后避免风吹雨淋。

作业

1. 概念：针术、灸术、穴位。
2. 简述穴位的取穴规律、取穴方法和配穴规律。
3. 简述白针术的操作方法和针刺意外情况的处理。

拓展

你知道井荥输经合原络郄募分别治疗什么病吗？能写出犬各经络对应的穴位吗？

自我评价

评价内容	记忆情况	理解情况	百分制评分结果	不足与改进
针术、灸术的概念				
穴位的概念、穴位的命名、穴位的分类				
穴位的取穴规律、取穴方法和配穴规律				
毫针的规格，以及白针针术的操作方法				
针术的基本方法和针刺意外情况的处理				

任务二　比较针灸穴位

学习导读

教学目标

1.使学生掌握十二经脉和任督二脉循经穴位,以人为主要参考依据,比较并掌握动物循经穴位名称。

2.使学生掌握不同动物十二经脉和任督二脉循经穴位的具体部位、针刺方法及主治。

教学重点

1.不同动物十二经脉上穴位的具体部位、针刺方法及主治。

2.不同动物任督二脉上穴位的具体部位、针刺方法及主治。

教学难点

不同动物十二经脉和任督二脉循经穴位的具体名称、部位和主治。

课前思考

1.你知道不同动物十二经脉上都有哪些穴位吗(以一经为例)?

2.你知道不同动物任督二脉上都有哪些穴位吗(以一脉为例)?

学习导图

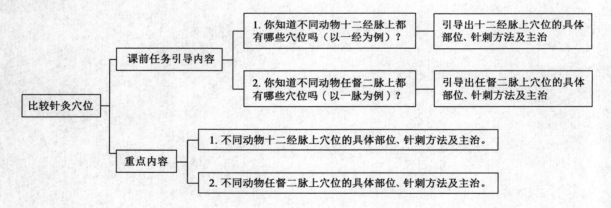

一、手太阴肺经穴位

人的本经参考走向,自中焦的胃脘部起始,向下联络大肠,回过来沿着胃的上口,贯穿膈肌,入属肺脏,从气管、喉咙横行出于胸壁外上方中府,走向腋下,沿上臂前边外侧,行于手少阴心经和手厥阴心包经的外面,下至肘中尺泽,再沿前臂桡侧下行,至寸口桡动脉搏动处,沿大鱼际外缘出拇指之桡侧端少商。它的支脉从腕后桡骨茎突上方列缺分出,经手背至食指桡侧端商阳。脉气由此与手阳明大肠经相接。

本经腧穴主治喉、胸、肺病,以及经脉循行部位的其他病证。如咳嗽、气喘、呼吸短促、咳血、伤风、胸部胀满、咽喉肿痛、臂内侧前缘痛、厥冷、麻木、缺盆痛、肩背寒冷疼痛、掌心热、心烦、小便频数等。

手太阴络脉,名列缺,起于腕关节上方的分肉之间,走向手阳明经脉;与手太阴经并行,直走入手掌中,散布在大鱼际部。其病:实证,腕和掌部灼热;虚证,张口出气,尿频、遗尿。可取手太阴络穴治疗。

手太阴经别,从手太阴经脉分出,进入腋下,行于手少阴经别之前,入体腔后走向肺脏,散到大肠,上方通过缺盆部,沿喉咙,在约扶突穴处又合于手阳明经脉。

手太阴经筋,起于大指之上,沿大指上行,结于鱼际之后;行寸口动脉外侧,上行沿前臂,结于肘中;向上经过臂内侧,进入腋下,出缺盆部,结于肩峰前方;其上行结于缺盆,向下内行结于胸里;分散通过膈部,会合于膈下,到达季胁。其病证:当经筋循行所过处出现强滞、痉挛和酸痛,若成为"息贲"病(又名肺积,是指肺之积证,指呼吸急促,气逆上奔的证候。以寒热、喘息、咳嗽,右胁下包块大小如杯的积证),可见胁肋拘急,上逆吐血。

人的手太阴腧穴一侧11穴,分别为中府、云门、天府、侠白、尺泽、孔最、列缺、经渠、太渊、鱼际、少商。歌谣:手太阴肺十一穴,中府云门天府诀,侠白尺泽孔最存,列缺经渠太渊涉,鱼际少商如韭叶。本经腧穴主要治疗喉、胸、肺及经脉循行部位的其他病证。治疗咳喘常用中府、太渊、鱼际;治疗咯血常用孔最、太渊;治疗咽喉痛常用少商、鱼际。中府穴能通畅肺腑,尺泽穴是治疗腹痛、发热的首选穴,孔最穴可治痔疮,列缺是治疗头项痛常用穴,经渠穴可使呼吸畅通,太渊穴可治气血不足,鱼际穴可治声音嘶

哑,少商穴可治感冒。针刺中府应注意角度与深度,太渊应注意避开桡动脉。

动物肺经穴位以人肺经穴位为参考,结合有关资料和临床经验总结如下。

1. 肺之俞

此穴位于肺俞穴同一肋间,为马特有穴,在第9肋间,其他动物可参考取穴,与肩端到臀端连线相交。马以毫针向内下方斜刺1.5～2.5 cm。主治:肺热、肺痈、咳嗽、气喘、膊痛。

2. 中府

中府位于肩关节内侧凹陷中,与第1肋间平高。主治:肺病、咳嗽、气喘、肩背痛、胸痛。为肺经募穴。

3. 云门

云门位于中府穴斜上方,肩胛骨与腹正中线连线中点,交于第1肋间。主治:咳嗽、气喘、肩背痛、胸痛。

4. 颈脉

颈脉位于颈静脉上1/3折点处。马、牛高抬头部,左手按压,右手以大宽针针尖顺血管方向刺入1 cm,小动物可三棱针点刺出血。主治:中暑、中毒、脑炎、肺燥、肺黄、遍身黄、五攒痛。

5. 肺攀

肺攀位于肩胛骨后缘上1/3折点处。马以毫针向前下方刺入6～10 cm。主治:咳嗽、气喘、肩背痛、前肢风湿、麻木、跛行。

6. 肺门

肺门位于肩胛骨前缘上1/4(马)或1/3(牛、猪等)折点处。马以毫针向后下方肩胛骨内侧、胸臂外侧刺入6～9 cm。主治:咳嗽、气喘、肩臂痛、胸痛、前肢风湿、麻木。

7. 天府

人的本穴位于腋前皱下3寸(1寸≈3.33 cm,后同),肱二头肌桡侧沟中。主治:喘咳、鼻衄、吐血、过敏性鼻炎、臂内侧痛。

8. 侠白

人的本穴位于天府穴下1寸,肘横纹上5寸。主治:咳嗽、心痛、干呕、胸满、臂内侧痛。

9. 胸堂

胸堂位于胸骨两旁外侧沟与桡骨上端水平线相交处的浅静脉上。马以中、小宽针或三棱针顺血管方向刺入0.5～1 cm,出血。主治心肺积热、热性病、中暑、胸膊痛、闪伤跛行、五攒痛、风湿。与人的尺泽穴位置相近,但尺泽穴为白针穴位,位于肘横纹

大筋外,泻热效果好,主治:发热、咳嗽、气喘、咯血、潮热口干、咽喉肿痛、心痛、胸满、呕吐、尿频数,为合穴。

10. 同筋

同筋位于前肢臂背内侧,胸堂与太渊连线下2/5 折点处。马以中、小宽针顺血管方向刺入1 cm,出血。主治:胸膊痛、肘痛、前肢闪伤、五攒痛、咳喘、咳血、胸痛、咽痛。与人的孔最穴位置相近,但孔最穴为白针穴位。人的孔最位于尺泽与太渊的连线上,桡骨尺侧,距太渊 7 寸,治疗出血疾病效果好,有清热凉血作用,主治鼻出血、痔疮、感冒、急性咳、咽喉痛,为郄穴。

11. 列缺

列缺位于前肢臂背内侧,胸堂与太渊连线下7/8 折点处。避开动脉直刺 0.3～1 cm。治疗头痛效果好,主治:头痛、齿痛、咽喉肿痛、咳嗽、气喘、鼻塞流涕、项强、口眼歪斜、半身不遂。为络穴,通任脉,对遗精、尿闭、遗尿、痛经、生殖器疼痛等任脉的疾病也有治疗效果。

12. 经渠

人的本穴在腕横纹上 1 寸,当桡骨茎突的高点掌面骨边与桡动脉之间络中取穴。治疗咳嗽效果好,主治:咳嗽、气喘、喉痹、胸满、掌热。为经穴。

13. 太渊

太渊位于腕关节屈曲线腕横纹上桡内侧凹陷处。避开动脉直刺 0.3～1 cm。补气效果好,主治:腕关节肿痛、咳喘、咽痛、咳血、呕血、胸痛、心悸、掌中热、静脉曲张。为输穴。

14. 鱼际

人的鱼际在第一掌指关节后,掌骨中点,赤白肉际处取穴。对发热治疗效果好,主治:咳嗽、咳血、失音、喉痹咽干、身热、乳痛、肘挛。为荥穴。

15. 内侧前蹄门

内侧前蹄门位于前肢第 3 指腹内侧枕上缘有毛无毛交界处(马、牛、羊、猪),或第 1 指桡侧指角旁0.1 cm 处(犬、猫)。中、小宽针直刺 1 cm,出血。主治:蹄黄、蹄肿、系凹痛、腹痛、指挛痛、咳喘、衄血、昏厥、癫狂、心下满、中暑、呕吐。与人的少商穴位置相近。又名鬼信穴,为井穴。

二、手阳明大肠经穴

人本经参考走向,自食指桡侧端商阳起始,沿食指桡侧上行,出走于第一、二掌骨之间合谷,进入伸拇长、短肌腱两筋之中阳溪,沿着前臂桡侧,向上进入肘弯外侧曲池,再沿上臂后边外侧上行,至肩部肩髃,向后与督脉在大椎穴处相会,然后向前进入锁骨上窝缺盆,联络肺脏,向下贯穿膈肌,入属大肠。它的支脉,从锁骨上窝走向颈部,通过面颊,进入下齿中,回过来挟着口唇两旁,在人中处左右交叉,上挟鼻孔两旁迎香。脉气由此与足阳明胃经相接。

本经穴位主治头面、五官、咽喉病、热病及经脉循行部位的其他病证。本经异常就出现下列病症:齿痛,颈部及面颊部肿胀。本经穴主治有关"津"方面所发生的病症:眼睛昏黄,口干,鼻流清涕或出血,喉咙痛,肩前、上臂部痛,食指疼痛、活动不利。虚证:肠鸣、腹痛、腹泻、大肠功能减弱、肩部僵硬、肩酸、皮肤无光泽、喉干、喘息等。实证:腹胀、便秘、痔疮、肩背部疼痛、牙疼、皮肤异常、上脘异常等。

手阳明络脉,名偏历,在腕关节后 3 寸处分出,走向手太阴经脉;其支脉向上沿着臂膊,跨过肩峰部,上行到下颌角处,遍布于牙齿根部;另一支脉进入耳中,与耳内所聚集的各条经脉会合。其病症:实证,见龋齿痛、耳聋;虚证,见齿冷、胸膈痹阻不畅通,可取手阳明络穴治疗。

手阳明经别,从手走胸,在肩峰处分出,进入锁骨上部,下行走向大肠,属于肺脏,上沿喉咙,浅出于缺盆部,仍会合于手阳明。

手阳明经筋,起始于食指桡侧端,结于腕背部;向上沿前臂,结于肘外侧;上经上臂外侧,结于肩峰部。分支绕肩胛部,挟脊柱两旁;直行的从肩峰部上颈。分支上向面颊,结于鼻旁颧部;直行的走手太阳经筋前方,上额角,散络头部,下向对侧额部。其病症:所经过之处可出现牵扯不适、酸痛及痉挛,肩关节不能高举,颈不能向两侧转动。

人本经一侧 20 穴,14 穴分布于上肢背面桡侧,6 穴在肩、颈和面部。分别为商阳、二间、三间、合谷、阳溪、偏历、温溜、下廉、上廉、手三里、曲池、肘髎(liáo)、手五里、臂臑(nào)、肩髃、巨骨、天鼎、扶突、口禾髎、迎香。歌谣:手阳明经二十穴,商阳二三间,谷溪偏溜廉,三里曲肘五里臑,肩骨鼎突口迎香。本经腧穴主要治疗头面、五官(头疼、面神经炎、面瘫、耳鸣、耳聋)、呼吸道疾病、咽喉病、神志病、热病、皮肤病、通便及经脉循行部位的其他病证,并可增强阳气、去火气。治疗热病常用商阳、合谷、曲池;治疗头面五官疾病常用合谷;治疗胃肠病常用合谷、曲池;

治疗咽喉病可用商阳、合谷;治疗肩臂痛常用合谷、曲池、手三里、臂臑和肩髃;治疗鼻疾常以合谷、迎香为主。商阳可治便秘;合谷是强壮穴,可止疼,如牙痛,右侧牙痛可选左侧合谷穴,左侧牙痛可选右侧合谷穴;温溜穴是机体阳气聚集地,寒凉可艾灸,燥热可刮痧泻火;曲池是大肠经的合穴,可降血压,治疗皮肤病、通便、治脏腑、腹部疾患,皮肤病多与大肠相关,曲池是个排毒的穴位;肩俞穴易受风寒,可治肩周炎;迎香穴可治鼻炎、嗅觉不灵敏、鼻出血。针刺天鼎、扶突应注意角度与深度。

动物大肠经穴位以人大肠经穴位为参考,结合有关资料和临床经验总结如下。

1. 前蹄头(商阳)

前蹄头在犬、猫位于第 2 指桡侧指甲角旁;在牛、羊、猪位于第 3、4 蹄匣上缘正中,有毛无毛交界处,每蹄各 2 个。为井穴。大动物中小宽针直刺1 cm,出血,中小动物酌情决定针刺深度。主治:耳聋、齿痛、咽喉肿痛、颌肿、青盲、热病、昏迷、蹄黄、扭伤、麻木、感冒、腹痛、臌气、结症。

2. 二间穴

二间穴在人位于第 2 掌指关节远端桡侧赤白肉际凹陷中。主治:目昏、鼻衄、齿痛、口歪、咽喉肿痛、热病。为荥穴。

3. 三间穴

三间穴在人位于第 2 掌指关节后桡侧赤白肉际凹陷处。为输穴。动物对应前缠腕穴,位于球节(系骨、管骨、籽骨三者构成的球状突起)上方掌内外侧沟末端内外侧静脉上,每肢内外各 1。大动物中、小宽针沿血管刺入 1.5 cm,中、小动物酌情决定针刺深度。主治:蹄黄、球节肿痛、屈腱炎、扭伤、咽喉肿痛、眼痛、牙痛、腹胀、肠泻。

4. 合谷穴

人的合谷穴位于手背第 1、2 掌骨间,第 2 掌骨桡侧的中点处。主治:头痛、目赤肿痛、咽喉肿痛、齿痛、鼻衄、牙关紧闭、口眼歪斜、耳聋、疟腮、热病、无汗、多汗、腹痛、便秘、经闭、滞产。为原穴,孕者不针。

5. 阳溪穴

人的阳溪穴位于腕背横纹桡侧,手拇指向上翘时,在拇短伸肌腱与拇长伸肌腱之间的凹陷中。主治:头痛、目赤肿痛、耳聋、耳鸣、齿痛、咽喉肿痛、腕痛。为经穴。

6. 偏历穴

人屈肘,此穴位在前臂背面桡侧,阳溪与曲池连线上,阳溪上 1/4 处,腕横纹上 3 寸。主治:目赤、耳鸣、鼻衄、喉痛、臂酸痛、水肿。为络穴。

7. 温溜穴

人屈肘,此穴位在前臂背面桡侧,阳溪与曲池连线上,腕横纹上 5 寸处。主治:头痛、面肿、咽喉肿痛、疔疮、肩背酸痛、肠鸣腹痛。为郄穴。

8. 下廉穴

人的下廉穴位于前臂背面桡侧,阳溪与曲池连线上,肘横纹下 4 寸处。主治:头痛、眩晕、目痛、肘臂痛、腹胀、腹痛。

9. 上廉穴

人的上廉穴位于前臂背面桡侧,阳溪与曲池连线上,肘横纹下 3 寸处。主治:头痛、肩膊酸痛、半身不遂、手臂麻木、肠鸣腹痛。

10. 手三里穴

人的手三里穴位于前臂背面桡侧,阳溪与曲池连线上,肘横纹下 2 寸处。动物此穴较人位置偏下,位于曲池下前臂外侧桡沟 1/3(马、羊)或 1/4(犬、猫、兔)折点处。大动物直刺 4.5 cm,中动物直刺2~3 cm,小动物直刺 0.3~0.5 cm。主治:齿痛颊肿、上肢不遂、腹痛、腹泻、脾胃虚弱,此穴位有镇静作用。

11. 曲池穴

曲池穴位于肘横纹外侧端,屈肘,尺泽与肱骨外上髁连线中点,肘横纹外侧凹陷中。为合穴。动物后肢还有后曲池穴。人直刺 3~4.5 cm,犬、猫直刺0.5~1.5 cm。主治:咽喉肿痛、齿痛、目赤痛、瘰疬、瘾疹、热病、上肢不遂、手臂肿痛、腹痛吐泻、高血压、癫狂、阑尾炎。

12. 肘髎穴

人的肘髎穴位于臂外侧,屈肘,曲池上方 1 寸,肱骨边缘处。主治:肘臂部疼痛、麻木、挛急。直刺0.5~1 寸。

13. 手五里穴

人的手五里穴位于臂外侧,曲池与肩髃连线上,曲池上 3 寸处。主治:肘臂挛痛、瘰疬。避开动脉,人直刺 0.5~1 寸。

14. 臂臑穴

人、犬、猫此穴位于臂外侧,三角肌止点处,曲池与肩髃连线上,近肩髃 1/3 处。主治:肩臂痛、颈项拘挛、瘰疬、目疾。人直刺或向上斜刺 0.8~1.5 寸,犬直刺 1.5～3 cm,猫直刺 0.3～0.5 cm。

15.肩髃穴(肩井穴)

人此穴位于臂外侧,三角肌上,臂外展,或向前平伸时,肩峰前下方向凹陷处。动物此穴称肩井穴,位于臂骨大结节上缘的凹陷中。马有肩井和肩髃两穴,分别在臂骨大结节前缘上、下凹陷处。主治:肩臂挛痛不遂、前肢风湿、麻木、肿痛、瘾疹、瘰病。人直刺或向下斜刺 0.8～1.5 寸,牛毫针向内下方斜刺 6～9 cm,马两穴分别向后下方和后上方刺 6、4 cm。犬直刺 1.5～3 cm,猫直刺 0.3～0.5 cm。为手阳明经与阳跷脉交会穴。

16.巨骨穴

人的巨骨穴位于肩上部,锁骨肩峰端与肩胛冈之间凹陷处。主治:肩臂挛痛不遂、瘰病、瘿气。人直刺,微斜向外下方,进针 0.5～1 寸。为手阳明经与阳跷脉交会穴。

17.天鼎穴

人的天鼎穴位于颈外侧部,胸锁乳突肌后缘,结喉旁,扶突与缺盆连线中点。主治:暴喑气梗、咽喉肿痛、瘰病、瘿气。人直刺 0.5～0.8 寸。

18.扶突穴

人此穴位于颈外侧部,结喉旁,胸锁乳突肌前、后缘之中点肌腹中。主治:咳嗽、气喘、咽喉肿痛、暴喑、瘰病、瘿气。人直刺 0.5～0.8 寸。

19.口禾髎穴

人此穴位于上唇部,鼻孔外缘直下,平水沟穴。动物称鼻前穴或降温穴,位于两鼻孔下缘连线,鼻内翼旁开 1 cm 处,左右各 1 穴。主治:发热、中暑、感冒、鼻塞、鼻衄、口歪、口噤。人直刺或斜刺 0.3～0.5 寸,马直刺 1 cm。

20.迎香穴

人此穴位于鼻翼外缘中点旁鼻唇沟中间。人斜刺或平刺 0.3～0.5 寸。为手、足阳明经交会穴,不宜灸。马称姜牙穴,位于鼻孔外侧缘下方,鼻翼软骨顶端处;牛、猪为山根副穴,主穴在鼻镜上缘正中有毛与无毛交界处,两副穴两鼻孔背侧处正中。小宽针向后下方斜刺 1 cm,出血。主治:鼻塞、鼻衄、中暑、感冒、腹痛、癫痫、口歪、面痒、胆道蛔虫症。

▶ 三、足阳明胃经穴位

人本经参考走向,起于鼻翼旁迎香穴,挟鼻上行,左右侧交会于鼻根部,旁行入目内眦,与足太阳经睛明相交,向下沿鼻柱外侧(承泣、四白),入上齿中(巨髎)后出,挟口两旁(地仓),环绕嘴唇(会人中),在颏唇沟承浆穴处左右相交,退回沿下颌骨后下缘到大迎穴处,过下颌角前下方的颊车上行过耳前(下关),经过上关穴,沿发际到头角部的头维,再到前额中部(会神庭)。

颈部支脉:它的下行支脉,从大迎穴前直下颈动脉搏动处的人迎,沿着喉咙(水突、气舍)向下后行至大椎,折向前行,进入锁骨上窝缺盆,向下贯穿膈肌,入属胃腑(会上脘、中脘),联络脾脏。

胸腹部主干:它外行的主干,从锁骨上窝(缺盆)向下经乳中(气户、库房、屋翳、膺窗、乳中、乳根),挟脐两旁(不容、承满、梁门、关门、太乙、滑肉门、天枢、外陵、大巨、水道、归来)下行,进入气街(腹股沟动脉部气冲穴)。

腹内支脉:它在腹内的一条支脉,从胃下口幽门处开始,经腹腔到腹股沟气街穴与外行的主干合而下行,经髋关节前的髀关,到股四头肌隆起处(伏兔、阴市、梁丘),下向膝髌中(犊鼻),沿胫骨外侧(足三里、上巨虚、条口、下巨虚),到足背部(解溪、冲阳),进入中趾内侧趾缝(陷谷、内庭),出次趾末端(厉兑)。

小腿部支脉:另有一条支脉,从膝下 3 寸处足三里穴分出(丰隆),向下进入中趾外侧趾缝,并出其末端。

足部支脉:它的又一条支脉,从足背部冲阳穴分出,走到大趾的内侧端隐白穴,交于脾经。

人本经一侧 45 穴,左右合 90 穴。分别是承泣、四白、巨髎、地仓、大迎、颊车、下关、头维、人迎、水突、气舍、缺盆、气户、库房、屋翳、膺窗、乳中、乳根、不容、承满、梁门、关门、太乙、滑肉门、天枢、外陵、大巨、水道、归来、气冲、髀关、伏兔、阴市、梁丘、犊鼻、足三里、上巨虚、条口、下巨虚、丰隆、解溪、冲阳、陷谷、内庭、厉兑。歌谣:四十五穴足阳明,承泣四白巨髎经,地仓大迎颊车停,下关头维与人迎,水突气舍连缺盆,气户库房屋翳屯,膺窗乳中延乳根,不容承满梁门起,关门太乙滑肉门,天枢外陵大巨存,水道归来气冲次,髀关伏兔走阴市,梁丘犊鼻足三里,上巨虚连条口位,下巨虚跳上丰隆,解溪冲阳陷谷中,内庭厉兑经穴总。

本经腧穴主治肠胃等消化系统、神经系统、呼吸系统、循环系统的某些病证和咽喉、头面、口、牙齿痛、鼻等器官病证,以及本经脉所经过部位之病证。

如肠鸣腹胀、胃肠病、胃下垂、胃痛、胃胀、呕吐、消谷善饥、口渴、水肿、头痛、眼痛、牙痛、面神经麻痹、神志病、咽喉肿痛、鼻衄、胸部及膝部等本经循行部位疼痛，以及热病、发狂、白细胞减少症、中风偏瘫后遗症等。承泣穴可明目；四白穴明目养颜，可治眼袋、黑眼圈，促进眼睛供血；地仓穴可祛风、治感冒；颊车穴治口眼歪斜；下关穴可治口耳病；头维穴可治头痛；人迎穴可治咽喉肿痛、高血压；天枢穴可调理大肠功能，如慢性结肠炎，对便秘腹泻有双向调节作用；梁丘穴可治急性胃痛，是胃经的郄穴，治急症，并可治疗急性乳腺炎；足三里是强壮穴及长寿穴，可治疗慢性胃痛、胃胀，增强免疫力；上巨虚治疗大肠疾病；下巨虚治疗小肠疾病、小腹疼痛；丰隆穴可去高血脂，可化有形之痰和无形之痰。

1. 承泣

人、犬、羊此穴在瞳孔直下，眼球与眼眶下缘中点之间；马、牛、猪此穴在两眼角连线内 1/3 点处。此穴能散风清热，明目止泪。主治：肝热传目、双目赤痛、生翳、白内障、迎风流泪、夜盲、眼睑跳动、口眼歪斜、结膜炎、视网膜炎、视神经萎缩。此穴为阳蹻、任脉、足阳明之会。人、犬毫针直刺 1～2 cm，动物依大小不同可适当控制进针深度，不可泻针、不可灸。

2. 四白

同动物的眶下孔穴，四白位于眶下孔凹陷处。此穴能散风明目，舒筋活络。主治：头痛、目眩、目赤、目翳、目痒、流泪、眼睑跳动、口眼歪斜。双侧电针取穴可作头部手术的针麻用穴。人毫针直刺 0.5～1 cm，动物依大小不同可毫针眶下管内刺入 0.1～6 cm。

3. 地仓

人此穴位于口角外侧水平旁开 0.4 寸取穴。动物此穴相当于锁口穴，位于口角延长线旁开 2～3 cm 的凹陷处。此穴能散风止痛，舒筋活络。主治：唇缓不收、眼睑跳动、口角歪斜、齿痛、颊肿、流涎、牙关紧闭、感冒、中暑、热性病。此穴为手足阳明、任脉、阳蹻之会。毫针向颊车方向透刺，牛毫针刺入 4～6 cm。

4. 大迎

人此穴位于下颌角前方，咬肌前缘。动物此穴相当于开关穴，位于口角向后的延长线与咬肌前缘相交处，左右各一。该穴能熄风止痛，消肿活络。主治：牙关紧闭、口歪、颊肿、齿痛。人毫针向后上方斜刺 1～1.5 cm，动物依大小不同可毫针向后上方斜刺 0.5～6 cm，牛毫针刺 4～6 cm。

5. 颊车

人此穴开口取穴时，在下颌角前上方一横指凹陷中；上下齿咬紧时，在隆起的咬肌高点处。动物此穴称为抱腮穴。该穴能散风清热，开关通络。主治：痄腮、牙关紧闭、颈项强痛、齿痛、口眼歪斜。人毫针直刺 1～1.5 cm，马、牛、羊、猪可向前下方平刺 2～6 cm。

6. 下关

人与动物此穴同名。位于下颌关节前，颧骨弓下缘凹处，闭口取穴。该穴能消肿止痛，聪耳通络。主治：耳聋、耳鸣、聤耳（耳中流脓）、齿痛、面疼、牙关开合不利、口眼歪斜、颊肿。此穴为足阳明、少阳之会。人毫针直刺 1～1.5 cm，马、牛、羊、猪可向内上方斜刺 2～3 cm。

7. 人迎

人此穴位于颈喉结旁，胸锁乳突肌前缘，颈总动脉上。马、牛称为健胃穴，位于颈静脉沟 1/3 点处上缘。该穴能宽胸定喘、散结清热。主治：人此穴可治疗咽喉肿痛、喘、头晕、瘰疬；动物此穴可治疗消化不良、前胃弛缓、胃积食。此穴为足阳明、少阳之会。针刺时避开动脉，人毫针直刺 1～1.5 cm，马、牛毫针向对侧斜下方刺入 4.5～6 cm，可水针或电针。

8. 乳根

人、犬、猫、猪，第 5 肋间附近乳基部取穴。该穴能止咳平喘、宽胸增乳。主治咳嗽、胸闷、胸痛、乳痛、乳汁少、噎膈等。

9. 天枢

人此穴位于脐正中旁开 2 寸，犬在脐旁 3 cm 处。动物此穴又称海门或脐旁穴。此穴能升降气机、调理气机上下。主治：绕脐腹痛、呕吐、腹胀、肠鸣、痢疾、泄泻、便秘、肠炎、肠痉挛、经痛、月经不调、子宫内膜炎、疝气、腹水、尿闭、脐黄、癥瘕。为大肠经募穴。仰卧，人毫针直刺 2～3.5 cm，犬毫针直刺 0.5 cm，猪、羊毫针直刺 1～1.5 cm。

10. 髀关

人此穴位于股骨大转子前下方，即髋关节前稍下缘凹陷。动物此穴称为大转穴，牛、马此穴位于髋关节前下缘，股骨大转子前下方 6 cm 的凹陷中。此穴能疏通经络。主治：髀股痿痹、腰胯疼痛、筋急不得屈伸、后肢麻木、风湿。人毫针直刺 3～4.5 cm，马、牛毫针直刺 4～6 cm，猪、羊毫针直刺

2~4.5 cm,猫毫针直刺 0.3~0.5 cm。

11.伏兔

伏兔位于股骨大转子与犊鼻连线中点处。马的位于股骨大转子与犊鼻连线股骨上 1/3 点处。此穴能散寒化湿,疏通经络。主治:腰胯疼痛、腿膝寒冷、麻痹、疝气、腹胀。人毫针直刺 3~4.5 cm,马、牛、猪、羊毫针直刺 3~6 cm。

12.阴市

人此穴位于髌骨外上缘上 3 寸,股骨大转子与犊鼻连线,犊鼻上 1/3 处取穴。马此穴位于膝盖骨外上缘的凹陷中,左右侧各一穴。其他动物参考人取穴。此穴能温经散寒。主治:腰腿冰冷、疼痛、膝腿无力、屈伸不利、寒疝、腹痛。人毫针直刺 2~3 cm,马、牛、猪、羊、犬毫针向后上方斜刺 2~4.5 cm。

13.梁丘

此穴位于髌骨外上缘上 2 寸,股骨大转子与犊鼻连线,犊鼻上 1/4 处取穴。此穴能和胃消肿,宁神定痛。主治:胃痛、膝肿、乳痛、大惊。为胃经郄穴。

14.犊鼻

此穴位于髌骨下缘,膝韧带外侧凹陷。动物此穴称为掠草穴,犬又称膝下穴,牛此穴位于膝关节前外侧凹陷。该穴能消肿止痛,通经活络。主治:膝关节肿痛、麻木、风湿、屈伸不利。人毫针直刺 2~3 cm,犬毫针直刺 1 cm、猫毫针直刺 0.3~0.5 cm,马、牛、猪、羊毫针向后上方斜刺 2~4.5 cm。

15.足三里

人此穴位于犊鼻下 3 寸,距胫骨前脊外侧一横指处取穴。动物此穴称为后三里穴,位于犊鼻与解溪连线上,犊鼻下 1/4 处胫、腓骨间隙内。该穴能和胃健脾,通腑化痰,升降气机。主治:消化不良、胃肠炎、胃痛、呕吐、腹胀、腹痛、肠鸣、泄泻、胸中瘀血、胸胁支饮、纳少、喘咳、乳痛、头晕、耳鸣、鼻塞、心悸、癫狂、中风、水肿、热病、膝胫酸痛、后肢内湿、急腹症等。人毫针直刺 1.5~3.5 cm,犬毫针直刺 1~2 cm、猫毫针直刺 0.3~0.5 cm,马、牛毫针向后下方斜刺 4~6 cm,猪、羊毫针向后下方斜刺 2~4 cm。胃经合穴。

16.上巨虚

此穴位于犊鼻与解溪连线上,犊鼻下 2/5 处胫、腓骨间隙中。该穴能通降肠腑,理气和胃。主治:消化不良、腹痛、腹胀、肠鸣、痢疾、便秘、肠痈、中风、瘫痪。人毫针直刺 1.5~3.5 cm,犬毫针直刺 1 cm、猫毫针直刺 0.3~0.5 cm。

17.丰隆

人此穴位于上巨虚下 6 cm,再向后平移 3 cm。犬、兔此穴位于犊鼻与外踝尖连线中点处;马此穴位于膝关节后方,胫骨外髁后下缘的肌沟中,左右各一穴。该穴能化痰定喘,宁心安神。主治:咳喘、痰多、咽喉肿痛、胸疼、癫狂、痫症、便秘、头痛、下肢痿痹,在马可治后肢风湿、掠草痛、消化不良。人毫针直刺 1.5~3 cm,犬毫针直刺 1 cm、兔毫针直刺 0.3~0.5 cm。为胃经络穴。

18.解溪

人、犬在跗关节背侧横纹上,拇长伸肌腱与趾长伸肌腱之间的凹陷中。马、牛的曲池穴位置与之相近(为与人曲池穴相区别可称为后曲池),在跗关节背侧正中稍外血管上。该穴能清胃降逆,镇惊宁神。主治:胃热不食、腹胀、便秘、胃热、癫狂、头面浮肿、目赤、头痛、眩晕、眉棱骨痛、悲泣、跗关节扭伤、风湿。人毫针直刺 1.5~2 cm,犬毫针直刺 0.5~1 cm,马、牛宽针顺血管刺入 1 cm 出血。为胃经经穴。

19.冲阳

冲阳位于第 2、3 跖骨之间近端足背动脉搏动处。该穴能和胃健脾,镇惊安神。主治:胃脘胀痛、不食、善惊久狂、口眼歪斜、面肿、齿痛、足痿无力。为胃经原穴。

20.陷谷

陷谷位于第 2、3 跖趾关节后方,第 2、3 跖骨结合部之前的凹陷中。动物该穴称为滴水穴,犬此穴位于第 3、4 跖骨间的血管上,牛位于后蹄叉前缘正中稍上方的凹陷。该穴能调和肠胃,健脾利水。主治:肠鸣、腹痛、腹胀、水肿、面肿目痛、中暑、感冒、热性病、中毒、足背肿痛、后肢风湿、蹄肿、扭伤、麻痹。人毫针直刺 1~1.5 cm;动物为血针,小宽针直刺 0.5 cm 出血。为胃经输穴。

21.内庭

人此穴位于第 2 跖趾关节前方,第 2、3 趾缝间的横纹处。牛、羊、猪此穴称为后蹄叉穴;犬、猫此穴称为趾间穴,位于第 2、3 跖趾关节前端。该穴能和胃健脾,清心安神。主治:少食、胃痛、腹痛、腹胀、肠黄、泄泻、痢疾、便秘、鼻衄、齿痛、口歪、喉痹、喘满、瘾疹、皮痛、热病、中毒、中暑。人毫针直刺 1~1.5 cm;犬、猫毫针向后上方斜刺 0.3~1 cm。为胃经荥穴。

22.厉兑

人、犬、猫此穴位于第 2 趾外侧，距趾甲角 0.3 cm。马、牛、猪、羊此穴相当于后蹄头穴，在第 3 趾背侧蹄匣上缘有毛与无毛交界处。该穴能清化湿热，调胃安神。主治：胸腹胀满、臌气、腹痛、消谷善饥、齿痛、鼻衄、鼻流黄涕、足胫寒冷、蹄黄、扭伤、多卧好惊、癫狂、面肿、口歪、热病、中毒、中暑。人、犬、猫毫针直刺 0.3 cm 出血，马、牛、猪、羊小宽针直刺 0.5～1 cm 出血。为胃经井穴。

四、足太阴脾经穴位

人本经参考走向，从足大趾内侧末端隐白穴开始，沿大趾内侧赤白肉际大都穴，经第 1 蹠骨小头后（太白、公孙），向上到内踝前边的商丘，再上行于胫骨内侧三阴交、漏谷穴后，在内踝上 8 寸处交出到足厥阴肝经地机、阴陵泉穴之前，向上走在大腿内侧前缘血海、箕门穴，进入腹部冲门、府舍、腹结、大横，会中极、关元，属脾脏，联络胃膈腹哀，会下脘、日月、期门，向上贯穿膈肌，行于食道两旁，连系舌根，散布舌下；它的支脉，从胃部分出，上行通过横膈，夹食管旁食窦、天溪、胸乡、周荣，会中府，连舌根，散布舌下。

腹部支脉：从胃部分出，上过膈肌，流注心中，接手少阴心经。

脾之大络：穴名大包，位在渊腋下 3 寸，分布于胸胁。

足太阴脾经左右各 21 穴，分别是隐白、大都、太白、公孙、商丘、三阴交、漏谷、地机、阴陵泉、血海、箕门、冲门、府舍、腹结、大横、腹哀、食窦、天溪、胸乡、周荣、大包。首穴隐白，末穴大包，原穴为太白穴，络穴为足阳明胃经之丰隆穴。歌谣：二十一穴脾中州，隐白在足大指头，大都太白公孙盛，商丘三阴交可求，漏谷地机阴陵穴，血海箕门冲门开，府舍腹结大横排，腹哀食窦连天溪，胸乡周荣大包随。

足太阴脾经是阴气最盛的经络，少气多血，气血物质的运行变化是由气态向液态再向气态的不断反复变化，且为吸热蒸升的过程。本经腧穴多用于治疗脾、胃、心、肺、肝、肾等处病证及经脉循行部位的病证，如胃脘痛、恶心、呕吐、嗳气、腹胀、粪溏、黄疸、身重无力、舌根强痛及下肢内侧肿痛、厥冷等。本经络穴善于对里寒里虚发挥效用。脾经上的穴位可促进血液循环，能把新鲜血液引到病灶上去。隐白穴最主要的功效是止血、通鼻窍，可治疗慢性鼻炎、鼻出血；大都穴为补钙要穴，可治疗缺钙引起的肌肉萎缩、骨质疏松、腰腿痛、颈椎病以及糖尿病、消化机能降低等；太白穴治脾之力最强，可治睡觉流涎、舌边有齿痕、消化不良、肢体冰凉、月经淋漓不尽、头晕、糖尿病等脾虚病证；公孙穴为八脉交会穴，可健脾调冲脉，可治消化不良、反胃酸、胎衣不下、月经不调、生殖系统疾病；商丘穴健脾化湿，可以消除痔疮，以及后躯的各种炎症，如膀胱炎、尿道炎、盆腔炎等，它能把新鲜血液运到病灶，将脏东西清走，炎症得以消除；三阴交穴可治肝、肾、脾病证及痛经、遗精、阳痿、尿闭、遗尿、痛经、崩漏等生殖系统疾病；漏谷穴可治消化不良、前列腺疾病、排尿不利、腿酸痛；地机穴可健脾渗湿，调理月经，治慢性胰腺炎、糖尿病、痛经、月经不调、遗精、排尿不利、水肿、腹痛、吐泻；阴陵泉穴可利尿，治各种炎症、水肿、尿闭、遗尿、遗精、带下、皮炎、皮疹，还可治疗便秘；血海穴专治瘙痒、湿疹，调节血液循环，可把多余的血分配到血少的地方，把瘀滞的地方给疏散开，增强免疫力；阴陵泉穴、地机穴、漏谷穴、三阴交穴可调节肥瘦，肥者能瘦，瘦者能肥；冲门可降逆利湿，理气消痔，治疗腹痛、妊娠浮肿、带下、尿闭、痢疾；大横可通腑气，调胃肠，治疗腹痛、便秘、痢疾；大包穴可统血养经，统摄气血运行，可治急性腰、颈、胸胁等各部位扭伤疼痛，以及促进睡眠。

1.隐白

人此穴位于足拇指内侧距趾甲角约 0.3 cm 的趾甲根部。犬、猫、兔可在第 2 趾端内侧取穴，马、牛、猪、羊相当于内侧后蹄门穴，在第 3 趾腹侧趾枕上缘有毛无毛交界处。该穴能健脾宁神，调经统血。主治：腹胀、腹痛、腹泻、呕吐、心痛、胸满、咳喘、癫狂、惊风、月经过时不止、崩漏、尿血、便血、吐血、蹄黄肿痛。人、犬、猫毫针直刺 0.3 cm，出血；马、牛、猪、羊小宽针直刺 0.5～1 cm，出血。为脾经井穴。

2.太白

人此穴位于第 1 蹠趾关节后缘，赤白肉际处。动物相当于后缠腕穴，位于后肢球节内侧上缘，跖内外侧沟止端凹陷处血管上。该穴能健脾化湿、理气和胃。主治：胃痛、腹胀、腹痛、肠鸣、呕吐、泄泻、痢疾、饥不欲食、便秘、痔漏、心痛脉缓、胸胁胀痛、球节扭伤、蹄黄、风湿、中暑。人毫针直刺 1～1.5 cm，动物小宽针直刺 0.5～1.5 cm，出血。为脾经输穴、原穴。

3. 商丘

人此穴位于内踝前下方,舟骨结节与内踝高点连线的中点。羊此穴称曲池,兔此穴称迫风。该穴能健脾化湿,肃降肺气。主治:腹胀、肠鸣、泄泻、便秘、消化不良、咳嗽、黄疸、嗜卧、癫狂、痔疮。人毫针直刺 0.5~1 cm;猪、羊小宽针顺血管直刺 0.5~1.5 cm,出血,或避开血管用毫针直刺 1~2 cm。为脾经经穴。

4. 三阴交

人此穴位于内踝高点上 3 寸,即内踝高点与膝关节下端连线下 1/5 处,胫骨内侧面后缘。该穴能健脾利湿,兼调肝肾。主治:脾胃虚弱、肠鸣、腹胀、腹泻、消化不良、月经不调、崩漏、经闭、难产、恶露不行、带下、症瘕、阳痿、阴茎痛、遗精、排尿不利、遗尿、疝气、睾丸缩腹、失眠、湿疹、水肿、足痿痹痛、呕噎、死胎。针刺本穴可促进胃酸分泌、矫正胎位、恢复泌尿功能。人毫针直刺 1.5~3 cm,兔毫针直刺 0.3~0.5 cm。本穴为足太阴、厥阴、少阴之会。

5. 地机

本穴位于阴陵泉下 3 寸,阴陵泉与内踝尖连线上 1/3 处。该穴能健脾渗湿,调理月经。主治:腹胀、腹痛、食欲不振、泄泻、痢疾、月经不调、痛经、症瘕、水肿、排尿不利、腰痛。为脾经郄穴。

6. 阴陵泉

本穴位于胫骨内侧髁后下方凹陷处。该穴能健脾渗湿,益肾固精。主治:腹胀、腹泻、黄疸、水肿、喘逆、排尿不利或失禁、阴茎痛、遗精、膝痛。为脾经合穴。

7. 血海

本穴位于髌骨内上缘上 2 寸凹陷处。该穴能健脾化湿,调经统血。主治:月经不调、痛经、经闭、崩漏、股内侧痛、皮肤湿疹。

8. 箕门

人此穴位于血海上 6 寸,冲门与髌骨下缘连线上 2/5 处。动物相应穴位称肾堂穴,位于股内侧皮下浅静脉上。该穴能健脾渗湿,清热利尿。主治:尿闭、五淋、遗尿、腹股沟肿痛、睾丸炎、膝关节炎、风湿、腰膝闪伤。人毫针直刺 1~3 cm,动物以小宽针顺血管直刺 0.5~1 cm,出血。

9. 冲门

在腹股沟外端上缘,平耻骨联合上缘中点曲骨穴。该穴能降逆利湿,理气消痔。主治:腹痛、疝气、痔痛、排尿不利、胎气上冲。

10. 大包

人此穴位于腋下 6 寸,腋窝与第 11 肋连线中点处。动物相近穴位为带脉穴(应与人胆经带脉穴相区别),位于肘后 6~10 cm 浅静脉上(第 6 肋间)。该穴能统血养经,宽胸止痛。主治:在人主治胸胁痛、气喘、全身疼痛、四肢无力;在动物主治肠黄、腹痛、感冒、中暑、中毒。人毫针直刺 1~1.5 cm,动物以中、小宽针顺血管直刺 0.5~1 cm,出血。为脾之大络。

▶ 五、手少阴心经穴位

人本经参考走向,自心中开始,出来属于心系(心脏周围脉管等组织),内行主干向下贯穿膈肌,联络小肠;它的分支,从心系向上,挟着食道两旁,上连目系(即眼球内连于脑的脉络);它的外行主干,从心系上行于肺,斜出腋下的极泉,沿上臂内侧后缘(青灵),下向肘内侧横纹头的少海,沿前臂内侧后缘(灵道、通里、阴郄)下行,到掌后豌豆骨部的神门,进入掌内后边(少府),沿小指的桡侧出于末端(少冲),经气于少冲穴处与手太阳小肠经相接。

手少阴心经左右各 9 穴,分别是极泉、青灵、少海(合)、灵道(经)、通里(络)、阴郄(郄)、神门(输、原)、少府(荥)、少冲(井)。歌谣:心经午时共九穴,极泉青灵少海诀,灵道通里阴郄约,神门少府少冲解。

手少阴经少血多气,气血物质的运行变化是由血化气。手少阴心经发生病变,主要表现为咽干、口渴、目黄、心痛、胁痛和前肢本经过处厥冷、疼痛、掌中热痛等。此经常选用的穴位如下:如极泉可宽胸理气、活血止痛,强健心脏,治疗胸闷气短、心痛、心悸、半身不遂、落枕;青灵可除痛、除烦;少海止痛;神门可宁心安神、疏通筋络,治疗健忘、癫痫、瘰疬、麻木;阴郄可宁心安神、调阴清热,治疗盗汗、心痛、吐血;神门可治疗失眠、健忘、心悸;少府可清心火,治疗心胸痛、阴痒、排尿不利;少冲可泻心火、熄肝风,治中风、昏迷、胸胁痛。

1. 极泉

人和动物此穴都在腋窝正中,腋动脉跳动处。马、牛的相近位置为夹气穴。该穴能宽胸宁神。主治:心痛、胁痛、胸闷、心悸、气短、干呕、目黄、肘臂冷痛、闪伤。人、犬、猫避开腋动脉,毫针直刺 1.5~3 cm;马、牛先以小宽针刺透皮肤,再以夹气针向后上方缓慢刺入 10～30 cm,达臂丛附近,出针后摇动前肢数次。要做好针具和术部的消毒工作。

2.少海

人此穴屈肘时在肘横纹尺侧头与肱骨内侧上髁间凹陷中。马相应位置为掩肘穴,位于肘突后上方 3 cm,前臂筋膜张肌后缘的凹陷中。该穴能宁心安神。主治:心痛、健忘、癫痫、头痛、目眩、腋胁痛、瘰疬、臂麻、颤动、肘部风湿、扭伤。人毫针直刺 1.5～3 cm,马毫针向前下方刺入 3～4.5 cm。为心经合穴。

3.通里

人此穴在腕横纹上 1 寸,尺侧腕屈肌腱的桡侧缘。动物此穴在少海与神门连线下 1/8 处。该穴能宁志安神,益阴清心。主治:心痛、心悸、悲恐、面红、崩漏、盗汗。为心经络穴。

4.阴郄

人此穴在尺侧腕屈肌腱的桡侧缘,腕横纹上 0.5 寸取穴。动物此穴在神门与通里连线的中点。该穴能宁心凉血。主治:心痛、惊悸、盗汗、衄血、吐血、失音。为心经郄穴。

5.神门

人此穴在豌豆骨的桡侧缘,即尺侧腕屈肌腱附着于豌豆骨的桡侧,掌后横纹上。马相应位置为过梁穴,牛相当于腕后穴,在腕关节后正中凹陷。该穴能扶正祛邪,宁心安神。主治:心痛、心烦、失眠、健忘、心悸、癫痫、呕血、吐血、目黄、胁痛、喘逆、腕部肿痛、前肢风湿。人毫针直刺 1.5～3 cm,马、牛小宽针直刺 1.5～2.5 cm。为心经输穴。

6.少冲

人此穴在小指甲角桡侧根部,距指甲角 0.3 cm。犬、猫在第 5 指爪甲桡侧旁 0.1 cm,马、牛、猪、羊相当于前蹄门外侧穴(在前肢第 4 指腹内侧枕上缘有毛无毛交界处)。该穴能清热熄风,宁神醒脑。主治:心痛、癫狂、热病、昏厥、胸满气急、指臂挛痛。人、犬、猫毫针直刺 0.3 cm,出血;马、牛、猪、羊小宽针直刺 0.5～1 cm,出血。为心经井穴。

▶ 六、手太阳小肠经穴位

人本经参考走向,起始于小指末端,沿小指边上行至腕关节部,出于手踝骨(尺骨小头突起处),直行向上沿着前臂外侧后缘到达肘关节内侧尺骨鹰嘴和肱骨内上髁之间,向上沿着上臂内侧后缘到达肩关节部,绕行于肩胛,与诸阳经交会于肩上至大椎穴处,再向前行进入缺盆,络于心,沿食管向下穿过膈肌至腹腔属本腑小肠。此经脉一分支是从缺盆穴处分出,沿颈侧向上达面颊,行至外眼角,折返进入耳中。又一支脉是从面颊部分出,上行至眼眶下方,抵达鼻旁,行至内眼角。

手太阳小肠经左右各 19 穴,分别是少泽(井)、前谷(荥)、后溪(输)、腕骨(原)、阳谷(经)、养老(郄)、支正(络)、小海(合)、肩贞、臑俞、天宗、秉风、曲垣、肩外俞、肩中俞、天窗、天容、颧髎、听宫。歌谣:小肠经十九穴总,少泽前谷后腕骨,阳谷养老支正中,小海肩贞臑俞共,天宗秉风曲垣同,肩外俞连肩中俞,天窗天容颧髎宫。

太阳小肠经多血少气,气血物质的变化是由气态向液态的散热冷缩变化。病证常见小腹胀痛、痛连腰部、少腹痛牵引睾丸、咽痛、耳聋、目黄、颌颊部肿痛、肩臂外侧后缘疼痛、泄泻、腹痛、尿闭等。此经常选用的穴位如下:如少泽可用于昏迷、产后无乳、乳汁不通;后溪可疏肝止痛、通督脉,用于腰痛、落枕、盗汗、黄疸、目赤、目眦烂;阳谷可用于耳鸣、目齿痛、疥疮、生疣;养老可使老龄体健,用于腰痛、肩痛、视力不佳;小海可使气色好,治疗癫痫、瘰疬;肩贞可消炎止痛,治疗颈项瘰疬;颧髎可治口歪眼斜、齿痛、唇肿,可美容;听宫可增强听力,治耳疾。

1.少泽

人此穴位于小指尺侧,指甲角根部旁边 0.3 cm。犬、猫可参考人取穴,马、牛、猪、羊相当于前蹄头外侧穴。该穴能增液通乳,清热利窍。主治:热病、头痛、咽喉肿痛、中风、昏迷、乳汁少、乳痈、目翳、耳鸣、耳聋、五攒痛、感冒、中暑、中毒、结症、臌气、腹痛。人毫针直刺 0.3 cm,出血;犬、猫毫针直刺 0.1 cm,出血;马、牛、猪、羊小宽针直刺 0.5～1 cm,出血。为小肠经井穴。

2.后溪

人此穴位于第 5 掌指关节尺侧后方,第 5 掌骨小头后缘,赤白肉际处。马、牛、羊、猪相应位置为前缠腕外侧穴(前缠腕在球节上掌内外侧沟末端的指内外侧静脉,每肢内外各 1 穴)。该穴能清心解郁,清热截疟。主治:癫痫、热病、盗汗、咽喉肿痛、耳聋、目赤、目翳、目眩、目眦烂、疥疮、黄疸、头项强痛、肘臂及指挛急麻木、蹄黄、扭伤、风湿。人、犬、猫毫针直刺 1.5～2 cm;马、牛、猪、羊小宽针直刺 0.5～1 cm,出血。为小肠经输穴。

3. 腕骨

人此穴位于腕部三角骨前缘赤白肉际,第5掌骨外侧近端凹陷处。犬、猫可参考人取穴。该穴能增液止渴,利胆退黄。主治:热病、无汗、消渴、惊风、黄疸、耳鸣、目翳、流泪、头痛项强、颈项肿、胃炎、肘腕及指部关节炎。人毫针直刺1~1.5 cm,犬毫针直刺0.5~1 cm。为小肠经原穴。

4. 阳谷

人此穴在腕关节的尺侧,三角骨与尺骨茎突之间的凹陷中。马相近穴位是过梁穴,牛是腕后穴,位于腕关节后正中凹陷,左右各一。该穴能清心宁神,明目聪耳。主治:热病、无汗、头痛、目眩、狂癫、耳聋、耳鸣、齿痛、腰项痛、肩痛、疥疮、生疣、痔漏、腕关节肿痛、风湿、闪伤。人毫针直刺1~1.5 cm,牛小宽针直刺1.5~2.5 cm。为小肠经经穴。

5. 养老

人此穴在尺骨茎突的桡侧骨缝中。该穴能增液养津明目。主治:目视不明、肩背肘臂痛、急性腰疼。为小肠经郄穴。

6. 支正

此穴位于阳谷与小海连线,阳谷上5/12处。该穴能疏肝宁神,清热解表。主治:癫狂、易惊、健忘、消渴、疥疮、生疣、热病、项强、肘挛、指痛、头痛。为小肠经络穴。

7. 小海

屈肘时,此穴位于尺骨鹰嘴(肘突)与肱骨内上髁之间凹陷处。该穴能疏肝安神,清热消肿。主治:癫痫、头痛、目眩、耳聋、耳鸣、疡肿、颊肿、颈项肩臂外后侧痛。为小肠经合穴。

8. 肩贞

人此穴位于肩关节后下方,上臂内收时,腋纵纹头上1寸处。马此穴位于肩关节后上方,肩胛骨后缘下1/5处。该穴能化痰消肿,清热聪耳。主治:热病、瘰疬、耳聋、耳鸣、肩胛痛、臂痛不能举、麻木、风湿。人毫针直刺1.5~3 cm,马毫针直刺6 cm。

9. 冲天

马、牛、猪、骆驼特有穴,位于抢风穴后上方凹陷。马、牛毫针直刺6~7.5 cm,猪毫针直刺1.5~3 cm。主治前肢闪伤、风湿、夹气痛、麻木。

10. 天宗

人此穴位于冈下窝中央凹陷处,与肩胛下角连线的上1/3处。马、牛、猪、犬此穴位于肩胛骨后缘中点处。该穴能肃降肺气,舒筋活络。主治:气喘、乳痈、颊肿痛、肩胛疼痛、肘臂外后侧痛、前肢风湿、麻木,在动物还可治胃胀、小肠结症。人、犬毫针直刺1~1.5 cm,马毫针直刺6 cm。

11. 听宫

人此穴位于耳屏前,下颌骨髁状突后缘,微张口呈凹陷处。动物可参考取穴。该穴能聪耳消肿。主治:耳聋、耳鸣、聤耳、齿痛、癫痫。马此穴为针麻用穴,可配岩池穴做头、颈部手术。人张口毫针直刺1.5~3 cm,马毫针直刺4.5~6 cm,此穴为手足少阳、手太阳之会。

▶ 七、足太阳膀胱经穴位

人本经参考走向,足太阳膀胱经从内眼角开始(睛明),上行额部(攒竹、眉冲、曲差、会神庭、头临泣),交会于头顶(五处、承光、通天,会百会)。

它的支脉:从头顶分出到耳上角(会曲鬓、率谷、浮白、头窍阴、完骨)。

其直行主干:从头顶入内络于脑(络却、玉枕、会脑户、风府),复出项部(天柱)分开下行:一支沿肩胛内侧,夹脊旁(会大椎,陶道,经大杼、风门、肺俞、厥阴俞、心俞、督俞、膈俞),到达腰中(肝俞、胆俞、脾俞、胃俞、三焦俞、肾俞),进入脊旁筋肉,络于肾,属于膀胱(气海俞、大肠俞、关元俞、小肠俞、膀胱俞、中膂俞、白环俞)。一支从腰中分出,夹脊旁,通过臀部(上髎、次髎、中髎、下髎、会阳、承扶),进入窝中(殷门、委中)。

背部另一支脉:从肩胛内侧分别下行,通过肩胛(附分、魄户、膏肓俞、神堂、譩譆(yī xī)、膈关、魂门、阳纲、意舍、胃仓、肓门、志室、胞肓、秩边),经过髋关节部(会环跳穴),沿大腿外侧后边下行(浮郄、委阳),会合于窝中(委中),由此向下通过腓肠肌部(合阳、承筋、承山),出外踝后方(飞扬、跗阳、昆仑),沿第五跖骨粗隆(仆参、申脉、金门、京骨),到小趾的外侧(束骨、足通谷、至阴),下接足少阴肾经。

膀胱经共67穴,左右共134穴,分别是睛明、攒竹、眉冲、曲差、五处、承光、通天、络却、玉枕、天柱、大杼、风门、肺俞、厥阴俞、心俞、督俞、膈俞、肝俞、胆俞、脾俞、胃俞、三焦俞、肾俞、气海俞、大肠俞、关元俞、小肠俞、膀胱俞、中膂俞、白环俞、上髎、次髎、中髎、下髎、会阳、承扶、殷门、浮郄、委阳、委中、附分、魄户、膏肓俞、神堂、譩譆、膈关、魂门、阳纲、意舍、胃仓、肓门、志室、胞肓、秩边、合阳、承筋、承山、飞扬、跗阳、昆仑、仆参、申脉、金门、京骨、束骨、足通谷、至阴。歌谣:膀胱经六十七穴,睛明攒竹眉冲差,五处承光通天却,玉枕天柱大筋外,大杼背部第二行,风门肺俞厥阴俞,心俞督俞膈俞强,肝俞胆俞脾胃俞,三焦肾气海大肠俞,关元小肠到膀胱,中膂白环仔细量,上髎次髎中下会,承扶臀横纹中央,殷门浮郄到委阳,附分侠脊第三行,魄户膏肓与神堂,譩譆膈关魂门七,阳纲意舍与胃仓,肓门志室胞肓秩,委中合阳承筋是,承山飞扬踝附阳,昆仑仆参连申脉,金门京骨束骨忙,通谷至阴小指旁。其中有 49 个穴位分布在头面部、项背部和腰背部,18 个穴位分布在下肢后面的正中线上和足的外侧部。首穴睛明,末穴至阴。

本经腧穴主治泌尿生殖系统、神经系统、呼吸系统、循环系统、消化系统疾病和热性病及本经所过部位的病症。外经常见病症:头项痛、眼痛多泪、鼻塞、流涕、鼻血、痔疮,以及经脉所过的背、腰、骶、大腿后侧、腘窝、腓肠肌等处疼痛,足小趾不能动。内脏常见病症:癫痫、尿淋沥、短赤、尿失禁。本经临床常用穴位,睛明穴可明目治眼疾;眉冲穴可治眩晕;曲差穴可通鼻窍;五处穴可治癫痫;承光穴可止痛祛热;通天穴可通鼻治鼻病;攒竹穴可消除眼疲劳;天柱穴可健脑醒神治落枕;大杼穴为骨会,可舒筋壮骨治诸骨疾病,可祛热祛痛;风门穴能治伤风感冒、鼻塞流涕;会阴穴可止血治痔疮;承扶穴可用于臀部减肥;殷门穴能强健腰腿;委中穴可治腰痛背痛;膏肓为四大补穴之一,可治肺痨、盗汗;承筋穴可治小腿痉挛;承山穴可治脱肛、痔疮、便秘;飞扬穴可祛头痛、眩晕;昆仑穴可促进睡眠,治腰痛、足跟痛、难产、胎衣不下;申脉穴可宁神止痛治眩晕、癫痫、眼闭合睁开困难;束骨可治膀胱经诸痛、目眦赤烂;至阴穴可用于难产,能矫正胎位,治胎衣不下。

1.睛明

人此穴位于目内眦上方 0.3 cm 凹陷中。犬、猫称为睛明穴,位置参考人取穴;马、牛此穴位于下眼眶上缘,两眼角内、中 1/3 交界处;该穴能散风清热,明目退翳。主治:肝热传眼、目赤肿痛、见风流泪、目眦痒、目翳、目视不明、近视、夜盲、色盲、结膜炎、角膜炎;马、牛冷痛,羊胀肚。用手指将眼球向外推,毫针沿眶缘缓慢刺入,人毫针直刺 1~1.5 cm;牛、马上推眼球,毫针沿眼球与泪骨间向内下方刺入 3 cm;犬沿第三眼睑内缘向后内方刺入 0.2~0.5 cm。为足太阳、督脉之会。

2.攒竹

人此穴在眉毛内侧端,眶下切迹处,动物可参考取穴。该穴能散风镇痉,清热明目。主治:头痛、眉棱骨痛、目眩、目视不明、目赤肿痛、迎风流泪、眼睑跳动。

3.伏兔穴

此为马、羊、猫、骆驼特有穴,位于寰椎翼后缘凹陷处。此穴应与人胃经伏兔穴相区别。主治:破伤风、感冒、癫痫、脑黄、猫子宫病症、耳聋。牛相应位置为寰枢穴,位于牛寰椎翼后缘上 3~5 cm。马在耳后 6 cm,寰椎翼后缘的凹陷处。牛此穴为针麻穴,常配合百会做头颈及躯干部位手术。马毫针向下方刺入 6 cm,羊 1~2 cm、猫 0.2~0.3 cm,牛斜向寰枕间隙刺入 5~6 cm,进入硬膜外腔即可,不能过深伤及脊髓。

4.九委

九委为马和骆驼特有穴,位于颈部两侧肌沟中,项韧带索状部下缘,第 1 穴在伏兔穴略后方 3 cm,第 9 穴在肩胛骨前角 4.5 cm 处,两处之间分 8 等分。主治项脊悷,即低头难,是外感风寒导致气血凝于项脊而引起项脊强硬的一种疾病。马毫针直刺 4.5~6 cm。

5.天柱

人此穴位于第 1 颈椎与第 2 颈椎之间哑门穴旁 1.3 寸,寰椎翼尾侧缘之凹陷处,动物可参考取穴。该穴能熄风宁神,祛风散寒。主治:头痛项强、眩晕、目赤肿痛、鼻塞、咽肿、肩背痛、痿证、癫狂。人毫针直刺 1.5~2.5 cm。

6.大杼

人此穴在第 1 胸椎脊突下,督脉旁开 1.5 寸。动物可参考取穴。该穴能解表清热,宣肺止咳。主治:发热、咳嗽、鼻塞、头痛、喉痹、肩胛酸痛、颈项强痛、癫狂。为足太阳、手太阳之会。

7.风门

人此穴在第 2 胸椎脊突下,督脉旁开 1.5 寸。动物可参考取穴。该穴能解表宣筋,护卫固表。主治:伤风咳嗽、发热头痛、目眩、多涕、鼻塞、胸中热、项强、肩背痛。为督脉、足太阳之会。

8.肺俞

人、犬、猫都在第 3 肋间(倒数第 10 肋间)的髂肋肌沟中。马在第 9 肋间(倒数第 9 肋间),牛、羊在第 7 肋间(倒数第 6 肋间),猪在第 8 肋间。距背中线距离分别为:人 4.5 cm,马 12 cm,牛 8 cm,猪、羊、犬 6 cm。该穴能解表宣肺、肃降肺气。主治:肺热、咳嗽气喘、吐血、喉痹、胸满、骨蒸潮热、盗汗、腰背痛、牛宿草不转。毫针向椎体方向或内下方斜刺,人 1.5～2 cm,马、牛 3～4.5 cm,猪 2～3 cm,犬 1～2 cm,猫 0.5～1 cm。

9. 厥阴俞

人、犬此穴在第 4 肋间(倒数第 9 肋间)的髂肋肌沟中,马位于第 7 肋间(倒数第 11 肋间)。距背中线分别距离为:人 5 cm,马 12 cm,犬 6 cm。该穴能宽胸降逆,宁心止痛。主治:心痛、心悸、胸闷、咳嗽、呕吐、马冷痛、多汗、中暑。毫针向椎体方向或内下方斜刺,人 1.5～2 cm、马 3～4.5 cm、犬 1～2 cm、猫 0.5～1 cm。

10. 心俞

人、犬此穴在第 5 肋间(倒数第 8 肋间)的髂肋肌沟中。距背中线距离分别为:人 5 cm,犬 6 cm。该穴能宽胸降气,安神宁心。主治:癫痫、心悸、健忘、失眠、心烦、心痛、胸引背痛、咳嗽、吐血、盗汗。毫针向椎体方向或内下方斜刺,人 1～2 cm、犬 0.5～2 cm。

11. 督俞

人、犬、牛此穴在第 6 肋间(倒数第 7 肋间)的髂肋肌沟中,牛此穴称为通窍一,马位于第 8 肋间(倒数第 10 肋间)。距背中线距离分别为:人 5 cm,马 12 cm,牛 8 cm,犬 6 cm。该穴能宽胸止痛,理气消胀。主治:心痛、胃痛、腹胀、腹痛、腹鸣、膈肌痉挛、肠痉挛。毫针向椎体方向或内下方斜刺,人 1.5～2 cm、马 3～4.5 cm、犬 1～2 cm、猫 0.5～1 cm。

12. 膈俞

人、犬、牛此穴在第 7 肋间(倒数第 6 肋间)的髂肋肌沟中,牛此穴称为通窍二,马位于第 10 肋间(倒数第 8 肋间)。距背中线距离分别为:人 5 cm,马 12 cm,牛 8 cm,犬 6 cm。该穴能和血止血,宽胸降逆。主治:胃脘胀痛、呕吐、呃逆、不食、气喘、咳嗽、潮热盗汗、跳欧、风疹以及各种与血有关疾病。毫针向椎体方向或内下方斜刺,人 1.5～2 cm,马 3～4.5 cm,犬 1～2 cm,猫 0.5～1 cm。为八会穴之一。

13. 肝俞

人、犬、牛、羊此穴在第 9 肋间(倒数第 4 肋间)的髂肋肌沟中,牛此穴称为通窍四,马位于第 13 肋间(倒数第 5 肋间),猪在第 10 肋间。距背中线距离分别为:人 5 cm,马 12 cm,牛 8 cm,犬、猪、羊 6 cm,猫 1.5 cm。该穴能疏肝利胆,安神明目。主治:癫痫、胁痛、少腹痛、疝气、转筋、多怒、黄疸、唾血、症瘕、肝胆疾病、眼病。毫针向椎体方向或内下方斜刺,人 1.5～2 cm,马、牛 3～4.5 cm,猪 2～3 cm,犬、羊 1～2 cm,猫 0.3～0.5 cm。

14. 胆俞

人、犬、牛、羊此穴在第 10 肋间(倒数第 3 肋间)的髂肋肌沟中,马位于第 11 肋间(倒数第 7 肋间)。距背中线距离分别为:人 5 cm,马 12 cm,牛 8 cm,犬、猪、羊 6 cm,猫 1.5 cm。该穴能清热化湿,利胆止痛。主治:黄疸、口苦、胁痛、饮食不下、脾胃虚弱、咽痛、呕吐、骨蒸潮热、肝胆病、眼病。毫针向椎体方向或内下方斜刺,人 1.5～2 cm,马、牛 3～4.5 cm,犬、羊 1～2 cm,猫 0.3～0.5 cm。

15. 脾俞

人、犬、猫、兔此穴在第 11 肋间(倒数第 2 肋间)的髂肋肌沟中,马位于第 15 肋间(倒数第 3 肋间),牛、羊此穴在第 10 肋间(倒数第 3 肋间),猪在第 11 肋间。距背中线距离分别为:人 5 cm,马 12 cm,牛 8 cm,犬、猪、羊 6 cm,猫、兔 1.5 cm。该穴能健脾利湿,升清止逆。主治:胁痛、腹胀、黄疸、呕吐、泄泻、痢疾、便血、结症、消化不良、水肿、嗜卧、羸瘦、牛、羊慢草不食、犬猫贫血。毫针向椎体方向或内下方斜刺,人 1.5～2.5 cm,马、牛 3～4.5 cm,猪 2～3 cm,犬、羊 1～2 cm,猫 0.3～0.5 cm。

16. 胃俞

人、犬、猫、兔、马、猪此穴在第 12 肋间的髂肋肌沟中,牛、羊此穴在第 11 肋间(倒数第 6 肋间)。距背中线距离分别为:人 5 cm,马 12 cm,牛 8 cm,犬、猪、羊 6 cm,猫、兔 1.5 cm。该穴能和胃健脾,理中降逆。主治:胃痛、腹胀、翻胃、呕吐、完谷不化、肠鸣、泄泻、慢草不食。毫针向椎体方向或内下方斜刺,人 1.5～2.5 cm,马、牛 3～4.5 cm,猪 2～3 cm,犬、羊 1～2 cm,猫 0.3～0.5 cm。

17. 三焦俞

人、犬、猫此穴在第 1 腰椎横突末端髂肋肌沟中,马位于第 14 肋间(倒数第 4 肋间)。该穴能调理三焦、健脾利水。主治:食欲不振、消化不良、呕吐、腹胀、肠鸣、腹泻、痢疾、排尿不利、遗精、遗尿、水肿、腰脊痛、贫血。毫针向椎体方向或直刺,人 1.5～3 cm,马、牛 3～4.5 cm,猪 2～3 cm,犬、羊 1～2 cm,猫 0.3～0.5 cm。

18. 肾俞

人、犬、猫此穴在第2腰椎横突末端髂肋肌沟中，马、牛、羊、猪在腰荐结合部两侧，百会穴与髋结节连线中点。距背中线距离分别为：人5 cm，马6 cm，牛8 cm，犬、猪、羊3~5 cm，猫、兔1.5 cm。该穴能益肾助阳，纳气利水。主治：遗精、阳痿、遗尿、尿频数、尿血、肾炎、膀胱麻痹、月经不调、白带、腰膝酸痛、水肿、泄泻、喘咳少气、耳鸣、耳聋、目昏。毫针向椎体方向或直刺，人1.5~3 cm，马、牛3~4.5 cm，猪2~3 cm，犬、羊1~2 cm，猫0.3~0.5 cm。

19. 气海俞

人、犬、猫此穴在第3腰椎横突末端髂肋肌沟中，马位于第16肋间。距背中线距离分别为：人5 cm，马12 cm，犬3~5 cm，猫、兔1.5 cm。该穴能补气益肾，调经止痛。主治：痛经、痔漏、腰痛、腿膝不利、胀肚、便秘。毫针向椎体方向或直刺，人1.5~3 cm，马3~4.5 cm，犬1~2 cm，猫0.3~0.5 cm。

20. 大肠俞

人、犬、猫、兔此穴在第4腰椎横突末端髂肋肌沟中，马位于第17肋间，牛、羊此穴在第12肋间，猪位于第13肋间。距背中线距离分别为：人5 cm，马12 cm，牛8 cm，犬、猪、羊6 cm，猫、兔1.5 cm。该穴能通降肠腑，理气止痛。主治：消化不良、腹痛、腹胀、肠鸣、泄泻、便秘、痢疾、腰背疼痛、马的结症、肠炎。毫针直刺，人2.5~3 cm，马3~4.5 cm，猪2~3 cm，犬1~2 cm，猫0.3~0.5 cm。

21. 关元俞

人、犬、猫、兔此穴在第5腰椎横突末端髂肋肌沟中；马、牛、羊、猪位于胸腰椎间，即最后肋与第一腰椎横突顶端间髂肋肌沟中，与髋结节水平线相交。距背中线距离分别为：人5 cm，马、牛6~9 cm，犬、猪、羊6 cm，猫、兔1.5 cm。该穴能培补元气，通调二便。主治：消化不良、腹胀、泄泻、二便不利、遗尿、尿频、消渴、腰痛、结症、慢草。毫针直刺，人2.5~3 cm，马3~4.5 cm，猪2~3 cm，犬1~2 cm，猫0.3~0.5 cm。

22. 小肠俞

人该穴位于骶正中嵴旁开1.5寸，平第1骶后孔。犬此穴在第6腰椎横突末端髂肋肌沟中，马在第1、2腰椎横突间。距背中线距离分别为：人4.5 cm，马12 cm，犬6 cm，猫1.5 cm。该穴能通调二便，升举津液。主治：遗精、遗尿、尿血、白带、小腹胀痛、泄泻、痢疾、结症、肠炎、肠痉挛、痔疾、疝气、消

渴、腰腿痛。毫针直刺，人2.5~4 cm，马3~4.5 cm、犬1~2 cm、猫0.3~0.5 cm。

23. 膀胱俞

人该穴位于骶正中嵴旁开1.5寸，平第2骶后孔。犬此穴在第7腰椎横突末端髂肋肌沟中，马在第2、3腰椎横突间。距背中线距离分别为：人5 cm，马12 cm，犬6 cm，猫1.5 cm。该穴能清热利湿，疏经活络。主治：尿淋漓、尿闭、尿频、膀胱炎、血尿、遗精、遗尿、淋浊、阴部肿痛、腹痛、腹泻、便秘、结症、腰脊强痛、膝足寒冷无力。毫针直刺，人2.5~4 cm、马3~4.5 cm、犬1~2 cm、猫0.3~0.5 cm。

24. 八髎

八髎即上髎、次髎、中髎、下髎。人的这些穴位于荐椎两侧骶后孔处。马的称八窌（或八窎），即上、次、中、下窌，在荐背侧孔处，距背正中线旁开4.5 cm；猪的称六眼穴，为上、中、下窌；犬的称二眼穴，在第1、2骶骨（荐骨）孔处；猫的称次髎，在第2背荐孔处。该组穴位能益气固脱，清利湿热，理气调经，通调二便。主治：月经不调、带下、遗精、阳痿、二便不利、无繁殖能力、腰痛、小腹痛、瘫痪、痢疾、泄泻、便血、痔疾、子宫疾病。毫针直刺，人2.5~4 cm，马3~4.5 cm、犬1~2 cm、猫0.3~0.5 cm。

25. 会阳

人此穴位于尾根外侧两旁凹陷中，督脉旁1.5 cm。马此穴在尾根上方6 cm两侧肌沟中。该穴能益肾固带，通调二便。主治：带下、阳痿、痢疾、泄泻、便血、痔疾、腰胯闪伤、风湿、后肢麻痹。毫针直刺，人1.5~3 cm，马6~8 cm，犬1~2 cm，猫0.3~0.5 cm。

26. 承扶

人此穴位于臀横纹正中。马、牛、羊相应穴位为邪气穴，在大转子与坐骨结节连线的股二头肌沟中；犬此穴在坐骨结节内侧角与委中穴连线的上1/10处。该穴能消痔通便，舒筋活络。主治：痔疾、腰骶臀股部位疼痛、便秘、下肢痿痹、腰胯闪伤、风湿。毫针直刺，人3~4.5 cm，马、牛6~8 cm，犬1~2 cm，猫0.3~0.5 cm。

27. 汗沟

汗沟为马、牛、猪、羊、骆驼、猫特有穴，位于邪气穴下股二头肌沟中，马、牛在邪气下6 cm，与坐骨弓下方水平线相交，左右侧各一穴。主治后肢风湿、麻木、股胯闪伤。毫针直刺，牛、马6~8 cm，猪、羊2~3 cm，猫0.3~0.5 cm。

28. 殷门

人、犬此穴位于承扶与委中连线上 1/3 处。马、牛、羊、骆驼此穴在股二头肌沟中，与股骨中部水平线直交。该穴能疏通经络。主治：后肢风湿、腰胯疼痛、痿痹。毫针直刺，人 3～4.5 cm，牛、马 6～8 cm，猪、羊 2～3 cm，犬 1～2 cm，猫 0.3～0.5 cm。

29. 牵肾

牵肾为马特有穴，位于股二头肌沟与膝盖骨上缘水平线相交处，或仰瓦穴下 6 cm 处。主治：后肢风湿、腰胯闪伤、疼痛、痿痹。毫针直刺马 6～8 cm。

30. 委中

人此穴位于腘窝横纹中央，股二头肌腱与半腱肌腱的中央，微屈膝取穴。犬、猫、兔可参照取穴。该穴能清热醒脑，理血消肿。主治：消化不良、腹痛、吐泻、遗尿、尿闭、中风、昏迷、叮疮、腰痛、髋关节屈伸不利、腘筋挛急、后肢痿痹、发热无汗。毫针直刺，人 1.5～3 cm、犬 1～2 cm、猫 0.3～0.5 cm。为膀胱经合穴。

31. 承山

人、犬此穴位于委中穴与跟骨上突起连线的中点处，小腿伸直时，在腓肠肌腹下出现的凹陷中。该穴能理气止痛，消痔舒筋。主治：痔疾、便秘、疝气、腹痛、癫痫、鼻衄、腰背痛、腿痛转筋。毫针直刺，人 1.5～3 cm、犬 1～2 cm、猫 0.3～0.5 cm。

32. 飞扬

人、犬此穴位于承山穴下方 1～1.5 cm 偏外侧凹陷中。该穴能祛风清热，宁神退痔。主治：痔痛、癫狂、头痛、目眩、鼻塞、鼻衄、腰背痛、腿软无力。毫针直刺，人 1.5～3 cm、犬 1～2 cm、猫 0.3～0.5 cm。为膀胱经络穴。

33. 昆仑

人此穴位于跟腱与外踝高点之间凹陷处。马此穴也称昆仑；犬、猫此穴称跟端，位于跟结节上小腿外侧沟中。该穴能清热截疟，镇痉止痛。主治：痫证、难产、疟疾、头痛、目眩、项强、肩背拘急、腰痛、后肢扭伤麻痹疼痛、足跟痛。毫针直刺，人 1.5～3 cm、马 2～3 cm、犬 0.5 cm、猫 0.1～0.2 cm。为膀胱经经穴，妊畜针刺落胎。

34. 金门

人、犬此穴位于外踝前缘下方，第 5 跖骨近端与跟骨远端之间的凹陷中。该穴能安神止痛、疏通经络。主治：癫痫、腰痛、外踝痛、下肢痹痛。毫针直刺，人 1.5～3 cm、犬 0.5 cm。为膀胱经郄穴。

35. 京骨

人此穴位于足外侧第 5 跖骨粗隆后凹陷中，赤白肉际处。犬、猫参考人取穴；马相当于鹿节穴，位于跖外侧沟上 1/3 处。该穴能镇静止痛、明目舒筋。主治：癫痫、头痛、摇头、目翳、鼻衄、项强、腰膝痛足挛、后肢风湿、球节扭伤肿痛。人毫针直刺 1～1.5 cm、犬 0.5 cm、猫 0.1～0.2 cm；马小宽针顺血管方向刺入 1 cm，出血。为膀胱经原穴。

36. 束骨

人此穴位于足外侧第 5 跖趾关节后凹陷中，赤白肉际处。马、牛、猪、羊、骆驼此穴相当于后缠腕外侧穴，位于跖外侧沟末端内的血管上。该穴能宁心安神，清热消肿。主治：癫狂、目黄、耳聋、项强、头痛、目眩、痔疮、腰背痛、背生疗疮、球节扭伤肿痛、屈腱炎、蹄黄。人毫针直刺 1～1.5 cm、犬 0.5 cm、猫 0.1～0.2 cm；马、牛、猪、羊小宽针顺血管方向刺入 0.5～1.5 cm，出血。为膀胱经输穴。

37. 足通谷

人此穴为足趾外侧，第 5 跖指关节前凹陷处。犬、猫参考人取穴；牛、猪相当于后灯盏外侧穴，位于后肢外侧悬蹄下方正中凹陷处。该穴能宁神安神，清热截疟。主治：癫狂、头痛、项疼、目眩、鼻衄、易惊、蹄黄、中暑、瘫痪。人毫针直刺 0.5～1 cm、犬 0.3 cm、猫 0.1 cm；牛、猪小宽针向下刺入 1～1.5 cm，出血。为膀胱经荥穴。

38. 至阴

人此穴位于足小趾外侧，距趾甲角 0.3 cm 处。犬、猫可参考人取穴；马、牛、猪相当于后蹄门外侧穴，在后肢第 4 趾腹侧枕上缘有毛无毛交界凹陷处。该穴能通鼻疗目，舒筋转胎。主治：头痛、鼻塞、鼻衄、目痛、足下热、胞衣不下、胎位不正、难产、排尿不利、目痛、目翳、蹄黄、蹄漏、转筋。人毫针直刺 0.3～0.5 cm，犬、猫 0.1 cm；牛、马、猪小宽针直刺 1 cm，出血。为膀胱经井穴。

▶ 八、足少阴肾经穴位

人本经参考走向，起于足小趾下，斜走足心（涌泉），出于舟骨粗隆下，沿内踝后，进入足跟，再向上行于腿肚内侧，出于腘窝内侧半腱肌腱与半膜肌之间，上经大腿内侧后缘，通向脊柱（长强穴），属于肾脏，联络膀胱，还出于前（中极，属任脉），沿腹中线旁开 0.5 寸、胸中线旁开 2 寸，到达锁骨下缘（俞府）。

肾脏直行之脉:向上通过肝和横膈,进入肺中,沿着喉咙,到舌根两侧。肺部支脉:从肺出来,联络心脏,流注胸中,与手厥阴心包经相接。

肾经一侧27穴,左右共54穴,分别是涌泉、然谷、太溪、大钟、水泉、照海、复溜、交信、筑宾、阴谷、横骨、大赫、气穴、四满、中注、肓俞、商曲、石关、阴都、通谷、幽门、步廊、神封、灵墟、神藏、彧中、俞府。歌谣:足掌心中是涌泉,然谷踝前大骨边,太溪踝后跟骨上,照海踝下四分安,水泉溪下一寸觅,大钟跟后踵筋间,复溜溪上二寸取,交信溜前五分骿,二穴只隔筋前后,筑宾内踝上腨(shuàn,小腿肚)分,阴谷膝下内铺边,横骨平取曲骨边,大赫气穴并四满,中注肓俞亦相连,商曲又平下脘取,石关阴都通谷联,幽门适当巨阙侧,步廊却在中庭边,神封灵墟及神藏,彧中俞府璇玑旁,每穴上行皆寸六,旁开二寸仔细量。其中10穴分布于下肢内侧面的后缘,其余17穴位于胸腹部任脉两侧。首穴涌泉,末穴俞府。

本经主治泌尿生殖系统、神经系统、呼吸系统、消化系统和循环系统病证,以及本经所经过部位的病证。如月经不调、遗精、排尿不利、水肿、便秘、泄泻,以及经脉循行部位的病变。肾经流注时辰为下午五至七点,即酉时。临床常用穴位:涌泉穴能缓解腰酸背疼,治疗眩晕、昏迷、尿闭、便秘、高低血压;然谷可固肾涩精,治消渴、黄疸;太溪穴能调生殖系统,治月经不调、痛经、阳痿、遗精、足跟痛;复溜穴可调理肾脏功能,利水消肿,调节汗液,治汗不出或出汗不止;筑宾穴能安心宁神定惊,治腿软无力;横骨穴、大赫穴能补肾固精;气穴专治生殖泌尿疾病;肓俞穴可治疗便秘;商曲穴可治疗腹痛;神封穴、俞府穴能治疗咳嗽气喘。

1.后垂泉

此为马、羊、骆驼特有穴,马称为后垂泉,位于后蹄底正中点蹄叉尖部;羊为后蹄底外侧穴,位于第4趾蹄底正中稍偏前外凹陷中;牛、猪可参考羊取穴。主治:蹄黄、蹄肿、蹄漏。牛、马、猪、羊小宽针直刺0.5～1 cm,马蹄漏时可施巧治,以血竭熔封。

2.涌泉

人此穴位于足底部,卷足时足前部凹陷处,在第2、3趾缝纹头端与足跟连线的前1/3处。犬、猫可参考人取穴;马相近穴位为劳堂穴,牛、羊、猪为后灯盏内侧穴,位于近侧籽骨下缘凹陷,马、牛在第3趾,猪、羊在第3、4趾间。主治:头顶痛、头晕、目眩、耳鸣、耳聋、咽喉痛、二便不利、足心热、转筋、球节痛、风湿、癫疾、昏厥、瘫痪。人毫针直刺1～1.5 cm,犬、猫0.3～0.5 cm;牛、马、猪小宽针直刺1 cm,出血。为肾经井穴。

3.太溪

人此穴位于足内踝尖与跟腱之间的凹陷处。动物在跟结节与小腿骨远端之间的跟腱内侧沟中。主治:头痛、目眩、咽喉肿痛、齿痛、耳聋、耳鸣、咳嗽、咳血、气喘、胸痛、消渴、难产、月经不调、遗精、阳痿、尿频、腰脊痛、跟腱痛、内踝痛、肢冷、失眠、健忘。人毫针直刺1～1.5 cm,犬、猫0.3～0.5 cm;牛、马毫针由外侧透穴。为肾经输穴、原穴。

4.大钟

人此穴位于足内踝下方,跟腱附着部内侧前方凹陷处。动物可以参考取穴。主治:咳血、气喘、腰脊强痛、痴呆、嗜卧、足跟痛、二便不利、月经不调。人毫针直刺1～1.5 cm,犬、猫0.3～0.5 cm。为肾经络穴。

5.水泉

人此穴位于太溪直下1寸跟骨结节上凹陷中。犬此穴位于太溪穴正下方,跟骨突起前方凹陷处。主治:月经不调、痛经、排尿不利、双目昏暗、腹痛。人毫针直刺1～1.5 cm,犬、猫0.3～0.5 cm。为肾经郄穴。

6.复溜

人此穴位于小腿内侧,太溪直上2寸,跟腱前方。犬、猫可参考取穴。主治:腹胀、肠鸣、泄泻、水肿、腿肿、足痿、盗汗、自汗、身热无汗、脉微细时无、腰脊强痛、后肢风湿、麻痹。人毫针直刺1.5～2 cm,犬、猫、兔0.3～0.5 cm。为肾经经穴。

7.阴谷

人此穴位于腘窝内侧,委中穴内侧,屈膝时,半腱肌腱与半膜肌腱之间。动物可参考取穴。主治:阳痿、疝痛、月经不调、崩漏、尿闭、阴痛、癫狂、膝关节扭伤、风湿、麻木。人毫针直刺2.5～3 cm,犬、猫0.5～1 cm,马、牛可由外侧透穴。为肾经合穴。

8.商曲

人此穴位于脐中上2寸,前正中线旁开0.5寸,或在脐与剑状软骨连线下1/4旁开1.5 cm处。犬、猫、兔可参考人取穴;马、骆驼相应穴位为云门穴(与人的肺经云门穴相区别),分别位于脐前9和3 cm,腹中线旁开1.5 cm;牛此穴位于脐旁3 cm。主治:腹痛、泄泻、便秘、腹水。人毫针直刺1.5～3 cm,

犬、猫 0.5～1 cm,马、牛、猪、羊用小宽针刺破皮肤,插管放出宿水。为冲脉、足少阴会穴。

9.幽门

人此穴位于脐中上 6 寸,前正中线旁开 0.5 寸,或在脐与剑状软骨连线上 1/4 旁开 1.5 cm 处。犬、猫、兔可参考人取穴;马位于剑状软骨与第 8 肋软骨之间的凹陷中;牛位于剑状软骨与肋软骨之间皮下静脉上。主治:消化不良、呕吐、腹胀、腹痛、泄泻、痢疾、胸膈痛、尿闭、腹下水肿。人毫针直刺 1.5～3 cm,犬、猫 0.5～1 cm;马小宽针直刺 1 cm,牛中宽针顺血管方向刺入 1 cm,出血。为冲脉、足少阴会穴。

10.俞府

人此穴位于锁骨下缘,前正中线旁开 2 寸。犬此穴位于第 1 肋骨前,前正中线旁开 2 寸;马、牛相应位置为穿黄穴,位于胸前正中线外侧 1.5 cm 处。主治:咳嗽、气喘、胸痛、胸黄、呕吐、不食。人毫针向外斜刺 1～3 cm,犬、猫斜刺 1～2 cm,马、牛施穿黄术,提起皮肤,以穿有马尾的穿黄针左右透穴,系上重物引黄水外流,治疗胸黄、胸部浮肿。

▶ 九、手厥阴心包经穴位

人本经参考走向,自胸中起始,出来属于心包络,向下贯穿膈肌,联络上、中、下三焦。它的分支,从胸中出走胁部,在腋下三寸的部位(天池)又向上行至腋窝下面。沿上臂前边,行走在手太阴肺经和手少阴心经之间,入肘中(曲泽),下行前臂桡侧腕屈肌腱与掌长肌腱中间,进入掌中,沿中指出其末端(中冲);它的另一条支脉,从掌中分出,出无名指尺侧端(关冲)。脉气由此与手少阳三焦经相接。

心包经一侧 9 穴,左右共 18 穴,分别为天池、天泉、曲泽、郄门、间使、内关、大陵、劳宫、中冲。歌谣:心包九穴天池近,天泉曲泽郄门临,间使内关大陵紧,劳宫中冲中指尽。其中 1 穴分布于胸前,8 穴分布于上肢内侧。

本经穴位主要治疗心、胸、胃、神志病证及经脉循行部位的其他病证。治疗心、胸、胃病常用曲泽、郄门、间使、内关和大陵;治疗神志病常用间使、劳宫、中冲;天池能治疗胸胁痛、心肺病证,能通乳,使全身充满活力;曲泽能治疗心痛、心悸;郄门能治咳血、呕血、衄血;内关可治疗胃痛、呕吐、眩晕;劳宫可治疗中风、昏迷、口臭、龈烂;中冲可治昏迷。

1.天池

人此穴位于胸部,第 4 肋间隙,乳头外 1 寸,前正中线旁开 5 寸。犬位于第 5 肋间,乳头外 1 寸处;马、牛位于胸壁,左侧第 6 肋间,右侧第 5 肋间,胸外静脉上方。主治:咳嗽、气喘、乳痛、无乳、胸闷、胁肋胀痛、瘰疬、胸水。人毫针向外斜刺 0.5～1 cm;犬、猫 0.3～0.5 cm;马、牛穿胸针术,小宽针刺破皮肤,接管针放出胸水。

2.曲泽

人此穴位于肘横纹中,肱二头肌腱的内侧缘。犬参考人取穴。主治:心痛、心悸、热病、中暑、胃痛、呕吐、泄泻、肘臂疼痛。人毫针直刺 1.5～3 cm,犬 0.5～1 cm。为心包经合穴。

3.郄门

人此穴位于前臂掌侧,曲泽与大陵的连线下 2/5 处,或腕横纹上 5 寸,掌长肌腱与桡侧腕屈肌腱之间。马相近位置为夜眼穴,动物可以参考人取穴。主治:心痛、心悸、疔疮、癫痫、呕血、咳血、前肢肿痛。人毫针直刺 1.5～3 cm,犬、猫 0.5～1 cm,马可作为腹部和前肢手术的针麻穴位,从三阳络向本穴透针。为心包经郄穴。

4.内关

人此穴位于前臂掌侧,曲泽与大陵的连线下 1/6 处,或腕横纹上 2 寸,掌长肌腱与桡侧腕屈肌腱之间。犬、猫可参考人取穴。内关能宣通三焦,醒脑开窍,行气止痛。主治:心痛、心悸、胸闷、眩晕、胁痛、癫痫、失眠、偏头痛、胃痛、胃肠痉挛、急腹症、呕吐、呃逆、肘臂挛痛、调节血压和心律。人毫针直刺 1.5～2.5 cm,犬 1～2 cm,猫 0.5～1 cm。为心包经络穴,八脉交会穴之一,通阴维脉。

5.大陵

人此穴位于腕掌横纹的中点处,掌长肌腱与桡侧腕屈肌腱之间。犬、猫可参考取穴。主治:心痛、心悸、癫狂、疮疡、胃痛、呕吐、腕痛、胸胁胀痛。人毫针直刺 1～1.5 cm,犬、猫 0.5～1 cm。为心包经输穴、原穴。

6.劳宫

人此穴位于手掌心,在第 2、3 掌骨之间,偏于第 3 掌骨,握拳屈指时中指尖处。犬相近穴位为膝脉穴,在腕关节内侧下方,第 1、2 掌骨间的血管上。马、牛相近穴为膝脉穴,位于腕关节内侧下方 6 cm 处掌内侧沟中的掌心浅内侧静脉血管上。主治:口疮、口臭、鼻衄、癫痫、昏迷、中风、中暑、心痛、呕吐、腕关节肿痛、屈腱炎、指扭伤、风湿症、感冒、腹痛。人毫针直刺 1～1.5 cm；犬三棱针顺血管刺入 0.5～1 cm，出血；马、牛可用小宽针顺血管方向刺入 1 cm，出血。为心包经荥穴。

7. 明堂

此穴为马、牛、猪、羊特有穴，马称明堂，位于第 3 指，猪、羊称前明堂，位于第 3、4 指之间腹侧，近侧籽骨下缘凹陷中。主治：球节肿痛、扭伤、风湿、蹄黄、中暑。以小宽针向上刺入 1～2 cm，出血或不出血。

8. 中冲

人此穴位于手中指末节尖端中央。犬此穴位于第 3 指内侧（桡侧）指甲角内侧旁；马相近穴为前垂泉穴，位于前蹄底正中点蹄叉尖部；羊为前蹄底内侧穴，位于第 3 指蹄底正中偏前凹陷中，牛、猪可参考人取穴。主治：中风、昏迷、中暑、惊厥、热病、心痛、舌强肿痛、蹄黄、蹄肿、蹄漏。人毫针浅刺 0.3 cm，出血；犬 0.1 cm，马、牛可用小宽针刺入 1 cm。马漏蹄时可施巧治术，清创后烧烙或血竭熔封。为心包经井穴。

▶ 十、手少阳三焦经穴位

人本经参考走向，起于无名指尺侧端（关冲穴），沿无名指尺侧缘，上过手背，出于前臂尺骨、桡骨之间，直上穿过肘部，沿上臂外侧，上行至肩部，交出足少阳经的后面，进入缺盆，于任脉的膻中穴处散络于心包，向下通过横膈，从胸到腹，属于三焦。

胸中分支：从膻中穴分出，向上走出缺盆，至项后与督脉的大椎穴交会，上走至项部，沿耳后（翳风穴）上行至耳上方，再屈曲向下走向面颊部，至眼眶下（颧髎穴）。

耳部分支：从耳后（翳风穴）分出，进入耳中，出走耳前（过听宫、耳门等穴），经过上关穴前，在面颊部与前一分支相交。上行至眼外角（丝竹空），与足少阳胆经相接。

本经一侧 23 穴，左右共 46 穴，分别为关冲、液门、中渚、阳池、外关、支沟、会宗、三阳络、四渎、天井、清冷渊、消泺（luò）、臑（nào）会、肩髎（liáo）、天髎、天牖（yǒu）、翳风、瘛（zhì）脉、颅息、角孙、耳门、耳和髎、丝竹空。歌谣：关冲无名指外端，液门小次指陷中。中渚液门上一寸，阳池腕前表陷看。外关腕后二寸陷，关上一寸支沟悬。外开一寸会宗地，斜

上一寸阳络焉。肘前五寸称四渎，天井外肘骨后连。肘上一寸骨罅（xià，缝）处，井上一寸清冷渊。消泺臂肘分肉际，臑会肩端三寸前。肩髎臑上陷中取，天髎井后一寸传。天牖（yǒu，墙壁上的窗）耳后一寸立，翳风耳后角尖陷。瘛脉耳后青脉看，颅息青络脉之上。角孙耳上发下间，耳门耳前缺处陷。和髎横动脉耳前，欲竟丝竹空何在？眉后陷中仔细观。

本经穴位主要治疗侧头、耳、目、咽喉、胸胁病、热病及经脉循行部位的其他病证。治疗目疾常用丝竹空、液门、关冲；治疗耳疾常用耳门、翳风、中渚、外关、液门；治疗咽喉病常用关冲、液门、阳池；治疗偏头痛常用丝竹空、角孙、外关、天井；治疗热病常用关冲、中渚、外关、支沟；翳风可治疗耳、口、齿、面颊病；支沟能泻热通便治便秘；中渚、阳池能治消渴；中渚能明目聪耳；关冲能治疗昏迷；液门能泻火，治疗咽喉肿痛；外关能发汗解肌治感冒；四渎可治疗偏头痛；天井可治疗瘰疬；角孙可明目退翳；耳门可治耳鸣耳聋；丝竹空可治疗偏头痛。

1. 关冲

人此穴位于第 4 指尺侧，指甲角根部外侧 0.1 寸。犬此穴位于第 4 指尺侧，指甲角根部外侧；牛、猪、羊相应穴位为前蹄头外侧穴，位于第 4 指背侧蹄匣上缘正中有毛与无毛交界处；马相当于第 3 指。主治：热病、昏厥、中毒、中暑、感冒、头痛、目赤、耳聋、咽喉肿痛、结症、腹痛、慢草不食、蹄黄、马五攒痛。人毫针浅刺 0.3 cm，出血；犬 0.1 cm；马、牛可用小宽针刺入 1 cm，出血。为三焦经井穴。

2. 液门

人此穴位于手背部，第 4、5 指间，指蹼缘后方赤白肉际处。犬、猫、兔参考人取穴；猪、牛位于第 3、4 指间，蹄叉正上方顶端处。主治：头痛、目赤、耳聋、咽喉肿痛、掌指关节疾患、前肢麻痹、中毒、中暑、感冒、胃胀、肠黄、热性病。人毫针向掌骨间斜刺 1～1.5 cm，犬 1～2 cm，猫、兔 0.2～0.3 cm，牛小宽针刺入 1～2 cm，猪小宽针刺入 3 cm。为三焦经荥穴。

3. 中渚

人此穴位于手背部，第 4 指掌指关节后方，第 4、5 掌骨间凹陷处。牛、猪、羊、犬相应穴位为涌泉穴，与人涌泉穴同名异位，犬此穴在第 3、4 掌骨间的血管上，牛、羊、猪涌泉穴位于第 3、4 指间，即前肢蹄叉前缘正中稍上方 2 cm。主治：头痛、耳鸣、耳聋、目赤、咽喉肿痛、消渴、指屈伸不利、肘臂肩背疼痛、

中毒、中暑、感冒、热性病、少食、腹痛、蹄肿、扭伤。人毫针直刺 1～1.5 cm；犬三棱针顺血管刺入 0.5 cm，出血；牛、羊、猪小宽针刺入 0.5～1 cm，出血。为三焦经输穴。

4. 阳池

人此穴位于腕背横纹中，指伸肌腱的尺侧缘凹陷处。犬此穴也称为阳池，位于腕背侧正中，尺骨远端与腕骨之间的凹陷中；马、牛、羊相当于膝眼穴，位于腕关节背侧正中凹陷中。主治：耳聋、目赤肿痛、咽喉肿痛、消渴、腕痛、扭伤、前肢麻痹、腕部肿痛、膝黄、感冒。人毫针直刺 1～1.5 cm，犬 0.5～1 cm，牛、羊、猪小宽针向后上方刺入 0.5～1 cm 放出黄水。为三焦经原穴。

5. 外关

人此穴位于前臂背侧，阳池与肘尖的连线上，腕背横纹上 2 寸，尺骨与桡骨之间。犬、猫也称外关穴，位于阳池与天井连线下 1/6 处，桡骨与尺骨间。主治：热病、头痛、落枕、目赤肿痛、耳鸣、耳聋、胸胁痛、肘臂屈伸不利、前肢风湿痿痹、便秘、乳汁不足、感冒。人毫针直刺 1.5～3 cm，犬直刺 1～2 cm，猫 0.3～0.5 cm。为三焦经络穴、八脉交会穴之一，通阳维脉。

6. 支沟

人此穴位于前臂背侧，阳池与肘尖的连线上，腕背横纹上 3 寸，尺骨与桡骨之间。犬此穴位于阳池与天井连线下 1/4 处。主治：便秘、热病、胁肋痛、落枕、耳鸣、耳聋。人毫针直刺 1.5～3 cm，犬直刺 1～2 cm，猫 0.3～0.5 cm。为三焦经经穴。

7. 会宗

人此穴位于前臂背侧，腕背横纹上 3 寸，支沟尺侧 0.5 寸，尺骨的桡侧缘。犬可参考人取穴。主治：耳鸣、耳聋、癫痫、前肢痹痛。人毫针直刺 1.5～3 cm，犬直刺 1～2 cm，猫 0.3～0.5 cm。为三焦经郄穴。

8. 三阳络

人此穴位于前臂背侧，腕背横纹上 4 寸，尺骨与桡骨之间。马有三阳络，位于桡骨外侧韧带结节下方 6 cm 处的指总伸肌和腕尺伸肌之间的肌沟中；犬可参考人取穴。主治：耳聋、齿痛、前肢痹痛，马可配合其他穴针麻进行腹部和前肢手术。人毫针直刺 1.5～3 cm，犬直刺 1～2 cm，猫 0.3～0.5 cm。马为针麻穴，以长毫针向内侧夜眼方向斜刺 9～12 cm，不透夜眼，以感触到针尖为度。

9. 四渎

人此穴位于前臂背侧，阳池与肘尖的连线上，肘尖下 5 寸，尺骨与桡骨之间。犬、兔穴位同名，位于阳池与天井连线上 2/5 处，大约肘下 3.5 cm；马相应穴位为乘重穴，位于桡骨外侧韧带结节下缘凹陷处，桡骨与尺骨之间。主治：耳聋、齿痛、咽喉肿痛、偏头痛、前肢痹痛。人毫针直刺 1.5～3 cm，犬直刺 1～3 cm，猫 0.3～0.5 cm，马毫针向前下方斜刺 3～4.5 cm。

10. 天井

人此穴位于臂外侧，屈肘时，肘尖直上 1 寸凹陷处。犬此穴位于肘尖近侧旁凹陷中。主治：耳聋、偏头痛、癫痫、瘰疬、肘臂痛。人毫针直刺 1.5～3 cm，犬直刺 1～3 cm。为三焦经合穴。

11. 臑(nào)会

人此穴位于肩胛骨的肩峰与天井穴连线的上 1/3 处，三角肌止点处上后缘按压有酸胀感处。动物相应穴位为抢风穴。犬、猫参考人取穴；其他动物取穴在肩关节后下方的凹陷中，三角肌后缘与臂三头肌长头、外头形成的凹陷中。主治前肢闪伤、风湿、夹气痛、瘰疬。人毫针直刺 1.5～2.5 cm，犬直刺 1～3 cm，猫直刺 0.3～0.5 cm，马、牛直刺 6～10 cm，猪、羊直刺 2～4.5 cm。

12. 肩髎(liáo)

人此穴位于肩峰后下方，上臂外展平举时肩后形成的凹陷中。动物此穴称肩外俞穴，位于肩关节直后缘的凹陷中。主治：肩臂挛痛、麻痹、扭伤。人毫针直刺 2～3 cm，犬直刺 1～3 cm，猫直刺 0.3～0.5 cm，马、牛直刺 6～8 cm，猪、羊直刺 2～4 cm。

13. 膊中

膊中为马、牛特有穴，肺门穴前下方 6 cm 处。其他动物可参考取穴。主治：肩膊风湿、麻木、疼痛。毫针沿肩胛骨内缘向后内方斜刺 8～10 cm，牛此穴可作针麻穴。

14. 风门

与人的风门穴同名异位，为马、牛、猪、羊、骆驼的特有穴，位于寰椎翼前缘的凹陷中。主治：感冒、中暑、破伤风、颈项肌肉风湿。毫针向内下方刺入，马、牛 4.5 cm，猪 3～4.5 cm，犬、羊 1～1.5 cm，猫、兔 0.3～0.5 cm。

15. 翳风

人此穴位于耳垂后方，岩骨乳突与下颌角之间的凹陷处。犬有此穴，位于耳基部下颌关节后下方的凹陷中;猫可参考犬取穴;马、牛相应位置为岩池穴,位于耳后缘,下颌关节后方,岩骨乳突前下方凹陷中。主治:耳鸣、耳聋、聤耳、牙关紧闭、口眼歪斜、齿痛、呃逆、瘰疬、颊肿、面神经麻痹。马、牛为针麻用穴,配合其他穴位,可做头、颈部手术。人毫针直刺 1.5～3 cm,犬直刺 1～3 cm,猫直刺 0.3～0.5 cm,马、牛向对侧口角方向刺入 6～8 cm。

16.耳门

人此穴位于面部,耳屏上切迹的前缘,下颌骨髁状突后缘,张口有凹陷处。犬、猫参考人取穴;马、猪有同名穴,马此穴位于耳根前下方凹陷中,猪此穴位于耳根下方,腮腺上缘凹陷中。主治:耳鸣、耳聋、聤耳、齿痛、马结症、腹胀、腹痛、猪感冒、嘴歪眼斜。人毫针直刺 1～1.5 cm,犬直刺 0.5～1 cm,猫直刺 0.3～0.5 cm,猪毫针向内下方刺入 1～1.5 cm。

17.丝竹空

人此穴位于面部,眉梢凹陷处。动物可在眼外角眶上缘凹陷中取穴。主治:目赤肿痛、眼睑跳动、目眩、头痛、癫痫。人毫针平刺 1.5～3 cm,犬平刺 0.5～2 cm,猫平刺 0.3～0.5 cm。

十一、足少阳胆经穴位

人本经参考走向,起于眼外角(瞳子髎),向上到达额角部(颔厌),下行至耳后(完骨穴),外折向上行,经额部至眉上(阳白穴),复返向耳后(风池穴),再沿颈部侧面行于手少阳三焦经之前,至肩上退后,交出于手少阳三焦经之后,向下进入缺盆部。

耳部分支:从耳后(完骨穴)分出,经三焦经的翳风穴进入耳中,过小肠经的听宫穴,出走耳前,至眼外角的后方。

眼外角分支:从眼外角分出,下行至足阳明胃经的大迎穴附近,会合于手少阳三焦经到达目眶下,下行经颊车,由前脉会合于缺盆后,然后向下入胸中,穿过横膈,联络肝脏,属于胆,沿着胁肋内,出少腹两侧腹股沟动脉部,经过外阴部毛际,横行入髋关节部(环跳)。

缺盆部直行分支:从缺盆分出,向下至腋窝,沿胸侧部,经过季胁,下行至髋关节部(环跳穴)与前脉会合,再向下沿大腿外侧,出膝关节外侧,行于腓骨前面,直下至腓骨下段,再下到外踝的前面,沿足背部,进入足第 4 趾外侧端(足窍阴穴)。

足背分支:从足背(临泣穴)分出,沿第 1、2 趾骨间,出趾端,穿过趾甲,回过来到趾甲后的毫毛部(大敦,属肝经),与足厥阴肝经相接。

本经一侧 44 穴,左右两侧共 88 穴,分别是瞳子髎、听会、上关、颔厌、悬颅、悬厘、曲鬓、率谷、天冲、浮白、头窍阴、完骨、本神、阳白、头临泣、目窗、正营、承灵、脑空、风池、肩井、渊液、辄筋、日月、京门、带脉、五枢、维道、居髎、环跳、风市、中渎、膝阳关、阳陵泉、阳交、外丘、光明、阳辅、悬钟、丘墟、足临泣、地五会、侠溪、足窍阴。歌谣:十一胆经足少阳,从头走足行身旁,外眦五分瞳子髎,听会耳前下凹陷,上关耳前弓上缘,内斜曲角颔厌当,悬颅悬厘近头维,各距半寸调匀量,曲鬓耳前鬓发上,入发寸半率谷交,天冲率后斜五分,浮白天冲下一寸,头窍阴在枕骨上,完骨耳后发际认,入发四分要记真,本神神庭旁三寸,阳白眉上正一寸,入发五分头临泣,旁开相对神庭穴,临后一寸是目窗,窗后一寸正营穴,承灵又在正营后,后行相距寸半行,枕骨之旁是脑空,风池枕下两凹陷,肩井缺盆上寸半,渊腋腋下三寸取,辄筋渊前横一寸,日月期门下一肋,京门十二肋骨端,带脉平脐季肋下,带下三寸五枢穴,略下五分维道藏,居髎维后斜三寸,环跳转子后下方,风市垂手中指尽,中渎膝上五寸呈,阳关陵上膝髌外,腓骨头前阳陵泉,阳交踝上七寸斟,外丘外踝上七寸,光明踝五阳辅四,悬钟外踝上三寸,外踝前下丘墟穴,临泣四趾本节后,临下五分地五会,四五趾缝侠溪取,四趾外端足窍阴。其中 15 穴分布于下肢的外侧面,29 穴在臀、侧胸、侧头部。首穴瞳子髎,末穴足窍阴。

本经穴位主要治疗胸胁、肝胆病证、生殖系统病证、热性病、神经系统病证和头侧部、眼、耳、咽喉病证,以及本经脉所经过部位之病证。本经经脉病证表现:经气运行不利出现偏头痛、颔痛、目外眦痛、目痛、缺盆部肿痛、腋下淋巴结肿大、瘰疬,以及沿胸、胁、肋、髋、膝外侧、小腿外侧等经脉所过部位的疼痛及第 4 趾运动障碍。内脏病证表现:肝炎、胆囊炎、胁下痛、口苦、嗳气、呕吐、目眩、疟疾、惊悸、虚怯、失眠等。因胆主藏和排泄胆汁,胆汁横溢则口苦、黄疸;胆气不畅郁滞则胁肋疼痛;胆为少阳,可表现为往来寒热,故辨疟疾为少阳;胆气郁结化火则恼怒;胆为中正之官,具有决断功能,胆病则决断功能失常,故惊悸、虚怯、失眠。临床胆经主要穴位表现:瞳子髎可明目,治诸目疾;听会可治耳疾;率谷可平肝熄风治眩晕、偏头痛;头窍阴、本神可平肝熄风,治头项强痛;悬厘可治头痛;悬颅可集中精力;天冲可治牙龈肿痛;阳白可保护视力,治诸眼疾;目窗可消除眼疲劳、开窍明目,治诸目疾;风池为阳维之会,可清热醒脑,治感冒、失眠、癫痫及五官之疾;肩井可降气血、清肝胆,防治乳腺炎、乳汁不下、难产、胎衣不下、高血压;日月为胆之募穴,可疏肝利胆,治肝炎、胆囊炎、胆石症;京门为肾之募穴,可治腰肋痛、肠鸣、泄泻;环跳可治腰腿痛;风市可祛风湿、通经络,治中风瘫痪;阳陵泉为胆之下合穴、筋会,可治口苦、胁肋胀痛、筋挛、胆囊炎、胆结石;光明可清肝明目,治眼疾;阳辅可强腰健肾;悬钟为髓会,可添精益髓,治目眩、腰痛、足痿;足临泣为八脉交会,通带脉,可治头痛、通鼻窍、调经止带、回乳、治乳痈;侠溪可清肝胆之热循经上扰,治目外眦红肿、耳鸣、颊肿;足窍阴可疏肝理气、清胆火,治双目红肿、耳聋、胸肋痛、足背痛。

1. 瞳子髎

人此穴位于目外眦旁 1 cm,眶外侧缘眼角纹尽处凹陷中。马此穴相应穴位称转脑穴,位于外眼角眶上突下缘;其他动物可参考人取穴。主治:头痛、目赤、目痛、畏光、迎风流泪、视力降低、内障、目翳、口眼歪斜,马癫痫、脑黄。人毫针向外平刺 1～1.5 cm,犬 0.5～1 cm,马可用毫针沿眶上突下缘向眼眶与眼球之间刺入 3～6 cm。为手太阳,手、足少阳之会。

2. 听会

人此穴位于耳屏间切迹的前方,下颌骨髁突的后缘,张口有凹陷处。动物可参考取穴。主治:耳鸣、耳聋、流脓、齿痛、下颌脱臼、口眼歪斜、面痛、头痛。人毫针直刺 1～1.5 cm,犬 0.5～1 cm。

3. 上关

人此穴位于耳前,下颌骨关节突与颧弓之间的凹陷处,张口该凹陷闭合、突起。马、牛、羊、犬有同名穴,位于颧弓上缘与颌关节突后缘的凹陷中;猪此穴称脑俞穴,可参考人取穴。主治:头痛、耳鸣、耳聋、聤耳、口眼歪斜、面痛、齿痛、惊痫、破伤风,猪癫痫、脑黄、感冒。人毫针直刺 1.5～2.5 cm,犬 1～2 cm,马毫针向内下方斜刺 4.5 cm。为手少阳、足阳明之会。

4. 风池

人此穴位于项部,枕骨之下,与风府相平,在胸锁乳突肌与斜方肌上端之间的凹陷处。马、猪、犬、兔相近部位有同名穴,位于寰椎翼前缘正上方凹陷中。主治:头痛、眩晕、颈项强痛、目赤痛、流泪、视物不清、青盲、鼻渊、鼻衄、耳聋、气闭、中风、口眼歪斜、疟疾、热病、感冒、中暑、癫痫、抽搐。人毫针向鼻尖方向斜刺 1.5～2.5 cm,犬 1～1.5 cm,马毫针直刺 3～4.5 cm。或平刺透风府穴。为足少阳、阳维之会。

5. 肩井

人此穴位于肩上,大椎与肩峰端连线的中点上。犬可参考人取穴。动物同名穴位肩井为大肠经穴位,同人的肩髃穴,与此穴位置不同。主治:肩背痹痛、臂不能举、颈项强痛、乳痈、中风、瘰疬、难产。人毫针向鼻尖方向斜刺 1.5～2.5 cm,犬 1～1.5 cm,深部为肺尖,不可深刺。为足少阳、阳维之会。

6. 日月

人此穴位于上腹部,乳头直下,第 7 肋间隙,前正中线旁开 4 寸。犬此穴位于第 7 肋间,一侧乳头间连线上。主治:胁肋疼痛、胀满、呕吐、吞酸、呃逆、黄疸、胆结石。人毫针向后平刺 1.5～2.5 cm,犬 1～1.5 cm。为足太阴、少阳之会。胆经募穴。

7. 京门

人此穴位于侧腰部,章门后 1.8 寸,12 肋骨游离端的下方。犬此穴位于第 13 肋骨游离端前缘。主治:肠鸣、泄泻、腹胀、腰肋痛。人毫针向后平刺 1.5～2.5 cm,犬 1～1.5 cm。为肾经募穴。

8. 带脉

人此穴位于侧腹部,第 12 肋骨游离端下方垂线与脐水平线的交点上。犬可参考取穴。主治:月经不调、赤白带下、疝气、腰胁痛。人毫针直刺 1.5～2.5 cm,犬 1～1.5 cm。为足少阳、带脉之会。

9. 维道

人此穴位于侧腹部,髂前上棘的前下方,即脐下 3 寸水平线与腹股沟交点前下 0.5 寸处。马相近位置穴位称丹田穴,位于髂骨翼前下方 4.5 cm 之凹陷处。主治:腰胯痛、少腹痛、疝气、带下、月经不调、不孕、水肿。人毫针直刺 1～1.5 cm,犬 0.5～1 cm,马 3～4 cm。

10. 居髎

人此穴位于髋部髂前上棘与股骨大转子最凸点连线的中点处。马、牛有同名穴位,位于髂骨翼或髋结节后下方的凹陷中。主治:腰腿痹痛、瘫痪、足痿、疝气、不孕症。人毫针直刺 1.5～3 cm,犬 1～1.5 cm,马 6～8 cm。为阳跷、足少阳之会。

11.巴山

巴山为马特有穴,位于腰荐十字部与股骨大转子连线的中点处。主治:腰胯闪伤、后肢风湿、麻木。马毫针直刺10～12 cm。

12.路股

路股为马特有穴,位于荐结节与股骨大转子连线的下 1/3 处。主治:腰胯闪伤、后肢风湿、麻木。马毫针直刺8～10 cm。

13.环跳

人此穴位于股外侧部,股骨大转子最凸点与骶管裂孔连线的外 1/3 处。动物有同名穴位,位于髋关节前缘,股骨大转子穴直前(马、牛前 6 cm 处)的凹陷中。主治:腰胯闪伤、疼痛、半身不遂、后肢痿痹、风湿、麻木、膝踝肿痛、遍身风疹。人毫针直刺 4～6 cm,马 6～8 cm,猪、羊 3～4.5 cm,犬 2～4 cm,猫 0.3～0.5 cm。为足少阳、太阳之会。

14.风市

人此穴位于大腿外侧部的中线上,腘横纹上 7 寸,或直立垂手时,中指指尖处。犬此穴位于股骨大转子与股骨外侧上髁连线的中点处。主治:中风、半身不遂、后肢痿痹、麻木、遍身瘙痒、脚气。人毫针直刺 3～4.5 cm,犬 2～4 cm。

15.小胯

小胯为马、牛、猪、羊、骆驼的特有穴。此穴位于髋关节下缘,股骨大转子正下方3～6 cm(马、牛 6 cm)凹陷中。主治:腰胯闪伤、疼痛、半身不遂、后肢痿痹、风湿、麻木。马、牛毫针直刺 6～7.5 cm,猪、羊 2～3 cm。

16.膝阳关

人此穴位于膝关节外侧,股骨外上髁上方的凹陷处。动物可以参考人取穴,马、牛、犬、猫、兔称为阳陵穴,位于膝关节后方,胫骨外髁后上缘肌沟凹陷中,左右肢各一。主治:膝膑肿痛、腘筋挛急、膝关节扭伤、风湿、小腿麻木、消化不良。人毫针直刺 1.5～3 cm,马、牛 4～6 cm,犬 1～1.5 cm,猫 0.3～0.5 cm。

17.阳陵泉

人此穴位于小腿外侧,腓骨小头前下方凹陷处。犬、猫可参考取穴。主治:半身不遂、后肢痿痹、麻木、膝肿痛、胁肋痛、口苦、呕吐、黄疸、胆囊炎、胆结石、惊风、破伤风。人毫针直刺 1.5～3 cm,犬 1～1.5 cm,猫 0.3～0.5 cm。为胆经合穴。

18.外丘

此穴位于小腿外侧,外踝尖上 7 寸,腓骨前缘。犬、猫此穴位于腓骨头与外踝连线中点偏下处。主治:颈项强痛、胸胁痛、疯犬咬伤、后肢痿痹、癫疾。人毫针直刺 1.5～2.5 cm,犬 1～1.5 cm,猫 0.3～0.5 cm。为胆经郄穴。

19.光明

人此穴位于小腿外侧,外踝尖上 5 寸,腓骨前缘。犬、猫此穴在腓骨头与外踝连线下 1/3 处。主治:目痛、夜盲、乳房胀痛、膝痛、后肢痿痹、颊肿。人毫针直刺 1.5～2.5 cm,犬 1～1.5 cm,猫 0.3～0.5 cm。为胆经络穴。

20.阳辅

人此穴位于小腿外侧,外踝尖上 4 寸,腓骨前缘稍前方。犬、猫此穴位于腓骨头与外踝连线下 1/4 处。主治:发热、头痛、目外眦痛、腋下痛、胸胁痛、腰痛、后肢疼痛、麻痹、消化不良。人毫针直刺 1.5～2.5 cm,犬 1～1.5 cm,猫 0.3～0.5 cm。为胆经经穴。

21.悬钟

人此穴位于小腿外侧,外踝尖上 3 寸,腓骨前缘。犬、猫此穴位于腓骨头与外踝连线下 1/5 处。人毫针直刺 1.5～2.5 cm,犬 1～1.5 cm,猫 0.3～0.5 cm。为八会穴之髓会。

22.丘墟

人此穴位于外踝的前下方,趾长伸肌腱的外侧凹陷处。犬、猫参考人取穴。主治:颈项痛、腋下肿、胸胁痛、后肢痿痹、外踝肿痛、疟疾、疝气、目赤肿痛、目生翳膜、中风偏瘫。人毫针直刺 1.5～2.5 cm,犬 1～1.5 cm,猫 0.3～0.5 cm。为胆经原穴。

23.足临泣

人此穴位于足背外侧,第 4、5 趾关节近端第 4、5 跖骨缝,小趾伸肌腱的外侧凹陷处。犬参考人取穴。主治:头痛、目外眦痛、目眩、乳痛、瘰疬、胁肋痛、疟疾、中风偏瘫、足跗肿痛。人毫针直刺 1～1.5 cm,犬 0.5～1 cm,猫 0.3～0.5 cm。为胆经输穴,八脉交会穴,通带脉。

24.侠溪

人此穴位于足背外侧,第 4、5 趾间,趾蹼缘后方赤白肉际处。犬、猫、兔为趾间外侧穴,参考人取穴。

主治：头痛、眩晕、惊悸、耳鸣、耳聋、目外眦赤痛、颊肿、胸胁痛、膝股痛、足跗肿痛、疟疾、乳房肿痛、中暑、中毒、猫泌尿器官疾病。人毫针直刺 1～1.5 cm，犬 0.5～1 cm，猫 0.3～0.5 cm。为胆经荥穴。

25. 足窍阴

人此穴位于第 4 趾末节外侧，距趾甲角 0.1 寸。犬、猫、兔可参考人取穴；马、牛、猪、羊为后蹄头穴，马此穴位于后蹄背侧蹄匣上缘正中偏外有毛与无毛交界处，牛、猪、羊此穴位于第 4 趾背侧蹄匣上缘有毛与无毛交界处。主治：偏头痛、目眩、目赤肿痛、耳聋、耳鸣、喉痹、胸胁痛、足跗肿痛、多梦、热病、中毒、中暑、便秘、腹痛、马肠痉挛、牛瘤胃臌气、慢草不食。人毫针浅刺 0.3 cm，出血；犬 0.1 cm；马、牛可用小宽针刺入 0.5～1 cm，出血。为胆经井穴。

十二、足厥阴肝经穴位

人本经参考走向，起于足大趾甲后丛毛处（大敦穴），沿足背内侧（行间、太冲）向上，经过内踝前 1 寸处（中封穴），上行小腿内侧（经过足太阴脾经的三阴交，及蠡沟、中都、膝关），至内踝上 8 寸处交出于足太阴脾经的后面，至膝内侧（曲泉穴）沿大腿内侧（阴包、足五里、阴廉）中线，进入阴毛中，环绕过生殖器，至小腹（急脉、冲门、府舍、曲骨、中极、关元），夹胃两旁，属于肝脏，联络胆腑（章门、期门），向上通过横膈，分布于胁肋部，沿喉咙之后，向上进入鼻咽部，连接目系（眼球连系于脑的部位），向上经前额到达巅顶与督脉交会。本经脉目系分支，从目系分出，下行于面颊深层，环绕在口唇的里边；肝部分支，从肝分出，穿过膈肌，向上注入肺，交于手太阴肺经。

本经一侧有 14 个穴位，左右两侧共 28 穴，分别是大敦、行间、太冲、中封、蠡沟、中都、膝关、曲泉、阴包、足五里、阴廉、急脉、章门、期门。歌谣：足大趾端名大敦，行间大趾缝中存，太冲本节后二寸，踝前一寸号中封，蠡沟踝上五寸是，中都踝上七寸中，膝关阴陵后一寸，曲泉曲膝尽横纹，阴包膝上方四寸，气冲三寸下五里，阴廉冲下只二寸，急脉阴旁二寸半，章门平脐季胁端，乳下两肋取期门。本经一侧 11 穴分布于下肢内侧，3 穴位于胸腹部。

本经穴位主治肝胆病、泌尿生殖系统、神经系统、眼科疾病和本经经脉所过部位的疾病。该经发生病变，主要临床表现为腰痛不可以俯仰、胸胁胀满、少腹疼痛、疝气、遗尿、小便不利、少腹肿痛、咽干、眩晕、口苦、情志抑郁或易怒、遗精、月经不调。足厥阴肝经之支脉、别络，和太阳少阳之脉，同结于腰踝下，经气不利则腰痛不可以俯仰；足厥阴肝脉过阴器，抵小腹，布胁肋，肝脉受邪，经气不利，则胸胁胀满、少腹疼痛、疝气；肝脉上行者循喉咙，连目系，上出额至巅顶，本经经气不利则巅顶痛、咽干、眩晕；肝主疏泄，肝气郁结，郁而化火则口苦、情志抑郁或易怒。本经穴位主要应用：大敦可疏肝解郁，治小腹疼痛、疝气、月经不调、血崩；行间可清肝火，治目赤鼻衄；太冲可平肝熄风，治眩晕、胁痛、崩漏、目赤，并可降压；中封可疏肝消疝，治五淋、茎痛；蠡沟益肝、调经、清热，可治阳痿、睾丸肿痛、带下、月经不调；中都行气止痛，治胁痛、肝病；曲泉可通调前阴，治阳痿、遗精、带下、月经不调、阴痒等生殖系统病；足五里可治排尿困难；章门为脏会、脾之募穴，可健脾胃、利胆，治疗不食、腹胀、腹痛、腹泻、黄疸、肝脾肿大；期门为肝之募穴，可疏肝理气、健脾和胃，治奔豚、咳喘、胸胁胀满、呃逆、吐酸。

1. 大敦

人此穴位于足拇趾末节外侧，距趾甲角 0.1 寸。犬、猫、兔此穴在内侧趾外侧趾甲角 0.1 cm；马、牛、猪、羊此穴相当于后蹄头内侧穴，位于第 3 趾背侧蹄匣上缘有毛与无毛交界处。主治：疝气、遗尿、崩漏、经闭、癫痫、蹄黄、感冒、中毒、中暑、便秘、腹痛、瘤胃臌气、慢草不食。人毫针直刺 0.3 cm，出血；犬、猫毫针直刺 0.1 cm，出血；马、牛、猪、羊小宽针直刺 0.5～1 cm，出血。为肝经井穴。

2. 行间

人此穴位于足第 1、2 趾间，趾蹼缘的后方赤白肉际处。犬、猫后肢第 1 趾狼爪退化，可以第 2、3 趾间对应位置为参照在第 2 趾内侧取穴。该穴调理肝肾，清热熄风。主治：目赤肿痛、青盲、失眠、癫痫、月经不调、痛经、崩漏、带下、排尿不利、尿痛。人毫针直刺 1～1.5 cm，犬 0.5～1 cm，猫 0.3～0.5 cm。为肝经荥穴。

3. 太冲

人此穴位于足背第 1、2 跖骨结合部前方凹陷处。犬、猫后肢第 1 趾狼爪退化，可以第 2、3 跖骨结合部前为参照在第 2 跖骨内侧取穴。该穴疏肝利胆、熄风宁神、通经活络。主治：头痛、眩晕、目赤肿痛、口眼歪斜、郁证、胁痛、腹胀、呃逆、下肢痿痹、月经不调、崩漏、疝气、遗尿、癫痫、惊风等。人毫针直刺 1~1.5 cm,犬 0.5~1 cm,猫 0.3~0.5 cm。为肝经输穴、原穴。

4. 中封

人此穴位于足背侧,足内踝前下方,胫骨前肌腱(大筋)内侧凹陷处。犬有同名穴,位于内踝与胫骨前肌腱间凹陷处。该穴能疏肝利胆、通经活络。主治:疝气、腹痛、胁肋胀痛、遗精、排尿不利、后肢麻痹。人毫针直刺 1.5~2.5 cm,犬 1~1.5 cm,猫 0.3~0.5 cm。为肝经经穴。

5. 蠡沟

人此穴位于小腿内侧,足内踝尖上 5 寸,胫骨内侧凹陷处。犬此穴位于中封与曲泉连线下 1/3 胫骨内侧处。该穴能疏泄肝胆、调经利湿。主治:外阴瘙痒、阳强、月经不调、带下、排尿不利、疝气、足肿疼痛。人毫针直刺 1.5~2.5 cm,犬 1~1.5 cm,猫 0.3~0.5 cm。为肝经络穴。

6. 中都

人此穴位于小腿内侧,内踝尖上 7 寸,胫骨内侧。犬此穴位于中封与曲泉连线 1/2 处胫骨内侧。该穴能疏肝理气、消肿止痛、调经通络。主治:胁痛、腹胀、腹痛、泄泻、恶露不尽、疝气。人毫针直刺 1.5~2.5 cm,犬 1~1.5 cm,猫 0.3~0.5 cm。为肝经郄穴。

7. 膝关

人此穴位于小腿内侧,胫骨内上髁的后下方阴陵泉穴的后 1 寸处。犬此穴位于阴陵泉后凹陷中。该穴能散寒除湿、通关利节。主治:膝部肿痛、下肢痿痹、咽喉肿痛。人毫针直刺 1.5~2.5 cm,犬 1~1.5 cm,猫 0.3~0.5 cm。

8. 曲泉

人此穴位于膝内侧,屈膝,内侧股骨内侧髁(内侧高骨)后缘,膝内侧横纹头稍上方,半腱肌、半膜肌(两筋)之前凹陷处。犬此穴位于屈膝,膝横纹内侧端。该穴能散寒除湿、舒筋活络。主治:小腹痛、排尿不利、遗精、阴痒、外阴疼痛、月经不调、赤白带下、痛经、膝股内侧痛。人毫针直刺 1.5~2.5 cm,犬 1~1.5 cm,猫 0.3~0.5 cm。为肝经合穴。

9. 章门

人此穴位于侧腹部,第 11 肋游离端的下方。犬此穴位于第 12 肋骨前端。该穴能疏肝健脾、化积消滞。主治:腹胀、泄泻、胁痛、痞块。人毫针斜刺 1~1.5 cm,犬 0.5~1 cm,猫 0.3~0.5 cm。为脾经募穴,八会穴(脏会),足厥阴、少阳经交会穴。

10. 期门

人此穴位于胸部乳头直下,第 6 肋间隙,前正中线旁开 4 寸。犬此穴位于第 6 肋间,一侧乳头连线上;马此穴相当于肝之俞,位于肩端与臀端连线上,与第 13 肋相交处。该穴能疏肝理气、健脾和胃。主治:郁证、胸肋胀痛、腹胀、呃逆、吞酸、乳痈、马黄疸、结膜炎、角膜炎、脾胃虚弱。人毫针向下斜刺 1~1.5 cm,犬 0.5~1 cm,猫 0.3~0.5 cm,马 3~4.5 cm。为肝之募穴,足厥阴、太阴与阴维脉交会穴。

▶ 十三、督脉穴位

人本经参考走向,起于小腹内胞宫,下出会阴部,向后行于腰背正中至尾骶部的长强穴,沿脊柱上行,经项后部至风府穴,进入脑内,沿头部正中线,上行至巅顶百会穴,经前额下行鼻柱至鼻尖的素髎穴,过人中,至上齿正中的龈交穴。其分支:第一支,与冲、任二脉同起于胞中,出于会阴部,在尾骨端与足少阴肾经、足太阳膀胱经的脉气会合,贯脊,属肾。第二支,从小腹直上贯脐,向上贯心,至咽喉与冲、任二脉相会合,到下颌部,环绕口唇,至两目下中央。第三支,与足太阳膀胱经同起自眼内角,上行至前额,于巅顶交会,络于脑,再别出下项,沿肩胛骨内,脊柱两旁,到达腰中,进入脊柱两侧的肌肉,与肾脏相联络。

督脉单穴共 29 穴,分别是长强、腰俞、腰阳关、命门、悬枢、脊中、中枢、筋缩、至阳、灵台、神道、身柱、陶道、大椎、哑门、风府、脑户、强间、后顶、百会、前顶、囟会、上星、神庭、印堂、素髎、水沟、兑端、龈交。歌谣:督脉二九行脊梁,尾闾骨端是长强,二十一椎为腰俞,十六阳关细推详,十四命门与脐对,十三悬枢在其间,十一椎下寻脊中,十椎之下中枢藏,九椎之下筋缩取,七椎之下乃至阳,六灵五神三身柱,陶道一椎之下乡,一椎之上大椎穴,入发五分哑门行,风府一寸宛中取,脑户二五枕骨上,入发四寸强间位,五寸五分后顶强,七寸百会顶中取,耳尖直上发中央,前顶前行八寸半,前行一尺囟会量,一尺一寸上星会,入发五分神庭当,两眉中间穿印堂,鼻尖准头素髎穴,水沟鼻下人中藏,兑端唇间端上取,龈交齿上龈缝间。督脉起于长强穴,止于龈交穴。

邪犯督脉可表现为牙关紧闭、头痛、四肢抽搐、脊柱强直、角弓反张、脊背疼痛,甚则神志昏迷、发热、苔白或黄、脉弦或数。督脉虚衰可表现为头昏头重、眩晕、健忘、耳鸣、耳聋、腰脊酸软、佝偻形俯、舌淡、脉细弱。督脉阳虚可表现为畏寒、阳痿、精冷薄清、遗精、少腹坠胀冷痛、宫寒不孕、腰膝酸软、舌淡、脉虚弱。督脉起于会阴，并于脊里，上风府，入脑，上巅，循额。故邪犯督脉，则表现角弓反张、项背强直、牙关紧闭、头痛、四肢抽搐，甚则神志昏迷、发热，苔白或黄，脉弦或数。督脉上行属脑，与足厥阴肝经会于巅顶，与肝肾关系密切，督脉之海空虚不能上荣充脑，髓海不足，则头昏头重、眩晕、健忘；两耳通于脑，脑髓不足则耳鸣、耳聋；督脉沿脊上行，督脉虚衰经脉失养，则腰脊酸软、佝偻形俯；舌淡，脉细弱为虚衰之象。督脉主司生殖，为"阳脉之海"，督脉阳气虚衰，推动温煦固摄作用减弱，则畏寒、阳痿、精冷薄清、遗精、小腹坠胀冷痛、宫寒不孕、腰膝酸软、舌淡、脉虚弱。督脉穴位临床主要应用：长强可解痉止痛、调肠，治癫痫、便秘、腹泻、痔疮、便血；腰俞可散寒除湿，治腰以下冷痹顽麻、月经不调；阳关可通阳活络、补肾强腰，治腰及后肢痿痹冷痛、遗精、阳痿、带下、月经不调；命门可补肾壮阳，治疗生殖衰竭、遗精、阳痿、头晕、耳鸣、五更泻、腰脊痛；脊中可治腰脊痛、黄疸、下痢；筋缩平肝宁神、熄风镇痉，治疗癫痫、抽搐；至阳可通达阳气，用于阳气闭郁，治黄疸、胃痛、咳喘、心绞痛、脊背痛；灵台可治疗疮、喘不得卧、急性胃痛；神道可治失眠、心痛、心悸、咳喘、腰脊痛；身柱可止咳定喘、治癫痫；大椎可振奋阳气、清热解表，治感冒发烧、骨蒸、癫痫、痉挛；哑门可治声哑；脑户、风府可治头痛、感冒；强间、百会可治失眠；前顶可治头晕头痛；神庭可治头晕、呕吐；水沟可急救。

1. 长强

人此穴位于尾骨端下 0.5 寸，尾骨端与肛门连线的中点处。动物相应穴位称后海穴、交巢穴、莲花穴，位于尾根与肛门之间凹陷处。该穴能镇痉熄风、清热利湿、固脱止泻。主治：久泻、便血、便秘、痔疾、脱肛、癫痫、阳痿、不孕。人毫针直刺 1.5～3.5 cm；动物沿脊椎方向刺入，犬 1～3 cm，猫 0.5～1 cm，马、牛 6～8 cm，猪、羊 5～6 cm。为督脉、足少阳、足太阴经交会穴。

2. 腰俞

人此穴位于骶部后正中线上，荐椎与尾椎之间，骶管裂孔中。犬参考人取穴，牛、猪相应位置称开风穴，位于尾根穴前一节，即第 4、5 荐椎棘突间。该穴能调经通络、清热利湿。主治：癫痫、痔疾、腰脊强痛、后肢痿痹、月经不调、尿闭、中暑、猪脾胃虚弱。人毫针向上斜刺 1.5～3 cm，犬 1～2 cm，猫 0.5～1 cm，马、牛向前斜刺 3～5 cm，猪、羊 2～3 cm。

3. 腰百会

此穴为动物特有穴，位于最后腰椎与第 1 荐椎棘突间凹陷处。主治腰胯风湿、闪伤、后躯瘫痪、二便不利、腹泻、疝痛、脱肛。马、牛毫针直刺 4～6 cm，犬 1～2 cm，猫 0.5～1 cm。

4. 关后

关后为犬特有穴，位于第 5、6 腰椎棘突间凹陷中。主治：月经不调、遗精、阳痿、子宫内膜炎、卵巢囊肿、膀胱炎、便秘、腰胯风湿、后肢痿痹。犬毫针直刺 1～2 cm。

5. 腰阳关

人此穴位于腰部后正中线上，第 4、5 腰椎棘突间凹陷中。马、犬、兔相应穴位称阳关。该穴能强腰补肾、调经通络。主治：月经不调、遗精、阳痿、腰胯风湿、后肢痿痹、子宫内膜炎。人毫针直刺 1.5～2.5 cm，马毫针直刺 2～4 cm，犬 0.5～1.5 cm，猫 0.3～0.5 cm。

6. 安肾

此穴为牛、猪特有穴，位于第 3、4 腰椎棘突间凹陷中。主治：腰脊风湿、损伤、胎衣不下、慢草不食。马毫针直刺 3～6 cm，猪毫针直刺 2～3 cm。

7. 命门

人此穴位于腰部后正中线上，第 2、3 腰椎棘突间凹陷中。动物有相应穴位，也称命门，牛、犬、兔又称肾门。该穴能壮阳益肾、强壮腰膝、固精止带、疏经调气。主治：遗精、阳痿、月经不调、带下、尿闭、血尿、胎衣不下、泄泻、腰脊强痛、腰胯闪伤、风湿、水肿。人毫针直刺 1.5～2.5 cm，马、牛毫针直刺 2～4 cm，犬 0.5～2 cm，猫 0.3～0.5 cm。

8. 悬枢

人此穴位于腰部后正中线上，第 1、2 腰椎棘突间凹陷中。马、猪称断血后穴，牛称后丹田，参考人取穴。犬称悬枢，位于胸、腰椎棘突间凹陷中。该穴能温补脾肾、强壮腰脊。主治：腰脊强痛、泄泻、腹痛、尿闭、马和猪的各种出血。人毫针直刺 1.5～2.5 cm，马、牛毫针直刺 2～4 cm，犬 0.5～2 cm，猫 0.3～0.5 cm。

9. 天平

天平为动物特有穴，马、猪称断血中穴，位于最后胸椎与第 1 腰椎棘突间凹陷中。主治：尿闭、肠黄、便血和尿血等各种出血、腰胯扭伤。马、牛毫针直刺2～4 cm,犬0.5～2 cm,猫0.3～0.5 cm。

10. 脊中

人此穴位于背部后正中线上,最后两个胸椎棘突间凹陷中。动物参考人取穴,马、猪此穴称断血前穴。该穴能健脾利湿、益肾强脊。主治:泄泻、黄疸、痔疾、癫痫、胃痛、马和猪的各种出血。人毫针直刺1.5～2.5 cm,马、牛毫针直刺2～4 cm,犬0.5～1 cm,猫0.3～0.5 cm。

11. 中枢

人此穴位于背部后正中线上,第10、11胸椎棘突间凹陷中。动物参考人取穴,牛称安福、通筋。该穴能健脾利湿、益肾强脊。主治:黄疸、腹胀、腹泻、胃痛、腰脊强痛、肺热、犬胃炎、呕吐。人毫针直刺1.5～3 cm,马、牛毫针向前下斜刺3～5 cm,犬向前下斜刺1～2 cm,猫0.3～0.5 cm。

12. 筋缩

人此穴位于背部后正中线上,第9、10胸椎棘突间凹陷中。犬、猫可参考人取穴。该穴能止痉熄风、健脾调中。主治:癫痫、脊强、胃痛、心痛、肝胆病。人毫针直刺1.5～3 cm,犬向前下斜刺1～2 cm,猫0.3～0.8 cm。

13. 苏气

苏气为牛、羊特有穴,位于第8、9胸椎棘突间凹陷中。主治:肺热、咳喘、肺气肿、感冒。牛毫针向前下斜刺3～5 cm,羊向前下斜刺2～4 cm。

14. 至阳

人此穴位于背部后正中线上,第7、8胸椎棘突间凹陷中。犬、猫、兔可参考取穴。该穴能宽胸理气、清热利湿、健脾调中。主治:急性胃疼、黄疸、胸胁胀痛、咳嗽、气管炎、背痛、食少、嗳气。人毫针直刺1.5～3 cm,犬向前下斜刺1～2 cm,猫、兔向前下斜刺0.5～1 cm。

15. 灵台

人此穴位于背部后正中线上,第6、7胸椎棘突间凹陷中。犬、猪、猫、兔可参考取穴。该穴能宣肺止咳、清热解毒。主治:急性胃疼、疔疮、咳嗽、支气管炎、肺炎、肝炎、脊背强痛、肝胆湿热。人毫针直刺1.5～3 cm,猪向前下斜刺3～5 cm,犬向前下斜刺1～2 cm,猫、兔向前下斜刺0.5～1 cm。

16. 神道

人此穴位于背部后正中线上,第5、6胸椎棘突间凹陷中。犬、猫、兔可参考取穴,马、猪此穴称

三川,牛此穴称天福、田福。该穴能养心安神、熄风止痉、清热通络。主治:心悸、心痛、失眠、健忘、咳嗽、感冒、脊背强痛。人毫针直刺1.5～3 cm,牛毫针向前下斜刺4～6 cm,猪3～5 cm,犬1～2 cm,猫0.3～0.5 cm。

17. 身柱

人此穴位于背部后正中线上,第3、4胸椎棘突间凹陷中。动物称为鬐甲,可参考取穴。该穴能祛风退热、宣肺止咳、宁心镇痉。主治:咳嗽、气喘、支气管炎、肺炎、感冒、癫痫、脊背强痛、前肢风湿。人毫针直刺2.5～3.5 cm,马、牛毫针向前下斜刺4～6 cm,猪3～5 cm,犬2～4 cm,猫0.5～1 cm。

18. 陶道

人此穴位于背部后正中线上,第1、2胸椎棘突间凹陷中。犬、猪、猫、兔可参考人取穴,马称鬐前穴,牛称丹田。该穴能宣肺解表、熄风止痉、镇惊安神。主治:热病、疟疾、头痛、脊强、肩部扭伤、前肢风湿、气喘、腹痛、中暑。为督脉与足太阳经交会穴。人毫针直刺1.5～3.5 cm,马、牛毫针向前下斜刺6～8 cm,猪3～5 cm,犬2～4 cm,猫0.5～1 cm。

19. 大椎

人此穴位于背部后正中线上,最后颈椎与第1胸椎棘突间凹陷中。马、牛、羊、犬、猪、猫、兔可参考人取穴。该穴能解表清热、疏风散寒、熄风止痉、肃肺宁心。主治:热病、咳喘、周身畏寒、感冒、目赤肿痛、头项强痛、疟疾、骨蒸盗汗、癫痫。为督脉、手、足三阳脉交会穴。人毫针直刺1.5～3.5 cm,马、牛毫针向前下斜刺6～8 cm,猪3～5 cm,犬2～4 cm,猫0.5～1 cm。

20. 风府

人此穴位于项部,后发际正中直上1寸,枕外隆凸直下,寰枕关节背侧正中,两侧斜方肌之间凹陷中。动物可参考人取穴,马、牛、羊、猪此穴又称天门。该穴能疏散风邪、清心开窍、通利机关。主治:中风、半身不遂、癫狂、颈痛项强、眩晕、咽痛、脑黄、中暑。动物可配百会、抢风、天平,产生镇痛作用,可在颈部和腹部手术时应用。此穴为督脉与阳维脉交会穴。人毫针向下斜刺1.5～2.5 cm,马、牛、猪毫针向下斜刺3～4.5 cm,羊2～3 cm,犬1～3 cm,猫0.2～0.3 cm。

21. 头百会

人此穴位于头部,前发际正中直上5寸,或两耳尖连线的中点处。动物可参考人取穴。马、猪此穴

又称大风门穴,马此穴在门鬃下缘,猪此穴在头顶骨前上方。该穴能平肝熄风、升阳益气、醒脑宁神、清热开窍。主治:眩晕、头痛、昏厥、中风、偏瘫、脱肛、癫狂、不寐、鼻塞、脑黄、痉挛。为督脉、足太阳经交会穴。人毫针平刺 1~1.5 cm,马、牛、猪毫针皮下平刺 3~5 cm,犬 1~2 cm,猫 0.5~1 cm。

22. 素髎

人此穴位于面部,鼻尖的正中央。动物相近位置取穴,牛、猪、羊、犬称山根,马称抽筋,马此穴位于鼻孔内下角连线中点,猪此穴在拱嘴第一皱纹背侧正中,其他动物均在鼻端有毛与无毛交界处。该穴能清热宣肺、宣通鼻窍、苏厥救逆。主治:昏迷、昏厥、窒息、鼻塞、鼻衄、鼻渊、鼻窦炎、酒糟鼻、目胀痛、视物不清、足跟痛、中毒、中暑、感冒、咳嗽、犬瘟热早期、呼吸衰竭、心动过速、马低头难。人毫针直刺 0.5~1 cm 或点刺出血;牛毫针向后下方刺 3~4.5 cm;猪、羊小宽针直刺 0.5 cm,出血;犬、猫毫针点刺 0.2~0.5 cm,出血。马为巧治穴,顺穴切开皮肤,拉出上唇提肌腱,牵引数次,并可在牵引后切断。

23. 人中

人此穴位于面部人中沟的上 1/3 处。犬、猫、兔称水沟,马称分水,牛、猪称鼻中,羊称外唇阴。马此穴在上唇正中旋毛处,牛、猪的鼻孔与上唇融合,牛在鼻孔下缘连线中点,猪在鼻孔正中连线中点,羊在鼻唇沟正中,犬参考人取穴,猫、兔在上唇沟正中。该穴能开窍启闭、苏厥救逆、清热化痰、宁神镇痛。主治:晕厥、中暑、中风、昏迷、精神障碍、牙关紧闭、口眼歪斜、感冒、支气管炎、肺炎、癫痫、腰痛、胃痛、慢草、唇肿、衄血、热证、黄疸。该穴为急救要穴,为督脉与手足阳明之会。人毫针向上斜刺 1~1.5 cm;马毫针直刺 3 cm,或小宽针直刺 1 cm,出血;猪小宽针直刺 0.5 cm,出血;犬毫针直刺 0.5 cm,猫 0.2 cm。

▶ 十四、任脉穴位

人本经参考走向,起于小腹内胞宫,下出会阴毛部,经阴阜,沿腹部正中线向上经过关元等穴,到达咽喉部(天突穴),再上行到达下唇内,环绕口唇,交会于督脉之龈交穴,再分别通过鼻翼两旁,上至眼眶下(承泣穴),交于足阳明经。任脉总任一身之阴经,调节阴经气血,为"阴脉之海"。因任脉循行于腹部正中,腹为阴,且足三阴经在小腹与任脉相交,手三

阴经借足三阴经与任脉相通,因此任脉对阴经气血有调节作用,故有"总任诸阴"之说。任脉起于胞中,具有调节月经,促进生殖作用,故有"任主胞胎"之说。

任脉共 24 穴,分别是会阴、曲骨、中极、关元、石门、气海、阴交、神阙、水分、下脘、建里、中脘、上脘、巨阙、鸠尾、中庭、膻(dàn)中、玉堂、紫宫、华盖、璇玑、天突、廉泉、承浆。歌谣:任脉会阴两阴间,曲骨毛际陷中安,中极脐下四寸取,关元脐下三寸连,脐下二寸石门是,脐下寸半气海全,脐下一寸阴交穴,脐之中央即神阙,脐上一寸为水分,脐上二寸下脘列,脐上三寸名建里,脐上四寸中脘接,脐上五寸上脘在,脐上六寸巨阙穴,鸠尾蔽骨下五分,中庭膻下寸六列,膻中却在两乳间,膻上寸六玉堂穴,膻上紫宫三寸二,膻上四八华盖得,膻上璇玑六寸四,玑上一寸天突穴,廉泉颌下结上已,承浆颐前下唇接。任脉起于会阴穴,止于承浆穴。

任脉穴位主要治疗少腹、脐腹、胃脘、胸、颈、咽喉、头面等局部病证和相应的内脏病证,如疝气、带下、腹中结块等证。部分穴位有强壮作用,有的可治疗神志病证。任脉不通表现为月经不调、经闭不孕、带下色白、小腹积块、胀满疼痛、游走不定、睾丸胀痛、疝气。任脉虚衰表现为胎动不安、小腹坠胀、阴道下血、滑胎、月经不调、经闭、月经不尽、头晕目花、腰膝酸软、舌淡、脉细无力。任脉阻滞不通则经闭;任脉不通,气血失养则宫寒不孕、带下色白;气滞则少腹积块、胀满疼痛、游走不定;任脉不通,肝经气滞,则睾丸胀痛、疝气。任脉虚衰不能妊养胞胎,则胎动不安、少腹坠胀、阴道下血,甚或滑胎;任脉虚衰,不能调节月经,则月经推迟、经闭、不尽;任脉虚衰,气血失于濡养,则头晕目花、膝酸软、舌淡、脉细无力。本经穴位主要应用:会阴能交通阴阳气血、醒神清脑,治疗阴痛、阴痒、阴湿、窒息、昏迷、癫痫;中极可补虚利尿调经,治疗遗尿、遗精、阳痿、月经不调、带下、胎衣不下;关元可大补元气、通淋、治虚劳,用于尿闭、遗尿、月经不调、带下、胎衣不下、阳痿、遗精、泄泻;石门可通利水道,治水肿、排尿不利,并可调月经、止崩漏、止泻;气海可补气助阳调经,治疗不孕、痛经、带下、尿闭、淋证、便秘、遗精、阳痿、脱肛;神阙可回阳救逆,治四肢厥冷、久泻、脱肛、荨麻疹;水分可治水肿;下脘、中脘、上脘可健脾和胃,治胃痛、不食、痞满、呕吐、腹胀、腹泻;巨阙为心之募穴,可治心痛、胃病;膻中为心包之募穴,可理气宽胸、生

津增液,治疗乳少、乳痈、心痛、心悸、咳喘;天突可治咽喉肿痛、喉痹、梅核气;廉泉可消肿止痛、利喉舌,治疗口舌生疮、口干、消渴;承浆可舒筋活络,接督脉调阴阳气血,治流涎、龈肿、面瘫、消渴、口齿生疮。

1. 会阴

人此穴位于会阴部,男性在阴囊根部与肛门连线的中点,女性在大阴唇后联合与肛门连线的中点。马、牛、猪也称会阴、阴俞,可参考人取穴。主治:溺水窒息、昏迷、癫狂、惊痫、排尿不利、遗尿、阴痛、阴痒、阴部汗湿、阴囊肿胀、遗精、月经不调、阴道脱、子宫脱、带下、脱肛、疝气、痔疾。人毫针直刺 1.5～3.5 cm,马毫针直刺 3～4 cm,犬毫针直刺 0.5～1 cm,猫 0.2～0.5 cm。孕畜慎用,需在排尿后进行针刺。

2. 曲骨

人此穴位于下腹部,前正中线耻骨联合上缘中点处。犬、猫可参考人取穴。主治:少腹胀满、尿淋漓、遗尿、疝气、遗精、阳痿、阴囊湿痒、月经不调、赤白带下、痛经。人毫针直刺 1.5～3 cm,犬毫针直刺 0.5～1 cm,猫 0.2～0.5 cm。内为膀胱,孕畜慎用,需在排尿后进行针刺。

3. 中极

人此穴位于下腹部,前正中线上,脐下 4 寸。犬此穴位于耻骨联合前缘与肚脐连线的下 1/5 处。主治:排尿不利、遗尿、疝气、遗精、阳痿、月经不调、崩漏、带下、不孕。人毫针直刺 1.5～3 cm,犬毫针直刺 0.5～1 cm,猫 0.2～0.5 cm。为膀胱经募穴,孕畜慎用,需在排尿后进行针刺。

4. 关元

人此穴位于下腹部,前正中线上,脐下 3 寸。犬此穴位于耻骨联合前缘与肚脐连线的下 2/5 处。主治:遗尿、尿频、尿闭、腹泻、腹痛、遗精、阳痿、月经不调、带下、不孕、中风、脱证、虚劳羸瘦(此穴为强壮保健要穴)。人毫针直刺 2～4 cm,犬毫针直刺 1～2 cm,猫 0.5～1 cm。为小肠经募穴,孕畜慎用,需在排尿后进行针刺。

5. 石门

人此穴位于下腹部,前正中线上,脐下 2 寸。犬此穴位于耻骨联合前缘与肚脐连线的上 2/5 处。主治:腹胀、腹泻、绕脐疼痛、奔豚、疝气、水肿、排尿不利、遗精、阳痿、经闭、带下、崩漏。人毫针直刺 1.5～3 cm,犬毫针直刺 0.5～1 cm,猫 0.2～0.5 cm。为三焦经募穴,孕畜慎用,需在排尿后进行针刺。

6. 气海

人此穴位于下腹部,前正中线上,脐下 1.5 寸。犬此穴位于耻骨联合前缘与肚脐连线的上 3/10 处。主治:腹痛、腹泻、便秘、遗尿、疝气、遗精、阳痿、月经不调、经闭、崩漏、虚脱、羸瘦(此穴为强壮保健要穴)。人毫针直刺 2～4 cm,犬毫针直刺 1～2 cm,猫 0.5～1 cm。孕畜慎用,需在排尿后进行针刺。

7. 阴交

人此穴位于下腹部,前正中线上,脐下 1 寸。犬此穴位于耻骨联合前缘与肚脐连线的上 1/5 处。羊称脐后穴,位于腹正中线,脐后 3 cm 处。主治:腹痛、腹泻、水肿、疝气、阴痒、月经不调、崩漏、带下、产后出血。人毫针直刺 1.5～3 cm,犬毫针直刺 0.5～1 cm,猫 0.2～0.5 cm。孕畜慎用。

8. 神阙

人此穴位于腹中部脐中央。马、猪、羊称为肚口,羊称脐中。主治:腹痛、泄泻、脱肛、水肿、虚脱。此穴禁刺宜灸。

9. 水分

人此穴位于上腹部,前正中线脐上 1 寸。羊此穴称脐前,位于脐前 3 cm,其他动物可参考取穴。主治:腹痛、腹胀、肠鸣、泄泻、翻胃、水肿、腰脊强急。人毫针直刺 1.5～3 cm,犬毫针直刺 0.5～1 cm,猫 0.2～0.5 cm。

10. 下脘

人此穴位于上腹部前正中线脐上 2 寸,即中脘与神阙连线的中点处。动物可参考人取穴。主治:胃痛、腹痛、腹胀、呕吐、泄泻、痞块、食谷不化、脾胃虚弱。人毫针直刺 1.5～3 cm,犬毫针直刺 0.5～1 cm,猫 0.2～0.5 cm。

11. 中脘

人此穴位于上腹部前正中线脐上 4 寸,即剑胸结合处与脐连线的中点处。犬参考人取穴,猪此穴位于剑突与脐连线的中点处。主治:消化不良、胃炎、胃痛、呕吐、吞酸、呃逆、腹胀、泄泻、黄疸、癫狂,为脾的强壮穴,胃的募穴,八会穴之腑会。人毫针直刺 1.5～4 cm,犬毫针直刺 0.5～1 cm,猫 0.2～0.5 cm。

12. 上脘

人此穴位于上腹部前正中线脐上 5 寸。动物可参考人取穴,猪、犬此穴位于剑突与脐连线的上 3/8 处。主治:胃脘疼痛、腹胀、呕吐、呃逆、纳呆、食谷不化、黄疸、泄利(利通痢)、吐血、咳嗽痰多、癫痫、失眠。人毫针直刺 1.5～3 cm,犬毫针直刺 0.5～1 cm,猫 0.2～0.5 cm。

13.巨阙

人此穴位于上腹部前正中线脐上 6 寸,即剑胸结合处与中脘连线的中点处。动物可参考人取穴,犬此穴位于剑突与脐连线的上 1/4 处,猪在胸骨后缘与中脘连线的上 1/3 处。主治:胸痛、心痛、心烦、惊悸、癫痫、健忘、胸满气短、咳逆上气、呕吐、呃逆、吞酸、腹胀、腹痛、腹泻、黄疸。人毫针直刺 1.5～3 cm,猪毫针直刺 1～2 cm,犬毫针直刺 0.5～1 cm,猫 0.2～0.5 cm。为心经募穴。

14.鸠尾

人此穴位于上腹部前正中线胸剑结合部下 1 寸。犬此穴位于剑突与脐连线的上 1/8 处。主治:心痛、心悸、心烦、癫痫、惊狂、胸中满痛、咳嗽气喘、呕吐、呃逆、胃痛。人毫针向下斜刺 1.5～3 cm,犬 0.5～1 cm,猫 0.2～0.5 cm。为膏之原穴。

15.膻中

人此穴位于胸部前正中线平第 4 肋间,两乳头连线的中点。动物此穴位于胸骨腹侧中线下 1/3 处。主治:肺炎、支气管炎、咳嗽、气喘、咯血、胸痹、心痛、心悸、心烦、产后少乳。人毫针平刺 1～1.5 cm,犬毫针平刺 0.5～1 cm,猫毫针平刺 0.2～0.5 cm。

为心包经募穴,气会。

16.华盖

人此穴位于胸正中线平第 1 肋间。犬参考人取穴。主治:咳嗽、气喘、胸痛、胁肋痛、喉痹、咽肿。人毫针平刺 1～1.5 cm,犬毫针平刺 0.5～1 cm,猫毫针平刺 0.2～0.5 cm。

17.承浆

人此穴位于面部颏(kē)唇沟正中凹陷处。动物可参考人取穴,牛、兔此穴位于下唇正中有毛与无毛交界处。主治:口眼歪斜、齿龈肿痛、流涎、口疮、面肿、癫狂、慢草。人毫针向后上方斜刺 0.5～1 cm,犬斜刺 0.3～0.5 cm,猫斜刺 0.2～0.3 cm;牛小宽针向后下方刺入 1 cm,出血。

作业

1.简述十二经脉上牛、马、犬三种动物的穴位名称、具体部位、针刺方法及主治。

2.简述任督二脉上牛、马、犬三种动物的穴位名称、具体部位、针刺方法及主治。

拓展

牛、马、犬三种动物的不同循经路线图及循经主要穴位?

自我评价

评价内容	记忆情况	理解情况	百分制评分结果	不足与改进
十二经脉上牛、马、犬三种动物的穴位名称、具体部位、针刺方法及主治。				
任督二脉上牛、马、犬三种动物的穴位名称、具体部位、针刺方法及主治。				

任务三　部分动物其他穴位及针灸应用

学习导读

教学目标

1. 使学生掌握牛、犬、马循经穴位中未列入的穴位名称、具体部位、针刺方法及主治。

2. 使学生掌握八脉交会穴歌诀,具体穴位名称、位置、特点及主治。

3. 使学生掌握四总穴歌和二十八绝穴歌的歌诀及含义。

4. 使学生掌握电针治疗的常用组穴和方法。

5. 使学生掌握临床主要病证的针灸治疗方法。

教学重点

1. 牛、犬、马循经穴位中未列入的穴位名称、具体部位、针刺方法及主治。

2. 八脉交会穴、四总穴歌诀。

3. 电针治疗的常用组穴和方法。

4. 临床主要病证的针灸治疗方法。

教学难点

1. 牛、犬、马循经穴位中未列入的穴位名称、具体部位、针刺方法及主治。

2. 掌握临床主要病证的针灸治疗方法。

课前思考

1. 你知道牛、犬、马循经穴位中未列入的穴位还有哪些吗?

2. 你知道八脉交会穴包括哪些穴位吗?

3. 你知道四总穴歌诀和二十八绝穴歌吗?

4. 你知道施电针时一般可以选哪些穴位吗?

5. 你知道风热感冒、风寒感冒、肺炎、中暑、胃肠炎用针灸怎么治疗吗?

学习导图

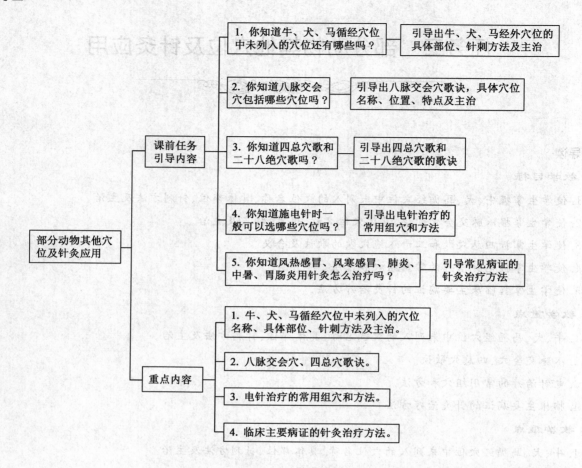

血。主治中暑、感冒、癫痫、肝热传眼、云翳、脑黄。

一、牛的其他针灸穴位

(一)头部穴位

1.血穴

(1)鼻俞　鼻孔上三指鼻颔切迹内,左右各一穴。三棱针或小宽针直刺1.5 cm或透刺。主治:肺热、感冒、鼻肿、中暑。

(2)三江　内眼角下三指血管分支处,左右各一。低拴牛头,待血管怒张后顺血管刺入1 cm,出血。主治:疝痛、腹胀、便秘、肝热传眼。

(3)耳尖　耳背侧距尖端二指,左右耳各三穴。捏紧耳根,使血管怒张,中宽针快刺入血管,出血。主治:感冒、热性病、中暑、中毒、腹痛。

(4)通关　舌腹面舌系带两侧血管上。拉舌上翻,小宽针刺入0.3 cm,出血。主治:慢草、木舌、中暑、春秋防病。

(5)太阳　外眼角旁开3 cm的颞窝的血管上(面横静脉),左右各一穴。小宽针直刺1～2 cm,出

2.白针

(1)顺气　口内硬腭前端,切齿乳头上左右两个鼻腭管开口。细柳去皮,端钝圆,慢入20～30 cm,留2～3 h,或不取出。主治:肚胀、感冒、生翳。

(2)通天穴　两内眼角连线中点上方6～8 cm。火针向上平刺或火烙。主治:感冒、脑黄、癫痫、破伤风。

(3)睛俞　上眼眶下缘正中的凹陷中,左右各一。下推眼球,毫针沿眶上突下缘向内上方刺入2～3 cm。主治:肝经风热、肝热传眼、睛生翳膜、骨眼症、目赤肿痛、眵泪、云翳。

(4)天门　枕寰关节背侧凹陷中,毫针向后下方斜刺3～6 cm。主治脑黄、眩晕、癫痫、破伤风、惊厥、感冒、发热。

(二)躯干部穴位

背腰督脉穴位:1、2丹(丹田,1、2胸椎棘实之间),3、4三(三台,3、4胸椎棘实之间),5、6川(三川,即天福,主治腹泻、肚痛),8、9苏(苏气),10、11

安(安福),13后天(天平,也称断血)。1、2腰椎后丹田,2、3腰椎命门,3、4腰椎安肾,腰荐椎百会,4、5荐椎开风,荐尾椎尾根,2、3尾椎尾干。其他介绍如下。

1.血针

(1)胸膛　前胸骨两侧、胸外侧沟前肢前缘的臂头静脉血管上。吊起牛头,中宽针沿血管急刺1 cm,出血。主治:心肺积热、胸膊痛、失膊、中暑、风湿。

(2)滴明　脐前15 cm腹中线旁开12 cm凹陷处,左右各一,为腹壁皮下静脉。中宽针顺血管刺入2 cm,出血。主治:奶黄、尿闭。

(3)尾本　尾腹面正中,距尾基部6 cm处血管上。中宽针直刺1 cm,出血。主治:腰胯风湿、尾神经麻痹、便秘、腹痛、肠黄、尿闭。

(4)尾尖　尾末端,中宽针直刺1 cm或将尾尖十字切开,出血。主治:中暑、中毒、感冒、过劳、热性病、腹痛、腹泻。

2.白针

(1)喉门　喉头下方,左右各一。毫针向后下方刺入3～4.5 cm。主治:咽喉肿痛。

(2)食胀　左侧倒数第二肋间与髋结节水平线交点。小宽针、圆利针、毫针向内下方刺入9 cm。主治:宿草不转、肚胀、消化不良。

(3)雁翅　髋结节最高点前缘到背中线作垂线中外1/3处,左右各1穴。毫针直刺9 cm。主治:腰胯风湿、不孕症。

(4)气门　荐椎两侧9 cm凹陷中(髂骨翼后方),左右各1。圆利针直刺3 cm或毫针直刺6 cm。主治:后肢风湿、不孕症。

(5)肷俞　左侧肷窝部。套管针向内下方刺入6～9 cm,放气。主治:急性瘤胃臌气。

(6)阴脱　阴部中点旁开2 cm,左右各1。毫针向前下方刺入3～4.5 cm,可电针、水针。主治:阴道脱、子宫脱。

(7)肛脱　肛门旁开2 cm,左右各1。毫针向前下方刺入3～4.5 cm,可电针、水针。主治:直肠脱。

(8)尾根　荐、尾椎棘突间凹陷处,动尾以确定。圆利针直刺1.5 cm或毫针3 cm。主治:便秘、热泻、脱肛、瘫痪、尾麻痹。

(9)尾干　第2、3尾椎棘突间,拉直尾,用小宽针或圆利针直刺1 cm。主治:尿闭、淋症。

(三)前肢穴位

白针:肩胛骨处三穴分别为轩堂、膊尖、膊栏;肩关节二穴,为前方肩井,后方抢风;肘后一穴为肘俞;腕关节处二穴,腕后为腕后穴,腕前外下缘为膝眼。

(1)轩堂　肩胛骨软骨上缘正中,左右各一穴。沿肩胛骨内侧向内下方,圆利针9 cm,毫针10～15 cm。主治:失膊、夹气痛。

(2)膊尖　肩胛骨与软骨结合处前缘,左右各一。圆利针沿肩胛骨内侧向后下方斜刺3～6 cm,毫针9 cm。主治:肩膊闪伤、前肢风湿、肿痛。

(3)膊栏　肩胛骨与软骨结合处后缘,左右各一。沿肩胛骨内侧向前下方斜刺,圆利针3 cm,毫针6 cm。主治同膊尖。

(4)肘俞　肘突处臂骨外上髁与肘突之间的凹陷处,左右各一,向内下方斜刺,圆利针3 cm,毫针4.5 cm。主治:肘部肿胀、前肢风湿、闪伤、麻痹。

(四)后肢穴位

1.血穴

肾堂:股内侧大腿褶下方9 cm的皮下隐静脉血管上,左右各一。吊起对侧后肢,术者站在牛后方,中宽针顺血管刺入1 cm,出血。主治:五攒痛、后肢风湿、外肾黄。

2.白针

髋结节后下方有一穴为居髎(liáo);以大转子(髋关节处最高点)为准有6穴,正前方6 cm凹陷为环跳,沿骨下移前下方6 cm凹陷为大转,正下方6 cm凹陷为小胯,正上方9～12 cm凹陷为大胯,大转子与坐骨结节连线的股二头肌沟中为邪气,邪气下12 cm股二头沟中为仰瓦;膝关节二穴,膝前外为掠草,膝后为阳陵;小腿上部肌沟中有后三里。

(1)居髎　髋结节后下方凹陷中(臀肌下缘),左右各一。直刺,圆利针3～4.5 cm,毫针6 cm。主治:腰胯风湿、后肢麻木、不孕症。

(2)大胯　髋关节上缘,股骨大转子正上方9～12 cm凹陷中,左右各一。直刺,圆利针3～4.5 cm,毫针6 cm。主治:腰胯闪伤、后肢麻木、风湿。

(3)仰瓦　邪气下12 cm股二头肌沟中,或汗沟下6 cm股二头肌沟中。直刺,圆利针3～4.5 cm,毫针6 cm。主治:腰胯闪伤、后肢麻木、风湿。

二、犬其他针灸穴位及针治

(一)头部穴位

(1)三江 内眼角下血管分支处,左右各一。放低头部,待血管怒张后,三棱针顺血管直刺0.5 cm,出血。主治:疝痛、腹胀、便秘、肝热传眼。

(2)天门 枕寰关节背侧凹陷,毫针直刺1～3 cm。主治:脑黄、眩晕、癫痫、破伤风、惊厥、感冒、发热。

(3)耳尖 耳廓尖端血管,左右各一。捏紧耳根,使血管怒张,三棱针点刺出血。主治:感冒、热性病、中暑、中毒、腹痛。

(二)躯干部穴位

归纳:大椎(颈胸椎)、陶道(1,2胸椎)、身柱(3、4胸椎)、灵台(6,7胸椎)、中枢(10,11胸椎);悬枢(胸腰椎)、命门(2,3腰椎)、阳关(4,5腰椎)、关后(5,6腰椎)、百会(腰荐椎)、尾根(荐尾椎)。背腰俞穴:胃1脾2胆3肝4膈6,督俞7心8厥9肺10,三1肾2大4关5小6膀胱7。其他穴位介绍如下。

(1)胸膛 前胸骨两侧、胸外侧沟前肢前缘的臂头静脉血管上。吊起头部,三棱针沿血管急刺1 cm出血。主治:心肺积热、胸膊痛、失膊、中暑、风湿。

(2)尾本 尾腹面正中,距尾基部1 cm处血管上。三棱针直刺0.5～1 cm,出血。主治:腰风湿、尾神经麻痹、便秘、腹痛。

(3)尾根 荐、尾椎棘突间凹陷处,动尾以确定。毫针直刺0.5～1 cm。主治:便秘、热泻、脱肛、瘫痪、尾痹。

(4)尾尖 尾末端,三棱针直刺0.5 cm或将尾尖十字切开,出血。主治:中暑、中毒、感冒、过劳、热性病、腹痛、腹泻。

(三)前肢部穴位

肩前为肩井,肩后为抢风,肩后下为肩外俞,肘前为曲池,肘后为肘俞,肩外俞与肘俞下1/4为郗上,前臂上1/4为前三里,下1/4为内外关,腕前上为阳池,腕后下为膝脉。

(1)郗上 肩外俞与肘俞连线的下1/4处,毫针直刺2～4 cm。主治:前肢神经麻痹、扭伤、风湿。

(2)前三里 前臂外侧上1/4处肌沟中,毫针直刺2～4 cm。主治:桡、尺神经麻痹,前肢风湿。

(3)肘俞 肘突处臂骨外上髁与肘突之间的凹陷处,左右各一,向内下方斜刺,圆利针3 cm,毫针

4.5 cm。主治:肘部肿胀、前肢风湿、闪伤、麻痹。

(4)指间 位于前足背指间,掌指关节水平线上,每足3穴。毫针斜刺1～2 cm。主治:指扭伤或麻痹。

(四)后肢部穴位

大转子前为环跳,膝外上为膝上,膝外下为膝下,小腿上1/4为后三里,下1/4为阳辅,跗关节前为解溪,跗关节后为后跟。

(1)肾堂 股内侧上部的血管上,三棱针顺血管刺入0.5～1 cm,出血。主治:五攒痛、后肢风湿、外肾黄。

(2)膝上 髌骨上缘外侧0.5 cm处,毫针直刺0.5～1 cm。主治:膝关节炎。

(3)后跟 跟骨与腓骨远端之间的凹陷,毫针直刺1 cm。主治:跗关节扭伤、后肢麻痹。

(4)趾间 后足背趾间,跖趾关节水平线上,每足3穴。毫针斜刺1～2 cm。主治:趾扭伤、麻痹。

三、马其他针灸穴位及针治

(一)头部穴位

(1)唇内 上唇内面正中线两侧约2 cm的血管上,左右各1穴,三棱针直刺0.5 cm,出血。主治:唇肿、口疮、慢草不食。

(2)玉堂 口内上腭第三棱上正中线旁开1.5 cm处,左右各1穴,小宽针刺入0.5 cm,出血。主治:胃热、舌疮、上腭肿胀。

(3)通关 舌腹面舌系带两侧血管上。拉舌上翻,小宽针刺入0.5 cm,出血。主治:慢草、木舌、中暑、春秋防病。

(4)抱腮 位于口角向后的延长线与内眼角至下颌骨角连线的交点处,左右侧各1穴。毫针向前下方开关穴斜刺3～6 cm。主治:破伤风、歪嘴风、腮肿胀。

(5)鼻管 鼻孔内距鼻孔外侧缘约3 cm的鼻泪管开口处,左右各1穴。巧治法:用泪管针插入,接上注射器,注入洗眼液,药水从内眼角流出。主治:异物入睛、肝经风热、睛生翳膜。

(6)鼻俞 鼻孔上3 cm处鼻颌切迹内,左右各1穴。三棱针或小宽针直刺1.5 cm或透刺。主治:肺热、感冒、鼻肿、中暑。

(7)血堂 鼻俞上方3 cm处,左右侧各1穴。三棱针或小宽针直刺1.5 cm或透刺出血,不可高吊

马头。主治：肺热、感冒、鼻肿、中暑。

(8)三江 内眼角下 3 cm 血管分支处，左右各 1。放低头部，待血管怒张后，三棱针顺血管直刺 0.5 cm，出血。主治：疝痛、腹胀、便秘、肝热传眼。

(9)睛俞 上眼眶下缘正中的凹陷中，左右各 1。下推眼球，毫针沿眶上突下缘向内上方刺入 2～3 cm。主治：肝经风热、肝热传眼、睛生翳膜、骨眼症、目赤肿痛、眵泪、云翳。

(10)开天 黑睛下缘与白睛上缘交界处，靠近内眼角角膜缘 5 点钟位置，1 穴。固定头部，眼球表面麻醉后，用消毒针在虫体游至穴位处时，穿刺角膜 0.3 cm 进入眼前房后，立即出针，使虫体随眼房液流出。治疗浑睛虫病。

(11)太阳 外眼角旁开 3 cm 颞窝的血管上(面横静脉)，左右各 1 穴。小宽针直刺 1 cm，出血。主治中暑、感冒、癫痫、肝热传眼、云翳、脑黄。

(12)垂睛 眶上突上缘上方 3 cm 的颞窝中，左右侧各 1 穴。毫针向后下方斜刺 3～6 cm。主治：肝热传眼、肝经风热、睛生翳膜。

(13)大风门 头顶部门鬃下缘、顶骨崎分叉处为主穴(相当于人的头百会)，沿顶骨外脊向两侧旁开 3 cm 为 2 副穴，共 3 穴。毫针在皮下向上方平刺 3 cm。主治：破伤风、脑黄、心热风邪、癫狂、不寐、痉挛。

(14)耳尖 耳背侧尖端血管上，左右耳各 1 穴。捏紧耳根，使血管怒张，中宽针快刺入血管，出血。主治：感冒、热性病、中暑、中毒、腹痛。

(15)天门 枕寰关节背侧凹陷，毫针向后下方斜刺 3～5 cm。主治脑黄、眩晕、癫痫、破伤风、惊厥、感冒、发热。

(16)风门 耳后 3 cm，寰椎翼前缘的凹陷处，左右侧各 1 穴。毫针向内下方斜刺 3～5 cm。主治：破伤风、颈风湿、风邪证。

(17)迷交感 颈侧上、中 1/3 交界处，颈静脉沟上缘，左右侧各 1 穴。可水针，向对侧稍下方刺入 4～5 cm，达气管轮后稍退，接注射器，回抽无血后注入药液，也可用毫针。主治：腹泻、便秘、少食。

(二)躯干部穴位

马背腰十五俞归纳：前大后小夹关元，气海 2 脾俞 3 三焦 4 肝 5，胃 6 胆 7 膈 8 肺 9 督俞 10 厥 11，即小肠俞在 1、2 腰椎横突髂肋肌沟中；大肠俞在最后肋间髂肋肌沟中；气海在倒数第二肋间；脾俞在倒数第三肋间等。其他穴位介绍如下。

(1)腰前 第 1、2 腰椎棘突之间，旁开 6 cm 处，左右侧各 1 穴。毫针直刺 3～5 cm。主治：腰胯风湿、闪伤、腰痿。

(2)腰中 第 2、3 腰椎棘突之间，旁开 6 cm 处，左右侧各 1 穴。毫针直刺 3～5 cm。主治：腰胯风湿、闪伤、腰痿。

(3)腰后 第 3、4 腰椎棘突之间，旁开 6 cm 处，左右侧各 1 穴。毫针直刺 3～5 cm。主治：腰胯风湿、闪伤、腰痿。

(4)肷俞 肷窝中点处，左右侧各 1 穴。右侧套管针刺入盲肠放气，左侧可实施剖腹术。主治：盲肠臌气、急腹症手术。

(5)肾棚 肾俞穴前方 6 cm 处，左右侧各 1 穴。毫针直刺 6 cm。主治：腰痿、腰胯风湿、闪伤。

(6)肾角 肾俞穴后方 6 cm 处，左右侧各 1 穴。毫针直刺 6 cm。主治：腰痿、腰胯风湿、闪伤。

(7)雁翅 髋结节最高点前缘到背中线作垂线中外 1/3 处，左右各 1 穴。毫针直刺 4～8 cm。主治：腰胯风湿、不孕症。

(8)尾根 第 1、2 尾椎棘突间凹陷处。圆利针直刺 1.5 cm 或毫针 3 cm。主治：便秘、热泻、脱肛、瘫痪、尾麻痹、腰胯闪伤、风湿、破伤风。

(9)理中 胸骨后缘两侧，与第 8 肋软骨交界处的凹陷中，左右侧各 1 穴。主治：胸膈痛。

(10)阴脱 阴部中点旁开 2 cm，左右各 1 穴。毫针向前下方刺入 3～4.5 cm，可电针、水针。主治：阴道脱、子宫脱。

(11)肛脱 肛门旁开 2 cm，左右各 1 穴。毫针向前下方刺入 3～4.5 cm，可电针、水针。主治：直肠脱。

(12)尾本 尾腹面正中，距尾基部 6 cm 处血管上。中宽针直刺 1 cm，出血。主治：腰胯风湿、尾神经麻痹、便秘、腹痛、肠黄、尿闭。

(13)尾尖 尾末端，中宽针直刺 1 cm 或将尾尖十字切开，出血。主治：中暑、中毒、感冒、过劳、热性病、腹痛。

(三)前肢部穴位

(1)膊尖 肩胛骨与软骨结合处前缘，左右各 1 穴。圆利针沿肩胛骨内侧向后下方斜刺 3～6 cm，毫针 9 cm。主治：肩膊闪伤、前肢风湿、肿痛。

(2)膊栏 肩胛骨与软骨结合处后缘，左右各 1。沿肩胛骨内侧向前下方斜刺，圆利针 3 cm，毫针 6 cm。主治同膊尖。

（3）弓子　此穴位于肩胛软骨（肩胛软骨称弓子骨）上缘中点直下方 10 cm 处。主治：肩胛疼痛、肘臂外后侧痛、前肢风湿、麻木、肩膊部肌肉萎缩。可用大宽针刺破皮肤，让空气进入皮下，或用注射器向此穴皮下注入空气，将气体向周围推压，使肩臂皮下充满空气。

（4）肘俞　肘突处臂骨外上髁与肘突之间的凹陷处，左右各 1，向内下方斜刺，圆利针 3 cm，毫针4.5 cm。主治：肘部肿胀、前肢风湿、闪伤、麻痹。

（5）乘蹬　肘突内侧稍下方，掩肘穴后下方6 cm 的胸后浅肌的肌间隙内，左右肢各 1 穴。毫针向前上方刺入 3～5 cm。主治：肘部风湿、肘头肿胀、扭伤。

（6）前三里　前臂外侧上 1/3 处肌沟中，毫针向后上方刺入 4～5 cm。主治：前肢神经麻痹、前肢风湿、脾胃虚弱。

（7）前蹄头　前蹄背面、蹄缘上 1 cm 处，正中线外侧旁开 2 cm，每蹄各 1 穴。中宽针刺入 1 cm，出血。主治：五攒痛、球节痛、蹄头痛、冷痛、结症。后蹄头可参考前蹄头取穴。

（8）前蹄臼　前蹄后面蹄球上正中陷窝中。中宽针刺入 1 cm，出血。主治：蹄臼痛、前肢风湿。后蹄臼可参考前蹄臼取穴。

（9）前蹄门　前蹄后面，蹄踵上缘、蹄软骨后端的凹陷中，每蹄左右侧各一穴。中宽针直刺 1 cm 出血。主治：蹄门肿痛、系凹痛。后蹄门可参考前蹄门取穴。

（10）前滚蹄　前肢系部后面，掌侧正中凹陷中，出现滚蹄时用此穴。大宽针平行于系骨刺入，劈开屈肌腱，重症时可横转刀刃，划断部分屈肌腱。治疗：滚蹄（即屈肌腱挛缩）、闪伤。后滚蹄可参考前滚蹄取穴。

（四）后肢部穴位

（1）肾堂　股内侧大腿褶下方 12 cm 的皮下隐静脉血管上，左右各 1。吊起对侧后肢，术者站在牛后方，中宽针顺血管刺入 1 cm，出血。主治：五攒痛、后肢风湿、外肾黄。

（2）仰瓦　邪气下 12 cm 股二头肌沟中，或汗沟下 6 cm 股二头肌沟中。直刺，圆利针 3～4.5 cm，毫针 6 cm。主治：腰胯闪伤、后肢麻木、风湿。

（3）后伏兔　小胯穴正前方，股骨前缘的凹陷中，左右侧各一穴。毫针直刺 6～8 cm。主治：掠草痛、后肢风湿、麻木。

◆ 四、八脉交会穴

八脉交会穴歌诀：公孙冲脉胃心胸，内关阴维下总同；临泣带脉外眦颊，外关阳维耳后绕；后溪督脉内眦颈，申脉阳跷连耳肩；列缺任脉行肺系，照海阴跷膈喉咙。

1. 公孙穴

公孙穴属于十二正经的脾经，连通的奇经八脉是冲脉。冲脉上至于头，下至于足，贯穿全身，为气血的要冲，称"十二经脉之海"，又称"血海"。公孙穴是治疗痛经和脾胃疾病的首选温阳大穴。该穴是脾经的络穴，入属脾脏，联络胃腑，又和位于胸腹部的冲脉直接相通，所以它能治疗脾胃和胸腹部各种疾病。

2. 内关穴

内关穴属于十二正经的心包经，连通的奇经八脉是阴维脉。阴维脉有维系全身阴脉的作用，主一身之里。内关穴为手厥阴心包经之络穴，有益心安神、和胃降逆、宽胸理气、镇定止痛之功效。

3. 足临泣穴

足临泣穴属于十二正经的胆经，连通的奇经八脉是带脉。带脉如腰带，能约束纵行的诸脉。足临泣，又被称为机体自带的小柴胡汤，是足少阳胆经上的主要穴道之一，能升发少阳之气，解散肝胆郁结之气，经常艾灸可解表散热、疏肝和胃。

4. 外关穴

外关穴属于十二正经的三焦经之络穴，连通的奇经八脉是阳维脉。阳维脉有维系全身阳经的功能，与阴维脉共同起溢蓄气血的作用。凡是热病导致的头痛、耳鸣、目赤肿痛，或两侧胸腹部疼痛、口苦咽干、牙痛、感冒、头痛等都可以取外关进行治疗。同时外关穴也可瞬间恢复听力。

5. 后溪穴

后溪穴属于十二正经的小肠经，连通的奇经八脉是督脉。督脉主一身之阳气，又称"阳脉之海"。后溪穴能泻心火、壮阳气、调颈椎、利眼目、正脊柱，对于调养颈椎病、慢性腰痛、背痛甚至是机体阳气不足、督脉不通作用显著。

6. 申脉穴

申脉穴属于十二正经的膀胱经，连通的奇经八脉是阳跷脉。阴阳跷脉主眼睛的开合，与睡眠相关。申脉穴是驱寒的纯阳大药。因为申脉穴通阳跷，阳跷通膀胱经,而申脉本身就是膀胱经的一个重要穴位。所以申脉穴是阳中至阳,用这个穴位既能散除体内寒邪,又能使阳气通达巅顶。

7. 列缺穴

列缺穴属于十二正经的肺经,连通的奇经八脉是任脉。任脉,行于腹面正中线,总任一身之阴经,又被称为"阴脉之海"。任脉起于胞中,跟妊娠有关,故有"任主胞胎"之说。《四总穴歌》中说"头项寻列缺",也就是说,列缺的主要作用是治疗头颈部疾病,治疗颈以上疾病,如落枕、偏头痛。

8. 照海穴

照海穴属于十二正经的肾经,连通的奇经八脉是阴跷脉。阴跷脉可以控制眼睛的开合和肌肉的运动。阴跷脉主阴气,司下肢运动。照海穴强肾、降火,可治疗咽痛、失眠。配肾俞、关元、三阴交,还可以治疗月经不调。

五、针灸四总穴歌和二十八绝穴歌

1. 四总穴歌

肚腹三里留,腰背委中求,头项寻列缺,面口合谷收。意思是:足三里治肚腹部疾病,委中治腰部、背部疾病,列缺治头部、颈部疾病,合谷治面部疾病。

2. 二十八绝穴歌

腰背承山求,肚腹公孙留,头顶寻风池,面口地仓收,咳喘取二定,夜啼二柱谋,小腹三阴交,转胎至阴灸,二沟通便秘,隐白停崩漏,鼻衄当孔止,心胃内关疏,腿痛刺重海,目疾透攒竹,大椎解癎(xián,同"痫")热,少商利咽喉,阿是蠲(juān)酸痛,人中善急救,眩晕绝骨觅,失眠安神搜,疳积四缝妙,补虚关元优,心疾针通里,肝肾调蠡沟,遗尿缩泉求,胃痛二腕留,肠痛寻阑尾,尿频二溪收。部分意思是:承山主治腰背疼痛、腿痛转筋;腹痛胃胀公孙穴、内关、足三里效果好;风池为足少阳与阳维脉交会,阳维脉又通督脉,督脉入络于脑,风池可治偏头痛、颈项强痛;地仓对三叉神经痛及颜面神经麻痹、流涎效果好;定喘、定咳可治咳喘,定咳位于厥阴俞旁开1寸;身柱与天柱可治夜不寐夜啼、外感;二沟即支沟及经验用穴横沟,横沟在大横穴外1寸再下五分处,治便秘效果好;当泉、孔最可止鼻血衄;胃痛、胸闷、心悸、失眠可用内关穴;大椎治感冒、癫痫;上脘、中脘可治胃痛;阑尾穴属奇穴,在足三里下两寸,可治肠痛;针刺太溪、后溪可增强肾泌尿功能,治疗尿频。

六、针灸应用

(一)针麻方法

1. 捻针麻醉法

用毫针,采取捻转法和提插法。运针频率在100～150次/min,捻转幅度是120°～360°,提针幅度是15 mm。

2. 电针麻醉法

百会尾干组穴(一针透尾根、尾干、尾节三穴)或百会三台组穴,用于多种家畜全身各部手术,是牛常用外科手术针麻的基本配穴。采用由弱到强的刺激法。进针产生针感;将电针机输出导线分别接在针栖或针体上;输出电位器调零;选择麻醉波;打开电源开关;逐渐加大输出频率和强度,加到牛所能耐受的最大刺激量,即不出现全身强直、骚动不安、倒地呻吟等现象,呼吸心跳体温正常。

3. 体穴水针麻醉法

双侧姜芽、风门、伏兔、抢风、胃俞等选一穴,注射生理盐水、25%葡萄糖液、大蒜汁或红花延胡索浸出液、普鲁卡因,一般每穴10～20 mL。

(二)主要疾病治疗

1. 风寒感冒

(1)白针 天门为主穴,伏兔、肺俞为配穴。每日1次,1～3 d为1疗程。

(2)血针 鼻俞或玉堂、血堂为主穴,耳尖、尾尖、蹄头为配穴。

(3)电针 大椎为主穴,百会为配穴;或风门为主穴,百会或尾根为配穴;或天门为主穴,鬐甲为配穴。每日1次,2～3 d为1疗程。

针灸配合麻黄汤效果更好。

2. 风热感冒

(1)血针 鼻俞或血堂为主穴,耳尖、玉堂、颈脉为配穴。

(2)白针 以大椎、天门或鼻前为主穴,风门、肺俞、鼻俞为配穴,每日1次,一般针2～3次。

(3)电针 大椎为主穴,百会或肺俞为配穴。

针灸配合银翘散效果更好。

3. 肺热咳喘(肺炎)

(1)血针 轻者以血堂为主穴,玉堂或胸堂为配穴;重者以颈脉为主穴,马放血500～1 000 mL,或放六脉血。

(2)白针 以大椎为主穴,肺俞、鼻前为配穴。

(3)电针　以肺俞为主穴,鬐甲为配穴。

针灸配合麻杏石甘汤效果更好,热重加黄芩、连翘、银花,咳嗽重加浙贝、桔梗等。

4.黑汗风(中暑)

采用血针,以颈脉为主穴,马放血量为1 000～2 000 mL,分水、尾尖、蹄头、太阳、三江、带脉、通关等为配穴。配合茯神散效果更好。

5.肝热传眼(结膜炎、角膜炎)

(1)血针　太阳为主穴,马放血300～500 mL,眼脉、三江为配穴,年老瘦弱且病轻者可少量放血。

(2)白针　晴俞、肝俞。或以晴俞为主穴,晴明、肝俞、垂晴等为配穴。

(3)水针　垂晴穴,注入普鲁卡因青霉素40万IU。或晴俞、晴明穴交替深部注射10%葡萄糖溶液10 mL,或上、下眼睑皮下注射自家血3～5 mL,每隔1～2 d注射1次。

针灸配合石决明散灌服、拨云散点眼效果更好。

6.肚胀

(1)火针　以脾俞为主穴,后海、百会、关元俞为配穴。

(2)血针　以三江为主穴,蹄头为配穴。

(3)电针　两侧关元俞弱刺激20 min。

(4)白针　以肷俞为主穴,脾俞为配穴。

(5)巧治　肷俞穴急症放气。

针灸配合内服食醋500 g效果更好。

7.肠黄(急性胃肠炎、痢疾)

(1)血针　以带脉为主穴,三江、蹄头、尾尖为配穴。

(2)水针　以大肠俞、百会为主穴,脾俞、后三里为配穴,注入小檗碱(黄连素)。

针灸配合郁金散效果更好。

8.冷痛(伤水起卧、痉挛疝)

(1)血针　以三江为主穴,分水、耳尖、尾尖、蹄头为配穴。

(2)巧治　姜牙穴。

(3)火针　以脾俞为主穴,百会、后海为配穴。

(4)电针　两侧关元俞、脾俞、后海、百会等。

针灸配合橘皮散或温脾散效果更好。

9.结症(便秘)

(1)电针　两侧关元俞、迷交感,每次30 min。

(2)水针　两侧耳穴,马耳根后方凹陷最深处注入生理盐水50～100 mL,或迷交感、后海各注10%氯化钾溶液10 mL。

(3)血针　以三江为主穴,蹄头为配穴。

针灸配合大承气汤、增液承气汤效果更好。

10.四肢风湿

(1)血针　前肢胸堂穴,后肢肾堂穴,马每穴放血500 mL以上。

(2)火针　前肢抢风为主穴,冲天、肩贞、肩外俞、肘俞为配穴。后肢巴山为主穴,掠草、大胯、小胯、汗沟为配穴。

(3)电针、白针　前肢抢风为主穴,配合膊尖、膊栏、膊中、冲天、肺门、肺攀;后肢巴山为主穴,阳陵或小胯、路股、邪气、汗沟、仰瓦、牵肾为配穴。

(4)水针　前肢风湿选抢风穴、冲天穴,后肢风湿选大胯、小胯穴,注射复方氨基比林注射液。

针灸配合防风散、茴香散、独活寄生汤效果更好。

11.子宫脱、阴道脱

(1)手术整复　保持患畜前低后高,用温水灌肠,排出直肠积粪,用2%明矾水洗净脱出物,除去表面的坏死组织及水肿液,撒涂明矾粉,徐徐将脱出部分送回,顺势将手伸入阴道或子宫内摆动数次,使其完全复位,最后边晃动边慢慢抽出手臂。整复时在百会穴或后海穴注射2%盐酸普鲁卡因溶液15～20 mL,以便于操作和减缓努责。

(2)电针　以阴脱穴为主穴,向前方斜刺10 cm;后海为配穴。首次电疗2～4 h,以后每日1次,每次1 h,7 d为一疗程。

(3)水针　阴脱穴注入95%酒精20 mL。

以上方法配合补中益气汤效果更好。

12.脾虚便秘

白针脾俞、后三里、关元俞、后海等。配合当归苁蓉汤效果更好。倦怠无力加黄芪、党参,粪球干小加玄参、生地、麦冬。

13.脾虚泄泻

(1)白针　以脾俞为主穴,百会、胃俞、肝俞、后海、后三里为配穴。

(2)电针　脾俞或百会为主穴,胃俞/大肠俞/后三里、后海为配穴。

(3)埋线　双侧膀胱俞、后海穴。配合参苓白术散或补中益气汤效果更好。泻重加茯苓、猪苓、泽泻,完谷不化加三仙。

14.脾肾虚寒泄泻

火针脾俞、后海、百会。配合四神丸效果更好。寒盛加肉桂,腹痛加木香,久泻不止加诃子,粪中带血者加三七,久泻气陷加党参、升麻、葛根等。

15.脾虚慢草

(1)白针　脾俞、后三里。

(2)电针　脾俞、胃俞,每次 15～20 min,隔日1 次。配合参苓白术散效果更好。起卧困难加补骨脂、枸杞子等,脾阳虚加附子、干姜。

2.请写出八脉交会穴歌诀,具体穴位名称、位置、特点及主治。

3.请写出四总穴歌和二十八绝穴歌的歌诀。

4.请写出电针治疗的常用组穴和方法。

5.风热感冒、风寒感冒、肺炎、中暑、胃肠炎等病证针灸治疗时分别如何选穴?

作业

1.请写出犬循经穴位中未列入的穴位名称、具体部位、针刺方法及主治。

拓展

以犬为例,分别写出犬瘟热、犬细小病毒病的主要选取穴位。

自我评价

评价内容	记忆情况	理解情况	百分制评分结果	不足与改进
牛、犬、马循经穴位中未列入的穴位名称、具体部位、针刺方法及主治				
八脉交会穴歌诀,具体穴位名称、位置、特点及主治				
四总穴歌和二十八绝穴歌的歌诀及含义				
电针治疗的常用组穴和方法				
临床主要病证的针灸治疗方法				

项目五
中草药及方剂

任务一　中草药及方剂基本知识

任务二　解表方药

任务三　清热方药

任务四　泻下方药

任务五　消导涌吐和解方药

任务六　温里方药

任务七　止咳化痰平喘方药

任务八　祛湿方药

任务九　理血方药

任务十　　理气方药

任务十一　固涩方药

任务十二　补益方药

任务十三　平肝方药

任务十四　安神与开窍方药

任务十五　驱虫方药

任务十六　外用方药

任务一　中草药及方剂基本知识

学习导读

教学目标

1.使学生掌握中药、草药、本草经、中药学、方剂、道地药材的概念。

2.使学生了解中药的采集、加工与贮藏。

3.使学生掌握炮制的概念、炮制的目的与方法。

4.使学生掌握中药的性能,四气、五味、升降浮沉、归经的含义、作用与应用。

5.使学生掌握方剂的组方目的、组方原则、加减变化。

6.使学生掌握中药配伍中的七情及配伍禁忌。

7.使学生了解剂型、剂量及用法。

8.使学生了解中药的化学成分及相应作用。

教学重点

1.中药的炮制目的与方法。

2.药性中四气、五味、升降浮沉、归经的作用与应用。

3.方剂的组方目的与原则。

4.中药配伍的七情、十八反、十九畏。

教学难点

1.中药的各种炮制方法。

2.中药方剂的组方应用。

课前思考

1.何为中药? 何为道地药材?

2.何为炮制? 为什么中药要进行炮制? 如何进行炮制?

3.何为中药的性能,包括哪几方面?

4.何为方剂? 组方的原则和目的是什么?

5.何为中药配伍的七情? 配伍禁忌有哪些?

6.中药的剂型有哪几种?

7.中药使用时应如何控制用药剂量?

8.中药的煎药方法和注意事项有哪些?

学习导图

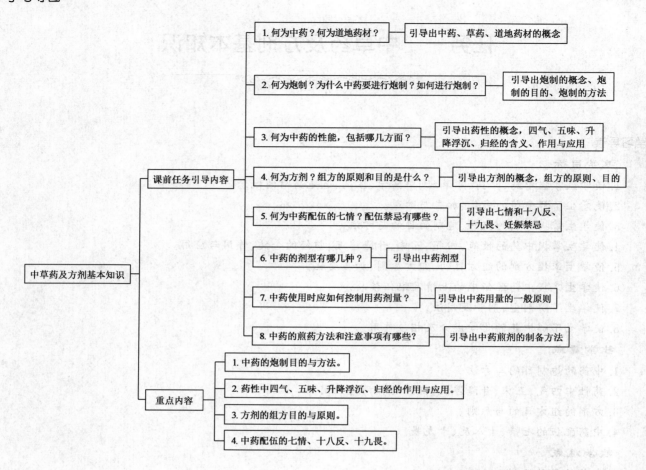

中草药及方剂基本知识

课前任务引导内容

1. 何为中药？何为道地药材？ —— 引导出中药、草药、道地药材的概念

2. 何为炮制？为什么中药要进行炮制？如何进行炮制？ —— 引导出炮制的概念、炮制的目的、炮制的方法

3. 何为中药的性能，包括哪几方面？ —— 引导出药性的概念，四气、五味、升降浮沉、归经的含义、作用与应用

4. 何为方剂？组方的原则和目的是什么？ —— 引导出方剂的概念，组方的原则、目的

5. 何为中药配伍的七情？配伍禁忌有哪些？ —— 引导出七情和十八反、十九畏、妊娠禁忌

6. 中药的剂型有哪几种？ —— 引导出中药剂型

7. 中药使用时应如何控制用药剂量？ —— 引导出中药用量的一般原则

8. 中药的煎药方法和注意事项有哪些？ —— 引导出中药煎剂的制备方法

重点内容

1. 中药的炮制目的与方法。

2. 药性中四气、五味、升降浮沉、归经的作用与应用。

3. 方剂的组方目的与原则。

4. 中药配伍的七情、十八反、十九畏。

▶ 一、有关概念

1. 中药

在中医理论指导下，用来预防、治疗、诊断疾病的天然药物及其加工品，包括植物药、动物药、矿物质及部分化学药物。

2. 草药

草药是民间医生随采随用、加工炮制尚欠规范的部分中药。

中药和草药合称中草药。

3. 本草经

本草经是记述中药的专著。

4. 中药学

中药学是研究中草药的来源、产地、炮制、性能、功效和应用方法的一门学科，是中医学的重要组成部分。

5. 方剂

方剂也称汤头或处方，在辨证立法的基础上，根据动物的病情，选择适宜的药物，按照组方原则并酌定用量和用法，配伍而成的药物有机群体，以消除或减缓某些药物的不利作用、毒性和烈性，达到相互协调，加强疗效的作用。

▶ 二、中药的起源和发展

人类对药物的认识，最初是与觅食紧密相连的。在原始时代，我们的祖先通过采食植物和狩猎，逐渐了解到有些植物和动物可以充饥，有些却可以减缓病痛，有的则引起中毒，甚至造成死亡。因而使人们懂得在觅食时要有所辨别和选择，逐渐认识到某些自然产物的药效和毒性。我国古籍中记述的"神农尝百草……一日而遇七十毒"的传说，生动地反映了人们认识药物的艰难过程。古人经过无数次有意识的试验、观察，逐步形成了最初的药学知识。原始社会晚期，随着采石、开矿和冶炼的兴起，又相继发现了矿物药。

我国现存最早的药学专著是东汉末年所著的

《神农本草经》(简称《本经》)。《本经》载药365种,其中有植物药252种,动物药67种,矿物药46种。根据药物的四气五味、有毒无毒、祛邪治病与养身延年等差异,将药物分为上、中、下三品。上品120种,无毒,大多属于滋补强壮之品,如人参、甘草、地黄、大枣等,可以久服。中品120种,无毒或有毒,其中有的能补虚扶弱,如百合、当归、龙眼、鹿茸等;有的能祛邪抗病,如黄连、麻黄、白芷、黄芩等。下品125种,有毒者多,能祛邪破积,如大黄、乌头、甘遂、巴豆等,不可久服。每药之下,介绍了正名、性味、主治功用、生长环境,部分药物之后尚有别名、产地等内容。所载药物都确有实效。如水银治疥疮,麻黄平喘,常山治疟,黄连治痢,牛膝堕胎,海藻治瘿瘤等。不但确有实效,而且有一些还是世界上最早的记载。如用水银治皮肤疾病,要比阿拉伯和印度早500~800年。此后,有南北朝梁陶弘景著《神农本草经集注》、唐代李绩等编纂《新修本草》、明代李时珍所著《本草纲目》、清代赵学敏所著《本草纲目拾遗》。新中国成立后编著的《中药大辞典》,收载中药5 767味,绘制插图4 500幅,近1 000万字,是新中国成立后编写的全国第一部中药工具书。

三、中药的采集、加工、贮藏

中药的采集、加工、贮藏影响着药材的质量和临诊疗效。

1. 药材生长环境

药材生长环境影响着药材的有效成分。

道地药材:是指品种优良,产地适宜,产量丰富,炮制考究,疗效突出,带有明显地域特点的药材。如贝母、龙胆草、冬虫夏草长在海拔2 500 m以上;车前草、大蓟长在路边、旷野。

冬虫夏草为麦角菌科真菌冬虫夏草寄生在蝙蝠蛾科昆虫蝙蝠蛾幼虫上的子座及幼虫尸体的复合体。到了第二年春季,在虫体的前端长出一条棒状的"草"来,伸出地面。冬虫夏草多长于高山上,产于四川、云南、甘肃、青海、西藏等地。野生虫草于夏至前后,当积雪尚未融化、子座多露于雪面、孢子尚未散出时采集。找到后挖出虫体及子座,在虫体潮湿未干时,除去外层的泥土及膜皮,烘干或晒干,人工培养虫草,待子座长成后采收,晾干即成。冬虫夏草味甘,性温,归肺、肾经;温和滋补,可升可降;具有补肺气,益肾精的功效。本品主治肺虚咳喘、劳嗽痰

血、自汗、盗汗、肾虚阳痿、遗精、腰膝酸痛、病后体弱等。

2. 采收时机

采收时机影响有效成分和有害成分的质和量。人参8月份含人参苷最高;青蒿7—8月份花蕾前青蒿素含量高。根茎类应于发芽前(2月份)和落叶前(8月份)采收;树皮应于春夏之交采收;根皮类应于秋季采收;叶类应于花蕾将放及盛花期采收;花类应于花蕾将放或刚开时采收;全草应于初花时采收;果实应于成熟前后采收;种子应于刚成熟时采收;动物类中鹿茸清明前后采收,桑螵蛸应于3月份采收,蚯蚓、蜈蚣应于夏秋季采收;矿物质采收不限季节。

3. 药材的加工和贮藏

药材加工主要包括产地加工,去杂、洗切、蒸烫;干燥,可晒干、阴干、烘干。贮藏,要求干燥、阴凉、通风、避光,要防霉、防蛀、防变色、防泛油,剧毒药严管。

4. 保护药源

《野生药材资源保护管理条例》中有一级禁采药材四种,即虎骨、豹骨、羚羊角、梅花鹿茸;二级27种、三级45种需持采药证采取。药材采收过程中应做到计划采药、合理采收、人工种植与分区轮采相结合。

四、中药的炮制

1. 炮制

炮制是根据药物自身的性质、用药需要和调剂制剂的不同要求,对原药进行修制整理和特殊加工的过程。

2. 炮制的目的

中药炮制的目的:①清除杂质及非药用部分,如杏仁去皮、远志去心。②除去某些药物的腥臭气味,可以用蜜、酒、醋、姜、麸制。③增加药物的疗效,改变药物的性质;如醋制延胡索、柴胡可增强疏肝止痛作用;姜制半夏能增强止呕作用;土炒白术可增强补脾止泻作用;生地黄性寒凉血,黄酒拌蒸后为熟地黄,性温补血;生首乌泻下通便,熟首乌补肝肾。④降低或消除某些药物的毒性、烈性和副作用;如乌头、天南星、马钱子生用有毒,可用甘草、黑豆煮或蒸后降低其毒性;巴豆、续随子泻下剧烈,应去油。⑤便于制剂、服用、贮藏,纯净、切片、粉碎后就可以便于制药、服用、贮藏。

3.炮制方法

（1）修制法　指对药物炮制前进行整理和切割的简易操作，包括修制和切制。

①纯净：借助一定工具，通过挑、拣、簸、筛、刷、刮、挖、撞等方法去掉非药用部分以及药效作用不一致的部分，使药物纯净。如刮去厚朴、肉桂的粗皮；麻黄去根；山茱萸去核。

②粉碎：以捣、碾、研、磨、镑、锉等方法将药物粉碎到符合制剂和其他炮制要求的细度，以便有效成分的溶出和利用。如贝母、砂仁捣碎；犀角镑成薄片或锉成粉末。

③切制：利用刀具将药材切、刨、劈成段、片、块、丝等规格饮片，使药物有效成分易于溶出。如天麻、槟榔切薄片；泽泻、白术切厚片；黄芪、鸡血藤切斜片；陈皮、桑白皮切丝；麻黄切段；茯苓、葛根切块。

（2）水制法　用水或其他辅料处理药材的方法。其目的主要是清洁、软化药物，便于切片，降低药物的毒性、烈性及副作用。常用的方法有洗、泡、漂、润、水飞。

①洗：用清水洗去泥沙，要求快速，最好药材不湿透。由于药材与水接触时间短，故又称抢水法。一般洗一次，但要以洁净为准，花类药物不宜水洗。

②泡：用于质地较硬的药材，便于切片和去杂，但时间不宜过长，以防药效受损。如杏仁去皮；麦冬浸泡去木心。

③润：是水制法中最常用、最稳妥的方法。将浸湿的药材放入容器中或堆放于平台上，用麻织品盖好，定时用清水淋浇，使水分慢慢渗入内部，以便切制。这样中药成分损失少，切制后软、鲜、完整、美观。

④漂：将药物放于多量的清水中，经常换水，反复长时间漂洗，以减少药物中的有毒成分、盐分、腥味。如天南星、半夏漂去毒；昆布、海藻漂去咸味。

⑤水飞：将药物放于研钵或碾槽内加水共研，倒出极细的悬浮物，沉于下面的粗大颗粒加水再研，如此反复直至研细为止。所得悬浮液静置沉淀去清水，将沉淀物干燥后研成极细粉末。本法用于不溶于水的矿物质（如朱砂、滑石等）和贝壳类，以防粉末飞扬。

（3）火制法　将药物置于火上直接或间接加热，使其松脆、干燥、焦黄或成炭的一种方法。根据加热的时间、温度的不同可分为炙、炒、烘、焙、炮、煨、煅等。

①清炒法（直接炒）：将药物放在锅里加热，不断翻动，炒至一定程度取出，根据炒制时间和火力大小，可分为炒黄、炒焦、炒炭。

炒黄（炒香）：以表面淡黄色为宜，种子类药材多炒黄，如杏仁、苏子。

炒响：炒至有爆裂声为准，如王不留行炒至爆花，葶苈子炒响以便煎透。

炒焦：时间长和火力大，以表面焦褐色，嗅到焦糊味为宜。可增强健脾助消化的作用，如山楂、神曲。

炒黑（炒炭）：炒至大部分变黑或完全变黑，表面炭化里面焦黄，但要注意存性，虽炒成炭，但仍能尝出药物固有的味道，不能炒成灰烬。炒炭能缓和药物的烈性、副作用，如杜仲；或增强止血作用，如地榆。

②拌炒法（加辅料炒）：将某种辅料，如土、砂、麸等放入锅内加热至规定程度，投入药物共同拌炒的方法。如土炒白术、山药，麸炒枳壳、苍术，米炒党参。辅料可使药物受热均匀，质地变酥脆，毒性降低，药性缓和，增强疗效。辅料用砂或滑石或蛤粉炒又称为烫，如砂炒穿山甲，蛤料炒阿胶。

③炙法：将药物与液体辅料拌匀，闷润后炒干，或边炒边喷洒液体辅料，炒至液体辅料被吸干为止的炮制方法，也可炒完再喷。

前者用于质地坚实的根茎类药材，中者用于质地疏松的药材，后者用于树脂类和动物粪便。常用的液体辅料有蜜、酒、醋、姜汁、盐水等。

炙法的作用：使液体辅料渗入药物组织内部，来改变药性，增强疗效或减少副作用。如蜜炙黄芪以补中，蜜炙百部以润肺，酒炙川芎以活血，醋炙香附以疏肝，盐炙杜仲以补肾，姜汁炙半夏以止呕。

④炮法：先在锅里把砂炒热，再加入药物炒至黄色鼓起来为止，筛去砂即可。如炮穿山甲。

⑤煨法：将药物用面糊或湿纸包裹，埋在加热的滑石粉或热火灰中，也可将药物直接埋于加热的麦麸中加热。

作用：煨可除去药物中的部分挥发性和刺激性成分，缓和药性，降低副作用，增强疗效。

⑥煅法：将药物直接放入无烟炉火中或耐火容器内煅烧。

作用：30～70℃的高温可改变药物性状，使其质地变疏松，有利于粉碎和煎熬，另外还可以减少或消除药物的副作用，提高疗效，直接煅适用于坚硬的矿物药和贝壳类,以红透为度,如煅石膏、煅石决明、煅龙骨;间接煅以容器底部红透为度,如血余炭。

(4)水火共制　将药物通过水火共同加热的炮制方法。其目的是改变药性、降低毒性、增强疗效。

①蒸法:将药物加上辅料(酒或醋)或不加辅料(清蒸)放入蒸笼内,通过加热用水蒸熟的方法。作用是改变药性、扩大用药范围,如蒸地黄。

②煮法:将药物与清水或液体辅料一起放在锅里加热煮的方法。如水煮半夏。作用是消除或降低药物的毒性,改变药性,增强疗效。

③淬法:将药物煅后趁热迅速投入冷水或其他辅料中,使之变松软,易于粉碎,用于煅也不易粉碎的坚硬药物,如淬龟板。

④焯法:即将药物放入沸水中短暂潦过,立即捞出。多用于种子类药物的去皮,以及多汁类药物焯后进一步干燥。如焯杏仁、桃仁、扁豆,便于去皮;焯马齿苋、天门冬以便晒干。

(5)其他制法　即非水火制法。

①发酵:将药物发酵处理,改变药性,以治疗疾病,如神曲。

②发芽:药物在适宜的温、湿度下发芽后干燥,如麦芽。

③制霜:将药物去油后制成粉状物,可降低毒性和副作用,如巴豆霜;或药物煮提后所剩残渣研细,如鹿角霜;或药物渗出的结晶体,如西瓜霜。

④复制法:又称法制。一方面增强疗效,如白附子用鲜姜、白矾制后,增强了追风祛痰的功效;另一方面可改变药性,如天南星用胆汁炮制后,由辛温变成苦凉;另外,可以去毒性,如半夏用甘草、石灰制后可降低毒性,增强疗效。

◆ 五、中药的性能

中药的性能:即药性,是指药物的性味和功效,主要包括四气、五味、升降浮沉、归经。

(一)四气

四气是指药物具有寒、凉、温、热四种药性。

寒与凉,温与热没有本质上的区别,仅是程度上的差异。凉次于寒,温次于热。根据程度不同可分为大热、热、温、微温、微凉、凉、寒、大寒。另外,还有既无寒凉也无温热的药物,即中性药物。

1.寒、凉药

寒、凉药属阴,主要用于清热、泻火、凉血、解毒,治热证、阳证。

2.温、热药

温、热药属阳,主要用于温里、散寒、助阳、通络,治寒证、阴证。

3.平性药

平性药属中性,主要用于缓和寒凉温热,如甘草、大枣。

《素问》中所说的"寒者热之,热者寒之",这是四气治疗疾病的原则。

(二)五味

五味是指药物具有酸(含涩)、苦(含焦)、甘、辛(含麻辣)、咸五种不同的味道。甘味最淡的又可称为淡味。

1.酸味

酸味具有收敛固涩作用,主要用于治疗出虚汗、顽固性腹泻、脱肛、遗精、遗尿等滑脱证。

2.苦味

苦味具有清热燥湿、泻下降逆作用,主要用于治疗热性病、水湿病、二便不通、气血壅滞。

3.甘味

甘味具有滋补及缓和作用,用于治疗虚证,并能调和药性、和中缓急。

4.辛味

辛味能行能散,行血行气发散,主要用于治疗外感表证,以及气滞血瘀。

5.咸味

咸味具有软坚散结、泻下作用,如治疗痰核瘰疬(颈腋部淋巴结核)、痞块(腹中可摸到的硬块)、粪便燥结。

6.淡味

淡味渗湿利尿,主要用于治疗排尿不利、水肿、淋浊。

其中酸、苦、咸属阴,治阳证;甘、辛、淡属阳,治阴证。可见五味是建立在功效基础上的,每一种药物可以有一性多味。

(三)升降浮沉

升降浮沉是指药物在体内对机体发生的向上、向下、向外、向内的四种不同作用趋向,是与疾病表现的趋向相对而言的。升是指向上提升,降指向下降逆,浮指向外发散,沉指向内收敛。

1.升降浮沉的作用与应用

(1)升与浮相似　凡升浮的药物都主上行而向外,具有升阳、发表、祛风、散寒、温里的作用,属阳,用于治疗表证和阳气下陷之证。病在上、在表。

（2）沉与降相似　凡沉降的药物都主下行而向内，具有清热、利水、通便、潜阳、降逆、收敛的作用，属阴，用于治疗里证和邪气上逆之证。病在下、在里。

有的药物升降浮沉不明显，有的药物有双向性。

2.影响药物升降浮沉的因素

（1）四气五味　凡性温热，味甘辛淡的药物，属阳，药性多主升浮。凡性寒凉，味酸苦咸的药物，属阴，药性多主沉降。李时珍说："酸咸无升，辛甘无降，寒无浮，热无沉。"

（2）质地　质轻、疏松，如花叶、空心的根茎，多主升浮；质重、坚实，如籽实、根茎、金石、贝壳，多沉降。但也有例外，诸花皆升，唯旋覆独降；诸子皆降，唯牛蒡子独升。旋覆花降气、消痰（温化寒痰）、行水、止呕；牛蒡子疏散风热、解毒利咽、宣肺透疹。

（3）炮制　酒炒则升；盐炒则降；姜制则浮；醋制则沉。

（4）配伍　一种升浮（或沉降）药与一组沉降（或升浮）药配伍后，随之沉降（升浮）；有的药具有引导作用，如桔梗能载药上行，牛膝能引药下行，即升降在物也在人。

（四）归经

归经是指某种药物对机体某些脏腑经络具有特殊的亲和作用。同为清热泻火药，龙胆泻肝火，黄芩泻肺火，黄连泻心火，黄柏泻肾火，石膏知母泻胃火，大黄泻大肠火。一种药物可以归数经，如杏仁可归肺经，也可归大肠经。同为肺经病，疾病可分为寒热虚实，治疗时也要分温清补消，分别选用干姜、黄芩、百合、葶苈子。

六、方剂的组成及中药配伍

（一）方剂的组成

1.方剂

方剂又称处方、汤头，是根据病情的需要，在辨证立法的基础上，根据一定的配伍原则，选择合适的药物，并酌定用量和用法所组成的用以防治疾病的药物有机群体。

2.组方的目的

（1）综合并增强药物的作用　如黄柏、知母提高降火作用。

（2）随证配伍，扩大治疗范围　如四君子汤治脾

胃气虚，气滞加陈皮，名为异功散。

（3）控制某些药物的毒性、烈性　如半夏有毒，可用生姜消除；葶苈子性烈，可用大枣缓和。

（4）控制某一种具有多功能作用的药物作用方向　如柴胡加白芍可增强疏肝理气作用，加升麻可增强升举阳气作用，加黄芩可增强和解少阳作用。

3.方剂的组成原则

按照君臣佐使，即主辅佐使的原则配成方剂，以相辅相成。

（1）君药　对主证或主要病因起主要作用的药物。

（2）臣药　协助主药加强治疗作用，另一方面对兼证起治疗作用的药物。

（3）佐药　配合主、辅药加强治疗作用，或治疗次要兼证，两者称佐助药；消除或减弱主、辅药的毒性、烈性，即佐制药；在病重邪甚时，配合与主药性味相反的药物，以防病药相抗拒，即反佐药，如温热剂加少量寒冷药。

（4）使药　一种为引经药，能引领方剂中诸药到达特定病位；另一种为调和药，能调和方中诸药作用。

每个方剂中主药是不可缺的，但辅药、佐药、使药并不一定俱全，也有的方剂不分主辅佐使。一般方剂中药味少，量应大；主药少宜量大，辅佐药较多，量应少。

4.方剂的加减变化

方剂变化应师其法而不泥其方。活学活用，根据病情、体质、年龄、性别、气候、地域、饲养管理而灵活应变。

（1）药味的加减变化　在主证不变，也就是主药不变，随病情变化加减相应药物，即随证加减。如郁金散，出血可加凉血药。

（2）药量的加减变化　方中味不变，只加减药量，改变其功效和主治。如小承气汤朴实黄，加大厚朴量即为厚朴三物汤。《伤寒论》中小承气汤组成酒洗大黄4两、炙厚朴2两、炙大枳实3两，主治阳明胃腑实满。邪在上焦则满，在中焦则胀，胃实则热，乘心则狂，干肺则喘。故以大黄去胃中之实热为君，以枳、朴去上焦之痞满为辅。厚朴三物汤中厚朴8两、大黄4两、枳实3两，以厚朴行气消满为主；大黄、枳实泻热导滞为辅，主治气滞不行、腹痛胀满、大便不通。而厚朴大黄汤中大黄6两、厚朴5两、枳实3两，主治支饮胸满、腹痛、脉数、应下之症。

（3）数方相合的变化　将两个或两个以上的方剂合并成一个方剂使其作用更全面。如四君子汤加四物汤合成八珍汤；用于脾胃湿滞的平胃散加五苓散合成胃苓散，可健脾、燥湿、利水、止泻。平胃散是调胃的基础方，其方歌为平胃散是苍术朴，陈皮甘草四般药，除湿散满驱瘴岚，调胃诸方从此扩。

（4）剂型的更换　汤剂作用快，药效强，适用于急证、重证；散剂作用慢，药力缓和，用于轻证、慢证；而丸剂作用更慢。一般来说，要使药效达到五脏四肢的，汤剂最好；要使药留在胃中的，散剂最好；要药效长、后劲大的，就不如用丸药了。另外，无毒的药适宜用汤剂，小毒的药适宜做成散剂，大毒的药必须做成丸。

(二)中药的配伍

1.配伍

配伍是指将两味以上的药物配合起来应用，有时药效增强，有时拮抗，有时产生毒副作用。

2.七情

七情即药物之间的配伍关系。

（1）单行　又称单方，是单用一味药来治疗某一种病情单一的疾病。如一味公英散，治疗暴发火眼；清金散，用黄芩治肺热。

（2）相须　两种或两种以上性能相似的药物合用，通过协同作用增强疗效。如麻黄配桂枝发汗。

（3）相使　两种或两种以上性能不同的药物合用，一种为主，一种为辅，辅药可增强主药的功能。如黄芪补气利水，茯苓利水健脾，后者可增强前者的利水作用。

（4）相畏　一种药物的毒副作用能被另一种药物减弱或消除。如生半夏、生南星畏生姜。但切记不同于十九畏中的畏。

（5）相杀　两种药物合用，一种药能消除或减弱另一种药物的毒性或副作用。如绿豆杀巴豆，防风杀砒霜。

（6）相恶　两种药物合用，因相互牵制使疗效降低或丧失。如生姜恶黄芩，人参恶莱菔子。

（7）相反　两种药物合用，能产生毒副作用。如十八反。

3.配伍禁忌

（1）十八反　本草明言十八反，半蒌贝蔹芨攻乌，藻戟遂芫俱战草，诸参辛芍叛藜芦。

甘草反甘遂、大戟、海藻、芫花；乌头反贝母、瓜蒌、半夏、白蔹、白及（芨）；藜芦反人参、沙参、丹参、玄参、细辛、芍药。

（2）十九畏　硫黄原是火中精，朴硝一见便相争，水银莫与砒霜见，狼毒最怕密陀僧，巴豆性烈最为上，偏与牵牛不顺情，丁香莫与郁金见，牙硝难合荆三棱，川乌草乌不顺犀，人参最怕五灵脂，官桂善能调冷气，若逢石脂便相欺。

硫黄畏朴硝；水银畏砒霜；狼毒畏密陀僧；巴豆畏牵牛；丁香畏郁金；川乌、草乌畏犀角；牙硝畏荆三棱；官桂畏赤石脂；人参畏五灵脂。但也有特例，如甘草水浸甘遂内服能治腹水；党参与五灵脂配伍可补脾胃；大戟、甘遂与去皮的甘草合用可治牛百叶干；巴豆与牵牛子配伍可治结症。

（3）妊娠禁忌　有行气、破血、逐水、峻泻作用的药物可滑胎堕胎，母畜妊娠期间禁用。

蚖斑水蛭及虻虫，乌头附子及天雄，野葛水银并巴豆，牛膝薏苡与蜈蚣，三棱代赭芫花麝，大戟蛇蜕黄雌雄，牙硝芒硝牡丹桂，槐花牵牛皂角同，半夏南星与通草，瞿麦干姜桃仁通，硇砂干漆蟹甲爪，地胆茅根都不中。

注：蚖(芫)青，即青娘子、相思虫，破血散瘀，能治疗恶性肿瘤；硇砂，天然氯化铵；地胆，干燥成虫，消痞杀虫；茅根，凉血、止血、利尿；瞿麦，利水渗湿。

妊娠禁用药大多毒性较强或药性猛烈，主要有：剧烈泻下药巴豆、芦荟、番泻叶；逐水药芫花、甘遂、大戟、商陆、牵牛子；催吐药瓜蒂、藜芦；麻醉药闹羊花；破血通经药三棱、莪术、阿魏、水蛭、虻虫；通窍药麝香、蟾酥、穿山甲；其他剧毒药如水银、砒霜、生附子、轻粉等。

妊娠慎用药大多是烈性或有小毒的药物，主要有：泻下药大黄、芒硝；活血祛瘀药桃仁、红花、乳香、没药、王不留行、益母草、五灵脂等；通淋利水药冬葵子、薏苡仁；重镇降逆药磁石；其他如半夏、南星、牛黄、贯众等。

（4）饮食禁忌　简称食忌，也就是通常所说的忌口。在古代文献上有常山忌葱；地黄、何首乌忌葱、蒜、萝卜；薄荷忌鳖肉；茯苓忌醋；鳖甲忌苋菜等记载。这说明服用某些药时不可同吃某种食物。此外，服用发汗药应忌生冷；调理脾胃药应忌油腻；消肿、理气药应忌豆类；止咳平喘药应忌鱼腥；止泻药应忌瓜果等。

◆ 七、中药的剂型、剂量及用法

(一)剂型

剂型是根据临诊治疗需要和药物的不同性质，把药物制成一定形态的制剂。

1. 汤剂

汤剂是将中药饮片或粉末加水煎煮一定时间去渣取汁而制成的液体剂型。这是中药最常用的剂型。优点是吸收快，药效快，药味药量加减灵活，适用于急证、重证。缺点是不易携带、保存，有的有效成分不易溢出或易挥发。

2. 散剂

散剂是将药物粉碎混匀制成粉末的一种制剂。散剂是中兽医最常用的剂型。优点是吸收快、配制简单、便于携带，药效确实，急慢证均可用。

3. 酒制

酒制是将药物浸泡在白酒或黄酒中，经过一定时间后取汁应用的一种剂型。该剂型又称药酒。酒辛热善行，可疏通血脉，驱除风寒湿痹，所以药效发挥迅速，但不持久，需常服，适用于风湿痹痛、跌打损伤、寒阻血脉、筋骨不健等证。

4. 膏剂

膏剂分内服膏剂和外用膏剂。内服膏剂是将药用水或植物油煎熬去渣浓缩而成的药汁，有时加入蜂蜜；外用膏剂分药膏和膏药，前者是将中药粉末与油类或黄蜡等基质混合调制而成，后者将基质熬制去渣后加入中药贴于布或纸上而成。

5. 其他

除以上几种剂型外还有丸剂、颗粒剂、丹剂(是几种药物通过文武火升华再降华而成)、注射剂等。

(二)剂量

剂量是防治疾病时每一味药物所用的数量，也称治疗量。

1. 确定用药量的一般原则

(1)根据药物的性能 毒峻药量宜小，逐渐加量，中病即止，防止中毒。质轻或易煎出者用量也宜小；对于质重或不易煎出的用量宜大。新鲜药较其干燥品要加大。另外，有的药物剂量不同，作用不同。如红花小量养血，大量破血。

(2)根据病情 轻、慢证剂量宜小，急、重证剂量要加大。

(3)根据配伍和剂型 复方使用比单用量要小，易吸收的汤剂、酒剂用量应较不易吸收的散剂、丸剂小。

(4)根据动物及环境 幼、老动物用量小于青壮者；雌性动物用量小于雄性；体质差者用量小于体壮者；环境差时要减量。

2. 各种动物的用药量换算

马(300 kg)总药量400 g，方中不包括蜂蜜、麻油、醋、朴硝等。

牛(300 kg)是1.25倍马量；驴(150 kg)是1/2马量；羊(40 kg)、猪(60 kg)是1/5马量；犬(15 kg)是1/10马量；猫(4 kg)、兔(4 kg)、鸡(1.5 kg)是1/20马量。

3. 中药的计算单位

1 kg＝2市斤＝1 000 g；1斤＝16两；1两＝10钱；1钱＝10分；1分＝10厘；1两＝31.25 g≈30 g。

4. 常用中药一般剂量

以马为例，常用中药的一般剂量：15～30 g。

用量0.3～0.9 g的中药有：珍珠、人言(砒霜、红矾、信石)。

用量1.5～3 g的中药有：轻粉、斑蝥、麝香、马钱子、牛黄、胆矾。

用量3～10 g的中药有：蜈蚣、朱砂、阿魏、冰片、巴豆霜。

用量6～15 g的中药有：木鳖子、大风子、乌头、芫花、雄黄、蛇蜕、槿皮、细辛、樟脑、犀角、羚羊角。

注：阿魏，杀虫、消积、治癌；轻粉，成分氧化亚汞，杀虫、消积、泻下、生肌。

(三)用法

1. 煎法

(1)用具 主要用砂锅、瓷器，不宜用金属器具。

(2)水浸 煎前水浸15 min，加水以没过全部药物为度。

(3)煎药 补药先武火煎沸，再用文火久煎；解表药、攻下药、涌吐药用武火急煎。煎药时，解表药20 min，普通药30 min，滋补药60 min，煎至原水量的一半取汁，再加水煎一次，两次混合，均分两次服用。

(4)特殊药物 矿石、贝壳类先打碎后煎30 min左右再纳入其他药同煎；毒性强的附子、乌头应先煎1 h；芳香类含有挥发油成分的药物在别的药煎好后再放，如木香、薄荷、白豆蔻、大黄、番泻叶等药因其有效成分煎煮时容易挥散或分解破坏而不耐长时间煎煮者，入药宜后下，待他药煎煮将成时投入,煎沸 2 min 即可,大黄、番泻叶等药甚至可以直接用开水泡服,其攻下作用更强;带绒毛和刺的(如旋覆花)、细小的(如车前子)应纱布包后煎;黏性药物(如阿胶、鹿角胶)应在去渣的药液中溶化服用;贵重药材或易破坏的(如牛黄、人参、鹿茸、朱砂等)应单自服用;如芒硝等入水即化的药及竹沥等汁液性药材,或三七、川贝等需研末服用的药物,宜用煎好的其他药液或开水冲服。

2. 服法

(1)用药时间 急重证应越早越好;慢性病、健脾药饲后用;滋补药饲前用;驱虫药、泻下药空腹用。

(2)用药次数 每天 1～2 次,轻证可 2 d 一次,重证可 1 d 多次。

(3)药温 治寒证应温服,热证应凉服,冬季温服,夏季凉服。

◆ 八、中药的化学成分

1. 生物碱

生物碱是碱性含氮有机化合物的总称,味苦、无色、难溶于水、易溶于有机溶剂,可与酸生成盐而可溶。生物碱多具有镇痛、镇静、镇咳、解痉、麻醉、驱虫作用。含生物碱的代表性中药如麻黄、黄连、黄柏、苦参、元胡。

2. 苷类

苷类也称甙、配糖体,由苷和糖原组成,中性或弱酸性,易溶于水、醇和稀碱,经酸、酶作用分解,疗效降低。

(1)黄酮苷 黄色结晶,多具有抗菌、止咳、化咳、平喘、抗辐射、解痉作用。含黄酮苷的中药如陈皮、黄芩、紫菀、甘草、柴胡。

(2)蒽醌苷 黄色,多具有泻下作用。含量较高的中药如大黄、番泻叶、芦荟、首乌。有的也能抑菌、解痉平喘利胆。

(3)强心苷 为甾体苷类,具有强心、利尿、消肿作用。代表性中药如洋地黄、万年青。

(4)皂苷 多白色粉末,味苦辛,有刺激性,具有祛痰止咳、增强食欲、解热镇痛、抗菌消炎、抗癌作用。含皂苷的代表性中药如桔梗、知母、党参、沙参。

(5)香豆素 具有抗菌、抗癌、扩张冠状血管、镇痛、麻醉、止咳平喘、利胆、利尿作用。含香豆素的代表性中药如独活、前胡、白芷、秦皮。

3. 挥发油

挥发油又称油精,具有挥发性,无色或淡黄色,芳辛味,可溶于有机溶剂,其低温结晶体又称脑,如樟脑、薄荷脑。挥发油具有发汗、祛风、抗菌、抗病毒、止咳平喘、镇痛、健胃作用。

4. 鞣酸

鞣酸又称单宁,为多元酚类化合物,淡黄棕色粉末,溶于水、醇、丙酮,遇碱、金属盐、生物碱产生沉淀。鞣酸具有收敛、止血、止泻、抗菌、解生物碱和重金属中毒的作用。含鞣酸的代表性中药如五倍子、没食子、地榆、大黄。

5. 树脂

树脂由树脂酸、树脂碱和挥发油组成,溶于有机溶剂,具有活血、止痛、消肿、防腐、开窍、散瘀、祛风作用。树脂类中药如阿魏、乳香、没药。

6. 有机酸

有机酸可溶于水和醇,具有解热、利胆、抗菌、抗凝血、抗风湿作用。含有机酸的代表性中药如乌梅、五味子、山茱萸、山楂。

7. 多糖类

多糖类具有免疫作用,如黄芪多糖、人参多糖、蘑菇多糖。

8. 蛋白质、氨基酸、酶

这类物质多溶于水,具有一定治疗作用。该类物质含量较多的中药如南瓜子、板蓝根、半夏。

9. 油脂和蜡

油脂由高级脂肪酸和甘油结合而成。蜡是由高级脂肪酸与大分子一元醇组成。这类物质主要存在于果实、幼枝、叶面中,可作软膏、硬膏的赋形剂。有的具有一定作用,如大风子可治麻风病,薏苡仁可驱蛔虫、抗癌。

作业

1. 概念:中药、草药、本草经、中药学、方剂、炮制、七情。

2. 简述炮制的目的与方法。

3. 简述四气、五味、升降浮沉的作用与应用。

4. 简述方剂的组方目的、组方原则。

5. 举例说明药物的相须、相使、相畏、相杀、相反。

6. 简述十八反、十九畏的具体含义。

7. 简述相畏、中药的煎药方法。

拓展

1.你知道伤寒论中药物单位"两"与现在的"克"之间的换算吗?

2.你知道方剂中药物的配伍与剂量的把控对治疗效果的真正影响吗?

自我评价

评价内容	记忆情况	理解情况	百分制评分结果	不足与改进
中药、草药、本草经、中药学、方剂、道地药材的概念				
炮制的概念、炮制的目的与方法				
四气、五味、升降浮沉、归经的含义、作用与应用				
方剂的组方目的、组方原则、加减变化				
中药配伍中的七情、十八反、十九畏及妊娠禁忌				
中药常用剂型、剂量及用法				

任务二　解表方药

学习导读

教学目标

1. 掌握伤寒感冒、伤风感冒、风热感冒临床常用的方剂麻黄汤、桂枝汤、荆防败毒散、银翘散的方歌、方解。
2. 掌握麻黄与桂枝的区别;生姜与紫苏的区别;防风与荆芥的区别;柴胡与前胡的区别;柴胡、葛根与升麻的区别;薄荷、牛蒡子与蝉蜕的区别。
3. 掌握辛温解表药、辛凉解表药临床常用中药的功效。

教学重点

1. 麻黄汤、桂枝汤、荆防败毒散、银翘散的应用、方歌、方解。
2. 麻黄与桂枝的区别;生姜与紫苏的区别;防风与荆芥的区别;柴胡与前胡的区别;柴胡、葛根与升麻的区别;薄荷、牛蒡子与蝉蜕的区别。

教学难点

麻黄汤、桂枝汤、荆防败毒散、银翘散的方歌、方解。

课前思考

1. 想一想每次感冒后的症状都一样吗? 请归类不同感冒所表现出的不同症候群。
2. 请想一想感冒后用过哪些中药? 现在认为可以用哪些中药和方剂进行治疗?

学习导图

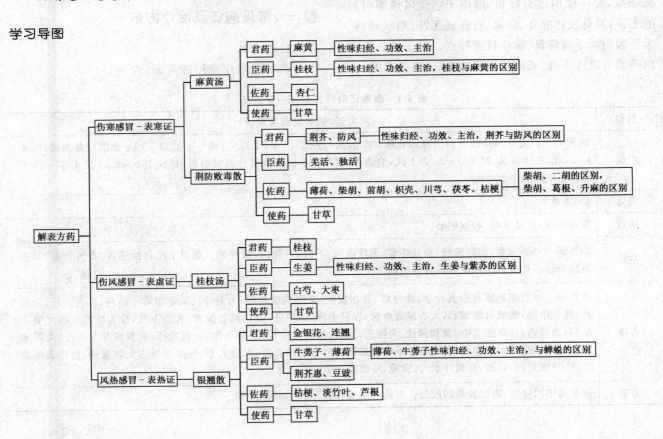

一、概述

1.解表方药

凡能够疏松肌肤、促使发汗,用以发散表邪、解除表证的方药,称为解表方药。

2.解表方药的适应证

解表方药适于表证。

(1)表证的致病特点　起病急、病程短、病位浅。

(2)表证的主要症状　发热恶寒、苔薄白、脉浮。

(3)表证的治法　汗法。《内经》中有"其在皮者,汗而发之"。

3.解表药的性能

解表药多属辛散之品,辛能发散,可使外邪从汗而解,故适用于邪在肌表的病证。

4.解表药的分类

(1)发散风寒药　也称辛温解表药,这些药物味辛性温,发汗作用较强,适用于感受风寒的表证,具有恶寒、发热、头痛、身痛、无汗、鼻塞或流清涕、舌苔薄白、口不渴、脉浮等特点。对于咳嗽气喘、水肿及风湿等初起具有上述表证的,也可应用。

(2)发散风热药　也称辛凉解表药,这些药物性味辛凉,发汗作用较为缓和,适用于感受风热而引起的表证,具有发热恶寒、口渴、有汗或无汗、咽喉肿痛、舌苔薄白而干或薄黄、脉浮数等特点。对于风热所致的咳嗽与斑疹不透,或疮疡初起的表证,也可选用。

5.解表药应用注意事项

①辨明表寒证或是表热证,正确选用发散风寒药或发散风热药,以免误投,贻误治疗。

②解表药发汗作用有强有弱,必须视病症具体表现选择应用。

③对解表药发汗力较强的药物应控制用量,中病即止,以免发汗太过而耗伤津液,导致亡阳或亡阴。

④此类药或多或少都有发汗作用,炎热季节及东南地区,容易出汗,用量宜轻;严寒季节及西北地区,用量可稍大。

⑤解表药一般忌用于表虚自汗、阴虚发热、久病体虚气血不足的病畜(如重症腹泻、大出血或重病后的表证)。

⑥解表药多属辛散轻扬之品,含有挥发油,不宜久煎,以免有效成分挥发而降低疗效。

二、分类介绍

辛温解表方药和辛凉解表方药将以两个子任务的内容做详细介绍。

子任务一　辛温解表方药

一、常见病证及治疗方剂

1.表寒证

表寒证治疗常用麻黄汤(表5-1)。

表 5-1　表寒证治疗方剂——麻黄汤

名称	麻黄汤(别名麻黄解肌汤)
组成	麻黄 7.5 g(去节),桂枝 5 g(去皮),甘草 2.5 g(炙),杏仁 12 个(去皮尖,约 5 g)。以 18 kg 犬的剂量为例,以水 600 mL,先煮麻黄,减 100 mL,去上沫,纳诸药,煮取 200 mL,去滓分两次温服,每次 100 mL。(汉 1 斗＝10 升＝100 合,1 升＝200 mL)
出处	《伤寒论》
功效	发汗解表,宣肺平喘,峻逐阴邪。
主治	表寒证。外感风寒,恶寒发热,头身疼痛,无汗而喘,不渴,苔薄白,脉浮紧。现用于流行性感冒、支气管炎、某些皮肤病证。如银屑病用麻黄汤合四物汤。
方解	麻黄中空外直能通腠理旁通骨节,除身疼,直达皮毛,辛则能散寒邪,为卫分祛风散寒第一品药,专主发汗,为君药;桂枝辛热,助麻黄散寒邪,入心经通血脉,发营中汗,为臣药;杏仁温能散寒,苦能下气,故为驱邪定喘之第一品药,为佐药;甘草能安中,调和药性,为使药。桂枝汤发营中汗,须稀热粥,入营发汗;麻黄汤发卫中汗,太阳寒水之气,在皮肤间,腠理开而汗自出,不须稀热粥。麻黄汤加石膏,配合大枣、生姜养胃为大青龙汤,治疗表证兼里热,咳痰黄稠,口渴,喜饮冰水、无食欲,是瘟疫的第一线处方。
方歌	麻黄汤中用桂枝,杏仁甘草四般施。发热恶寒头身痛,无汗而喘此方宜。

2.外感风寒湿证

外感风寒湿证治疗常用荆防败毒散(表 5-2)。

表 5-2 外感风寒湿证治疗方剂——荆防败毒散

名称	荆防败毒散
组成	荆芥、防风、羌活、独活、柴胡、前胡、茯苓、川芎、枳壳、桔梗、薄荷各 3 g,甘草 1 g。以 18 kg 犬的剂量为例,上药用水 300 mL,煎至 200 mL,分 2 次温服。
出处	明·张时彻《摄生众妙方》
功效	发散风寒,解表祛湿。
主治	素来气虚外感风寒湿证。恶寒壮热,无汗,头项强痛,肢体肌肉关节酸痛,鼻塞声重,咳嗽有痰,胸膈痞满,舌苔白腻,脉浮濡,或浮数而重取无力。本方适用于幼龄、病后、产后、老龄、体弱等外感风寒湿邪者。现代主要用于感冒、流行性感冒、支气管炎、风湿性关节炎、荨麻疹、湿疹、疮疡、痢疾等病。邪滞肌表,卫阳被遏,经脉不利,故寒热无汗,项强肢痛;素体脾弱气虚,易停湿生痰,加之风寒犯肺,肺气不宣,痰湿阻滞气机,故鼻塞胸闷,咳嗽有痰,苔腻脉浮;脉濡或重取无力,为正虚气弱之象。本证的病机要点在于风寒湿客于肌表经络、痰湿气阻于胸膈肺脾、正虚气弱无力祛邪外出,治宜解表祛风除寒湿,健脾化痰畅气机,益气扶正助祛邪。
用药禁忌	实热不适用。忌生冷、油腻之品。
方解	荆芥、防风祛风解表,发散肌表一身上下之风寒,通利关节而止痛,为君药;羌活、独活辛温发散,祛风除湿,解表散寒为臣药;前胡与柴胡散风解肌退热,故前人称二胡为风药,前胡治肺经而主下降,降逆祛痰,而柴胡治肝胆而主上升,二药以助君药;茯苓渗湿健脾以助臣药祛水湿;川芎祛风活血止身痛;薄荷解表散热透疹;枳壳降气宽中、行滞消胀以治胃胀不食;桔梗宣肺祛痰止咳;可加以小量人参益气扶正以助解表,使祛邪不伤正,皆为佐药;甘草益气和中,调和药性为使药。 枳实、枳壳,气味功用俱同,皆能利气,气下则痰喘止,气行则痞胀消,气通则痛刺止,气利则后重除,两药有治高治下之说,故以枳实利胸膈,枳壳利肠胃。治胸痹痞满,以枳实为要药。治胃胀,血痢,大肠秘塞,里急后重,以枳壳为通用,则枳实不独治下,而枳壳不独治高也。
方歌	荆防败毒二活薄,柴前枳壳配川芎,茯苓桔梗甘草使,风寒挟湿有奇功。

3.表虚证

表虚证治疗常用桂枝汤(表 5-3)。

表 5-3 表虚证治疗方剂——桂枝汤

名称	桂枝汤
组成	桂枝 7.5 g(去皮),芍药 7.5 g,甘草 5 g(炙),生姜 7.5 g(切),大枣 2 枚(擘)。以 18 kg 犬的剂量为例,上药以水 500 mL,微火煮取 200 mL,去滓服,分 2 次,每服 100 mL。喝热稀粥 100 mL,以助药力。微汗者佳,若不汗,再服,半日可服 3 次。
出处	《伤寒论》
功效	解肌发表,调和营卫,滋阴和阳。
主治	表虚证。外感风寒,汗出恶风,头痛发热,鼻鸣干呕,苔白不渴,脉浮缓或浮弱;杂病、病后、妊娠、产后等发热,自汗出,微恶风,属营卫不和者。现用于伤风感冒。
用药禁忌	禁生冷、油腻、肉、面、辛辣、酒、奶制品、臭恶等物。桂枝阳盛则毙,阳盛不可用。

续表5-3

名称	桂枝汤
方解	当汗出而邪不出,用桂枝助阳发汗为君药;生姜之辛助桂枝以解肌为臣药;用芍药敛阴止汗为佐药;大枣之甘、炙甘草甘平,有安内攘外之功,合桂枝之辛以攘外,合芍药之酸以安内,甘草、大枣又能调和诸药、调和气血、调和表里为使药。桂、芍相须,姜、枣相得,阴阳表里,刚柔相济以为和。病重可喝稀热粥以助药力,使谷气内充,外邪勿复入,余邪勿复留。桂枝汤可作为厥阴方,主要是从厥阴升达到太阳。桂枝加附子汤就是少阴方。三阴升达化为阳气,三阳敛降收藏化为阴精,这是升降的过程。三阴肾、肝、脾之气升不上去,就会产生结气,原因在于三阴之气郁结在下。三阳肺、胆、胃之气降不下来,就会导致喉痹。喉痹是典型的厥阴病。桂枝是散厥阴肝之寒气,而干姜是散太阴脾之寒气。肝脾阳气能够升达,浊阴之气就能够敛降。吐息,是呼出去的气吸不回来,其实是一种短气的现象,原因在于三阴之气郁结在下,三阳之气回不来而往上逆气。肝气郁结在左部,导致多咳嗽,这时候可以用桂枝。而中焦虚寒导致的咳嗽、痰多,干姜必须用上,干姜化中焦太阴湿气。桂枝升达厥阴之气,干姜升达太阴之气。很多咳喘可用小青龙汤,小青龙专去肺中的寒痰、痰饮,以及后期持续反复可以用小青龙加附子。然后就得要培土生金,温升肝脾,可用黄元御的天魂汤(甘草2钱,桂枝3钱,茯苓3钱,干姜3钱,人参3钱,附子3钱)。《十药神书》中所写的,肺病必须晚上临睡时用药,此时肺窍才能打开,这时候药气才能够深入。味重的会入脏腑,气盛的会散于经络之中,这也是清浊升降的过程。阳明病会出现咽痛,三阴病也可以咽痛,如扁桃体肿大可以直接从三阴入手,不用考虑表证。本方加葛根、麻黄为葛根汤,用于在运动、使役后或温暖环境等身热状态下感受风寒引起的表寒证,见项背强、无汗恶风、下痢。
方歌	桂枝芍药同甘草,再加大枣与生姜。白粥温服取微汗,协调营卫解肌表。

4. 其他辛温解表方剂

除以上方剂外,其他辛温解表方剂见表5-4。

表5-4　其他辛温解表方剂

名称	组方(剂量以18 kg犬为例)及功效
苓甘五味姜辛汤	茯苓12 g,炙甘草、干姜各9 g,细辛3 g,五味子9 g。为祛痰剂,具有温肺化饮之功效。以水800 mL,煮取300 mL,去滓,每日分2次温服,每次150 mL。
苓甘五味加姜辛半夏杏仁汤	茯苓12 g,甘草9 g,干姜9 g,五味子9 g,细辛3 g,姜半夏9 g,杏仁9 g。上7味,以水800 mL,煮取300 mL,去滓,分2次温服,每次服150 mL。此方为治冲气上逆之咳喘,形肿,但不呕不渴者。
苓桂术甘汤	茯苓12 g,桂枝9 g,白术6 g,炙甘草6 g。治水气凌心,心下悸,冲气上逆,奔豚,阴火上冲咽喉等证。
桂苓五味甘草汤	茯苓12 g,桂枝12 g,炙甘草9 g,五味子12 g。治中阳不足之痰饮,眩晕,慢支,哮喘,水气凌心,为拨云见日法。以水800 mL,煮取300 mL,去滓,每日分2次温服,每次150 mL。
桂枝加厚朴杏子汤	桂枝9 g,炙甘草6 g,生姜9 g,白芍9 g,大枣4枚(擘),炙厚朴9 g,杏仁9 g,上七味,以水800 mL,微火煮取300 mL,去滓分两次温服,每次150 mL。用于素患喘病,外感风寒,恶寒发热,头痛自汗,鼻塞喘咳者。
小青龙汤	1.应用:用于外感风寒,内停水饮,恶寒怕冷,中等发热,无汗,咳嗽喘促,痰多而稀清白,不渴,或身体肌肉关节疼重,浮肿,舌苔白,脉浮或浮滑。 2.组成:麻黄9 g,桂枝9 g,干姜9 g,细辛3 g,五味子9 g,姜半夏9 g,白芍9 g,炙甘草9 g。以水1 000 mL,先煮麻黄减300 mL,去上沫,纳诸药,煮取300 mL,去滓分两次温服,每次150 mL。 3.方歌:小青龙汤最有功,风寒束表饮停胸,辛夏甘草和五味,麻黄桂姜芍药同。功效为解表散寒,温肺化饮。 4.方解:方中麻黄味甘辛温,发表散寒,则以麻黄为君。桂枝甘辛,佐麻黄解表散寒,为臣。因寒饮伤肺而致肺气逆咳喘,芍药酸微寒,五味子酸温,二者为佐药,敛肺止咳喘。干姜辛热,细辛辛热,半夏辛微温,三者为使药,用于心下有水,津液不行,以燥湿化饮。咳者,不能应用人参、生姜、大枣,宜加五味子、干姜,所以此方基础方为桂枝汤,需去大枣、生姜。小青龙汤为治寒饮咳喘方,凡用五味子必用干姜,因外感证皆忌五味子,特别是兼痰咳者尤忌,以其酸性收敛力大,能将外感之邪闭于肺中成长期咳嗽,可借干姜至辛之味解除。 叶氏用小青龙汤,加入茯苓12 g,杏仁9 g,二味其实是取小青龙与茯苓杏仁甘草汤合方之意,治疗因痰阻气而不能眠。

续表5-4

名称	组方（剂量以18 kg犬为例）及功效
小青龙加石膏汤	小青龙汤加石膏9 g，解表化饮，清热除烦。治肺胀，心下有水气，咳而上气，烦躁而喘，脉浮。
大青龙汤	1.应用：用于外感风寒，内有郁热，发热恶寒俱重，头痛身疼，无汗烦躁，脉浮紧；或咳嗽气喘；或表证兼里热，咳痰黄稠，口渴，喜饮冰水、无食欲。本方是瘟疫的第一线处方。 2.组成：麻黄15 g（去节），桂枝5 g（去皮），甘草5 g（炙），杏仁6枚（去皮尖），生姜7.5 g（切），大枣2枚（擘），石膏7.5 g（碎）（以16 kg犬的剂量为例）。以水700 mL，先煮麻黄，减200 mL，去上沫，纳诸药，煮取200 mL，去滓，分2次温服。一服出汗者，停服；若复服，汗多亡阳，恶风烦躁不得眠。汗出恶风时不能服。 3.方歌：大青龙汤桂麻黄，杏草石膏姜枣藏，太阳无汗兼烦躁，风寒两解此方良。 4.方解：麻黄为青龙，解肌兼发汗，可兴云降雨，郁热烦躁可解。本方是桂枝、麻黄二汤合方，因芍药味酸收敛不宜发汗，以石膏代之，石膏辛甘大寒，以散风寒胜热生津，助青龙升腾解肌发汗之势。喘者是寒郁其气，升降不得自如，故多用杏仁之苦以降气；烦躁是热耗气伤津，无津不能作汗，故特加石膏之甘以生津；而石膏性沉大寒，恐除内热而表寒不解，寒中而挟热下利，引贼入室，故备麻黄以发表，甘草以和中，姜、枣以调营卫。一汗而表里双解，风热两除，清热攘外。

▶ 二、常用中药

常用辛温解表中药见数字资源5-1，其他辛温解表中药见表5-5。

数字资源5-1　常用辛温解表中药

表5-5　其他辛温解表中药

序号	中药	性味	归经	功效	毒性
1	香薷	辛，微温	肺、胃、脾	发汗解表，化湿和中，利水消肿	
2	藁本	辛，温	膀胱	祛风散寒，胜湿止痛	
3	苍耳子	辛、苦，温	肺	祛风解表，宣通鼻窍，除湿止痛	小毒
4	辛夷	辛，温	肺、胃	祛风解表，宣通鼻窍	
5	胡荽	辛，温	肺、胃	解表透疹，健胃消食	
6	柽柳	辛，平	肺、胃、心	解表透疹，祛风除湿	
7	鹅不食草	辛，温	肺、肝	祛风除寒，宣通鼻窍，化痰止咳，解毒消肿	
8	葱白	辛，温	肺、胃	发汗解表，散寒通阳	
9	白芷	辛，温	肺、胃、大肠	解表散寒，祛风止痛，宣通鼻窍，燥湿止带，消肿排脓	
10	细辛	辛，温	肺、肾、心	解表散寒，祛风止痛，温肺化饮，通窍	小毒
11	羌活	辛、苦，温	膀胱、肾	解表散寒，祛风胜湿，止痛	

子任务二 辛凉解表方药

一、常见病证及治疗方剂

临床常见表热证及温病初起证,治疗常用银翘散(表5-6)。

表5-6 表热证及湿病初起证治疗方剂——银翘散

名称	银翘散
组成	连翘10 g、银花10 g、桔梗6 g、薄荷6 g、竹叶4 g、生甘草5 g、荆芥穗4 g、淡豆豉5 g、牛蒡子6 g。以16 kg犬为例,每服9 g,鲜苇根汤煎,香气大出即服,勿过煮。肺药取轻清,过煎则味厚而入中焦。病重者,日3服,夜1服;轻者日2服,夜1服。
出处	《温病条辨》
功效	辛凉透表,清热解毒。
主治	风热感冒或温病初起。发热无汗,或有汗不畅,微恶风寒,头痛口渴,咳嗽咽痛,舌尖红,苔薄白或微黄,脉浮数。温者,火之气也,自口鼻而入,内通于肺,所以说温邪上受,首先犯肺。肺与皮毛相合,所以温病初起,多见发热头痛,微恶风寒,汗出不畅或无汗。肺受温热之邪,上熏口咽,故口渴、咽痛;肺失清肃,故咳嗽。故治疗时应当辛凉解表,透邪泄肺,使热清毒解。
方解	以辛凉之剂,轻解前焦。用银花、连翘为君药,既能辛凉透邪清热,又能芳香辟秽解毒。荆芥穗、豆豉,助君药开皮毛而逐邪,解表散邪;薄荷、牛蒡子,助君药疏散风热,清利头目,解毒利膈清咽,以上共为臣药。桔梗解胸膈之结而上行宣肺利咽;竹叶清上焦热,配合芦根清热生津,以达清肺胃之热而下达,皆是佐药;甘草调和药性,为使药。鼻衄,去荆芥、豆豉,因其辛温。
方歌	银翘散主前焦疴,竹叶荆牛豉薄荷,柑橘芦根凉解法,清疏风热此方卓。

二、常用中药

常用辛凉解表中药见数字资源5-2,其他辛凉解表中药见表5-7。

数字资源5-2 常用辛凉解表中药

表5-7 其他辛凉解表中药

序号	中药	性味	归经	功效
1	蔓荆子	辛、苦,微寒	膀胱、肝、胃	发散风热,清利头目
2	淡豆豉	甘、辛,凉	肺、胃	解表,除烦
3	浮萍	辛,寒	肺、膀胱	发汗解表,透疹止痒,利水消肿
4	木贼	甘、苦,平	肺、肝	疏散风热,明目退翳
5	菊花	辛、甘、苦,微寒	肺、肝	疏散风热,平抑肝阳,清肝明目,清热解毒
6	桑叶	苦、甘,寒	肺、肝	疏散风热,平抑肝阳,清肝明目,清肺润燥

作业

1.方歌:麻黄汤、桂枝汤、荆防败毒散、银翘散,以及以上方剂对应治疗的病证。

2.简述中药区别:麻黄与桂枝,生姜与紫苏,防风与荆芥,柴胡与前胡,柴胡、葛根与升麻,薄荷、牛蒡子与蝉蜕。

3.简述麻黄、桂枝、防风、荆芥、柴胡、葛根、升麻、生姜、薄荷、牛蒡子等中药的药性、功效、主治。

拓展

大青龙汤和小青龙汤的临证应用。

自我评价

评价内容	记忆情况	理解情况	百分制评分结果	不足与改进
解表方药的概念、适应证、中药药性、分类、使用注意事项。				
临床常用方剂麻黄汤、桂枝汤、荆防败毒散、银翘散的方歌、组成、功效、主治、方解。				
麻黄与桂枝的区别;生姜与紫苏的区别;防风与荆芥的区别;柴胡与前胡的区别;柴胡、葛根与升麻的区别;薄荷、牛蒡子与蝉蜕的区别。				
麻黄、桂枝、防风、荆芥、柴胡、葛根、升麻、生姜、薄荷、牛蒡子的药性、功效、主治。				

任务三　清热方药

学习导读一

教学目标

1. 掌握阳明气分热证、肺热咳喘证常用方剂白虎汤、麻杏石甘汤的中药组成、功效、主治、方歌、方解。

2. 掌握石膏与知母的区别；天花粉与芦根的区别。

3. 掌握清热泻火药临床常用中药的来源、药性、功效、应用。

4. 掌握营分热证、热入心包证、血分热证、气血两燔证常用的方剂清营汤、清宫汤、犀角地黄汤、清瘟败毒饮的中药组成、功效、主治、方歌、方解。

5. 掌握生地与玄参的区别；丹皮与赤芍的区别。

6. 掌握清热凉血药临床常用中药的来源、药性、功效、应用。

教学重点

1. 掌握白虎汤、麻杏石甘汤的应用、中药组成、方歌、方解。

2. 掌握石膏与知母的区别；天花粉与芦根的区别。

3. 掌握清营汤、清宫汤、犀角地黄汤、清瘟败毒饮的应用、中药组成、方歌、方解。

4. 掌握生地与玄参的区别，丹皮与赤芍的区别。

教学难点

1. 清热泻火药临床常用中药的来源、药性、功效、应用。

2. 清热凉血药临床常用中药的来源、药性、功效、应用。

3. 白虎汤、麻杏石甘汤的应用、中药组成、方歌、方解。

4. 清营汤、清宫汤、犀角地黄汤、清瘟败毒饮的应用、中药组成、方歌、方解。

课前思考

1. 高热、大渴、出汗、脉洪大为何证？

2. 咳嗽、气急、高热、口渴、肺部感染为何证？

3. 身热夜甚、心烦不眠、斑疹隐隐、舌绛脉细数为何证？

4. 高热神昏为何证？

5. 身热、神昏、舌绛、吐血、衄血、尿血、便血为何证？

6. 大热、口渴、狂躁、神昏、吐衄、舌绛、脉数为何证？

学习导图一

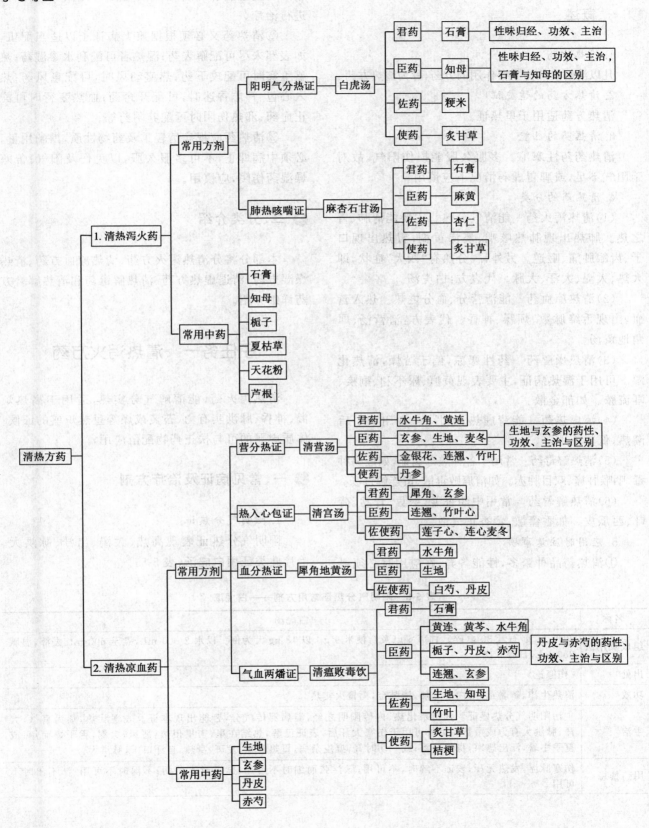

一、概述

1.清热方药

凡以清解里热为主要作用的方药,称为清热方药。

2.清热方药的适应证

清热方药适用于里热证。

3.清热药的性能

清热药药性寒凉。多服久服能损伤阳气,故对于阳气不足,或脾胃虚弱情况下应慎用。

4.清热药的分类

(1)清热泻火药　能清气分热。主要能清肺、胃之热。肺热出现肺热咳喘、痰涕黄稠;胃热出现口干、齿龈肿痛、呕逆。另外,气分热有"四大"症状,即大热、大渴、大汗、大脉。代表方:白虎汤。

(2)清热凉血药　能清营分、血分之热。热入营血,出现舌绛脉数,烦躁、神昏。代表方:清营汤、犀角地黄汤。

(3)清热燥湿药　药性寒凉,偏于苦燥,清热化湿。可用于湿热病证,主要表现黄疸、尿不利、痢疾、耳流脓。如郁金散。

(4)清虚热药　能清虚热、退骨蒸,常用于午后潮热,低热不退等。

(5)清热解毒药　常用于各种热毒病证,如疮疡肿毒、咽喉肿痛、双目肿赤。如清瘟败毒散、黄连解毒汤。

(6)清热解暑药　常用中药香薷、绿豆、青蒿、荷叶、西瓜皮。如香薷散、藿香正气散。

5.应用时注意事项

①清热药品种繁多,性能各异,在应用时必须根据热证类型及邪热所在部位,选择相适应的清热药进行治疗。

②清热药又必须根据兼夹病证予以适当配伍,如表邪未尽可配解表药;湿热者可配利水渗湿药;热盛里实时可配攻下药;热盛动风时,可配息风药;热入心包、神志昏迷时,可配开窍药;血热妄行时可配止血药;邪热伤阴时可配养阴药等。

③清热药应视病情轻重及药物性质,斟酌用量,必须中病即止,不可多服久服,以免伤及阳气;苦寒燥湿药伤阴,应慎用。

二、分类介绍

本部分将分清热泻火方药、清热凉血方药、清热燥湿方药、清退虚热方药、清热解毒药和清热解暑方药详细介绍。

子任务一　清热泻火方药

清热泻火药,能清解气分实热,适用于高热烦渴、神昏、脉洪实有力、苔黄或燥等里热炽盛的证候。体质虚弱的可与扶正药物配伍应用。

一、常见病证及治疗方剂

1.阳明气分热证

阳明气分热证表现高热、大渴、出汗、脉洪大。治疗此类证用白虎汤(表5-8)。

表5-8　阳明气分热证常用方剂——白虎汤

名称	白虎汤
组成及用法	知母18 g,石膏30 g(碎),甘草6 g(炙),粳米9 g。以18 kg犬为例。以水2 000 mL,煮至600 mL去滓,温服200 mL,日服3次。
出处	《伤寒论》
功效	清热生津,解暑毒,解内外之热,清肺金,泻胃火实热。
主治	主治阳明气分热盛证。凡伤寒化热、内传阳明之经,温病邪传气分,皆能出现本证。表现壮热,烦渴喜饮,大汗,脉洪大有力或滑数。另外可用于伤寒大汗后,表证已解,热结在里,表里俱热,恶风,大渴,舌干燥而烦;或夏季中暑,汗出恶寒,身热而渴;或一切时气,瘟疫杂病,胃热咳嗽、发斑,身热,自汗口干,脉洪大。
用药禁忌	伤寒脉浮,发热无汗,表证不解时,不可用;脉浮弦而细时不可用;脉沉时不可用;不渴时不可用;汗不出时不可用。

续表5-8

名称	白虎汤
方解	白虎,西方金神也,应秋而归肺,暑气得秋而止,以白虎名之,谓能止热也。高热烦躁,烦出于肺,躁出于肾,石膏清肺而泻胃火,知母清肺而泻肾火,甘草和中而泻心脾之火,粳米甘,气味温和,使阴寒药物不伤损脾胃。方中君药生石膏,味辛甘,性大寒,善能清热,以制阳明内盛之热,并能止渴除烦。臣药知母,味苦性寒质润,助石膏以清热生津。石膏与知母相须为用,加强清热生津之功。佐以粳米和中益胃,并可防君臣药大寒伤中之弊。炙甘草调和诸药为使。诸药配伍,共成清热生津、止渴除烦之剂。
加减	伤寒、温病、暑病气分热盛,津气两伤,身热而渴,汗出恶寒,脉虚大无力。加人参9 g,为白虎加人参汤,此方仅立夏后立秋前可服。
方歌	石膏知母白虎汤,再加甘草粳米襄,热蒸汗出兼烦渴,气耗津伤人参尝。

2.肺热咳喘证

肺热咳喘证表现咳嗽、气急、高热、口渴(支气管炎、肺炎)。治疗常用麻杏石甘汤(表5-9)。

表 5-9 肺热咳喘证常用方剂——麻杏石甘汤

名称	麻杏石甘汤
组成及用法	麻黄9 g(去节),杏仁9 g(去皮尖),甘草6 g(炙),石膏18 g(碎,纱布裹)。以18 kg犬为例。以水1 400 mL,煮麻黄减400 mL去上沫,纳诸药,煮取400 mL,去渣,分2次温服,每次200 mL。
出处	《伤寒论》
功效	辛凉宣泄,清肺平喘。
主治	主治外邪入里化热,肺热咳喘证。症见外感风热,或风寒郁而化热,热壅于肺,而见咳嗽、气急、鼻煽、口渴、高热不退,舌红苔白或黄,脉滑数。常用本方配伍鱼腥草、黄芩、瓜蒌、贝母等,治疗急慢性支气管炎、肺炎以及麻疹合并肺炎。
用药禁忌	脉浮弱、沉紧、沉细,恶寒恶风,汗出而不渴,风寒咳喘,痰热壅盛时,不宜使用。
方解	病在肺而不在胃,去白虎汤中粳米,发挥石膏大寒之性,除内外实热。取麻黄汤解表之功,去桂枝,意重在存阴,取麻黄之专开,杏仁之降,甘草之和,汗出而内外之烦热与痰皆除。方中石膏为主药,辛甘寒,清泄肺胃之热以生津;麻黄为臣药,辛苦温,宣肺解表而平喘。二药相制为用,既能宣肺,又能泄热,虽一辛温,一辛寒,但石膏用量多于麻黄,辛寒大于辛温,使本方仍不失为辛凉之剂;杏仁苦降,协助麻黄以止咳平喘,为佐药;炙甘草调和诸药,以为使。药仅四味,但配伍严谨,共成辛凉宣肺、清泄肺热、止咳平喘之功。
方歌	伤寒麻杏石甘汤,汗出而喘法度良;辛凉疏泄能清肺,定喘除烦效力张。

二、常用中药

常用清热泻火中药见数字资源5-3,其他清热泻火中药见表5-10。

数字资源5-3 常用清热泻火中药

表 5-10 其他清热泻火中药

序号	中药	四气	五味	归经	功效
1	寒水石	寒	咸	心、胃、肾	清热泻火
2	淡竹叶	寒	甘、淡	心、胃、小肠	清热除烦,利水通淋
3	莲子心	寒	苦	心、肾	清心安神,涩精止血
4	熊胆	寒	苦	肝、胆、心	清热解毒,清肝明目,息风止痉
5	鸭跖草	寒	甘、苦	肺、胃、膀胱	泻火解毒,利水通淋
6	决明子	微寒	甘、苦、咸	肝、肾、大肠	清肝明目,润肠通便
7	谷精草	凉	辛、甘	肝、胃	疏散风热,明目退翳
8	密蒙花	微寒	甘	肝	清肝养肝,明目退翳
9	青葙子	微寒	苦	肝	清泻肝火,明目退翳

子任务二 清热凉血方药

清热凉血药适用于热入血分、血热妄行引起的吐血、衄血、血热发斑，以及热邪入营引起的舌色绛红、发狂或神志昏迷等血热证。热邪入血分，往往伤津耗液，本类药物中鲜生地、玄参等兼有养阴生津作用，故在热病伤阴时，应用此类药物有标本兼顾之效。如果气血两燔，可配合清热泻火药同用。

▶ 一、常见病证及治疗方剂

1. 营分热证

营分热证表现身热夜甚、心烦不眠、斑疹隐隐、舌绛脉细数。治疗方剂清营汤（表 5-11）。

表 5-11 营分热证常用治疗方剂——清营汤

名称	清营汤
组成	水牛角 18 g，生地 15 g，元参 9 g，竹叶心 3 g，麦冬 9 g，丹参 6 g，黄连 5 g，银花 9 g，连翘 6 g（连心用）。以 18 kg 犬为例，取水 1 000 mL，煮取 450 mL，每日 3 服，每次 150 mL。
出处	《温病条辨》卷一
功效	清营解毒，透热养阴。
主治	主治温病邪热传营之热入营分证。邪热初入营分，热伤营阴，热扰心神，身热夜甚，口渴或不渴，心烦不眠，或斑疹隐隐，舌绛而干，脉象细数。
方解	方中水牛角、黄连为君药。二药皆可入心清火，水牛角有轻灵之性，能清热凉血解毒散瘀；黄连具有苦降之质，可清心泻火燥湿，二味为治温之主药；热犯心包，营阴受灼，故以生地专于凉血滋阴，元参长于滋肾水降火解毒，麦冬可养肺阴清肺热，皆可增液救急，为臣药；连翘、银花、竹叶 3 味，皆能内彻于心，外通于表，并透热于外，使营分之邪透出气分而解，自可神安热退，邪不自留，为佐药。丹参引药入心，清心热凉血并能活血散瘀，以防血与热互结，有使药之用。
方歌	清营汤治热传营，脉数舌绛辨分明，犀地丹玄麦凉血，银翘连竹气亦清。

2. 热入心包证

热入心包证表现高热神昏。治疗方剂清宫汤（表 5-12）。

表 5-12 热入心包证常用治疗方剂——清宫汤

名称	清宫汤
组成	玄参心 9 g，莲子心 2 g，竹叶心 6 g，连翘心 6 g，犀角尖 6 g（磨冲），连心麦冬 9 g。水煎服。以 18 kg 犬为例，取水 600 mL，煮取 200 mL，每日 2 服，每次 100 mL。
出处	《温病条辨》卷一。
功效	清心解毒，养阴生津。
主治	太阴温病，邪陷心包证，表现高热神昏，及外感温热引起的肺心脑病。
方解	本方证乃温热之邪陷入心营，逆传心包所致，用药皆取心，心能入心，即以清心包之热，补肾中之水，且以解毒辟秽。本方所治属太阴温病。方中犀角、玄参清心清热解毒凉血养阴，为君药；连翘、竹叶心以清心热为臣药；莲子心、连心麦冬补养心肾之阴，共为佐使药。诸药合用，共成清热养阴之功。
方歌	二连冬天玄（选）竹犀（席）

3. 血分热证

血分热证表现身热、神昏、舌绛、吐血、衄血、尿血、便血。治疗方剂犀角地黄汤（表 5-13）。

表 5-13　血分热证常用治疗方剂——犀角地黄汤

名称	犀角地黄汤
组成	水牛角 9 g,生地 30 g,杭白芍 12 g,丹皮 9 g。以 18 kg犬为例,以水 1 200 mL,水牛角挫碎先煎,煎至 800 mL下其他药,煮取 450 mL,去滓,每次温服 150 mL,每日 3 次。如狂者,加黄芩、荆芥;若粪实者,加当归、酒蒸大黄;热盛者,配合紫雪丹。
出处	《备急千金要方》卷十二。
功效	清热解毒,凉血散瘀。
主治	主治热扰心营,神昏,斑色紫黑,舌绛起刺;热入血分,吐血,衄血,尿血,便血,崩漏;跌打损伤坠堕之证,恶血留内,胁肋少腹疼痛。现用于急性出血性紫癜、弥漫性血管内凝血、尿毒症、急性白血病、败血症等。
用药禁忌	体弱、阴虚及脾胃虚弱情况下不宜使用。
方解	本方治热毒深陷血分,心肝受病。温热之邪燔灼血分,一则热盛血沸,扰乱心神,致烦乱;二则热盛迫血妄行,阳络伤则血外溢,离经之血又可致瘀阻而发斑。故当以清热解毒、凉血散瘀为法。方用苦咸寒之水牛角为君药,归心肝经,清心肝而解热毒,且寒而不遏,直入血分而凉血。臣药以生地甘苦性寒,入心肝肾经,清热凉血,养阴生津,以生新血;二可助水牛角解血分之热,又能止血。白芍苦酸微寒,养血敛阴,泻肝火敛肝血止血妄行,且助生地凉血和营泄热;丹皮苦辛微寒,入心肝肾,清热凉血泻血中之伏火,活血散瘀,可收化斑之效,两味用为佐使。方中凉血与散血并用,一是因离经之血残留成瘀;二是因热与血结致瘀。本方配伍严谨,使热清血宁而无耗血动血之虑,凉血止血又无留瘀之弊。此方虽为清火,而实为滋阴;虽为止血,而实为去瘀。瘀去新生,阴滋火熄。
方歌	犀角地黄芍药丹,热在血分服之安。

4.气血两燔证

气血两燔证表现大热、口渴,狂躁,神昏,吐衄,舌绛脉数。治疗方剂清瘟败毒饮(表 5-14)。

表 5-14　气血两燔证常用治疗方剂——清瘟败毒饮

名称	清瘟败毒饮
组成	生石膏 30 g,生地 15 g,水牛角 12 g,川连 5 g,生栀子、桔梗、黄芩、知母、赤芍、玄参、连翘、竹叶、甘草、丹皮各 6 g。如见出血斑,即用大青叶、升麻,引毒外透。先煮石膏数十沸,后下诸药,水牛角磨汁和服。取水 1 000 mL,煮取 450 mL,每日 3 服,每次 150 mL。
出处	《疫疹一得》
功效	清热解毒,凉血泻火。
主治	主治湿热疫毒及一切火热充斥内外引起的气血两燔证。表现大热,大渴,头痛,干呕,狂躁,神昏,或发斑、吐血、衄血,四肢抽搐,舌绛,唇焦,脉沉数(用量大),或沉细(用量中等),或浮大数(用量小)。现多用于治疗流行性出血热、败血症、病毒性脑炎、传染性单核细胞增多症、钩端螺旋体病等。
方解	方中综合白虎、犀角地黄、黄连解毒 3 方合 1 加减。白虎汤清阳明经大热,犀角地黄汤清营凉血,黄连解毒汤泻火解毒,加竹叶清心除烦,连翘散浮游之火,桔梗载药上行,共奏清热解毒、凉血救阴之功。此方可泄十二经之火。斑疹虽出于胃,但得助十二经之火。方中重用石膏直入胃经,使其敷布于十二经,退其淫热,为君药;佐以黄连、水牛角、黄芩泄心肺上焦之火,丹皮、栀子、赤芍泄肝经之火,连翘、玄参散浮游之火,为臣药;生地、知母滋阴抑阳泄火,而救欲绝之水,竹叶清心除烦利尿,为佐药;桔梗载药上行,甘草和胃且调和诸药,为使药。
方歌	清瘟败毒地连芩,丹石栀甘竹叶寻,犀角玄翘知芍桔,瘟邪泻毒亦滋阴。

二、常用中药

常用清热凉血中药见数字资源 5-4，其他清热凉血中药见表 5-15。

数字资源 5-4　常用清热凉血中药

表 5-15　其他清热凉血中药

序号	中药	四气	五味	归经	功效
1	紫草	寒	甘、咸	心、肝	凉血活血，解毒透疹
2	水牛角	寒	苦、咸	心、肝、胃	清热凉血，解毒消斑

作业

1.辨别用药：石膏与知母的区别；天花粉与芦根的区别；生地与玄参的区别；丹皮与赤芍的区别。

2.简述下列中药的功效：石膏、知母、栀子、夏枯草、天花粉、芦根、生地、玄参、丹皮、赤芍。

3.简述白虎汤、麻杏石甘汤、清瘟败毒饮的应用、中药组成、方歌、方解。

拓展

临床常用的其他清热泻火药和清热凉血药的功效、主治。

自我评价

评价内容	记忆情况	理解情况	百分制评分结果	不足与改进
清热方药的概念、适应证、中药药性、分类、使用注意事项。				
临床常用方剂白虎汤、麻杏石甘汤的方歌、组成、功效、主治、方解。				
石膏与知母的区别；天花粉与芦根的区别。				
石膏、知母、栀子、夏枯草、芦根的药性、功效、主治。				
临床常用方剂清营汤、清宫汤、犀角地黄汤、清瘟败毒饮的方歌、组成、功效、主治、方解。				
生地与玄参的区别；丹皮与赤芍的区别。				
生地、玄参、丹皮、赤芍的药性、功效、主治。				

学习导读二

教学目标

1. 掌握胃肠湿热证、肠黄、肝胆湿热证常用方剂白头翁汤、郁金散、龙胆泻肝汤的中药组成、功效、主治、方歌、方解。

2. 掌握黄芩、黄连、黄柏的区别。

3. 掌握清热燥湿药临床常用中药的来源、药性、功效、应用。

4. 掌握邪热内伏证、邪热伏肺喘咳证常用的方剂青蒿鳖甲汤、泻白散的中药组成、功效、主治、方歌、方解。

5. 掌握青蒿与柴胡的区别；银柴胡和柴胡的区别；胡黄连与黄连的区别；白薇与银柴胡、地骨皮、青蒿的区别。

6. 掌握清退虚热药临床常用中药的来源、药性、功效、应用。

教学重点

1. 掌握白头翁汤、郁金散、龙胆泻肝汤的应用、中药组成、方歌、方解。

2. 掌握黄芩、黄连、黄柏的区别。

3. 掌握青蒿鳖甲汤、泻白散的应用、中药组成、方歌、方解。

4. 掌握白薇与银柴胡、地骨皮、青蒿的区别。

教学难点

1. 清热燥湿药临床常用中药的来源、药性、功效、应用。

2. 清退虚热药临床常用中药的来源、药性、功效、应用。

3. 白头翁汤、郁金散、龙胆泻肝汤的应用、中药组成、方歌、方解。

4. 青蒿鳖甲汤、泻白散的应用、中药组成、方歌、方解。

课前思考

1. 腹痛、里急后重、肛门灼热、下痢脓血为何证？如何治疗？

2. 腹痛、腹泻如水、粪便恶臭、口渴为何证？如何治疗？

3. 双目红肿痛、排尿不畅、排尿带痛为何证？如何治疗？

4. 夜热早凉、热退无汗、热性病后期为何证？如何治疗？

学习导图二

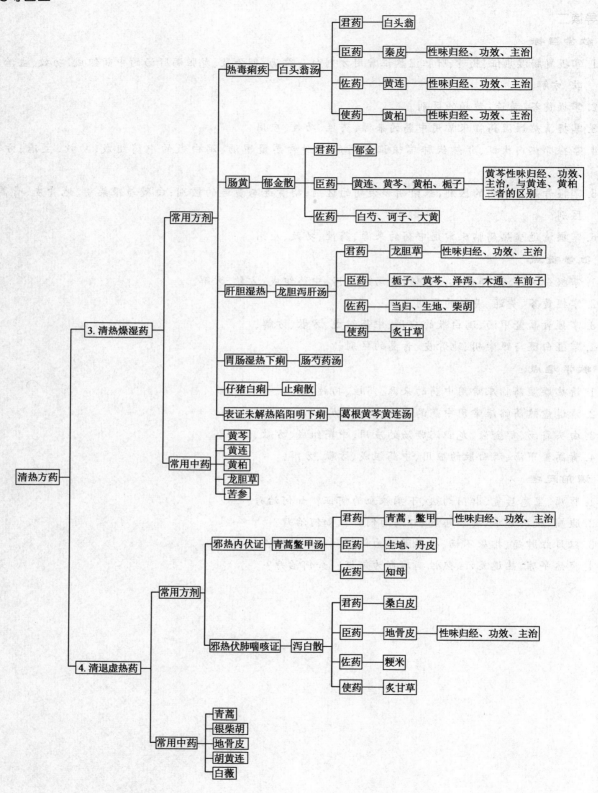

须使用,亦应分别配伍养阴或益胃药同用。本节中黄连、黄芩、黄柏、龙胆草等,亦为常用的清热解毒药。

子任务三　清热燥湿方药

清热燥湿药,性味多苦寒,苦能燥湿,寒能清热,适用于湿热引起的黄疸、心烦口苦、小便短赤、泄泻、痢疾、黄疸、关节肿痛、耳肿疼痛流脓疮疡等证。清热燥湿药一般不适用于津液亏耗或脾胃虚弱等证,如必

一、常见病证及治疗方剂

1. 热毒痢疾

热毒痢疾治疗方剂常用白头翁汤(表5-16)。

表 5-16　热毒痢疾常用治疗方剂——白头翁汤

名称	白头翁汤
组成	白头翁 15 g,黄连 6 g,黄柏 12 g,秦皮 12 g。以 18 kg 犬为例,加水 1 400 mL,煮取 400 mL,去渣,温服 200 mL,不愈再服 200 mL。
出处	《伤寒论》
功效	清热解毒,凉血止痢。
主治	主治热毒痢疾。腹痛,里急后重,肛门灼热,下痢脓血,渴欲饮水,舌红苔黄,脉弦数。
方解	本证多由热毒深陷血分,下迫大肠所致,治疗以清热解毒,凉血止痢为主。热毒熏灼肠胃气血,化为脓血,故见下痢脓血,赤多白少;热毒阻滞气机,不通则痛,故见腹痛,里急后重;渴欲饮水,舌红苔黄,脉弦数为热毒内盛之象。白头翁为君药,寒而苦辛,清热解毒,凉血止痢;秦皮为臣药,寒而苦涩,寒能胜热,苦能燥湿,辛以散火之郁,涩以收下重之痢,本证下痢赤多白少,故用以止血;佐以黄连清上焦之火,则渴可止,又清热解毒,燥湿厚肠;使以黄柏泻下焦之热,则痢自除。若外有表邪,恶寒发热,需加葛根、连翘、银花以透表解热;里急后重较甚,加木香、槟榔、枳壳以调气;脓血多时,加赤芍、丹皮、地榆以凉血和血;夹有食滞时,加焦山楂、枳实以消食导滞。
用药禁忌	忌猪肉,脾胃虚弱时慎用。
方歌	白头翁汤治热痢,黄连黄柏与秦皮,味苦性寒清肠热,坚阴止痢称良剂。

2. 肠黄

治疗肠黄常用郁金散(表5-17)。

表 5-17　肠黄常用治疗方剂——郁金散

名称	郁金散
组成	郁金 10 g,诃子 6 g,黄芩 10 g,大黄 10 g,黄连 6 g,栀子 10 g,白芍 6 g,黄柏 10 g。为末,分 3 次,开水冲调,候温灌服。剂量以 18 kg 犬为例。
出处	《元亨疗马集》
功效	清热解毒,涩肠止泻。
主治	肠黄。表现泄泻腹痛,荡泻如水,泻粪腥臭,舌红苔黄,渴欲饮水,脉数。
方解	本方所治热毒炽盛,积于大肠而引起的肠黄。方中郁金清热凉血,行气散瘀,为主药;黄连、黄芩、黄柏、栀子清三焦郁火兼化湿热,为辅药;白芍、诃子敛肠涩肠而止泻,更以大黄清血热,下积滞,推陈致新,共为佐药。诸药合用,具有清热解毒,涩肠止泻之功。肠黄初期,内有热毒积滞,应重用大黄,加芒硝、枳壳、厚朴,少用或不用诃子、白芍,以防留邪于内;如果热毒盛,应加银花、连翘;腹痛甚,加木香;黄疸重,重用栀子,并加茵陈;热毒已解,泄泻不止时,重用诃子、白芍,并加乌梅、石榴皮,少用或不用大黄。本方如果与白头翁汤配合使用,效果更好。
方歌	郁金散中黄柏芩,黄连大黄栀子寻,白芍更加诃子肉,肠黄热泻此方珍。

3. 胃肠湿热下痢证

胃肠湿热下痢证常用肠芍药汤(表5-18)治疗。

表 5-18　胃肠湿热下痢证常用方剂——肠芍药汤

名称	肠芍药汤
组成	大黄 12 g,槟榔 6 g,山楂 12 g,芍药 6 g,木香 5 g,黄连 3 g,黄芩 9 g,玄明粉 30 g,枳实 6 g。以水 1 200 mL,纳诸药,煮取 400 mL,去滓,分 2 次温服。以 18 kg 犬为例,牛为其 10 倍量。
出处	《牛经备要医方》
功效	清热燥湿,行气导滞。
主治	湿热积滞,肠黄泻痢。用于痢疾,欲泻不泻,点滴难出,日泻多次,粪色赤白或粉红如水,不食,肚腹胀满。
方解	本方所治为湿热下痢、腹痛后重之证。方中黄连、黄芩清热燥湿解毒,为主药;辅以大黄、玄明粉泄热通肠,清除胃肠湿热积滞;芍药散瘀行血,"行血则便脓自愈",木香、槟榔、枳实、山楂均能调气,"气调则后重自除",共为佐药。诸药合用,可清热燥湿,行气导滞。
方歌	通肠芍药黄连芩,大黄更加玄明粉,木香槟榔枳山楂,专治痢疾此方珍。

4.仔猪白痢

仔猪白痢常用治疗方剂当用止痢散(表 5-19)。

表 5-19　仔猪白痢常用方剂——止痢散

名称	止痢散
组成	雄黄 40 g,滑石 150 g,藿香 110 g,共为末,开水冲服。仔猪每服 2~4 g。
出处	《中兽医方剂》
功效	清热解毒,化湿止痢。
主治	仔猪白痢,表现里急后重,粪稀量少,味腥臭,其色灰暗或灰黄,并混有胶冻样物等。本方适用于仔猪白痢、黄痢、猪胃肠炎、雏鸡白痢等。
方解	痢疾多因外感火毒湿热,或因饲料腐败,食后火毒湿热侵扰胃肠所致。方中以雄黄燥湿解毒,为主药;辅以滑石清热渗湿止泻;以藿香化湿行气、和胃止泻为佐药。合而用之,有清热解毒,化湿止痢之功。
方歌	止痢散中用雄黄,藿香滑石组成方,凡属仔猪幼雏痢,用之皆见效力彰。

5.表证未解热陷阳明下痢证

表证未解热陷阳明下痢常用葛根黄芩黄连汤(表 5-20)治疗。

表 5-20　表证未解热陷阳明下痢证常用方剂——葛根黄芩黄连汤

名称	葛根黄芩黄连汤
组成	葛根 15 g,炙甘草 6 g,黄芩 9 g,黄连 9 g。以 18 kg 犬为例,以水 800 mL,先煮葛根,减 200 mL,纳诸药,煮取 300 mL,去滓,分 2 次温服。
出处	《伤寒论》
功效	解表清里。
主治	身热下痢,喘而汗出,或疹后身热不除,或项背强急,心悸而下痢,以及外疡火毒内逼下痢。
用药禁忌	忌猪肉、冷水、海藻、菘菜。
方解	以葛根为君,先煎取其通阳明之津而散表邪,葛根气轻质重,以解肌而止痢;芩、连为臣药,肃清里热,清上则喘定,清下则痢止,里热解而邪亦不恋表;佐以甘草缓阳明之气,鼓舞胃气以防苦寒之弊。
方歌	葛根芩连加甘草,身热下痢喘汗倒,清热生津解表里,葛根重用效果好。

6.肝胆湿热证

肝胆湿热证常用龙胆泻肝汤(表 5-21)治疗。

表 5-21　肝胆湿热证常用方剂——龙胆泻肝汤

名称	龙胆泻肝汤
组成	龙胆草(酒炒)9 g,黄芩(炒)6 g,栀子(酒炒)6 g,泽泻 6 g,木通 6 g,车前子 4 g,当归(酒炒)5 g,柴胡 6 g,甘草 3 g,生地(酒洗)9 g。以水 800 mL,纳诸药,煮取 300 mL,去滓,分 2 次温服。以 18 kg 犬为例,牛为其 10 倍量。
出处	《医宗金鉴》
功效	泻肝胆实火,清三焦湿热。
主治	主治肝火上炎或湿热下注,患畜表现目赤肿痛、尿淋浊、涩痛、阴肿等。本方适用于肝胆实火上炎,或肝经湿热下注所致的各种病证,如急性结膜炎、胆囊炎、急性湿疹、尿路感染、睾丸炎等。治疗急性结膜炎,可加菊花、白蒺藜;治疗急性尿路感染,可加扁蓄、金钱草等。
方解	方中以龙胆草泻肝经实火,除下焦湿热为主药;辅以栀子、黄芩泻火清热,助龙胆草清肝胆实火,泽泻、木通、车前子利尿,引湿热从尿排出,以助龙胆草清利肝胆湿热;当归活血,生地养血,柴胡疏肝,均为佐药;甘草调和诸药,为使药。诸药合用,泻中有补,清中有养,既能泻肝火,清湿热,又能养阴血。
方歌	龙胆泻肝栀芩柴,生地车前泽泻偕,木通甘草当归合,肝经湿热力能排。

二、常用中药

常用清热燥湿中药见数字资源 5-5,其他清热燥湿中药见表 5-22。

数字资源 5-5　常用清热燥湿中药

表 5-22　其他清热燥湿中药

序号	中药	四气	五味	归经	功效
1	白鲜皮	寒	苦	脾、胃	清热燥湿,解毒祛风
2	椿皮	寒	苦、涩	大肠、肝	清热燥湿,涩肠止泻,止血止带
3	秦皮	寒	苦、涩	大肠、肝、胆	泻火解毒,燥湿止痢,清肝明目
4	三棵针	寒	苦、有毒	肝、胃、大肠经	清热燥湿,泻火解毒

子任务四　清退虚热方药

清虚热药性味多寒凉,具有凉血退虚热的功效,适用于骨蒸潮热、低热不退等证。

一、常见病证及治疗方剂

1. 邪热内伏证

邪热内伏证常用青蒿鳖甲汤(表 5-23)治疗。

表 5-23　邪热内伏证常用方剂——青蒿鳖甲汤

名称	青蒿鳖甲汤
组成	青蒿 6 g,鳖甲 15 g,生地 12 g,知母 6 g,丹皮 9 g。以 18 kg 犬为例,以水 1 000 mL,煮至 400 mL 去滓,温服 200 mL,每日 2 次。
出处	《温病条辨》卷三。
主治	主治邪热内伏证,表现为夜热早凉,热退无汗,能食形瘦,舌红少苔,脉数。临床可用于治疗热性病后期。
方解	邪气深伏阴分,混处气血之中,邪不出表,夜热早凉,热退无汗,不能纯用养阴药,又非壮火,更不得任用苦燥药。故以鳖甲蠕动之物,入肝经至阴,既能养阴,又能入络搜邪;以青蒿芳香透络,从少阳领邪外出;共为主药。生地清阴络之热,丹皮泻血中之伏火,共为臣药。知母为知病之母,为佐药助鳖甲、青蒿搜邪之功。此方有先入后出之妙,青蒿不能直入阴分,有鳖甲领之而入,鳖甲不能独出阳分,有青蒿领之而出。
方歌	青蒿鳖甲知地丹,热自阴来仔细看,夜热早凉无汗出,养阴透热服之安。

2.邪热伏肺喘咳证

邪热伏肺常用泻白散（表5-24）治疗。

表 5-24　邪热伏肺喘咳证常用方剂——泻白散

名称	泻白散
组成及用法	地骨皮30 g,炒桑白皮30 g,炙甘草3 g,粳米9 g。以18 kg犬为例,以水800 mL,纳诸药,煮取300 mL,去渣,分2次温服,每次150 mL。
出处	《小儿药证直诀》
功效	清泻肺热,止咳平喘。
主治	主治热伏阴分肺热喘咳。气喘咳嗽,皮肤蒸热,日晡尤甚,舌红苔黄,脉细数。
用药禁忌	风寒咳嗽、肺虚喘咳不宜使用。
方解	肺气失宣,火热郁结于肺所致,治疗以清泻肺热,止咳平喘为主。方中肺气失宣,故见喘咳;肺合皮毛,肺热外蒸于皮毛,故皮肤蒸热,轻按觉热,久按若无,由热伏阴分所致。方中桑白皮甘寒性降,专入肺经,清泻肺热,止咳平喘,为君药;地骨皮甘寒,清降肺中伏火,为臣药;粳米养胃和中为佐药;炙甘草调和药性,为使药。
方歌	泻白桑皮地骨皮,粳米甘草除胃气,清泻肺热止咳喘,热伏肺中喘咳医。

二、常用中药

常用清退虚热中药见数字资源5-6。

数字资源 5-6　常用清退虚热中药

作业

1.辨别用药:黄芩、黄连、黄柏的区别;白薇与银柴胡、地骨皮、青蒿的区别。

2.简述下列中药的功效:黄芩、黄连、黄柏、龙胆草、苦参、青蒿、地骨皮。

3.简述白头翁汤、郁金散、龙胆泻肝汤、青蒿鳖甲汤的应用、中药组成、方歌、方解。

拓展

临床其他清热燥湿方药和清退虚热方药的应用。

自我评价

评价内容	记忆情况	理解情况	百分制评分结果	不足与改进
临床常用方剂白头翁汤、郁金散、龙胆泻肝汤的方歌、组成、功效、主治、方解。				
黄芩、黄连、黄柏的区别。				
黄芩、黄连、黄柏、龙胆草、苦参的药性、功效、主治。				
临床常用方剂青蒿鳖甲汤、泻白散的方歌、组成、功效、主治、方解。				
青蒿与柴胡的区别;银柴胡和柴胡的区别;胡黄连与黄连的区别;白薇与银柴胡、地骨皮、青蒿的区别。				
青蒿、银柴胡、地骨皮、胡黄连、白薇的药性、功效、主治。				

学习导读三

教学目标

1. 掌握三焦火毒热盛证、疮痈肿毒证、乳痈证、肺热咳喘证、胃火牙痛证常用的方剂黄连解毒汤、五味消毒饮、公英散、清肺散、清胃散的中药组成、功效、主治、方歌、方解。
2. 掌握连翘与金银花的区别；大青叶、板蓝根、青黛的区别；蒲公英与紫花地丁的区别。
3. 掌握清热解毒药临床常用中药的来源、药性、功效、应用。
4. 掌握伤暑证、夏季外感风寒内伤湿滞证常用的方剂香薷散、藿香正气散的中药组成、功效、主治、方歌、方解。
5. 掌握紫苏与藿香的区别；香薷与藿香的区别；藿香与佩兰的区别。
6. 掌握清热解暑药临床常用中药的来源、药性、功效、应用。

教学重点

1. 掌握五味消毒饮、公英散、清肺散的应用、中药组成、方歌、方解。
2. 掌握连翘与金银花的区别；大青叶、板蓝根、青黛的区别；蒲公英与紫花地丁的区别；紫苏与藿香的区别；香薷与藿香的区别；藿香与佩兰的区别。
3. 掌握香薷散、藿香正气散的应用、中药组成、方歌、方解。
4. 掌握清热解暑药香薷、藿香的药性、功效、应用。

教学难点

1. 清热解毒药临床常用中药的来源、药性、功效、应用。
2. 清热解暑药临床常用中药的来源、药性、功效、应用。
3. 五味消毒饮、公英散、清肺散的应用、中药组成、方歌、方解。
4. 香薷散、藿香正气散的应用、中药组成、方歌、方解。

课前思考

1. 疮痈肿毒，伴有明显红肿热痛表现，用什么中药方剂治疗？
2. 奶牛发生乳腺炎，用什么中药方剂治疗？
3. 齿龈肿痛是什么火，用什么中药方剂治疗？
4. 被暑气所伤，出现无神、无力、口干，用什么中药方剂治疗？
5. 夏季发生中暑、急性胃肠炎用什么方剂治疗？

学习导图三

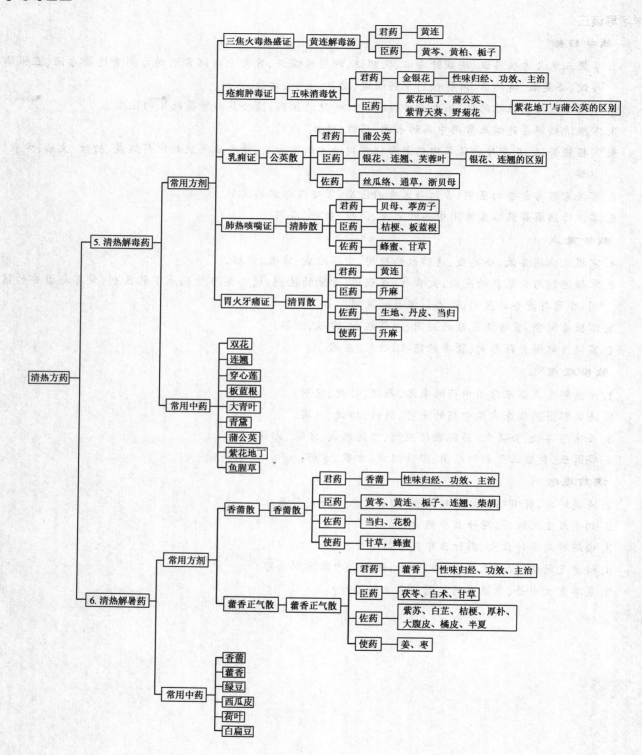

子任务五 清热解毒方药

凡能清热邪、解热毒,适用于各种热毒病证的药物,称为清热解毒药。毒多指化脓性感染性疾病,一般伴随发热,主要是火热壅盛所致,又称热毒或火毒。临床多表现为瘟疫、疮痈、咽炎和痢疾等证。清热解毒药在应用时必须作适当的选择与配伍。若热毒在血分,可与凉血药配合应用;火热炽盛,可与泻火药配合应用;挟湿,可与燥湿药配合应用。此外,痢疾里急后重,宜配行气药;疮痈属虚时,宜配补益药等。但发斑、疮疡、喉痹、痢疾等疾患,属于阴证、寒证时,则不宜使用清热解毒药。

▶ 一、常见病证及治疗方剂

1. 三焦火毒热盛证

此证出现大热、烦躁、发狂,或见发斑,以及外科疮疡肿毒等。治疗宜用黄连解毒汤(表 5-25)。

表 5-25 三焦火毒热盛证常用方剂——黄连解毒汤

名称	黄连解毒汤
组成	黄连 6 g,黄芩 12 g,黄柏 12 g,栀子 9 g,以水 800 mL,纳诸药,煮取 300 mL,去滓,分 2 次温服(以 18 kg 犬为例)。
出处	《外台秘要》
功效	泻火解毒。
主治	本方为泻火解毒之要方,适用于三焦火邪壅盛之证,三焦热盛或疮疡肿毒,但以津液未伤为宜。患畜表现大热烦躁,甚则发狂,或见发斑,以及外科疮疡肿毒等。可用于败血症、脓毒血症、痢疾、肺炎及各种急性炎症。
用药禁忌	孕畜及虚寒病畜忌用。本方多服会引起虚弱症状,如头晕、心跳、四肢无力、食欲减退等。
方解	方中黄连泻心火,兼泻中焦之火,为主药;黄芩泻上焦之火,黄柏泻下焦之火,栀子通泻三焦之火,且导热下行从膀胱而出,共为辅药。四药合用,苦寒使邪去而热毒解。本方去黄柏、栀子,加大黄名泻心汤(《金匮要略》),功效似本方而尤适用于口舌生疮、胃肠积热;本方还可用于治疗疮疡肿毒,不但可以内服,还可以调敷外用。
方歌	黄连解毒汤四味,黄柏黄芩栀子配,大热狂躁火炽盛,疮疡肿毒皆可退。

2. 疮痈肿毒证

此证出现疮痈肿毒,伴有明显红肿热痛。治疗宜用五味消毒饮(表 5-26)。

表 5-26 疮痈肿毒证常用方剂——五味消毒饮

名称	五味消毒饮
组成	金银花 12 g,野菊花 12 g,蒲公英 12 g,紫花地丁 12 g,紫背天葵 6 g,以水 1 000 mL,纳诸药,煮取 300 mL,去滓,分 2 次温服(以 18 kg 犬为例)。
出处	《医宗金鉴》
功效	清热解毒,消疮散痈。
主治	适用于各种疮痈肿毒。症见局部红肿热痛、身热、口色红、脉数。
方解	疮痈肿毒是因为动物感受湿热火毒,或内生积热,热毒浸淫肌肤所致,治宜清热解毒。方中金银花清热解毒,消散痈肿为主药;紫花地丁、紫背天葵、蒲公英、野菊花清热解毒,消散疮痈肿毒,均为辅药。诸药合用,共同发挥清热解毒、消疮散痈的功效。若热重,可加连翘、黄芩;肿甚,加防风、蝉蜕;血热毒盛,加赤芍、丹皮、生地。本方可外敷。
方歌	五味消毒蒲公英,银花野菊紫地丁,配上天葵解热毒,疮痈肿毒可真灵。

3.乳痈证

乳痈证表现乳痈初起,红肿热痛。治疗常用公英散(表 5-27)。

表 5-27　乳痈证常用治疗方剂——公英散

名称	公英散
组成	蒲公英 12 g,银花 12 g,连翘 12 g,丝瓜络 6 g,通草 6 g,芙蓉叶 6 g,浙贝母 6 g,为末,分 3 次开水冲调,候温灌服(以 18 kg 犬为例)。
出处	《中兽医治疗学》
功效	清热解毒,消肿散痈。
主治	乳痈初起,局部红肿热痛。
方解	本证为湿热之毒熏蒸乳房而生痈,或因乳汁蓄留、阻塞经络引起乳房痈肿。方剂应以清热解毒、消痈散结、通络消肿为主。方中蒲公英为君药,清热解毒,消痈散结;银花、连翘、芙蓉叶协助君药清热解毒为臣药;丝瓜络、通草消肿通络,浙贝母消肿散痈,共为佐药。诸药合用以达到清热解毒、消肿散痈之功效。
方歌	公英散中用银花,连翘芙蓉浙贝加,通草更加丝瓜络,乳痈初起效更佳。

4.肺热咳喘证

肺热咳喘证表现肺热咳喘,咽喉肿痛。治疗常用清肺散(表 5-28)。

表 5-28　肺热咳喘证常用方剂——清肺散

名称	清肺散
组成	板蓝根 18 g,葶苈子 10 g,甘草 5 g,浙贝母 10 g,桔梗 30 g,为末,分 3 次开水冲,加蜂蜜 10 g 候温调服(以 18 kg 犬为例)。
出处	《元亨疗马集》
功效	清肺平喘,化痰止咳。
主治	主治肺热咳喘,咽喉肿痛。症见气促喘粗、咳嗽、口干、舌红等。现可用于治疗支气管炎、肺炎等。
方解	本方证为肺热壅滞、气失宣降所致的肺热气喘。方中以贝母、葶苈子清热定喘为主药;辅以桔梗开宣肺气而祛痰,使升降调和而喘咳自消;板蓝根清热解毒为佐药;蜂蜜清肺润燥解毒,甘草调和药性,均为使药。诸药合用,共奏清肺平喘之效。若热盛痰多,可加瓜蒌、桑白皮等;喘甚,可加苏子、杏仁、紫菀等;肺燥干咳,可加沙参、麦冬、天花粉等。
方歌	桔贝板蓝一处捣,甜葶甘草共相随,蜂蜜为引同调灌,肺热喘粗服可愈。

5.胃火牙痛证

胃火牙痛证表现胃火牙痛。治疗常用清胃散(表 5-29)。

表 5-29　胃火牙痛证常用方剂——清胃散

名称	清胃散
组成	黄连 6 g(夏月倍之),升麻 9 g,生地黄、当归身各 6 g,牡丹皮 9 g。以水 800 mL,纳诸药,煮取 300 mL,去渣,分 2 次温服,每次 150 mL(以 18 kg 犬为例)。
出处	《脾胃论》
功效	清胃凉血。
主治	主治胃火牙痛。牙痛牵引头痛,其齿喜冷恶热,或牙宣出血,或牙龈红肿溃烂,或唇舌腮颊肿痛,口气热臭,口干舌燥,舌红苔黄,脉滑数。
用药禁忌	风寒及肾虚火炎患畜不宜使用。

续表5-29

名称	清胃散
方解	本证多由胃有积热,循经上攻所致,治疗应以清胃凉血为主。胃经循鼻入上齿,大肠经入下齿,牙痛牵引头疼,唇舌颊腮出现肿痛,牙龈腐烂等,皆是火热向上攻窜所致。胃为多气多血之腑,胃热会导致血热,故易导致牙龈出血。方中用苦寒之黄连为君药,直泻胃府之火。以升麻为臣药,清热解毒,升而能散,可宣发郁积之伏火,有"火郁发之"之意,升麻与黄连配伍,则泻火而不郁阻,散火而不升焰。胃热会导致血热,胃热也会损及阴血,故以丹皮凉血清热,生地凉血滋阴,当归养血和血,为佐药。升麻兼有引经入牙龈的作用,为使药。诸药合用共奏清胃凉血之效。
方歌	清胃散中升麻连,当归生地丹皮全,或加石膏泻胃火,能消牙痛与牙宣。

二、常用中药

常用清热解毒中药见数字资源 5-7,其他清热解毒中药见表 5-30。

数字资源 5-7　常用清热解毒中药

表 5-30　其他清热解毒中药

序号	中药	四气	五味	归经	功效
1	木芙蓉叶	平	辛	心、肝、肺	清热解毒,凉血消肿
2	野菊花	微寒	苦、辛	肺、肝	清热解毒
3	千里光	寒	苦	肝	清热解毒,清肝明目
4	四季青	寒	苦、涩	肺、心	清热解毒,凉血止血,敛疮
5	金荞麦	微寒	苦	肺、脾、胃	清热解毒,消痈利咽,祛风湿
6	半边莲	寒	甘、淡	心、小肠、肺	清热解毒,利水消肿
7	半枝莲	寒	辛、苦	肺、肝、肾	清热解毒,散瘀止血,利水消肿
8	山慈姑	寒	辛	肝、胃	清热解毒,消痈消结
9	漏芦	寒	苦	胃	清热解毒消痈,通乳
10	白花蛇舌草	寒	苦、甘	胃、大肠、小肠	清热解毒消痈,利湿通淋
11	红藤	平	苦	大肠、肝	清热解毒,活血止痛
12	败酱草	微寒	辛、苦	肝、胃、大肠	清热解毒,消痈排脓,祛瘀止痛
13	土茯苓	平	甘、淡	肝、胃	解毒除湿,通利关节
14	白蔹	微寒	苦、辛	心、胃	清热解毒,消痈敛疮
15	马齿苋	寒	酸	肝、大肠	清热解毒,凉血止痢,通淋
16	鸦胆子	寒	苦	大肠、肝	清热解毒,止痢,截疟,腐蚀赘疣
17	铁苋	凉	苦、涩	大肠、肝	清热解毒,凉血止血
18	地锦草	平	苦、辛	肝、胃、大肠	清热解毒,活血止血,利湿退黄
19	射干	寒	苦	肺	清热解毒,利咽祛痰
20	山豆根	寒	苦	肺、胃	清热解毒,利咽消肿
21	马勃	平	辛	肺	清热解毒,利咽止血
22	橄榄	平	甘、酸	肺	清热解毒,利咽生津

续表5-30

序号	中药	四气	五味	归经	功效
23	余甘子	凉	甘、酸、涩	肺、脾、胃	清热解毒,利咽生津,润肺化痰
24	金果榄	寒	苦	肺、大肠	清热解毒,利咽,止痛
25	朱砂根	凉	苦、辛	肺、大肠	清热解毒,利咽,散瘀止痛
26	木蝴蝶	凉	苦、甘	肺、肝、胃	清热,利咽,疏肝和胃
27	土牛膝	平	苦、酸	肺、肝	清热解毒,活血散瘀,利水通淋
28	胖大海	寒	甘	肺、大肠	清热利咽,润肺开音,清热通便
29	肿节风	平	辛、苦	肝、肺、大肠	清热解毒,祛风除湿,活血止痛
30	胆汁	寒	苦	肝、胆、心经	清热解毒,息风止痉,清肝明目
31	龙葵	寒	苦	归心、肾经	清热解毒,活血消肿
32	蛇莓	寒	甘、苦	肺、肝、大肠经	清热解毒,凉血消肿
33	凤尾草	凉	淡、微苦	肝、肾、大肠经	清热利湿,凉血止血,消肿解毒
34	黄药子	平	苦	入心、肺、脾经	清热解毒,凉血消肿
35	白药子	平	苦	入心、肺、脾经	清热解毒,凉血消肿

子任务六　清热解暑方药

清热解暑药适用于夏季暑热,常配伍清热泻火药或益气生津药同用。解暑药除了解暑作用外,还具有解表发汗、化浊和中作用,故也适用于暑热表证,以及暑邪挟湿而出现的腹满痞胀、泄泻等证。代表方香薷散。

▶ 一、常见病证及治疗方剂

1.伤暑证

伤暑证系被暑气所伤,表现无神、无力、口干。治疗常用香薷散(表5-31)。

表 5-31　伤暑证常用方剂——香薷散

名称	香薷散
组成用法	香薷 12 g,黄芩 9 g,黄连 6 g,炙甘草 3 g,柴胡 5 g,当归 6 g,连翘 6 g,天花粉 12 g,栀子 6 g,为末,开水冲调,候温加蜂蜜 12 g,分 3 次同调灌服(以 18 kg 犬为例)。
出处	《元亨疗马集》
功效	清心解暑,养血生津。
主治	主治伤暑证。症见发热气促,精神倦怠,四肢无力,眼闭不睁,口干,舌红,粪干,尿短赤,脉数。
方解	本方为治伤暑之剂。暑病皆因负重奔走太急,上受烈日暴晒,下受暑气熏蒸,以致邪热积于心胸,气血壅热而发。治宜清心解暑,养血生津。方中香薷解表祛暑化湿,是治夏季伤暑表证的要药,为主药;辅以黄芩、黄连、栀子、连翘、柴胡通泻诸经之火;暑热最易耗气伤津,故以当归、天花粉养血生津为佐药;甘草和中解毒,蜂蜜清心肺而润肠,皆为使药。诸药相合,成为清热解暑,养血生津之剂。若高热不退,加石膏、知母、薄荷等;昏迷抽搐,加石菖蒲、钩藤等;津液大伤,加生地、玄参、麦冬、五味子等。
方歌	香薷散用芩连草,栀子花粉归柴翘,蜂蜜为引相和灌,伤暑脉洪功效高。

2.夏季外感风寒、内伤湿滞证

夏季发生中暑、急性胃肠炎。治疗常用藿香正气散(表5-32)。

表 5-32　夏季外感风寒、内伤湿滞证常用方剂——藿香正气散

名称	藿香正气散
组成	大腹皮 3 g,白芷 3 g,紫苏 3 g,茯苓 3 g,半夏曲 3 g,白术 6 g,陈皮 6 g,厚朴 6 g,桔梗 6 g,藿香 9 g,炙甘草 6 g。上为细末,每服 6 g,加生姜 3 片,大枣 1 个,300 mL 同煎至 200 mL,热服(以 18 kg 犬为例)。
出处	《和剂局方》
功效	芳香化湿,解表和中。
主治	主治外感风寒,内伤湿滞证。症见发热恶寒,头痛,胸膈满闷,脘腹疼痛,恶心呕吐,肠鸣泄泻,舌苔白腻等。临床可用于中暑、胃肠型感冒、急性胃肠炎、急性肝炎。
用药禁忌	若发热不恶寒、口渴、舌苔黄而燥时不宜使用。湿热不宜用。
方解	藿香正气散适用证乃因外感风寒、内伤湿滞、清浊不分、升降失常所致,风寒外束,卫阳被郁,则恶寒发热;湿蚀内阻,脾胃不和,升降失常,则上吐下泻,脘腹疼痛。治宜外散风寒,内化湿蚀,兼以理气和中之法。藿香清暑解表、化湿和中,其芳香辛温,理气宣通内外,化湿和中止呕泄,兼治肺治胃为君药。表里交错,上下交乱,正气不足,故以苓、术、甘草,健脾益气以助正气为臣,正气通畅,则邪气自除。佐药,苏、芷、桔梗,宣肺散寒利膈,以鼻通于肺,发散表邪;厚朴消满平胃,大腹皮入脾胃,行水散满,破气宽中;橘皮、半夏消满除痰,理气疏通里滞。姜、枣为引为使,以和营卫补津液,和中达表,正气通畅,则邪逆自除。
方歌	藿香正气陈柑橘,腹皮苓术加厚朴,白芷紫苏加姜枣,风寒暑湿皆能除。

▶ 二、常用中药

常用清热解暑中药见数字资源 5-8。

数字资源 5-8　常用清热解暑中药

作业

1.辨别用药:连翘与金银花的区别;大青叶、板蓝根、青黛的区别;蒲公英与紫花地丁的区别;紫苏与藿香的区别;香薷与藿香的区别;藿香与佩兰的区别。

2.简述下列中药的功效和主治:连翘、金银花、大青叶、板蓝根、青黛、蒲公英、紫花地丁、鱼腥草、穿心莲、香薷、藿香。

3.简述公英散、香薷散、藿香正气散的应用、中药组成、方歌、方解。

拓展

临床常用的其他清热解毒药的功效和主治。

自我评价

评价内容	记忆情况	理解情况	百分制评分结果	不足与改进
临床常用方剂黄连解毒汤、五味消毒饮、公英散、清肺散、清胃散的方歌、组成、功效、主治、方解。				
连翘与金银花的区别;大青叶、板蓝根、青黛的区别;蒲公英与紫花地丁的区别。				
连翘、金银花、大青叶、板蓝根、青黛、蒲公英、紫花地丁、鱼腥草、穿心莲的药性、功效、主治。				
临床常用方剂香薷散、藿香正气散的方歌、组成、功效、主治、方解。				
紫苏与藿香的区别;香薷与藿香的区别;藿香与佩兰的区别。				
香薷、藿香、绿豆、荷叶的药性、功效、主治。				

任务四　泻下方药

学习导读

教学目标

1.掌握阳明腑实证、老弱体虚孕畜便秘、水饮内停水肿实证常用的方剂大承气汤、当归苁蓉汤、麻子丸、十枣汤的中药组成、功效、主治、方歌、方解。

2.掌握大黄与芒硝的区别；郁李仁与火麻仁的区别；甘遂、京大戟、芫花的区别。

3.掌握攻下药、润下药、峻下逐水药-临床常用中药的来源、药性、功效、应用。

教学重点

1.掌握大承气汤、当归苁蓉汤、十枣汤的应用、中药组成、方歌、方解。

2.掌握大黄与芒硝的区别；郁李仁与火麻仁的区别；甘遂、京大戟、芫花的区别。

3.掌握攻下药、润下药、峻下逐水药中临床常用中药的功效、应用。

教学难点

1.攻下药、润下药、峻下逐水药中临床常用中药的功效、应用。

2.大承气汤、当归苁蓉汤、十枣汤的应用、方解。

课前思考

1.思考临床表现腹痛、腹胀、便秘用什么方剂进行治疗？

2.思考临床老弱、久病、体虚、孕畜发生便秘用什么方剂进行治疗？

3.思考临床表现全身水肿、胸水、腹水用什么方剂进行治疗？

学习导图

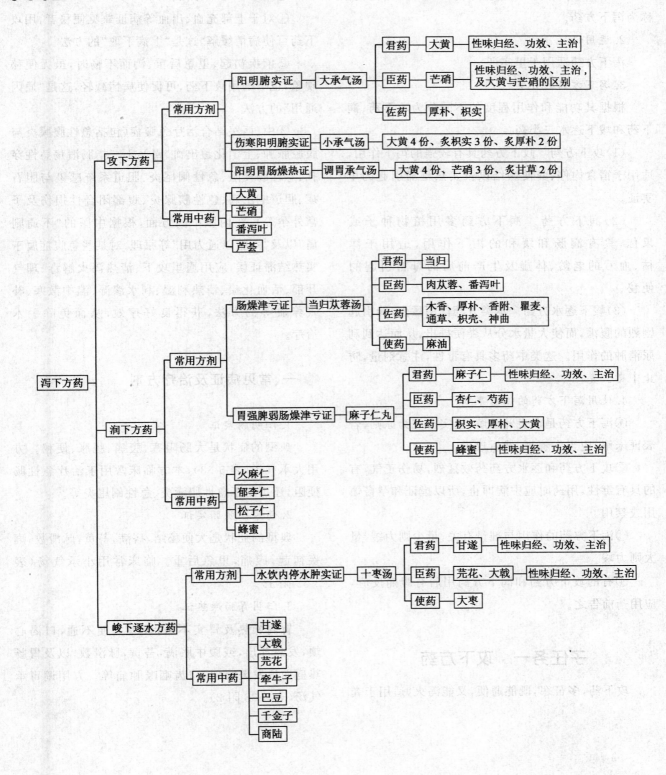

1. 泻下方药

凡能攻积、逐水，引起腹泻或润滑肠道的方药，称为泻下方药。

2. 适用证

泻下方药适用于里实证。

3. 泻下方药的分类

根据其功能和作用程度的不同分为攻下药、润下药和峻下逐水三类药。

（1）攻下方药　攻下方药具有较强的泻下作用，适用于宿食内停、粪便燥结以及实热壅滞引起的里实证。

（2）润下方药　润下方药多用植物种子或果仁，具有润肠和缓和的泻下作用，适用于津枯、血亏的老龄、体虚及生产前后的母畜引起的便秘。

（3）峻下逐水方药　本类方药作用猛烈，能引起剧烈的腹泻，而使大量水分从粪便排出，从而达到利尿消肿的作用。这类中药多具有毒性，注意剂量，防止中毒。

4. 使用泻下方药的注意事项

①泻下方药是以表邪已解，里实已成为原则，若表证未解，应当先解表，然后攻里。

②攻下方药和逐水方药药效猛烈，易伤正气，有的具有毒性，用药时应中病即止，所以虚证和孕畜慎用或禁用。

③泻下方药的作用与剂量有关，量少则力缓，量大则力峻。

④有的攻下方药和润下方药用后有腹痛反应，应用药前告之。

子任务一　攻下方药

攻下药，多苦寒，既能通便，又能泻火，适用于粪便燥结、宿食停积、实热壅滞等证。此外，攻下药在临床还用于下几个方面。

①对于上部充血、出血等病证兼见便秘者，用攻下药可使病情缓解，这是"上病下取"的方法。

②痢疾初起、里急后重、泻而不畅时，虽无便秘现象，也可酌用攻下药，可促使病情减轻，这是"通因通用"的方法。

③中、西医结合治疗急腹症（包括急性腹膜炎与腹腔脓肿、上消化道出血、胃及十二指肠溃疡急性穿孔、急性肠梗阻、急性阑尾炎、胆道系统感染与胆石症、胆道蛔虫病、急性胰腺炎、腹部闭合性损伤及子宫外孕等），在内服中药方面，根据中医的"不通则痛"以及"六腑以通为用"等原理，对某些急腹症属于实热结滞证候，应用通里攻下、清热泻火解毒、理气开郁、活血化瘀、清热利湿、利水渗湿、温中散寒、补气养血等的方法，获得良好疗效，从而免除手术治疗。

▶ 一、常见病证及治疗方剂

1. 阳明腑实证

典型的症状是大肠阻塞、腹痛、腹胀、便秘。方用大承气汤（表5-33），本方临床常用于治疗急性肠梗阻，还可用于急性胆囊炎、急性阑尾炎等。

2. 伤寒阳明腑实证

典型的症状是大便秘结，痞满，苔黄，脉滑数，痢疾初起，腹痛，里急后重。临床常用小承气汤（表5-33附1）。

3. 阳明胃肠燥热证

胃内燥热及胃实不满，表现大便不通，口渴心烦，发热汗出，或腹中胀满，苔黄，脉滑数，以及胃肠热盛而致发斑吐衄、口齿咽喉肿痛等。方用调胃承气汤（表5-33附2）。

表 5-33　阳明腑实证常用方剂——大承气汤

名称	大承气汤
组成	大黄 12 g(酒洗),炙厚朴 24 g,炙枳实 12 g,芒硝 6 g。以 18 kg 犬为例,以水 1 200 mL,先煮厚朴、枳实,取 800 mL,去滓;纳大黄,再煮取 300 mL,去滓;纳芒硝,再微火煮 1、2 沸,分 2 次温服。如泻下,不用再服。
出处	《伤寒论》
功效	峻下热结。通结救阴;泻阳明之燥气而救其津液,清少阴之热气而复其元阴;荡涤三焦之坚实;峻泻热结。
主治	①阳明腑实证。堵在大肠,肚脐周围,大便不通,肠中有气转动不断排气,脘腹痞满,腹痛拒按,按之硬,潮热,热蒸肢末汗出,舌苔黄燥起刺,脉沉实。 ②热结旁流。下利清水,色青,脐腹疼痛,按之坚硬有块,口舌干燥,脉滑实。 ③里热实证之热厥、痉病或发狂等。实热积滞闭阻于内,阳气受遏,不得达于四肢,可见热厥;热盛于里,阴液大伤,筋脉失养,又可出现抽搐、痉挛;如邪热内扰,则可见神昏,甚至发狂。现代用于肠梗阻、胆道感染、急性胰腺炎、急性阑尾炎。
用药禁忌	表证未解呕吐出汗、脾胃虚寒、粪溏体弱、肾阳不足及孕畜均忌用。肠出血穿孔时,及腹膜炎附子粳米汤证,腹痛至手不可近等皆禁用。 使用本方时,应以痞(胃部触诊坚硬)、满(脘腹胀满)、燥(肠有燥粪干结)、实(腹中硬满,粪便不通)四证及苔黄、脉实为依据。
方解	承气在于枳、朴,而不在大黄。粪积不下,是因为气机不畅,攻积必用气分之药枳、朴,故名承气;汤分大小,厚朴倍大黄为大承气,大黄倍厚朴为小承气,厚朴倍大黄,是气药为君药,味多性猛,泄下作用猛烈;大黄倍厚朴,是气药为臣药,味少性缓,欲和胃气。煎法更有妙义,生药气锐而先行,熟药气钝而和缓,芒硝生用先化燥粪,大黄半熟继通肠道,而后枳实、厚朴除痞满。积热结于里而成痞、满、燥、实。痞,心下痞塞硬坚,故用枳实以破气结;满,胸胁胀满,故用厚朴以消气壅;燥,肠中燥粪干结,故用芒硝软坚润燥;实,腹痛粪便不通,故用大黄攻积泻热。审四证之轻重以确定四药之多少。实热积滞内结肠胃,热盛而津液大伤所致。此时宜急下实热燥结,以存阴救阴,即"釜底抽薪,急下存阴"之法。方中大黄泻热通便,荡涤肠胃,为君药。芒硝助大黄泻热通便,并能软坚润燥,为臣药,二药相须为用,峻下热结之力甚强;积滞内阻,则腑气不通,故以厚朴、枳实行气散结,消痞除满,并助硝、黄推荡积滞以加速热结排泄,共为佐药。
方歌	大承气汤用硝黄,枳实厚朴共成方,去硝名曰小承气,调胃承气硝黄草。
附1:小承气汤	组成:酒洗大黄 12 g,炙厚朴 6 g,炙枳实 9 g。以 18 kg 犬为例,以水 600 mL,煮取 300 mL,去滓,分二次温服。方中大黄泻热通便,厚朴行气散满,枳实破气消痞,诸药合用,除痞满无燥实,可治热结轻证。主治伤寒阳明腑实证,表现大便秘结,痞满,无潮热,苔黄,脉滑数,痢疾初起,腹痛,里急后重。小承气汤主治粪结小肠,小肠空空矢气不断。枳壳与枳实区别,枳实重,没成熟,主破气;枳壳是枳实成熟后,质轻,主宽胸。
附2:调胃承气汤	组成:大黄 12 g,炙甘草 6 g,芒硝 9 g。以 18 kg 犬为例,以水 600 mL,煮大黄、炙甘草至 200 mL,去滓,纳芒硝,微火一二沸,温服,以调胃气。主治阳明病胃肠燥实证。胃内燥热及肠实不满,表现大便不通,口渴心烦,发热汗出,或腹中胀满,苔黄,脉滑数;以及胃肠热盛而致发斑吐衄、口齿咽喉肿痛等。不见痞满,仅见燥实粪便不通。堵在十二指肠,中脘下有压痛点。甘草补脾气,和中调胃,大黄破结而泻热,芒硝泄热润燥,共奏泻下燥实、软坚和胃之功。
附3:桃核承气汤	组成:桃仁(去皮尖)、大黄、炙甘草各 12 g,桂枝、芒硝各 6 g。以水 1 400 mL,煮取 500 mL,去滓,纳芒硝,微沸,温服 100 mL,每日 3 服。主治瘀热互结下焦蓄血证。少腹急结、尿自利、神志如狂、至夜发热,以及血瘀经闭、痛经,脉沉实而涩。治当因势利导,逐瘀泻热,以祛除下焦之蓄血。方中桃仁苦甘平,活血破瘀;大黄苦寒,下瘀泻热。二者合用,瘀热并治,共为君药。芒硝咸苦寒,泻热软坚,助大黄下瘀泻热;桂枝辛甘温,通行血脉,既助桃仁活血祛瘀,又防硝、黄寒凉凝血之弊,共为臣药。桂枝与硝、黄同用,相反相成,桂枝得硝、黄则温通而不助热,硝、黄得桂枝则寒下又不凉遏。炙甘草护胃安中,并缓诸药之峻烈,为使药。
附4:增液承气汤	组成:玄参 20 g,生地 20 g,麦冬 20 g,大黄 15 g(后下),芒硝 10 g(溶服)。加水 500 mL 浸透后,煮沸,取汁加芒硝约 300 mL,分 2 次温服。本方即增液汤加硝、黄而成。取增液汤之玄参、麦冬、生地以滋养阴液,润肠通便,更加大黄、芒硝以泻热软坚,攻下腑实。共奏滋阴增液,泄热通便之效。主治阳明温病,热结阴亏,燥粪不行。

二、常用中药

常用攻下中药见数字资源 5-9。

数字资源 5-9　常用攻下中药

子任务二　润下方药

润下药，多为植物的种仁或果仁，富含油脂，具有润滑作用，使粪便易于排出，适用于一切血虚津枯所致的便秘。临床还根据不同病情，适当地与其他药物配伍应用，如热盛伤津便秘，可与养阴药配伍；兼血虚时，可与补血药配伍；兼气滞时，与理气药配伍。

一、常见病证及治疗方剂

1.肠燥津亏证

此证表现老弱、久病、体虚、孕畜的便秘。方用当归苁蓉汤（表 5-34）。

表 5-34　肠燥津亏证常用方剂——当归苁蓉汤

名称	当归苁蓉汤
组成	全当归 25 g（麻油炒），肉苁蓉 16 g，番泻叶 6 g，广木香 3 g，厚朴 6 g，炒枳壳 9 g，醋香附 9 g，瞿麦 3 g，通草 3 g，炒神曲 9 g。研末，开水冲调，稍煎，入麻油 50 mL，候温灌服。除麻油外，马、牛 300～500 g；猪、羊 50～100 g。
出处	《景岳全书》
功效	润燥润肠，理气通便。
主治	老弱、久病、体虚、孕畜之便秘。
方解	方中当归味甘质润，养血滑肠，用麻油炒后更增强其滋润之功，为君药；肉苁蓉补肾滑肠，番泻叶通肠导滞，共为臣药；木香、厚朴、香附疏理气机，瞿麦、通草降泄通淋，枳壳、神曲宽中消导，同为佐药；麻油润燥滑肠，为使药。诸药合用，于滋补之中，有通便之力。本方药性平和，偏重于治疗老弱久病、孕畜的结症。
方歌	当归苁蓉汤木香，泻叶枳朴瞿麦尝，通草香附和麻油，大肠燥结功效良。

2.肠胃燥热津亏证

肠胃燥热津亏证常用麻子仁丸（表 5-35）治疗。该方主治老弱、久病、体虚患畜的便秘。

表 5-35　肠胃燥热津亏证常用方剂——麻子仁丸

名称	麻子仁丸
组成	麻子仁 20 g，芍药 9 g，炙枳实 9 g，大黄 12 g，炙厚朴 9 g，杏仁 9 g。蜜和为丸，如梧桐子大（直径约 7 mm）。18 kg 犬，每服 9 g，每日 2 次，温开水送服。
出处	《伤寒论》
功效	破气消积，滋润大肠，健胃通便。
主治	肠胃燥热，津液不足。粪干结、尿频数是主要表现。脘腹痞胀，舌红苔黄干。因胃强脾弱，脾的功能被胃约束，津液输布失调所致。本方常用于体虚及老龄病畜肠燥便秘、习惯性便秘、产后便秘等属胃肠燥热病例。
用药禁忌	本方虽为润肠缓下之剂，但含有攻下破滞之品，故老龄体虚津亏血少病畜不宜常服，孕畜慎用。
方解	本方是小承气汤加麻仁、杏仁、芍药而组成。方中麻子仁润肠通便，为君药；辅以杏仁润肺降气润肠，芍药养阴和营而缓急止痛，共为臣药；佐药以枳实破结，厚朴除满，大黄泄热导滞；使以蜂蜜润燥滑肠，合而为丸，具有润肠、通便、缓下之功。
方歌	麻子仁丸治脾弱，肠燥津亏粪不落，枳朴大黄蜜杏芍，润肠泄热结症破。

二、常用中药

常用润下中药见数字资源 5-10,其他润下中药见表 5-36。

数字资源 5-10　常用润下中药

表 5-36　其他润下中药

序号	中药	性味	归经	功效
1	胡麻仁	甘,平	肺、脾、肝、肾经	润燥滑肠,滋养肝肾。
2	蓖麻子	甘、辛,平;有毒	大肠、肺经	消肿拔毒,泻下通滞。

子任务三　峻下逐水方药

峻下逐水药作用峻猛,能引起强烈腹泻,而使大量水分从二便排出,以达到消除肿胀的目的,故适用于水肿、胸腹积水、痰饮结聚、喘满壅实等证。本类药物大多具毒性,故在临床应用时应"中病即止",不可久服,体虚病畜应慎用,孕畜禁用。临床所见一般病程都较长,多证实而体虚,应采用先攻后补或先补后攻,或攻补兼施等法,慎重施治,并注意邪正的盛衰,及时固护正气。

一、常见病证及治疗方剂

1. 水饮内停水肿实证

出现咳唾胸胁引痛、全身水肿、胸水、腹水、二便不利。治疗方剂常用十枣汤(表 5-37)。

表 5-37　水饮内停水肿实证常用方剂——十枣汤

名称	十枣汤
组成	芫花(熬)、甘遂、大戟等分。上药分别捣为末。18 kg 犬体壮者每次灌服 1 g,体弱犬每次灌服 0.5 g。用水 200 mL,先煮大枣 10 枚,取 100 mL,去滓,纳药末,清晨温服,若不下次日再服,加 0.5 g,下利后,可进米粥,护养胃气。
出处	《伤寒论》
功效	攻逐水饮。
主治	主治水饮内停、邪气壅盛、水肿腹胀之实证。悬饮、支饮,咳唾胸胁引痛,心下痞硬,干呕短气,头痛目眩,或胸背掣痛不得息,脉沉弦,水肿腹胀,二便不利,属于实证。现用于肝硬化腹水、渗出性胸膜炎、慢性肾炎所致的胸腹水或全身水肿等。悬饮,起立如常,卧则气绝欲死,饮在喉间,坐则能下,卧则壅塞诸窍,气不得出入而难以忍受。支饮(渗出性心包炎),咳嗽气喘,短气不得卧,胸闷脘胀,痰多清稀,面部或四肢浮肿。
方解	方中用甘遂为君药,辛以散之,散其伏饮,善行经络水湿,破饮逐水;芫花、大戟为臣药,苦以泄之,大戟善泄脏腑水湿,芫花善消胸胁伏饮;以大枣之甘,益脾而缓中,减少药物反应,为使药。毒药攻邪,脾胃必弱,故选大枣补脾制水,又和诸药之毒。
用药禁忌	体虚及孕畜忌用。
方歌	十枣逐水效堪夸,大戟甘遂与芫花;悬饮内停胸胁痛,水肿腹胀用无差。

2.水肿证

水肿证表现水肿,腹大如鼓,或遍身皆肿。治疗可用大戟散(表5-38)。

表5-38 水肿证常用方剂——大戟散

名称	大戟散
组成	大戟、白牵牛、木香各等分为末。每用10 g,以猪肾1对,切开,掺药在内,烧熟,空心食之;如肿不能全去,于腹绕脐涂甘遂细末,饮甘草水,其肿尽去。
出处	《洁古家珍》
主治	主治水肿,腹大如鼓,或遍身皆肿。
《圣惠》卷五十四大戟散	《圣惠》卷五十四大戟散,大戟9 g,木通3 g,当归3 g,陈皮2 g(去白,焙),木香3 g。以上为末。每服10 g,以水300 mL,煎至100 mL,去滓,空腹温服。灌服后当排尿;未排夜临卧时再服。主治四肢水肿,气喘烦闷,排尿不畅。

二、常用中药

常用峻下逐水中药见数字资源5-11。

数字资源5-11 常用峻下逐水中药

作业

1.辨别用药:大黄与芒硝的区别;郁李仁与火麻仁的区别;甘遂、京大戟、芫花的区别。

2.简述下列中药的功效和主治:大黄、芒硝、火麻仁、郁李仁、甘遂、京大戟、芫花。

3.简述大承气汤、当归苁蓉汤、十枣汤的应用、中药组成、方歌、方解。

拓展

大承气汤、小承气汤、调胃承气汤的临床合理应用。

自我评价

评价内容	记忆情况	理解情况	百分制评分结果	不足与改进
临床常用方剂大承气汤、当归苁蓉汤、麻子丸、十枣汤的方歌、组成、功效、主治、方解。				
大黄与芒硝的区别;郁李仁与火麻仁的区别;甘遂、京大戟、芫花的区别。				
大黄、芒硝、番泻叶、芦荟、火麻仁、郁李仁、松子仁、蜂蜜、甘遂、大戟、芫花、牵牛子、巴豆、千金子、商陆的药性、功效、主治。				

任务五　消导涌吐和解方药

学习导读

教学目标

1. 掌握食积停滞、腹胀腹痛、厌食呕吐吞酸常用的方剂保和丸、曲檗散的中药组成、功效、主治、方歌、方解。

2. 掌握消导药山楂、神曲、麦芽、莱菔子、鸡内金的来源、药性、功效、应用。

3. 掌握瓜蒂散的中药组成、功效、主治、方歌、方解。

4. 掌握瓜蒂、常山、胆矾等常用涌吐药的来源、药性、功效、应用。

5. 掌握少阳证、肝郁血虚脾弱证、肝旺脾虚痛泻证、热厥肝脾不和证常用的方剂小柴胡汤、痛泻要方、逍遥散、四逆散的中药组成、功效、主治、方歌、方解。

教学重点

1. 掌握保和丸、曲檗散的应用、中药组成、方歌、方解。

2. 掌握山楂、神曲、麦芽、莱菔子、鸡内金的区别；稻芽与麦芽的区别；莱菔子与山楂的区别。

3. 掌握瓜蒂散、小柴胡汤、痛泻药方、逍遥散、四逆散的应用、中药组成、方歌、方解。

教学难点

1. 保和丸、曲檗散的应用、方歌、方解。

2. 小柴胡汤、痛泻要方、逍遥散、四逆散的应用、方歌、方解。

课前思考

1. 临床表现食积停滞、腹胀、腹痛、厌食吞酸用什么方剂进行治疗？

2. 临床表现风热痰涎、宿食、毒物停聚胃中用什么方剂进行治疗？

3. 临床寒热往来、心烦喜呕、口苦用什么方剂进行治疗？

4. 临床表现四肢厥冷、身热用什么方剂进行治疗？

学习导图

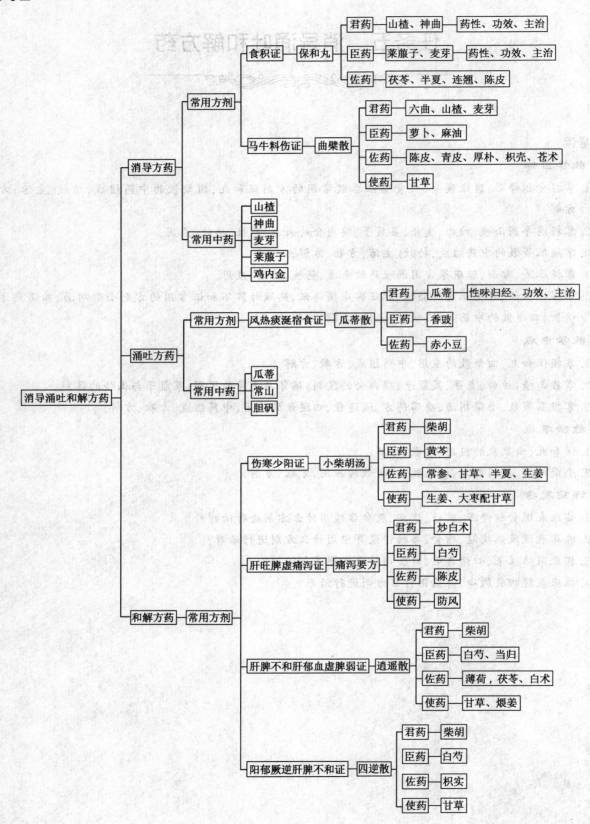

子任务一 消导方药与消法

一、概述

1. 消导方药

凡能消化草谷，导行积滞的药物，称消导方药，又称助消化药。

2. 消导药的功能

消导药有消食导滞，宽中除胀的功能，有些药物尚有健脾开胃的作用。脾胃为气血化生之源，后天之本，主纳谷运化。如果饮食不节，损伤脾胃，会导致饮食停滞，出现各种消化功能障碍的病证。消食药功能为消食化积，有的药物还有健脾开胃作用，可以达到消除宿食积滞及其所引起的各种证候的目的，对促使脾胃功能恢复具有重要意义。

3. 适用证

消导方药可用于食积内停证，症见脘腹胀满、嗳气吐酸、恶心呕吐；脾胃虚弱消化不良证，症见纳少、粪形不整。

4. 消导药药性

消食药大都甘平或甘温，归脾、胃经。

5. 消食药应用时注意事项

①食积停滞有上中下之分，病在上脘恶心欲吐，可用涌吐药以吐之；停积在下粪便秘结，可用泻下药以导之；停在中焦，脘腹胀闷、嗳气吞酸、饮食欲减退，则以消导药治之。

②消食药均能消食化积，但性能又有不同，应根据不同症状和原因，选择恰当药物治疗。一般食积停滞，常用山楂、六曲；病情较重者宜用鸡内金，轻者多用麦芽、谷芽等。油腻肉积宜用山楂；米面食积宜用麦芽。至于食积腹泻，可用焦山楂；兼见气滞，可用莱菔子。

③食积停滞，如兼脾胃虚弱、纳呆泄泻，可配健脾药同用；气滞胀闷，可配理气药同用；恶心呕吐，可配和胃降逆药同用；便秘，可配泻下药同用。

④凡泌乳母畜应用消食药须忌用麦芽、六曲，因二药有回乳之效；服人参时忌用莱菔子。

⑤神曲能解金石之毒，有食积时消食积，无食积时消元气；鸡内金能化结石，止遗尿。

二、常见病证及治疗方剂

1. 食积证

食积证临床表现食积停滞、腹胀腹痛、厌食吞酸。方用保和丸（表5-39）。

表5-39 食积证常用方剂——保和丸

名称	保和丸
组成	山楂18 g，神曲6 g，半夏9 g，茯苓9 g，陈皮3 g，连翘3 g，莱菔子3 g。上为末为丸，每服10 g，日服2次（以18 kg犬为例）。
出处	《丹溪心法》卷三。
功效	消食导滞和胃，清热利湿。
主治	主治食积停滞，腹胀腹痛，嗳腐吞酸，厌食呕吐，或腹中有食积癥块，或泻痢。
方解	本方为消食和胃之剂。由于饲养管理不当，影响肠胃的传化功能，水谷停积于胃肠。宜用平和之品，消而化之，故名保和丸。方中山楂酸温，能消油腻；神曲辛温，能消酒食陈腐之积；二药消食导滞为君药。莱菔子辛甘下气消食而化面积，宽胸利膈；麦芽咸温消谷而软坚，以增强主药消导作用，二药为臣药。积滞往往化热生湿，茯苓补脾而渗湿，半夏能温能燥，和胃而健脾；积久必有伏阳郁为热，连翘散结而清热；积久必气机升降失常，陈皮能降能升，调中而理气；以上四药共为佐药。诸药相合，而成为和胃消食之剂。
方歌	保和六曲和山楂，苓夏陈翘菔子加，能消食积能和胃，再入麦芽效更佳。

2. 马牛料伤证

料伤证临床表现食积停滞、腹胀腹痛、嗳腐吞酸、厌食呕吐。治用曲蘖散（表5-40）。

表 5-40　马牛料伤证常用方剂——曲蘖散

名称	曲蘖(niè 古同"糵")散
组成	六曲 60 g,麦芽 45,山楂 45 g,厚朴 30 g,枳壳 30 g,陈皮 30 g,青皮 30 g,苍术 30 g,甘草 15 g,共为末,以马为例,开水冲,候温加生油 60 g,白萝卜(捣碎)一个,同调灌服。
出处	《元亨疗马集》
功效	消积化谷,破气宽肠。
主治	主治马牛料伤。症见食积停滞、腹胀腹痛、嗳腐吞酸、厌食呕吐、精神倦怠、眼闭头低、拘行束步、口色鲜红、脉洪大。
方解	料伤治宜消积化谷,破气宽肠。方中六曲健脾消食、山楂化积散瘀、麦芽化谷宽肠,三药合用,消积导滞,共为君药;白萝卜消积滞、下气宽中,麻油润燥通便,共为臣药;陈皮、青皮、厚朴、枳壳疏理气机,行气宽肠,除满化气,苍术燥湿健脾以助运化,使脾气能升,胃气得降,运化复常,共为佐药;甘草和中,协调诸药,为使药。
方歌	曲蘖散楂厚朴依,枳壳苍术青陈皮,麻油甘草生萝卜,马牛料伤服之宜。

三、常用中药

常用消导中药见数字资源 5-12,其他消导中药见表 5-41。

数字资源 5-12　常用消导中药

表 5-41　其他消导中药

序号	中药	性味	归经	功效
1	鸡矢藤	甘、苦,微寒	归脾、胃、肝、肺经	消食健胃,化痰止咳,清热解毒,止痛
2	隔山消	甘、苦,平	归脾、胃、肝经	消食健胃,理气止痛,催乳
3	阿魏	苦、辛,温	归脾、胃、肝经	化癥散痞,消积,杀虫

子任务二　涌吐方药与吐法

一、概述

1. 涌吐方药

凡以促使呕吐,治疗毒物、宿食、痰涎等停滞在胃脘或胸膈以上所致病证为主要作用的方药,称为涌吐方药,又称催吐方药。

2. 药性

涌吐方药多有毒,刺激性强。

3. 适应范围

①误食毒物,停留胃中,未被吸收。

②宿食停滞不化,尚未入肠,胃脘胀痛。

③痰涎阻于胸膈或咽喉,呼吸急促。

④痰浊上涌,蒙蔽清窍之癫痫发狂等。

4. 使用注意事项

①涌吐药作用强烈,大都具有毒性,只适用于实证。

②为确保临床用药的安全、有效,宜小量渐增,切忌骤用大量。

③谨防中毒或涌吐太过,应中病即止;若用药后不吐,可饮热开水以助药力,或用翎毛探喉以助涌吐。

④若用药后呕吐不止,应立即停药,并积极采取措施,及时救治。

⑤吐后应适当休息,不宜马上喂食,待胃肠功能恢复后,再进流食或易消化的食物,以养胃气,忌食油腻辛辣及不易消化之物。

⑥凡老、弱、幼、母畜胎前产后,以及失血、头晕、心悸、劳嗽喘咳(指久嗽成痨或劳极伤肺所致的咳嗽)等,均当忌用。

二、常见病证及治疗方剂

1. 风热痰涎宿食证

此证表现风热痰涎、宿食、毒物停聚胃中。治宜用瓜蒂散(表 5-42)。

表 5-42　风热痰涎宿食证常用方剂——瓜蒂散

名称	瓜蒂散
组成	瓜蒂、赤小豆各 5 g,豆豉 15 g,加开水 300 mL 煮粥去渣,砂糖 30 g,分 2 次服(以 18 kg 犬为例)。
出处	《外台》卷四引《延年秘录》
功效	催吐,涌吐痰涎宿食。
主治	风热痰涎、宿食、毒物停聚胃中。
方解	瓜为甘果,清胃热,其蒂,色青味苦,东方甲木之化,得春升生发之机,故能提胃中之气,除胸中实邪,为吐剂中第一品药,故必用谷气以和之。赤小豆酸,下行而止吐,取为反佐,制其太过。香豉本性沉重,糜熟而使轻浮,苦甘相济,引阳气上升,驱阴邪外出。作为稀糜,虽快吐而不伤神,赤豆为心谷而主降,香豉为肾谷而反升,升降相济。方中瓜蒂味苦性升而善吐,为君药;香豉轻清宣泄,煎汁送服,以增强涌吐的作用,为臣药;赤小豆味苦酸,下行而止吐,与瓜蒂配合,取为反佐,制其太过,为佐药。本方药性较峻,宜从小剂量开始,不吐,逐渐加量,中病即止,不可过剂。
用药禁忌	素有血虚及出血患畜忌服。
方歌	涌吐痰涎宿食方,瓜蒂小豆用之良,豆豉汤中入本方,加入砂糖效力彰。

三、常用中药

　　常用涌吐中药见数字资源 5-13,其他涌吐中药见表 5-43。

数字资源 5-13　常用涌吐中药

表 5-43　其他涌吐中药

序号	中药	性味	归经	功效
1	藜芦	辛、苦、寒、有毒	归肺、胃、肝经	涌吐风痰,杀虫

子任务三　和解方药与和法

一、概述

　　1.和解方药

　　和解方药是以和解少阳、调和脏腑为主要作用的方药。该类药物通过调整动物机体表里、脏腑不和,以达到扶正祛邪之目的。此法属八法中的和法。

　　2.适用证

　　和解方药适用于半表半里、肝胃不和、肝脾不和、胃肠不和之证。

　　3.分类

　　(1)和解表里方药　适用于邪在少阳,表现寒热往来、胸胁胀满、不食、咽干、呕吐、头晕目眩、脉弦。常用的和解药有柴胡、青蒿、半夏、黄芩,代表方为小柴胡汤。

　　(2)调和肝脾方药　适用于因肝气郁结而致脾胃受纳、运化功能障碍,表现食少、腹胀、腹痛、泄泻。常用舒肝理气、养血活血的药物有柴胡、枳壳、陈皮、当归、白芍、香附,加上健脾药白术、甘草、茯苓,常用代表方为逍遥散。

　　(3)调和胃肠方药　邪在胃肠,升降失常,出现呕吐、腹痛、腹泻、寒热错杂。常用药有黄连、黄芩、干姜、半夏、党参、甘草。

　　4.使用时的注意事项

　　①邪在肌表未入少阳时不宜用。

　　②邪已入里,阳明热盛时不宜用。

　　③饲养不当,使役过重以致气血虚弱所引起的寒热不宜用。

二、常见病证及治疗方剂

　　1.伤寒少阳证

　　该证表现寒热往来、心烦喜呕、口苦、头晕目眩。方用小柴胡汤(表 5-44)。

表 5-44　伤寒少阳证常用方剂——小柴胡汤

名称	小柴胡汤
组成	柴胡 12 g，黄芩 9 g，党参 12 g，半夏(洗)9 g，甘草(炙)5 g，生姜(切)9 g，大枣(擘)4 枚。以 18 kg 犬为例，上药以水 1.2 L，煮取 600 mL，去滓，再煎取 300 mL，分 2 次温服。
出处	《伤寒论》
功效	和解少阳，扶正祛邪。
主治	主治伤寒少阳证，症见寒热往来、胸胁胀满、不食、心烦喜呕、口苦、头晕目眩、脉弦、口干咽干、色淡、苔薄白或黄白相杂。还可用于黄疸、产后发热。近代常用于感冒、疟疾、慢性肝炎、慢性胆囊炎、乳腺炎等。
方解	少阳经脉循胸布胁，位于太阳、阳明表里之间。邪在少阳，经气不利，郁而化热，胆火上炎，而致胸胁苦满、心烦、口苦、咽干、目眩。胆热犯胃，胃失和降，气逆于上，故不欲饮食而喜呕。治疗时，邪在表当从汗解，邪入里当清下，邪既不在表，又不在里，而在表里之间，则非汗、下所宜，宜和解。 主药：柴胡，入肝胆经，透泄与清解少阳之邪，并能疏肝解郁，透达少阳之邪，使半表之邪得以外宣，疏解气机不畅。辅药：黄芩，清泄少阳郁热，使半里之邪得以内彻。柴胡升散，得黄芩之清泄，两者相配伍而达到和解少阳的目的。佐药：党参、甘草，邪从太阳传入少阳，缘于正气不足，以党参、甘草补气扶正和中；半夏、生姜和中止呕，并制约柴胡助呕之弊。使药：生姜、大枣配甘草调和营卫以行津液。 寒重加生姜，热重加黄芩。若胸中烦而不呕，去半夏、党参，加栝楼以清热理气宽胸；若渴，去半夏，加人参、栝楼根；若腹中痛，去黄芩，加白芍；瘀血互结，少腹满痛，可去参、甘、枣之甘，加延胡索、当归尾、桃仁以祛瘀；若胁下痞梗，是气滞痰郁，去大枣，加牡蛎以软坚散结；若心悸、排尿不利，是水气凌心，去黄芩，加茯苓以淡渗利水；若不渴，外有微热，是表邪仍在，去人参，加桂枝以解表；若咳，是素有肺寒留饮，去人参、大枣、生姜，加五味子、干姜以温肺止咳。
用药禁忌	方中柴胡升散应重用，黄芩、半夏性燥，故阴虚血少患畜不宜用本方。
方歌	小柴胡汤和解供，半夏党参甘草从，再用黄芩加姜枣，少阳为病此方宗。

2.肝旺脾虚痛泻证

肝旺脾虚痛泻证表现肠鸣、腹痛、泄泻。方用痛泻要方(表 5-45)。

表 5-45　肝旺脾虚痛泻证常用方药——痛泻要方

名称	痛泻要方
组成	炒白术 9 g，炒芍药 6 g，炒陈皮 4.5 g，防风 3 g。以 18 kg 犬为例，或煎、或丸、或散皆可用，分 2 次服。久泻者，加炒升麻 9 g。
出处	《丹溪心法》
功效	具有补脾柔肝，祛湿止泻之功效。
主治	主治肝旺脾虚痛泻证，症见肠鸣、腹痛、泄泻、反复发作、舌苔薄白、脉弦而缓。现代常用于治疗急性肠炎、慢性肠炎、神经性腹泻等属肝木乘脾土证。
方解	痛泻之证，系由土虚木乘，肝脾不和，脾受肝制，运化失常所致。其特点是泻必腹痛。治宜补脾柔肝，祛湿止泻。方中炒白术味甘苦而性温，补脾燥湿以治土虚，是为君药。白芍酸寒，柔肝缓急止痛以抑肝旺，为臣药。陈皮理气燥湿，醒脾和胃，为佐药。防风辛散肝郁，疏理脾气，又为脾经引经之药，能胜湿以助止泻之功，为佐使药。诸药合用，共奏补脾柔肝、祛湿止泻之功。 防风，一则取其疏散之性，与疏肝药配合，以助疏肝解郁之力；二则取其祛风能胜湿，在健脾药的配伍下，有利于祛湿止泻；三则与补脾药相伍，能鼓舞脾胃清阳，使清阳升，湿气化，脾自健而泻自止。腹泻如水加炒升麻、车前子、茯苓；粪便带脓血加白头翁、黄芩；腹痛重白芍加倍，再加青皮、香附；发热加黄连、黄芩。
用药禁忌	伤食腹痛泄泻及湿热泻痢时不宜使用。
方歌	痛泻要方用陈皮，术芍防风四味宜，若作伤食医便错，此方原是理肝脾。

3.肝脾不和肝郁血虚脾弱证

此证表现血虚劳倦、五心烦热、肢体疼痛、头目昏重、发热盗汗、减食嗜卧、月经不调，乳房胀痛。方用逍遥散（表5-46）。

4.阳郁厥逆及肝脾不和证

此证表现热厥证，四肢厥冷、身热。方用四逆散（表5-47）。

表5-46 肝脾不和肝郁血虚脾弱证常用方剂——逍遥散

名称	逍遥散
组成	柴胡10 g、当归10 g、芍药10 g、白术10 g、茯苓10 g、炙甘草5 g、煨生姜3 g、薄荷3 g。以18 kg犬为例，为粗末，每服6 g。
出处	《宋·太平惠民和剂局方》
功效	具有疏肝解郁，健脾养血之功效。
主治	主治肝郁血虚脾弱证。症见血虚劳倦，五心烦热，肢体疼痛，头目昏重，发热盗汗，减食嗜卧；肝郁血虚，血热相搏，所致月经不调，乳房作胀，羸瘦，骨蒸，左胁痛，神疲食少，舌淡红，脉弦而虚。现代常用于治疗慢性肝炎、肝硬化、胆囊炎、胆石症、胃及十二指肠溃疡、乳腺增生症、盆腔炎、子宫肌瘤等属肝郁血虚脾弱证。
方解	肝性喜条达，恶抑郁，为藏血之脏，若情志不畅，肝失条达，则肝体失于柔和，以致肝郁血虚。肝郁血虚则两胁作痛、头痛目眩；郁而化火，故口燥咽干。肝木为病易于传脾，脾胃虚弱故神疲食少。脾为营之本，胃为卫之源，脾胃虚弱则营卫受损，不能调和而致往来寒热。肝藏血，主疏泄，肝郁血虚脾弱，多见月经不调，乳房胀痛。治宜疏肝解郁，养血健脾。方中柴胡疏肝解瘀，开郁通气，使肝气得以条达为君药。白芍酸苦微寒，养血敛阴，柔肝缓急；当归甘辛苦温，养血和血，且气香可理气，为血中之气药；归、芍同用，使血和则肝和，血充则肝柔，共为臣药。加薄荷以增强柴胡疏散条达之功且能消风，透达肝经郁热；木郁则土衰，肝病易于传脾，故以茯苓、白术培补脾土，且使营血生化有源，为佐药。甘草调和药性；煨姜与苓、术相配以调和脾胃，降逆和中，为使药。诸药合用，使肝郁得解，血虚得养，脾虚得补，诸证自愈。
用药禁忌	抑郁应辅以心理治疗，使之心情畅达，方能获效。
方歌	逍遥散用芍归柴，苓术甘姜薄荷还，解郁疏肝脾也理，丹栀加入热能排。

表5-47 阳郁厥逆及肝脾不和证常用方剂——四逆散

名称	四逆散
组成	枳实6 g，柴胡6 g，芍药9 g，炙甘草6 g。以18 kg犬为例，上药为末，分3次以米汤冲服。
出处	《伤寒论》
功效	具有透邪解郁，疏肝理气，调和胃气，和解表里之功效。
主治	主治阳郁厥逆及肝脾不和证，阳郁厥逆证表现四肢末端不温，或身微热，或咳，或悸，或排尿不利，或腹中痛，或泄利下重，四肢厥逆，脉弦；肝脾不和证表现胁肋胀闷，脘腹疼痛，胸腹疼痛，泄利下重，脉弦。现代常用于治疗慢性肝炎、胆囊炎、胆石症、胆道蛔虫症、肋间神经痛、胃溃疡、胃炎、附件炎、输卵管阻塞、急性乳腺炎等属肝胆气郁、肝脾（或胆胃）不和证。
方解	外邪传经入里，气机郁遏，不得疏泄，导致阳气内郁，不能达四肢末端而不温。此种"四逆"与阳衰阴盛的四肢厥逆有本质区别，故治宜透邪解郁，调畅气机。方中柴胡入肝胆经，疏肝解郁，升发阳气，透邪外出为君药。白芍敛阴养血柔肝为臣药，与柴胡合用，以敛阴合阳，条达肝气，且可防柴胡升散耗伤阴血。佐药枳实理气解郁，泄热破结，与柴胡一升一降，加强舒畅气机之功，并奏升清降浊之效；与白芍相配，又能理气和血，使气血调和。使药甘草，调和诸药，益脾和中。四药共达透邪解郁、疏肝理脾之效，使邪去郁解，气血调畅，清阳得伸，四逆得解。本方加减可治疗肝脾不和诸证，加川芎、香附，枳实改枳壳，名为柴胡疏肝散，可治慢性胃炎。
用药禁忌	阴证厥逆过肘、过膝，不宜用；寒厥的四肢不温不宜用；肝阴虚或中气虚寒不宜用。
方歌	四逆散非四逆汤，柴甘枳芍共煎偿，阳郁厥逆腹胀痛，泄热疏肝效力彰。

作业

1.辨别用药：山楂、神曲、麦芽、莱菔子、鸡内金的区别；稻芽与麦芽的区别；莱菔子与山楂的区别。

2.下列中药的功效和主治：山楂、神曲、麦芽、莱菔子、鸡内金、瓜蒂、常山、胆矾。

3.保和丸、曲蘖散、瓜蒂散、小柴胡汤、痛泻要方、逍遥散、四逆散的应用、中药组成、方歌、方解。

拓展

出现胃胀、胃积食、消化不良时怎么区别应用调胃承气汤、曲蘖散和瓜蒂散？

自我评价

评价内容	记忆情况	理解情况	百分制评分结果	不足与改进
临床常用方剂保和丸、曲蘖散的中药组成、功效、主治、方歌、方解。				
山楂、神曲、麦芽、莱菔子、鸡内金的来源、药性、功效、应用。				
山楂、神曲、麦芽、莱菔子、鸡内金的区别；稻芽与麦芽的区别；莱菔子与山楂的区别。				
瓜蒂散的中药组成、功效、主治、方歌、方解。				
瓜蒂、常山、胆矾等常用涌吐药的来源、药性、功效、应用。				
小柴胡汤、痛泻要方、逍遥散、四逆散的中药组成、功效、主治、方歌、方解。				

任务六　温里方药

学习导读

教学目标

1. 掌握少阴证、脾胃虚寒证常用的方剂四逆汤、理中汤的中药组成、功效、主治、方歌、方解。

2. 掌握温里药临床常用中药附子、肉桂、干姜、吴茱萸、小茴香的来源、药性、功效、应用。

3. 掌握肉桂、附子、干姜的区别；生姜、煨姜、干姜、炮姜的区别；肉桂与桂枝的区别；干姜与吴茱萸的区别；干姜与高良姜的区别。

教学重点

1. 掌握四逆汤、理中汤的应用、中药组成、方歌、方解。

2. 掌握肉桂、附子、干姜的区别；生姜、煨姜、干姜、炮姜的区别；肉桂与桂枝的区别。

教学难点

1. 四逆汤、理中汤的应用、方歌、方解。

2. 温里药临床常用中药附子、肉桂、干姜、吴茱萸的功效、应用。

课前思考

1. 临床表现四肢厥逆、恶寒蜷卧、口淡、苔白滑用什么方剂进行治疗？

2. 脾胃虚寒证有何表现？用什么方剂进行治疗？

学习导图

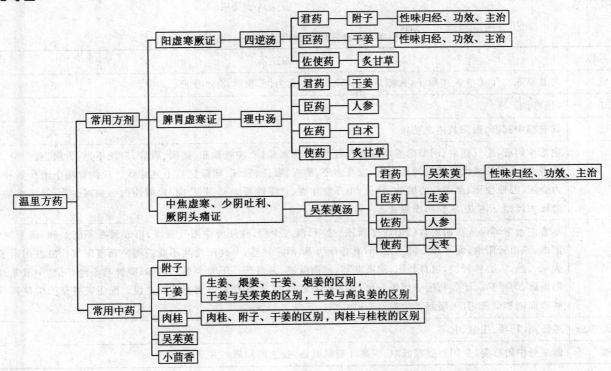

◆ 一、概述

1.定义

凡药性温热,能温里祛寒,用以治疗里寒证候的方药,称为温里方药,又称祛寒方药。

2.性味归经

温里药多辛,温,燥烈。主入脾胃经,次入心肾经。

3.作用及应用

温里药温里散寒、益火助阳,主治里寒证、亡阳证。

(1)和脾胃、温中散寒　温里药辛温之性能温暖脾胃,主治脾胃寒凝证,症见脘腹冷痛、呕吐泄泻。

(2)温肾助阳　主治肾阳虚证,症见畏寒肢冷、腰膝冷痛、尿频、阳痿、宫冷。

(3)温肺散寒　主治肺虚寒证,症见咳喘、痰白清稀。

(4)温肝散寒　主治肝寒,症见少腹冷痛、疝痛、偏头痛。

(5)温助心阳　主治心肾阳虚,症见心悸、肢体浮肿、排尿不利。

(6)回阳救逆　辛温之性属阳,如附子、干姜均属辛热之品,主治亡阳证,症见四肢厥冷、汗出神疲、脉微欲绝。

4.里寒证的治则治法

里热证采取《内经》所说的"寒者热之"的治则,立法采用八法中的温法。温里药药性温热,具有温中散寒、益火扶阳、回阳救逆的作用。

5.使用温里方药注意事项

①祛寒药适应病证不同,具有祛寒回阳、温肺化饮、温中散寒以及暖肝止痛等功能,须辨证选药进行治疗。

②本类药物可用于真寒假热之证,为防格拒之象,可采用冷服法。

③祛寒药性属燥热,能伤津液,故热证及阴虚证忌用,又因辛热多能动血,所以孕畜忌用。

④外寒内侵时,如有表证未解,应配合解表药同用。

⑤祛寒药中的某些药物,如附子、肉桂等,应用时必须注意用量、用法以及注意事项。

⑥炎热季节宜少用,严寒季节宜多用。

⑦真热假寒、阴虚失血、脉微细的患畜应忌用。

◆ 二、常见病证及治疗方剂

1.阳虚寒厥证

此证表现四肢厥逆、恶寒蜷卧、神疲欲寐、腹泻、腹痛、口淡不渴、舌淡苔白滑、脉沉微。治疗常用四逆汤(表5-48)。

表5-48　阳虚寒厥证常用治疗——四逆汤

名称	四逆汤
组成	炙甘草6 g,干姜9 g,生附子(先煎)15 g。以18 kg犬为例,水煎,分2次服。
出处	《伤寒论》
功效	具有温中祛寒,回阳救逆之功效。
主治	主治少阴证,阳气虚衰、阴寒内盛而致的四肢厥逆、恶寒蜷卧、神疲欲寐、腹泻、腹痛、口淡不渴、舌淡、苔白滑、脉沉微;以及误汗或大汗而致的亡阳证,以及瘟疫、疟疾、厥证、脱证、痛证见有上述症状。现代常用于治疗各种心力衰竭、心肌梗死、肺源性心脏病、肺炎、中毒性休克、急慢性胃肠炎、关节炎、放射性白细胞减少症、泄泻或某些急证大汗而见休克,属亡阳虚脱证。
方解	本方主治寒邪深入少阴所致的阳虚寒厥证。寒邪深入少阴,致使肾中阳气衰微,形成肾寒不能温脾,而为脾肾阳虚,或由肾虚,而导致心阳不足,形成心肾两虚,阴寒独盛,非纯阳之品不能破阴寒而复阳气。故方用附子,大辛大热,入心脾肾经,温肾壮阳,温散寒邪,回阳救逆,为君药。干姜辛热之品,归肺脾与心经,可温中散寒、助阳通脉,为臣药。干姜与附子相须为用,加大助阳散寒之力,故有附子无姜不热之说。配伍炙甘草为佐使药,补脾胃而调和诸药,且可缓解姜附燥烈辛散之性。
用药禁忌	忌海藻、菘菜、生葱、韭菜。
方歌	四逆汤中附草姜,少阴厥逆四肢凉;腹痛吐利脉微细,救逆回阳第一方。

2.脾胃虚寒证

脾胃虚寒证表现四肢不温、腹泻、不渴、呕吐、腹痛。治疗常用理中汤（表5-49）。

表5-49 脾胃虚寒证常用治疗方剂——理中汤

名称	理中汤
组成	人参、干姜、甘草（炙）、白术各9 g。以18 kg犬为例，用水800 mL，煮取300 mL，去滓，每次温服100 mL，每日3服，饮热粥100 mL左右。
出处	《伤寒论》
功效	具有温中祛寒，补气健脾的功效。
主治	主治脾胃虚寒证，表现不渴、呕吐、腹痛、腹泻、腹满不食、阳虚吐血、便血或崩漏、胸痛彻背、倦怠少气、四肢不温。现用于急慢性胃炎、胃溃疡、胃下垂、慢性肝炎等（属脾胃虚寒证）。
方解	方中干姜温运中焦，散寒邪为君药；人参补气健脾，协助干姜以振奋脾阳为臣药；佐药白术健脾燥湿，以促进脾阳健运；使药炙甘草调和诸药，兼补脾和中，取其甘缓之气调补脾胃。诸药合用，使中焦重振，脾胃健运，升清降浊机能得以恢复，则吐泻腹痛可愈。寒极肢冷、脉沉细，加附子；腹痛饱闷，加厚朴、砂仁、木香，去人参；呕哕、恶心，加丁香、半夏；泻不止，加苍术、山药；泻多不止，加肉蔻、诃子；虚汗，加黄芪。
方歌	理中汤主理中乡，人参炙草术干姜。

3.中焦虚寒呕吐、少阴吐利、厥阴头痛证

中焦虚寒呕吐、少阴吐利、厥阴头痛证表现畏寒喜热、胃脘痛、口淡不渴、呕吐、下利、厥阴头痛、四肢逆冷。方用吴茱萸汤（表5-50）。

表5-50 中焦虚寒呕吐、少阴吐利、厥阴头痛证常用方剂——吴茱萸汤

名称	吴茱萸汤
组成	吴茱萸9 g，人参9 g，大枣4枚，生姜18 g，以18 kg犬为例，用水800 mL，煮取300 mL，去滓，每次温服100 mL，每日3服。
出处	《伤寒论》
功效	具有温肝暖胃，降逆止呕之功效。
主治	主治因胃中虚寒、浊阴上逆，或厥阴、少阴之阴寒上犯所致的虚寒呕吐证。症见胃中虚寒、干呕、胸满、吐涎沫、畏寒喜热、胃脘痛、吞酸。还可用于厥阴头痛、干呕、吐涎沫，以及少阴吐利、四肢逆冷、烦躁。现用于神经性呕吐、妊娠呕吐、偏头痛、神经性头痛、胃炎、眩晕等属中焦虚寒证。
方解	胃中虚寒，浊阴上逆，出现厥阴头痛、呕吐、四肢逆冷，均系中虚浊阴上逆所致。治宜温中补虚，降逆止呕。方中吴茱萸味辛性热，归肝肾脾胃经，既可温胃止呕，又可温肝降逆，更可温肾以止吐利，一药而三病皆宜，故为君药。重用生姜温胃散寒，降逆止呕，以助吴茱萸之力，为臣药。胃中虚寒，则胃气不降，脾阳不升，故佐以人参补脾益气，以复中虚。大枣甘平，益气补脾，调和诸药，既可助人参以补虚，又可配生姜调和脾胃，为使药。诸药配伍，共奏温中补虚、消阴扶阳、降逆止呕之功，使阴寒去、逆气平，诸症自除。
用药禁忌	忌生冷果实。
方歌	吴茱萸汤参枣姜，肝胃虚寒此方良；阳明寒呕少阴利，厥阴头痛亦堪尝。

三、常用中药

常用温里中药见数字资源5-14，其他温里中药见表5-51。

数字资源5-14 常用温里中药

表 5-51　其他温里中药

序号	中药	性味	归经	功效
1	丁香	辛,温	脾、胃、肾	温中降逆,散寒止痛,温肾助阳
2	花椒	辛,热	脾、胃	温中止痛,杀虫止痒
3	高良姜	辛,热	脾、胃	散寒止痛,温中止呕
4	胡椒	辛,热	胃、大肠	温中止痛,下气消痰
5	荜茇	辛,热	胃、大肠	温中止痛
6	荜澄茄	辛,温	脾、胃、肾、膀胱	温中散寒,行气止痛
7	山奈	辛,温	胃	温中止痛,健胃消食

作业

1. 辨别用药:肉桂、附子、干姜的区别;生姜、煨姜、干姜、炮姜的区别。

2. 简述下列中药的功效:瓜蒂、胆矾、附子、肉桂、干姜。

3. 简述小柴胡汤、逍遥散、四逆散、四逆汤、理中汤的应用、中药组成、方歌、方解。

拓展

四逆散和四逆汤有哪些不同?

自我评价

评价内容	记忆情况	理解情况	百分制评分结果	不足与改进
临床常用方剂四逆汤、理中汤的中药组成、功效、主治、方歌、方解。				
附子、肉桂、干姜、吴茱萸、小茴香的来源、药性、功效、应用。				
肉桂、附子、干姜的区别;生姜、煨姜、干姜、炮姜的区别;肉桂与桂枝的区别;干姜与吴茱萸的区别;干姜与高良姜的区别。				

任务七　止咳化痰平喘方药

学习导读

教学目标

1. 掌握清化热痰方剂中清肺散、小陷胸汤的中药组成、功效、主治、方歌、方解。

2. 掌握清化热痰药中川贝、浙贝、栝蒌、桔梗、胖大海等常用中药的来源、药性、功效、应用。

3. 掌握川贝与浙贝的区别；川贝母与半夏的区别；白前与前胡的区别。

4. 掌握温化寒痰方剂中导痰汤的中药组成、功效、主治、方歌、方解。

5. 掌握温化寒痰药半夏、天南星、旋覆花、白芥子等常用中药的来源、药性、功效、应用。

6. 掌握半夏与天南星的区别。

7. 掌握止咳平喘方剂桑菊饮、苏子降气汤、止嗽散、百合散的中药组成、功效、主治、方歌、方解。

8. 掌握止咳平喘药苦杏仁、款冬花、枇杷叶、马兜铃、百部、葶苈子等常用中药的来源、药性、功效、应用。

9. 掌握苦杏仁与苏子的区别；款冬花与紫菀的区别；桑白皮与葶苈子的区别。

教学重点

1. 掌握清肺散、小陷胸汤、导痰汤、桑菊饮、苏子降气汤的应用、中药组成、方歌、方解。

2. 掌握川贝、浙贝、栝蒌、桔梗、半夏、天南星、苦杏仁的药性、功效、应用。

3. 掌握川贝与浙贝的区别；半夏与天南星的区别；苦杏仁与苏子的区别。

教学难点

1. 清肺散、小陷胸汤、导痰汤、桑菊饮、苏子降气汤的应用、方歌、方解。

2. 川贝、浙贝、栝蒌、桔梗、半夏、天南星、苦杏仁的功效、应用。

课前思考

1. 肺热咳喘、咽喉肿痛、口干、舌红用什么方剂进行治疗？

2. 胸脘痞闷、按之则痛、咳痰黄稠、舌苔黄腻、脉滑数用什么方剂进行治疗？

3. 胸肋胀满、头痛吐逆、痰嗽喘急、涕唾稠黏、不寐、不思饮食用什么方剂进行治疗？

4. 咳嗽、身热不甚、口微渴、苔薄白、脉浮数用什么方剂进行治疗？

学习导图

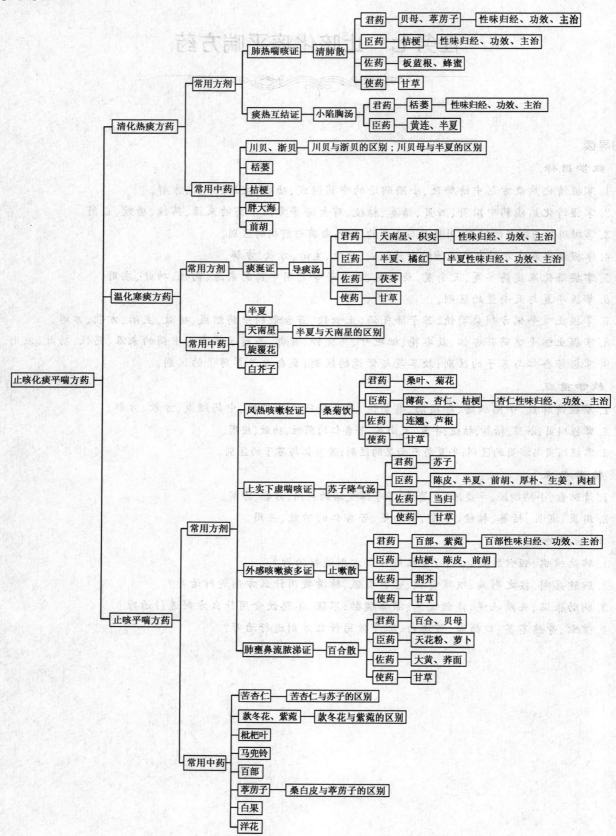

痰涎与咳嗽、气喘有一定的关系，一般咳喘多夹痰，而痰多也致咳喘，故将化痰、止咳、平喘给予合并。但其中有的药物以化痰为主要功效，并不用于咳嗽气喘；有的则以止咳平喘为主要功效，却无化痰作用。

1. 定义

凡能化除痰涎、制止咳嗽、平定气喘的方药，称为化痰止咳平喘方药。

2. 应用

化痰方药不仅用于因痰饮起的咳嗽、气喘，并可用于瘰疬、瘿瘤、癫痫、惊厥等证。

3. 痰饮的生成及表现

痰饮之病与肺、脾、肾三脏有直接关系，肾主水，肺通调水道，脾主运化。脾为生痰之源，肺为贮痰之器，说明痰与肺、脾两脏的关系更为密切。痰饮是三脏病理产物，停滞于呼吸道、消化道、经络、骨肉之间引起疾病。第一，痰饮聚于肺则痰咳喘息、胸闷不舒、呼吸不利；第二，痰饮积于胃肠，发生肚腹胀满、消化不良、食欲不振；第三，痰饮留于肌肤经络，则麻痹不仁、痈疡生成、瘰疬发生；第四，若痰与火结成为患，则惊厥；第五，痰饮积于心，则痰迷心窍，出现昏迷、牙关紧闭、昏迷、瞪眼、口流白沫，愈后会再复发；第六，痰饮若长期治疗不愈，则称为顽痰或老痰，治宜用礞石等药。

4. 治法

首先，治咳者，治痰为先，治痰者，下气为上。怪病多由痰引起，脾虚生湿，湿聚成痰，上涌于肺。痰之为病，随气升降，为喘为咳，所以治咳者，治痰为先，治痰者，下气为上。其次，还必须根据不同病情，适当选用不同的止咳化痰药以及配合治因之药，如外感配合解表药，虚劳配合补养药，寒重配祛寒药，有热配清热药。

5. 注意事项

①化痰方药有温化寒痰、清化热痰之分，止咳平喘有宣肺、清肺、温肺、敛肺之别，故应用时必须根据病情，选择相适应的方药进行治疗。

②凡使用化痰止咳平喘方药，须根据病情适当配合应用。如兼有表证宜配解表药；兼有热证宜配清热药；兼有寒症宜配祛寒药；咳痰夹血可配合止血药；肺虚痰盛可配健脾药；肺虚久咳，可配补肺药；肺

气不纳之虚喘，又可配补肾纳气药。

③由于痰热引起的惊痫，痰湿引起神昏、癫痫以及痰湿入络引起肢体酸痛麻木等证，在应用化痰药时，可分别配合息风药、开窍药或祛风药同用。

④为加强化痰药的功效，可适当配合具有利水渗湿、理气等功效药物同用。用于久咳无痰，可适当配合收敛肺气药物。

⑤凡燥痰、燥咳、肺阴不足或咳痰夹血，不宜应用药性温燥之品。

⑥凡外感咳喘初起或痰壅咳喘，不宜应用敛肺止咳药。

6. 分类

痰临床上多见寒痰、热痰、湿痰、燥痰等证，化痰药中药性辛温而燥热的，主要用于寒痰、湿痰证；药性寒而润的，主要用于热痰、燥痰等。所以，根据止咳化痰平喘药的不同性能，又可分为温化寒痰、清化热痰和止咳平喘三类药。

7. 常见痰证

痰饮犯肺表现咳嗽喘息；痰留胃肠表现脘闷恶心、呕吐、肠鸣；痰留胸胁表现咳嗽痛引胸胁；痰蒙心窍表现昏厥、癫痫、痴呆；痰扰心神表现睡眠不安；痰浊上犯，清阳不升表现眩晕、头痛；痰留肌肤、肌肉、骨节表现阴疽流注；痰阻经络表现肢体麻木、半身不遂、口眼歪斜；痰火互结于经络表现瘰疬、瘿瘤；肝风夹痰表现中风、惊厥。发于肌肉筋骨间之疮肿，其漫肿平塌，皮色不变，不热少痛者为阴疽；稽留于肌肉之中致气血不行，发无定处，随处可发，漫肿不红，连接多处，名曰流注；流注指毒邪流走不定而发生于较深部组织的一种化脓性疾病，如骨髓炎、深部感染等。

子任务一 清化热痰方药

▶ 一、常见病证及治疗方剂

1. 肺热喘咳证

肺热喘咳证表现肺热咳喘、咽喉肿痛、口干、舌红等。治疗常用清肺散（表 5-52），现用于支气管炎、肺炎等。

表 5-52 肺热喘咳证常用治疗方剂——清肺散

名称	清肺散
组成	板蓝根 18 g,葶苈子 10 g,甘草 5 g,浙贝母 10 g,桔梗 6 g。以 18 kg 犬为例,为末,开水冲调,加蜂蜜 20 g,分 3 次温服。
出处	《元亨疗马集》
功效	清肺平喘,化痰止咳。
主治	适用于肺热喘咳证。症见肺热咳喘、咽喉肿痛、口干、舌红等。现用于支气管炎、肺炎等。
方解	本方证为肺热壅滞,气失宣降所致的肺热气喘。方中以贝母、葶苈子清热定喘为主药;臣药桔梗宣肺气而祛痰,使升降调和而喘咳自消;板蓝根清热解毒,蜂蜜清肺止咳,润燥解毒,均为佐药;甘草调和药性,为使药;诸药合用,共奏清肺平喘之效。若热盛痰多,可加知母、瓜蒌、桑白皮等;喘甚,可加苏子、杏仁、紫菀等;肺燥干咳,可加沙参、麦冬、天花粉等。
方歌	桔贝板蓝一处攍,甜葶甘草共相随,蜂蜜为引同调灌,肺热喘粗服之宜。

2.痰热互结证

痰热互结证表现胸脘痞闷、按之则痛、咳痰黄稠、舌苔黄腻、脉滑数。治疗常用小陷胸汤(表 5-53),现用于治疗渗出性胸膜炎、支气管肺炎等。

3.胸阳不振、气滞痰阻之胸痹证

此类证候表现痰热互结、胸脘痞闷、胸痹不得卧、心痛彻背、咳痰黄稠、短气、舌苔黄腻,脉滑数。方用栝楼薤白白酒汤(表 5-54),现用于治疗渗出性胸膜炎、支气管肺炎等痰热内阻病证。

表 5-53 痰热互结证常用治疗方剂——小陷胸汤

名称	小陷胸汤
组成	黄连 6 g,制半夏 9 g,全栝蒌 15 g。以 18 kg 犬为例,上药以水 800 mL,先煮栝蒌,煮取 600 mL,去滓,纳诸药,煮取 300 mL,去滓,分 3 次温服。
出处	《伤寒论》
功效	清热化痰,宽胸散结。
主治	本方为治疗痰热互结之证的常用方剂。临床上以咳痰黄稠、胸脘痞闷、按之则痛、舌苔黄腻、脉滑数等为主要表现。现临床用于治疗急慢性胃炎、胸膜炎、胸膜粘连、急性支气管炎、支气管肺炎、肋间神经痛等痰热互结证。对部分肿瘤的生长有一定的抑制作用。
方解	痰热互结证,治宜清热化痰,理气宽胸散结。方中以栝蒌为君药,清热化痰,理气宽胸,通胸膈之痹;以黄连、半夏为臣药,取黄连之苦寒,清热降火,开心下之痞;半夏之辛燥,降逆化痰,散心下之结。两者合用,一苦一辛,辛开苦降,与栝蒌相伍,则润燥相得,清热涤痰,散结开痞之效显著。本方与大陷胸汤比较,大陷胸汤证为水热互结胸腹,从心下至少腹硬满而痛,本方证为痰热互结心下,按之则痛,虽拒按,但较大陷胸汤证之痛为轻。大陷胸汤用大黄、朴硝与甘遂配合,泻热逐水。另有大陷胸丸,由大黄、芒硝、葶苈子、杏仁组成,治结胸、胸水、腹水肿满。
用药禁忌	方中栝蒌有缓泻作用,故脾胃虚寒、粪溏患畜慎用。
方歌	小陷胸汤连半蒌,宽胸开结涤痰优;膈上热痰痞满痛,舌苔黄腻脉浮滑。

表 5-54 胸阳不振、气滞痰阻之胸痹证常用方剂——栝楼薤白白酒汤

名称	栝楼薤白白酒汤
组成	栝蒌(楼)实 12 g,薤白 6 g,白酒 200 mL。以 18 kg 犬为例。上 3 药煮取 200 mL,去滓,分 2 次温服。
出处	《金匮要略》
功效	通阳散结,行气化痰。
主治	主治胸阳不振,气滞痰阻,出现胸痹、喘息咳唾、胸背痛、短气、寸脉沉而迟、关脉小紧数。现用于治疗冠心病、心绞痛、非化脓性肋骨炎、肋间神经痛等见胸阳不振、痰浊内阻症状。心绞痛最常见的症状为发作性胸骨后疼痛,为一过性心肌供血不足所致。栝蒌和薤白均有一定的抗癌作用。

续表5-54

名称	栝楼薤白白酒汤
方解	因诸阳受气于胸中而转行于背,肺失宣降,而见喘促、短气、咳唾等。治宜通阳散结,行气祛痰。方中以栝萎理气宽胸,涤痰散结,为君药。薤白温通滑利,通阳散结,行气止痛,为臣药。两药相配,一祛痰结,一通阳气,相辅相成,为治胸痹之要药。佐以辛散温通之白酒,行气活血,增强薤白行气通阳之功。药仅 3 味,共奏通阳散结,行气祛痰之功。使胸中阳气宣通,痰浊消而气机畅,则胸痹喘息诸症自除。若寒邪较重,可加干姜、桂枝、附子等以通阳散寒;气滞重,可加厚朴、枳实以理气行滞;血瘀,可加丹参、赤芍等以活血祛瘀。
用药禁忌	方中栝萎有缓泻作用,故脾胃虚寒、粪溏患畜慎用。

▶ 二、常用中药

常用清化热痰中药见数字资源 5-15,其他清化热痰中药见表 5-55。

数字资源 5-15　常用清化热痰中药

表 5-55　其他清化热痰中药

序号	中药	性味	归经	功效
1	竹茹	甘,微寒	肺、胃	清热化痰,开郁除烦,清胃止呕
2	竹沥	甘,寒	心、肺、肝	清热滑痰,定惊利窍
3	天竺黄	甘,寒	心、肝	清热化痰,清心定惊
4	海藻	咸,寒	肝、胃、肾	消痰软坚,利水消肿
5	昆布	咸,寒	肝、胃、肾	消痰散结,利水消肿
6	黄药子	苦,寒	肺、肝	化痰软坚,散结消瘿,清热解毒,凉血止血
7	海蛤壳	苦、咸,寒	肺、胃	清热化痰,软坚散结,制酸止痛
8	海浮石	咸,寒	肺	清热化痰,软坚散结
9	瓦楞子	咸,平	肺、胃、肝	消痰软坚,化瘀散结,制酸止痛
10	礞石	甘、咸,平	肺、肝	坠痰下气,平肝镇惊
11	蒪菜	辛,凉	肺、肝	清热化痰,清热解毒,活血通经,利湿退黄

子任务二　温化寒痰方药

▶ 一、常见病证及治疗方剂

常见痰涎证,表现痰凝气滞、胸膈胁肋胀满、头痛吐逆、痰嗽喘急、涕唾稠黏,以及头晕、不寐、饮食欲不振。方用导痰汤(表 5-56)。

▶ 二、常用中药

常用温化寒痰中药见数字资源 5-16,其他温化寒痰中药见表 5-57。

数字资源 5-16　常用温化寒痰中药

表 5-56　痰涎证常用方剂——导痰汤

名称	导痰汤
组成	半夏12 g,天南星(炮,去皮)、橘红、枳实(麸炒)、赤茯苓(去皮)、炙甘草各3 g,加生姜5片,水煎,去滓,分2剂食后温服(以18 kg犬为例)。
出处	《重订严氏济生方》
功效	燥湿豁痰,行气开郁。
主治	主治痰凝气滞,胸膈痞塞,胁肋胀满,头痛吐逆,痰嗽喘急,涕唾稠黏,以及头晕,不寐,坐卧不安,不思饮食。
方解	方中天南星燥湿化痰,祛风散结,枳实下气行痰,共为君药;半夏燥湿祛痰,橘红下气消痰,均为臣药,辅助君药加强豁痰顺气之力;茯苓渗湿为佐药;甘草调和药性为使药。全方共奏燥湿化痰,行气开郁之功。气顺则痰自下降,晕厥可除,痞胀得消。 在导痰汤基础上又加石菖蒲、竹茹、人参而成涤痰汤,有开窍扶正之功。如心脾不足而有痰,又被风邪所伤,风痰互结,壅塞经络,于是昏迷舌强,因此用橘红、半夏、胆南星利气燥湿化痰,枳实破痰利膈,竹茹清化热痰,菖蒲开窍通心,人参、茯苓、甘草补益心脾,经络通利,用药后能够苏醒。
方歌	导痰汤用半夏星,甘草橘红枳茯苓。涤痰加竹蒲兼参,痰迷舌强服之醒。

表 5-57　其他温化寒痰中药

序号	中药	性味	归经	功效
1	白附子	辛、甘,温	胃、肝	燥湿化痰,祛风止痉,解毒散结止痛
2	皂荚	辛、咸,温	肺、大肠	祛顽痰,开窍通闭,祛风杀虫
3	白前	辛、苦,微温	肺	降气消痰,止咳
4	猫爪草	甘、辛,微温	归肝、肺经	化痰散结,解毒消肿

子任务三　止咳平喘方药

止咳平喘方药主要作用是制止咳嗽、下气平喘,适用于咳嗽和气喘证候。喘咳较为复杂,有干咳无痰、有咳稀痰或稠痰、外感咳嗽、虚劳咳喘等,寒热虚实各不相同,必须辨证论治,合理配伍。止咳平喘药,有宣肺、敛肺、润肺、降气等不同,在应用时必须加以区别。

▶ 一、常见病证及治疗方剂

1. 风热咳嗽轻证

此证表现咳嗽、身热不甚、微渴、舌苔薄白、脉浮数。方用桑菊饮(表5-58)。

表 5-58　风热咳嗽轻证常用方剂——桑菊饮

名称	桑菊饮
组成	桑叶7.5 g,菊花3 g,杏仁6 g,连翘5 g,薄荷2.5 g,桔梗6 g,甘草2.5 g,苇根6 g。以18 kg犬为例,用水400 mL,煮取200 mL,每日二服。
出处	《温病条辨》
功效	具有疏风清热、宣肺止咳之功效。
主治	主治风温初起,表热轻证。症见咳嗽,身热不甚,口微渴,舌苔薄白,脉浮数。现常用于治疗流行性感冒、急性支气管炎、急性扁桃体炎、急性结膜炎、角膜炎等风热犯肺或肝经风热病证。桑菊饮对多种病毒、革兰阳性菌及阴性细菌均有抑制作用。

续表5-58

名称	桑菊饮
方解	风热病邪从口鼻侵袭,邪居肺络,肺失清肃,故以咳嗽为主证,受邪轻浅,所以身不甚热,口微渴。治宜疏风清热,宣肺止咳。方中桑叶、菊花甘凉轻清,疏散前焦风热,且桑叶善走肺络,能清宣肺热而止咳嗽,二药共为君药。薄荷辛凉,助桑、菊疏散前焦风热,加强解表之力;杏仁、桔梗宣肃肺气而止咳,三者共为臣药。连翘清热透邪解毒;芦根清热生津而止渴,共为佐药。甘草调和诸药,与桔梗相配尚能利咽喉而止咳嗽,为使药。诸药相伍,使前焦风热得以疏散,肺气得以宣畅,则表证得解,咳嗽得止。
用药禁忌	桑菊饮为辛凉轻剂,只适宜用于治疗风热咳嗽轻证,对于寒性感冒咳嗽不宜使用。方中主要药物均属清热宣透之品,故不宜久煎。
方歌	桑菊饮中桔杏翘,芦根薄草可解表;风温但咳微热渴,气粗似喘早疗好。

2. 上实下虚喘咳证

此证表现痰涎壅盛、咳喘、气短、舌苔白滑。方用苏子降气汤(表5-59)。

3. 外感咳嗽痰多证

此证表现外感咳嗽痰多、日久不愈、咽痒、发热、苔白、脉浮缓。方用止嗽散(表5-60)。

表 5-59　上实下虚喘咳证常用方剂——苏子降气汤

名称	苏子降气汤
组成	苏子6 g,制半夏3 g,前胡4.5 g,厚朴3 g,陈皮4.5 g,肉桂1.5 g,当归4.5 g,生姜1 g,炙甘草1.5 g。以16 kg犬为例,用水500 mL,煮取200 mL,每日2服。
出处	《和剂局方》
功效	具有降气平喘,温化寒痰之功效。
主治	主治痰涎壅盛、肾不纳气属上实下虚的喘咳证。症见痰涎壅盛、咳喘气短、舌苔白滑。本方现多用于慢性支气管炎、肺气肿。气虚加人参、五味子,有风寒表证去肉桂、当归,加麻黄、桂枝。
方解	本方为治疗上实下虚的咳喘方。上实指痰涎壅盛于肺,使肺气不得宣畅,升降失常,气逆于上;下虚是指肾阳虚,肾不纳气,上下不相接续。治宜降气、化痰、平喘,以治上为主,治下为辅。方中用苏子降气平喘为君药;陈皮、半夏、前胡、厚朴、生姜,化痰止咳,理气降逆,以疏通上实,肉桂温肾助纳气以治下虚,共为臣药;久病多虚,当归养血润燥补虚,为佐药;甘草调和诸药,为使药。诸药相合,以降气化痰治肺为主,实现肺肾同治。
用药禁忌	本方偏温燥,肺肾阴虚咳喘或肺热痰喘均不宜用。
方歌	苏子降气橘半归,前胡桂朴草姜追,下虚上盛痰咳喘,气虚加参效力威。

表 5-60　外感咳嗽痰多证常用方剂——止嗽散

名称	止嗽散
组成	荆芥6 g,桔梗6 g,紫菀6 g,百部6 g,白前6 g,陈皮5 g,甘草3 g。以16 kg犬为例,上药共为末,开水冲服,分2次服。
出处	《医学心语》
功效	具有止咳化痰,疏风解表之功效。
主治	主治外感咳嗽。外感咳嗽痰多为主证,日久不愈,咽痒,微恶风,发热,苔薄白,脉浮缓。此方现多用于春、秋两季感冒、上呼吸道感染、支气管炎、肺炎。表证重加防风、紫苏、生姜,热重去荆芥,加黄芩、栀子、连翘。
方解	本方为治疗邪犯肺、外感咳嗽常用方。全方以止咳为主,化痰、解表为辅。方中百部、紫菀润肺止咳,为君药;桔梗、陈皮宣肺祛痰,白前降气祛痰止咳,共为臣药;荆芥疏风解表,为佐药;甘草调和诸药,为使药。
用药禁忌	阴虚劳咳或肺热咳嗽不宜用。
方歌	陈梗百草菀芥前,外感痰多咳咽痒。

4.肺壅鼻流脓涕证

此证表现喘粗、连声咳嗽、鼻流脓涕、口色红、脉洪数。方用百合散(表5-61)。

表5-61　肺壅鼻流脓涕证常用方剂——百合散

名称	百合散
组成	百合6 g,贝母3 g,大黄4.5 g,天花粉4.5 g,甘草3 g。以16 kg犬为例,上药共为末,开水冲调,加蜂蜜10 g,荞面6 g,萝卜汤20 mL,分2次服。
出处	《元亨疗马集》
功效	具有滋阴清热,润肺化痰之功效。
主治	主治肺壅鼻流脓涕证。症见喘粗、连声咳嗽、鼻流脓涕、口色红、脉洪数。现多治疗急性气管炎伴有脓性鼻漏、脓性鼻炎、犬瘟热肺型脓涕。肺热盛,可加黄芩、黄连、鱼腥草。
方解	本方主治肺壅鼻流脓涕证。肺经积热,痰气填塞心胸出现咳嗽、鼻流脓涕。方中百合、贝母滋阴清热,润肺化痰,为君药;天花粉、萝卜润肺理气化痰,共为臣药;荞面降气,大黄清热,为佐药;甘草调和药性,为使药。诸药相合,使肺气清肃,痰涎消散,咳嗽自止。
方歌	百合贝母黄甘粉,肺热咳喘流脓涕。

二、常用中药

常用止咳平喘中药见数字资源5-17,其他止咳平喘中药见表5-62。

数字资源5-17　常用止咳平喘中药

表5-62　其他止咳平喘中药

序号	中药	性味	归经	功效
1	苏子	辛,温	肺、大肠	降气化痰,止咳平喘,润肠通便
2	紫菀	苦、甘,微温	肺	润肺下气,化痰止咳
3	桑白皮	甘,寒	肺	泻肺平喘,利水消肿
4	矮地茶	苦、辛,平	肺、肝	止咳平喘,清热利湿,活血化瘀
5	罗汉果	辛,凉	肺、大肠	清肺利咽,化痰止咳,润肠通便

作业

1.辨别用药:川贝与浙贝的区别;半夏与天南星的区别;白前与前胡的区别;半夏与天南星的区别;苦杏仁与苏子的区别;款冬花与紫菀的区别;桑白皮与葶苈子的区别。

2.下列中药的功效与主治:川贝、浙贝、栝蒌、桔梗、半夏、天南星、旋覆花、苦杏仁、款冬花、枇杷叶、马兜铃、百部。

3.清肺散、小陷胸汤、导痰汤、桑菊饮、苏子降气汤、止嗽散、百合散的应用、中药组成、方歌、方解。

拓展

1.简述小陷胸汤与大陷胸汤在应用方面的区别。

2.简述导痰汤与涤痰汤在应用方面的区别。

自我评价

评价内容	记忆情况	理解情况	百分制评分结果	不足与改进
临床常用方剂清肺散、小陷胸汤的中药组成、功效、主治、方歌、方解。				
川贝、浙贝、栝蒌、桔梗、胖大海的来源、药性、功效、应用。				
川贝与浙贝的区别；川贝母与半夏的区别；白前与前胡的区别。				
临床常用方剂导痰汤的中药组成、功效、主治、方歌、方解。				
半夏、天南星、旋覆花、白芥子的来源、药性、功效、应用。				
半夏与天南星的区别。				
临床常用方剂桑菊饮、苏子降气汤、止嗽散、百合散的中药组成、功效、主治、方歌、方解。				
苦杏仁、款冬花、枇杷叶、马兜铃、百部、葶苈子的来源、药性、功效、应用。				
苦杏仁与苏子的区别；款冬花与紫菀的区别；桑白皮与葶苈子的区别。				

任务八　祛湿方药

学习导读

教学目标

1.使学生掌握以下方药的中药组成、药性、功效、主治、方歌、方解：

祛风湿方药中的独活寄生汤,利水渗湿方药中五苓散、八正散、导赤散、茵陈蒿汤、三金汤、茵陈四逆汤,化湿方药中平胃散。

2.使学生掌握以下中药的来源、药性、功效、应用：

祛风湿散寒药独活、威灵仙、蕲蛇;祛风湿清热药防己、秦艽;祛风湿强筋骨药桑寄生、五加皮等临床常用中药;利水消肿药茯苓、猪苓、泽泻、薏苡仁,利尿通淋药木通、车前子、滑石、通草、海金沙、石韦、扁蓄,利湿退黄药茵陈蒿、虎杖、金钱草等临床常用中药;化湿药中苍术、砂仁、白豆蔻、厚朴等临床常用中药。

3.使学生掌握以下中药的区别：

羌活与独活,汉防己与木防己,桑寄生、五加皮与狗脊,茯苓、猪苓与泽泻,茯苓与薏苡仁,木通与通草,苍术、藿香与佩兰,豆蔻与砂仁,厚朴与苍术。

教学重点

1.以下方药的功效、主治、方歌：

祛风湿方药中独活寄生汤,利水渗湿方药中五苓散、八正散、导赤散、茵陈蒿汤,化湿方药中平胃散。

2.以下中药的区别：

羌活与独活,桑寄生、五加皮与狗脊,茯苓、猪苓与泽泻,茯苓与薏苡仁,苍术、藿香与佩兰,豆蔻与砂仁,厚朴与苍术。

教学难点

1.以下方药的主治、方歌、方解：

祛风湿方药中独活寄生汤,利水渗湿方药中五苓散、八正散、导赤散、茵陈蒿汤、三金汤、茵陈四逆汤,化湿方药中平胃散。

2.以下中药的药性、功效、应用：

独活、威灵仙、蕲蛇、防己、秦艽、桑寄生、五加皮等临床常用中药,茯苓、猪苓、泽泻、薏苡仁、木通、车前子、滑石、通草、海金沙、茵陈蒿、虎杖、金钱草等临床常用中药,苍术、砂仁、白豆蔻、厚朴等临床常用中药。

课前思考

以下临床表现用什么方剂进行治疗：

风寒湿痹日久、蹄肢有冷感、腰膝作痛、无力、屈伸不利、畏寒喜热,头痛、发热、口燥咽干、烦渴、水入即吐、尿液不利、水肿,热淋、尿频尿急、涩痛、尿液不利,口舌生疮、尿液短赤不畅,身黄如橘子色、排尿不利、腹微满,呕吐、腹泻、上腹部痞满疼痛、口淡、食少、嗳气吞酸、肢体倦怠嗜卧、粪溏、舌苔白腻而厚、脉缓。

学习导图

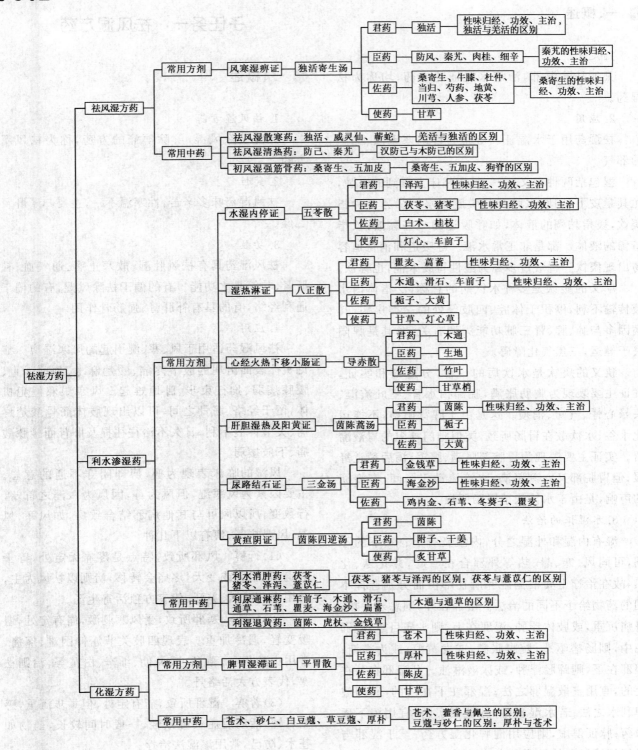

▶ 一、概述

1. 定义

凡能祛除湿邪，治疗水湿证的方药，均称为祛湿药。

2. 应用

祛湿药用于水湿证。湿是一种阴寒重浊、黏腻的邪气。

湿包括两种含义：①一是指临床上看到的水肿，尤其是皮下、四肢水肿及胸腹腔积水。②另一种指痰饮，痰指黏稠的液体，如呼吸道的一些黏液；饮指清稀的液体。都是非正常水液。呼吸道和消化道容易出现痰饮。胃液过多称为酸性胃肠卡他，也称饮。

广义的痰饮是多种水饮病的总称，泛指体内水液传输不利，停积于体腔、四肢等处的一类疾病，其病因多与肺、脾、肾三脏功能失调有关，尤其是脾阳失于健运，三焦气化障碍。

狭义的痰饮是水饮病的一种，分虚证和实证。虚证主要表现为胸肋胀满，脘部拍水音、呕吐流涎、头晕心悸、气短、消瘦。这是由于脾肾阳虚，不能运化水谷，水饮散在胃肠所致，类似幽门梗阻的胃液潴留。实证主要表现为胃脘部坚满、腹泻，泻后稍觉舒服，但胃脘部又立刻坚满，水液流动于肠间，有沥沥的声响，是由于水饮伏于胃肠所致。

3. 水湿证的治法

湿有内湿和外湿之分，内湿又有上、中、下的不同，可同风、寒、暑、热等外邪合在一起，并化寒、化热，故在治疗上要根据湿邪所在部位而分别选择不同的药物给予不同的治法。湿邪在外，则恶寒发热，身痛沉重，或肢体浮肿；湿邪在上，则头痛目重；湿邪在中，则肠痞呕恶，脘腹胀满，或发黄疸，或为粪溏；湿邪在下，则蹄胫浮肿，或尿液淋浊。凡湿邪在外在上的，宜用宣散湿邪之法；湿邪在下在内的，宜用健脾利水之法；若水湿壅盛，脉证俱实的，宜用泻下逐水药；脉证俱虚，则应用健脾化湿方药；至于湿邪与风邪相搏所致的风湿证宜祛风湿。

▶ 二、分类

基于湿邪所表现的不同证候，祛湿药可分为祛风湿药、利水渗湿药和芳香化湿药三类。

子任务一　祛风湿方药

▶ 一、概述

1. 祛风湿方药

凡能祛除风湿，解除痹痛的方药，称为祛风湿方药。

2. 药性

祛风湿药味多辛苦，性寒温不一，主要归于肝肾二经。

3. 功效

祛风湿药具有祛风胜湿、散寒止痛、通气血、补肝肾、壮筋骨之功能。有的偏于祛除风湿，有的偏于通利经络，有的具有补肝肾、强筋骨作用。

4. 应用

祛风湿药适用于风、寒、湿引起的风寒湿痹。症见机体表面出现的肢节疼痛、酸楚麻木、颈项强直、腰膝痿弱、拘行束步、卧地难起。风寒湿邪侵犯机体，留于经络、筋骨之间，可以出现肢体筋骨酸楚疼痛、关节伸展不利，日久不治往往损及肝肾而腰膝酸痛、下肢痿弱。

风湿的临床表现为痹，痹即闭守不通的意思。主要因素为风寒湿，但风为首，因风为六淫之首，善行数变，所以风可与其他病邪结合致病，如风寒、风湿、风湿热等，痹有以下几种。

（1）行痹　风邪所致，特点是疼痛无定处，善于游走，若阴天或变天，疼痛会转移，治则以祛风为主，常用中药独活、羌活，代表方独活寄生汤。

（2）痛痹　寒邪所致，受风寒刺激，痛有定处，遇暖变轻，遇冷加重。表现四肢关节屈伸困难、疼痛，常用中药川乌、草乌、威灵仙、细辛、白芷等，治则祛寒，代表方大活络丹。

（3）着痹　湿邪所致，痛有定处，但举步沉重，感觉迟钝，活动后症状可减轻，一般时间较长，药物如苍术、防己，常用渗湿法治疗。

（4）热痹　多在夏季或温暖季节，在野外突遇暴雨袭击，2、3 d 后腰背板硬，发烧，尿液发黄，发病急，治则宜清热除湿，方剂白虎加术汤。

此外，痹证多属慢性疾病，可制成酒剂或丸剂，酒剂还可助长祛风湿的功能。

5.治法

①风湿痹痛,日久不愈,可祛风湿药中加入某些蛇类、兽骨等祛风湿作用的药物,以加强疗效,如乌蛇、虎骨(可用狗骨代替)。

②"治风先治血,血行风自灭""养血可祛风",适当加入行气活血或补气养血的药物以提高疗效。

③久痛入络伤及筋骨,以及肝主筋、肾主骨,故痹证在关节筋骨需配合补益肝肾药。

6.祛风湿药应用注意事项

①祛风湿药有偏于祛风,有偏于散寒,有偏于胜湿,有偏于补肝肾强筋骨,需根据病情选用。

②对于风寒湿邪偏胜之证,可配相关药物。如风胜,可选解表药中具有祛风作用的药物;寒胜可选配祛寒药;湿胜可选配利水胜湿药。

③祛风湿药药性多燥烈,易于伤耗阴血,故阴血不足患畜需慎用。

④由于风湿痹痛,多夹有热邪、痰湿、瘀滞以及肝肾不足、气血亏损,故往往又需分别与清热药、活血祛瘀药、化痰药以及补益药配伍同用。

⑤风湿痹痛,日久不愈,在祛风湿药中加入某些蛇类、兽骨等有祛风湿作用的药物,以加强疗效,如乌蛇、狗骨。

⑥根据病情虚实,适当加入行气活血或补气养血的药物以提高疗效,所谓"治风先治血,血行风自灭""养血可祛风",所以要加入养血之品。

⑦久痛入络以及肝主筋、肾主骨,故痹证在关节筋骨时,还需配合补益肝肾药。

⑧若是风湿已久,体况虚弱,应适当配伍补气血药和理气活血药。

7.祛风湿药的分类与功能

(1)祛风湿散寒药　多辛、苦,温,入肝、脾、肾经。具有祛风胜湿、散寒止痛、舒筋通络等作用。偏治行痹、寒痹及着痹。常用的如独活、威灵仙、木瓜、蕲蛇等。

(2)祛风湿清热药　多辛、苦,寒,入肝、脾、肾经。具有祛风胜湿、通络止痛、清热消肿等作用。偏治热痹。常用的如秦艽、防己、桑枝等。

(3)祛风湿强筋骨药　多甘、苦,温,入肝、肾经。具有祛风湿、补肝肾、强筋骨等作用。主要用于风湿日久累及肝肾,导致肝肾亏虚、腰膝酸软无力、疼痛等证。常用的如桑寄生、五加皮、狗脊、狗骨等。

▶ 二、常见病证及治疗方剂

风寒湿痹日久、肝肾两亏、气血不足证表现风寒湿痹日久,肝肾两亏,气血不足,蹄肢有冷感,腰膝作痛,缓弱无力,关节屈伸不利,畏寒喜热,脉迟细苔白。方用独活寄生汤(表5-63)。

表5-63　风寒湿痹日久、肝肾两亏、气血不足证常用方剂——独活寄生汤

名称	独活寄生汤
组成	独活9 g,桑寄生6 g,杜仲6 g,牛膝6 g,细辛6 g,秦艽6 g,茯苓6 g,桂心6 g,防风6 g,川芎6 g,人参6 g,甘草6 g,当归6 g,芍药6 g,干地黄6 g。以18 kg犬为例,以水2 000 mL,煮取600 mL,去滓分3次服。
出处	《备急千金要方》
功效	具有祛风湿,止痹痛,益肝肾,补气血之功效。
主治	独活寄生汤为治疗痹证日久、正气不足之证的常用方剂。主治风寒湿痹日久、肝肾两亏、气血不足证。症见腰膝冷痛,畏寒喜暖,后肢软弱无力,肌肉麻木,肢节屈伸不利,心悸气短,舌淡苔白,脉象细弱。独活寄生汤现适用于慢性关节炎、腰肌劳损、骨质增生症、风湿性坐骨神经痛等。
用药禁忌	痹证属于湿热实证时不宜应用。
方解	独活寄生汤证为风寒湿时久不愈,以致损伤肝肾,耗伤气血。肾主骨,腰为肾之府。肝主筋,膝为筋之会。肝肾不足,气血亏虚,筋骨失养,故肢节屈伸不利。风寒湿邪客于腰膝筋骨,故腰膝疼痛,或麻木。治宜祛风湿,止痹痛,益肝肾,补气血,祛邪与扶正兼顾。方中独活辛苦微温,长于祛后焦风寒湿邪,蠲[juān,除去之意]痹止痛,为君药。防风、秦艽行肌表祛风胜湿;肉桂温里祛寒,通利血脉,入肾经血分,祛寒止痛;细辛辛温发散,祛寒止痛,与独活一同入肾经,搜风蠲痹,使邪外出;以上均为臣药。佐以桑寄生、牛膝、杜仲补益肝肾,强壮筋骨;当归、芍药、地黄、川芎养血活血;人参、茯苓补气健脾,扶助正气,均为佐药。甘草调和诸药,为使药。本方配伍特点是以祛风寒湿药为主,辅以补肝肾、养气血之品,邪正兼顾,有祛邪不伤正,扶正不碍邪之意。诸药相合,使风寒湿邪俱除,气血充足,肝肾强健,痹痛得以缓解。
方歌	独活寄生艽防辛,芎归地芍桂苓均,杜仲牛膝人参草,冷风顽痹屈能伸。

三、常用中药

(一)祛风湿散寒中药

常用祛风湿散寒中药见数字资源 5-18,其他祛
风湿散寒中药见表 5-64。

数字资源 5-18　常用祛风湿散寒中药

表 5-64　其他祛风湿散寒中药

序号	中药	性味	归经	功效
1	川乌	辛、苦,热	心、脾、肝、肾	祛风除湿,散寒止痛
2	蚕砂	甘、辛,温	肝、脾、胃	祛风除湿,舒经活络,化湿和中
3	松节	苦,温	肝、肾	祛风除湿,止痛
4	丁公藤	辛,温	肝、脾、胃	祛风除湿,消肿止痛
5	寻骨风	辛、苦,平	肝	祛风除湿,通络止痛
6	乌梢蛇	甘,平	肝	祛风通络,定惊止痉
7	伸筋草	苦、辛,温	肝	祛风除湿,舒筋活络
8	路路通	辛、苦,平	肝、胃、膀胱	祛风活络,利水消肿,通经下乳
9	海风藤	辛、苦,微温	肝	祛风除湿,通经活络
10	徐长卿	辛,温	肝、胃	祛风止痛,活血通络,止痒,解毒消肿

(二)祛风湿清热中药

常用祛风湿清热中药见数字资源 5-19,其他祛
风湿清热中药见表 5-65。

数字资源 5-19　常用祛风湿清热中药

表 5-65　其他祛风湿清热中药

序号	中药	性味	归经	功效
1	雷公藤	辛、苦,寒	心、肝	祛风除湿,通经止痛,活血消肿,杀虫解毒
2	海桐皮	苦、辛,平	肝	祛风除湿,通络止痛,杀虫止痒
3	络石藤	苦,微寒	心、肝	祛风通络,凉血消肿
4	豨莶草	苦、辛,寒	肝、肾	祛风除湿,通经活络,清热解毒
5	臭梧桐	辛、苦,凉	肝	祛风除湿,通经止痛,降压
6	丝瓜络	甘,平	肺、胃、肝	祛风通络,化痰解毒
7	桑枝	苦,平	肝	祛风通络,行水消肿
8	老鹳草	辛、苦,平	肝、大肠	祛风除湿,舒筋活络,解毒止痢
9	穿山龙	苦、辛,平	肝、肺	祛风除湿,活血活络,化痰止咳

（三）祛风湿强筋骨中药

常用祛风湿强筋骨中药见数字资源 5-20，其他祛风湿强筋骨中药见表 5-66。

数字资源 5-20　常用祛风湿强筋骨中药

表 5-66　其他祛风湿强筋骨中药

序号	中药	性味	归经	功效
1	狗脊	苦、甘，温	肝、肾	祛风湿，补肝肾，强腰膝
2	千年健	苦、辛，温	肝、肾	祛风湿，强筋骨，止痹痛
3	鹿衔草	苦、甘，平	肝、肾、肺	祛风湿，强筋骨，调经止血，补肺止咳
4	雪莲花	微苦、甘，温	肝、肾	祛风湿，强筋骨，温肾阳，活血通经
5	石楠叶	辛、苦，平	肝、肾	祛风湿，通经络，益肾气

子任务二　利水渗湿方药

▶ 一、概述

1.利水渗湿方药

利水渗湿方药是指凡能通利尿液，渗除水湿的方药，又称利尿方药。

2.药性

利水渗湿方药药味多甘、苦、淡，性多寒、平。主要归肾、膀胱经，兼入脾、肺、小肠经。

3.功能

药性比较和缓，以淡味渗湿为主，有利尿液、通淋浊、消浮肿、除水饮以及止水泻的功用。具体表现为：一是渗湿利水、通利尿液，具有排除停蓄体内水湿之邪的作用，可以解除由水湿停蓄引起的各种病证，并能防止水湿日久化饮、水气凌心等；二是清热利湿；三是止泻，把水分改道，使其从尿液而去，粪便会自干，所以泄泻之证常配伍渗湿利水药，此种治法又称为分利止泻法。

4.应用

此类药适用于水湿滞留体内所致的尿液不利、淋浊、水肿、泄泻、痰饮等证。还能导湿热下行从尿液而出，所以也可用于尿血涩痛、产后恶露不尽、关节疼痛、黄疸等证。

5.利水渗湿药应用注意事项

①利水渗湿药功能表现不同，如利水渗湿、利水消肿、利水通淋以及利湿退黄，应根据具体病情适当选用。

②水湿病证，有兼热兼寒之分，应用时需配合清热药与祛寒药同用。如兼有脾虚不足、肾阳亏损时应配合健脾、补阳药同用。

③为加强利水功能，如膀胱气化失司，可配伍通阳化气药；如肺气失宣可配宣畅肺气药。

④利水渗湿药效能有强有弱，质地有轻有重，故用量须适当掌握，个别药物用量过大会伤正气。

⑤凡细小种子或研成粉末时，应包煎。

⑥利水渗湿药，易伤阴液，阴虚患畜应慎用。

6.分类

根据药物的功效，将利水渗湿药物分为利水消肿药、利尿通淋药和利湿退黄药。

▶ 二、利水消肿方药

（一）常见病证及治疗方剂

利水消肿方药常见适应证为水湿内停证、太阳蓄水证表现头痛、发热、口燥咽干、烦渴饮水、水入即吐、尿液不利、水肿。方用五苓散（表 5-67）。

表 5-67　水湿内停证、太阳蓄水证常用方剂——五苓散

名称	五苓散
组成	猪苓 9 g,泽泻 15 g,白术 9 g,茯苓 9 g,桂枝 6 g。以 18 kg 犬为例,每服 2 g,煎灯心草、车前子汤调下。
出处	《伤寒论》
功效	具有健脾祛湿、开结利水、化气回津、化气利水之功效。
主治	主治外有表证,内停水湿,头痛发热,烦渴欲饮或水入即吐,排尿不利,苔白脉浮;水湿内停,水肿身重,吐利;水饮停积,脐下动悸,吐涎沫而头眩,或短气而咳;下部湿热疮毒,尿短赤;水寒射肺,或喘或咳;中暑烦渴,身热头痛;膀胱积热,便秘而渴。现常用于慢性肾炎、肝硬化腹水、脑积水、急性肾炎、尿潴留、急性肠炎等水湿内停证。
方解	本方治太阳表邪未解,内传太阳之腑,以致膀胱气化不利,出现太阳经腑同病之蓄水证。其症状以排尿不利为主,同时伴有头痛身热,口渴欲饮。由于水蓄不化,精津不得输布,故口渴欲饮水。愈饮愈蓄,愈蓄愈渴,饮入之水,无有去路,甚则水入即吐,而成"水逆证"。治宜利尿兼解外邪,水气一去,清阳自升,水津四布,则尿液通利,烦渴自止。方中重用泽泻为君药,取其甘淡性寒,直达肾与膀胱,利水渗湿。臣药茯苓、猪苓,增强利水渗湿之力。佐药以白术健脾而运化水湿,输布精津,使水精四布,而不直驱于下。又佐以桂枝,一药二用,既外解太阳之表,又内助膀胱气化。桂枝辛温,既能温化膀胱而利尿,又能疏散外邪而治表证。若欲解表,应服后多饮暖水取汗,以水热之气助阳气,以资发汗,使表邪从汗而解。五药合用,利水渗湿,化气解表,使水行气化,表邪得解,脾气健运,则蓄水留饮诸证自除。
方歌	五苓散是治水方,泽泻二苓桂术帮。

(二)常用中药

常用利水消肿中药见数字资源 5-21,其他利水消肿中药见表 5-68。

数字资源 5-21　常用利水消肿中药

表 5-68　其他利水消肿中药

序号	中药	性味	归经	功效
1	冬瓜皮	甘,微寒	肺、小肠	利水消肿
2	玉米须	甘,平	膀胱、肝、胆	利水消肿,利湿退黄
3	葫芦	甘,平	肺、小肠	利水消肿
4	香加皮	辛、苦,温	肝、肾、心	利水消肿,祛风湿,强筋骨
5	泽漆	辛、苦,微寒	大肠、小肠、肺	利水消肿,化痰止咳,散结
6	蝼蛄	咸,寒	膀胱、胃	利水消肿
7	赤小豆	甘,平	心、小肠	利水消肿,解毒排脓,利湿退黄
8	荠菜	甘,凉	肝、胃	利水消肿,明目,止血

▶ 三、利尿通淋药

(一)常见病证及治疗方剂

1. 湿热淋证

湿热淋证表现湿热下注、热淋、尿频尿急、涩痛、排尿不利。方用八正散(表 5-69)。

2. 幼畜心火下移小肠证

幼畜心火下移小肠证表现心经有热、口舌生疮、尿液短赤不畅等。方用导赤散(表 5-70)。

表 5-69　湿热淋证常用方剂——八正散

名称	八正散
组成	车前子 10 g，瞿麦 10 g，扁蓄 10 g，滑石 10 g，山栀子仁 10 g，甘草 10 g，木通 10 g，煨大黄 10 g。每服 6 g，灯心草煎汤送服，去滓，食后、临卧温服（以 18 kg 犬为例）。
出处	《和局方剂》
功效	具有清热泻火，利水通淋之功效。
主治	湿热淋证。湿热下注、热淋、血淋、石淋，或尿闭、小腹急满；或心经邪热上炎、口舌生疮、咽干口燥、目赤睛疼、唇焦鼻衄、咽喉肿痛、舌苔黄腻、脉滑数。现用于泌尿系感染、泌尿系结石、产后及术后尿潴留等。
用药禁忌	孕畜及虚寒病畜忌用。本方多服会引起虚弱症状，如头晕、心跳、四肢无力、食欲下降等。
方解	本方为治疗热淋之常用方剂，其证由于湿热下注膀胱所致。膀胱乃津液之府，湿热阻于膀胱，则排尿不利，涩痛淋沥不畅，甚至尿闭，小腹急满；邪热内蕴，故口燥咽干，苔黄脉数。治宜清热利水通淋。方中瞿麦、扁蓄均能清热利水通淋，扁蓄泻膀胱积水，瞿麦清热利水道，为君药。车前子清肝热而通膀胱；木通上清心火，下利湿热，使湿热之邪从尿排出；滑石滑利窍道，清热渗湿，利水通淋，清六腑而水道闭塞自通，共为臣药。栀子清泄三焦湿热，通利水道，以增强君、臣药清热利水通淋之功；大黄泄热降火；共为佐药。甘草调和诸药而止茎中作痛，为佐使药。加少量灯心可清心泻火导热下行，膀胱肃清而排尿自利，小腹硬满自除。诸药合用，共奏清热泻火、利水通淋之效。
方歌	八正车前与木通，大黄栀滑加扁蓄，瞿麦草梢灯心草，热淋血淋病能祛。

表 5-70　幼畜心火下移小肠证常用方剂——导赤散

名称	导赤散
组成	生地黄 10 g，木通 10 g，竹叶 10 g，生甘草梢 10 g，以 18 kg 犬为例，每服 10 g，水 1 盏，煎至 5 分，食后温服；或生地黄、木通、生甘草梢、竹叶各 6 g，以水 800 mL，纳诸药，煮取 400 mL，去渣，分 2 次温服，每次 200 mL。
出处	《小儿药证直诀》
功效	具有清心火养阴，利水通淋的功效。
主治	主治心经火热证。症见心胸烦热、口渴、饮冷、口舌生疮；或心火下移小肠、排尿短赤、尿道刺痛、舌红、脉数等。现用于心经热盛口腔炎、急性泌尿系感染等。
用药禁忌	木通性味苦寒，生地阴柔寒凉，脾胃虚弱患畜慎用。
方解	本证多由心经热盛下移小肠所致，治疗以清心养阴、利水通淋为主。心火循经上炎，故见心胸烦热、口舌生疮；火热之邪灼伤津液，故见口渴、意欲饮冷；心热下移小肠，故见排尿赤涩刺痛；舌红、脉数，均为内热之象。方中木通入心与小肠，味苦性寒，清心降火，利水通淋，上清心经之火，下导小肠之热，为君药。生地入心肾经，甘凉而润，清心热而凉血滋阴，为臣药，与木通配合，利水而不伤阴，补阴而不恋邪。竹叶甘淡，清心除烦，引心火下行，为佐药。甘草梢直达茎中而止淋痛，清热解毒，并能调和诸药，且可防木通、生地之寒凉伤胃，为使药。幼畜稚阴稚阳，易寒易热，易虚易实，病变快速，治实证当防其虚，治虚证应防其实。故治心经火热，取清热与养阴之品配伍，利水而不伤阴，泻火而不伐胃，滋阴而不恋邪，最宜用于幼畜。
方歌	导赤生地与木通，草梢竹叶四般功，心经火热口糜淋，导热而下尿中行。

（二）常用中药

常用利尿通淋中药见数字资源 5-22，其他利尿通淋中药见表 5-71。

数字资源 5-22　常用利尿通淋中药

表 5-71　其他利尿通淋中药

序号	中药	性味	归经	功效
1	瞿麦	苦	心、小肠、膀胱	利尿通淋
2	地肤子	苦	膀胱	清热利湿,止痒
3	冬葵子	甘	大肠、小肠、膀胱	利水通淋,下乳,润肠通便
4	灯心草	甘、淡	心、肺、小肠	利尿通淋,清心除烦
5	萆薢	苦	肾、胃、膀胱	利湿浊,祛风湿

四、利湿退黄药

(一)常见病证及治疗方剂

1.肝胆湿热及阳黄证

肝胆湿热及阴黄证表现身黄如橘子色,排尿不利,腹微满。方用茵陈蒿汤(表5-72)。

2.尿路结石证

尿路结石证表现泌尿系结石。方用三金汤(表5-73)。

3.黄疸阴证

黄疸阴证表现寒湿阴黄、四肢逆冷、脉沉微细等。方用茵陈四逆汤(表5-74)。

表 5-72　肝胆湿热及阳黄证常用方剂——茵陈蒿汤

名称	茵陈蒿汤
组成	茵陈蒿9 g,栀子6 g,大黄3 g。以16 kg犬为例,上3味,以水500 mL,先煎茵陈减200 mL,纳2味,煮取200 mL,去滓,分2服。排尿如皂荚汁状,色正赤,黄从尿中排出。
出处	《伤寒论》
功效	具有清热利湿退黄的功效。
主治	主治湿热黄疸,一身俱黄,色鲜明如橘子,腹微满,口中渴,排尿不利,舌苔黄腻,脉沉实或滑数。近代用于治疗急性传染性黄疸型肝炎、乙型肝炎、胆结石、胆囊炎、钩端螺旋体病等属湿热黄疸病证。
用药禁忌	茵陈蒿汤方中大黄为苦寒泻下药,久用或大量应用易伤正气。阴黄证不宜用本方。孕畜慎用。
方解	黄疸之发生与消退,和尿液通利与否有密切关系。排尿不畅,则湿热无从分消,故郁蒸发黄;排尿通利,则湿热得以下泄,而黄疸自退。黄疸有阴、阳之分,阳黄为湿热,阴黄为寒湿。本方为治湿热黄疸之主方,其病因皆缘于湿热交蒸,热不得外越,湿不得下泄,湿邪与瘀热郁蒸于肌肤,故而一身俱黄,排尿不利。阳明胃为土,其色黄,热重于胃,津液内瘀,聚结成为阳黄,若发热汗出,使热气得出,不再发黄。治宜清热利湿,逐瘀退黄。方中重用茵陈为君药,以其疏肝利胆,清热利湿退黄,以泄太阴、阳明之湿热,为祛黄之主药;臣药以栀子清热降火,通利三焦,引湿热自尿液而出;佐药以大黄泻热逐瘀,利粪便,导瘀热由粪便而下。三药合用,以利湿与泄热相伍,使二便通利,湿热得行,瘀热得下,则黄疸自退。
方歌	茵陈蒿汤治阳黄,栀子大黄组成方。

表 5-73　尿路结石证常用方剂——三金汤

名称	三金汤
组成	金钱草10 g,海金沙5 g,鸡内金3 g,石韦4 g,冬葵子4 g,瞿麦4 g。以18 kg犬为例,以水500 mL,煮取200 mL,去滓,分2服。
出处	《福建中医药》(1983,1:13)
功效	具有清热利湿,通淋排石的功效。
主治	主治泌尿系结石。
方解	以金钱草为君药,其性味微咸平,入肝、肾、膀胱经,能利水通淋、清热消肿,对治疗石淋有特效,有利于尿道结石的排出,故为君药;海金沙性味甘寒,入小肠、膀胱经,有利水通淋作用,治石淋茎痛,助金钱草的排石之功,故为臣药;炙鸡内金性味甘平,入脾、胃、小肠、膀胱经,健脾胃防消石药碍胃之弊,再以冬葵子、石韦、瞿麦相辅,均具有通淋的功效,共为佐药。本方治疗尿路结石有良好疗效。

表5-74 黄疸阴证常用方剂——茵陈四逆汤

名称	茵陈四逆汤
组成	干姜9 g,甘草(炙)12 g,附子(炮)1/5枚(去皮,破8片),茵陈12 g。以18 kg犬为例,水800 mL,煮取400 mL,去滓放温,分4次服。
出处	《卫生宝鉴·补遗》
功效	具有回阳退黄的功效。
主治	治黄疸阴证。全身暗黄、肢体逆冷、自汗、皮肤凉又烦热、喘呕、脉沉细迟无力、心下硬、按之痛、身体重、背恶寒、目不欲开、排尿利、排粪不尽。
方解	阴寒在后,后躯见阴证,阴脉沉迟,四逆;前躯见阳证,发黄、自汗。茵陈,治黄之要药,不分寒热,为君药;附子、干姜,回阳之要药,有阴寒即可应用,但需冷服,为臣药;炙甘草,调和诸药为使药。

(二)常用中药

常用利湿退黄中药见数字资源5-23,其他利湿退黄中药见表5-75。

数字资源5-23 常用利湿退黄中药

表5-75 其他利湿退黄中药

序号	中药	性味	归经	功效
1	地耳草	苦,平	肝、胆	利湿退黄,清热解毒,活血消肿
2	垂盆草	甘、淡、微酸,凉	肝、胆、小肠	利湿退黄,清热解毒
3	积雪草	苦、辛,寒	肝、脾、肾	清热利湿,解毒消肿
4	溪黄草	苦,寒	肝、胆、大肠	清热利湿,利湿退黄,凉血散瘀
5	鸡骨草	甘、微苦,凉	肝、胃	利湿退黄,清热解毒,疏肝止痛
6	珍珠草	甘、苦,凉	肝、肺	利湿退黄,清热解毒,明目,消积

子任务三 化湿方药

一、概述

1.化湿药

凡能化除湿浊,醒悦脾胃的药物,称为化湿药。化湿药,多芳香,故又称为"芳香化湿药"。使用化湿药后,可以使湿化除,从而解除湿困脾胃的症状,所以又称为"化湿醒脾药"或"化湿悦脾药"。

2.药性

化湿药性味大都辛温,归入脾胃,而且气味芳香,性属温燥。

3.功能

化湿药能宣化湿浊,醒悦脾胃而使脾运复健。脾胃为后天之本,主运化,喜燥而恶湿,喜暖而悦芳香,易为湿邪所困,湿困脾胃(又称湿阻中焦)则脾胃功能失常。

4.应用

①用于湿浊内阻、脾为湿困、运化失职引起的脘腹痞满、呕吐泛酸、粪溏、少食、体倦、舌苔白腻。

②用于湿温、暑湿。湿温也作湿瘟,即肠伤寒及副伤寒。暑湿指暑热挟湿的病证,夏季常见,症见胸脘痞闷、心烦、身热、舌苔黄腻。如暑湿困阻中焦,则见壮热烦渴、汗多尿少、胸闷身重;如暑湿弥漫三焦,则见咳嗽、身热、胸脘痞闷、粪溏、尿短赤,治宜清暑化湿。

5.化湿药应用注意事项

①化湿药的功效有化湿、燥湿,说明作用强弱不同,应根据湿阻中焦之程度适当选用,以免病重药轻或病轻药重。

②化湿药主要用于寒湿中阻,常配合温里药;如湿热,须配合清热燥湿药;如兼气滞,可配行气药;脾胃失运,可配健脾和胃药;如湿邪较重,还可与利水渗湿药配伍。

③化湿药功能化湿、燥湿,易于耗阴伤津,故阴虚津少、舌绛光剥患畜宜慎用。

④化湿药物多含挥发油,煎煮过久可降低或丧失疗效,故不宜久煎,应后下。

▶ 二、常见病证及治疗方剂

化湿药主要用于脾胃湿滞证,患病动物表现呕吐、腹泻、上腹部痞满疼痛、口淡、食少、嗳气吞酸、肢体倦怠嗜卧、粪溏、舌苔白腻而厚、脉缓。方用平胃散(表 5-76)。

表 5-76　脾胃湿滞证常用方剂——平胃散

名称	平胃散
组成	苍术(去粗皮,米泔浸 2 d)8 g,厚朴(去粗皮,姜汁制,炒香)5 g,陈皮(去白)5 g,甘草(锉,炒)3 g。以 18 kg 犬为例。共为细末,姜 5 片,枣 7 枚,煎汤分两次服。
出处	《和局方剂》
功效	具有燥湿运脾,行气和胃之功效。
主治	主治脾胃湿滞证,为燥湿和胃的基础方剂。治脾胃不和,不思饮食,心腹胁肋胀满刺痛,口苦无味,胸满短气,呕哕恶心,噫气吞酸,瘦弱,怠惰体重嗜卧,反胃,泄泻。现用于慢性胃炎、胃肠功能紊乱、胃及十二指肠溃疡等。
用药禁忌	湿滞脾胃可用,脾虚及老弱、阴虚患畜不宜应用。
方解	本方为治疗湿滞脾胃的主方。脾主运化,喜燥恶湿,脾为湿邪所困,则运化失常,进而阻碍气机,而见脘腹胀满,不思饮食,重则胃气上逆,呕哕噫气。湿性重滞,则身重嗜卧,下注泄泻。治宜燥湿运脾,行气和胃。方中君药用苍术,其味苦性温而燥,最善燥湿,兼以健脾,湿去而脾能健运,脾健则湿邪得化。如湿邪阻碍气机,气滞则湿郁,故方中用臣药厚朴,辛苦性温,不但能行气消满,且有芳香苦燥之性,行气而兼祛湿,与苍术配伍,燥湿以健脾,行气以化湿,湿去则脾得运化。方中佐药陈皮,理气和胃,芳香醒脾有助苍术、厚朴之力。方中使药甘草,调和诸药。煎加姜枣,可调和脾胃。综合全方,重在燥湿运脾,兼能行气除满,使湿浊得化,气机调畅,脾气健运,胃得和降,则诸证自除。
方歌	苍八甘三陈厚五,七枣同擂五片姜,升水共调煎一锅,胃寒食少灌安康。

▶ 三、常用中药

常用化湿中药见数字资源 5-24,其他化湿中药见表 5-77。

数字资源 5-24　常用化湿中药

表 5-77　其他化湿中药

序号	中药	性味	归经	功效
1	佩兰	辛,平	脾、胃、肺	化湿,解暑
2	草果	辛,温	脾、胃	燥湿温中散寒,除痰截疟

作业

1. 辨别用药:羌活与独活的区别;桑寄生、五加皮、狗脊的区别;茯苓、猪苓与泽泻的区别;茯苓与薏苡仁的区别;苍术、藿香与佩兰的区别;厚朴与苍术的区别。

2. 下列中药的功效和主治:独活、威灵仙、蕲蛇、防己、秦艽、桑寄生、五加皮、茯苓、猪苓、泽泻、薏苡仁、木通、车前子、滑石、茵陈蒿、苍术、厚朴、砂仁、白豆蔻。

3.独活寄生汤、五苓散、八正散、导赤散、茵陈蒿汤、平胃散的应用、中药组成、方歌、方解。

拓展

临床治疗膀胱湿热、尿路结石、肝胆湿热、胆石症、关节风湿等病证的方剂有哪些？

自我评价

评价内容	记忆情况	理解情况	百分制评分结果	不足与改进
临床常用祛风湿方剂独活寄生汤的中药组成、功效、主治、方歌、方解。				
祛风湿药独活、威灵仙、蕲蛇、防己、秦艽、桑寄生、五加皮的来源、药性、功效、应用。				
羌活与独活的区别；汉防己与木防己的区别；桑寄生、五加皮、狗脊的区别。				
临床常用利水渗湿方剂五苓散、八正散、导赤散、茵陈蒿汤、三金汤、茵陈四逆汤的中药组成、功效、主治、方歌、方解。				
常用利水渗湿药茯苓、猪苓、泽泻、薏苡仁、木通、车前子、滑石、通草、海金沙、石韦、扁蓄、茵陈蒿、虎杖、金钱草的来源、药性、功效、应用。				
茯苓、猪苓与泽泻的区别；茯苓与薏苡仁的区别；木通与通草的区别。				
临床常用方剂平胃散的中药组成、功效、主治、方歌、方解。				
常用芳香化湿药苍术、砂仁、白豆蔻、厚朴的来源、药性、功效、应用。				
苍术、藿香与佩兰的区别；豆蔻与砂仁的区别；厚朴与苍术的区别。				

任务九　理血方药

学习导读

教学目标

1. 活血化瘀方剂血府逐瘀汤、红花散、金铃子散、生化汤、通乳散的中药组成、功效、主治、方歌、方解。

2. 活血止痛药川芎、延胡索、郁金、五灵脂、乳香，活血调经药丹参、桃仁、红花、益母草、牛膝、王不留行，活血疗伤药土鳖虫、骨碎补，破血消癥药莪术、穿山甲、水蛭等常用中药的来源、药性、功效、应用。

3. 以下活血化瘀中药的区别：川芎与元胡；桃仁与红花；郁金与姜黄；乳香与没药；郁金与香附；蓬莪术与荆三棱；穿山甲与王不留行；水蛭与虻虫。

4. 止血方剂十灰散、十黑散、槐花散、黄土汤、抵当汤的中药组成、功效、主治、方歌、方解。

5. 凉血止血药大蓟、地榆、白茅根、槐花、侧柏叶，化瘀止血药三七、蒲黄、茜草，收敛止血药白及、仙鹤草，温经止血药艾叶、炮姜、灶心土等常用中药的来源、药性、功效、应用。

6. 以下止血中药的区别：大蓟与小蓟；白茅根与芦根；地榆与槐花；生姜、干姜和炮姜。

教学重点

1. 活血化瘀方剂中血府逐瘀汤、红花散、金铃子散、生化汤、通乳散的主治、方歌、方解。

2. 以下活血化瘀中药的区别：川芎与元胡；桃仁与红花；郁金与姜黄；乳香与没药；郁金与香附；蓬莪术与荆三棱；穿山甲与王不留行；水蛭与虻虫。

3. 止血方剂十灰散、十黑散、槐花散、黄土汤、抵当汤的主治、方歌、方解。

4. 以下止血中药的区别：大蓟与小蓟；白茅根与芦根；地榆与槐花；生姜、干姜和炮姜。

教学难点

1. 活血化瘀方剂中血府逐瘀汤、红花散、金铃子散、生化汤、通乳散的方歌、方解。

2. 活血止痛药川芎、延胡索、郁金、五灵脂、乳香，活血调经药丹参、桃仁、红花、益母草、牛膝、王不留行，活血疗伤药土鳖虫、骨碎补，破血消癥药莪术、穿山甲、水蛭等常用中药的功效、应用。

3. 止血方剂十灰散、十黑散、槐花散、黄土汤、抵当汤的方歌、方解。

4. 凉血止血药大蓟、地榆、白茅根、槐花、侧柏叶，化瘀止血药三七、蒲黄、茜草，收敛止血药白及、仙鹤草，温经止血药艾叶、炮姜、灶心土等常用中药的功效、应用。

课前思考

1. 产后恶露不行、小腹冷痛用什么方剂进行治疗？

2. 产后无乳或少乳用什么方剂进行治疗？

3. 膀胱积热所致的尿血用什么方剂进行治疗？

4. 脾阳虚便血用什么方剂进行治疗？

学习导图

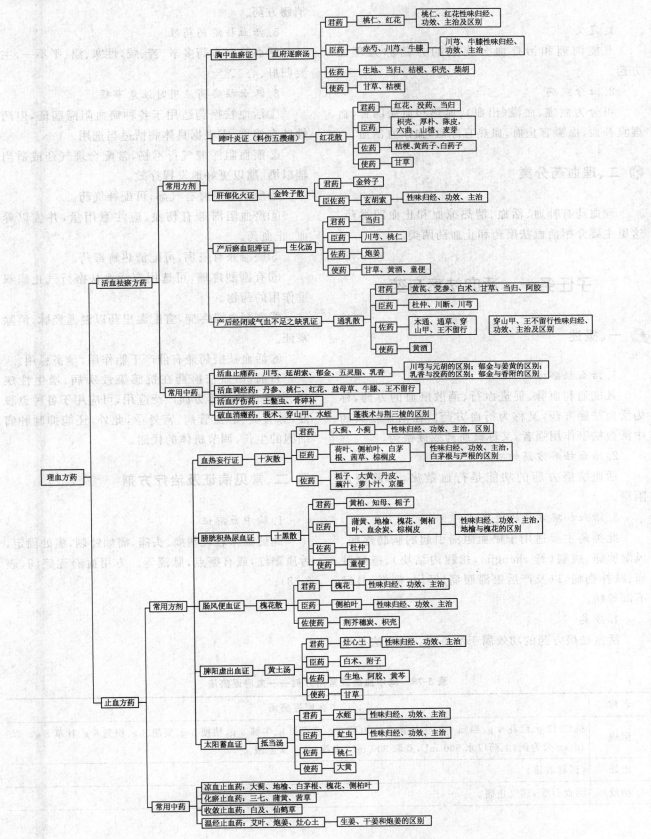

理血方药
- 活血祛瘀方药
  - 常用方剂
    - 胸中血瘀证 — 血府逐瘀汤
      - 君药：桃仁、红花 → 桃仁、红花性味归经、功效、主治及区别
      - 臣药：赤芍、川芎、牛膝 → 川芎、牛膝性味归经、功效、主治
      - 佐药：生地、当归、桔梗、枳壳、柴胡
      - 使药：甘草、桔梗
    - 蹄叶炎证（料伤五攒痛）— 红花散
      - 君药：红花、没药、当归
      - 臣药：枳壳、厚朴、陈皮、六曲、山楂、麦芽
      - 佐药：桔梗、黄药子、白药子
      - 使药：甘草
    - 肝郁化火证 — 金铃子散
      - 君药：金铃子
      - 臣佐药：玄胡索 → 性味归经、功效、主治
    - 产后瘀血阻滞证 — 生化汤
      - 君药：当归
      - 臣药：川芎、桃仁
      - 佐药：炮姜
      - 使药：甘草、黄酒、童便
    - 产后经闭或气血不足之缺乳证 — 通乳散
      - 君药：黄芪、党参、白术、甘草、当归、阿胶
      - 臣药：杜仲、川断、川芎
      - 佐药：木通、通草、穿山甲、王不留行 → 穿山甲、王不留行性味归经、功效、主治及区别
      - 使药：黄酒
  - 常用中药
    - 活血止痛药：川芎、延胡索、郁金、五灵脂、乳香 → 川芎与元胡的区别；郁金与姜黄的区别；乳香与没药的区别；郁金与香附的区别
    - 活血调经药：丹参、桃仁、红花、益母草、牛膝、王不留行
    - 活血疗伤药：土鳖虫、骨碎补
    - 破血消癥药：莪术、穿山甲、水蛭 → 蓬莪术与荆三棱的区别
- 止血方药
  - 常用方剂
    - 血热妄行证 — 十灰散
      - 君药：大蓟、小蓟 → 性味归经、功效、主治，区别
      - 臣药：荷叶、侧柏叶、白茅根、茜草、棕榈皮 → 性味归经、功效、主治，白茅根与芦根的区别
      - 佐药：栀子、大黄、丹皮、藕汁、萝卜汁、京墨
    - 膀胱积热尿血证 — 十黑散
      - 君药：黄柏、知母、栀子
      - 臣药：蒲黄、地榆、槐花、侧柏叶、血余炭、棕榈皮 → 性味归经、功效、主治，地榆与槐花的区别
      - 佐药：杜仲
      - 使药：童便
    - 肠风便血证 — 槐花散
      - 君药：槐花 → 性味归经、功效、主治
      - 臣药：侧柏叶 → 性味归经、功效、主治
      - 佐使药：荆芥穗炭、枳壳
    - 脾阳虚出血证 — 黄土汤
      - 君药：灶心土 → 性味归经、功效、主治
      - 臣药：白术、附子
      - 佐药：生地、阿胶、黄芩
      - 使药：甘草
    - 太阳蓄血证 — 抵当汤
      - 君药：水蛭 → 性味归经、功效、主治
      - 臣药：虻虫 → 性味归经、功效、主治
      - 佐药：桃仁
      - 使药：大黄
  - 常用中药
    - 凉血止血药：大蓟、地榆、白茅根、槐花、侧柏叶
    - 化瘀止血药：三七、蒲黄、茜草
    - 收敛止血药：白及、仙鹤草
    - 温经止血药：艾叶、炮姜、灶心土 → 生姜、干姜和炮姜的区别

一、概述

1. 定义

凡能调理和治疗血分疾病的方药称为理血方药。

2. 血分疾病

可分为血虚、血溢（出血）、血热和血瘀四种，血虚宜补血，血溢宜止血，血热宜凉血，血瘀宜活血。

二、理血药分类

理血药有补血、活血、清热凉血和止血四类药。这里主要介绍活血祛瘀药和止血药两类。

子任务一　活血祛瘀方药

一、概述

1. 活血祛瘀方药

凡能通利血脉、促进血行、消散瘀血的方药，称为活血祛瘀方药，又称为行血方药。在活血祛瘀药中活血祛瘀作用强者，又称破血药或逐瘀药。

2. 活血祛瘀方药的功能

活血祛瘀方药的功能是行血散瘀，解除瘀血阻滞。

3. 活血祛瘀方药的适用证

此类药主要适用于瘀血阻滞引起的胸胁疼痛、风湿痹痛、癥瘕（音 zhēngjiǎ，指腹内结块）、疮疡肿痛、跌扑伤痛，以及产后瘀滞腹痛、经闭、痛经、月经不调等病。

4. 分类

活血祛瘀方药的功效属于活血法。活血法是外

科和产科常用的一种疗法。根据特长偏重，又分为活血止痛方药、活血调经方药、活血疗伤方药、破血消癥方药。

5. 活血祛瘀药药性

活血祛瘀方药多辛、苦、咸，性寒、温、平不一，主要归肝、心二经。

6. 活血祛瘀药应用时注意事项

①活血祛瘀药适用于各种瘀血阻滞病证，但药性各有偏重，需根据具体病情适当选用。

②瘀血阻滞兼气行不畅，常配合理气药或适当辅以酒、醋以更好地发挥疗效。

③瘀血阻滞并有气虚，可配补气药。

④瘀血阻滞兼有伤血，应注意用量，并佐以养血、止血药。

⑤瘀滞兼有疮疡，可配清热解毒药。

⑥有剧烈疼痛，可选用有活血祛瘀行气止痛双重作用的药物。

⑦寒凝血滞疼痛，宜配温里药以温通经脉，消除寒证。

⑧活血祛瘀药兼有催产下胎作用，孕畜忌用。

目前，活血祛瘀药在抗感染性疾病、增生性疾病、微循环疾病等方面广泛应用，可应用于各种急腹证、脉管炎、心血管病、宫外孕，此外，还能抑制肿瘤细胞的生长，调节机体的代谢。

二、常见病证及治疗方剂

1. 胸中血瘀证

此证临床表现胸痛、头痛，痛如针刺，痛处固定，舌质黯红，或有瘀点，脉涩等。方用血府逐瘀汤（表5-78）。

表 5-78　胸中血瘀证常用方剂——血府逐瘀汤

名称	血府逐瘀汤
组成	桃仁 12 g、红花 9 g、当归 9 g、生地黄 9 g、川芎 5 g、赤芍 6 g、牛膝 9 g、桔梗 5 g、柴胡 3 g、枳壳 6 g、甘草 3 g。以 18 kg 犬为例，上药以水 600 mL，煮取 300 mL，去滓，分 3 次温服。
出处	《医林改错》
功效	活血行瘀，理气止痛。

续表 5-78

名称	血府逐瘀汤
主治	血府逐瘀汤是治疗胸中血瘀,血行不畅的代表方剂。临床用于胸痛,头痛,痛如针刺,痛处固定,舌质黯红,有瘀点、脉涩等。现常用于治疗冠心病、心绞痛、风湿性心脏病、胸部挫伤与肋软骨炎之胸痛,以及脑震荡后遗症之头晕、头痛、精神抑郁等属血瘀气滞病证。
方解	本方主治各种病证皆为瘀血内阻胸部,气机郁滞所致。胸中为气之所宗,血之所聚。血瘀胸中,气机阻滞,清阳郁遏不升,则胸痛、头痛日久不愈,痛如针刺,且有定处;胸中血瘀,导致胃气上逆,出现呃逆干呕,甚则水入即呛;瘀久化热,入暮潮热;瘀热扰心,则心悸、怔忡、失眠、多梦;郁滞日久,肝失条达,故急躁易怒;唇、目、舌、脉都会呈现出瘀血征象。治宜活血化瘀,兼以行气止痛。方中桃仁破血行滞润燥,红花活血祛瘀止痛,共为君药。赤芍、川芎助君药活血祛瘀;牛膝活血通经、祛瘀止痛、引血下行,共为臣药。生地、当归清热益阴、养血活血;桔梗主升,枳壳主降,一升一降,宽胸行气,调理肺的宣降功能;柴胡疏肝解郁,升达清阳,与桔梗、枳壳同用,善于理气行滞,使气行则血行,以上均为佐药。桔梗并能载药上行,甘草调和诸药,为使药。诸药相合,活血化瘀行气,诸证可愈,是治疗胸中血瘀证的良方。若瘀痛入络,可加地龙、全蝎、三棱、莪术等以破血通络止痛,多用于瘀血阻滞经络所致的肢体痹痛或周身疼痛等证;气机郁滞较重,可加川楝子、香附、青皮等以疏肝理气止痛;胁下有痞块,属血瘀,可酌加丹参、郁金、蟅虫、水蛭等以活血破瘀,消癥化滞;配伍温经止痛作用较强的小茴香、官桂、干姜,主治血瘀少腹之积块、月经不调、痛经等。中医讲气下则痰喘止,气行则痞胀消,气通则痛刺止,气利则后重除。故以枳实利胸膈,枳壳利肠胃,张仲景治胸痹痞满,以枳实为要药;治下血痔痢、大肠秘塞、里急后重,用枳壳以通为用。一般枳实不独治下,枳壳不独治高。枳实与枳壳可灵活应用。
用药禁忌	因血府逐瘀汤中活血祛瘀药物较多,故孕畜忌服。
方歌	血府逐瘀桃红当,芎地赤芍牛膝襄,柴胡枳壳桔梗草,血瘀气滞用煎汤。

2. 蹄叶炎证(料伤五攒痛)

蹄叶炎证表现站立时低头弯腰、四肢攒于腹下、食欲大减、吃草不吃料、粪稀带水、口色红、呼吸迫促、脉洪大等。方用红花散(表 5-79)。

表 5-79 蹄叶炎证常用方剂——红花散

名称	红花散
组成	红花 4 g、没药 4 g、当归 6 g、枳壳 4 g、厚朴 4 g、陈皮 4 g、六曲 6 g、山楂 6 g、麦芽 6 g、桔梗 4 g、白药子 4 g、黄药子 4 g、甘草 3 g。以 18 kg 羊为例,共为末,开水冲,候温灌服。
出处	《元亨疗马集》
功效	活血理气,清热散瘀,消食化积。
主治	主治料伤五攒痛,即蹄叶炎。表现站立时腰曲头低,四肢攒于腹下,食欲大减,吃草不吃料,粪稀带水,口色红,呼吸迫促,脉洪大等。对于因喂养过剩、运动不足或过食精料所致料伤五攒痛,均可按本方加减使用。
方解	本方用于喂精料过多,运动不足,脾胃运化失职,料毒流至肢蹄所致。方中红花、没药、当归活血祛瘀为君药;枳壳、厚朴、陈皮理气宽中,六曲、山楂、麦芽消积化食,共为臣药;桔梗开胸膈之滞气,黄、白药子凉血解毒为佐药;甘草和中缓急,调和诸药,为使药。诸药相合,以活血行气,消食除积。《元亨疗马集》中,名为红花散的有二方,另一方为红花、没药、当归、血竭、川楝子、枳壳、茴香、巴戟天、乌药、藁本、木通,主治闪伤腰胯。
用药禁忌	因方中活血祛瘀药物较多,故孕畜忌服。
方歌	活血化瘀红花方,黄白没药陈朴当,三仙枳壳桔甘草,料伤五攒痛服康。

3. 肝郁化火证

肝郁化火证表现肝气郁热之胃痛、胸胁痛、疝痛、母畜经行腹痛、热厥心痛,痛时发时止,口苦,舌红苔黄。方用金铃子散(表 5-80)。

表 5-80　肝郁化火证常用方剂——金铃子散

名称	金铃子散
组成	金铃子 30 g、延胡索 30 g。以 18 kg 犬为例,为末,每服 10 g,酒调下,或水煎服。
出处	《太平圣惠方》
功效	具有行气疏肝泄热,活血止痛之功效。
主治	主治肝气郁结、气郁化火之肝郁化火证,是治疗由肝郁化火所致心胸胁肋脘腹诸痛的代表方剂。表现肝气郁热之胃痛、胸胁痛、疝痛、母畜经行腹痛、热厥心痛,痛时发时止,口苦,舌红苔黄。现代常用于治疗慢性肝炎、慢性胆囊炎及胆石症、慢性胃炎、消化性溃疡等病。
方解	金铃子散方中金铃子即川楝子,疏肝行气,清泄肝火,为君药。延胡索行气活血,擅长止痛,增强金铃子行气止痛之功,为臣佐药。两药合用既可行气止痛,又能疏肝泄热,使气血畅,肝热清,则诸痛自愈。治疗胸胁疼痛,可酌加郁金、柴胡、香附等;脘腹疼痛,可酌加木香、陈皮、砂仁等;治疗痛经,可酌加当归、益母草、香附等;少腹疝痛,可酌加乌药、橘核、荔枝核等。
用药禁忌	孕畜忌用。
方歌	金铃子散止痛方,玄胡酒调效更强,疏肝泄热行气血,心腹胸胁痛经匡。

4.产后瘀血阻滞证

产后瘀血阻滞证表现产后恶露不行、子宫复旧不良、胎盘残留、小腹冷痛。方用生化汤(表 5-81)。

5.产后经闭或气血不足之缺乳证

产后经闭或气血不足之缺乳证表现产后无乳或少乳。方用通乳散(表 5-82)。

表 5-81　产后瘀血阻滞证常用方剂——生化汤

名称	生化汤
组成	当归 25 g、川芎 9 g、炙甘草 2 g、炮姜 2 g,桃仁 9 g(去皮尖双仁)。以 18 kg 犬为例,加黄酒 50 mL、童便 50 mL,加水 600 mL,煮取 300 mL,分 3 次温服。
出处	《傅青主女科》
功效	具有化瘀生新,温经止痛之功效。
主治	主治血虚寒凝、瘀血阻滞证。症见产后恶露不行,小腹冷痛。临床常用于治疗产后子宫复旧不良、产后宫缩疼痛、胎盘残留等属产后血虚寒凝、瘀血内阻病证,以及人工流产后出血不止、子宫肌瘤、子宫肥大症、宫外孕等。
方解	产后恶露不行,瘀血内阻,肚腹疼痛,当以活血化瘀为主,使瘀去新生,故名生化。方中重用当归活血补血为君药;川芎活血行气,桃仁活血祛瘀为臣药;炮姜温经止痛为佐药;甘草和中,黄酒、童便助药力直达病所为使药。诸药合用,活血化瘀,温经止痛。童便,即指 10 岁以下男童的童尿,其味咸,性寒,能滋阴降火、凉血散瘀,外用治疗跌打损伤、目赤肿痛;内服治疗阴虚火升引起的咳嗽、吐血、鼻衄及产后血晕等。
用药禁忌	生化汤辛温走窜。产后温病血热瘀滞患畜不宜应用。肝虚血燥,肝阳上亢时不宜应用。
方歌	生化汤是产后方,恶露不行痛难当,炮姜归草芎桃仁,童便黄酒效力彰。

表 5-82　产后经闭或气血不足之缺乳证常用方剂——通乳散

名称	通乳散
组成	黄芪 12 g、党参 8 g、白术 6 g、甘草 4 g、通草 6 g、当归 12 g、杜仲 4 g、川芎 6 g、续断 6 g、阿胶 12 g、木通 4 g、土炒穿山甲 6 g、炒王不留行 12 g。以 18 kg 犬为例,为末,开水冲,加黄酒 20 mL,分 3 次温服。
出处	江西省中兽医研究所。
功效	通络生血。

续表 5-82

名称	通乳散
主治	主治产后经络闭塞或体弱气血不足,出现无乳或少乳。
方解	本方用于产后经络闭塞或体弱气血不足之缺乳证。方中黄芪、党参、白术、甘草、当归、阿胶补气血治本,为君药;杜仲、续断、川芎补肝肾,通利肝脉,为臣药;木通、通草、穿山甲、王不留行通经下乳治标,为佐药;黄酒助药势,为使药。诸药相合,补气血,通乳汁。另可用熟地代替阿胶,去黄芪、党参、白术、甘草、杜仲、续断、木通,加瞿麦、花粉、生麦芽,为《集成良方三百种》中通乳散。
方歌	通乳散芪参术草,通草归杜芎断胶,木通山甲王不留,黄酒为引催乳好。

▶ 三、常用中药

常用活血祛瘀中药见数字资源 5-25。

数字资源 5-25　常用活血祛瘀中药

子任务二　止血方药

▶ 一、概述

1. 定义

凡制止体内外出血的方药,称为止血方药。

2. 适用证

止血药用于各部位出血病证,如咯血、衄血、吐血、尿血、便血、崩漏、紫癜及创伤出血等。

3. 止血药分类

根据各类止血药的药性特点可分为收敛止血药、凉血止血药、活血止血药和温经止血药四类。

(1)凉血止血药　味多苦、甘,性寒凉,入心、肝经。清泄血分之热,用于血热妄行所致之出血病证,伴有发热或不发热,但舌红、脉数、烦躁、口渴贪饮、口干舌燥、舌苔黄等证。凉血止血药易致血瘀气滞,故热证出血而有明显瘀滞时,不宜大量应用凉血止血药,如有必要需适当配伍活血止血药。本类药物有小蓟、大蓟、地榆、槐花、侧柏叶、白茅根等。

(2)活血止血药(又称为化瘀止血药)　味多苦,性温或寒,入肝经。适用于跌打损伤及瘀阻经脉而致不循环的出血证,瘀血不去,则血不归经,所以出血不止,化瘀止血药能显著提高止血效果,且能止血而不留瘀。本类药物有三七、蒲黄、茜草等。

(3)收敛止血药　味多涩,性多平,入肝、脾经。用于内无实邪之各种出血证,一般都炒炭入药以增强其收敛止血功能,多用于外伤出血。本类药物有白及、仙鹤草等。

(4)温经止血药　味多辛,性温热,入肝、脾经。用于脾不统血,冲脉失固之虚寒性出血,如崩漏出血等。常用药有艾叶、炮姜、灶心土等。

4. 应用注意事项

①止血药临床应用时,须根据药性选择相适应的止血药物进行治疗。

②止血药是治标之品,临床应用需根据寒热虚实用药。临床上的寒证出血,实际上是指一些慢性病出血,兼见口色淡白虚象,应与温经止血药同用;如属血热妄行(如肺胃积热,小肠积热等),应选用凉血止血药;若属于阴虚阳亢,应与滋阴潜阳药同用。

③凉血止血药一般忌用于虚寒证,温经止血药忌用于热盛证,收敛止血药主要适用于出血日久不止而无邪瘀证,以免留瘀留邪。

④大量出血出现气随血脱、亡阳、亡阴之证,首应考虑大补元气、急救回阳,以免贻误病机。

⑤止血药用量与用法各自不同,有的需炒炭(如艾叶),有的不需炒(如三七),有的主要用于汤剂(如蒲黄),有的直接研粉吞服(如白及),有的需用量较大(如仙鹤草),当各随药性使用。

⑥根据出血原因用药。肝气上逆引起的出血,除了止血外,还得平肝,加郁金、石决明、栀子等。

⑦根据出血部位用药。用于各部位出血的有仙鹤草、紫珠、铁苋菜;用于肺出血的有白及、三七;用于便血的有地榆、槐花、卷柏、伏龙肝、艾叶、棕

桐炭;用于胃出血的有藕节、百草霜、白及、茜草;用于尿道出血的有血余炭、旱莲、白茅根、地锦草、紫珠草;用于产后出血的有血余炭、茜草、棕榈炭;用于血小板减少性紫癜的有花生衣、土大黄;用于外伤出血的有海螵蛸、紫珠;用于鼻出血的有白茅根、黑山栀等。

二、常见病证及治疗方剂

1.血热妄行证

血热妄行证表现吐血、呕血、咯血、咳血,血色鲜红,心烦口渴,粪干,尿短赤,舌红脉数。特别是气火上冲引起的上部出血证。方用十灰散(表 5-83)。

表 5-83　血热妄行证常用方剂——十灰散

名称	十灰散
组成	大蓟、小蓟、荷叶、侧柏叶、白茅根、茜草根、栀子、大黄、丹皮、棕榈皮等份,各 9 g,以 18 kg 犬为例,各药炒炭存性研细为末,藕汁或萝卜汁、京墨适量调服 15 g。食后服下。也可作汤剂。
出处	《十药神书》
功效	具有凉血止血之功效。
主治	主治血热妄行证。症见吐血、呕血、咯血、咳血,血色鲜红,心烦口渴,粪干,尿短赤,舌红脉数。现常用于治疗上消化道出血、支气管扩张及肺结核咯血等。
方解	十灰散主治火热炽盛、灼伤血络、迫血妄行的各种出血证,特别是气火上冲引起的上部出血证,治疗原则是凉血、止血。方中大蓟、小蓟甘凉,长于凉血止血,且能祛瘀,为君药;荷叶、侧柏叶、白茅根、茜草皆能凉血止血,棕榈皮收涩止血,与君药相配,增强止血之功,皆为臣药;栀子清肝泻火,大黄导热下行,折其上炎之势,可使邪热从粪尿而出,使气火降而助血止,为佐药;用丹皮凉血祛瘀,使止血而不留瘀,亦为佐药;藕汁能清热凉血散瘀,萝卜汁降气清热以助止血,京墨收涩止血,皆属佐药。诸药炒炭存性,也可加强收敛止血之力。全方集凉血、止血、清降、祛瘀诸法于一方,但以凉血止血为主,使血热清,气火降,则出血自止。
用药禁忌	虚寒出血证忌用。
方歌	十灰散用十般灰,柏茜茅荷丹桐随;二蓟栀黄皆炒黑,凉降止血此方推。

2.膀胱积热尿血证

膀胱积热尿血证表现过劳膀胱积热所致的尿血。方用十黑散(表 5-84)。

表 5-84　膀胱积热尿血证常用方剂——十黑散

名称	十黑散
组成	黄柏 6 g、知母 6 g、栀子 5 g、蒲黄 6 g、地榆 6 g、槐花 4 g、侧柏叶 4 g、血余炭 3 g、棕榈皮 4 g、杜仲 5 g。以 18 kg 犬为例,各药炒炭存性研细为末,分 2 次,开水冲,候温加童便 40 mL 灌服。
出处	《中兽医诊疗经验第二集》
功效	具有清热泻火、凉血止血之功效。
主治	主治膀胱积热所致的尿血。
方解	本方主治劳伤过度,热积膀胱之尿血证。方中黄柏、知母、栀子清降肾火,以治热淋血尿为主药;蒲黄、地榆、槐花、侧柏叶、血余炭、棕榈皮均为收敛止血凉血之品,以治尿血为辅;杜仲补肝肾固本,以治劳伤,为佐药;童便清热滋阴降火,引药归经为使药。诸药合用,清热泻火,凉血止血。
用药禁忌	虚寒出血证忌用。
方歌	十黑散栀槐柏叶,榆蒲杜仲知黄柏,血余棕榈均炒黑,热伤血尿方妥帖。

3. 肠风便血证

肠风便血证主治热证肠风便血。症见便血，以及痔疮出血，血色鲜红或晦暗，舌红，脉数。方用槐花散（表5-85）。

4. 脾阳虚出血证

脾阳虚出血证表现便血、吐血、衄血，或崩漏，血色黯淡，四肢不温，舌淡苔白，脉沉细无力。方用黄土汤（表5-86）。

5. 太阳蓄血证

太阳蓄血证表现发狂、易忘、少腹硬满拒按、粪便色黑有血、脉沉结、母畜经闭、身黄有微热。方用抵当汤（表5-87）。

表5-85 肠风便血证常用方剂——槐花散

名称	槐花散
组成	炒槐花12 g、炒侧柏叶12 g、荆芥穗炭6 g、炒枳壳6 g。以18 kg犬为例，研为细末。每次12 g，空腹时用米汤候温调下。
出处	《普济本事方》
功效	具有凉血止血，清肠疏风之功效。
主治	主治热证便血。症见便血，以及痔疮出血，血色鲜红或晦暗，舌红，脉数。
方解	便血有肠风、脏毒之分，血清而色鲜为肠风，浊暗为脏毒。为风热与湿热毒邪壅遏肠道，损伤脉络，血渗外溢所致，治以清肠凉血为主，兼以疏风行气。方中槐花苦寒，清大肠湿热，凉血止血，为君药。侧柏叶苦涩性寒，清热凉血，燥湿收敛，为治热证出血的要药，与槐花相合可加强凉血止血之功，为臣药。荆芥穗辛散疏风，微温不燥，炒黑能入血分，与上药相配，疏风理血；枳壳宽肠行气，使肠胃腑气下行，为佐使药。诸药合用，既能凉血止血，又能疏风行气。若肠中热盛，可加黄连、黄芩以清肠中湿热；下血量多，可加地榆、槐花以加强清热止血之力。
用药禁忌	由于方中药性寒凉，故只宜暂用，不宜久服。便血日久，气虚或阴虚患畜不宜使用。
方歌	槐花散能治肠风，芥穗枳壳侧柏从，用时诸药须炒黑，疏风清热止血功。

表5-86 脾阳虚出血证常用方剂——黄土汤

名称	黄土汤
组成	灶心黄土30 g、甘草9 g、干地黄9 g、白术9 g、附子（炮）9 g、阿胶9 g、黄芩9 g。以18 kg犬为例，上七味，用水800 mL，煮取300 mL，分2次温服。
出处	《金匮要略方论》
功效	具有温阳健脾，养血止血之功效。
主治	主治脾阳虚出血。症见便血，或吐血、衄血，或崩漏，血色黯淡，四肢不温，舌淡苔白，脉沉细无力。现常用于脾阳不足引起的慢性胃肠道出血及功能性子宫出血。
方解	黄土汤主治的出血证都因脾阳不足所致，脾主统血，脾阳不足，失去统摄之力，则血上溢而吐衄，下走而为便血、崩漏。血色黯淡，四肢不温，舌淡苔白，脉沉细无力等，皆为脾气虚寒及阴血不足之象。治当标本兼顾。方中灶心土即伏龙肝，辛温而涩，功能温中、收敛、止血，为君药；白术、附子健脾温阳，以恢复脾统摄血液之力，为臣药；生地、阿胶滋阴养血止血，既可补益阴血之不足，又可制约术、附温燥伤血之弊，生地、阿胶又可在白术、附子存在的情况下避免滋腻呆滞碍脾，为佐药；方用黄芩苦寒，不仅止血，且又佐制温热以免动血，亦为佐药；甘草为使药，调和诸药并益气调中。诸药合用，标本兼顾，刚柔相济，刚药温阳健脾，柔药补血止血。去干地黄、附子，加香附、干姜炭而成徐自恭的牛粪血方。
用药禁忌	黄土汤药性辛温，故热证所致便血或崩漏患畜不宜使用。
方歌	黄土汤中术附芩，阿胶甘草地黄并，便后下血功独显，吐衄崩中效亦灵。

表 5-87 太阳蓄血证常用方剂——抵当汤

名称	抵当汤
组成	水蛭(熬)30 个,虻虫 30 个(去翅足,熬),桃仁 20 个(去皮尖),大黄 10 g(酒洗)。以 18 kg 犬为例,以水 500 mL,煮取 300 mL,去滓温服 100 mL,不下再服。
出处	《伤寒论》
功效	具有攻逐蓄血之功效。
主治	主治太阳病 6、7 d,表证仍在,后焦蓄血所致的发狂、易忘、少腹硬满拒按、粪便色黑有血、脉沉结、经闭、身黄有微热。
方解	血在上则忘,血在下则狂。水蛭为君药,能破结血;虻虫为臣药,咸能胜血;桃仁甘辛,破血散热为佐药;大黄苦能下结热为使药。《伤寒附翼》:水蛭,虫之巧于饮血者也;虻,飞虫之猛于咂血者也;兹取水陆之善饮血者攻之,同气相求耳;更佐桃仁之推陈致新,大黄之苦寒,以荡涤邪热。名之曰抵当者,谓直抵其当攻之所也。
用药禁忌	孕畜忌用,胆结石及肝病、胃溃疡穿孔等痛证不宜用。

◎ 三、常用中药

常用止血中药见数字资源 5-26。

数字资源 5-26 常用止血中药

作业

1.辨别用药:桃仁与红花的区别;郁金与姜黄的区别;郁金与香附的区别;川芎与元胡的区别;乳香与没药的区别;蓬莪术与荆三棱的区别;穿山甲与王不留行的区别;水蛭与虻虫的区别;白茅根与芦根的区别;地榆与槐花的区别;生姜、干姜和炮姜的区别。

2.简述下列中药的功效和主治:川芎、延胡索、郁金、丹参、益母草、牛膝、桃仁、红花、大蓟、地榆、白茅根、三七、蒲黄、艾叶、炮姜、灶心土。

3.简述红花散、生化汤、通乳散、十灰散、十黑散、黄土汤等方剂的应用、中药组成、方歌、方解。

拓展

云南白药的功效和主治有哪些?

自我评价

评价内容	记忆情况	理解情况	百分制评分结果	不足与改进
临床常用方剂血府逐瘀汤、红花散、金铃子散、生化汤、通乳散的中药组成、功效、主治、方歌、方解。				
活血止痛药川芎、延胡索、郁金、五灵脂、乳香,活血调经药丹参、桃仁、红花、益母草、牛膝、王不留行,活血疗伤药土鳖虫、骨碎补,破血消癥药莪术、穿山甲、水蛭等常用中药的来源、药性、功效、应用。				
以下活血化瘀药的区别:川芎与元胡;桃仁与红花;郁金与姜黄;乳香与没药;郁金与香附;蓬莪术与荆三棱;穿山甲与王不留行;水蛭与虻虫。				

续表

评价内容	记忆情况	理解情况	百分制评分结果	不足与改进
临床常用止血方剂十灰散、十黑散、槐花散、黄土汤、抵当汤的中药组成、功效、主治、方歌、方解。				
凉血止血药大蓟、地榆、白茅根、槐花、侧柏叶,化瘀止血药三七、蒲黄、茜草,收敛止血药白及、仙鹤草,温经止血药艾叶、炮姜、灶心土等常用中药的来源、药性、功效、应用。				
以下止血中药的区别:大蓟与小蓟;白茅根与芦根;地榆与槐花;生姜、干姜和炮姜。				

任务十　理气方药

学习导读

教学目标

1.理气方剂中柴胡疏肝散、越鞠丸、橘皮散的中药组成、功效、主治、方歌、方解。

2.理气药中橘皮、青皮、枳实、枳壳、木香、香附、乌药、川楝子、佛手、薤白、大腹皮等常用中药的来源、药性、功效、应用。

3.以下理气中药的区别:橘皮与青皮;枳实与枳壳;枳实与厚朴;木香与香附;木香与乌药。

教学重点

1.理气方剂中柴胡疏肝散、越鞠丸、橘皮散的功效、主治、方歌。

2.理气药中橘皮、青皮、枳实、枳壳、木香、香附等常用中药的功效、应用。

教学难点

1.理气方剂中柴胡疏肝散、越鞠丸、橘皮散的方歌、方解。

2.以下理气中药的区别:橘皮与青皮;厚朴与枳实;枳实与枳壳;木香与香附;木香与乌药。

课前思考

1.两胁肋疼痛、胸闷、嗳气、脘腹胀满用什么方剂进行治疗?

2.胸膈痞闷、脘腹胀痛、吞酸呕吐、完谷不化用什么方剂进行治疗?

3.腹痛、回头顾腹、不停起卧、肠鸣、口色青淡、脉象沉涩用什么方剂进行治疗?

学习导图

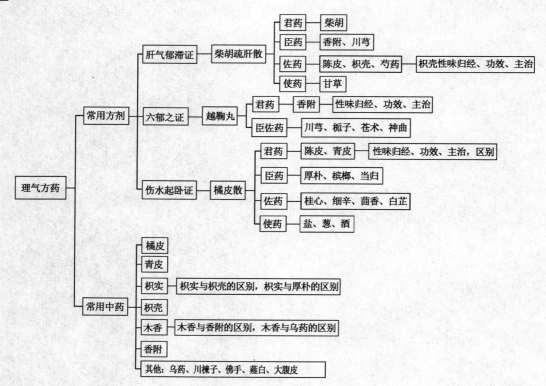

一、概述

1.定义

凡能调理气分、疏畅气机的方药,称为理气方药。理气药因其善于行散气滞,故又称为行气药,作用较强者称为破气药。

2.应用

理气药主要用于气滞证(见痞、满、胀、痛)、气逆证(见恶心、呕吐、呃逆、喘息)。气滞多由气候突变、精神抑郁、饲养管理不良引起,或因其他因素,如痰饮、湿邪、瘀血等所致。

(1)脾胃气滞　主要表现脘腹胀痛、呕吐、腹泻、便秘。宜理气健脾。若食积配消食药;湿浊中阻配化湿药;脾胃气虚配补中益气药;兼寒兼热,配温里药或清热药。

(2)肝气滞　两肋胀痛、疝痛、睾丸肿痛、乳房胀痛。宜疏肝解郁。兼肝血不足需配伍养血柔肝药;兼瘀血阻滞需配伍活血化瘀药。

(3)肺气滞　胸闷、胸痛、咳喘。宜宽胸理气。多配伍止咳平喘药或化痰药。

3.药性及功效

理气药多辛温芳香,性善走串,能入脾胃肺肝经。分别具有疏肝解郁、行气止痛、降气止逆、顺气宽中、破气散结等功能。气滞病证,主要为胀满疼痛。气滞日久不治,可进而生痰、动火、积留血液。理气药功能疏通气机,既能缓解胀满疼痛,又能防止胀、满、瘀的发生。所以,凡属气滞病证及时应用理气药治疗具有重要意义。

4.应用理气药的注意事项

①气滞之证,病因各异,兼夹之邪亦不相同,故临床应用理气药时宜作适当的配伍。如肺气壅滞,因外邪袭肺,当配合宣肺止咳药;如痰热郁肺,咳嗽气喘,当配合清热化痰药;脾胃气滞而兼有湿热,宜配清利湿热药;兼有寒湿困脾,需并用温中燥湿药;食积不化时应加消食导滞药;兼脾胃虚弱,可加益气健脾药。

②本类药物大多辛温香燥,易耗气伤阴,故气弱阴虚患畜慎用。

③本类药物中行气力强的,易伤胎气,孕畜慎用。

④本类药物多含有挥发油成分,不宜久煎,以免影响药效。

据现代研究,本类药物主要对消化道功能有调节作用,有的能兴奋胃肠道平滑肌,使其收缩增强,紧张性增加,从而有利于胃肠积气排出,消除或缓解痞、满、胀、痛等症状,或促进消化液分泌,改善消化吸收功能,起到健脾开胃的作用,有的则抑制胃肠道蠕动,缓解其痉挛而止痛,这些均与本类药的行气和胃止痛作用有关。另外,有的能抑制组胺释放,缓解支气管平滑肌的痉挛,而呈降气平喘作用,有的能促进气管分泌功能,使痰液稀释而易于排出,起到祛痰或化痰的作用。此外,尚有部分药物对子宫、心脏、血管等有作用。

二、常见病证及治疗方剂

1.肝气郁滞证

肝气郁滞证表现胁肋疼痛、胸闷、抑郁或者易怒、嗳气、脘腹胀满、脉弦。方用柴胡疏肝散(表5-88)。

2.六郁之证

六郁之证即气、食、血、湿、痰、火郁,表现胸膈痞闷、脘腹胀痛、吞酸呕吐、完谷不化。方用越鞠丸(表5-89)。

表 5-88　肝气郁滞证常用方剂——柴胡疏肝散

名称	柴胡疏肝散
组成	醋炒陈皮、柴胡各 6 g,川芎、香附、麸炒枳壳、芍药各 5 g,炙甘草 3 g。以 18 kg 犬为例,水 300 mL,煎至 100 mL 食前服用。
出处	《景岳全书》
功效	具有疏肝解郁,行气止痛的功效。
主治	主治肝气郁滞证。症见两胁肋疼痛、胸闷、善太息、抑郁或者易怒、嗳气、脘腹胀满、脉弦。

续表 5-88

名称	柴胡疏肝散
方解	肝主疏泄,性喜条达,其经脉布胁肋循少腹。若情志抑郁,肝失条达,则致肝气郁结,经气不利,故见胁肋疼痛、胸闷、脘腹胀满、抑郁、易怒、善太息;脉弦为肝郁不舒之征。《内经》指出木郁达之,治宜疏肝理气。方中柴胡善疏肝解郁,为君药;香附理气疏肝止痛,川芎活血行气止痛,二药相合,助柴胡解肝经之郁滞,增强行气活血止痛之功效,共为臣药;陈皮、枳壳理气行滞,芍药养血柔肝止痛,均为佐药;甘草调和诸药,缓急止痛,为使药。诸药相合,共奏疏肝行气、活血止痛之功。
用药禁忌	本方芳香辛燥,易耗气伤阴,不宜久服。
方歌	柴胡疏肝芍药芎,陈皮枳壳草香附,疏肝解郁行气滞,胸胁疼痛自能除。

表 5-89　六郁之证常用方剂——越鞠丸

名称	越鞠丸
组成	香附、苍术、川芎、神曲、栀子各 6 g。以 18 kg 犬为例,上药为末,水泛为丸,如绿豆大。每服 6～9 g,温水送下。
出处	《丹溪心法》
功效	具有行气解郁,消胀宽中的功效。
主治	主治气、血、痰、火、湿、食等六郁,胸膈痞闷,脘腹胀痛,吞酸呕吐,完谷不化。现常用于胃肠功能紊乱、胃及十二指肠溃疡、慢性胃炎、消化不良、胆石症、胆囊炎、肝炎、肋间神经痛、精神抑郁症、痛经,以及偏头痛等。
方解	越鞠丸所治六郁之证是由于肝脾气机郁滞,以致气、血、痰、火、食、湿等停滞成郁。机体以气为本,气和则病无由生。情志、饮食、寒热均可引起气机郁滞。气滞则肝气不舒,肝病及脾,脾胃气滞,升降失常,运化失常,故见胸膈痞闷、脘腹胀痛、吐酸、食滞不化等。肝郁气滞,气滞则血行不畅,或郁久化火。故气、血、火三郁责在肝(胆);湿、痰、食三郁责在脾(胃)。虽六郁,但重在气郁。治当以行气解郁为主,气行则血畅,气畅则痰、火、湿、食诸郁自解。越鞠丸方中以香附行气解郁,以治气郁,为君药。川芎为血中之气药,既可活血祛瘀,以治血郁,又可助香附行气解郁;栀子清热泻火,以治火郁;苍术燥湿运脾,以治湿郁;神曲消食导滞,以治食郁,共为臣佐药。
用药禁忌	越鞠丸所治诸郁均属实证,若为虚证引起的郁滞,则宜配伍补益药,不可单独使用。
方歌	六郁欲施越鞠丸,气食血湿痰火郁,芎苍曲附并栀添,气畅郁舒痛闷展。

3. 伤水腹痛起卧证

伤水腹痛起卧证表现腹痛、回头顾腹、不停起卧、肠鸣、口色青淡、脉象沉涩。方用橘皮散(表 5-90)。

表 5-90　伤水腹痛起卧证常用方剂——橘皮散

名称	橘皮散
组成	青皮、陈皮、当归、茴香、厚朴各 6 g,桂心、白芷、槟榔各 3 g,细辛 1 g。以 18 kg 犬为例,上药为末,加葱、盐、酒调服。
出处	《元亨疗马集》
功效	具有理气活血,暖肠止痛的功效。
主治	伤水腹痛起卧证,症见回头顾腹、起卧、肠鸣、口色青淡、脉象沉涩。如排尿不利,加滑石、木通,肠鸣重加苍术、皂角,气胀、起卧不安加木香、丁香、藿香、麻油。
方解	伤水起卧证,伤水为本,腹痛为标,本方取标本兼治,病证急以治标为主要任务。方中陈皮、青皮辛温理气为君药;厚朴宽中下气,槟榔行气消导,当归活血顺气,共为臣药;水为阴,其性阴寒,桂心温中回阳,细辛、茴香、白芷散寒止痛,共为佐药;盐、葱、酒引经为使药。
方歌	橘皮散中青陈归,桂辛芷朴槟榔茴,飞盐苦酒葱三茎,伤水腹痛首方推。

三、常用中药

常用理气中药见数字资源5-27。

数字资源 5-27　常用理气中药

作业

1.辨别用药：橘皮与青皮的区别；厚朴与枳实的区别；枳实与枳壳的区别；木香与香附的区别；木香与乌药的区别。

2.下列中药的功效和主治：橘皮、青皮、枳实、枳壳、木香、香附、乌药、川楝子、佛手、薤白、大腹皮。

3.理气方剂中柴胡疏肝散、越鞠丸、橘皮散等方剂的应用、中药组成、方歌、方解。

拓展

柴胡舒肝丸和香砂养胃丸的中药组成和临床应用有何不同？

自我评价

评价内容	记忆情况	理解情况	百分制评分结果	不足与改进
临床常用方剂柴胡疏肝散、越鞠丸、橘皮散的中药组成、功效、主治、方歌、方解。				
理气药中橘皮、青皮、枳实、枳壳、木香、香附、乌药、川楝子、佛手、薤白、大腹皮等常用中药的来源、药性、功效、应用。				
以下活血化瘀药的区别：橘皮与青皮；厚朴与枳实；枳实与枳壳；木香与香附；木香与乌药。				

任务十一　固涩方药

学习导读

教学目标

1. 固表止汗方剂牡蛎散的中药组成、功效、主治、方歌、方解。

2. 固表止汗药浮小麦、糯稻根、麻黄根的来源、药性、功效、应用。

3. 敛肺涩肠方剂生脉散、都气丸、乌梅散、四神丸的中药组成、功效、主治、方歌、方解。

4. 敛肺涩肠药五味子、五倍子、乌梅、诃子、石榴皮、肉豆蔻、赤石脂的来源、药性、功效、应用。

5. 固精缩尿止带方剂固冲汤、肾气丸的中药组成、功效、主治、方歌、方解。

6. 固精缩尿止带药山茱萸、覆盆子、桑螵蛸、乌贼骨、莲子、芡实的来源、药性、功效、应用。

7. 以下固涩中药的区别：麻黄与麻黄根；五倍子与五味子；乌梅与诃子；海螵蛸与桑螵蛸；芡实与莲子。

教学重点

1. 固表止汗方剂牡蛎散的功效、主治、方歌。

2. 敛肺涩肠方剂生脉散、都气丸、乌梅散、四神丸的功效、主治、方歌。

3. 敛肺涩肠药五味子、五倍子、乌梅、诃子、石榴皮、肉豆蔻、赤石脂的功效、应用。

4. 固精缩尿止带方剂固冲汤、肾气丸的功效、主治、方歌。

5. 固精缩尿止带药山茱萸、覆盆子、桑螵蛸、乌贼骨、莲子、芡实的功效、应用。

教学难点

1. 固表止汗方剂牡蛎散的功效、主治、方歌、方解。

2. 敛肺涩肠方剂生脉散、都气丸、乌梅散、四神丸的功效、主治、方歌、方解。

3. 固精缩尿止带方剂固冲汤、肾气丸的功效、主治、方歌、方解。

4. 以下固涩中药的区别：麻黄与麻黄根；五倍子与五味子；乌梅与诃子；海螵蛸与桑螵蛸；芡实与莲子。

课前思考

1. 自汗、盗汗、心悸、气短、舌淡、脉细弱用什么方剂进行治疗？

2. 汗多、神疲、体倦、气短、咽干、口渴、舌红、少苔、脉虚用什么方剂进行治疗？

3. 咳嗽、喘促、滑精、尿频、腰痛、俯仰不利用什么方剂进行治疗？

4. 五更泄泻、纳少、神疲乏力、腹痛肢冷、舌淡苔薄白、脉沉迟无力用什么方剂进行治疗？

学习导图

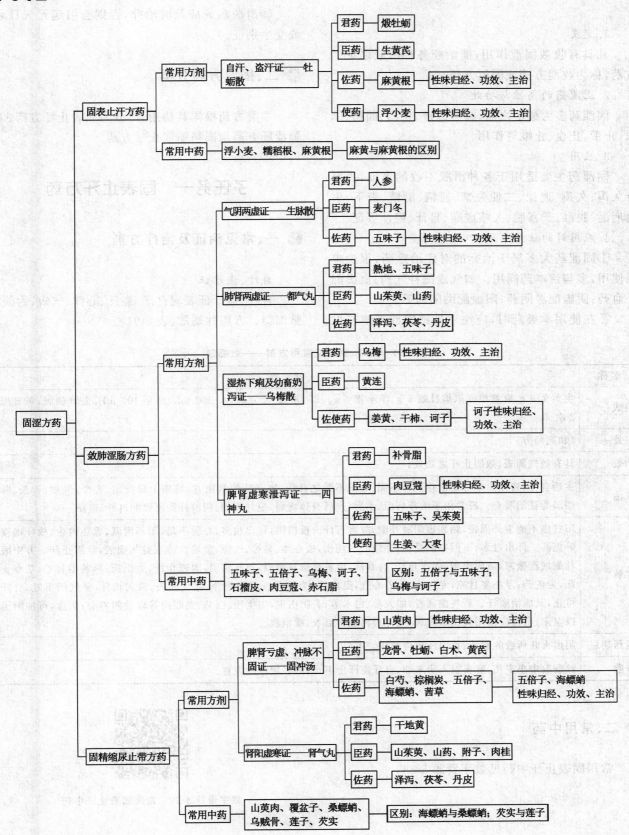

一、概述

1. 定义

凡具有收敛固涩作用,能治疗各种滑脱之证的方药,称为收涩方药或固涩方药。

2. 固涩药的药性与功效

固涩药多为酸涩之品,具有敛汗、止泻、固精、缩尿、止带、止血、止嗽等作用。

3. 应用

固涩药主要适用于各种滑脱不收的虚证,主要有久泻、久痢、遗尿、二便失禁、遗精、滑精、带下、失血崩漏、脱肛、子宫脱、久咳虚喘、自汗、盗汗等证。

4. 应用时的注意事项

①固涩药大多属于治标的对症治疗药,很少单独使用,多与治本药同用。如气虚配补气药;血虚配补血药;阴虚配滋阴药;阳虚配助阳药等。

②在使用本类药时,应注意外感实邪未解或里证未清或泻痢、咳嗽初起时,不宜早用,以防闭门留寇,必要时,宜配伍祛邪药同用。

③滑脱病证应及时治疗,否则会引起元气日衰或变生别证。

二、固涩方药分类

本类方药根据其功用,可分为固表止汗方药、敛肺涩肠方药与固精缩尿止带方药。

子任务一　固表止汗方药

一、常见病证及治疗方剂

自汗、盗汗证

自汗、盗汗证表现自汗、盗汗、心悸、气短、舌淡、脉细弱。方用牡蛎散(表 5-91)。

表 5-91　自汗、盗汗证常用方剂——牡蛎散

名称	牡蛎散
组成	生黄芪 6 g、麻黄根 6 g、煅牡蛎 6 g、浮小麦 6 g。以 18 kg 犬为例,水 200 mL,煎至 100 mL,去渣热服,每日服 2 次。
出处	《和剂局方》
功效	具有益气固表,敛阴止汗之功效。
主治	主治自汗、盗汗。本方是治疗卫外不固、心阳不潜之自汗、盗汗证的常用方,临床上以汗出、心悸、气短、舌淡、脉细弱为证治要点。现常用于治疗病后、术后、产后身体虚弱、卫外不固、阴液外泄所致的自汗、盗汗。
方解	阳气虚不能卫外固密,则表虚阴液外泄,故常自汗。夜属阴,汗出过多,心阴不足,阳不潜藏,虚热内生,故汗出夜卧更甚。汗出过多,不但心阴受损,亦使心气耗伤,故心悸、易惊、气短、烦倦。治宜益气固表,敛阴止汗。方中煅牡蛎咸涩微寒,敛阴潜阳,固涩止汗,为君药;生黄芪味甘微温,益气实卫,固表止汗,为臣药;麻黄根甘平,功专止汗,为佐药;浮小麦甘凉,专入心经,养心气,退虚热,为使药。诸药相合,益气固表,敛阴止汗,使气阴得复,自汗可止,又能治盗汗。若气虚甚者,加人参、白术等;若阴伤重,加生地、白芍、龙眼肉等以益阴养心;阳虚,可加附子以温阳;自汗应重用黄芪以固表;盗汗可再加稻豆衣、糯稻根。
用药禁忌	阴虚火旺所致的盗汗、亡阳汗出应禁用。
方歌	牡蛎散中小麦芪,麻黄根入研末细,自汗盗汗出不止,固表敛汗此方宜。

二、常用中药

常用固表止汗中药见数字资源 5-28。

数字资源 5-28　常用固表止汗中药

子任务二　敛肺涩肠方药

▶ 一、常见病证及治疗方剂

1. 气阴两虚证

气阴两虚证表现汗多、神疲、体倦、气短、咽干、口渴、舌红、少苔、脉虚。方用生脉散（表5-92）。

2. 肺肾两虚证

肺肾两虚证表现咳嗽、喘促、滑精、尿频、腰痛、俯仰不利。方用都气丸（表5-93）。

3. 湿热下痢及幼畜奶泻证

湿热下痢及幼畜奶泻证表现腹胀、胀痛、泻痢如浆、卧地不起、回头顾腹、口色赤红。方用乌梅散（表5-94）。

表 5-92　气阴两虚证常用方剂——生脉散

名称	生脉散
组成	人参 10 g、麦门冬 15 g、五味子 6 g。以 18 kg 犬为例，水 400 mL，煎至 200 mL，去渣热服，每次 100 mL，每日 2 次。
出处	《内外伤辨惑论》
功效	具有益气生津，敛阴止汗之功效。
主治	本方为治疗气阴两虚证的常用方。主治温热、暑热、耗气伤阴证，症见汗多体倦，咽干口渴，舌干红少苔，脉虚数；以及久咳伤肺，气阴两虚证，症见干咳少痰，短气自汗，口干舌燥，脉虚细。
方解	温热、暑热之邪，或久咳肺虚，导致气阴两伤。因暑为阳邪，热蒸汗多，最易耗气伤津，导致气阴两伤，故汗多、神疲、体倦、气短、咽干、脉虚。咳嗽时久伤肺，气阴不足，也出现上述征象。治宜益气养阴生津。方中人参甘温，益气生津以补肺，肺气旺则其他脏气皆旺，为君药；麦门冬甘寒，养阴清热，润肺生津，为臣药；五味子酸温，敛肺止咳止汗，生津止渴，为佐药。三药一补一清一敛，共奏益气养阴、生津止渴、敛肺止渴之效。使气复津生，汗止阴存，脉得气充，使气阴两复，故名生脉，肺润津生，诸证得除。若阴虚有热时，可用西洋参代替人参。
用药禁忌	若外邪未解，或暑病热盛，气阴未伤患畜，均不宜用。
方歌	生脉麦味与人参，保肺生津又提神；气少汗多兼口渴，病危脉绝急煎斟。

表 5-93　肺肾两虚证常用方剂——都气丸

名称	都气丸
组成	熟地黄 10 g，山萸肉、山药各 5 g，牡丹皮、茯苓、泽泻、五味子各 4 g。以 18 kg 犬为例，为丸，分 3 次空腹时用淡盐汤送下，每日 3 次。
出处	清代张璐所著《张氏医通》
功效	补肾敛肺纳气，涩精止遗，益肺之源，以生肾水。
主治	主治肺肾两虚、肾水不固、咳嗽、喘促、滑精、尿频、腰痛、俯仰不利。见于肾虚不能纳气之喘促，或久咳而咽干气短，遗精，盗汗，尿频数。肺虚身肿，肺气不能收摄，喘咳，口色淡，尿清利，粪溏。
方解	熟地滋阴补肾，填精益髓；五味子收敛固涩，益气生津，补肾宁心，能上敛肺气，下滋肾阴，敛肺止咳，敛汗涩精止泻，共为君药。山茱萸补养肝肾且涩精；山药补益脾阴且固肾涩精，共为臣药。泽泻利湿而泄肾浊，并能减熟地黄之滋腻；茯苓味淡健脾渗湿，并助山药健运，与泽泻共泻肾浊，助真阴得复其位；丹皮清泄肝肾虚火，并制山茱萸之温涩。均为佐药。诸药相合，有补有敛有泻，补药重于敛泻，共奏肺肾两虚之咳喘、滑精、尿频、腰痛。
用药禁忌	外感咳嗽气喘患畜忌服。
方歌	六味再加五味子，丸名都气虚喘安。

表 5-94　湿热下痢及幼畜奶泻证常用方剂——乌梅散

名称	乌梅散
组成	乌梅、诃子、姜黄各 3 g，干柿 5 g，黄连 4 g。以 18 kg 犬为例，上药为末，开水冲调，候温灌服。
出处	《元亨疗马集》
功效	具有清热燥湿，涩肠止泻之功效。
主治	治疗湿热下痢及幼畜奶泻的收敛性止泻常用方。症见腹胀腹痛、泻痢如浆、卧地不起、回头顾腹、口色赤红。
方解	方中乌梅涩肠止泻为主药；黄连清热燥湿为辅药；姜黄破血行气止痛，干柿、诃子涩肠止泻，共为佐使药。水泻重加泽泻、茯苓，体虚加党参、白术。
方歌	乌梅诃子与姜黄，干柿黄连奶泻方。

4. 脾肾虚寒泄泻证

脾肾虚寒泄泻证表现五更泄泻、纳少、神疲乏力、腹痛肢冷、舌淡苔薄白、脉沉迟无力。方用四神丸（表 5-95）。

表 5-95　脾肾虚寒泄泻证常用方剂——四神丸

名称	四神丸
组成	肉豆蔻 6 g、补骨脂 12 g、五味子 6 g、吴茱萸 6 g。以 18 kg 犬为例，上药为末，生姜 12 g，红枣 20 枚，用水一碗，煮姜、枣，水干，取枣肉，制丸如梧桐子大，每服 9 g，饲前投服，每日 2 次。
出处	《证治准绳》
功效	具有温肾暖脾，固涩止泻之功效。
主治	主治脾肾虚寒泄泻证。症见五更泄泻、纳少、神疲乏力、舌淡苔薄白、脉沉迟无力。现用于慢性腹泻、慢性结肠炎。
方解	本方主治因脾肾阳虚所致的五更泄泻，脾肾阳虚，阳虚则生内寒，而五更正是阴气极盛、阳气萌发之际，阳气当至而不至，阴气极而下行，故为泄泻。肾阳虚衰，命门之火不能上温脾土，脾失健运，故纳少，食不消化，脾肾阳虚，阴寒凝聚，则腹痛肢冷。脾肾阳虚，阳气不能化精微以养神，以致神疲乏力。治宜温肾暖脾、固涩止泻。方中重用补骨脂，辛苦大温，补命门之火以温养脾土，故为君药。肉豆蔻辛温，温脾暖胃，涩肠止泻，配合补骨脂增强温肾暖脾、固涩止泻之功，故为臣药。五味子酸温，固肾益气，涩精止泻；吴茱萸辛苦大热，温暖肝脾肾以散阴寒，共为佐药。生姜暖胃散寒，大枣补脾养胃，为使药。诸药合用，脾旺而肾泄自愈。
用药禁忌	忌生葱、野猪肉、芦笋。
方歌	四神骨脂与吴萸，肉蔻五味四般齐；大枣生姜同煎合，五更肾泻最相宜。

◉ 二、常用中药

常用敛肺涩肠中药见数字资源 5-29。

数字资源 5-29　常用敛肺涩肠中药

子任务三　固精缩尿止带方药

◉ 一、常见病证及治疗方剂

1. 脾肾亏虚、冲脉不固证

脾肾亏虚、冲脉不固证表现猝然血崩或月经过多、漏下不止、色淡质稀、头晕肢冷、心悸气短、神疲乏力、腰膝酸软、舌淡、脉微弱。方用固冲汤（表 5-96）。

表 5-96　脾肾亏虚、冲脉不固证常用方剂——固冲汤

名称	固冲汤
组成	炒白术 15 g、生黄芪 9 g、煅龙骨 12 g、煅牡蛎 12 g、山萸肉 12 g、生杭芍 6 g、海螵蛸 6 g、茜草 5 g、棕榈炭 3 g、五倍子 3 g。以 18 kg 犬为例，以水 600 mL，煮取 400 mL，去滓温服 100 mL，每日 2 次。
出处	《医学衷中参西录》
功效	具有固冲摄血，益气健脾之功效。
主治	主治脾肾亏虚、冲脉不固证。本方为治脾肾亏虚，冲脉不固之血崩、月经过多的常用方。症见猝然血崩或月经过多，或漏下不止，色淡质稀，头晕肢冷，心悸气短，神疲乏力，腰膝酸软，舌淡，脉微弱。现常用于功能性子宫出血、产后出血过多等属脾肾虚弱、冲任不固病畜。
方解	冲脉为血海，脾为气血生化之源，主统血摄血。若脾气虚弱，统摄无权，或冲脉不固，而致血崩或月经过多。治则宜益气健脾，固冲摄血。方中重用山萸肉，甘酸而温，既能补益肝肾，又能收敛固涩，为君药。龙骨味甘涩，牡蛎咸涩收敛，合用收敛元气，固涩滑脱，共助君药固涩滑脱；白术补气健脾，以助脾健运统摄血液；黄芪补气升举，善治流产崩漏，共为臣药。生白芍味酸收敛，补益肝肾，养血敛阴；棕榈炭、五倍子味涩收敛，善收敛止血；海螵蛸、茜草固摄下焦，既能止血，又能化瘀，使血止而无留瘀之弊，以上共为佐药。诸药合用，共奏固冲摄血，益气健脾之功。若肢冷汗出、脉微欲绝，为阳气虚衰欲脱之象，需重用黄芪，并合参附汤以益气回阳；若热，需加大生地用量；凉，需加附片、炮姜、艾叶；怒动肝气，冲脉引发血崩，需加柴胡；若两剂不愈，去棕炭，加阿胶、三七；虚热型加生地、丹皮；血瘀型加蒲黄、赤芍、当归。
用药禁忌	血热妄行崩漏患畜忌用。
方歌	固冲汤内用术芪，龙牡芍茜与山萸；五味海蛸棕炭合，崩中漏下总能医。

2. 肾阳虚寒证

肾阳虚寒证表现为腰痛肢软、发冷、少腹不适、尿频、阳痿、早泄、舌淡胖、脉虚弱。方用肾气丸（表 5-97）。

表 5-97　肾阳虚寒证常用方剂——肾气丸

名称	肾气丸
组成	干地黄 24 g、山药 12 g、山萸肉 12 g、云苓 9 g、泽泻 9 g、丹皮 9 g、肉桂 3 g、熟附片 3 g。以 18 kg 犬为例，上八味，为末，炼蜜和丸，如梧桐子大，每服 9 g，每日 3 次。
出处	《金匮要略方论》
功效	具有补肾助阳之功效。
主治	本方是治疗肾阳不足的常用方。症见腰痛肢软发冷、少腹不适、排尿不利或频数、阳痿、早泄、舌淡胖、脉虚弱。现常用于治疗糖尿病、甲状腺功能低下、神经衰弱、慢性肾炎、慢性支气管哮喘等属肾阳不足病证。
方解	腰为肾府，肾为先天之本，中寓命门之火，肾阳不足，不能温养后焦，故腰痛肢软发冷；肾阳虚弱，不能化气利水，水停于内，故排尿不利、少腹拘急不舒；若肾虚不能固摄水液，则尿频，或消渴、水肿。治宜补肾助阳。故方中重用干地黄，滋阴补肾为君药。山茱萸、山药补肝脾而益精血，附子、桂枝之辛热助命门以温阳化气，共为臣药，君臣相伍，补肾填精，温肾助阳，乃阴中求阳之法，补肾药居多，温阳药量宜轻，少火生气，故方名"肾气"，而非峻补。又配泽泻、茯苓利水渗湿泄浊，丹皮清泄肝火，补中有泻，使邪去并防滋阴药之腻滞，共为佐药。诸药合用，温而不燥，滋而不腻，助阳之弱以化水，滋阴之虚以生气，使肾阳振奋，气化恢复正常，诸证自除。
用药禁忌	忌猪肉、冷水、生葱、醋、芫荑；如有咽干、口燥、舌红、少苔等肾阴不足、肾火上炎症状不宜用。
方歌	肾气丸治肾阳虚，六味地黄桂附俱；专温肾命虚寒证，水中生火在温煦。

▶ 二、常用中药

常用固精缩尿止带中药见数字资源5-30。

数字资源5-30 常用固精缩尿止带中药

作业

1.辨别用药:麻黄与麻黄根的区别;五倍子与五味子的区别;乌梅与诃子的区别;海螵蛸与桑螵蛸的区别;芡实与莲子的区别。

2.简述下列中药的功效与主治:浮小麦、五味子、五倍子、乌梅、诃子、石榴皮、肉豆蔻、赤石脂、山萸肉、覆盆子、桑螵蛸、乌贼骨、莲子、芡实。

3.简述方剂牡蛎散、生脉散、都气丸、乌梅散、四神丸、固冲汤、肾气丸的功效、主治、方歌、方解。

拓展

乌梅丸与乌梅散的中药组成、功效与主治有何不同?

自我评价

评价内容	记忆情况	理解情况	百分制评分结果	不足与改进
临床常用固表止汗方剂牡蛎散的中药组成、功效、主治、方歌、方解。				
固表止汗药浮小麦、糯稻根、麻黄根的来源、药性、功效、应用。				
敛肺涩肠方剂生脉散、都气丸、乌梅散、四神丸的中药组成、功效、主治、方歌、方解。				
敛肺涩肠药五味子、五倍子、乌梅、诃子、石榴皮、肉豆蔻、赤石脂的来源、药性、功效、应用。				
固精缩尿止带方剂固冲汤、肾气丸的中药组成、功效、主治、方歌、方解。				
固精缩尿止带药山萸肉、覆盆子、桑螵蛸、乌贼骨、莲子、芡实的来源、药性、功效、应用。				
辨别用药:麻黄与麻黄根的区别;五倍子与五味子的区别;乌梅与诃子的区别;海螵蛸与桑螵蛸的区别;芡实与莲子的区别。				

任务十二　补益方药

学习导读一

教学目标

1. 补气方药中四君子汤、补中益气汤、参苓白术散的中药组成、功效、主治、方歌、方解。

2. 党参、人参与黄芪的区别；人参与西洋参的区别；西洋参与太子参的区别；白术与苍术的区别。

3. 人参、党参、太子参、黄芪、白术、山药、白扁豆、甘草、大枣、红景天等临床常用补气中药的来源、药性、功效、应用。

4. 补血方剂四物汤的中药组成、功效、主治、方歌、方解。

5. 鲜地、生（干）地与熟地的区别；熟地与当归的区别；熟地与阿胶的区别；熟地与白芍的区别；白芍与赤芍的区别。

6. 熟地、当归、白芍、阿胶、首乌等临床常用补血中药的来源、药性、功效、应用。

教学重点

1. 补气方药中补中益气汤、参苓白术散的主治、方歌、方解。

2. 人参、党参、黄芪、白术、山药、甘草等临床常用补气中药的功效、应用。

3. 补血方剂四物汤的主治、方歌、方解。

4. 熟地、当归、阿胶、白芍等临床常用补血中药的功效、应用。

教学难点

1. 四君子汤、补中益气汤、参苓白术散、四物汤的方歌、方解。

2. 人参、党参、黄芪、白术、山药、甘草等临床常用补气中药的应用。

3. 熟地、当归、阿胶、白芍、首乌等临床常用补血中药的应用。

课前思考

1. 气虚、血虚分别有哪些表现？人参与阿胶分别有什么作用？

2. 临床表现脾虚、食少、泄泻用什么方剂进行治疗？

3. 临床表现胎动不安、流产、月经不调用什么方剂进行治疗？

4. 临床表现直肠脱出、子宫脱出用什么方剂进行治疗？

5. 临床表现心悸、结代脉用什么方剂进行治疗？

学习导图一

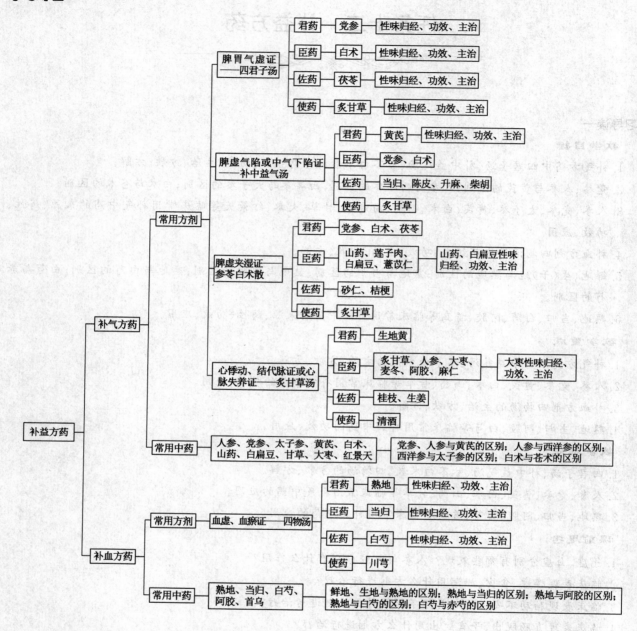

一、概述

1.定义

凡能补益动物气血阴阳不足,具有补虚扶弱作用,治疗虚证的方药,称为补益方药,又称补养方药或补虚方药。

2.虚证的分类

虚证主要分为气虚、血虚、阴虚、阳虚四证。

3.补益方药的分类

根据补益虚证可分为补气方药、补血方药、滋阴方药、助阳方药四类。

4.补益药的应用

补益药主要用于虚证。由于畜体的气血阴阳有着不可分割的联系,阳虚多同时出现气虚,而气虚也易导致阳虚,气虚和阳虚表示机体活动能力的衰退。阴虚多兼见血虚,血虚也可引起阴虚,血虚和阴虚表示体内津液的损耗。因此,补气和助阳,补血和滋阴,往往相须为用。如遇气血双亏、阴阳俱虚的证候,则补益药的使用又须灵活掌握,采用气血双补或阴阳两补的方法。

补虚药主要用于体虚,以能增强体质,消除衰弱症状,增强机体的抗病能力,促进机体早日康复。同时可配合祛邪药物,用于邪盛正虚,以达到扶正祛邪的目的。

5.补益药按现代药理学功能的分类

①提高机体免疫功能,如人参、黄芪、灵芝。

②能使抗体生成提前的药物:肉桂、黄精、锁阳、仙茅。

③能使抗体生成延长的药物:天冬、麦冬、北沙参。

④增强网状内皮系统功能的药物:党参、白术、山药。

⑤提高白细胞数量的药物:党参、白术、补骨脂、女贞子、益智仁、地黄、紫河车。

⑥提高血小板量的药物:地黄、花生衣。

⑦提高淋巴细胞转化率的药物:淫羊藿、菟丝子、何首乌、地黄、阿胶、五味子。

6.补益药应用时的注意事项

①补益药性能各异,有适用于气虚、血虚、阴虚、阳虚之别,又有适用于肺、肝、脾、肾之不同,在应用时必须根据病情适当选用。

②由于虚弱病证互相夹杂,如气血两虚、阴阳两亏、脾肾不足、肝肾亏损、肺肾虚弱等,可视具体病情配伍应用。

③对于实邪未尽的,补益药应慎用,以免病邪留滞。

④体弱,又兼邪实,须扶正祛邪并用,可分别配伍解表药、清热药、利水药、化痰药、理气药、消食药等同用。

⑤体弱兼有滑脱证时,可用补虚药配伍收敛药。

⑥补益药对于真实假虚,大实有羸(虚弱)之证不宜应用。

⑦服用补益药应注意用量用法,以免产生不良反应。

⑧服用人参须忌用萝卜、萝卜子及茶叶等。

⑨补益药在感冒、食滞、发热时应暂停服用。

二、分类介绍

本任务将分补气方药、补血方药、滋阴方药和助阳方药四个子任务分别介绍。

子任务一　补气方药

一、概述

1.补气方药

补气方药又称益气方药,即能治疗气虚病证的方药。

2.功能及应用

补气方药具有补肺气、益脾气的功效,适用于肺气虚及脾气虚等病证。脾为后天之本,气血化生之源,脾气虚则出现无神无力、泄泻、食欲不振、脘腹虚胀、浮肿、脱肛等证。肺主一身之气,肺气不足,则少气无力、稍役即喘、易出虚汗。

此外,亦常用于血虚之证,以补气生血。尤其在大失血时,必须运用补气药,因为"有形之血,不能速生;无形之气,所当速固"。所以,临床上有"血脱益气"的治法。补气药如应用不当,有时也会引起胸闷、腹胀、食欲减退等,必须注意。心气虚还可见心悸、脉微或虚弱无力,都可用补气药。

二、常见病证及治疗方剂

1. 脾胃气虚证

脾胃气虚证表现为脾胃气虚、瘦弱、无神、无力、食少、粪溏、舌淡苔白、脉虚无力。方用四君子汤（表 5-98）。

2. 脾虚气陷或中气下陷证

脾虚气陷或中气下陷证表现为体瘦毛焦、无神、无力、纳少、久泻、崩漏、脱肛、子宫脱、自汗、舌质淡、苔薄白。方用补中益气汤（表 5-99）。

表 5-98　脾胃气虚证常用方剂——四君子汤

名称	四君子汤
组成	党参 9 g，炒白术 9 g，茯苓 9 g，炙甘草 6 g。以 18 kg 犬为例，以水 400 mL，煮取 200 mL，去滓分 2 次服。
出处	《太平惠民和剂局方》
功效	具有补气、益气健脾之功效。
主治	本方是补气的基础方。治疗脾胃气虚，表现瘦弱、无神、无力、食少、粪溏、舌淡、苔白、脉虚无力。现代临床常用于治疗慢性胃炎、消化性溃疡等属脾胃气虚病证。本方衍化方剂异功散，加入陈皮，兼行气化滞，适用于脾胃气虚兼气滞证；六君子汤，加陈皮、半夏，兼燥湿和胃，适用于脾胃气虚兼痰湿证；香砂六君子汤，加陈皮、半夏、木香、砂仁，功在益气和胃，行气化痰，适用于脾胃气虚、痰阻气滞证。
方解	本证多由脾胃气虚、运化无力所致，脾胃为后天之本，气血生化之源，脾胃气虚，受纳与运化无力，出现纳少；湿浊内生，出现粪溏；脾主肌肉，脾胃气虚，出现四肢无力、消瘦；气血生化不足，神无所养，出现无神；脾为肺之母，脾胃气虚，肺气乃绝，出现气短、叫声低微；舌淡苔白、脉弱无力均为气虚之象。方中党参为君药，益气健脾养胃。臣药白术，健脾燥湿，以助君药益气健运之力。佐药茯苓，健脾渗湿，增强臣药健脾祛湿之力。使药炙甘草，益气和中，调和诸药。若呕吐、胸膈痞满，加半夏以降逆止呕，加陈皮以行气宽胸；心悸失眠，加酸枣仁以宁心安神；若畏寒肢冷、脘腹疼痛，加干姜、附子以温中祛寒；胃冷、吐涎，加丁香；呕逆，加藿香；脾胃不和，倍加白术、姜、枣；脾弱腹胀，加扁豆；伤食，加炒神曲；胸满喘急，加白豆蔻。
方歌	四君子汤中和义，参术茯苓甘草比，益以夏陈名六君，祛痰补益气虚饵，除却半夏名异功，或加香砂气滞使。

表 5-99　脾虚气陷或中气下陷证常用方剂——补中益气汤

名称	补中益气汤
组成	黄芪 15 g、党参 10 g、白术 10 g、当归 10 g、炙甘草 6 g、陈皮 6 g、升麻 6 g、柴胡 6 g。以 18 kg 犬为例，以水 800 mL，煮取 300 mL，去滓分 3 次服。
出处	《内外伤辨惑论》
功效	具有补中益气，升阳举陷之功效。
主治	主治脾虚气陷证，也治气虚发热自汗。症见体瘦毛焦、无神、无力、纳少、久泻、崩漏、脱肛、子宫脱、自汗、舌质淡、苔薄白。现代临床常用于治疗内脏下垂、慢性胃肠炎、慢性菌痢、脱肛、重症肌无力、乳糜尿、慢性肝炎、子宫脱垂、胎动不安、月经过多、眼睑下垂、斜视等脾胃气虚或中气下陷病证。
用药禁忌	阴虚发热及内热炽盛动物忌用。
方解	本证多由饮食劳倦损伤脾胃，引起脾胃气虚、清阳下陷所致。脾胃气虚，纳运无力，出现纳少粪溏；脾主升清，脾虚则清阳不升，中气下陷，故见脱肛、子宫脱垂等；清阳陷于下焦，郁遏则生发热；气虚腠理不固，阴液外泄则自汗。方中黄芪，补中益气，升阳固表，故为君药；党参、白术，补气健脾为臣药；当归养血和营，陈皮理气和胃以使诸药补而不滞，升麻、柴胡升阳举陷，共为佐药；炙甘草调和诸药为使药。黄芪、升麻、柴胡为补气升阳的基本组合。若兼腹痛，加白芍以柔肝止痛；头痛，加蔓荆子、川芎、藁本以疏风止痛；咳嗽，加五味子、麦冬以敛肺止咳；兼气滞，加木香、枳壳以理气解郁。
方歌	补中益气芪术陈，升柴参草当归身，虚倦内伤功独显，气虚下陷亦堪珍。

3.脾虚夹湿证

脾虚夹湿证表现泄泻、食少、舌苔白腻、脉虚缓。方用参苓白术散（表5-100）。

4.心悸动、结代脉证或心脉失养证

心悸动、结代脉证或心脉失养证表现为虚劳肺痿、气阴两伤引起的结代脉、心悸动、虚羸少气、舌光色淡少苔。方用炙甘草汤（表5-101）。

表 5-100　脾虚夹湿证常用方剂——参苓白术散

名称	参苓白术散
组成	党参 20 g、白术 20 g、山药 20 g、茯苓 20 g、白扁豆 20 g、炒甘草 20 g、莲子肉 10 g、砂仁 10 g、薏苡仁 10 g、桔梗 10 g。以 18 kg 犬为例，上药共为细末。每次 6 g，每日 3 次，大枣汤调服下。
出处	《太平惠民和剂局方》
功效	具有益气健脾、渗湿止泻之功效。
主治	本方是治疗脾虚湿盛证及体现"培土生金"治法的常用方。临床上以泄泻、食少、舌苔白腻、脉虚缓等为主要症状。现代常用于慢性胃肠炎、贫血、慢性支气管炎、慢性肾炎、带下等属脾虚夹湿病证。
方解	参苓白术散证由脾虚夹湿所致。脾胃虚弱，则运化失常，湿自内生，气机不畅，故食物不化、胸脘痞闷、肠鸣泄泻。脾失健运，则气血生化不足，肢体失养，出现体瘦、无力。治宜健脾渗湿。方中党参、白术、茯苓益气健脾渗湿，为君药。山药、莲子肉助党参健脾益气，白扁豆、薏苡仁助白术、茯苓以健脾渗湿，均为臣药。砂仁醒脾和胃，行气化滞，桔梗宣肺、通调水道、载药上行以益肺气，共为佐药。炒甘草健脾和中，调和诸药，为使。诸药合用，补其中气，渗其湿浊，行其气滞，恢复脾胃受纳与健运功能。
方歌	参苓白术扁豆陈，山药甘莲砂苡仁；桔梗上浮兼保肺，枣汤调服益脾神。

表 5-101　心悸动、结代脉证或心脉失养证常用方剂——炙甘草汤

名称	炙甘草汤
组成	炙甘草 12 g，生姜 9 g，桂枝 9 g，人参 6 g，生地黄 30 g，阿胶（烊化）6 g，麦门冬 10 g，麻仁 10 g，大枣 10 枚。以 18 kg 犬为例，清酒 10 mL，水 800 mL，煎取 300 mL，去滓，温服 100 mL，日三服，阿胶烊化，冲服。
出处	《伤寒论》
功效	具有益气滋阴，通阳复脉之功效。
主治	主治阴血阳气虚弱，心脉失养证。表现结代脉、心悸动、虚羸少气、舌光色淡少苔、虚劳肺痿、干咳无痰或咳吐涎沫、形瘦短气、虚烦不眠、自汗、盗汗、咽干舌燥、粪干、脉虚数。临床常用于治疗功能性心律不齐、期外收缩、冠心病、风湿性心脏病等证。
用药禁忌	本方益气滋阴补肺，方中姜、桂、酒等温药有耗伤阴液之弊，应慎用。
方解	心悸动、结代脉证是由于汗、吐、下或失血后，或杂病阴血不足，阳气不振所致。阴血不足血脉无以充，阳气不振血脉无力鼓动，脉气不续，出现结代脉；阴血不足心失所养，或心阳虚不能温养心脉，故出现心悸动。治宜滋心阴，养心血，益心气，温心阳，以复脉定悸。方中重用生地黄滋阴养血为君药。炙甘草、人参、大枣益心气，补脾气，以资气血生化之源；麦冬、阿胶、麻仁滋心阴，养心血，充血脉，共为臣药。桂枝、生姜辛行温通，温心阳，通血脉，厚味滋腻之品得姜、桂则滋而不腻，共为佐药。以清酒温通血脉，以行药力，为使药。
方歌	炙甘草汤姜桂参，麦地胶枣酒麻仁；脉现结代心悸动，虚劳肺萎气血贫。

三、常用中药

常用补气中药见数字资源 5-31。

数字资源 5-31　常用补气中药

子任务二 补血方药

▶ 一、概述

1. 作用与应用

能补血养血,适用于血虚证。血虚证主要表现口色、爪甲苍白无华、体瘦毛焦、心悸、怔忡、头晕、耳鸣、健忘、失眠等。

2. 注意事项

①血虚与心、肝、脾相关,心主血,肝藏血,脾统血,所以补血方药在于调节心、肝、脾三脏,以助血液滋生,治疗时应以补肝血和补心血为主,配以健脾药。

②由于血虚与阴虚互为因果,故血虚常配伍滋阴药,以加强其作用。

③由于气与血关系密切,因而应适当配入补气药,以补气生血。

④补血药性多滋腻,妨碍消化,故对于脘腹胀满、食少、粪溏患畜不宜使用。若用需与健脾助消化药同用,以免助湿影响脾胃消化。

▶ 二、常见病证及治疗方剂

临床常见血虚、血瘀证,表现冲任虚损、月经不调、脐腹疼痛、崩漏、血瘕块硬、妊娠胎动不安,及产后恶露不下。方用四物汤(表5-102)。

表5-102 血虚、血瘀证常用方剂——四物汤

名称	四物汤
组成	熟地12 g,当归10 g,白芍12 g,川芎8 g。以18 kg犬为例,以水400 mL,煮取200 mL,去滓分2次空腹时服。
出处	《太平惠民和剂局方》
功效	具有补血调血功效。
主治	主治血虚、血瘀证,表现冲任虚损、月经不调、脐腹疼痛、崩漏、血瘕块硬、妊娠胎动不安及产后恶露不下。
方解	本方以熟地为君药,滋阴养血;当归补血养肝,活血调经,为臣药;白芍养血和营敛阴,以增强补血之力,为佐药;川芎活血行气,调畅气血,为使药。全方补血而不滞血,和血而不伤血,血虚者可以补血,血瘀者可以活血,是既能补血养血,又能活血调经的常用方剂。重用熟地、当归,轻用川芎,则补血;轻用当归、川芎,可以保胎;重用当归、川芎,轻用白芍,则能治疗月经量少、血瘀型闭经。此外,四物汤衍生方有桃红四物汤,由四物汤加桃仁、红花而成,专治血虚血瘀导致的月经过少,及先兆流产、习惯性流产;四物汤加艾叶、阿胶、甘草后取名为阿艾四物汤,用来治疗月经过多,是安胎养血止漏的要方;四物汤加四君子汤,名"八珍汤",能气血双补;在八珍汤的基础上加上黄芪、肉桂,则为十全大补汤。
方歌	四物地芍与归芎,血家百病此方通,补血调血理冲任,加减运用在其中。

▶ 三、常用中药

常用补血中药见数字资源5-32。

数字资源5-32 常用补血中药

作业

1. 辨别用药:党参、人参与黄芪的区别;人参与西洋参的区别;西洋参与太子参的区别;白术与苍术的区别;鲜地、生(干)地与熟地的区别;熟地与当归的区别;熟地与阿胶的区别;白芍与赤芍的区别。

2. 简述下列中药的功效和主治:人参、党参、太子参、黄芪、白术、山药、甘草、大枣、红景天、熟地、当归、阿胶、首乌、白芍。

3. 简述四君子汤、补中益气汤、参苓白术散、四物汤的应用、中药组成、方歌、方解。

拓展

由四君子汤和四物汤衍生出的方剂有哪些?分别有什么用途?

自我评价

评价内容	记忆情况	理解情况	百分制评分结果	不足与改进
临床常用补气方药中四君子汤、补中益气汤、参苓白术散的中药组成、功效、主治、方歌、方解。				
人参、党参、太子参、黄芪、白术、山药、白扁豆、甘草、大枣、红景天等临床常用补气中药的来源、药性、功效、应用。				
党参、人参与黄芪的区别;人参与西洋参的区别;西洋参与太子参的区别;白术与苍术的区别。				
补血方剂四物汤的中药组成、功效、主治、方歌、方解。				
熟地、当归、白芍、阿胶、首乌等临床常用补血中药的来源、药性、功效、应用。				
鲜地、生地与熟地的区别;熟地与当归的区别;熟地与阿胶的区别;熟地与白芍的区别;白芍与赤芍的区别。				

学习导读二

教学目标

1. 滋阴方剂六味地黄汤、百合固金汤的中药组成、功效、主治、方歌、方解。

2. 南沙参与北沙参的区别;麦冬与天冬的区别;龟甲与鹿茸的区别;龟甲与鳖甲的区别;枸杞子、桑葚子与女贞子的区别;黄精与山药的区别。

3. 北沙参、南沙参、麦冬、天冬、百合、石斛、玉竹、龟甲、鳖甲、枸杞子、黄精等临床常用滋阴中药的来源、药性、功效、应用。

4. 助阳方剂巴戟散、催情散的中药组成、功效、主治、方歌、方解。

5. 鹿茸与紫河车的区别;淫羊藿、仙茅与胡芦巴的区别;肉苁蓉与巴戟天的区别;杜仲与续断的区别;杜仲与桑寄生的区别;菟丝子与补骨脂的区别;补骨脂与益智仁的区别;蛤蚧、胡桃仁与冬虫夏草的区别。

6. 鹿茸、紫河车、淫羊藿、巴戟天、肉苁蓉、杜仲、续断、锁阳、补骨脂、益智仁、菟丝子、冬虫夏草等临床常用助阳中药的来源、药性、功效、应用。

教学重点

1. 滋阴方剂六味地黄汤、百合固金汤的主治、方歌、方解。

2. 南沙参与北沙参的区别;麦冬与天冬的区别;龟甲与鹿茸的区别;龟甲与鳖甲的区别;枸杞子、桑葚子与女贞子的区别;黄精与山药的区别。

3. 助阳方剂巴戟散、催情散的主治、方歌、方解。

4. 鹿茸与紫河车的区别;淫羊藿、仙茅与胡芦巴的区别;肉苁蓉与巴戟天的区别;杜仲与续断的区别;杜仲与桑寄生的区别;菟丝子与补骨脂的区别;补骨脂与益智仁的区别;蛤蚧、胡桃仁与冬虫夏草的区别。

教学难点

1. 补气方剂六味地黄汤、百合固金汤的方歌、方解。

2. 北沙参、南沙参、麦冬、天冬、龟甲、鳖甲、石斛、枸杞子等临床常用滋阴中药的功效、应用。

3. 助阳方剂巴戟散、催情散的主治、方歌、方解。

4. 鹿茸、紫河车、淫羊藿、巴戟天、肉苁蓉、杜仲、续断、锁阳、补骨脂、益智仁、菟丝子、冬虫夏草等临床常用助阳中药的功效、应用。

课前思考

1. 阴虚、阳虚分别有哪些表现? 石斛、枸杞子、冬虫夏草、鹿茸分别有什么作用?

2. 临床表现五心潮热、盗汗用什么方剂进行治疗?

3. 成年母畜出现不发情、不孕症用什么方剂进行治疗?

学习导图二

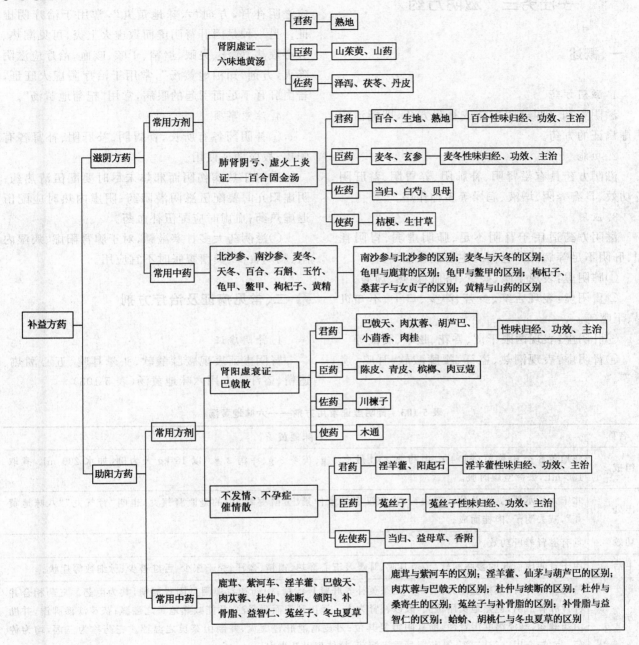

子任务三　滋阴方药

▶一、概述

1.滋阴方药

滋阴方药又叫养阴方药或补阴方药,即能治疗阴虚病证的方药。

2.功能

滋阴方药具有滋肾阴、补肺阴、养胃阴、益肝阴等功效,具有养阴、增液、润燥等多种作用。

3.应用

滋阴方药适用于肾阴不足、肺阴虚弱、胃阴耗损、肝阴不足等病证。它们的主要症状如下。

①肺阴虚:表现干咳、痰少、咯血、虚热、烦渴。

②胃阴虚:表现舌绛、少苔、津少、口干、不知饥渴、干呕等。

③肝阴虚:表现两眼干涩、昏花、眩晕、震颤等。

④肾阴虚:表现潮热、盗汗、腰膝酸软、耳鸣、遗精等。

临床上阴虚证有两种情况,一种是劳伤、久病阴耗,见形体消瘦、腰肢无力、低热虚汗、脉细等,治疗应滋阴补肾,方剂"六味地黄丸",常用于治疗阴虚证。另一种是因肝肾阴虚而致虚火上炎,可见潮热、五心烦热、盗汗、失眠、遗精、干咳、咳血,治疗应滋阴降火,方剂"知柏地黄汤",常用于治疗阴虚火旺证,若由肝肾不足而引起的眼病,常用"杞菊地黄汤"。

4.注意事项

①补阴药各有所长,补胃阴、补肝阴、补肾各有侧重,故应随证使用。

②对于热病伤阴而邪热未尽时要配伍清热药;阴虚阳亢时要配伍滋阴潜阳药;阴虚内热时应配伍退虚热药;血虚时应配伍补血药。

③滋阴药大多甘寒滋腻,对于脾肾阳虚、痰湿内阻、胸闷食少、粪溏腹胀时不宜应用。

▶二、常见病证及治疗方剂

1.肾阴虚证

肾阴虚证表现腰膝酸软、头晕耳鸣、五心潮热、遗精、盗汗。方用六味地黄汤(表5-103)。

表5-103　肾阴虚证常用方剂——六味地黄汤

名称	六味地黄汤
组成	熟地黄8 g、山茱萸(制)4 g、山药4 g、牡丹皮3 g、茯苓3 g、泽泻3 g。以18 kg犬为例,加水200 mL,煮取100 mL,去滓空腹时服。
出处	北宋太医丞钱乙《小儿药证直诀》。将东汉医圣张仲景《金匮要略》中的金匮肾气丸,也叫"肾气丸""八味地黄丸",减去附子、肉桂而成。
功效	具有滋肾养肝功效。
主治	用于肾阴虚引起的腰膝酸软、头晕耳鸣、耳鼻及五心潮热、遗精、盗汗、粪干尿少、舌红苔少、脉细数等症状。
方解	熟地滋阴补肾,填精益髓,为君药。山茱萸补养肝肾且涩精;山药补益脾阴且固精涩精,共为臣药。三药相合并补肾肝脾三阴,但熟地黄用量大,故以补肾为主。泽泻利湿而泄肾浊,并能减熟地黄之滋腻;茯苓淡渗脾湿,并助山药健运,与泽泻共泻肾浊,助真阴得复其位;丹皮清泄肝肾虚火,并制山茱萸之温涩。三药称为三泻,均为佐药。六味合用,三补三泻,补药用量重于泻药,故体现以补为主。
方歌	地八山山四,丹苓泽泻三。 另:六味地黄益肾肝,山药丹泽萸苓掺;更加知柏成八味,阴虚火旺可煎餐;养阴明目加杞菊,滋阴都气五味研;肺肾两调金水生,麦冬加入长寿丸;再入磁柴可潜阳,耳鸣耳聋具可安。

2.肺肾阴亏、虚火上炎证

肺肾阴亏、虚火上炎证表现咳嗽气喘、痰中带血、咽喉燥痛、舌红少苔、脉细数。方用百合固金汤(表5-104)。

表 5-104　肺肾阴亏、虚火上炎证常用方剂——百合固金汤

名称	百合固金汤
组成	熟地、生地、当归身各 9 g,白芍、甘草各 3 g,桔梗、玄参各 3 g,贝母、麦冬、百合各 12 g。以 18 kg 犬为例,加水 400 mL,煮取 200 mL,去滓分 2 次服。
出处	《慎斋遗书》
功效	具有滋养肺肾,止咳化痰之功效。
主治	主治肺肾阴亏、虚火上炎证。见于咳嗽气喘、痰中带血、咽喉燥痛、头晕目眩、午后潮热、舌红少苔、脉细数。现常用于治疗慢性支气管炎、慢性咽喉炎等属肺肾阴虚病证。
方解	肺乃肾之母,肺虚及肾,病久则肺肾阴虚,阴虚生内热,虚火上炎,肺失肃降,则咳嗽气喘;虚火煎灼津液,则咽喉燥痛、午后潮热,甚至灼伤肺络,导致痰中带血。治则滋养肺肾阴血,兼清热化痰止咳,以图标本兼顾。方中百合滋阴清热、润肺止咳;生地、熟地并用,滋肾壮水、凉血止血。三药相伍,为润肺滋肾、金水并补的常用组合,共为君药。麦冬助百合滋阴清热、润肺止咳;玄参助二地滋阴壮水,以清虚火、利咽喉,共为臣药。当归配白芍以养血和血,治咳逆上气,贝母清热润肺,化痰止咳,共为佐药。桔梗宣肺利咽,化痰散结,并载药上行;生甘草清热泻火,调和诸药,共为使药。
方歌	百合固金二地黄,玄参贝母桔甘藏,麦冬芍药当归配,喘咳痰血肺家伤。

三、常用中药

常用滋阴中药见数字资源 5-33。

数字资源 5-33　常用滋阴中药

子任务四　助阳方药

一、概述

1.助阳方药

助阳方药又名补阳方药,即能治疗阳虚病证的方药。

2.功能及应用

助阳方药具有助肾阳、益心阳、补脾阳的功能,尤以补肾阳为主。适用于肾阳不足、心阳不振、脾阳虚弱等证。肾阳为一身之元阳,补肾阳药除能温补肾阳外,其中许多药物还能益精髓、温筋骨,适用于畏寒、肢冷、四肢腰膝痿软、不孕不育、尿频、阳痿、遗精、遗尿等,以及肾火虚衰不能温运脾土而引起的泄泻,肾不纳气引起的气喘等。心主血脉,补心阳虚药适用于冷汗淋漓、口色白、脉细欲绝或结代脉等,可配伍温里药或补气药进行治疗。脾主运化,补脾阳虚药适用于完谷不化、粪溏、食欲不振等。

3.药性及注意事项

助阳药性多温燥,凡阴虚火旺患畜应慎用,以免发生助火劫阴之弊。

二、常见病证及治疗方剂

1.肾阳虚衰证

肾阳虚衰证表现腰胯风湿、腰脊僵硬、疼痛、后肢难移等。方用巴戟散(表 5-105)。

表 5-105　肾阳虚衰证常用方剂——巴戟散

名称	巴戟散
组成	巴戟天 9 g,胡芦巴 9 g,肉苁蓉 9 g,肉桂 4 g,补骨脂 9 g,川楝子 4 g,槟榔 3 g,青皮 6 g,陈皮 6 g,小茴香 6 g,肉豆蔻 6 g,木通 4 g。以 18 kg 犬为例,共为末,开水冲调,候温,分 2 次灌服。
出处	《元亨疗马集》

续表 5-105

名称	巴戟散
功效	具有补肾壮阳、祛寒除湿、止痛功效。
主治	用于肾阳虚衰引起的腰胯风湿、腰脊僵硬、疼痛、后肢难移等。
方解	肾阳虚衰,命门之火不足,导致寒湿侵犯腰胯,出现腰脊僵硬、疼痛、后肢难移。本方以温补肾阳为主,巴戟天、肉苁蓉、胡芦巴、小茴香、肉桂温补肾阳、强筋骨、散下元虚寒,共为君药;陈皮、青皮、槟榔健胃温脾行气,肉豆蔻温中行气、涩肠止泻,共为臣药;川楝子行气止痛,为佐药;木通利尿通淋、清心除烦、通经,为使药。
方歌	巴戟暖肾除寒湿,胡芦苁蓉桂骨脂,茴香槟榔青陈皮,川楝豆蔻木通使。

2. 不发情、不孕症

不发情、不孕证表现成年母畜不发情、不怀孕。方用催情散(表 5-106)。

表 5-106 不发情、不孕症常用方剂——催情散

名称	催情散
组成	淫羊藿 6 g,阳起石 6 g,益母草 6 g,菟丝子 5 g,当归 4 g,香附 5 g。以 18 kg 犬为例,共为末,开水冲调,候温灌服。
出处	《中华人民共和国兽药典》
功效	具有补肾壮阳,活血催情功效。
主治	用于不发情、血虚不孕。
方解	方中淫羊藿、阳起石,补肾壮阳为君药;菟丝子补肾益精为臣药;当归、益母草、香附,活血理气通经,共为佐使药。诸药相合,以达温肾壮阳催情之效。宫寒不孕,可加附子、肉桂、吴茱萸、艾叶等;血虚,可加熟地、阿胶;体虚无神无力,可加党参、白术、黄芪、山药等。
方歌	淫羊起石益母草,菟丝当归香附好。

三、常用中药

常用助阳中药见数字资源 5-34。

数字资源 5-34　常用助阳中药

作业

1. 辨别用药:南沙参与北沙参的区别;麦冬与天冬的区别;龟甲与鹿茸的区别;龟甲与鳖甲的区别;枸杞子、桑葚子与女贞子的区别;黄精与山药的区别;鹿茸与紫河车的区别;淫羊藿、仙茅与胡芦巴的区别;肉苁蓉与巴戟天的区别;杜仲与续断的区别;杜仲与桑寄生的区别;菟丝子与补骨脂的区别;补骨脂与益智仁的区别;蛤蚧、胡桃仁与冬虫夏草的区别。

2. 简述下列中药的功效与主治:北沙参、南沙参、麦冬、天冬、龟甲、鳖甲、石斛、枸杞子、鹿茸、紫河车、淫羊藿、巴戟天、肉苁蓉、杜仲、续断、锁阳、补骨脂、益智仁、菟丝子、冬虫夏草。

3. 简述六味地黄汤、百合固金汤、巴戟散、催情散的应用、方歌、方解。

拓展

由六味地黄汤衍生出的方剂有哪些? 分别有什么用途?

自我评价

评价内容	记忆情况	理解情况	百分制评分结果	不足与改进
临床常用滋阴方剂六味地黄汤、百合固金汤的中药组成、功效、主治、方歌、方解。				
北沙参、南沙参、麦冬、天冬、百合、石斛、玉竹、龟甲、鳖甲、枸杞子、黄精的来源、药性、功效、应用。				
南沙参与北沙参的区别;麦冬与天冬的区别;龟甲与鹿茸的区别;龟甲与鳖甲的区别;枸杞子、桑葚子与女贞子的区别;黄精与山药的区别。				
助阳方剂巴戟散、催情散的中药组成、功效、主治、方歌、方解。				
鹿茸、紫河车、淫羊藿、巴戟天、肉苁蓉、杜仲、续断、锁阳、补骨脂、益智仁、菟丝子、冬虫夏草等临床常用助阳中药的来源、药性、功效、应用。				
淫羊藿、仙茅与胡芦巴的区别;肉苁蓉与巴戟天的区别;杜仲与续断的区别;杜仲与桑寄生的区别;菟丝子与补骨脂的区别;补骨脂与益智仁的区别;蛤蚧、胡桃仁与冬虫夏草的区别。				

任务十三　平肝方药

学习导读

教学目标

1. 平肝方药的定义、应用、分类及使用时的注意事项等。

2. 平肝方剂决明散、镇肝熄风汤、补阳还五汤、牵正散、千金散的中药组成、功效、主治、方歌、方解。

3. 清肝明目药石决明、草决明、谷精草、密蒙花、青葙子、夜明砂、木贼，平肝潜阳药珍珠母、牡蛎、代赭石、罗布麻、刺蒺藜，息风止痉药羚羊角、牛黄、珍珠、钩藤、天麻、蜈蚣、全蝎、僵蚕、地龙等常用中药的来源、药性、功效、应用。

4. 以下平肝中药的区别：石决明与草决明的区别；青葙子与决明子的区别；珍珠母与石决明的区别；珍珠与珍珠母的区别；龙骨与牡蛎的区别；代赭石与磁石的区别；钩藤、羚羊角与天麻的区别；全蝎与蜈蚣的区别；僵蚕与地龙的区别。

教学重点

1. 平肝方剂决明散、镇肝熄风汤、补阳还五汤、牵正散、千金散的主治、方歌、方解。

2. 清肝明目药石决明、草决明、夜明砂，平肝潜阳药珍珠母、牡蛎、代赭石、罗布麻、刺蒺藜，息风止痉药羚羊角、牛黄、珍珠、钩藤、天麻、蜈蚣、全蝎、僵蚕、地龙等常用中药的功效、应用。

教学难点

1. 平肝方剂决明散、镇肝熄风汤、补阳还五汤、牵正散、千金散的方歌、方解。

2. 以下平肝中药的区别：石决明与草决明的区别；珍珠母与石决明的区别；珍珠与珍珠母的区别；龙骨与牡蛎的区别；代赭石与磁石的区别；钩藤、羚羊角与天麻的区别；全蝎与蜈蚣的区别；僵蚕与地龙的区别。

课前思考

1. 羚羊角、牛黄、珍珠、蜈蚣、全蝎、僵蚕、地龙分别有什么作用？

2. 临床表现目赤肿痛、眵盛难睁、云翳遮睛、口色赤红、脉象弦数用什么方剂进行治疗？

3. 肝肾阴虚、肝阳上亢、肝风内动导致的拘挛抽搐、口眼歪斜、转圈用什么方剂进行治疗？

4. 中风及中风后遗症，表现半身不遂、口眼歪斜、口角流涎、尿频或遗尿、舌黯淡、苔白、脉缓用什么方剂进行治疗？

5. 破伤风可用什么方剂进行治疗？

学习导图

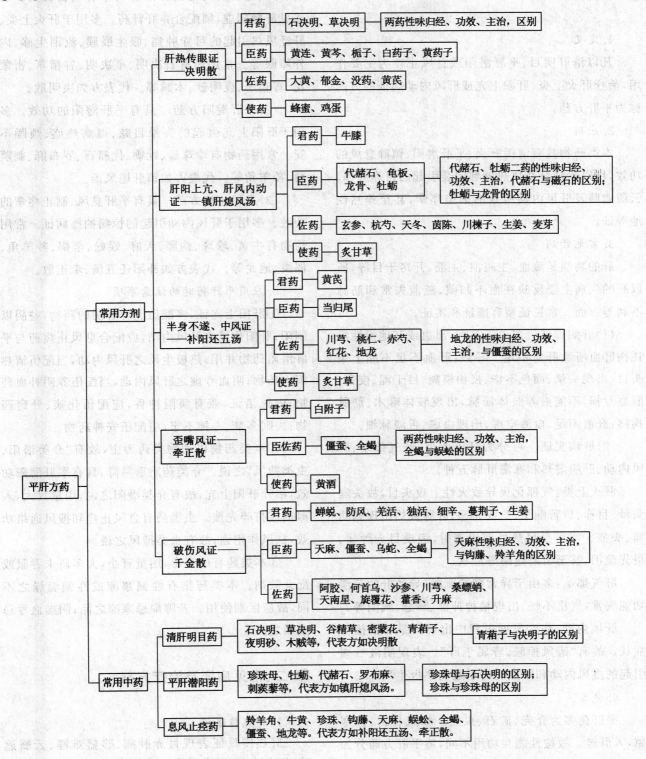

一、概述

1. 定义

凡以清肝明目、平肝潜阳或息风止痉为主要作用,治疗肝火上炎、肝阳上亢或肝风内动病证的方药称为平肝方药。

2. 应用

本类药物具有清泻肝火、平肝潜阳、镇静息风的功效,用以治疗肝受风热外邪侵袭引起的目赤肿痛、云翳遮睛及肝风内动所致的抽搐痉挛,甚至猝然倒地等证。

3. 常见肝病

肝的功能是藏血、主疏泄、主筋、开窍于目等,所以肝的疾病主要反映在血不归藏、疏泄失常和筋脉不利等方面。常见证型有虚证和实证。

(1)肝病虚证　多由于久病、出血或其他慢性病耗伤肝血所致肝血不足。导致:肝血不足不能上荣头目,出现头晕、面色不华、视物模糊、目干涩、夜盲;肝血亏损,不能滋养肢体筋脉,出现肢体麻木、筋脉拘挛;肝血不足,血海空虚,出现血虚、舌淡脉细。

(2)肝病实证　可分为肝火上炎、肝气郁结、肝风内动、肝胆湿热和寒滞肝脉五种。

肝火上炎:气郁化火导致火性上攻头目,故头痛头晕、目赤、口苦咽干、急躁易怒,肝脉被灼出现胸胁痛、头痛。当肝受风热外邪侵袭时,表现目赤肿痛,畏光流泪,甚至云翳遮睛等症状。

肝气郁结:多由于异常精神刺激,导致肝的疏泄功能失常,气机不畅,出现精神抑郁、易怒、胸闷等。

肝风内动:病变发展过程中出现头晕和抽搐等症状。故有"诸风掉眩,皆属于肝"。表现阴液亏损引起的虚风内动和阳热亢盛引起的热极生风。

4. 分类

平肝药多为介壳、矿石、虫类。味咸甘苦,性寒凉,入肝经。故按性能和功用不同,将平肝方药分为以下三类。

(1)清肝明目方药　凡能清肝热火、散风热,以清肝火、退目翳为主的方药称为平肝明目方药。若兼见肝肾阴虚,须配合养肝肾药。多用于肝火上炎、肝经风热引起的目赤肿痛、眼生翳膜、流泪生眵、内外障眼等。常用药有石决明、草决明、谷精草、密蒙花、青葙子、夜明砂、木贼等。代表方如决明散。

(2)平肝潜阳方药　具有平肝潜阳的功效。多用于肝阳上亢引起的头晕目眩、温病热盛、烦躁不安。常用药物有珍珠母、牡蛎、代赭石、罗布麻、刺蒺藜、羚羊角等。代表方如镇肝熄风汤。

(3)息风止痉方药　具有平肝息风、制止痉挛的功效。多用于肝风内动引起的惊痫抽搐病证。常用药物有牛黄、珍珠、钩藤、天麻、蜈蚣、全蝎、羚羊角、僵蚕、地龙等。代表方如补阳还五汤、牵正散。

5. 应用平肝药时的注意事项

①肝阳上亢证,多配伍滋养肾阴的药物,益阴以制阳;肝阳化风之肝风内动,应配合息风止痉药与平肝潜阳药物并用;热极生风之肝风内动,当配伍清热泻火药物;阴血亏虚之肝风内动,当配伍养阴补血药物;内风诸证,兼有痰阻神昏,应配伍化痰、开窍药物;失眠多梦、心神不宁,应配伍安神药物。

②本类药物以动物类药为主,故有"介类潜阳、虫类搜风"之说。介类药质重易降,具有平肝潜阳功效,治疗肝阳上亢,故有介类潜阳之说,用量宜大,入煎剂应打碎先煎。虫类药有息风止痉和搜风通络功效,祛风作用强,故有虫类搜风之说。

③本类药有的有毒,用量宜小,大多研末吞服或配丸散剂。本类药物有性偏寒凉或性偏温燥之不同,故应区别使用。若脾虚忌寒凉之品;阴虚血亏忌温燥之品。

二、常见病证及治疗方剂

1. 肝热传眼证

肝热传眼证表现目赤肿痛、眵盛难睁、云翳遮睛、口色赤红、脉象弦数。方用决明散(表5-107)。

表 5-107 肝热传眼证常用方剂——决明散

名称	决明散
组成	煅石决明9 g、草决明9 g、栀子6 g、大黄6 g、白药子6 g、黄药子6 g、黄芪6 g、黄芩4 g、黄连4 g、没药4 g、郁金4 g,共为末,加蜂蜜2 g,鸡蛋1个,同调分2次灌服(以18 kg犬为例)。
出处	《元亨疗马集》
功效	具有清肝明目,退翳消瘀功效。
主治	主治肝热传眼。症见目赤肿痛,眵盛难睁,云翳遮睛,口色赤红,脉象弦数。
方解	本方可明目退翳,方中石决明、草决明清肝明目,为主药;黄连、黄芩、栀子、白药子、黄药子清热泻火,凉血解毒,为辅药;大黄、郁金、没药活血化瘀、通便消肿,黄芪托毒外出为佐药;蜂蜜、鸡蛋清缓急、调和诸药,为使药。
临诊应用	对于急性结膜炎、角膜炎、周期性眼炎等肝经实热病证,均可随证加减应用,若云翳较重,可酌加蝉蜕、木贼草、青葙子等;若目赤多泪,可加白蒺藜;外伤性眼炎可加桃仁、红花、赤芍等活血祛瘀之药。
方歌	决明散用二决明,芩连栀军蜜蛋清,芪没郁金二药入,外障云翳服之宁。

2. 肝阳上亢、肝风内动证

肝阳上亢、肝风内动证表现肝肾阴虚、肝阳上亢、肝风内动导致的拘挛抽搐、口眼歪斜、转圈等。方用镇肝熄风汤(表 5-108)。

表 5-108 肝阳上亢、肝风内动证常用方剂——镇肝熄风汤

名称	镇肝熄风汤
组成	怀牛膝18 g、生赭石18 g、生龙骨9 g、生牡蛎9 g、生龟板9 g、生杭芍9 g、玄参9 g、天冬9 g、川楝子3 g、生麦芽3 g、茵陈3 g、甘草3 g。以18 kg犬为例,800 mL煎至300 mL,分3次灌服。
出处	《衷中参西录》
功效	具有镇肝息风,滋阴潜阳功效。
主治	肝阳上亢证,见于肝肾阴虚、肝阳上亢、肝风内动导致的拘挛抽搐、口眼歪斜、转圈等。
方解	本方证中因肝肾阴亏、肝阳上亢、肝风内动、气血逆乱、蒙扰清窍所致。方中重用牛膝滋养肝肾,引血下行,为主药。重用代赭石、龟板、龙骨、牡蛎降逆气,镇肝息风,为辅药。玄参、杭芍、天冬滋阴清热,协助主药以制阳亢;茵陈清泻肝热,川楝子疏肝理气,生姜、麦芽和胃调中,防金石药伤胃之弊,共为佐药。甘草调和诸药,为使药。诸药相合,镇肝息风,潜阳滋阴。
方歌	镇肝息风芍天冬,牛膝麦芽赭石同,玄楝龟茵龙牡草,肝阳上亢此方宗。

3. 半身不遂、中风证

半身不遂、中风证表现半身不遂、口眼歪斜、口角流涎、尿频或遗尿、舌黯淡、苔白、脉缓。方用补阳还五汤(表 5-109)。

表 5-109 半身不遂、中风证常用方剂——补阳还五汤

名称	补阳还五汤
组成	生黄芪30 g、当归尾6 g、赤芍5 g、地龙3 g、川芎3 g、红花3 g、桃仁3 g。水煎取汁,灌服(以18 kg犬为例)。
出处	清代王清任《医林改错·卷下·瘫痿论》
功效	具有补气活血,祛瘀通络功效。

续表 5-109

名称	补阳还五汤
主治	中风及中风后遗症。表现半身不遂、口眼歪斜、口角流涎、尿频或遗尿、舌黯淡、苔白、脉缓。
方解	本方所治半身不遂、中风证是由于气虚血瘀所致。肝主风又主藏血,喜畅达而行疏泄,因为"邪之所凑,其气必虚",气为血帅,本证因中气不足病邪入内,以及肝血瘀滞经络不畅,引发半身不遂。治宜补气活血为法,气虚属脾,故方重用黄芪大补脾胃之元气,使气旺血行,瘀去络通,为主药。血瘀属肝,除风先活血,故用当归尾活血,兼能养血,化瘀而不伤血,为臣药。川芎、桃仁、赤芍、红花入肝,行瘀活血,疏肝祛风,助当归尾活血祛瘀;加入地龙活血而通经络,共为佐药。本方用大量补气药与少量活血药相配,气旺则血行,活血而又不伤正,共奏补气活血通络之功。
方歌	补阳还五赤芍芎,归尾通经佐地龙,重用黄芪为主药,血中瘀滞用桃红。

4.歪嘴风证

歪嘴风证表现风中经络,口眼歪斜,或一侧耳下垂,或口唇麻痹下垂。方用牵正散(表 5-110)。

5.破伤风证

破伤风证表现高热、抽搐、痰涎壅盛。方用千金散(表 5-111)。

表 5-110 歪嘴风证常用方剂——牵正散

名称	牵正散
组成	白附子 4 g、白僵蚕 4 g、全蝎 4 g。共为末,开水冲,加黄酒 20 mL,候温灌服。
出处	《杨氏家藏方》
功效	祛风化痰、止痉。
主治	歪嘴风。症见风中经络,口眼歪斜,或一侧耳下垂,或口唇麻痹下垂。
方解	本证俗称面瘫,系由风痰阻滞头面经络所致,方中白附子祛风化痰,祛头面之风为主药;僵蚕化痰,祛络中之风,全蝎祛风通络止痉,均为辅佐药;黄酒助药力,通血脉,引诸药入经络,直达病所,为使药。全方祛风痰,通经络,止痉挛,使风祛痰消,经络通畅,诸症自愈。
临诊应用	临证加防风、白芷、红花等,可加强疏风活血的作用;若用于风湿性或神经性面神经麻痹,可酌加蜈蚣、天麻、川芎、地龙等祛风通络止痉药物,加强疗效。
方歌	口眼歪斜牵正散,白附全蝎酒僵蚕。

表 5-111 破伤风证常用方剂——千金散

名称	千金散
组成	天麻 5 g、乌蛇 6 g、蔓荆子 6 g、羌活 6 g、独活 6 g、防风 6 g、升麻 6 g、阿胶 6 g、何首乌 6 g、沙参 6 g、天南星 4 g、僵蚕 4 g、蝉蜕 4 g、藿香 4 g、川芎 4 g、桑螵蛸 4 g、全蝎 4 g、旋覆花 4 g、细辛 3 g、生姜 6 g。以 18 kg 犬为例,加水 2 000 mL,煮取 450 mL,去滓化入阿胶,分 3 次服。或共为末,开水冲调,分 3 次候温灌服。
出处	《元亨疗马集》
功效	散风解痉、息风化痰、养血补阴。
主治	破伤风证,见于高热、抽搐、痰涎壅盛等证。
方解	破伤风是风毒由表入内,故重用疏风之味。方中蝉蜕、防风、羌活、独活、细辛、蔓荆子、生姜解表散风,为主药。风已入内,引动肝风,用天麻、僵蚕、乌蛇、全蝎息风解痉,以治内风,为辅药。"治风先治血,血和风自灭",用阿胶、何首乌、沙参、川芎、桑螵蛸养血滋阴;"祛风先化痰,痰去风自安",用天南星、旋覆花化痰息风;藿香、升麻升清降浊,醒脾开胃,以上药共为佐药。诸药相合,散风解痉,息风化痰,补血养阴。
方歌	千金散治破伤风,牙关紧闭反张弓,天麻蔓荆蝉二活,防风蛇蝎蚕藿同,芎胶首乌辛沙参,升星旋覆螵蛸功。

三、常用中药

常用平肝中药见数字资源5-35。

数字资源5-35 常用平肝中药

作业

1.辨别用药:石决明与草决明的区别;青葙子与

决明子的区别;珍珠母与石决明的区别;珍珠与珍珠母的区别;龙骨与牡蛎的区别;代赭石与磁石的区别;钩藤、羚羊角与天麻的区别;全蝎与蜈蚣的区别;僵蚕与地龙的区别。

2.下列中药的功效与主治:石决明、草决明、牡蛎、代赭石、羚羊角、牛黄、珍珠、钩藤、天麻、全蝎、蜈蚣、僵蚕。

3.平肝方剂决明散、镇肝熄风汤、补阳还五汤、牵正散、千金散的中药组成、功效、主治、方歌、方解。

拓展

哪些原因可以引起痉挛、抽搐,分别选用什么方剂进行治疗?

自我评价

评价内容	记忆情况	理解情况	百分制评分结果	不足与改进
临床常用平肝方剂决明散、镇肝熄风汤、补阳还五汤、牵正散、千金散的中药组成、功效、主治、方歌、方解。				
清肝明目药石决明、草决明、谷精草、密蒙花、青葙子、夜明砂、木贼,平肝潜阳药珍珠母、牡蛎、代赭石、罗布麻、刺蒺藜,息风止痉药羚羊角、牛黄、珍珠、钩藤、天麻、蜈蚣、全蝎、僵蚕、地龙等常用中药的来源、药性、功效、应用。				
石决明与草决明的区别;青葙子与决明子的区别;珍珠母与石决明的区别;珍珠与珍珠母的区别;龙骨与牡蛎的区别;代赭石与磁石的区别;钩藤、羚羊角与天麻的区别;全蝎与蜈蚣的区别;僵蚕与地龙的区别。				

任务十四　安神与开窍方药

学习导读

教学目标

1.安神方剂中朱砂散的中药组成、功效、主治、方歌、方解。

2.安神药中朱砂、磁石、龙骨、琥珀、酸枣仁、柏子仁、远志、合欢皮等常用中药的来源、药性、功效、应用。

3.以下安神中药的区别：朱砂与磁石的区别；龙骨与朱砂、磁石、龙齿的区别；柏子仁与酸枣仁的区别。

4.开窍方剂通关散、苏合香丸、安宫牛黄丸的中药组成、功效、主治、方歌、方解。

5.开窍药中麝香、冰片、苏合香、石菖蒲等常用中药的来源、药性、功效、应用。

6.以下开窍中药的区别：石菖蒲与冰片、麝香的区别；冰片与麝香的区别。

教学重点

1.安神方剂朱砂散的应用、方歌、方解。

2.安神药朱砂、磁石、龙骨、酸枣仁、柏子仁、远志、合欢的功效、应用。

3.以下安神中药的区别：朱砂与磁石的区别；柏子仁与酸枣仁的区别。

4.开窍方剂通关散、苏合香丸、安宫牛黄丸的应用、方歌、方解。

5.开窍药中麝香、苏合香、石菖蒲、冰片等常用中药的功效、应用。

6.石菖蒲与冰片、麝香的区别。

教学难点

1.朱砂散、通关散、苏合香丸、安宫牛黄丸的方歌、方解。

2.朱砂与磁石的区别；柏子仁与酸枣仁的区别；石菖蒲与冰片、麝香的区别。

课前思考

1.重镇安神药与养心安神药有什么区别？

2.临床发生中暑用什么方剂进行治疗？

3.临床出现高热神昏用什么方剂进行治疗？

4.临床出现肢冷、突然昏倒用什么方剂进行治疗？

学习导图

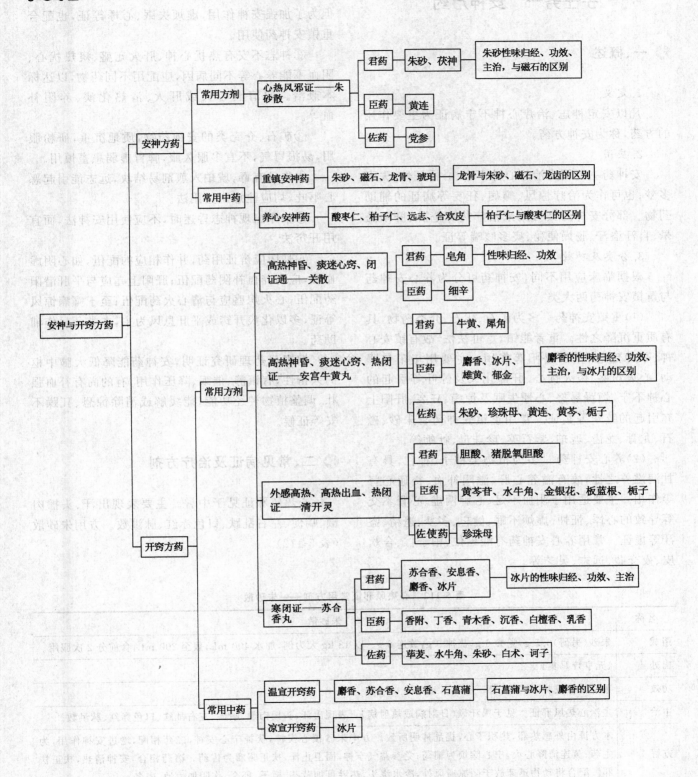

子任务一　安神方药

▶ 一、概述

1.定义

凡以安定神志、治疗心神不宁病证为主要作用的方药，称为安神方药。

2.应用

安神药主要用来治疗心神不宁、心悸怔忡、失眠多梦；也可作为治疗惊风、癫痫、狂妄等病证的辅助药物。部分安神药又可用来治疗热毒疮肿、肝阳眩晕、自汗盗汗、肠燥便秘、痰多咳喘等证。

3.分类及功效

根据临床应用不同，安神药可分为养心安神药与重镇安神药两大类。

(1)重镇安神药　多为矿石、化石、介类药物，具有质重沉降之性。重者能镇，重可祛怯，故有镇安心神、平惊定志、平肝潜阳等作用。主要用于阳气躁动、心火炽盛、痰火扰心、肝郁化火及惊吓等引起的心神不宁、烦躁易怒、心悸失眠及惊痫、狂妄、肝阳上亢引起的眩晕等实证。常用重镇安神药有朱砂、磁石、龙骨、龙齿、琥珀、紫石英、珍珠母、牡蛎等。

(2)养心安神药　多为植物类种子、种仁，具有甘润滋养之性，故有滋养心肝、滋阴补血、交通心肾等作用。主要适用于阴血不足、心脾两虚、心肾不交等导致的心悸、怔忡、虚烦不眠、健忘、多梦、遗精、盗汗等虚证。常用养心安神药有酸枣仁、柏子仁、合欢皮、夜交藤、远志、灵芝等。

4.应用安神药时的注意事项

①养心安神药用于虚证，重镇安神药用于实证。但为了加强安神作用，虚烦失眠、心悸等证，也配合重镇安神药使用。

②神志不安有热扰心神、肝火亢盛、痰热扰心、阴血不能养心等不同病因，应配用不同药物，以达标本兼治。如清泄心火或肝火、清热化痰、养阴补血等。

③矿石、介壳类的安神药物，质地沉重，研粉服用，易损胃气，不宜多服久服，脾胃虚弱患畜慎用。

④朱砂有毒，琥珀入煎剂易结块，远志能引起恶心呕吐，均应注意用量用法。

⑤临床出现神志昏迷时，不应使用安神法，而宜用开窍法。

⑥临床应辨证用药，并作相应的配伍，如心阴虚血虚，应与养血补阴药配伍；肝阳上亢应与平肝潜阳药配伍；心火炽盛应与清心火药配伍；至于癫痫惊风等证，多以化痰开窍或平肝息风为主，本类药只作辅助药。

据现代药理研究证明，安神药能降低大脑中枢的兴奋性，有镇静、催眠、降压作用，有的尚有补血强壮、调整植物神经功能，能缓解或消除惊恐、狂躁不安等证候。

▶ 二、常见病证及治疗方剂

心热风邪证见于中暑。主要表现出汗、头摇肉颤、喘促、左右乱跌、口色赤红、脉洪数。方用朱砂散(表5-112)。

表 5-112　心热风邪证常用方剂——朱砂散

名称	朱砂散
组成	朱砂(另研)0.5 g，党参6 g，茯神9 g，黄连6 g。以18 kg犬为例，加水400 mL，煎至200 mL，食前分2次服用。
出处	《元亨疗马集》
功效	重镇清心安神，扶正祛邪。
主治	主治心热风邪证。见于黑汗风(日射病或热射病)。表现出汗、头摇肉颤、喘促、左右乱跌、口色赤红、脉洪数。
方解	本方证由外感热邪，热积于心，扰乱神明所致。方中朱砂镇心安神，茯神宁心安神，二药相配，增进安神作用，为主药；黄连清降心火，宁心除烦为辅药；党参益气宁神，固卫止汗，扶正驱邪为佐药。诸药相合，安神清热，扶正祛邪。配合将动物迅速放于阴凉通风处，冷水浇头，热胜可加黄芩、栀子、郁金，伤阴加生地、麦冬。
用药禁忌	本方芳香辛燥，易耗气伤阴，不宜久服。
方歌	心热风邪朱砂散，党参茯神加黄连。

三、常用中药

常用安神中药见数字资源5-36。

数字资源5-36　常用安神中药

子任务二　开窍方药

一、概述

1.定义

凡具有通关开窍回苏作用的方药，称为开窍方药。

2.功效

开窍药多属辛香走窜之品。入心以开窍，辟邪以启闭，功能通窍开闭、苏醒神志。

3.应用

开窍药一般用于神昏内闭的证候。主要用于热病神昏、中风昏厥、癫痫、痉厥，以及七情郁结、气血逆乱、蒙闭清窍引起的突然昏迷等病证。开窍药是急救治标之药，不宜久服，以免泄伤元气；而且走窜性强，对于大汗亡阳引起的虚脱及肝阳上亢所致的昏厥应慎用。

4.应用时的注意事项

①开窍药主要用于神志昏迷的急救。须掌握各药主治范围、用量、用法与禁忌等。

②开窍药乃治标之品，对于各种病因，须选配相应药物进行治疗，如高热神昏配用清热泻火、凉血解毒之品；痰湿蒙蔽心窍，须配化痰化湿药；气郁暴脱须配理气药同用。

③开窍药用麝香、冰片、苏合香、樟脑，均须入丸散应用，不作煎剂，因芳香走窜，易伤胎元，孕畜忌用；麝香、苏合香又辛温走窜，阴虚阳亢患畜慎用。

④开窍药中麝香、冰片、苏合香，不可久服，久服泄伤元气；而且辛香走窜，对于大汗、大泻、大吐、大失血和久病体虚、脱证、亡阳及肝阳上亢所致的昏厥，都应慎用。

⑤神志昏迷，有闭证、脱证之分，闭证多见牙关紧闭、四肢团紧，可用开窍药；脱证多见冷汗淋漓、肢冷脉微，宜回阳救逆、益气固脱，不宜用开窍药。

5.分类

根据药性和主治病证的不同，开窍药主要分为温宣开窍药和凉宣开窍药两类。

（1）温宣开窍药　多辛温芳香，有辛散温通、芳香辟秽、开窍醒神的作用。主治中风痰迷、气郁暴厥或感受秽浊之气而出现猝然昏倒、昏迷不醒、四肢团紧、牙关紧闭、肢冷脉沉等寒闭神昏证。常用药有麝香、苏合香、安息香、石菖蒲等。

（2）凉宣开窍药　多辛、苦，性寒，有辛散苦泄、芳香走窜、清心散火、开窍醒神的作用。主治热病神昏或痰热蒙蔽心窍而出现的猝然昏倒、昏迷不醒、四肢团紧、牙关紧闭、身热口色赤、脉数有力的热闭证。常用药有冰片，多与牛黄、麝香等配合应用。

6.配伍

窍闭神昏有热闭、寒闭之分，寒闭者多见口色青、身冷、苔白、脉迟；热闭者多见口色赤、身热、苔黄、脉数。故热闭用凉宣开窍药，寒闭用温宣开窍药。在应用开窍药时，除对证选药外，还应根据不同的病因配伍用药。如热病神昏宜凉宣开窍，当配清热凉血药；寒闭宜温宣开窍，须配祛寒药同用；痰蒙清窍，当配豁痰熄风药；大怒伤肝、气郁暴厥，当配疏肝解郁药；感受秽浊之气而出现昏迷或呕吐腹痛患畜，当配芳香化浊药。

二、常见病证及治疗方剂

1.高热神昏、痰迷心窍、闭证

此证表现猝然昏倒、牙关紧闭、口吐涎沫等。方用通关散（表5-113）。

表 5-113 高热神昏、痰迷心窍、闭证常用方剂——通关散

名称	通关散
组成	猪牙皂角、细辛各等份。共为极细末,和匀,吹少许入鼻取嚏。
出处	《丹溪心法附余》
功效	通关开窍。
主治	主治高热神昏、痰迷心窍。患畜表现见猝然昏倒、牙关紧闭、口吐涎沫等。
方解	本方为回苏醒神的急救之剂。方中皂角辛散燥烈,祛痰开窍;细辛辛香走窍,开窍醒神,二者合用有开窍通关的作用。因鼻为肺窍,用于吹鼻,能使肺气宣通,气机畅利,神志苏醒而用于急救。
用药禁忌	本方为临时急救方药,苏醒后应根据具体病情进行辨证施治。本方只适用于闭证,脱证忌用。
方歌	皂角细辛通关散,吹鼻醒神又豁痰。

2.高热神昏、痰迷心窍、热闭证

此证表现高热、神昏、惊厥、烦躁不安、舌质红绛、舌苔黄厚、脉洪数等。方用安宫牛黄丸(表 5-114)。

3.外感高热、高热出血、热闭证

此证表现高热、突然昏倒、出血。方用清开灵(表 5-115)。

表 5-114 高热神昏、痰迷心窍、热闭证常用方剂——安宫牛黄丸

名称	安宫牛黄丸
组成	牛黄 30 g、水牛角浓缩粉 30 g、麝香 7.5 g、冰片 7.5 g、朱砂 30 g、郁金 30 g、珍珠母 15 g、雄黄 30 g、黄连 30 g、黄芩 30 g、栀子 30 g。每丸 3 g,以 18 kg 犬为例,每次半丸,每日 2 次。
出处	《温病条辨》卷一。
功效	具有清热解毒、镇惊开窍等功效。
主治	用于邪入心包、痰迷心窍、高热惊厥、高热神昏;症见高热、神昏、惊厥、烦躁不安、舌质红绛、舌苔黄厚、脉洪数等。现多用于中风昏迷及脑炎、脑膜炎、中毒性脑病、脑出血、败血症、犬瘟热等。
方解	本方为清热解毒,豁痰开窍方剂。方中牛黄、犀角清心解毒,豁痰开窍,为君药。麝香、冰片、雄黄、郁金为臣药,芳香去秽,醒脑开窍。朱砂、珍珠母镇静安神,以解高热所致惊厥烦躁;黄连、黄芩、栀子清热泻火,以上共为佐药。诸药相合,以达清热解毒、豁痰开窍、重镇安神之效。
用药禁忌	本方中风脱证、寒闭不宜用,孕畜慎用。因含有毒药物,不可久服或过量应用。
方歌	安宫牛黄治热闭,朱牛麝冰雄珍皮,芩连郁金与栀子,清热开窍效神奇。

表 5-115 外感高热、高热出血、热闭证常用方剂——清开灵

名称	清开灵
组成	胆酸、猪脱氧胆酸、珍珠母、水牛角、栀子、黄芩苷、板蓝根、金银花,以上药制成注射液,静注或肌注。马、牛 150~300 mL;猪、羊、犬 10~60 mL。
出处	《江苏中医杂志》
功效	清热开窍。
主治	主治邪热炽盛,内陷心包,燔灼营血;或痰火上扰,蒙闭清窍,神志昏迷。现主治外感高热证,对猪瘟、猪乙型脑炎、犬传染性肝炎、牛流行热均有治疗效果。
用药禁忌	表证恶寒发热患畜慎用。本品如产生沉淀或浑浊时不得使用。如经 10% 葡萄糖或生理盐水注射液稀释后,出现浑浊亦不得使用。
备注	本方以安宫牛黄丸为基础调制而成。

4.寒闭证

寒闭证表现突然昏倒、牙关紧闭、肢冷、苔白、脉迟。方用苏合香丸(表5-116)。

表5-116　寒闭证常用方剂——苏合香丸

名称	苏合香丸
组成	白术、青木香、水牛角、香附、朱砂、诃子、白檀香、安息香、沉香、麝香、冰片、丁香、荜茇、苏合香、乳香各12g,为丸,每丸3g。以18kg犬为例,每次半丸,每日2次。
出处	《太平惠民和剂局方》
功效	芳香开窍,行气止痛。
主治	寒湿痰浊或秽浊之气闭塞气机,蒙蔽清窍所致的寒闭证。寒痰秽浊,上蒙神明,致突然昏倒、牙关紧闭、肢冷、苔白、脉迟均属寒象;或感受时疫秽恶之气,致气机壅滞,则心腹痛,进而气机逆乱,扰及心神致神昏。
方解	苏合香、安息香能透窍逐秽化浊,开闭醒神;麝香、冰片能开窍通闭,辟秽化浊,善通全身诸窍,共为君药。香附、丁香、青木香、沉香、白檀香可辛香行气,调畅气血,温通降逆,宣窍开郁,使气降则痰降,气顺则痰消;熏陆香(乳香)行气兼活血,使气血运行通畅,则疼痛可止,共为臣药。荜茇温中散寒,增强诸香药止痛行气开郁之功;水牛角清心解毒,以防热药上扰心神,朱砂镇心安神;白术健脾和中,燥湿化浊;诃子温涩敛气,以防辛香走窜耗散太过,共为佐药。
方歌	苏合香丸麝息香,木丁朱乳荜檀襄,牛冰术沉诃香附,中恶急救莫彷徨。

三、常用中药

常用开窍中药见数字资源5-37。

数字资源5-37　常用开窍中药

作业

1.辨别用药:朱砂与磁石的区别;柏子仁与酸枣仁的区别;冰片与麝香的区别。

2.简述下列中药的功效与主治:朱砂、磁石、龙骨、酸枣仁、柏子仁、远志、合欢、麝香、冰片、苏合香、石菖蒲。

3.简述朱砂散、通关散、苏合香丸、安宫牛黄丸的应用、方歌、方解。

拓展

闭证和脱证引起的昏迷有什么区别?在治疗方面有何不同?

自我评价

评价内容	记忆情况	理解情况	百分制评分结果	不足与改进
临床常用安神方剂中朱砂散的中药组成、功效、主治、方歌、方解。				
安神药中朱砂、磁石、龙骨、琥珀、酸枣仁、柏子仁、远志、合欢等常用中药的来源、药性、功效、应用。				
以下安神中药的区别:朱砂与磁石的区别;龙骨与朱砂、磁石、龙齿的区别;柏子仁与酸枣仁的区别。				

续表

评价内容	记忆情况	理解情况	百分制评分结果	不足与改进
开窍方剂通关散、苏合香丸、安宫牛黄丸的中药组成、功效、主治、方歌、方解。				
开窍药中麝香、冰片、苏合香、石菖蒲等常用中药的来源、药性、功效、应用。				
以下开窍中药的区别:石菖蒲与冰片、麝香的区别;冰片与麝香的区别。				

任务十五　驱虫方药

学习导读

教学目标

1.驱虫方剂中万应散、槟榔散、肝蛭散、乌梅丸的中药组成、功效、主治、方歌、方解。

2.驱虫药中使君子、川楝子、苦楝皮、槟榔、贯众、南瓜子、番瓜子、雷丸、鹤虱、榧子、芜荑等常用中药的来源、药性、功效、应用。

教学重点

1.驱虫方剂中万应散、槟榔散、肝蛭散、乌梅丸的主治、方歌、方解。

2.驱虫药中使君子、川楝子、苦楝皮、槟榔、贯众、南瓜子、番瓜子、雷丸、鹤虱、榧子、芜荑等常用中药的功效、应用。

教学难点

1.驱虫方剂万应散、槟榔散、肝蛭散、乌梅丸的方歌、方解。

2.驱虫药中槟榔、贯众、使君子、苦楝皮、雷丸、鹤虱等常用中药的功效、应用。

课前思考

1.动物患虫疾有哪些临床表现？

2.动物患有蛔虫、姜片吸虫、绦虫等虫证可统一选用哪个方剂进行治疗？

3.动物患有肝片吸虫病用什么方剂进行治疗？

4.动物患有脏寒蛔厥证用什么方剂进行治疗？

学习导图

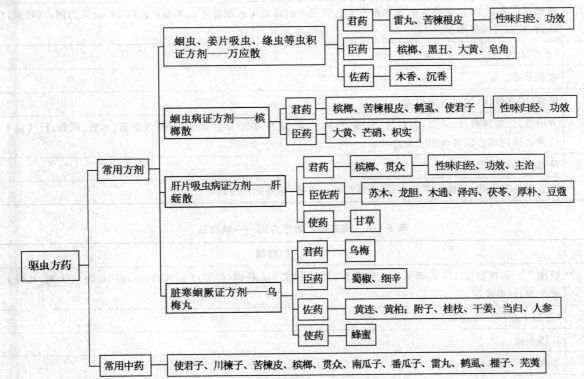

一、概述

1. 定义

凡以驱除或杀灭动物体内、外寄生虫，用以治疗虫证的方药，称为驱虫方药。

2. 药性及功效

本类药物多属寒凉，以苦为主；主入胃、大肠经；部分药物有毒。一般具有驱杀绦虫、蛔虫、钩虫、血吸虫、蛲虫、球虫、螨虫等作用，各有侧重。另外，部分药物兼具有行气、消积、健脾、润肠、壮阳、燥湿等功能。

3. 应用

本类药物可用于动物胃肠道寄生虫、肝蛭、疥癣等证。肠道寄生虫病，主要见于蛔虫、钩虫、线虫、蛲虫等引起的寄生虫病，主要表现绕脐腹痛、少食或多食易饥、异嗜、肛门擦痒、消瘦、毛焦吮吊、排粪失常等，有的粪便中带有虫体，有的出现浮肿等。

4. 使用注意事项

①应用驱虫药，首先应正确诊断，然后根据寄生虫种类合理选药，如治蛔虫应选用使君子、苦楝子，驱绦虫选用槟榔、南瓜子等。根据病情缓急和动物体质的强弱进行急攻或缓驱，对于体弱脾虚的病畜，可采用先补脾胃后驱虫或攻补兼施的办法。

②驱虫药有一定副作用，必须严格控制用量与配伍，防止过量中毒或损伤正气；积滞可配合消导药，脾弱可配合健脾药。

③多配合泻下药，促使麻痹虫体迅速排出，以免虫体复苏。

④驱虫时以空腹投药为好，使药物充分作用于虫体，多于睡前投服。

⑤出现发热或腹痛症状时，不宜急于驱虫，待症状缓解后，再用驱虫药物。

⑥驱虫时应适当休息，驱虫后要加强饲养管理，保证虫去不伤正。

⑦应用驱虫药时，对于体弱、年老及孕畜应慎用。

二、常见病证及治疗方剂

1. 蛔虫、姜片吸虫、绦虫等虫积证

蛔虫、姜片吸虫、绦虫等虫积证常用万应散（表5-117）治疗。

2. 蛔虫病证

蛔虫病证可用槟榔散（表5-118）治疗。

表5-117　治蛔虫、姜片吸虫、绦虫等虫积证常用方剂——万应散

名称	万应散
组成	槟榔6 g、大黄12 g、皂角6 g、苦楝根皮6 g、黑丑6 g、雷丸4 g、沉香2 g、木香3 g，以18 kg犬为例，共研末，开水冲调，候温分两份灌服。
出处	《医学正传》
功效	攻积杀虫。
主治	蛔虫、姜片吸虫、绦虫等虫积证。
方解	方中雷丸、苦楝根皮，杀虫，为君药；槟榔、黑丑、大黄、皂角，配合君药杀虫攻积，为臣药；木香、沉香，行气温中，为佐药。诸药相合以奏攻积杀虫之功。
使用注意	孕畜及体弱畜慎用。
方歌	万应散中丑大槟，苦楝根皮与木香，皂角雷丸沉香降，驱虫化积用此方。

表5-118　蛔虫病证治疗方剂——槟榔散

名称	槟榔散
组成	槟榔5 g、苦楝根皮3.5 g、鹤虱2 g、使君子2.5 g、枳实3 g、朴硝（后下）3 g、大黄2 g，以18 kg犬为例，共研末，开水冲调，候温灌服。
出处	《全国中兽医经验选编》
功效	攻逐杀虫。
主治	蛔虫病。

续表 5-118

名称	槟榔散
方解	方中槟榔、苦楝根皮、鹤虱、使君子,驱杀蛔虫,为君药;大黄、芒硝、枳实,攻积通肠,为臣药。诸药相合以奏攻积杀虫之效。
临诊应用	本方较为安全。对于体壮、食欲好动物,可加雷丸,以增强驱蛔效力;若体弱、食欲差,可加麦芽、神曲以健胃增食。
方歌	槟榔散中硝黄枳,苦楝根皮鹤君子。

3. 肝片吸虫病证

肝片吸虫病证可用肝蛭散(表 5-119)治疗。

表 5-119 肝片吸虫病证治疗方剂——肝蛭散

名称	肝蛭散
组成	槟榔 30 g、绵马贯众 45 g、苏木 30 g、肉豆蔻 20 g、茯苓 30 g、龙胆草 30 g、木通 20 g、厚朴 20 g、泽泻 20 g、甘草 20 g,为末,牛一次温水调服。
出处	《中兽医药方及针灸》
功效	行气健脾,利水杀虫。
主治	肝片吸虫病。
方解	方中槟榔、贯众杀虫,为主药;苏木活血止痛,龙胆泻火利湿,木通、泽泻利水消肿,茯苓渗湿健脾,厚朴、豆蔻理气健脾,共为臣佐药;甘草,调和诸药,为使药。
临诊应用	用于牛、羊的肝片吸虫病。脾虚加党参、白术,阳虚加附子、干姜。
方歌	肝蛭散中用槟榔,贯众苏木龙胆藏,厚朴甘草豆蔻帮,木通泽苓效力彰。

4. 脏寒蛔厥证

脏寒蛔厥证临床表现腹痛时作、得食即呕、吐蛔、四肢厥冷、久痢不止。方用乌梅丸(表 5-120)。

表 5-120 脏寒蛔厥证治疗方剂——乌梅丸

名称	乌梅丸
组成	乌梅 30 g、细辛 3 g、干姜 9 g、黄连 6 g、当归 6 g、附子(炮)6 g、蜀椒(炒香)5 g、桂枝 6 g、人参 6 g、黄柏 6 g。以 18 kg 犬为例,上十味,以苦酒(即酸醋)浸乌梅一夜,去核,蒸熟,捣成泥,和其他药放于药臼中,与蜜杵两千下,制成梧桐子大丸,以 18 kg 犬为例,食后服 6 g,日服 3 次。
出处	《伤寒论》
功效	具有安蛔止痛功效。
主治	主治蛔厥证。蛔厥,烦闷呕吐,甚则吐蛔,时发时止,得食即呕,四肢厥冷,腹痛时作,久痢不止,脉沉细或弦紧,属寒热错杂。现用于胆道蛔虫症、慢性肠炎。
方解	本方所治之证为胃热肠寒、蛔动不安。蛔虫喜温而恶寒,寄生肠内,因胃热肠寒,不利于蛔虫生存,则扰动不安,不时上窜胃中,故腹痛、烦闷、呕吐,甚则吐出蛔虫。由于蛔虫起伏时间不定,故腹痛与呕吐时发时止。痛甚则气机逆乱,阴阳之气不相顺接,乃至四肢厥冷而发为蛔厥。证属寒热错杂,治宜寒热并调,温脏安蛔。方中重用味酸之乌梅,取其酸能安蛔,为君药。蛔动因于胃热肠寒,蜀椒、细辛味辛温,辛可伏蛔,温能温脏驱寒,共为臣药。黄连、黄柏味苦性寒,苦能下蛔,寒能清胃热;附子、桂枝、干姜皆为辛热之品,可助温脏驱寒,且辛可制蛔;当归、人参补养气血,扶助正气,且合桂枝养血通脉,调和阴阳,以解四肢厥冷,均为佐药。蜜甘缓和中,为使药。综观全方,寒热并用,邪正兼顾,以达温中清热,安蛔补虚之功效。
用药禁忌	禁生冷、滑物、臭食等。
方歌	乌梅丸用细辛桂,人参附子椒姜继,黄连黄柏及当归,温脏安蛔寒厥剂。

5.其他驱虫方剂

除以上方剂外,尚有其他驱虫方剂(表 5-121)。

表 5-121　其他驱虫方剂

名称	组成	主治
驱虫散	鹤虱 30 g、使君子 30 g、槟榔 30 g、芜荑 30 g、雷丸 30 g、贯众 60 g、炒干姜 15 g、制附子 15 g、乌梅 30 g、诃子肉 30 g、大黄 30 g、百部 30 g、木香 25 g、榧子 30 g,为末,牛一次开水冲调,候温灌服。	胃肠道寄生虫病
贯众散	贯众 60 g、使君子 30 g、鹤虱 30 g、芜荑 30 g、大黄 40 g、苦楝子 15 g、槟榔 30 g,为末,牛一次开水冲调,候温灌服。	胃肠道寄生虫病

▶ 三、常用中药

常用驱虫中药见数字资源 5-38。

数字资源 5-38　常用驱虫中药

作业

1.简述下列中药的功效与主治:使君子、川楝子、苦楝皮、槟榔、贯众、南瓜子、番瓜子、雷丸、鹤虱。

2.简述万应散、槟榔散、肝蛭散、乌梅丸的中药组成、功效、主治、方歌、方解。

拓展

蛔虫病、姜片吸虫病、绦虫病、肝片吸虫病、血吸虫病等动物患病后分别有哪些主要症状表现,临床分别选用哪种方剂进行治疗?

自我评价

评价内容	记忆情况	理解情况	百分制评分结果	不足与改进
临床常用驱虫方剂中万应散、槟榔散、肝蛭散、乌梅丸的中药组成、功效、主治、方歌、方解。				
驱虫药中使君子、川楝子、苦楝皮、槟榔、贯众、南瓜子、番瓜子、雷丸、鹤虱、榧子、芜荑等常用中药的来源、药性、功效、应用。				

任务十六　外用方药

学习导读

教学目标

1. 掌握外用方剂中生肌散、桃花散、青黛散的中药组成、功效、主治、方歌、方解。
2. 掌握外用中药雄黄、硫黄、明矾、蛇床子、蟾酥、樟脑、木鳖子、土荆皮、升药、硼砂、孩儿茶等常用中药的来源、药性、功效、应用。
3. 了解其他外用中药的功效。
4. 掌握以下外用中药的区别：硫黄与雄黄的区别；蛇床子与地肤子的区别；木鳖子与马钱子的区别。

教学重点

1. 外用方剂中生肌散、桃花散、青黛散的主治、方歌、方解。
2. 外用中药中雄黄、硫黄、明矾、蛇床子、蟾酥、樟脑、木鳖子、土荆皮等常用中药的功效、应用。
3. 掌握以下外用中药的区别：硫黄与雄黄的区别；蛇床子与地肤子的区别；木鳖子与马钱子的区别。

教学难点

1. 外用方剂中生肌散、桃花散、青黛散的方歌、方解。
2. 外用药中雄黄、硫黄、明矾、蛇床子、蟾酥、樟脑、木鳖子、土荆皮等常用中药的功效、应用。

课前思考

思考动物临床出现疮疡、创伤出血、舌疮、骨折、疥癣分别用什么方剂进行治疗？

学习导图

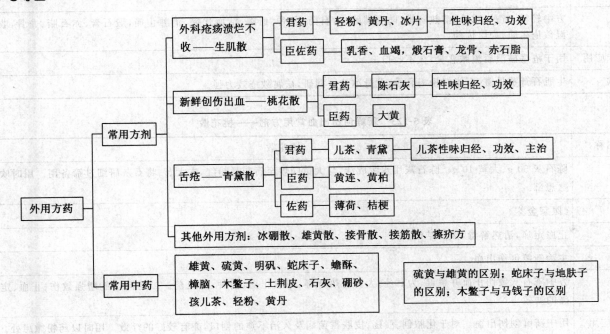

一、概念

1.定义

直接作用于病变局部,通过涂敷、喷洗等方式给药,具有清热凉血、消肿止痛、去腐拔毒、排脓生肌、接骨续筋和体外杀虫止痒功效的方药,称为外用方药。

2.药性及功效

本类药物多属矿物类,性味归经较为复杂,部分药物有毒,应慎用。本类药物一般具有杀虫解毒、消肿止痛、祛腐生肌、收敛止血等功能,一些药物还具有清热解毒、燥湿化痰、收敛止泻等功效。

3.临床应用

①适用于皮肤及五官科病证,如疮痈疔毒、疥癣、聤(tíng)耳、虫蛇咬伤及癌肿等。常用药物雄黄、硫黄等。

②适用于痈疽疮疡溃后脓出不畅,或溃后腐肉不去、新肉难生,伤口难以愈合;有些还可用于湿疹瘙痒、口疮、喉证、目赤翳障等。常用药物炉甘石、硼砂、铅丹等。

4.外用药使用方法及注意事项

①由于发生部位、症状及过程不同,多采用外敷、外涂、喷涂、浸洗等方法。

②本类药物多具有一定毒性,应严格掌握剂量及用法,不可过量或持续使用,对毒性较大的方药,涂敷面积不宜过大,以防动物舔食中毒。

③本类药物内服使用时,应严格炮制以减低毒性。宜作丸散剂缓慢溶解吸收,且便于掌握剂量。

二、常见病证及治疗方剂

1.外科疮疡溃烂不收

外科疮疡溃烂不收常用生肌散(表 5-122)治疗。

2.新鲜创伤出血

新鲜创伤出血常用桃花散(表 5-123)治疗。

表 5-122 外科疮疡溃烂不收常用方剂——生肌散

名称	生肌散
组成	煅石膏 50 g、轻粉 50 g、赤石脂 50 g、黄丹 10 g、龙骨 15 g、血竭 15 g、乳香 15 g、冰片 15 g。共为细末,混匀装瓶备用。用时吹撒患部。
出处	《外科正宗》
功效	祛腐,敛口,生肌。
主治	主治外科疮疡。
方解	方中轻粉、黄丹、冰片,清热解毒、防腐消肿,为君药;乳香、血竭,活血化瘀、消肿止痛,煅石膏、赤石脂、龙骨,收湿敛疮生肌,为臣佐药。
临床应用	用于疮疡破溃后流脓恶臭,久不收口。
方歌	生肌石膏黄丹藏,石脂轻粉竭乳香,龙骨冰片一同研,祛腐敛疮效力强。

表 5-123 新鲜创伤出血常用方剂——桃花散

名称	桃花散
组成	陈石灰 50 g、大黄 10 g。陈石灰用水泼成沫,与大黄同炒至石灰呈粉红,去大黄,将石灰研细过筛备用。用时吹撒患部。
出处	《医宗金鉴》
功效	止血定痛,清热解毒,敛口结痂。
主治	主治新鲜创伤出血。
方解	方中陈石灰敛伤止血并解毒,为君药;大黄清热解毒、凉血止血、消肿,为臣药。二药同炒能增强敛伤、止血、定痛的功效。
临床应用	用于新鲜创伤出血。对于化脓创、溃疡、皮肤霉菌病及久治不愈的创口,亦有较好的疗效。用时以药粉撒患处。
方歌	桃花石灰炒大黄,外伤出血速撒上。

3.舌疮

舌疮常用青黛散(表 5-124)治疗。

4.其他外用方剂

除以上所列方剂,其他部分外用方剂见表 5-125。

表 5-124 舌疮常用方剂——青黛散

名称	青黛散
组成	青黛、黄连、黄柏、薄荷、桔梗、儿茶各等份。共为极细末,混匀,装瓶备用。用时吹撒患部或装入纱布袋口噙。
出处	《元亨疗马集》
功效	清热解毒,消肿止痛。
主治	舌疮。
方解	儿茶、青黛收湿敛疮,止痛生肌,为君药;黄连、黄柏清热解毒,用于疮疡肿痛,为臣药;薄荷能疏散风热,清利咽喉;桔梗利咽清肺,共为佐药。
临床应用	用于心热舌疮,咽喉肿痛。
方歌	青黛散用治舌疮,黄柏黄连薄荷襄,桔梗儿茶共为末,口噙吹撒可安康。

表 5-125 其他外用方剂

名称	组成	功用	主治
冰硼散	冰片 5 g、朱砂 6 g、硼砂 50 g、玄明粉 50 g,共为细末混匀,用时撒布患处。	清热解毒,消肿止痛。	口舌生疮,咽喉肿痛。
雄黄散	雄黄、白及、白蔹、龙骨、大黄各等份,共为细末备用。	拔毒消肿,活血止痛。	体表各种急性黄肿,初中期见红、肿、热、痛,以温醋或凉开水调敷。
接骨散	没药、乳香各 15 g,自然铜(醋淬七次)30 g,滑石 60 g,龙骨 9 g,赤石脂、白石脂各 6 g。	活血接骨。	研为细末,醋浸,炒燥,用时加麝香少许,用小匙放于舌上,温酒送下。饲前、后投服。若骨已接尚痛,去龙骨、石脂。
接筋散	没药、儿茶、血竭、白及、紫金锭、麝香分别研细混合装瓶密封备用。	续筋生肌,活血消肿。	用于外伤性肌腱断裂,先用绷带固定伤处,再用旋覆花水洗净,涂以白及糖液,敷包接筋散。
擦疥方	狼毒 60 g、牙皂 60 g、巴豆 15 g、雄黄 5 g、轻粉 3 g。	灭疥止痒。	共为细末,用热油调匀涂擦,隔日一次。

⬤ 三、常见中药

常见外用中药见数字资源 5-39。

数字资源 5-39 常见外用中药

作业

1.辨别用药:硫黄与雄黄的区别;蛇床子与地肤子的区别;木鳖子与马钱子的区别。

2.简述下列中药的功效与主治:雄黄、硫黄、明矾、蟾酥、樟脑。

3.简述生肌散、桃花散、青黛散的应用、中药组成、方歌、方解。

拓展

治疗湿疹、真菌感染、疥癣分别可以选用什么方剂进行治疗?

自我评价

评价内容	记忆情况	理解情况	百分制评分结果	不足与改进
临床常用外用方剂中生肌散、桃花散、青黛散的中药组成、功效、主治、方歌、方解。				
外用中药雄黄、硫黄、明矾、蛇床子、蟾酥、樟脑、木鳖子、土荆皮、升药、硼砂、孩儿茶等常用中药的来源、药性、功效、应用。				
以下外用中药的区别:硫黄与雄黄的区别;蛇床子与地肤子的区别;木鳖子与马钱子的区别。				

项目六
课程考核与教学要点

中兽医基础理论部分测验
四诊与辨证论治部分测验
中草药及方剂部分测验
综合测试(一)
综合测试(二)
技能考核
教学要点
附:中药《药性歌括四百味》

中兽医基础理论部分测验

一、基本概念(任选 5 个概念)

中兽医学;整体观念;辨证论治;阴阳学说;五行学说;生克制化;传变;三焦;脏腑学说;经络;经络学说;引经报使;病理;六淫。

二、问答题(任选 5 个问答题)

1. 中兽医中的证和症状的区别?
2. 阴阳学说的主要内容及在治疗方面的主要应用。
3. 五行特性、五行变化的基本规律及在治疗方面的应用。
4. 奇经八脉的含义及各自的功能。
5. 十二经脉的运行示意图。
6. 常见气病有哪些?有什么表现?怎么治疗?
7. 风、寒两邪的特性及致病特点。

三、思考题

1. 冬吃萝卜夏吃姜是应用中兽医的什么理论?你能理解其具体含义吗?
2. 请你运用阴阳学说、五行学说、脏腑学说来阐述导致脾阳虚、肝阳上亢、肾阴虚的各种原因,主要外部表现和治疗原则。
3. 五脏发病后,按照脏腑学说和五行学说,说出可以通过哪些外部表现反映出来。
4. 机体发生水肿和出血分别与哪些脏器有关,为什么?

四诊与辨证论治部分测验

一、概念(任选 5 个概念)

四诊;八纲辨证;脏腑辨证;六经辨证;少阳病证;并病;卫气营血辨证;预防。

二、问答题(任选 5 个问答题)

1. 简述四诊的具体内容。
2. 五脏在口腔内对应的部位。
3. 舌质、舌苔的主要病色及所见病证。
4. 牛切脉的主要部位是双凫脉,请指出三部三关对应的脏腑。
5. 常见反脉有哪些?对应的常见病证分别是什么?
6. 怎样辨别表证与里证、寒证与热证、虚证与实证?
7. 脾与胃病辨证的常见病证有哪些?并分别写出所用方剂。
8. 肾与膀胱病辨证的常见病证有哪些?并分别写出所用方剂。
9. 治则的具体内容。
10. 八法的概念及适应证。

三、论述题

1. 一牛经查表现神昏、发热、脉数、舌绛、出血,请分析诊断并给出方剂。
2. 一牛出现潮热、盗汗、体弱、咳嗽、昼轻夜重、粪干尿少、口红无苔、脉细数,请进行辨证分析为何证?并给出方剂。
3. 一牛出现水肿,请综合分析并进行辨证。

中草药及方剂部分测验

一、概念

方剂;炮制;药性;配伍;七情。

二、问答题

1. 写出十八反及十九畏。
2. 请写出四气、五味、升降浮沉分别具有的功效和主治。
3. 请对下列中药的功效进行区别:(任选 5 个,其他用以参考复习)

麻黄与桂枝;荆芥与防风;柴胡与葛根;石膏与

知母;天花粉与芦根;地黄与玄参;生地与犀角;丹皮与地骨皮;赤芍与丹皮;黄柏、黄芩与黄连;紫花地丁与蒲公英;青蒿与柴胡;火麻仁与胡李仁;肉桂与附子;生姜、干姜、炮姜与煨姜;干姜与吴茱萸;川贝与浙贝;贝母与半夏;半夏与天南星;款冬花与紫菀;葶苈子与桑白皮;羌活与独活;桑寄生与五加皮;茯苓与泽泻;茯苓与猪苓;茯苓与薏苡仁;车前子、滑石与木通;木通与通草;香薷与藿香;藿香与佩兰;砂仁与白豆蔻;苍术与厚朴;陈皮与青皮;枳实与枳壳;乌药、木香与香附;桃仁与红花;郁金与香附;乳香与没药;穿山甲与王不留行;人参、党参与黄芪;生地与熟地;阿胶与熟地;巴戟天与肉苁蓉;天冬与麦冬;龟板与鹿茸;龟板与鳖甲;杜仲与续断;益智仁与补骨脂;桑螵蛸与海螵蛸;牡蛎与龙骨;石决明与决明子;石菖蒲与冰片。

4.请写出下列方剂的方歌:(任选 5 个,其他用以参考复习)

小柴胡汤;麻黄汤;桂枝汤;荆防败毒散;白虎汤;清营汤;黄连解毒汤;郁金散;白头翁汤;香薷散;茵陈蒿汤;清瘟败毒散;龙胆泻肝汤;公英散;大承气汤;二陈汤;理中汤;橘皮散;四逆汤;独活寄生汤;五苓散;八正散;藿香正气散;越鞠丸;保和丸;生化汤;通乳散;四君子汤;四物汤;参苓白术散;六味地黄汤。

▶ 三、思考题

1.请写临床上能够治疗直肠脱出的方名、方歌、功效、主治,并按君臣佐使写出具体中药名称和药效。

2.请写出《元亨疗马集》中所记载的夏季调理药的方名、方歌、主治,并按君臣佐使写出具体中药名称和药效。

综合测试(一)

一、单选题(每题 1 分,共计 25 分)

1. 下列说法不正确的是( )。
A. 虚则补之,实则泻之　　　　　　　　B. 阴平阳秘,精神乃治
C. 善诊者,察色按脉,先别阴阳　　　　　D. 阳为体,阴为用

2. 下列按阴阳划分属阳的是( )。
A. 肝　　　　　　B. 血　　　　　　C. 心　　　　　　D. 小肠

3. 属于五行学说的治疗原则是( )。
A. 实则泻之　　　B. 虚则补之　　　C. 补母泻子　　　D. 寒者热之

4. 属于六淫中寒邪特性的是( )。
A. 主动　　　　　B. 善行数变　　　C. 易致疼痛　　　D. 易动肝风

5. 表证的特点( )。
A. 脉沉　　　　　B. 发热并恶寒　　C. 粪干,尿短赤　　D. 苔黄厚

6. 中草药五味中功能叙述不正确的是( )。
A. 酸能收能涩　　B. 苦能泄能燥　　C. 甘能补能缓能和　D. 咸能行能散

7. 具有止痛作用的中药( )。
A. 元胡　　　　　B. 党参　　　　　C. 贝母　　　　　D. 熟地

8. 不具有解表功能的药物( )。
A. 独活　　　　　B. 白芍　　　　　C. 防风　　　　　D. 羌活

9. 具有解鱼蟹中毒的药物有( )。
A. 紫苏　　　　　B. 桑叶　　　　　C. 防风　　　　　D. 银花

10. 属于针术中泻法的是( )。
A. 三进一退　　B. 退针后立即按压针孔　　C. 行针力轻,频率慢　　D. 一进三退

11. 世界上最早的一部人畜通用药典是( )。
A. 内经　　　　　B. 厩苑律　　　　C. 新修本草　　　D. 司牧安骥集

12. 中兽医的精髓是( )。
A. 辨证论治　　　B. 整体观念　　　C. 阴阳学说　　　D. 五行学说

13. 水不涵木引起肝阳上亢属于( )。
A. 母病及子　　　B. 子病犯母　　　C. 相乘为病　　　D. 相侮为病

14. 下列哪些器官与其他器官不同( )。
A. 胃　　　　　　B. 膀胱　　　　　C. 三焦　　　　　D. 胞宫

15. 不属于脾功能的是( )。
A. 主运化　　　　B. 统血　　　　　C. 主肌肉　　　　D. 藏血

16. 下列器官喜燥恶湿的是( )。
A. 脾　　　　　　B. 胃　　　　　　C. 肾　　　　　　D. 肺

17. 小便失禁主要是由于气的什么功能失常引起的( )。
A. 固摄作用　　　B. 温煦作用　　　C. 防御作用　　　D. 气化作用

18. 属于前肢经络的是( )。
A. 胃经　　　　　B. 胆经　　　　　C. 膀胱经　　　　D. 大肠经

19.下面穴位不在督脉上的是（　　）。

A.百会穴　　　　B.命门穴　　　　C.苏气穴　　　　D.关元俞

20.大承气汤的组成是下列哪个（　　）。

A.大黄、厚朴、芒硝、枳壳　　　　　　B. 大黄、厚朴、芒硝、枳实

C.大黄、厚朴、黄柏、秦皮　　　　　　D. 白头翁、厚朴、芒硝、黄柏

21.六淫之中，湿邪的主要性质是（　　）。

A.阴冷、凝滞　　　B.炎热、升散　　　C.重浊、黏滞　　　D.善行、主动

22.发汗解表、用于外感风寒表实证、与麻黄相须配伍的药物是（　　）。

A.防风　　　　　B.桂枝　　　　　C.薄荷　　　　　D.葛根　　　　　E.升麻

23.马表现耳鼻温热、泄泻、泻粪腥臭、尿液短赤、口津干黏、口渴贪饮、口色红黄、舌苔黄腻、脉象滑数。该病辨证属于（　　）。

A.食积大肠　　　B.大肠冷泻　　　C.大肠湿热　　　D.大肠液亏　　　E.热结肠道

24.牛表现精神沉郁、食欲减退、粪便稀软、尿黄混浊、可视黏膜发黄、鲜明如橘、口色红黄、舌苔黄腻、脉数，该病证辨证分型是（　　）。

A.肝血虚　　　　B.肝胆湿热　　　C.肝火上炎　　　D.肝阳化风　　　E.阴虚生风

25.马表现发热、肠燥便秘、腹痛、尿短赤、口津干燥、口色深红、舌苔黄厚、脉沉实有力。该病证可辨证为（　　）。

A.邪热犯肺　　　B.热入心包　　　C.热结肠道　　　D.肝胆湿热　　　E.膀胱湿热

▶ 二、填空题（每空 0.5 分，共计 25 分）

1.白头翁的主要功效是_____。

2.黄芩的功效_____、_____、_____、除热安胎。

3.板蓝根的功效_____、_____。

4.山药的功效是_____、_____、_____。

5.仙鹤草的功效_____。

6.川芎的功效有_____、_____。

7.诃子的功效_____、_____。

8.当归的功效_____、_____、_____。

9.桔梗的功效是_____、_____。

10.葛根的功效是_____、_____、_____、升阳止泻。

11.僵蚕具有_____、_____、_____的功效。

12.金银花的功效_____、_____、_____。

13.砂仁的功效有_____、_____。

14.半夏专理_____，南星专主_____。

15.中兽医学的基本特点是_____和_____。

16.上焦如雾是指上焦_____；中焦如沤是指中焦_____；下焦如渎是指下焦_____。

17.气的基本功能主要有_____、_____、_____、固摄作用、气化作用。

18.牛切脉主要切双凫脉和尾中动脉,浮取以诊_____、中取以诊_____、持久以诊_____。

19.八法并用主要包括_____、_____、_____、_____。

20.针灸穴位时，一般以指定位,指宽是指_____的宽度，二指宽是指_____ cm。

◆ 三、概念（每个 2 分，共计 10 分）

1. 脏腑学说：
2. 三焦：
3. 经络：
4. 穴位：
5. 方剂：

◆ 四、简答题（共计 30 分）

1. 写出方歌（6 分）
(1) 补中益气汤：
(2) 通乳散：
(3) 清肺散：
2. 请指出犬下列穴位的具体位置和主治。（6 分）
(1) 大椎：
(2) 后三里：
(3) 关元俞：
3. 请写出临床常见反脉及相应的临床意义。（8 分）
4. 请说出下列中草药之间在功效方面有何不同？（10 分）
(1) 贝母与半夏：
(2) 陈皮与青皮：
(3) 赤芍与丹皮：
(4) 巴戟天与肉苁蓉：
(5) 荆芥与防风：

◆ 五、问答题（共计 10 分，二选一）

1. 一头牛症见发热无汗，恶寒颤抖，皮紧肉硬，肢体疼痛，咳嗽，舌苔白腻，脉浮。请诊断并写出治疗的方剂名称、方歌、功效，并按君臣佐使写出方剂的组成及各种中药在方剂中所起作用。

2. 一头牛因气血不足产后发生泌乳不足。请诊断并写出治疗的方剂名称、方歌、功效，并按君臣佐使写出方剂的组成及各种中药在方剂中所起作用。

综合测试(二)

▶ 一、单选题(每题 1 分,共计 25 分)

1.下列说法不正确的是(　　)。

A.春夏养阴,秋冬养阳　　　　B.阴虚则内热,阳虚则外寒　　　　C.气为血帅,血为气母

D.头为诸阳之会

2.血液由津液与什么化生而成(　　)。

A.元气　　　　B.宗气　　　　C.营气　　　　D.卫气

3.不属于肾功能的是(　　)。

A.主水　　　　B.主骨　　　　C.主肌肉　　　　D.主纳气

4.不属于实证特点的是(　　)。

A.多身体粗壮　　B.声高息粗　　　C.久病　　　　D.脉象有力

5.不属于八法并用主要有(　　)。

A.汗清并用　　　B.温清并用　　　C.攻补并用　　　D.消补并用

6.一源三歧不包括(　　)。

A.任脉　　　　B.冲脉　　　　C.带脉　　　　D.督脉

7.具有升举阳气功能的药物(　　)。

A.麻黄　　　　B.柴胡　　　　C.防风　　　　D.羌活

8.不具有安胎功能的药物(　　)。

A.黄芩　　　　B.大黄　　　　C.白术　　　　D.苏梗　　　　E.砂仁

9.不具有生津功能的药物(　　)。

A.生地　　　　B.川芎　　　　C.天花粉　　　　D.知母　　　　E.玄参

10.牛针灸穴位中不能治疗腹泻的穴位有(　　)。

A.关元俞　　　B.后海穴　　　C.脾俞　　　　D.鬐甲

11.不属于肺功能的是(　　)。

A.主气　　　　B.主宣降　　　C.主疏泄　　　　D.通调水道

12.属于五行的治疗原则(　　)。

A.实则泻之　　B.虚则补之　　　C.寒则热之　　　D.补母泻子

13.下列说法错误的是(　　)。

A.胃气不和,则生百病　　　　B.阴平阳秘,精神乃治　　　　C.阴为用,阳为体

D.阴胜则内寒

14.不属于心功能的是(　　)。

A.主血　　　　B.主神志　　　C.主汗　　　　D.主疏泄

15.下列四个器官哪个不同(　　)。

A.心　　　　B.心包　　　　C.肺　　　　D.膀胱

16.下列哪个处方可以以四君子汤为基础方进行变化而来(　　)。

A.六味地黄丸　　B.白头翁汤　　　C.异功散　　　D.郁金散

17.下列哪项不是荆芥的功能(　　)。

A.发表散风　　B.发散表热　　　C.透疹　　　　D.止血

18. 具有"能行血中气滞,气中血滞,专治一身上下诸痛"的中药为( )。

A. 香附   B. 连翘   C. 延胡索   D. 丹参

19. 下列哪组配伍关系不涉及用药禁忌( )。

A. 沙参与藜芦   B. 丹参与藜芦   C. 丁香与郁金   D. 丹参与郁金

20. 防风能解砒霜毒是指七情中的( )。

A. 相须   B. 相使   C. 相畏   D. 相杀

E. 相恶   F. 相反

21. 阴阳双方存在着相互排斥、相互斗争、相互制约的关系为( )。

A. 阴阳互根   B. 阴阳消长   C. 阴阳对立   D. 阴阳转化

22. 中药四气是指( )。

A. 寒、热、温、平   B. 升、降、浮、沉   C. 辛、甘、酸、苦   D. 寒、凉、温、热

23. 补血活血兼有润肠通便作用的药物是( )。

A. 白芍   B. 阿胶   C. 当归   D. 山药   E. 百合

24. 犬,眼目红肿,畏光流泪,视物不清,粪便干燥,尿浓赤黄,口色鲜红,脉数,对于该病证,给予辨证分型是( )。

A. 肝血虚   B. 肝胆湿热   C. 肝火上炎   D. 肝阳化风

25. 春季,一只 3 月龄幼犬,突然出现咳嗽,症见发热,咳嗽声高,鼻流黏涕,呼出气热,舌苔薄黄,口红津少,脉浮数。该犬的咳嗽可辨证为( )。

A. 风寒咳嗽   B. 风热咳嗽   C. 气虚咳嗽   D. 阴虚咳嗽

二、填空题(每空 0.5 分,共计 25 分)

1. 桂枝的功效是_____、_____、_____,也作前肢的引经药。

2. 柴胡的功效_____、_____、_____。

3. 栀子的功效_____、_____、_____、消肿止痛。

4. 天花粉的功效是_____、_____、_____。

5. 葶苈子与桑白皮均有_____、_____的功效。

6. 丹参的功效有_____、_____。

7. 南沙参偏于_____,北沙参偏于_____。

8. 大黄的功效是_____、_____、活血祛瘀。

9. 黄芪的功效是_____、_____、托疮生肌。

10. 天麻的功效是_____、_____。

11. 柴胡的功效_____、_____、_____。

12. 黄菊长于_____,白菊长于_____,野菊花长于_____。

13. 茯苓的功效有_____、_____、_____。

14. 内伤是由饲养和管理不当引起的,可概括为_____。

15. 舌苔主要观察_____;舌体主要观察_____。

16. 反脉中以_____最重要,也叫_____。

17. 中兽医应用中药进行治疗的基本方法称为_____,它包括汗法、吐法、下法、和法、温法、清法、_____、_____。

18. 经炮制后的药材成品称为_____。

19. 进行针术时,进针角度有三种,即_____、_____、_____。

▶ 三、概念(每个 2 分,共计 10 分)

1.辨证:
2.五行学说:
3.奇经八脉:
4.针术:
5.引经报使:

▶ 四、简答题(共计 30 分)

1.请写下列方歌(6 分)
(1)白头翁汤:
(2)参苓白术散:
(3)八正散:
2.请指出犬下列穴位的具体位置、针法和主治。(6 分)
(1)后海:
(2)抢风:
(3)涌泉:
3.怎样区分表证和里证、寒证和热证、虚证和实证、阴证和阳证?(8 分)
4.请说出下列中草药之间在功效方面有何不同?(10 分)
(1)枳实与枳壳:
(2)砂仁与白豆蔻:
(3)天冬与麦冬:
(4)牡蛎与龙骨:
(5)黄芩与黄连:

▶ 五、问答题(共计 10 分,二选一)

1.一头牛生产出现恶露不行。请诊断并写出治疗方剂名称、方歌、功效,并按君臣佐使写出方剂的组成及各种中药在方剂中所起的作用。
2.一头猪症见荡泻如水,赤秽腥臭,腹内疼痛,舌红苔黄,渴欲饮水,脉洪数。请诊断并写出治疗方剂名称、方歌、功效,并按君臣佐使写出方剂的组成及各种中药在方剂中所起的作用。

技能考核

1. 望诊、闻诊、切诊的操作方法。

(1)望诊的内容、程序　一是望全身,包括望神气、望形体、望皮毛、望动态;二是望局部,包括望眼、望耳、望鼻、望唇、望饮食、望反刍、望呼吸、望躯干、望四肢、望粪尿、望二阴;三是察口色,包括开口,观察舌质、舌苔、舌体、口津,并指出唇、舌、卧蚕、排齿、口角对应的脏器。

(2)闻诊的内容、程序　一是听声音,包括叫声、咳嗽声、呼吸音、咀嚼音、有无磨牙音、呻吟音、嗳气音、胃肠蠕动音;二是嗅气味,包括口气、鼻气、体气、痰涕味、脓味、粪便味、尿味。

(3)切诊中触诊的内容、程序及切脉的部位　一是触诊,包括触诊体温(口、鼻端、耳、体表与四肢)、触诊肿胀物、触诊咽喉、触诊槽口、触诊胸腹(胸两侧、腹部、剑状软骨部);二是切脉,主要是牛的双凫脉和尾中动脉,重点是双凫脉,以及犬的股内侧动脉,指出左侧上中下三部(心、肝、肾)和右侧风气命三关(肺、脾、命门)对应的脏腑,浮取以诊浮沉、中取以诊洪细大微、持久以诊滑涩紧弦。

2. 牛的主要白针穴位确定及针灸技术。

(1)施针前的准备　动物的保定;穴位的选定(天门、睛明、睛俞、锁口、开关、前丹田、三台、三川、苏气、天平、后丹田、命门、安肾、腰中、百会、肾俞、六脉、脾俞、关元俞、肺俞、后海、尾根、膊尖、膊栏、肩进、抢风、肘俞、膝眼、大胯、小胯、大转、邪气、仰瓦、掠草、后三里)、剪毛消毒、针具和术者手指消毒。

(2)持针　与地面平行进针时,对毫针或圆利针应右手拇指对食指和中指夹持针柄,无名指、小指抵住针身控制进针深度;如用长毫针,则可先用左手拇指和食指捏住针尖部刺入皮肤,再按上法持针进针。对于圆利针与地面垂直进针时,则用全握式持针,即右手拇、食、中指捏住针体,针柄抵在掌心,先刺入皮肤,再用拇、食、中指持针捻转进针到达所需深度。

(3)进针　一手切穴,一手持针,先将针尖刺入穴位皮下,然后缓慢捻转进针,如用细长的毫针可采用骈指押手法辅助进针。

(4)行针　运用提插、捻转两种基本手法,以及搓、弹、摇、刮4种辅助手法。

(5)留针、起针　对于热、表、实证多急出针,而对里、寒、虚证及经久不愈的需留针10~30 min,然后一手押穴,一手持针柄缓缓捻转退针或轻快地拔出针体。

3. 犬临床常用穴位的针术实训。考核犬临床常用穴位的具体部位指认及针术的具体操作过程,可参考牛针术。

4. 中暑、少阳证、直肠脱、气血两燔证、肠炎、孕畜便秘、流感、肠痉挛、产后无乳证、乳腺炎10种临床常见病证的方剂选用、方歌、中药组成及方剂中每种中药饮片指认与具体功效。

教学要点

▶ 一、本门学科在专业教学中的地位和作用

本门课程主要讲授中兽医的基础理论,包括阴阳学说、五行学说、脏腑学说、经络学说、气血精津液、病因与病理;辨证基础及病证防治,包括四诊、防治法则、八纲辨证、脏腑辨证、卫气营血辨证、六经辨证等;针灸术;常用中草药及方剂等内容。通过学习使学生在实际工作中能够独立地运用中兽医理论,对动物疾病进行正确的辨证论治,同时根据具体情况采用有效的方剂和针灸技术进行动物疾病的预防和治疗。对培养动物医学领域高素质技术技能型人才起到重要作用。

▶ 二、基本概念

中兽医学、整体观念、辨证论治、阴阳学说、五行学说、生克制化、乘侮规律、传变、相乘为病、相侮为病、脏腑学说、五脏、六腑、奇恒之腑、三焦、上焦如雾、中焦如沤、下焦如渎、经络、奇经八脉、六淫、痰饮、方剂、炮制、四气、五味、升降浮沉、归经、配伍、单行、相须、相使、相畏、相杀、相恶、相反、妊娠禁忌、使药、未病先防、既病防变、扶正、祛邪、正治、反治、同病异治、异病同治、八纲辨证、表证、里证、半表半里证、表里同病、阴证、阳证、脏腑辨证、卫气营血辨证、卫分证、气分证、营分证、血分证、气血两燔、针术、艾灸、温熨、刮痧。

三、基本知识及基本理论

1.中兽医的基本特点。

2.阴阳的基本特性、阴阳变化的基本规律及阴阳学说在中兽医中的应用。

3.五行的特性、归类、调节机制及五行学说在中兽医中的应用。

4.脏腑功能及脏腑之间的关系。

5.气的生成、运动、生理功能、分类及常见的气病。

6.血的生成、功能、运行及常见血病。

7.津液的生成、输布、排泄、生理功能及常见的津液病。

8.气血津液的相互关系。

9.经络的组成。

10.十二经脉的走向和交接规律。

11.经络的主要作用。

12.六淫致病的共同特点、不同性质和致病特点及常见病证。

13.发病的基本原理及基本病机。

14.中药炮制的目的和炮制方法。

15.中药的性能。

16.方剂组方的目的和原则。

17.药物配伍的关系、十八反、十九畏、妊娠禁忌。

18.确定中药剂量的一般原则。

19.常用的解表药的性味归经、功效、主治及主要方剂。

20.常用的清热药的性味归经、功效、主治及主要方剂。

21.常用的泻下药的性味归经、功效、主治及主要方剂。

22.常用的消导药的性味归经、功效、主治及主要方剂。

23.常用的和解方药的性味归经、功效、主治及主要方剂。

24.常用的温里药的性味归经、功效、主治及主要方剂。

25.常用的止咳化痰平喘药的性味归经、功效、主治及主要方剂。

26.常用的祛湿药的性味归经、功效、主治及主要方剂。

27.常用的理气药的性味归经、功效、主治及主要方剂。

28.常用的理血药的性味归经、功效、主治及主要方剂。

29.常用的固涩药的性味归经、功效、主治及主要方剂。

30.常用的补益药的性味归经、功效、主治及主要方剂。

31.常用的平肝药的性味归经、功效、主治及主要方剂。

32.常用的安神与开窍药的性味归经、功效、主治及主要方剂。

33.常用的驱虫药的性味归经、功效、主治及主要方剂。

34.常用的外用中药的性味归经、功效、主治及主要方剂。

35.四诊的具体内容。

36.预防、治则与治法的具体内容。

37.八纲辨证的具体内容。

38.脏腑辨证的具体内容。

39.六经辨证的具体内容。

40.卫气营血辨证的具体内容。

41.针术施针前的准备、取穴定位方法、施针前的基本技术及注意事项。

42.牛主要穴位具体部位指认及针术的具体操作过程。

43.犬主要穴位具体部位指认及针术的具体操作过程。

附：中药《药性歌括四百味》

数字资源 6-1　中药《药性歌括四百味》

项目七
临床应用性动物药品

一、雪清

1.主要成分

雪清主要含黄芪多糖、黄芪皂苷、多种免疫生物活性物质等。

2.产品特点

①微生物发酵催化萃取的黄芪多糖、黄芪皂苷，能调节机体免疫功能，增强自然杀伤细胞活性，抑制病毒复制，中和体内毒素。

②采用基因工程方法提取并纯化的多种免疫生物活性蛋白，具有生物靶向功能，能直击感染病灶，作用迅速、准确。

③具有广泛的免疫调节作用，能激活免疫细胞活性，修复受损的免疫器官和组织，诱导机体产生多种干扰素和细胞因子。

3.临床应用

①母猪产前 20～30 d,肌肉注射 10～30 mL,用于提高母源抗体水平。

②母猪配种前 7～10 d,肌肉注射 10～15 mL,用于清除体内毒素。

③新生仔猪 1 日龄肌肉注射 1 mL,断奶当天肌肉注射 2 mL,用于提高仔猪的抗病能力。

④治疗病毒性疾病，配合抗生素控制继发感染。

4.用法与用量

肌肉注射，猪体重≤5 kg,1.0 mL/头；体重 5～25 kg,2.0 mL/头；体重 25～75 kg,3～8 mL/头；猪体重≥75 kg,8～12 mL/头。1 次/d,连用 2～3 d。发热重症酌情加量。

二、活情(藿芪灌注液,国家三类新兽药)

1.主要成分

活情主要含淫羊藿、黄芪、菟丝子、阳起石、丹参等。

2.性状

本品为棕红色液体。

3.功能与主治

补肝益肾，壮阳催情。主治奶牛卵巢静止和持久黄体。

4.用法与用量

子宫灌注，每次 100 mL,隔日 1 次,4 次为一个疗程。

5.规格

1 mL 相当于原生药 1 g。

三、劲蓝(扶正解毒颗粒,国家四类新兽药)

1.主要成分

劲蓝主要含黄芪、淫羊藿、板蓝根等中药的微生态发酵萃取物。

2.作用机理

处方中板蓝根、黄芪、淫羊藿经中药微生态发酵后的萃取物，能阻断病毒繁殖过程的吸附、穿入、复制及成熟的某一环节，抑制或杀灭病毒，减轻病毒对机体的损伤，从而达到"祛邪以扶正"的目的，并通过提高机体免疫力功能、阻止病毒致宿主细胞病变而起到"扶正以祛邪"的作用。

3.功能

①降低猪繁殖与呼吸综合征病毒携带量。

②阻止猪繁殖与呼吸综合征病毒循环传播。

③维持猪繁殖与呼吸综合征病疫情稳定。

4.用法用量

①预防：拌料 500 g/t 或饮水 250 g/t。

②治疗：拌料 1 000 g/t 或饮水 500 g/t。

四、喜孕多

1.主要成分

喜孕多的主要成分为淫羊藿、益母草、藏红花等纯中草药的微生物发酵催化萃取物。

2.产品特点

①促进子宫恢复，清除子宫内异物，防止子宫内膜炎。

②化瘀消肿，防止气血瘀滞、产道水肿。

③促进产后受损子宫黏膜修复，促进母畜产后食欲恢复。

④促进发情，降低返情率。

3.临床应用

用于治疗急慢性子宫内膜炎、化脓性子宫内膜炎、子宫蓄脓、胎衣不下、产道损伤等,也可用于预防产后感染。

4.用法用量

按人工输精的方式向子宫内灌注100 mL,如灌注后子宫内异物没有排净,需再灌注100 mL。

5.注意事项

①气温低时,将本品加温至体温后使用,以避免冷应激。

②用药后,待发情黏液变成蛋清样时方可配种。

五、呼优乐

1.主要成分

呼优乐主要含甘草、紫苏、紫锥菊等的微生物发酵催化萃取物。

2.产品特点

①能覆盖发炎的咽喉黏膜,缓解炎症的刺激,具有镇咳平喘的作用;刺激咽喉及支气管的分泌,使痰液更易排出。

②能诱导机体产生干扰素,增强自然杀伤细胞和巨噬细胞的活性,提高免疫系统功能。

③甘草甜素在肝脏分解为甘草次酸和葡萄糖醛酸,可与毒物结合而解毒。

3.临床应用

①防治气喘病、传染性胸膜肺炎、副猪嗜血杆菌病、巴氏杆菌病、链球菌病等引起的体温升高、咳嗽、气喘、呼吸困难、鼻流泡沫样分泌物等。

②用于病毒及与细菌混合感染所致的高热、精神不振、食欲减退、咳喘、呼吸困难等。

4.用法用量

①拌料:本品100 g拌料200~250 kg,连用5~7 d,重症酌情加量。

②饮水:本品100 g兑水300~400 kg,集中一次饮用,连用3~5 d,重症酌情加量。

六、肠溃消

1.主要成分

肠溃消主要成分为葛根、黄连、黄芩、苦参、白头翁等的微生物发酵催化萃取物。

2.产品特点

①本品中药微生物发酵催化制剂,对各种细菌、病毒引起的腹泻、下痢具有快速止痢的效果。

②快速抑杀肠道内的有害病菌,调整肠道酸碱平衡,快速恢复机体功能。

③对胃肠道溃疡灶具有较强的修复功能,具有止痢和修复胃肠道黏膜的双重功能,能提高食欲,促进营养物质吸收,使病畜快速恢复。

④本品含有丰富的微生物代谢产物和中药活性成分,能够显著提高机体吞噬细胞和免疫细胞的活性。

3.临床应用

①治疗和预防各种原因引起的水样或粥状腹泻。

②用于肠道综合征的护理,如胃溃疡和肠黏膜脱落等。

4.用法用量

①预防:本品100 g拌料75~100 kg,连用5~7 d。

②治疗:本品100 g拌料150~200 kg,连用5~7 d。重症酌情加量,灌服或顿服效果更佳。

七、消疮散

1.主要成分

消疮散主要成分为皂角刺、白芷、天花粉、陈皮、赤芍、乳香等的微生物发酵催化萃取物。

2.产品特点

①能抑制病毒复制,对口蹄疫病毒、疱疹病毒具有强大的抑杀作用。

②迅速恢复体温,改善精神状态,促进采食,使病畜快速恢复。

③能缓解水疱性疾病所造成的疼痛及发热,促进受损黏膜及机体组织修复。

④内服、外用均可,防腐生肌,可治愈口蹄疫、水疱病等疾病。

3.临床应用

①用于治疗猪、牛、羊等家畜发生的伴有水疱、痘、疹等的疾病。表现体温升高,全身症状明显,蹄冠、蹄叉、蹄踵发红,形成水疱和溃烂;有继发感染

时,蹄壳出现脱落,跛行,喜卧;病畜鼻盘、口腔、齿龈、舌、乳房等处也可见水疱和烂斑。

②治疗病畜体表出现圆形或豆状等形状的疹块。

4.用法用量

①拌料:本品100 g拌料100～150 kg,1 次/d,集中投药,连用5～7 d,重症酌情加量。

②涂抹:对于破溃处,可取本品适量用油搅匀在患处涂抹,可加速疮口恢复。

八、风寒流感康

1.主要成分

风寒流感康主要成分为荆芥、甘草、柴胡、防风、羌活、茯苓、桔梗、薄荷等中药超微粉。

2.产品特点

①本品经超微粉碎加工而成,有效提高药物吸收,促进药物快速起效。

②具有辛温解表、祛风除湿、清肝利胆、扶肾固本、通络止痛、排毒解痉、促进食欲的作用。

③增强机体的免疫力和抗病力,特别是增强动物在寒冷、疫病等状态下的抗应激能力。

3.临床应用

①对家禽的风寒感冒、流行性感冒、传染性支气管炎、传染性喉气管炎、传染性法氏囊病、鸡痘、病毒性肝炎、肠毒综合征等都有良好的防治效果。

②对家畜的风寒感冒、流行性感冒、圆环病毒病、繁殖与呼吸综合征、温和型猪瘟、伪狂犬病等病毒性疾病有很好的防治作用。

4.用法用量

①预防:本品1 000 g拌料250 kg,连用5～7 d。

②治疗:本品1 000 g拌料500 kg,连用5～7 d,重症酌情加量。用开水浸泡后拌料饲喂效果更佳。

九、呼欣康

1.主要成分

呼欣康主要含麻黄、苦杏仁、石膏、甘草等。

2.产品特点

①将治疗肺部疾病的经验方按传统中药炮制,提取、分离有效成分,经生物催化精制而成的新一代中药制剂。

②在抗菌、消炎的同时修复受损的肺组织。

③起效快,能迅速控制症状,恢复机体生理功能。

④适口性好,能迅速恢复食欲和采食量,增强抗病力。

3.临床应用

①用于防治猪传染性胸膜肺炎、副猪嗜血杆菌病、猪肺疫、传染性萎缩性鼻炎等疾病引起的肺实质性病变,伴有体温升高、咳喘、呼吸困难、犬坐式呼吸、鼻流泡沫样分泌物等症状。

②对流感、繁殖与呼吸综合征、猪瘟、圆环病毒病、伪狂犬病、附红细胞体病、弓形体病、链球菌病等混合感染引起的重症呼吸道综合征效果明显。

③修复因病毒、细菌及寄生虫等引起的肺损伤,快速缓解呼吸道症状,恢复食欲和采食量,增强机体抵抗力。

4.用法用量

①预防:本品1 000 g拌料250 kg,连用5～7 d。

②治疗:本品1 000 g拌料500 kg,连用5～7 d,用开水浸泡后拌料饲喂效果更佳。

十、汝溢多

1.主要成分

汝溢多主要含王不留行、黄芪、皂角刺、当归、党参、川芎、漏芦、路路通。

2.产品特点

①应用生物酶解技术等现代生产工艺,按照与原药相同的比例纯化、浓缩、提纯而成。

②本品所含黄芪具有增强机体免疫力之功效;王不留行能催奶下乳、活血通经;路路通能祛风通络、利水除湿;当归能补血活血;党参能补中益气;配合多种维生素、氨基酸、微量元素、功能酶等物质,共同起到补气养血,通经下乳,涩肠止痢,活血消肿作用。

③产品绿色环保,可减少抗生素药物的使用,增加无抗奶的产量。

3.临床应用

①用于母畜产后无乳、少乳、乳房红肿、乳腺炎等病。

②用于幼畜体弱感染细菌引起的痢疾、黄白痢等。

③母畜产前5～7 d使用可预防产后无乳综合征、乳腺炎、子宫炎及幼畜各种肠道疾病。

4.用法用量

混饲,本品500 g拌料100～150 kg;或顿服,猪、羊80～100 g,马、牛250～500 g,1次/d,连用3～5 d。

参考文献

[1] 汪德刚,戴永海.中兽医防治技术.北京:中国农业大学出版社,2007.

[2] 姜聪文,陈玉库.中兽医学.2版.北京:中国农业出版社,2010.

[3] 姜聪文.中兽医基础.北京:中国农业出版社,2004.

[4] 刘钟杰,许剑琴.中兽医学.北京:中国农业出版社,2008.

[5] 杨医亚.中医学.北京:人民卫生出版社,1984.

[6] 张登本.中医学基础.北京:中国中医药出版社,2003.

[7] 胡元亮.中兽医学.北京:中国农业出版社,2006.

[8] 罗永江,郑继方,辛蕊华.比较针灸学.北京:中国农业出版社,2016.